光学前沿研究与应用丛书

总主编　王之江

光信息检测

刘永智　岳慧敏
代志勇　唐雄贵　编著

上海科学技术出版社

图书在版编目（CIP）数据

光信息检测 / 刘永智等编著. -- 上海 : 上海科学技术出版社, 2021.3
（光学前沿研究与应用）
ISBN 978-7-5478-5243-9

Ⅰ. ①光… Ⅱ. ①刘… Ⅲ. ①信息光学—检测 Ⅳ. ①O438

中国版本图书馆CIP数据核字(2021)第031080号

光信息检测
刘永智　岳慧敏　代志勇　唐雄贵　编著

上海世纪出版(集团)有限公司
上 海 科 学 技 术 出 版 社　出版、发行
(上海钦州南路 71 号　邮政编码 200235　www.sstp.cn)
上海中华商务联合印刷有限公司印刷
开本 787×1092　1/16　印张 26.75
字数 495 千字
2021 年 3 月第 1 版　2021 年 3 月第 1 次印刷
ISBN 978-7-5478-5243-9/TN·28
定价：178.00 元

内 容 提 要

本书围绕光的接收与探测，结合国内外新技术的发展，系统介绍光信息检测的基础知识和重要技术，主要包括信息的光调制与传输、光电探测、光波参数检测、微弱光信号检测、光电接收系统设计、典型光电检测系统等内容，使读者深入了解光信息的调制、传输特点；熟悉各类光电探测器的主要特性及应用技术；了解噪声的随机概念，通过对光电转换过程中噪声产生原因与特点的分析掌握噪声抑制的方法；掌握光波参数检测的特殊技术及对微弱光信号与单光子进行高灵敏度检测的方法；掌握光接收机设计方法，同时了解几种特殊光电转换电路与典型光电检测系统。

本书可供光信息检测及相关领域科技人员阅读与参考，也可作为高等院校光学、光学工程、光信息科学与技术、物理电子学等专业研究生的参考书。

丛书编委会

丛 书 序

光学是物理学的一个分支，也是当前科学研究中最活跃的学科之一，光学的发展是人类认识客观世界的进程中一个重要的组成部分。光学从产生开始就具有强烈的应用性，并形成了光学工程这一独特技术领域，在人类改造客观世界的进程中发挥了重要作用。光学实验的结果曾经推动了近代相对论和量子论的发展。光学为多个学科提供了重要工具，如望远镜对于天文学与大地测量学、显微镜对于生物医学与金相学、光谱仪对于化学和材料科学。光学的发展还为生产技术提供了许多重要的观察和测量工具。

从爱因斯坦辐射理论可以预见激光存在。20 世纪中叶，激光问世对光学及相关科学和技术影响很大。激光的本质是受激辐射形成的高亮度、高功率密度，从而派生出种种前所未有的非线性物理现象，形成非线性光学、激光光谱学等新学科分支，开拓了远紫外到太赫兹等新辐射波段，提供了超快过程研究的工具。激光作为新光源已应用于多个科研领域，并很快被运用到材料加工、精密测量、信号传感、生物医学、农业等极为广泛的技术领域。产生了光通信、光盘等新产业。此外，激光在同位素分离、受控核聚变以及军事领域，展现了光辉的应用前景，成为现代物理学和现代科学技术前沿的重要组成部分。

信息科学原先以电子学为基础，如电报、电话、雷达等领域。现代科技的发展使图像信息日益重要，光信息的获取、传输、存储、处理、接收、显示等技术在近代都有非常大的进步。光信息科学已是信息科学的重要组成部分。

总之，现代光学和其他学科、技术的结合，在人们的生产和生活中发挥着日益重大的作用，成为人们认识自然、改造自然以及提高劳动生产率的越来越强有力的武器。学术的力量是科技进步的基础，上海科学技术出版社在这个时候策划出版一套“光学前沿研究与应用丛书”，是一件非常合乎时宜的事情。将许多专家、学者广博的学识见解和丰富的实践经验总结继承下来，对促进我国光学事业的发展具有十分重要的现实意义。

本套丛书的内容涵盖光学领域先进的理论方法和科研成果，旨在从系统性、完整性、实用性和技术前瞻性角度出发，把理论知识与实践经验结合起来，更好地促进光学领域的学术交流与合作，让更多的学者了解该领域的科研成果和研究趋势，为促进我国光学领域科研成果的转化、加速光学技术的发展提供参考和支持。

可以说，本套丛书承担着记载与弘扬科技成就、积累和传播科技知识的使命，凝结了众多国内外光学专家、学者的智慧和成果。期望这套丛书能有益于光学专业人才的培养、有益于光学事业的进一步发展，同时能吸引更多的仁人志士投身于祖国的光学事业。

王之江

中国科学院院士，物理学家

中国科学院上海光学精密机械研究所研究员

前　言

作为一门古老而又年轻的科学技术，光波技术愈来愈受到人们的重视。人类从有历史记载以来就有了关于光的描述。在中国历史上，春秋时期有名的“烽火台”就是光波作为信息传递工具的最好记载。考古发现的古老铜镜就是光反射在人们日常生活中应用的最好例证。从反射镜、放大镜、显微镜到望远镜以至现代应用的各种天文望远镜，光一直作为人类认识世界的手段与工具。传统光学一直延续了几百年，光的“波动性”与“粒子性”以及光的电磁理论的实验验证和描述使光科学理论得到质的提升。20 世纪 60 年代激光问世，揭开了光学技术研究与应用的新篇章。现代光学技术把光学技术、电子学技术、计算机技术与精密机械技术结合在一起，使光波的应用拓展到了更为广阔的空间，从单一的光学时代进入光与电紧密结合的光电时代。光波与物质的相互作用特别是高能量激光的应用创造了光波新的应用领域。以激光为代表的光波作为信息获取的手段、信息传递与处理的工具在信息技术领域显示出了卓越的特性。如今光波技术的应用已经渗透到国民经济、国防与人类生活的各个领域，其发展速度与势头大有赶超电子技术的趋势。光波作为信息载体的优点主要体现在以下几方面：

(1) 频带宽，信息容量大。由于光波频率很高(约 10^{16} Hz)，即使 1% 的调制带宽也有很宽的带宽，它是微波带宽的 1 000 倍以上，因此是非常好的信息载体。

(2) 激光波长短，且具有良好的相干性。在精密测量、传感、光存储等应用中可以获得很高的测量灵敏度、精度以及大的存储容量。

(3) 具有良好的抗电、磁干扰能力。这给通信、传感与测量带来极大的方便。

(4) 作为检测手段，对被检测对象无干扰与破坏，且可进行非接触测量。

(5) 具有良好的空间并行性。这拓展了电子学的一维处理方式，为二维与三维并行处理提供了有利条件。

(6) 在光纤中可低损耗远距离传输，为光纤通信与光纤传感提供了有力支撑。

利用光波的上述优点，几十年来人类结合当代电子技术与计算机技术做了大量应用研究与开发工作。特别突出的是在信息技术领域，人们研究开发了光纤通信技术，如今宽带、高速、大容量光纤网络已遍布世界，给人们的认知与交流带来了巨大变化。信息的快速传递，无疑对人们生活、工农业、交通、能源、商业、文化、国防与科学技术等的发展带来巨大推动作用。光波技术应用的又一大领域就是激光应用技术，它在激光测量、传感、激光雷达、激光大气与空间通信中已经或正待发挥愈来愈重要的作用。激光应用技术推动了一大批新兴产业，推动了传统工业的再度换代升级。再如光纤传感技术，作为光纤通信的姊妹正得到蓬勃发展，它所具有的诸多优点，如检测灵敏度高、可远距离获取信息、易于组网、能够实现分布式传感等正为人们所利用。目前已在铁路、公路桥梁、隧道、油库安全预警，地质灾害监测以及军事装备等中得到应用，它将成为物联网的重要组成部分之一。

本书针对光波在信息技术领域的研究与应用，着重介绍光信息的检测。可以说，无论是光通信、光学测量、光电传感还是其他光电系统，都离不开光信息的检测。一个具有普遍意义的光电信息系统主要由信息的光调制，光发射、传输、接收与光电转换，电子信息处理与输出等几部分组成。本书简要介绍光信息调制与传输，重点围绕光信息检测介绍光探测器、光波参数检测和微弱光信号检测。此外，还介绍光接收机设计和几种应用最多的光信息检测系统。

第1章介绍光调制与光传输。众所周知，光波作为载波传递信息具有携带大量信息的能力，这些信息往往通过电、磁、声乃至机械等方式调制在光波上。调制可以改变光波参数[强度、波长(频率)、相位、偏振]中任一参数。在大多数情况下最为直接也最为简单的方式就是进行强度调制，例如目前的光纤通信就依然采用光强直接调制，不过它所采用的是数字技术，应用了编码调制的方式，就信息的光调制而言，它属于脉冲光调制。对于脉冲光，当其转换为电信号后将具有宽的频谱，为了减少信息的失真与丢失，在进行光接收机设计时除考虑其灵敏度外，对带宽方面也应有所考虑。而对于大多数光电传感器与光学测量仪器来说，被检测信息往往以模拟方式调制在光波上，对于这种被动调制，对于光接收机的设计要求更高，特别是在许多场合下对接收灵敏度与带宽这对彼此制约的参数都提出了更高的要求。所以，了解信息的光调制对于光接收机的设计是必要的。

在实际应用中，光信息往往需要通过介质在一定距离内进行传输。因此，了解光波在包括晶体、大气、水以及光纤等各类介质中传输的行为和变化如衰减、光束发散、偏振与相位变化等，对于光信号接收方案的选取十分必要。

第 2 章主要介绍光探测器。除信息获取、传输外，光电转换是人直接得到信息最重要的环节。不仅如此，电子技术、计算机技术还能进一步帮助改善和提高信息获取的质量和速度。无论是光通信、测量、传感还是其他光电信息系统，光电转换都是不可缺少的重要组成之一。

光接收机中，光探测器起着核心作用。光探测器的最基本功能就是将光波信号转换为电信号，就这一意义而言，光探测器又被称为光电探测器。目前所研究与制造的光探测器只能探测光能量与光功率，还无法响应光频的变化，只能探测其随时间变化的平均值，这也是光波检测技术里最为突出的特点。光探测器的种类非常多，有多个参数表征其性能特点，了解这些性能对于光接收机设计有着重要意义。与此同时，了解光噪声与探测器噪声来源和特点对光接收机设计也是十分重要的。

第 3 章主要介绍光波参数检测。对于光信息检测来说，其核心就是应用不同类型的光探测器将光波参数（光强、波长、相位、偏振）转换为电参量（电压、电流），由于光探测器自身对光频、相位与偏振不能响应，因此光探测的最大特点是光波的各种参数都是以光强（功率、能量）的形式被转换成电参量的。由此可以看到，除光强外，所有其他光波参数所携带的信息都要经过一定的技术处理转化为光强变化的形式才能最后为光探测器所接受。这就引发了一系列光波探测技术的问世，诸如相干探测、光谱探测、偏振探测等。

第 4 章主要介绍微弱光信号检测。所谓微弱光通常是指其经过光电转换后信噪比(S/N)接近于 1 的输入信号光。它不仅表现在弱信号光强的情况下,而且表现在即使具有较高的信号光功率情况下,由于背景光的干扰,接收信噪比依然处于接近于 1 的情况。在光信息检测中,微弱光信号的检测具有十分重要的理论研究与应用意义。通过它可以大大提高光接收机灵敏度,从而提高光电系统的性能,例如提高光通信与光雷达工作距离,实现远程激光测距;降低发射机发射光功率,提高传感器灵敏度等。在微弱光信号检测中,大多数情况下是在与噪声作斗争。为此,在深刻了解各种噪声源基础上,人们研究了一些专门抑制噪声的方法以及针对微弱光信号检测的方法,其中光外差技术、光相关技术、光子探测技术以及电子锁模技术等得到广泛应用。

第 5 章主要介绍光接收机设计。光接收机的核心是光电转换,但一个满足要求且性能良好的光接收机必须结合总体带宽(或响应速率)和灵敏度要求考虑光探测器的偏置、同接收放大电路的匹配。如何提高光接收机动态范围是光波技术发展的一个难点也是一个应用需求的重点。既满足系统对接收带宽要求,又满足接收灵敏度和动态范围要求,是接收机设计努力的方向。本书以光纤通信用数字光接收机与光纤传感器用模拟接收机为典型例子,从光的接收到光电变换、信号放大处理等方面介绍光接收机设计。

第 6 章主要介绍包括激光检测(激光测距、激光测速、激光线径检测、激光雷达)、光纤传感器、光电图像检测在内的几种典型光信息检测系统,以加深对光信息检测的认识与理解。

各章中举例存在相互交叠的情况,主要是讨论的出发点不同而产生的,如光外差接收、干涉型光纤传感器等,但分析角度和深度各有侧重而不影响整书的系统性。

最后,在光信息检测中需要特别提及的是一个至今仍为物理学界与工程技术界所困惑的现象,即由于光探测器只能探测光的能量或强度,当其把光信号转换为电信号时所表达的物理含义是从光的功率转换到电的电压或电流。因此相对于电子学接收机而言,光接收机由于具有光电转换过程使其接收灵敏度要比电子学接收机的接收灵敏度低一倍。只有当有一天人们寻求到将光场幅值转换为电压或电流,或将一个光子直接转换成为电子的时候,光接收机才能与电子学接收机的接收灵敏度相比拟。

本书第1章由岳慧敏教授编写，第2章由唐雄贵教授编写，前言与第3章、第4章由刘永智教授编写，第5章、第6章由代志勇副教授编写，全书由刘永智教授统稿。由于编者水平有限，书中难免存在错误和不当之处，敬请读者批评指正。

目　　录

第6章 典型的光电检测系统

索引

第1章　信息的光调制与传输

本章重点介绍信息的各种光调制原理和方法以及信息的光传输，结合必要的理论公式进行原理阐述，简述光纤传输、大气光传输、水下光传输及其特点。

1.1　光波的电磁特性

本节简要介绍光波的基本特性，包括光波的偏振、相干、吸收与散射等特性。

1.1.1　光的基本特性

1）光波的电磁频谱

光，是我们最熟悉的物理现象之一，没有光，人类就无法生存。人类对光很早就开始了研究，比电要早很多，研究光的历史最早可追溯到3 000年前，古代人们使用铜镜就是应用光的最好例证。人类对光的本性的认识是逐步发展的，早在1666年，牛顿就提出“微粒说”，认为光是一种弹性粒子；1678年，惠更斯提出了“波动说”，认为光是“以太”中传播的弹性波；1873年，麦克斯韦证明光实际上是电磁波。光波是一定频率范围内的电磁波，只是波长比一般的无线电波的更短而已。

光的经典本质是一种电磁波。光的干涉、衍射和偏振现象证实了光的波动性。电磁波可以按其频率或波长排列成频谱，图1-1为电磁波按波长分类的情况。它覆盖了从无线电波到γ射线的一个相当宽的频率范围。真空中波长范围为390～760 nm的电磁波段能够为人眼所感觉，称为“可见光”。不同波长的光产生不同的颜色感觉。具有单一波长的光称为“单色光”。几种单色光混合而成为“复色光”，白光就是一种复色光。比可见光波段短但比X射线波长要长的波段是紫外波段，为1～390 nm。而红外光波段则比可见光波段更长，为0.76～40 μm（见表1-1）。

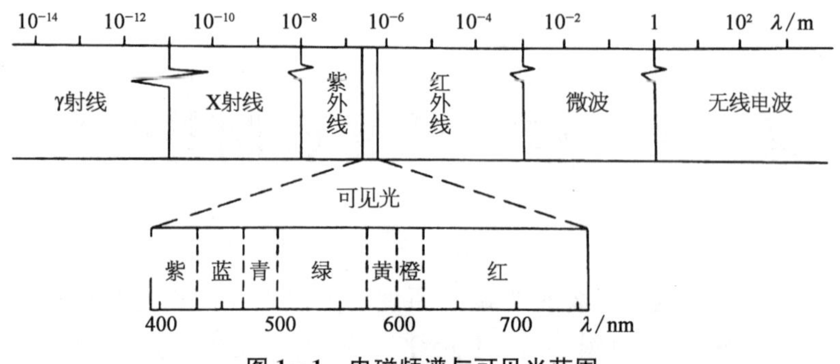

图 1-1　电磁频谱与可见光范围

表 1-1　光波各波段对应的波长范围

波　段	波 长 范 围
紫外光	1～390 nm
可见光	390～760 nm
近红外	760 nm～3 μm
中红外	3～6 μm
远红外	6～40 μm

2）波动方程

光波的行为可用麦克斯韦波动方程来描述。在无界的均匀透明介质中，由麦克斯韦方程组导出的电磁波传播的波动方程为

$$\nabla^2\boldsymbol{E}-\frac{1}{v^2}\frac{\partial^2\boldsymbol{E}}{\partial t^2}=0 \tag{1-1}$$

$$\nabla^2\boldsymbol{H}-\frac{1}{v^2}\frac{\partial^2\boldsymbol{H}}{\partial t^2}=0 \tag{1-2}$$

式中，$\boldsymbol{E}$，$\boldsymbol{H}$ 分别表示电场强度和磁场强度，∇^2 为拉普拉斯算子，在直角坐标系中的表达式为

$$\nabla^2=\frac{\partial^2}{\partial x^2}+\frac{\partial^2}{\partial y^2}+\frac{\partial^2}{\partial z^2}$$

v 表示光波在介质中的传播速度，若介质折射率为 n，则

$$v=\frac{c}{n}=\frac{c}{\sqrt{\varepsilon_{\mathrm{r}}\mu_{\mathrm{r}}}} \tag{1-3}$$

式(1-3)将描述介质光学性质的常数 n 和电磁学性质的 ε_r，μ_r 常数联系在一起。波动方程表示的是时变电磁场以速度 v 传播的电磁波动，它给出了每一个电磁场矢量本身(如电场强度 $\boldsymbol{E}$) 随时间和空间变化的规律。每个波动方程由 3 个标量方程组成，只有解出 E_x，E_y，E_z，才能得到由它们构成的电矢量 $\boldsymbol{E}$。

波动方程的解很多，包括平面波、球面波、柱面波及高斯光束解等。其中，最简单、又最重要的解是平面波解。平面波是指波面(任一时刻振动状态相同的各点所组成的面)为一平面的波。虽然实际光源发出的光波或光波在传播过程中的情形很复杂，但根据傅里叶分解的数学方法，总可以把一般的、复杂的波看成许多不同频率的平面波叠加而成。波动方程[式(1-1)、式(1-2)]的解分别为

电场
$$\boldsymbol{E}(\boldsymbol{r},\ t)=\boldsymbol{E}_0\mathrm{e}^{\mathrm{i}(\omega t-\boldsymbol{k}\cdot\boldsymbol{r}+\varphi_0)} \tag{1-4}$$

磁场
$$\boldsymbol{H}(\boldsymbol{r},\ t)=\boldsymbol{H}_0\mathrm{e}^{\mathrm{i}(\omega t-\boldsymbol{k}\cdot\boldsymbol{r}+\varphi_0)} \tag{1-5}$$

式(1-4)中，矢量 $\boldsymbol{E}_0$ 的模为电场的振幅，矢量 $\boldsymbol{E}_0$ 的方向表示电场的振动方向，φ_0 为初相位。$\boldsymbol{k}$ 为波矢量，其大小为波数，其单位矢量用 $\boldsymbol{k}_0$ 表示，其方向沿波的传播方向，$\boldsymbol{r}$ 为所考察点的位置矢量。

由麦克斯韦方程 $\nabla\cdot\boldsymbol{D}=0$，$\nabla\cdot\boldsymbol{B}=0$ 及式(1-4)、式(1-5)可以得到

$$\boldsymbol{k}_0\cdot\boldsymbol{E}=0 \tag{1-6}$$

$$\boldsymbol{k}_0\cdot\boldsymbol{H}=0 \tag{1-7}$$

即电矢量 $\boldsymbol{E}$ 和磁矢量 $\boldsymbol{H}$ 都垂直于波传播的方向，平面电磁波是横波。

由式(1-6)和式(1-7)，结合麦克斯韦方程组，可得

$$\boldsymbol{H}=\sqrt{\frac{\varepsilon}{\mu}}(\boldsymbol{k}_0\times\boldsymbol{E}) \tag{1-8}$$

即电矢量和磁矢量互相垂直，又分别垂直于波的传播方向，这 3 个矢量组成一右手坐标系，如图 1-2 所示。

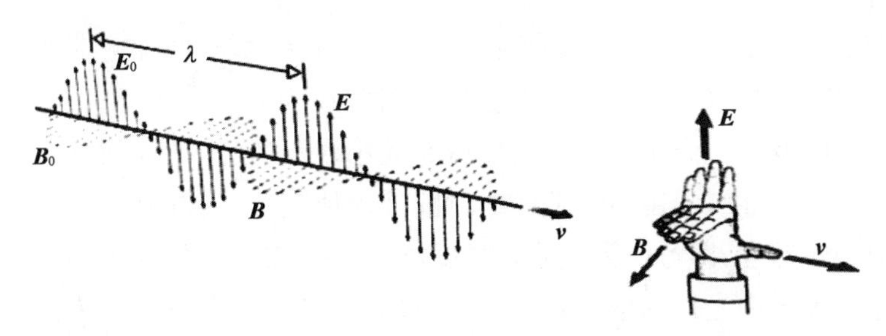

图 1-2　电磁波的传输

由式(1-8)可得

$$\frac{|\boldsymbol{E}|}{|\boldsymbol{H}|}=\sqrt{\frac{\mu}{\varepsilon}} \tag{1-9}$$

电场和磁场的数值之比为一正实数，这表明电矢量 $\boldsymbol{E}$ 和磁矢量 $\boldsymbol{H}$ 具有相同的相位。

光波中含有电场矢量和磁场矢量，从波的传播特性来看，它们具有同等的地位。随时间变化的电场将在周围空间产生变化的磁场，随时间变化的磁场将在周围空间产生变化的电场，两者相互激励，彼此依存。从光与物质的作用来看，磁场的作用远比电场弱，甚至不起作用。实验证明，使照相底片感光的是电场，不是磁场，引起人眼视觉作用的也是电场，不是磁场。无论人眼视觉还是光电器件只对光波的电矢量 $\boldsymbol{E}$ 起反应。这是因为物质中的带电粒子(电子或原子核)受到电场的作用而引起的运动远比受磁场的影响大。因此，常以电场强度矢量 $\boldsymbol{E}$ 的振动方向代表光波的振动方向，矢量 $\boldsymbol{E}$ 称为光矢量，在讨论光的波动特性时，只考虑电场矢量 $\boldsymbol{E}$ 即可。

3）电磁波的能流密度矢量与光强度

电磁波的重要特性之一是能够传输能量，伴随着电磁波在空间传播必定有能量的流动。电磁波总是存在一定的空间中，为了描述电磁能量的流动，引入坡印廷(Poynting)矢量 $\boldsymbol{S}$（即能流密度矢量），$\boldsymbol{S}$ 的大小表示在任一点处垂直于传播方向上的在单位面积、单位时间内流过的能量，在空间某点处 $\boldsymbol{S}$ 的方向就是该点处电磁波能量流动的方向。

$\boldsymbol{S}$ 和场矢量 $\boldsymbol{E}$，$\boldsymbol{H}$ 之间的关系为

$$\boldsymbol{S}=\boldsymbol{E}\times\boldsymbol{H} \tag{1-10}$$

在各向同性介质中，波矢量 $\boldsymbol{k}$ 与能流密度矢量 $\boldsymbol{S}$ 的方向一致，也就是说电磁能量沿着电磁波传输的方向流动；对于各向异性介质，波矢量 $\boldsymbol{k}$ 与能流密度矢量 $\boldsymbol{S}$ 的方向一般不一致。

光波的频率很高，如可见光的频率约为 10^{15} Hz 量级，而探测器响应时间较长，如响应速度最快的光电二极管，其响应时间仅为 $10^{-9}\sim10^{-8}$ s，远远跟不上光能量的瞬时变化。而每个光子的能量又太小，探测技术的灵敏度达不到这么高。因此，在实际中，常用能流密度的时间平均值表征光波的能量传播，称该时间平均值为辐照度，即习惯常说的光强度，亦称为波的强度，以 I 表示(注意，这里不同于光度学中光强的意义)。I 表示的是单位时间内垂直于传播方向单位面积内的平均辐射能量。

若光探测器的响应时间为 T，由于照射到光探测器光敏面上的光不能够被立即测量，光探测器探测到的是 T 时间内的平均能量。探测器探测到的光强度 I 为

$$I \equiv \langle \boldsymbol{S} \rangle_T = \left| \frac{1}{\tau}\int_0^{\tau} \boldsymbol{S}\,\mathrm{d}t \right| = \left| \frac{1}{\tau}\int_0^{\tau} \boldsymbol{E} \times \boldsymbol{H}\,\mathrm{d}t \right| = \frac{1}{2}\sqrt{\frac{\varepsilon}{\mu}}E_0^2 = \frac{1}{2}\sqrt{\frac{\varepsilon_0}{\mu_0}}nE_0^2 \tag{1-11}$$

式(1-11)表明，光强 I 是坡印廷矢量 $\boldsymbol{S}$ 在时间上的平均值，它正比于电场幅值的平方。若只考虑同一种介质中的光强度，人们通常只关心光强度的相对值，往往可以将比例系数省略。此时，光强 I 可以简化为

$$I = E_0^2 \tag{1-12}$$

平面电磁波的几个重要特性：① 平面电磁波是横波；② 电矢量 $\boldsymbol{E}$ 和磁矢量 $\boldsymbol{H}$ 相互正交，且垂直于波的传播方向，其振幅大小成正比，相位相同；③ 电磁波所携带的能流密度与电矢量的振幅的平方成正比，沿传播方向前进。

1.1.2　光波的偏振特性

光波是横波，即表明电场强度矢量在传播过程中始终位于垂直于传播方向的横截面内。在这个横截面内，电场强度矢量还可能存在各种不同的振动方向。我们将光振动方向相对光传播方向不对称的性质称为光波的偏振特性。

通常，一个原子所发出的波列持续时间约为 10^{-8} s，具有确定的振动方向，即是偏振的。但对于普通光源而言，其发出的光由大量原子发出的波列组成。这些波列是互不相关的，振动方向和相位是无规则、随机的，平均说来，光矢量在各个方向上的分布是对称且均匀的，这种光叫自然光，也叫非偏振光，或更确切地说是随机偏振光。所以，普通光源发出的光都是自然光。如果光矢量在一个固定的平面内只沿一个固定方向振动，这种光称为线偏振光，又称为平面偏振光或完全偏振光。然而，光通常既非完全偏振，也非完全不偏振，更常见的是部分偏振光，即在垂直于光传播方向的平面，各方向均存在光振动，且振幅不等。部分偏振光可以看作是完全偏振光和自然光的混合。

设时谐均匀平面光波沿 z 方向传播。沿 z 方向传播的时谐均匀平面波可表示为沿 x，y 方向振动的两个独立场分量的线性组合：

$$\boldsymbol{E} = \boldsymbol{i}E_x + \boldsymbol{j}E_y \tag{1-13}$$

$$E_x = E_{0x}\cos(\omega t - kz + \varphi_x) \tag{1-14}$$

$$E_y = E_{0y}\cos(\omega t - kz + \varphi_y) \tag{1-15}$$

式中，E_x，E_y 分别表示传播方向相同、振动方向相互垂直、有固定相位差的两束线偏振光。

根据空间任一点光矢量 $\boldsymbol{E}$ 的末端轨迹形状不同，可将完全偏振光分为椭圆偏振光、线偏振光和圆偏振光。为了求得电场矢量端点所描绘的曲线，把式(1-14)和式(1-15)中 $(\omega t - kz)$ 消去，进一步运算可得

$$\left(\frac{E_x}{E_{0x}}\right)^2 + \left(\frac{E_y}{E_{0y}}\right)^2 - 2\frac{E_x}{E_{0x}}\frac{E_y}{E_{0y}}\cos\varphi = \sin^2\varphi \tag{1-16}$$

式中，$\varphi = \varphi_y - \varphi_x$。

式(1-16)为一椭圆方程，这表明电场矢量的端点轨迹是一个椭圆：在任一时刻，沿传播方向上，空间各点电场矢量末端在 xy 平面上的投影是一椭圆。这种电磁波在光学上被称为椭圆偏振光。

这里 φ 和 E_{0x}/E_{0y} 的大小决定了椭圆形状和空间方向，从而决定了光的不同偏振态。在光学中经常讨论的偏振情况有两种：一种是电场矢量 $\boldsymbol{E}$ 的方向永远保持不变，即线偏振；另一种是电场矢量 $\boldsymbol{E}$ 端点轨迹为一圆，即圆偏振。这两种情况都是上述椭圆偏振的特例。

当 $\boldsymbol{E}_x$，$\boldsymbol{E}_y$ 二分量的相位差 $\varphi = m\pi$ $(m = 0, \pm 1, \pm 2, \cdots)$ 时，椭圆将退化为一条直线，这时，

$$\frac{E_x}{E_y} = (-1)^m \frac{E_{0x}}{E_{0y}} \tag{1-17}$$

电矢量 $\boldsymbol{E}_x$ 就称为线偏振，也称为平面偏振。

当 $\boldsymbol{E}_x$，$\boldsymbol{E}_y$ 的振幅相等 $a_1 = a_2 = a$，且相位差 $\delta = \delta_2 - \delta_1 = m\pi/2$ $(m = \pm 1, \pm 3, \pm 5, \cdots)$ 时，椭圆方程退化为圆方程：

$$E_x^2 + E_y^2 = a^2 \tag{1-18}$$

此时的振动状态称为圆偏振，该光称为圆偏振光。其余情况下则为椭圆偏振，如图 1-3 所示。

下面分析几种常见光波偏振态及偏振效应。

1) 线偏振光

在同一时刻，线偏振光沿传播方向上各点的光矢量都在同一平面内，如图 1-4 所示。如果逆着光传播的方向看，将看到图 1-5 所示的一条线。

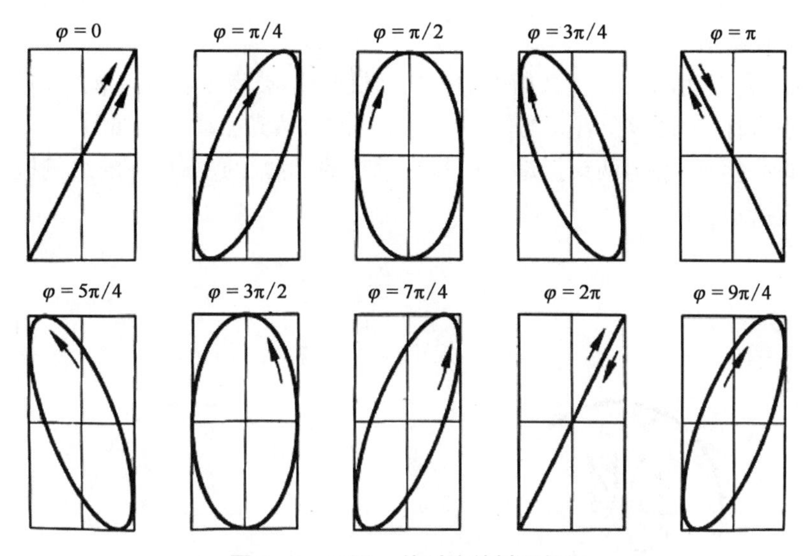

图 1-3　不同 φ 值对应的椭圆偏振

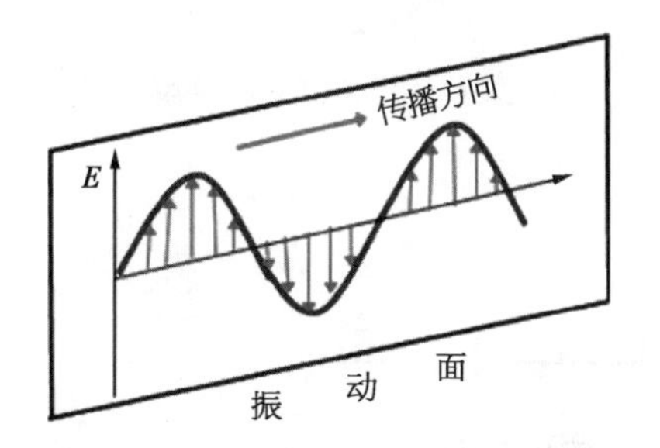

图 1-4　某时刻的线偏振光的振动面

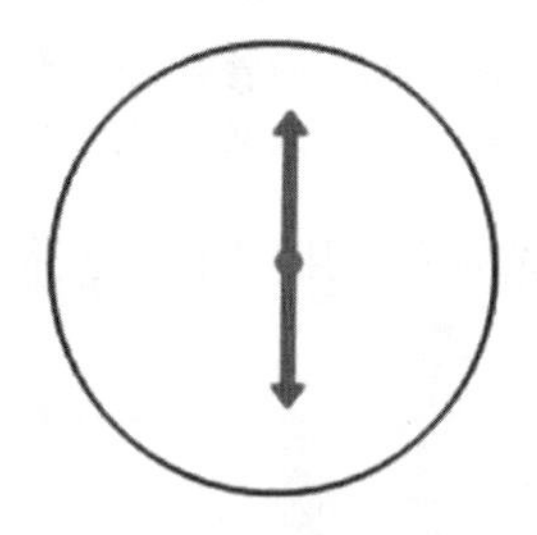

图 1-5　逆着光的传播方向看线偏振光

线偏振光可沿两个相互垂直的方向分解，如图 1-6 所示，设线偏振光振动方向与 x 轴夹角为 α，则分解后的表达式为

$$\begin{cases} \boldsymbol{E}_x = \boldsymbol{E}\cos\alpha \\ \boldsymbol{E}_y = \boldsymbol{E}\sin\alpha \end{cases} \tag{1-19}$$

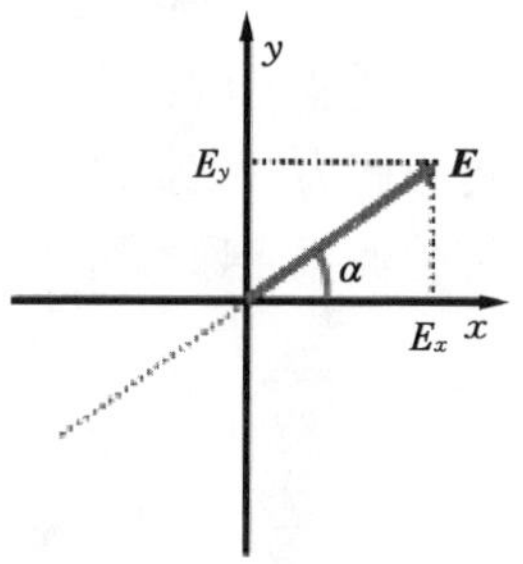

图 1-6　线偏振光的分解

线偏振光常可用图 1-7 所示方法简化表示。图中圆点表示垂直于纸面的光振动，短线表示平行于纸面的光振动。

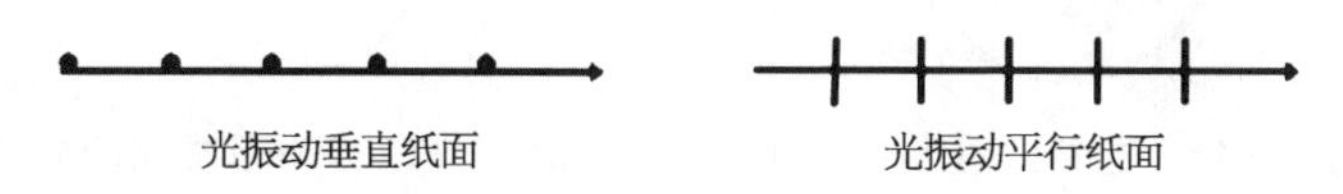

图 1-7　线偏振光的表示法

2）自然光

对于自然光，$\boldsymbol{E}_x$ 在横截面中的方向随机变化，或者说在 360°范围内等概率分布，没有优势方向，逆着光的传播方向看到的自然光振动情况如图 1－8 所示。一束自然光可分解为两束振动方向相互垂直的、等幅的、不相干的线偏振光，如图 1－9 所示。即

$$\bar{E}_x = \bar{E}_y$$

$$I = I_x + I_y \tag{1-20}$$

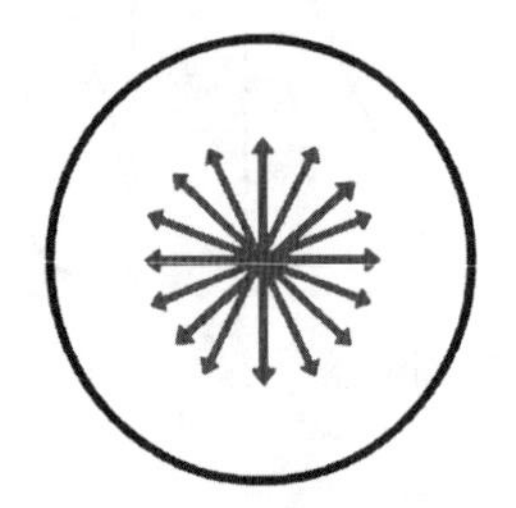

图 1－8 逆着光的传播方向看自然光

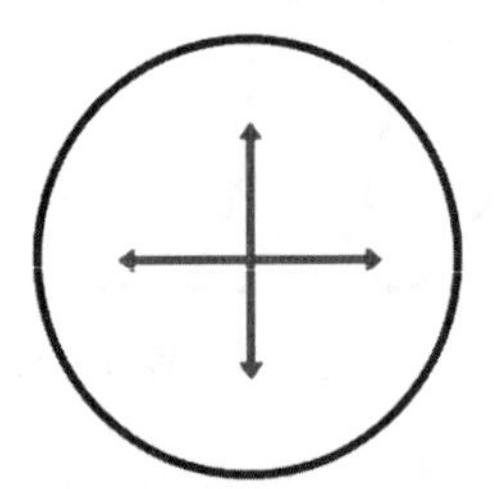

图 1－9 自然光的分解

自然光通常可用图 1－10 简单表示。

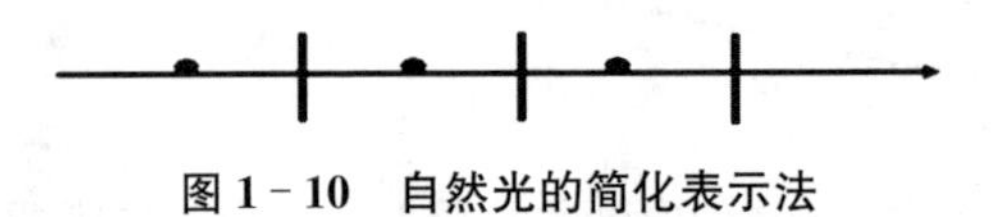

图 1－10 自然光的简化表示法

3）部分偏振光

逆着光的传播方向看部分偏振的振动情况，如图 1－11 所示。部分偏振光可分解为两束振动方向相互垂直、不等幅、不相干的线偏振光，如图 1－12 所示。部分偏振光通常可用图 1－13 简化表示。

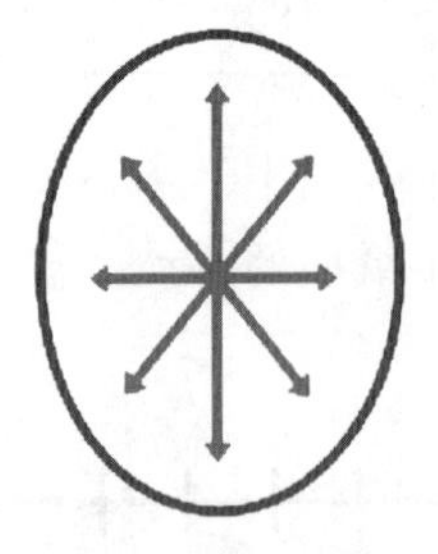

图 1－11 逆着光的传播方向看部分偏振光

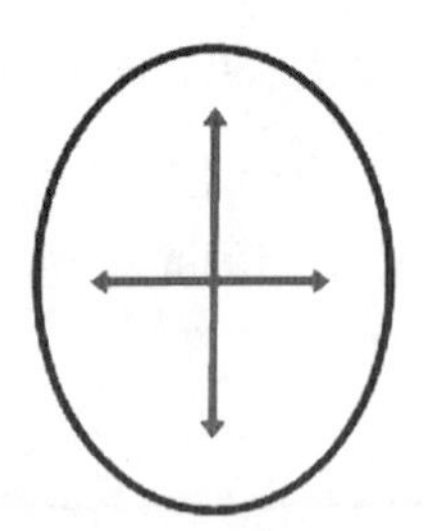

图 1－12 部分偏振光的分解

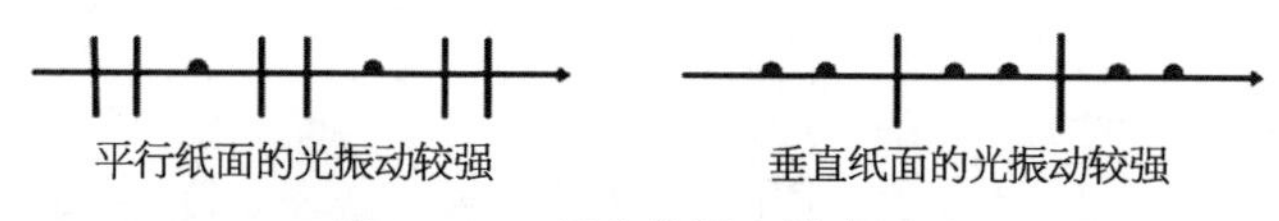

图 1 - 13　部分偏振光的表示法

4) 圆偏振光、椭圆偏振光

椭圆偏振光和圆偏振光的特点是在垂直于光传播方向的平面内，光矢量按一定角频率旋转，逆着光传播的方向看，根据电矢量的端点在椭圆或圆上的旋转方向不同，可将圆偏振光、椭圆偏振光分为右旋和左旋，顺时针旋转为右旋，逆时针旋转为左旋。图 1 - 14 为逆着光的传播方向看圆偏振光、椭圆偏振光的振动情况。

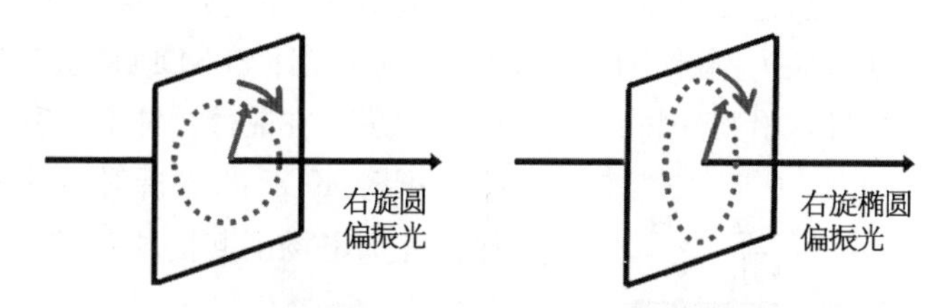

图 1 - 14　逆着光的传播方向看圆偏振光、椭圆偏振光

5) 人工双折射

某些透明晶体(如方解石、石英等)沿不同方向其光学特性有所不同(各向异性)。一束单色光入射这种晶体时会产生两束折射光，称为双折射现象。透过这种晶体去观察物体，则会看到双重像。

人们还可以人为地造成各向异性，从而产生双折射。塑料等非晶体在通常情况下是各向同性而不产生双折射的，但当它们受到应力时，就会变成各向异性，而显示双折射。这种应力双折射效应亦称为光弹效应。利用光弹效应，提供了一种检测材料应力分布的简单方法，目前已发展成为一个专门的学科，光弹性学。如图 1 - 15 所示，在待测材料有机玻璃上施加应力 F，有机玻璃材料会变成各向异性，也就是说应力→各向异性→n 各向不同。在一定应力范围内，有

$$|n_e - n_o| = k\frac{F}{S} \tag{1-21}$$

式中，S 为受力面积。两偏振光的相位差为

$$|\Delta\varphi| = \frac{2\pi d}{\lambda}|n_e - n_o| = \frac{k \cdot d \cdot 2\pi}{\lambda} \cdot \frac{F}{S} \tag{1-22}$$

两束偏振光经过偏振器就发生了偏振光干涉现象。当 F/S 变化，相位差就发生变化，干涉条纹亦发生变化。干涉条纹的变化可以反映出材料应力的变化。

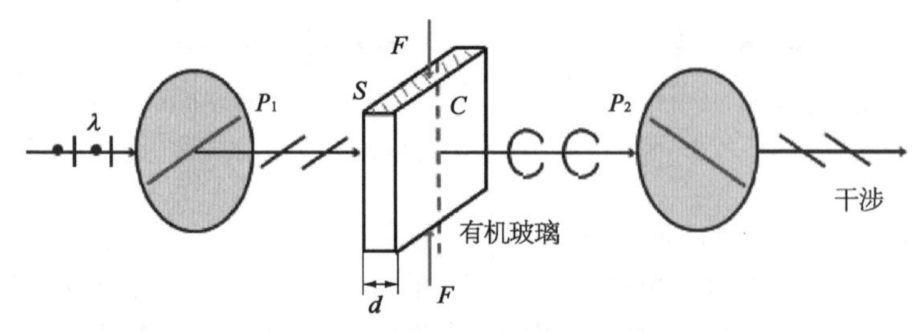

图 1－15　基于光弹效应的应力分布检测原理

不仅应力会造成双折射，电场也能使晶体产生双折射现象。当加到晶体上的电场较大时，其折射率可能会发生变化，进而使晶体主轴方向发生改变。电致双折射效应也叫电光效应，包括克尔效应（二次电光效应）和泡克尔斯效应（线性电光效应）。以泡克尔斯效应为例，如图 1－16 所示，电光晶体如 KDP（磷酸二氢钾），是一种无对称中心的晶体，沿某一特定方向施加电场后，在晶体内能对某种方向的入射光产生双折射，KDP 的双折射与外加电场强度成正比。外加电场引起的相位差为

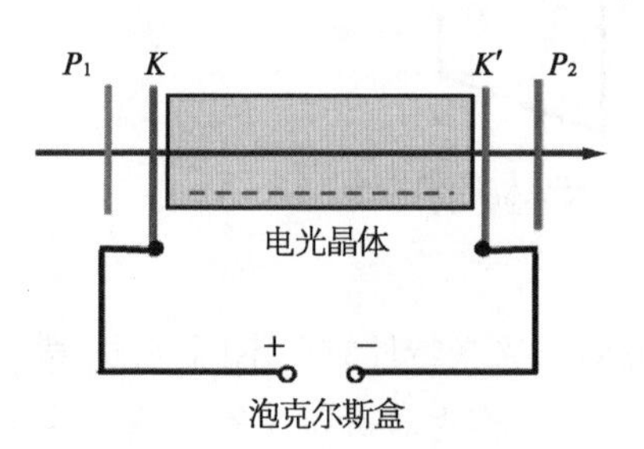

图 1－16　泡克尔斯效应

$$\Delta\varphi_{\mathrm{p}}=\frac{2\pi}{\lambda}n_{\mathrm{o}}^{3}rV \tag{1-23}$$

式中，n_{o} 为光在晶体中的折射率，V 为电压，r 为电光系数。

利用电光效应可以制成强度调制器和相位调制器。在本书 1.2 节将深入地展开讨论。

6）旋光现象

1811 年，阿喇果（Arago）在研究石英晶体的双折射特性时发现：一束线偏振光沿石英晶体的光轴方向传播时，其振动平面会相对原方向转过一个角度。由于石英晶体是单轴晶体，光沿着光轴方向传播不会发生双折射，因此阿喇果发现的现象应属于另外一种新现象，这就是旋光现象，也即旋光效应。物质的旋光性是指物质可使线偏振光的振动面发生旋转的特性。

磁致旋光效应，是当平面偏振光沿磁力线方向通过磁场中的介质时，偏振面发生旋转的现象，如图 1－17 所示，又称法拉第效应，是法拉第在 1846 年发现的。

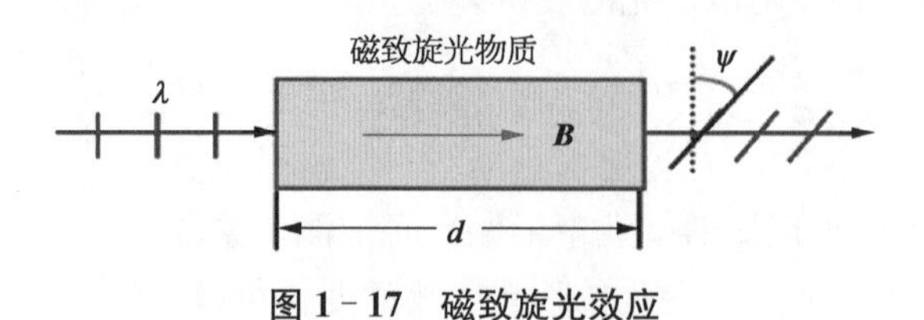

图 1－17　磁致旋光效应

偏振面旋转的角度为

$$\Psi = V \cdot d \cdot \boldsymbol{B} \tag{1-24}$$

式中，V 为费德尔常量，$V \approx 10^4 \sim 10^5\ \mathrm{m^{-1} \cdot T^{-1}}$。

基于磁致旋光效应，可以进行高压大电流检测。当今智能电网的建设，对电网的输送和测量提出了更高的要求，特高压大电流的测量手段将面临严峻的考验。其中光纤电流传感由于具有抗电磁干扰、动态范围大、绝缘性好等优势而成为工业电流测量的有效技术手段，代表目前电流传感器的研究方向。

光纤电流传感器是以法拉第磁光效应为基础，以光纤为介质的电力计量装置。它是通过测量光波在通过磁光材料时其偏振面在电流产生的磁场作用下发生旋转的角度来确定被测电流大小的。按照对偏振面旋转角度的检测方法不同，光纤电流传感器分为单光路(偏振片检测)光纤电流传感器与双光路(渥拉斯顿棱镜检测)光纤电流传感器两种类型。结构分别如图 1－18、图 1－19 所示。

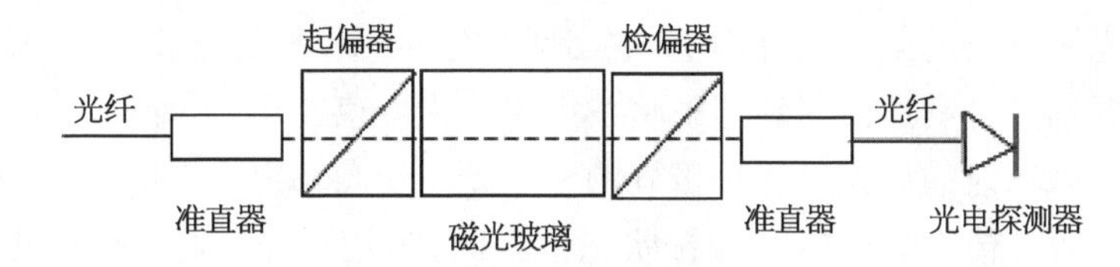

图 1－18　单光路光纤电流传感器

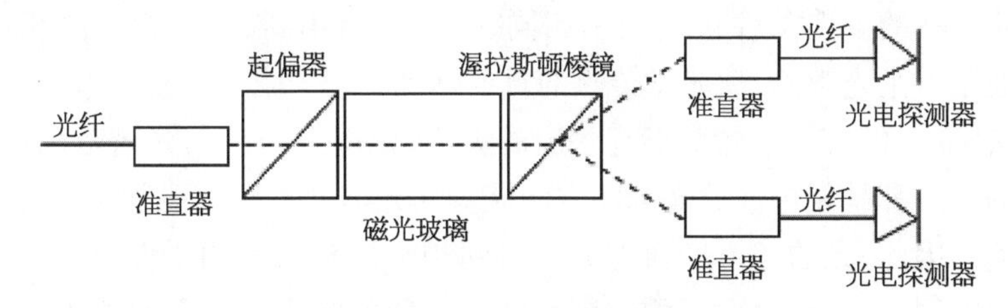

图 1－19　双光路光纤电流传感器

单光路电流传感器具有结构简单、容易耦合、光路调试方便、光学结构稳定、价格相对便宜等优点。通过检测入射光经过传感头后出射光的光强，可得被测电流的大小。入射光强的波动会给测试带来一定的误差，可通过电路处理来消除光源的影响。双光路电流传感器结构复杂、耦合损耗大，但采用渥拉斯顿棱镜将光束分成两路，能有效去除外界环境因素的干扰，得到与入射光强无关的信号，提高系统的测量精度和稳定性。

1.1.3　光的相干性

光源的最基本发光单元是分子、原子，光源的发光是大量原子(或分子)进行的一种微观过程。普通光源是原子的自发辐射发光，激光光源是受激辐射发光。原子一般处于能量最低的基态，普通光源中的原子吸收了外界的能量就会跃迁到激发态，但处于激发态的原子是不稳定的，它在激发态存在的时间平均只有 $10^{-11} \sim 10^{-8}$ s，之后会自发地回到较低激发态或基态，同时辐射出光波。光波的频率由自发辐射的两能级差值决定，原子发光过程所经历的时间 τ 是很短的，约为 10^{-8} s。因此原子发射的光波是一段频率一定、振动方向一定、长度有限的波列。一个波列的长度为 τc（c 为光速）。一个原子经一次发光后，只有重新获得能量后才能再次发光。每个原子的发光是间歇的。在普通光源内，有许多原子在发光，各个原子的发光完全是自发、独立、随机的，因而不同原子在同一时刻所发出的光在频率、振动方向和相位上互不相同，同一个原子在不同时刻发出的光在频率、振动方向和相位上也是不相同的。因此，对于普通光源而言，两个独立光源或同一光源不同部分发出的光是不相干的。

利用普通光源获得相干光的途径通常有两种：分波面法和分振幅法。分波面法是从光源发出的某一波阵面上，取出两部分面元作为相干光源，如杨氏双缝实验。分振幅法是利用反射和透射将一束光分为两束相干光，如薄膜干涉实验。

基于受激辐射的激光是一种极好的相干光。受激辐射发出的光子和外来光子的频率、相位、传播方向以及偏振状态全相同，为相干光。利用激光很容易进行各种光的干涉实验，甚至使用来自两个独立激光器发出的两束激光也能发生干涉。两列波的干涉条件包括频率相同、振动方向相同、相位相同或相位差恒定。光波干涉是光学测量、光学传感的重要基础。

在实际中，任何一个光源都有一定的大小，也都有一定的光谱范围，或者说所发出的光波都是复色波。光源的空间展宽和光谱展宽对干涉条纹的特性有明显的影响。因此，光的相干性通常分为时间相干性和空间相干性。时间相干性是指在空间同一点上，两个不同时刻光波场之间的相干性。空间相干性是指在同一时刻，垂直于光传播方向上的两个不同空间点上光波场之间的相干性。对于实际的光源，光场的时、空相干性需要同时考虑。对光的相干性的研究对光信息检测特别重要。

1）时间相干性

时间相干性通常用相干长度来衡量。相干长度为两列波能发生干涉的最大光程差，与光源的光谱宽度有如下关系：

$$\delta_{M} = \frac{\lambda^{2}}{\Delta\lambda} \tag{1-25}$$

很显然，光源的光谱宽度愈宽，相干长度愈小。

光源的相干长度非常重要，它是在实际应用干涉原理时决定光源对于干涉信号的影响与限制。超窄线宽激光器的线宽可以达到赫兹范围而不是纳米量级。谱线宽度和相干长度具有此消彼长的关系，即谱线愈窄，相干长度愈长。目前超窄线宽激光器的线宽可做到 1 kHz。在光纤传感领域，可测量距离达到上百千米。

光源的时间相干性还常用相干时间来衡量，相干时间定义为光通过相干长度所需要的时间。可见，光的时间相干性由光源线宽或单色性所决定，τ 与光谱宽度间关系为

$$\tau = \frac{\delta_{\mathrm{M}}}{c} \tag{1-26}$$

利用迈克耳孙干涉仪可测量光的相干长度。干涉仪原理如图 1-20 所示，测量时首先调节迈克耳孙干涉仪两臂相等，此时干涉条纹的对比度最佳，然后移动反射镜，直至干涉条纹几乎消失，这时的光程差即为光波的相干长度。移动反射镜 2 的位置，将发生条纹变化。条纹的变化量可以反映反射镜的位移量，可以进行微小位移的测量。光纤化的迈克耳孙干涉仪如图 1-21 所示。

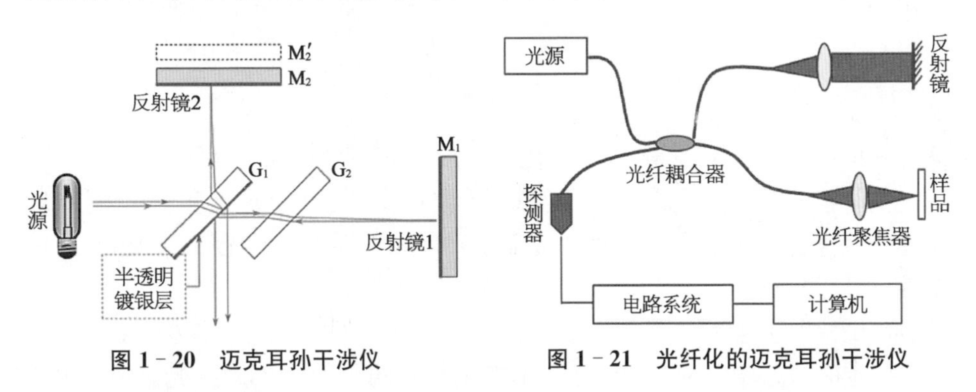

图 1-20　迈克耳孙干涉仪

图 1-21　光纤化的迈克耳孙干涉仪

应用图 1-20 和图 1-21 所示的传感系统可以传感、测量多种物理量。检测水下声信号的干涉型光纤水听器就采用了该结构，它得到各国高度重视，有关细节详见第 3 章。

2）空间相干性

空间相干性由光源宽度、光波长、研究距离所决定。以杨氏干涉为代表的分波面系统中，采用单色双缝干涉装置，当双缝距离 d 大于相干长度时，将不会出现干涉条纹。如图 1-22 所示，设光源宽度为 b，每一个点光源产生一组干涉条纹，各点源之间发光的随机性和独立性使得彼此为非相干点源，故观察到的干涉场是一组组干涉条纹的非相干叠加，使对比度下降，当光源大到一定程度时，甚至使对比度值降为 0。

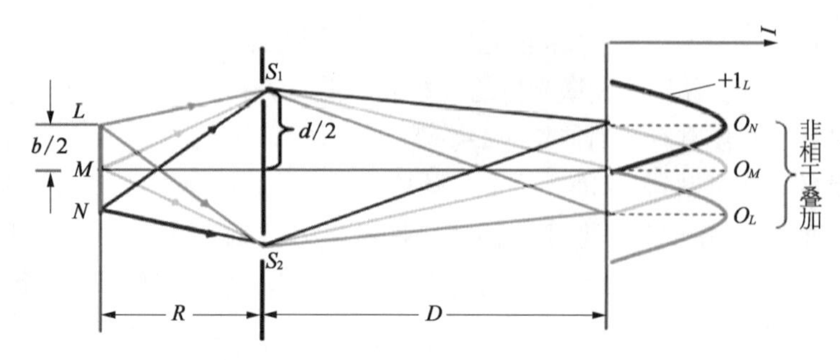

图 1-22 杨氏双缝干涉仪及多组干涉条纹的非相干叠加

对一定的光源宽度 b，通常称光通过 S_1 和 S_2 恰好不发生干涉时所对应的这两点的距离为横向相干长度 d_t，有

$$d_t = \frac{\lambda R}{b} \tag{1-27}$$

相干孔径角是光场中保持相干性的两点的最大横向分离相对于光源中心的张角，为

$$\beta_c = \frac{d_t}{R} = \frac{\lambda}{b} \tag{1-28}$$

从上式可见：光源小、波长大，相干孔径角大，光源的空间相干性好。

空间相干性所受限制决定于光源上不同点发光的无规律性和不相干性，对激光器而言基本没有限制，因此激光器是空间相干性最好的光源。利用空间相干性，可以测量遥远星体相对观测点的角直径。

需要特别注意的是，虽然光波参量振幅、频率(波长)、相位、偏振的变化都反映了一定的信息，由于光探测器目前仅仅对光强的变化敏感，对于光波中所包含的各种信息的检测只能通过光强的测量来实现。光波中相位的变化，将在光的干涉现象中反映为光强在空间位置上的变化；偏振态的改变，将使光强在空间方向上的分配产生变更；光波频率的改变，则会使光强在频谱图上的分布发生改变。光波的偏振态(空间分配)、相位(干涉图样)、频率(频谱)等的变化，只能通过转换为光强的变化来测量，这是目前进行光学测量的最大特点。

1.1.4 光的吸收和散射

1) 一般吸收和选择吸收

光在介质中传播时，部分光能被吸收而转化为介质的内能，光的强度随传播距离(穿透深度)增大而衰减的现象称为光的吸收。由于吸收，光在通过介质后能量减少，在许多情况下这是人们所不希望见到的。例如，光纤、大气等传输介质，人们总是希望它对光的吸收越小越好，以便光信号传输更远距离。但是，吸收并非一定都是坏事。例如，对于光电探测器，我们总是希望它尽可能多地吸收入射光，以便提高光电转换效率。

介质的吸收系数一般是波长的函数。根据吸收系数随波长变化规律的不同，将吸收分为一般吸收和选择吸收。如果介质对某一波段的光吸收很少，或在某一给定波段内吸收几乎不变，这种吸收称为一般吸收。反之，如果介质对光具有强烈的吸收，且吸收率随波长剧烈变化，即具有光谱选择性，则这种吸收称为选择吸收。利用介质的选择吸收特性，可以进行材料的组分测试及物质含量测定。例如，光谱吸收型的气体光纤传感器就是基于气体的选择吸收特性研制的。每一种气体都有固有的吸收谱，当光源的发射光波长与气体的吸收光波长相吻合时，就会发生共振吸收。其吸收强度与该气体的浓度有关，通过测量光的吸收强度就可以测量气体的浓度。

2）光的散射

当光束通过光学性质不均匀的物质时，从侧向可以看到光，这种使入射光重新产生空间分布的现象称为散射。按散射介质在光电场作用下，极化与电场间的关系，光散射可分为两大类：弹性光散射和非弹性光散射。当散射光频率与入射光频率相同时，称为弹性光散射，如瑞利散射；当散射光频率与入射光频率不同时，称为非弹性光散射，如布里渊散射和拉曼散射。

散射光的产生及其特点与介质不均匀性的尺度有着密切的关系。按照光学不均匀性尺度的大小，频率相同的散射又可分为瑞利散射和米氏散射。瑞利散射是指散射粒子的直径在 $\lambda/5$ 以下，远小于光波波长的散射，又称为分子散射。瑞利散射的主要特点是：散射系数 $\gamma(\lambda)$ 与入射光波长的 4 次方成反比，即

$$\gamma(\lambda)=A\frac{1}{\lambda^{4}} \tag{1-29}$$

式中，A 为一常数，它与散射粒子浓度、折射率、散射截面等有关。散射将使入射光发生衰减，设波长 λ 的入射光功率为 $P_{\lambda}(0)$，经 x 距离散射后其光功率 $P_{\lambda}(x)$ 为

$$P_{\lambda}(x)=P_{\lambda}(0)\exp[-\gamma(\lambda)x] \tag{1-30}$$

可见，波长愈短，由于散射引起的光衰减愈强。

米氏散射是指散射微粒的直径与入射的光波波长接近甚至更大时的散射。云雾中的小水滴就是米氏散射颗粒。米氏散射的特点是：散射系数不是与入射光波长的 4 次方成反比，而是与波长的较低幂次成反比，即

$$\gamma(\lambda) \propto \frac{1}{\lambda^n} \tag{1-31}$$

式中，$n < 4$，n 的具体取值取决于微粒尺寸。

利用瑞利散射和米氏散射的光强与波长的光强可以说明许多自然现象。晴朗的天空呈现蓝色是由于大气分子的瑞利散射，云或雾呈白色是由于组成白云或雾的小水滴对可见光产生米氏散射的缘故。

介质中的不均匀性随时间而变化会导致散射光相对于入射光的频率偏移。在物质的微结构中，光照射在分子、原子等微粒的转动、振动、晶格振动及各种微粒运动参与的作用下，光的散射频率不等同于入射频率的现象叫非弹性散射。最典型的是拉曼、布里渊散射。由分子振动、固体中的光学声子等元激发与激发光相互作用产生的非弹性散射称为拉曼散射。布里渊散射与拉曼散射不同的是，在布里渊散射中是研究能量较小的元激发，如声学声子和磁振子等。

光纤中的后向散射光谱如图 1-23 所示。可以看出，在光纤后向散射谱分布图中，激发线两侧的频谱是成对出现的。在低频一侧频率的散射光为斯托克斯光(Stokes)；在高频一侧的散射光为反斯托克斯光(anti-Stoke)，它们同时包含在拉曼散射和布里渊散射谱中。基于瑞利散射的光时域反射计(OTDR)可以测量光纤损耗，实现分布式传感。基于散射光偏振状态检测光时域反射计(POTDR)，可以实现压力、温度、振动的分布式传感。基于拉曼散射的光时域反射计(ROTDR)，可以实现分布式温度传感。基于布里渊散射的光时域反射计(BOTDR)，可以实现分布式温度、应变传感。下面以布里渊散射为例，说明光的非弹性散射机理及其应用。

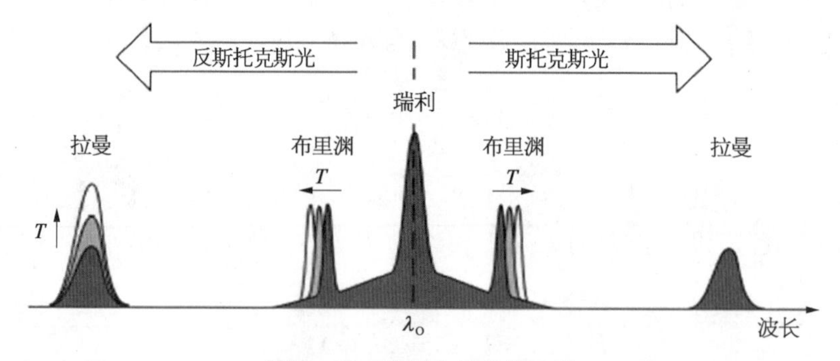

图 1-23　光纤中的散射光谱

由于介质分子内部存在一定形式的振动，引起介质折射率随时间和空间周期性起伏，从而产生自发声波场。布里渊散射是入射光波与声波相互作用而产生的一种非弹性散射，在散射过程中产生的斯托克斯光相对于泵浦光有一频移，称为布里渊频移。散射产生的布里渊频移量 f_B 与光纤中的声速 V_A 成正比：

$$f_B = 2nV_A/\lambda \tag{1-32}$$

而光纤中的折射率和声速都与光纤的温度、所受的应力等因素有关，这使布里渊频移 f_B 随这些参数的变化而变化，温度和光纤应变都会造成布里渊频率的线性移动，可表示为

$$f_B = f_B(0) + \frac{\partial f}{\partial T}T + \frac{\partial f}{\partial \varepsilon}\varepsilon \tag{1-33}$$

布里渊功率随温度的上升而线性增加，随应变增加而线性下降。因此布里渊功率也可表示为

$$P_B = P_0 + \frac{\partial P}{\partial T}T + \frac{\partial P}{\partial \varepsilon}\varepsilon \tag{1-34}$$

上式中 $f_B(0)$，P_0 分别为 $T=0$ ℃、应变为 0 $\mu\varepsilon$ 时的布里渊频移和功率。由于应变相对于温度对布里渊散射光功率的影响要小得多，一般可以忽略，可以认为布里渊散射光功率仅与温度有关。因此，由以上两式可知，通过检测布里渊散射光的光功率和频率即可得到光纤沿线的温度、应变等的分布信息。图 1-24 为应力引起光纤中后向布里渊频移发生变化的示意图。

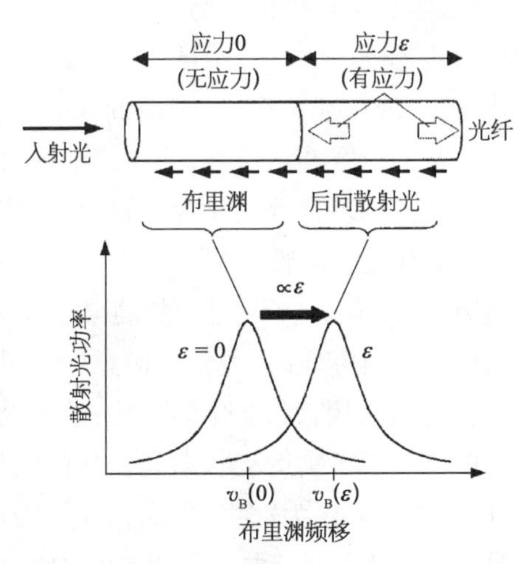

图 1-24　应力引起光纤中后向布里渊频移发生变化

基于自发布里渊散射的布里渊光时域反射计是 20 世纪 90 年代才迅速发展起来的一种现代化分布式光纤传感技术。光纤中后向布里渊散射频率对光纤所受应力十分敏感，具有很好的线性关系。通过将传感光纤植入到被测对象内部或者黏附在表面，就可以得到被监测对象相应位置的应变分布。自发布里渊散射光极其微弱，相对于瑞利散射来说要低大约两三个数量级，而且相对于入射光来说布里渊频移很小(对于一般光纤 1 550 nm 时为 11 GHz 左右)，检测起来较为困难。因此，人们提出了多种方法来测量该光纤中由于外界应力引起的布里渊后向散射光频移。通常采用的检测方法有直接检测和相干检测两种。与传统的监测技术相比，BOTDR 具有分布式、长距离、高精度、耐久性好等特点。与通常采用的光纤传感技术相比，其突出

的优点在于它不需对光纤进行加工,集传输与传感于一体,测试费用低,不需要像光栅检测技术那样需对光栅做特别保护,而只需对光纤沿线返回的布里渊散射光信号进行专门处理即可,可实现长距离分布式测量。主要应用于光纤陀螺线圈应变检测,海底光缆防窃听,桥梁、大坝、隧道等人居工程,山体滑坡等自然灾害监测。

1.2 信息的光调制

信息加载在光波上,首先需对光波进行调制,进而使其变成易于在信道中传输和探测的光信号,本节将主要介绍光调制技术和方法。

"信息"一词在英文、法文、德文、西班牙文中均是"information",日文中为"情报",我国台湾称之为"资讯",我国古代用的是"消息"。作为科学术语最早出现在哈特莱(R. V. Hartley)于1928年撰写的《信息传输》一文中。20世纪40年代,信息的奠基人香农(C. E. Shannon)给出了信息的明确定义,此后许多研究者从各自的研究领域出发,给出了不同的定义。

信息奠基人香农认为"信息是用来消除随机不确定性的东西",这一定义被人们看作是经典性定义并加以引用。经济管理学家认为"信息是提供决策的有效数据"。电子学家、计算机科学家认为"信息是电子线路中传输的信号"。根据对信息的研究成果,科学的信息概念可以概括如下:信息是对客观世界中各种事物的运动状态和变化的反映,是客观事物之间相互联系和相互作用的表征,表现的是客观事物运动状态和变化的实质内容。或者说,信息是事物与过程的表征特性,它表现为数字、公式、记录、图形、符号或其他抽象标志的形式。信息本身可以认为是属于抽象范畴的,例如数学公式,但其载体总是以一种具有物质能量形态的信号形式出现。

调制就是按照要传递的信息来改变载体的一个或几个物理参量,信息的光调制就是将信息加载在光波上,使其光波参数随信息的变化而变化。现讨论一般意义下的光波调制:

设 $a_1, a_2, \cdots, a_n$ 为光载波的任一参量,则光载波可以表示为如下形式:

$$F=g(a_1, a_2,\cdots, a_n, t) \tag{1-35}$$

被调制后光载波可写成

$$F=g\ (a_1, \cdots, a_i+\Delta a_i(t), \cdots, a_n, t) \tag{1-36}$$

式中，$\Delta a_i(t)$为光载波参量的变化分量，称为调制函数。调制函数通常与信息函数 x 成线性关系，即

$$\Delta a_i = Kx \tag{1-37}$$

式中，K 为比例系数。

设光波的电场强度为

$$E(t) = A_c \cos(\omega_c t + \phi_c) \tag{1-38}$$

光波强度与其电场强度的平方成正比，为

$$I(t) = E^2(t) = A_c^2 \cos^2(\omega_c t + \phi_c) \tag{1-39}$$

式中，A_c 为光波的振幅；ω_c 为频率，ϕ_c 为初相角。式(1-38)包含 5 个参数，即强度 A_c^2、频率 ω_c、波长 $\lambda_c = 2\pi C/\omega_0$、相位 $(\omega_c t + \phi_c)$ 和偏振态。如果能利用物理方法改变光波的某一参量，使它按调制信号的规律变化，那么光波就受到了信号的调制，达到"运载"信息的目的。按被调制的光波参数不同，可分为强度调制、相位调制、频率调制、波长调制和偏振调制。

将信息进行光学调制，可使其变成易于在信道中传输的光学信号。调制技术虽然增加了系统的复杂性，但是改善了光电系统的工作品质，有助于传输过程的信号处理和传输能力的提高，同时也能提高系统的信噪比和测量灵敏度。合理的调制方式可以简化接收机结构，甚至改善工作条件，有时还可以扩大目标定位系统的视场和搜索范围。

激光是传递信息的一种甚为理想的光源。这是因为激光具有很好的时间相干性和空间相干性，和无线电波一样，易于进行调制；光波的频率很高，能够传递的信息量大；光束的方向性很好，发射角小，用它传递信息时，易于保密，并且能够传递较远距离。

光波作为信息的载体有其特殊的灵活性，不仅可以进行强度调制，也可以进行偏振调制和相位调制；而且还可以按时间为序传递信息，以及进行二维的空间调制，直接传递整幅图像的信息。其调制通常有 3 种类型：对光波(幅度)进行时域调制；对光波(幅度)进行空域调制；对光波参量(主要是振幅、波长、相位、偏振)进行调制。在复杂的光电系统中，也可能同时存在上述 3 种类型的混合调制变换。

激光作为传递信息的有效工具，首先需要解决的问题是如何将信号加载到激光辐射上去，即使信号从其原来的形式转变为一种更适于信道传输的形式。把欲传输的信息加载到激光辐射上的过程，称为激光调制，把完成这一过程的装置称作激光调制器。调制后的光波经过空间或光纤等介质送至接收端，由光接

收机鉴别出它的变化，再还原出所加载的原始信息，这个过程称为光解调。其中，激光频率比较高，对光起控制作用的信息相对来说是一个低频信号，我们这里把低频信号称为调制信号，而被调制后携带低频信号的光波称为载波或调制光波。

时域调制有 3 种载体：直流状态、连续状态、脉冲序列等。直流状态，例如光强的直接调制，仅具有光强变化一个信息参量。连续状态，例如形成交变的光强。脉冲序列包括脉冲幅度、脉冲位相、脉冲频率、脉冲宽度、脉冲数以及由代码决定的脉冲和休止期的组合。时域光信息载体适合于一维时域的光学信号的变换与传输，是光电系统中应用最广泛的光学载体，与之相对应的光通量时域调制变换方法是最基本的方法。

空间域调制的载体是空间分布的光强。可以载荷二维光学信息，如图像信息。通常用扫描方法将二维信息转换为光通量随时间的变化进行处理。

光学参量调制中可以作为信息载体的光学参量包括光波振幅、相位、频率、波长、偏振方向、光波传播方向等。光电探测器只能探测光的强度，无论什么样的光学参量调制，最后必须变换为光强的变化，才能被探测到。

光调制技术可以有不同的分类方式，按照载波是否连续可分为连续式调制和脉冲式调制。按照激光器与调制器的关系可分为直接调制和间接调制。从调制信号的形式来说，光调制又可分为模拟信号调制和数字信号调制。模拟信号调制是直接用连续的模拟信号（如话音和电视等信号）对光源进行调制，例如对发光二极管进行模拟调制；数字信号调制则是把不连续的数字信号加载于光波上。

如图 1－25 所示，直接调制是用电信号直接调制光源器件的工作参数，如半导体激光器的工作电流，使光源发出的光功率随信号而变化。这种方式的优点是简单、经济、容易实现，但调制速率受器件性能的限制。间接调制也叫外调制，是基于电光、磁光、声光效应，让光源输出的连续光载波通过光调制器，调制器实

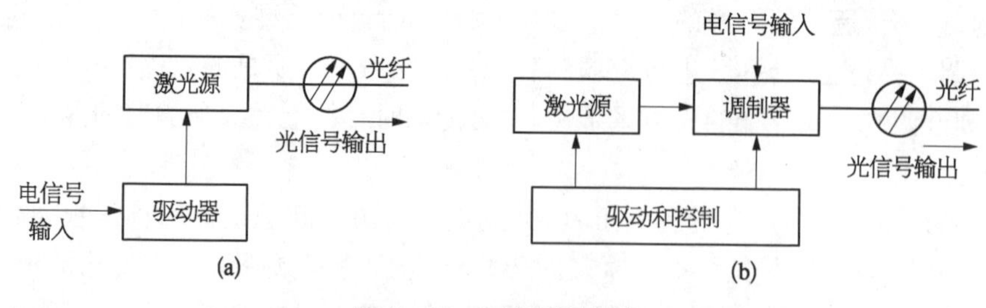

图 1－25　两种调制方案

(a) 直接调制；(b) 间接调制（外调制）

现对光载波的调制。该调制方式需要调制器,结构复杂,但可获得优良的调制性能,特别适合高速率的光电系统。

模拟调制中一类是利用模拟基带信号直接对光源进行调制;另一类采用连续或脉冲的射频波作为副载波,模拟基带信号先对它进行调制,再用该已调制的副载波去调制光载波。模拟调制的调制速率较低,均使用直接调制方式。

数字调制主要指脉冲编码调制。即先将连续的模拟信号进行抽样、量化、编码,转化成一组二进制脉冲代码,再对光信号进行通断调制。数字调制也可使用直接调制和外调制。

广泛应用的光纤传感器的基本原理就是基于光调制技术,它利用外界因素(信号)使光纤中传播的光波参数发生变化,从而对外界因素进行测量。按信号对光纤的调制方式划分,光纤传感器也被分为强度调制、相位调制、频率调制、波长调制、偏振调制等类型。

1.2.1 光强的时域调制

1.2.1.1 时域光信号的直接调制(改变光通量形式)

在这一调制方式下,被测信息直接调制光通量,使辐射光通量随被测信息的变化而变化。

1) 单通道测量法

图1-26为工件长度公差精确测量系统原理图,图中上部分为光通量沿单一光通道传送到光电接收器的系统,称为单通道测量系统。光源发出的光经过准直透镜L1后为平行光,经光阑1后光通量为Φ_s,光经过测量杆A,未被阻挡的光由聚光镜L2汇聚到光探测器D1光敏面上。

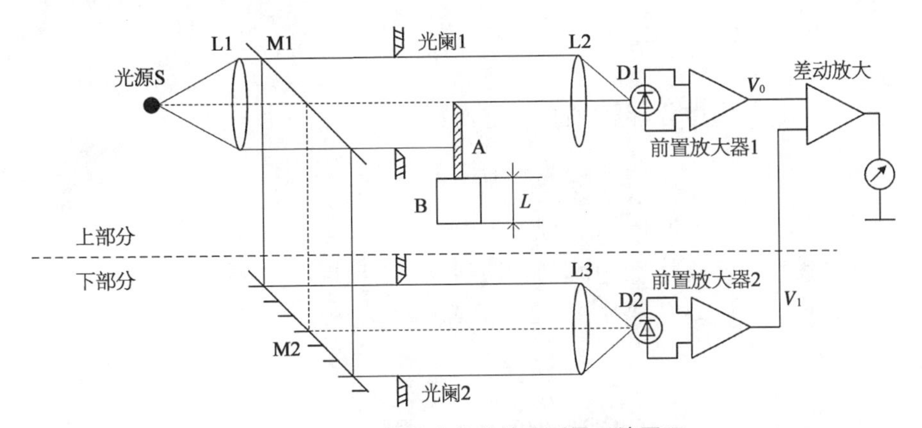

图1-26 工件长度公差精确测量系统原理

在测量工件前,需先调整测量杆 A 的高度,使下端面到测台的精确距离为 L,并调整外加电压 V_1,使得 $V_1=V_0$,则差动放大器输出为零,电表指示为零。测量时,只要放上被测工件 B,如工件长度偏离 L 值,测量光路光电池接收的光通量就有变化,光电流变化,电表指针的指示值正比于工件长度的公差。

在实际应用中,光源辐射在长期工作时具有不稳定性,因此单通道工件公差精确测量系统具有一定局限性。解决办法通常有两种:一是采取稳定发光源;二是采取双通道测量方法。前者系统比较复杂,而双通道测量法简单可行。

2) 双通道测量法

加上图 1-26 下部分,构成双通道工件公差精确测量系统。在 L1 后放上半透半反镜 M1,约一半的光经反射镜 M2 反射再经光阑 2 入射到准直透镜 L3 和光探测器 D2 光敏面上。前置放大器 2 的输出电压 V_1 的变化量正比于光源辐射光通量的变化量。

测量前同样需要先测量标准工件,确定精确的 L 值,然后调整补偿回路的光阑 2,使电表精确指零。测量时,放上被测工件,电表指示值正比于工件的公差值。

双通道系统不仅能完全消除光源辐射起伏的影响,而且能在一定程度上消除杂散光引起的不稳定性,是光通量幅度测量中常用的方法。对于复杂的高精度测量,多采用双通道系统,而在一般的场合常常采用单通道系统。光通量幅度测量方法适合于检测直流或缓慢变化的光信号,在光度测量中有广泛应用。

3) 光通量直接调制系统模型

光通量直接调制系统的形式多种多样,但它们都由光源、光学系统及光电接收器组成,如图 1-26 所示。设光源发射光强为 I_s,光路调制系数为 α,接收光强为 I_p,则

$$I_p=\alpha I_s \tag{1-40}$$

对上式进行全微分,得系统的传递函数:

$$\Delta I_p=\alpha\Delta I_s+I_s\Delta\alpha \tag{1-41}$$

式中,ΔI_s 为光源变动量,$\Delta\alpha$ 为光路调制变化量。

在光通量直接调制系统中,通常遇到两类物理量,一类是测量辐射源亮度或温度,这时 $\Delta\alpha=0$,ΔI_s 是变量,系统传递函数变为

$$\Delta I_p=\alpha\Delta I_s \tag{1-42}$$

ΔI_s 的变化直接反映了亮度或温度的变化。另一类是测量对传输路径中的光通

量进行调制的物理量，如物体的浓度、浑浊度及几何量等，这时 $\Delta I_s=0$，$\Delta\alpha$ 是变量，系统传递函数变为

$$\Delta I_p = I_s\Delta\alpha \tag{1-43}$$

若将 $\Delta\alpha$ 定义为被测量变化，显然，ΔI_s 是不应该存在的，所以对于精度要求更高的系统，为避免光源波动，可以采用双光路比值法消除光源影响。

此外，为避免其他杂散光进入光路，可将光源调制，只有调制的光才是用于测量的光，从而将杂散光通过电路滤波滤除。

4) 光通量幅度直接调制系统的信噪比

光通量幅度直接调制系统的探测是将光信号直接入射到光探测器光敏面上，光探测器响应光辐射强度进而输出光电流或电压。设 E_0 是信号电场的振幅，光探测器获得的平均光功率为

$$P=\frac{1}{2}E_0^2 \tag{1-44}$$

光电探测器输出的光电流为

$$I_p=\beta P=\beta E_0^2/2 \tag{1-45}$$

式中，β 为转换效率，$\beta=e\eta/(h\upsilon)$，η 为量子效率，h 为普朗克常量。

若光探测器的负载电阻为 R_L，则其输出的电功率为

$$S_p=I_p^2R_L=\beta^2P^2R_L \tag{1-46}$$

上式表明，光探测器输出的电功率正比于入射光功率的平方。因此，光电探测器也称为平方律探测器。

设入射到光探测器的信号光功率为 P_s，噪声功率为 P_n，光探测器输出的信号功率为 S_p，输出的噪声功率为 N_p，则有

$$S_p+N_p=\beta^2R_L(P_s+P_n)^2=\beta^2R_L(P_s^2+2P_sP_n+P_n^2) \tag{1-47}$$

考虑到信号的独立性，则有

$$S_p=\beta^2R_LP_s^2 \tag{1-48}$$

$$N_p=\beta^2R_L(2P_sP_n+P_n^2) \tag{1-49}$$

因此，光通量幅度直接调制系统的信噪比为

$$\left(\frac{S}{N}\right)_{\text{功率}}=\frac{S_p}{N_p}=\frac{P_s^2}{2P_sP_n+P_n^2}=\frac{(P_s/P_n)^2}{1+2(P_s/P_n)} \tag{1-50}$$

(1) 如果 $P_s/P_n \ll 1$,即输入信号很微弱,$(S/N)_{功率} \approx (P_s/P_n)^2$,这说明探测系统输出信噪比近似等于输入信噪比的平方。

(2) 如果 $P_s/P_n \gg 1$,即输入信号比较强,$(S/N)_{功率} \approx (P_s/P_n)/2$,这时探测系统输出信噪比等于输入信噪比的一半,即损失 3 dB。

由上述分析可知:直接调制探测方法不能改善输入信噪比,不适于微弱光的检测。但对于不是十分微弱的光信号的检测是很适宜的探测方法。由于这种方法比较简单,易于实现、可靠性高、成本低,因此仍然得到广泛应用。如用于测量物体的光辐射强度、温度和光谱分析,测量气体浓度、薄膜厚度等。因此,光通量幅度调制变换及其探测是光电变换中最基本的技术。

1.2.1.2 时域光信号的连续波调制

调制波可以是各种形式的,其中包括副载波。副载波光强调制方式,也叫二次调制,可提高信号传输的抗干扰能力,广泛应用于光通信领域。其方法是,先将欲传递的低频信号对高频载波(为电载波)进行频率、振幅等调制,然后用调制后的副载波对光载波进行强度调制,即电调制后再光调制。

1) 振幅调制

设光波为 $A(t)=A_c\cos(\omega_c t+\phi_c)$,如果调制信号是一个时间的余弦函数,即:$A'(t)=A_m\cos\omega_m t$,其中 A_m 和 ω_m 分别是调制信号的振幅和角频率。调制后调幅波的表达式为

$$A(t)=(A_c+A_m\cos\omega_m t)\cos(\omega_c t+\phi_c)=A_c(1+m_a\cos\omega_m t)\cos(\omega_c t+\phi_c) \tag{1-51}$$

式中,$m_a=A_m/A_c$ 称为调幅系数。激光振幅 A_c 不再是常量,而是与调制信号成正比,利用三角公式得

$$\begin{aligned}A(t)=&A_c\cos(\omega_c t+\phi_c)+\frac{m_a}{2}A_c\cos[(\omega_c+\omega_m)t+\phi_c]+\\&\frac{m_a}{2}A_c\cos[(\omega_c-\omega_m)t+\phi_c]\end{aligned} \tag{1-52}$$

振幅调制的时域波形如图 1-27 所示。由上面公式可知,正弦调制函数的调幅信号的频谱除零频分量外,由 3 个频率成分组成:第一项是载频分量 ω_c,第二、第三项是因调制而产生的新分量(中心载波频率与调制频率之和频 $\omega_c+\omega_m$ 与差频 $\omega_c-\omega_m$,称为边频分量,如图 1-28 所示。确定调制载波的频谱是选择测量通道带宽的依据。例如载波频率为 $f_0=5$ kHz,调制信号频率 $f_m=100$ Hz,则调幅后的载波频谱分布在 $f_H=5-0.1=4.9$ kHz 和 $f_L=5+0.1=5.1$ kHz 之间,带宽为 0.2 kHz,若通道具有选择性滤波,或者选用窄带滤波器,

可以减小噪声和干扰的影响，有利于调高信噪比。在通信系统中，可采用激光幅度调制传输信息。

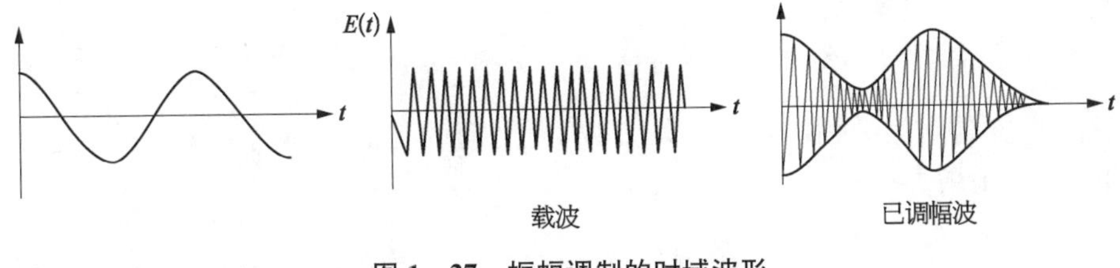

图 1-27　振幅调制的时域波形

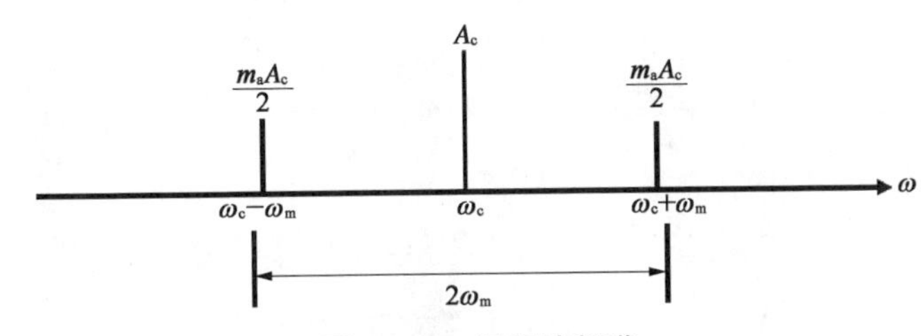

图 1-28　调幅波频谱

2）频率调制和相位调制——调频和调相

调频或调相就是光载波的频率或相位随着调制信号的变化而变化。因为这两种调制波都表现为总相角 $\phi(t)$ 的变化，因此又统称为角度调制。

实际上，在频率变化时，振荡信号的相位总在改变，而相位变化时，频率也在改变。振动的角频率 ω、频率 f、振荡周期 T 和振荡的整个相位 ϕ 之间有关系：

$$\omega=2\pi f=2\pi/T,\ \omega(t)=\mathrm{d}\phi/\mathrm{d}t,\ \phi(t)=\int_0^t\omega\mathrm{d}t \tag{1-53}$$

对于调频而言，就是式 $A(t)=A_c\cos(\omega_c t+\phi_c)$ 中的角频率 ω_c 不再是常数，而是随调制信号而变化：

$$\omega(t)=\omega_c+\Delta\omega(t)=\omega_c+k_f a(t) \tag{1-54}$$

若调制信号仍是一个余弦函数，则调频波的总相角为

$$\begin{aligned}\phi(t)&=\int\omega(t)\mathrm{d}t+\phi_c=\int[\omega_c+k_f a(t)]\mathrm{d}t+\phi_c\\&=\omega_c t+\int k_f a(t)\mathrm{d}t+\phi_c\\&=\omega_c t+\int k_f(A_m\cos\omega_m t)\mathrm{d}t+\phi_c\\&=\omega_c t+m_f\sin\omega_m t+\phi_c\end{aligned} \tag{1-55}$$

式中，$m_{\mathrm{f}}=\dfrac{k_{\mathrm{f}}A_{\mathrm{m}}}{\omega_{\mathrm{m}}}=\dfrac{\Delta\omega}{\omega_{\mathrm{m}}}$ 为调频系数，k_{f} 为比例系数。

则调制波的表达式为

$$A(t)=A_{\mathrm{c}}\cos(\omega_{\mathrm{c}}t+m_{\mathrm{f}}\sin\omega_{\mathrm{m}}t+\phi_{\mathrm{c}}) \tag{1-56}$$

同样，相位调制就是相位角不再是常数，而是随调制信号的变化规律而变化，调相波的总相角为

$$\phi(t)=\omega_{\mathrm{c}}t+\phi_{\mathrm{c}}+k_{\phi}a(t)=\omega_{\mathrm{c}}t+\phi_{\mathrm{c}}+k_{\phi}A_{\mathrm{m}}\cos\omega_{\mathrm{m}}t \tag{1-57}$$

则调相波的表达式为

$$A(t)=A_{\mathrm{c}}\cos(\omega_{\mathrm{c}}t+m_{\phi}\cos\omega_{\mathrm{m}}t+\phi_{\mathrm{c}}) \tag{1-58}$$

式中，$m_{\phi}=k_{\phi}A_{\mathrm{m}}$ 为调相系数。

由于调频和调相实质上最终都是调制总相角，因此可写成统一的形式：

$$A(t)=A_{\mathrm{c}}\cos[\omega_{\mathrm{c}}t+m\sin\omega_{\mathrm{m}}t+\phi_{\mathrm{c}}] \tag{1-59}$$

利用三角公式展开，得

$$\begin{aligned}A(t)=A_{\mathrm{c}}[&\cos(\omega_{\mathrm{c}}t+\phi_{\mathrm{c}})\cos(m\sin\omega_{\mathrm{m}}t)-\\&\sin(\omega_{\mathrm{c}}t+\phi_{\mathrm{c}})\sin(m\sin\omega_{\mathrm{m}}t)]\end{aligned} \tag{1-60}$$

将式(1-60)中 $\cos(m\sin\omega_{\mathrm{m}}t)$ 和 $\sin(m\sin\omega_{\mathrm{m}}t)$ 两项按贝塞尔函数展开：

$$\cos(m\sin\omega_{\mathrm{m}}t)=J_0(m)+2\sum_{n=1}^{\infty}J_{2n}(m)\cos(2n\omega_{\mathrm{m}}t) \tag{1-61}$$

$$\sin(m\sin\omega_{\mathrm{m}}t)=2\sum_{n=1}^{\infty}J_{2n-1}(m)\sin[(2n-1)\omega_{\mathrm{m}}t] \tag{1-62}$$

知道了调制系数 m，就可得各阶贝塞尔函数的值。将以上两式代入，并利用积化和差三角函数关系式可得

$$\begin{aligned}A(t)&=A_{\mathrm{c}}\{J_0(m)\cos(\omega_{\mathrm{c}}t+\phi_{\mathrm{c}})+J_1(m)\cos[(\omega_{\mathrm{c}}+\omega_{\mathrm{m}})t+\phi_{\mathrm{c}}]-\\&\quad J_1(m)\cos[(\omega_{\mathrm{c}}-\omega_{\mathrm{m}})t+\phi_{\mathrm{c}}]+J_2(m)\cos[(\omega_{\mathrm{c}}+2\omega_{\mathrm{m}})t+\phi_{\mathrm{c}}]+\\&\quad J_2(m)\cos[(\omega_{\mathrm{c}}-2\omega_{\mathrm{m}})t+\phi_{\mathrm{c}}]+\cdots\}\\&=A_{\mathrm{c}}J_0(m)\cos(\omega_{\mathrm{c}}t+\phi_{\mathrm{c}})+A_{\mathrm{c}}\sum_{n=1}^{\infty}J_n(m)[\cos(\omega_{\mathrm{c}}+n\omega_{\mathrm{m}})t+\\&\quad\phi_{\mathrm{c}}+(-1)^n\cos(\omega_{\mathrm{c}}-n\omega_{\mathrm{m}})t+\phi_{\mathrm{c}}]\end{aligned} \tag{1-63}$$

由上可见，在单频正弦波调制时，其角度调制波的频谱是由光载频与在它两边对称分布的无穷多对边频所组成的。各边频之间的频率间隔是 ω_m，各边频幅度的大小由 $J_n(m)$ 贝塞尔函数决定。图 1-29 是 $m=1$ 时角度调制波的频谱示意图。当角度调制系数较小(即 $m \ll 1$) 时，其频谱与调幅波有着相同的形式。显然，若调制信号不是单频正弦波，则其频谱将更加复杂。

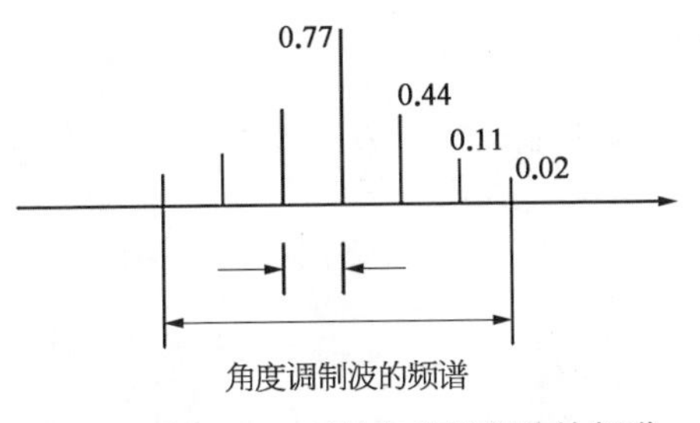

图 1-29　$m=1$ 时的角度调制波的频谱

当调制信号有复杂形式时，调频波的频谱是以载波频率为中心的一个带域，带宽随 m 而异，对于 $m \ll 1$ 的窄带调频，带宽 $B_f=2f$；对于 $m>1$ 的宽带调频，$B_f=2(\Delta f+f)=2(m+1)f$。例如，若 $f=300$ Hz，则有

$$m=40 \quad B_f=24.6\ \text{kHz}$$

$$m=4 \quad B_f=3\ \text{kHz}$$

$$m=0.4 \quad B_f=0.84\ \text{kHz}$$

图 1-30 为一个图像远距离传输系统的框图，在发射端，电视摄像机的射频输出信号进入电调频调制器，对射频副载波进行频率调制。然后，已调射频副载波通过声光调制器对激光束进行频率调制。调制后的光波沿着光学信道进行传输。光学信道可以是光纤、大气等。接收天线收到光信息，经过光电探测器、宽带放大器、解调器后，提取出图像信号。

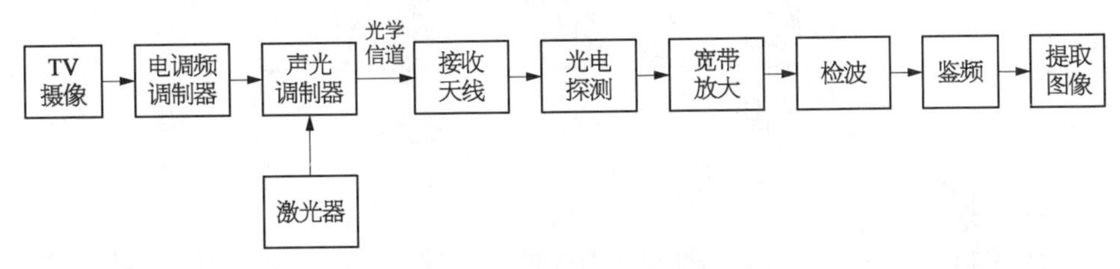

图 1-30　图像远距离传输系统

3) 强度调制

强度调制是光载波的强度(光强)随调制信号规律变化的激光振荡。激光调制通常多采用强度调制形式，这是因为接收器(探测器)一般都是直接地响应其所接收的光强度变化的缘故。

如前面所述，激光的光强度定义为光波电场的平方，其表达式为(光波电场强度有效值的平方)

$$I(t)=E^2(t)=A_c^2\cos^2(\omega_c t+\phi_c) \tag{1-64}$$

强度调制的光强表达式可写为

$$I(t)=\frac{A_c^2}{2}[1+k_p a(t)]\cos^2(\omega_c t+\phi_c) \tag{1-65}$$

式中，k_p 为比例系数。

设调制信号是单频余弦波：

$$a(t)=A_m\cos(\omega_m t)$$

并将其代入式(1-65)，并令

$$k_p A_m=m_p$$

该式称为强度调制系数，则有

$$I(t)=\frac{A_c^2}{2}(1+m_p\cos\omega_m t)\cos^2(\omega_c t+\phi_c) \tag{1-66}$$

光强度调制的时域波形如图 1-31 所示。光强调制波的频谱可用前面所述类似的方法求得，但其结果与调幅波的频谱略有不同，其频谱分布除了载频及对称分布的两边频之外，还有低频 ω_m 和直流分量。

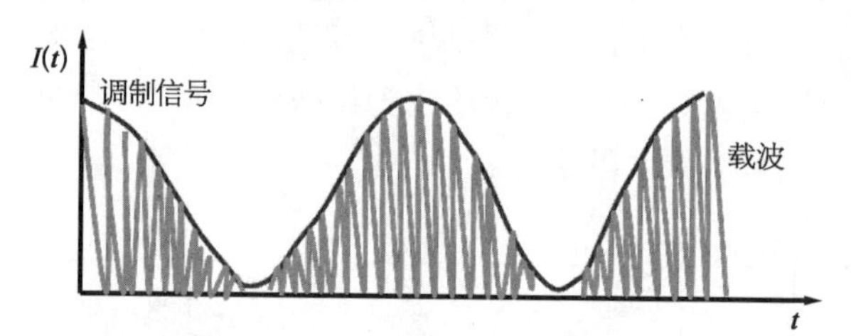

图 1-31　光强度调制的时域波形

1.2.1.3　时域光信号的脉冲调制

脉冲调制是用间歇的周期性脉冲序列作为载波，并使载波的某一参量按调制信号规律变化的调制方法，有脉冲振幅调制(PAM)、脉冲频率调制(PFM)、脉冲时间调制(PTM)、脉冲宽度调制(PDM)、脉冲相位调制(PPM)、脉冲计数调制(PNM)、脉冲编码调制(PCM)等，但最后结果都是对光强进行调制。几种常见脉冲调制形式如图 1-32 所示。脉冲调制频谱很复杂，读者可以脉冲调幅为例进行分析。

脉冲编码调制有 3 个过程：抽样、量化、编码。抽样是将连续的信号分割成不连续的一定周期的脉冲序列，脉冲序列的幅度与信号波的幅度相对应。根据

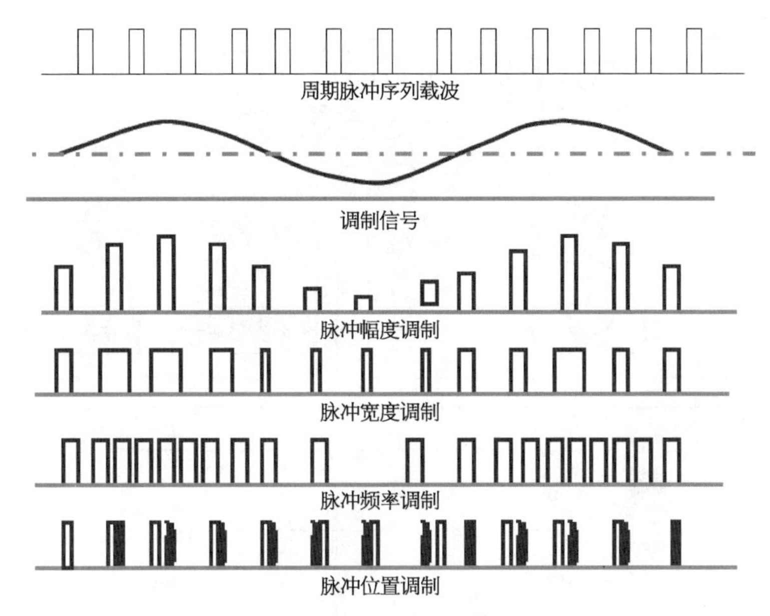

图 1-32　脉冲调制形式

香浓抽样定理，要求取样频率比传递信号频率的最大值大两倍以上。量化是把抽样后的脉冲幅度调制波分级取整处理，有限个数的代表值取代抽样值的大小。编码过程即把量化后的值转换成相应的二进制代码，使之可以用“0”和“1”表示脉冲的无和有。可以看出对于一个连续信号的脉冲编码过程，如果要使经脉冲编码调制后传递的信息接近于原始信号，可通过增加抽样的密度和提高量化的精度来实现，但与此同时，传递的编码信息量也将大大增加。

脉冲调制是一种应用很广泛的调制技术，可以被用来提高探测信噪比和抗干扰能力，抑制背景光的影响，克服直接调制系统中的某些缺点。在数字光通信及激光脉冲测距中通常采用脉冲调制。

激光脉冲测距机即为脉冲间隔调制，脉冲宽度不变，但重复周期(回波)受目标距离所调制。激光测距在激光雷达、精确制导、目标指示、火控系统、飞机防控系统、大地勘测、天体测量等许多方面起着重要作用。

激光脉冲测距需要首先瞄准目标，然后接通激光电源，启动激光器，光学系统向瞄准的目标发射激光脉冲信号。同时，采样器采集发射信号，将其作为计数器门开关触发脉冲起动计数器，钟频振荡器向计数器有效地输入钟频脉冲，由目标反射回来的激光回波经过大气传输，进入接收光学系统，作用在光电探测器上，转变为电脉冲信号，经过放大器放大，进入计数器，作为计算器的关门信号，计数器停止计数，如图 1-33 所示。计数器从开门到关门期间，所进入的钟频脉冲个数，经过运算得到目标距离，在显示器上显示出来。

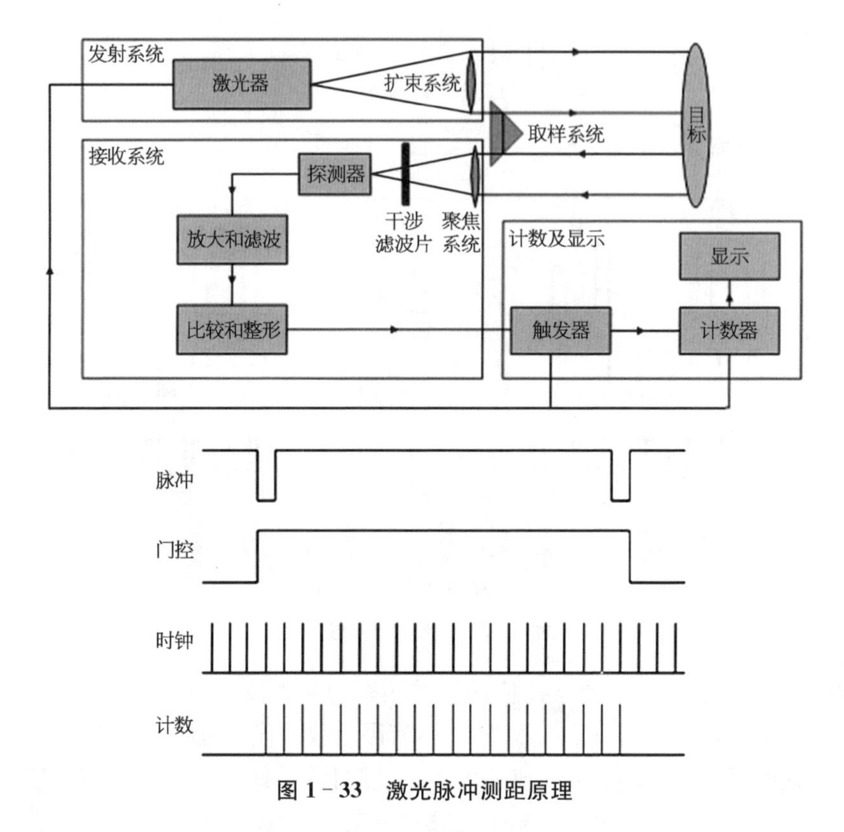

图 1-33　激光脉冲测距原理

设目标距离为 L，光脉冲经过的距离则为 $2L$，则时间

$$t=2L/c \tag{1-67}$$

$$L=ct/2=cN/2f=KN \tag{1-68}$$

$$K=c/2f \tag{1-69}$$

K 为脉冲当量，单位计数脉冲对应的距离。t 的测量是通过在确定时间起始点之间用时钟脉冲填充计数。

在目标物上放置角锥棱镜可以有效地提高反射光光功率。光学角锥棱镜是一种做光回射用的玻璃元件，它用 3 个 90°角回射入射光束。这些玻璃角的误差必须在几秒精度以内，但是入射面可以有 5″以上的误差而对角锥棱镜的性能无明显的影响。在第二次世界大战期间就应用这种棱镜寻找秘密的飞机场。飞行员只要在他的前额装上一只闪光灯而不需要从地面上射出光线，位于地面机场上的棱镜将照射光按原路返回，因而就能发现机场。在阿波罗(Apollo)宇宙航行中，角锥棱镜有着重要的应用。月球表面上放置 50 只以上角锥棱镜的阵列，然后天文学家将高功率的激光束射向棱镜阵列，再用望远镜接收反射回来的光束。激光束经过由地球到月球的两倍行程，大约需要 2.8 s，由此可以精确地计算出地球到月球的距离。

减小最小可测距离的方法是提高时钟频率与系统的响应速度。通常，系统的响应时间应比光脉冲宽度至少短两个数量级。

在设计激光测距光学系统时需要注意以下方面：一是光电探测器的峰值光谱范围要与光源的光谱范围相匹配，同时具有很高的响应速度；二是光电探测器后面的放大器必须是低噪声宽带放大器，因为远距离目标返回的光波脉冲是极弱的，所以放大器自身噪声要尽可能低，而通频带要宽。

脉冲激光测距系统是单一脉冲调制系统，系统的频谱主要由脉宽来决定。对于 YAG(钇铝石榴石)调 Q 激光光源，其波长为 1 064 nm，最合适的光电探测器可选择快速高灵敏的雪崩硅光电二极管。

激光测距仪除脉冲式外，还有相位式。相位式激光测距仪是利用固定频率的高频正弦信号，连续调制激光源的发光强度并测定调制激光往返一次所产生的相位延迟。通过相位延迟计算测量的距离，绝对测量精度高，通常达毫米量级。

对于在背景环境下探测目标方位的光电系统来说，通常用光学滤光片来尽可能消除背景光的干扰；但是如果背景辐射十分强，仅用光学滤光片也不是很有效。例如背景云层反射太阳光线在探测器上的照度值，可为远距离涡轮喷气机目标的照度值的 $10^4 \sim 10^5$ 倍。如果需要提高干扰背景前方特定目标的探测能力，脉冲宽度调制技术则是一种有效的方法。

一种简便的方法是利用调制盘来消除背景噪声。调制盘设置在接收光学系统的像面上(例如目标与太阳光照射的云层背景形成的像所在的平面)，使调制盘的圆心与光轴重合。调制盘空间滤波原理如图 1-34 所示，空间点源目标的像点与调制盘孔径尺寸相当，调制盘对该目标像点进行调制，产生一个由调制盘

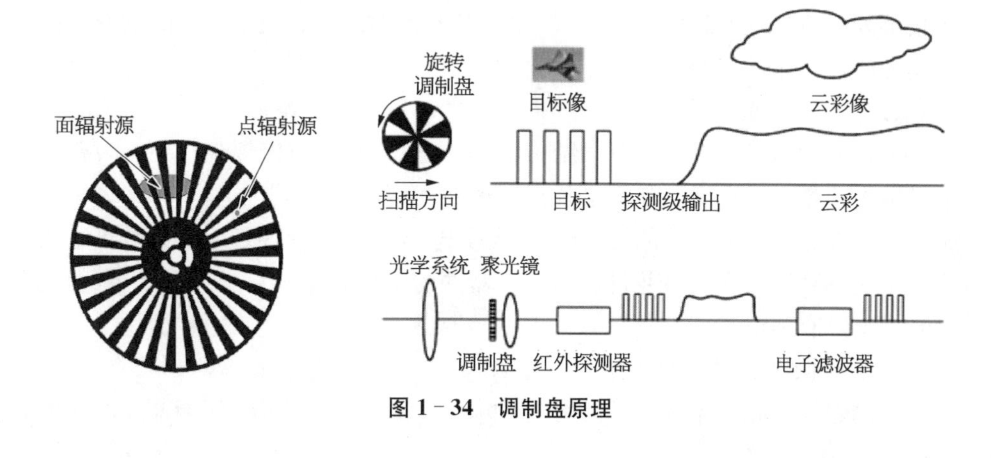

图 1-34　调制盘原理

转速和调制盘数目确定的有限载频信号。背景相当于面源，覆盖了多个透辐射和不透辐射的栅格，透过调制盘的能量为某一定值，得到的调制信号为直流或远离载频的其他频率的调制信号(即在载频附近背景感应的信号很小)。通过电路的选频作用，使目标信号的频率通过，而背景(直流或其他频率)被阻止，实现探测目标抑制背景的作用。

调制盘这种滤去背景干扰的作用叫空间滤波。从原理上看，调制盘的空间滤波作用有限。实际运用当中，当背景或某些人为干扰像点与调制盘栅格尺寸相当时，就起不了抑制背景的作用，这时常采用其他方法进一步抑制背景干扰。如色谱滤波，采用带通滤光片滤掉背景辐射；或者如双色调制盘，将普通调制盘中的透辐射和不透辐射部分用两种不同的带通滤光片(分别对应目标辐射波段和背景辐射波段)代替。

在红外探测系统中，探测目标(飞机、轮船、汽车等)总是处在背景(大气、云层、海水、地物等)中，背景也有红外辐射，起到了噪声的作用。利用目标和背景相对于系统张角大小的不同，同样可以利用调制盘拟制背景，突出目标，从而将目标从背景中分辨出来。

1.2.2 光学信息的空域调制变换原理

1.2.2.1 二维光学空间调制

在实际工程中有一类问题，被测量对象具有二维或三维空间的目标特性，需利用光学成像系统来采集光学目标的信息。这类光学系统的作用是将目标的亮度分布转换为像空间的照度分布。通过分析目标在像面上的图形细节和层次、图形的位置和内容，可以获得目标的空间坐标、目标特征、运动待征、光谱特性、目标的尺寸和表面形状等信息，从而派生出许多新的技术领域，诸如空间目标定位，瞄准、跟踪、图像处理与识别、目标轮廓尺寸和表面粗糙度测量等。光学载体不仅可以载荷二维光学信息，还可以载荷三维光学信息。光学信息的空域变换就是解决这类测量问题。

1) 空间目标的时空变换

复杂光学图像具有光强分布结构细密、空间频谱分布广、灰度层次丰富、动态范围大等特点。在观察和测量复杂图像时，常常希望光学系统具有在大视场范围内精确分辨图形细节的能力(既要大视场，又要高分辨本领)。为此，可采用大视场光学系统和多通道并行探测光电器件的组合装置来克服这一矛盾，但这在技术上具有一定难度。

(A) 点探测器对应的视场

探测器位于光学系统的后焦面上，如图 1－35 所示。一般，探测器光敏面的

面积 A 决定了系统的视场。立体视场角 Ω 可以写成

$$\Omega = A/f'^2 \tag{1-70}$$

式(1-70)中 f' 为光学系统的焦距。从应用光学理论可知，远处的目标在探测器上所成的像为点像，考虑到光的衍射特性，远处的目标在探测器上所得到的尺寸是夫琅禾费衍射所形成的艾里斑，然而实际上由于光学系统存在像差，在光学系统的焦面得到的是比艾里斑大得多的弥散斑，所以实际点探测器的面积要比艾里斑尺寸大。

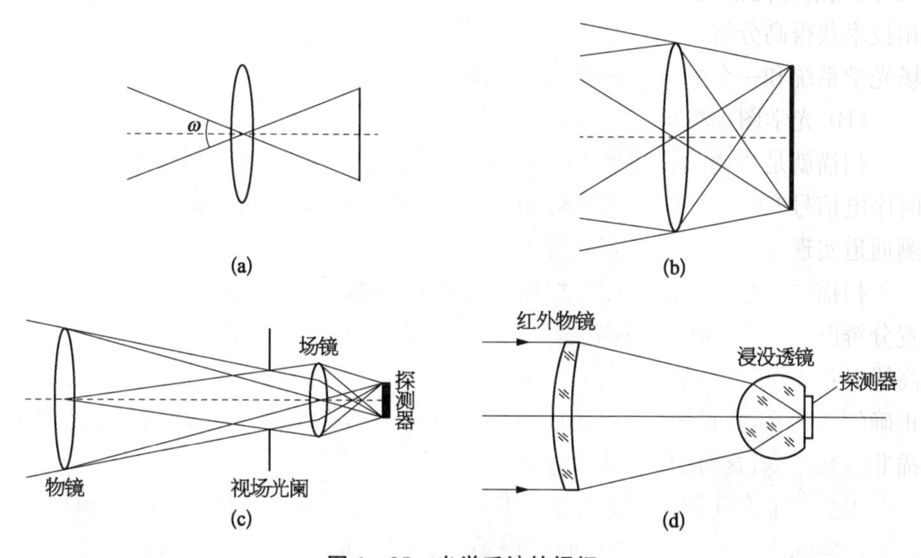

图1-35　光学系统的视场

某些系统要求有较大视场，例如某些定向和制导系统或工业控制系统，为了使活动目标保持在视场范围内，需要扩大视场。图1-35(b)，(c)和(d)为3种扩大光学系统视场的方法。图1-35(b)的多元探测器阵列是由多个单元探测器按一定规则排列而成的线列或面阵器件，它们置于接收物镜的焦平面上。每个单元探测器对应一小部分视场，由多个单元器件合成一个扩展的视场。用于红外成像系统的多元探测器阵列可由光电导或光伏探测器组成，也可以由热释电型探测器组成，抑或为一红外焦平面阵列。

在接收物镜和探测器之间加一个场镜可以扩大单元器件的视场，如图1-35(c)所示。物镜框是孔径光阑，场镜放在视场光阑附近，对场镜而言，入射孔径和光电探测器光敏面是物像共轭关系。场镜可使入射到物镜这一孔径光阑内的光束全部会聚在光电探测器的光敏面上，从而大大减小探测器的光敏面。在一些红外系统中，为了减小红外探测器的尺寸，也常在系统中加入场镜。

图 1－35(d)所示为美国探测金星的“水手Ⅱ号”宇宙飞船上的红外辐射计光学系统，其中物镜是一块用锗制成的单透镜，与一个超半球透镜(浸没透镜)相组合，探测器仅仅贴在浸没透镜上。在国内外的人造卫星红外地平仪中以及其他空间红外装置中，都采用类似“水手Ⅱ号”这样的光学系统。浸没透镜和场镜的作用相同，使用浸没透镜可以显著减小探测器光敏面尺寸。

从大视场的背景辐射干扰中检测出小尺寸目标时，探测器在接收到目标功率的同时会接收到背景光的功率，接收器面积越大，接收到的背景辐射干扰越大，因此信噪比很低。仅仅使用大视场光学系统，无法使高空摄影、人造卫星照相技术获得高分辨率和大范围视场。其关键在于采用扫描技术，仅用一个窄视场光学系统和一个光电检测通道即可实现。

(B) 光学图像扫描

扫描就是将物体在空域内的光强分布变换成时域内的时序信号。再现时将时序电信号变换成空间的光强分布信号，扫描技术能运用窄视场和单一光电检测通道实现大的空间范围高分辨的图像拾取和再现。

扫描装置最重要的指标是扫描分辨率和扫描精度。扫描分辨率表示扫描装置分辨图像细节、采集图形微细结构信息的能力，可用单位长度内能够分辨的最高线对数表示。扫描精度表示时序电信号和空间光分布、光电强度、时空位置的正确位置关系，扫描轨迹的几何形状畸变和扫描运动速度的不均匀性会造成扫描非线性畸变，这将引起扫描的几何失真。

光学扫描有几种常用的方法：① 摆动平面反射镜，使探测器依次接收到来自不同空间方向的辐射，当平面反射镜转过 α 角时，反射光束偏转 2α 角，如图 1－36(a)所示。② 转鼓型多面反射镜，如图 1－36(b)所示，在入射光束保持不变的情况下转鼓绕中心轴旋转 θ 角，反射光束偏转 2θ。若转鼓按一定角速度 ω 匀速旋转，则反射光束将以 2ω 匀速旋转。转鼓型多面反射镜可以获得高速扫描，是一种应用广泛的扫描器。③ 组合镜运动实现扫描或跟踪，如图 1－36(c)所示，组合镜安装在两个自由度转动支架上，可绕 x，y 轴转动，探测器不动。其他还有转动折射棱镜法及全息光栅扫描法等，这里不再详细展开。

扫描技术的一个重要的应用是光学图片的分解与合成。它在现代的电视传真、复印、计算机图像输入设备、印刷分色制版、激光打标等有关图像的生成、处理等应用中有广泛的应用。

振镜是一种优良的矢量扫描器件。它是一种特殊的摆动电机，基本原理是通电线圈在磁场中产生力矩，但与旋转电机不同，其转子上通过机械纽簧或电子的方法加有复位力矩，大小与转子偏离平衡位置的角度成正比，当线圈通以一定的电流而转子发生偏转到一定的角度时，电磁力矩与回复力矩大小相等，故不能

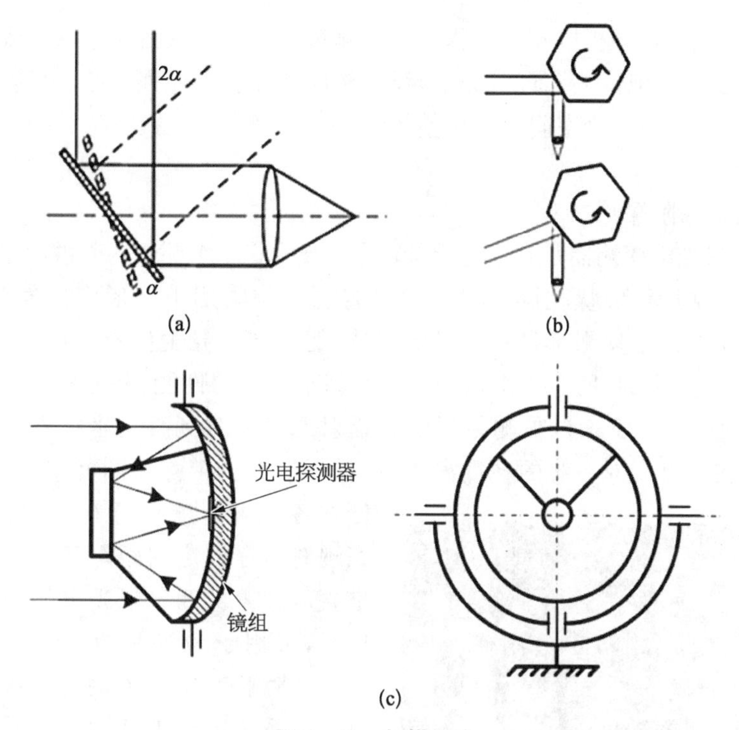

图 1－36　扫描形式

(a) 摆动平面反射镜；(b) 转鼓型多面反射镜；(c) 整个镜组运动

像普通电机一样旋转，只能偏转，偏转角与电流成正比，与电流计一样，故振镜又叫电流计扫描振镜。

基于摆动平面反射镜原理的振镜扫描式打标头主要由 XY 扫描镜、场镜、振镜及计算机控制的打标软件等构成。将激光束入射到两反射镜（扫描镜）上，用计算机控制反射镜的反射角度，这两个反射镜可分别沿 X，Y 轴扫描，从而达到激光束的偏转，使具有一定功率密度的激光聚焦点在打标材料上按所需的要求运动，从而在材料表面上留下永久的标记。激光振镜主要用于激光打标、激光内雕、激光音乐喷泉表演、舞台灯光控制、激光打孔以及新近研究的激光电视等。

2）二维图像的多元探测阵列

在很多情况下，二维图像往往由很多简单的图案组成，为了对一些特定的图案进行分析和测量，除了采用扫描的方法扩大光学系统的视场外，还可以运用多元探测阵列进行光电变换。

（A）二元探测

二元探测法是采用两个光探测器与光学系统组成光电变换系统，用于图像的空间定位、图像分析以及其他物理量的测量。被测对象由光学系统成像在像面上，像的几何形体与背景间的光学反差构成像面上的光强分布。可以采用二元探测方式，研究一维空间的定位精度。二元阵列光电变换方法已用于动态光电显微镜上。

(B) 四象限探测

四象限光电探测器是利用集成电路光刻技术将 1 个圆形的光敏面窗口分割成 4 个面积相等、形状相同、位置对称的象限，中间用十字形沟道隔开，如图 1-37 所示。每个象限都是一个光电器件，能够产生光生伏特效应，由于是在同一芯片上做出的，所以 4 个探测器具有基本相同的性能，并分别称为 A, B, C, D 象限。它可将来自被测目标的光辐射能量分解到直角坐标系中的不同象限上，在经过成像系统的轻度离焦后，目标形成一个弥散圆，测量这个弥散圆在各象限上能量分布的比例，可以实现对目标的定向跟踪和光学系统的准直对准等。四象限光电探测器用途广泛，常用于激光制导、激光准直、测角、位移测量、跟踪探测等。目前在光电探测系统中广为使用的多元非成像光电探测器多为四象限光电探测器件。它包括各种规格的硅光电池以及类型各异的四象限光电二极管，如四象限 PIN 光电二极管、四象限雪崩光电二极管等。

图 1-37　四象限光电探测器

利用四象限探测器可实现激光的对踪。图 1-38 为激光对踪原理图，光轴通过十字形沟道的中心，四象限管的位置略有离焦，像为圆形光斑，四象限探测器通过测量来自激光束光斑质心的位置变化，并借助算法来同时确定光斑的横向、纵向两个方向的偏移量。

当光学系统对准目标时，圆形光斑中心与四象限管中心重合，4 个光电探测器因受照射的面积相同而输出相等的负的脉冲电压，经过后面的处理电路就没有误差信号输出。当两者中心不重合时，即目标相对光轴在 x, y 方向上有任何偏移时，目标的圆形光斑的位置就在四象限管上有偏移，4 个探测器因受照射光斑面积不同而得到不同能量，从而输出脉冲电压的幅度也不同。4 个探测器处理电路如图 1-39 所示。4 个探测器分别与 4 个放大器相连接，信号经过放大后进入和差电路，设放大器总的传递系数为 k，最后经除法电路后输出的电压为

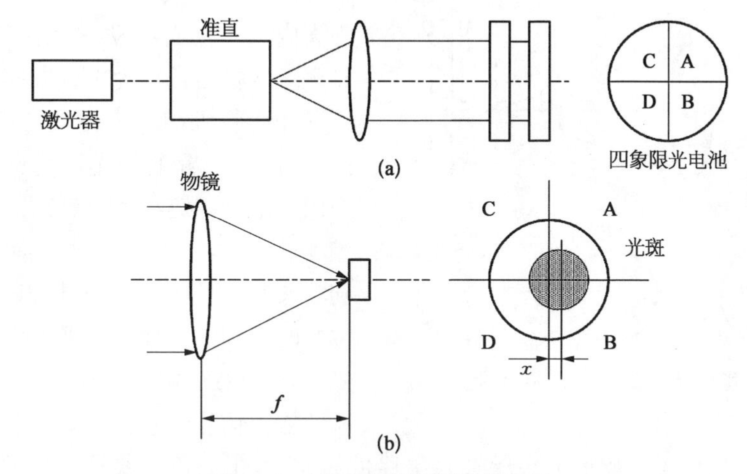

图 1－38　四象限管探测光路原理

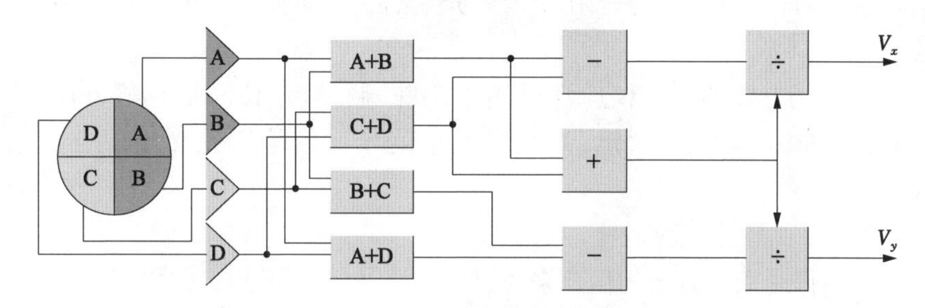

图 1－39　四象限管探测电路

$$V_x = k\,\frac{(A+B)-(C+D)}{A+B+C+D} \tag{1-71}$$

$$V_y = k\,\frac{(A+B)-(B+C)}{A+B+C+D} \tag{1-72}$$

设光斑是光强均匀分布的圆斑，光斑半径为 r，则输出信号与光斑偏移量的关系为

$$V_x = k\left[2rx\sqrt{1-\frac{x^2}{r^2}} + r^2\arcsin\frac{x}{r}\right] \tag{1-73}$$

$$V_y = k\left[2ry\sqrt{1-\frac{y^2}{r^2}} + r^2\arcsin\frac{y}{r}\right] \tag{1-74}$$

四象限探测器可以用来测量轴向的微位移，如图 1－40 所示。光学系统由物镜和柱面镜组成，如果物点 S 在 B 位置上，经物镜成像后的理想像面位置在 Q 点，在物镜后面加一柱面镜后成像面位置在 P 点，那么当探测器在 PQ 这段

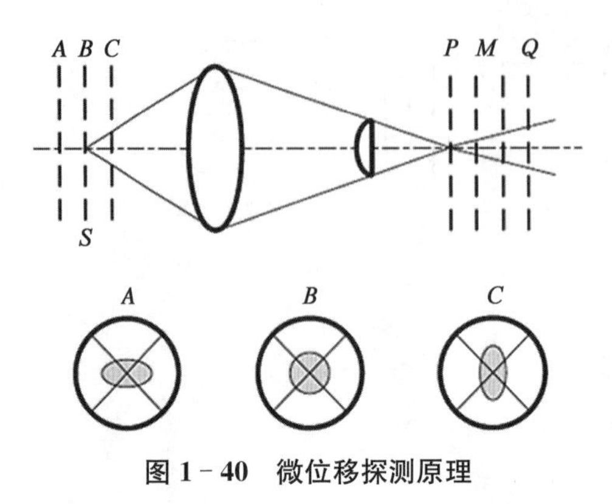

图 1－40　微位移探测原理

距离内由左向右移动时，所接收到的光斑形状将由长轴为垂直方向的椭圆逐渐变为长轴为水平方向的椭圆形。而在 M 点位置上的光斑为圆形。若把四象限管固定在 M 点位置上，当物点 S 由 B 移到 A 位置时，四象限管得到的长轴是垂直方向的椭圆光斑，C 位置时得到的长轴是水平方向的椭圆光斑，在 B 点则为圆形光斑。四象限管的输出信号经过和差电路和除法电路后的输出信号的幅值大小反映微位移量的大小，正或负反映物点是远离还是靠近。这种微位移测量方法已用于及激光盘的聚焦伺服系统和照相机中的自动调焦系统中。

四象限光电探测器不仅广泛应用于跟踪、制导、定位和准直等方面，作为测量组件在扫描探针显微镜、光镊以及空间光通信等激光光学中也有大量应用。

1.2.2.2　二维图像的光学变换

光学图像是人类重要的信息来源。二维图像的光电变换方法除了运用光学扫描的方法外，还可利用线阵列或面阵列光探测器件采用电子视频扫描的方法将二维空间的光强分布转换为时序的图像信号，并根据确定的时空参量的相互关系，获得物体空间分布状态数据，这是现代图像测量和图像分析的主要方法。实现光电变换最典型和最常用的阵列探测器是电荷耦合摄像器件（CCD—Charged Coupled Device）（见第 2 章）。CCD 的突出特点是以电荷为信号的载体，而不同于其他大多数器件是以电流或者电压为信号的载体。CCD 的基本功能是电荷的储存和电荷的转移。因此，CCD 的基本工作过程主要是信号电荷的产生、存储、转移和检测。CCD 自问世以来，凭借其无与伦比的优越性能和诱人的应用前景，引起了各国科学家的高度重视。许多发达国家不惜投入重金加速研制，再加上微细加工技术的进展，使得 CCD 像素数剧增，分辨率、灵敏度大幅提高，发展速度惊人。CCD 阵列有线阵和面阵之分。

1）线阵列器件探测

线阵列器件是由多个探测器组成的一维阵列器件，例如二极管线阵列器件、CCD 图像传感器等。线阵列探测器对图形进行一维或二维几何尺寸的测量，是一种新型的非接触测量技术，有着广泛的应用。

图 1－41 为线阵 CCD 测量玻璃管内外径光路原理图。待测透明玻璃管置

于准直平行光路的中心位置，玻璃管经过远心成像系统后在像面(CCD 光敏面)形成一个反映玻璃管外径几何尺寸的影像，CCD 输出的视频信号经计算机数据采集和数据处理后可获得玻璃管外径。

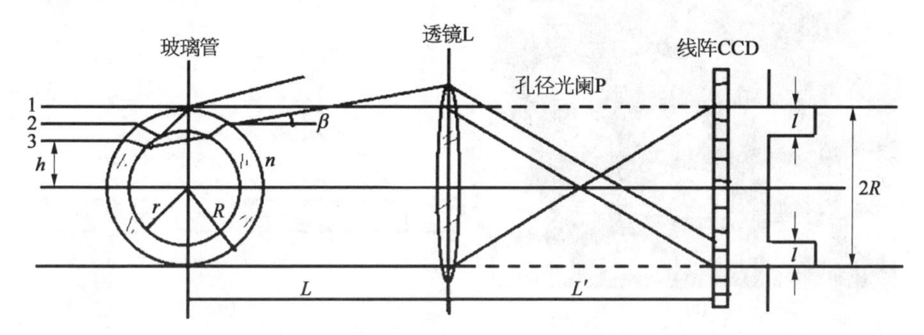

图 1-41　线阵 CCD 测量玻璃管内外径光路

设玻璃管外径为 R，内径为 r，则一束平行光按透过玻璃管后的特性分为 3 部分。如图所示，h 为入射光线与光轴的距离，n 为玻璃折射率。

(1) $h \geqslant R$ 时，直接透射。

(2) $r \leqslant h < R$ 时，光纤在玻璃管内壁发生全反射、透射。

经数学推导可知出射光线与水平轴夹角为

$$\beta = 180^\circ - 2\{\sin^{-1}(h/R) + \sin^{-1}[h/(nR)] - \sin^{-1}[h/(nr)]\} \quad (1-75)$$

(3) $0 \leqslant h < r$ 时，光线在玻璃管内壁发生折射、透射。

经数学推导可得出射光线与水平夹角为

$$\beta = 2\{\sin^{-1}(h/r) + \sin^{-1}[h/(nR)] - \sin^{-1}(h/R) - \sin^{-1}[h/(nr)]\} \quad (1-76)$$

实际应用证明，CCD 成像法除可用于测量玻璃管内外径外，还可对线缆、钢管等的外径进行测量，配上数字图像处理算法，还能够实现快速动态测量。非接触尺寸测量系统中常用的线阵光电传感器如东芝(TOSHIBA)公司生产的 TCD1500C 型线阵 CCD 图像传感器等。

TCD1500C 是一种典型的具有采样保持输出电路以及 5 340 像素单元的线阵 CCD，其像元尺寸为 7 μm 长、7 μm 高，中心距离为 7 μm，像敏单元总长度为 37.38 mm。它是一种高灵敏度、低暗电流的线阵 CCD 图像传感器。

2) 面阵列器件探测

通常，面阵列器件是由单元光敏器件按精确的尺寸排列成 $M \times N$ 矩阵形式的器件，目前常用的面阵器件包括光电导阵列、CCD图像传感器和自扫描光电二极管阵列等。图1-42为面阵CCD的示意图和实物图。

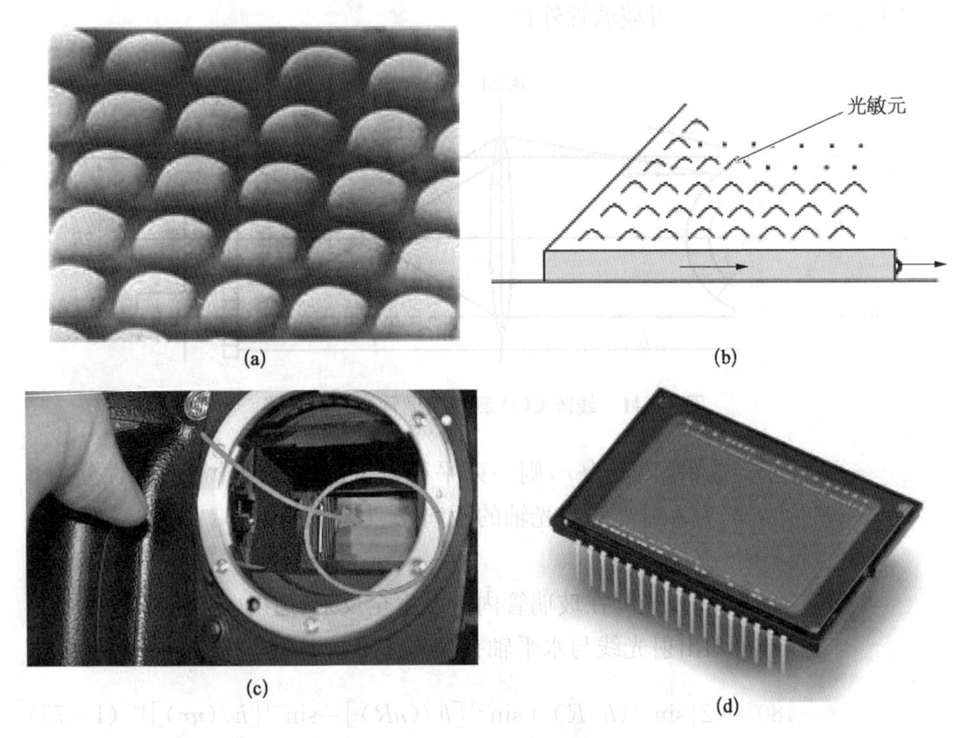

图1-42　面阵CCD

(a) 显微镜下看到的CCD阵列；(b) CCD阵列示意图；(c) 数码相机中的面阵CCD实物；(d) 面阵CCD实物

面阵光电探测可以简便、快速地获取物体的二维信息。工作时，面阵光电探测器首先通过光学成像系统将空间分布的光学图像变换为按时序传送的视频电信号，获取的视频信号经过传送、处理后，最后还原为光学图像信号。图像信号包含有表征物体物理属性的光强信息、电视扫描的时序规律以及二维的位置信息。这一探测技术有着更为广泛的应用，如应用在工业检测与自动控制、图像处理与模式识别、图像通信、多光谱机载和星载遥感以及军事侦察、制导(光谱范围为1～14 μm)等。

下面以激光衍射测量法为例说明面阵列器探测的应用。

激光衍射法测量细丝直径是基于巴比涅定理：两个互补的障碍物，其夫琅禾费衍射图形、光强分布相同，相位相差$\pi/2$。因此，直径为d的细丝产生的衍射图样与宽度为d的狭缝产生的衍射图样相同，可利用测量狭缝的方法测量细丝直径。

测量原理如图1-43所示，用平行激光束照射细丝，在光轴方向足够远的光屏上得到细丝的衍射条纹。直径为 a 的细丝与缝宽为 a、长度为无限长的狭缝是互补衍射物，在测量平面上的振幅分布为

$$U(x')=U_1(x')+U_2(x')=0$$

式中，$U_1(x')$ 为细丝衍射的振幅分布，$U_2(x')$ 为狭缝衍射的振幅分布。

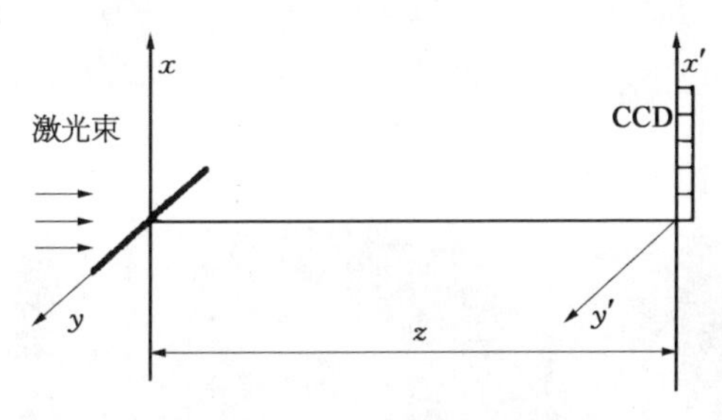

图 1-43　激光衍射测微原理示意

由于实际的衍射斑分布范围远小于 z，因此，可以不考虑惠更斯-菲涅耳衍射数学表达式中的倾斜因子，在略去无关的常数后，测量平面上的细丝所衍射的振幅分布可写为

$$U_1(x')=-\int_{-\infty}^{+\infty}\mathrm{Rect}\left(\frac{x}{a}\right)\exp[\mathrm{i}2\pi r/\lambda]\mathrm{d}x \tag{1-77}$$

式中，λ 为激光波长，a 为细丝直径，Rect 为狭缝函数，r 为细丝上一点到测量平面上任意一点的空间距离。因为只考虑一维衍射(为简化实验，设定衍射条纹只沿 x 方向分布)，故有

$$r=\sqrt{z^2+(x'-x)^2} \tag{1-78}$$

取夫琅禾费近似

$$r\approx z+\frac{x'^2}{2z}-\frac{xx'}{z} \tag{1-79}$$

这时，式(1-77)可以化简为

$$U_1(x')=-a\exp\left[\mathrm{i}\,\frac{2\pi}{\lambda}\left(z+\frac{x'^2}{2z}\right)\right]\sin c\left(\frac{ax'}{\lambda z}\right) \tag{1-80}$$

在此情况下得到的衍射光强分布为

$$I=I_0\sin c^2\left(\frac{ax'}{\lambda z}\right) \tag{1-81}$$

当 $ax'/\lambda z=k\pi\ (k=\pm1,\ \pm2,\ \pm3,\ \cdots)$，$I=0$，出现暗条纹，每一侧的暗纹

是等间距的，如图 1－44 所示。由于 ϕ 实际上很小，设第 k 级暗纹到光轴的距离为 x_k，则有

$$a=\frac{kz\lambda}{x_k}=\frac{z\lambda}{S},\quad S=\frac{x_k}{k} \tag{1-82}$$

可见，只须测出暗条纹间距 S 及距离 z 就可以计算出细丝的直径 a。由于每一侧的暗纹是等间距分布，因此可直接采用第一级（$k=1$）暗条纹来计算直径 a。

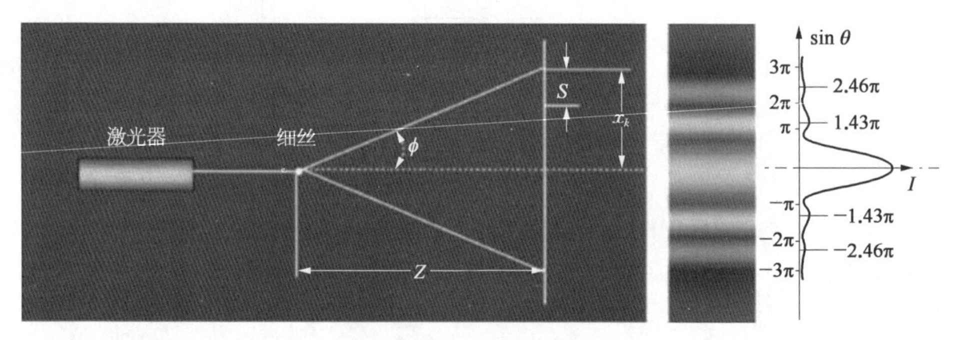

图 1－44 细丝产生的衍射

该方法的实验装置原理如图 1－45 所示。图中 CCD 的镜头为一定焦镜头，在理想光学系统中，成像光路如图 1－46 所示。

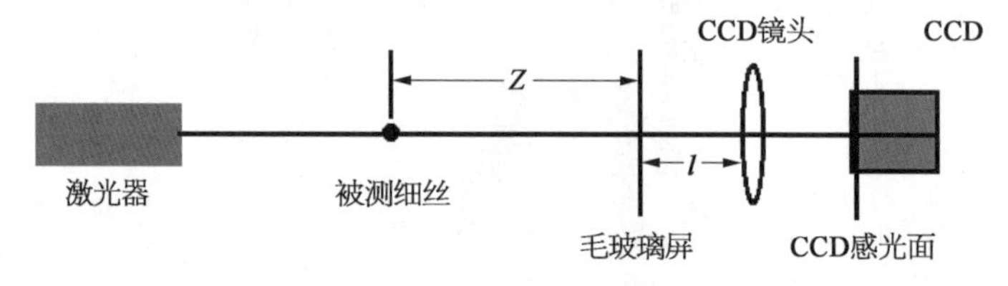

图 1－45 实验装置原理

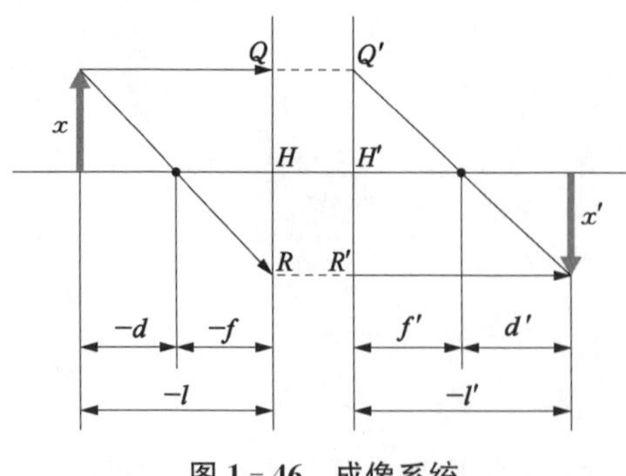

图 1－46 成像系统

图 1－46 中，H 和 H' 分别为物方主点和像方主点。定义 CCD 成像系统的横向放大率为 β。在不考虑倒像问题情况下，利用几何关系及牛顿公式有

$$\beta=\frac{x'}{x}=\frac{f}{d}=\frac{d'}{f'} \tag{1-83}$$

由此可知系统的横向放大率 β 与

系统焦距和物距有关。对于摄像机的定焦镜头来说，f 为已知量，以 l 表示毛玻璃屏上物点到物方主点 H 的距离，则有

$$\beta=\frac{x'}{x}=\frac{f}{d}=\frac{f}{l-f} \tag{1-84}$$

CCD 感光面上两个像素点之间间距 $\mu=5.5\ \mu m$（相机型号：GT1660，而 GT1290 为 $3.75\ \mu m$），得暗条纹间距 x：

$$x=\frac{x'}{\beta}=n\mu\ \frac{l-f}{f} \tag{1-85}$$

式中，n 为感光面上第一级暗条纹所占像素点个数。联立式(1-82)和式(1-85)便可求得细丝直径 a。

这种方法对于 200 μm 以下的细丝，动态测试精度可达 0.2 μm 左右，并可以装置成在线测量仪器，尤其是对于待测物体直径非常小、不易接触、易损伤，且速度与精度要求都很高的情况，如电缆线芯直径的测量、核燃料棒直径的测量等。线芯绝缘外径是线芯结构尺寸中最易波动的，电缆线芯的绝缘外径通常作为整条线芯生产线线速及挤出机螺杆转速闭环控制的控制依据，需要高速高精度的测径仪。光纤的外径检测与控制是光纤拉丝过程中的关键技术之一。光纤拉丝过程：在调速系统的控制下，将光纤预制棒徐徐送入高温炉。炉内温场预先设计成纵向梯度分布，炉温由测量仪器监视并反馈至控温设备实现恒温。预制棒的端头在 2 000 ℃下软化，黏度减小，在其表面张力作用下迅速收缩变细，并由收丝轮以合适的张力向下拉成细丝。通过激光测径仪监视并反馈至调速系统及时调节上面预制棒的送入速度和下面的收丝速度，以精确控制成纤外径在 125±2 μm 的规定范围内。最后经过涂覆与套塑工艺生产出所需的光纤成品。图 1-47 为 LMDD-D11 激光衍射测径仪。

图 1-47　LMDD-D11 激光衍射测径仪

1.2.2.3　机器视觉

人的视觉功能主要由人眼和大脑来完成，而机器或机器人视觉系统目前主要是采用光电系统和电脑来完成。前者获取信息，后者进行分析、处理和识别。机器视觉有二维和三维两种传感方式：二维传感采用的是面阵列摄像器件组成的摄像机及数字图像处理技术；三维传感不仅需要获取二维形状信息，还要获取

物体深度变化的信息，如人的视觉一样具有体视感因而更能接近人眼的功能。

在工业自动化领域，某些检测问题如滚珠轴承检测，需检测其中是否缺少钢球、钢球之间的间隔是否均匀等，采用线阵探测器来实现比较困难，而用面阵探测器成本又过高，这时可以用其他形式的光电探测器如环形阵列探测器来做检测，通过检测光斑的个数及光斑之间的距离就能获得所需检测信息。图 1－48 就是一滚珠轴承钢球检测系统的原理图。

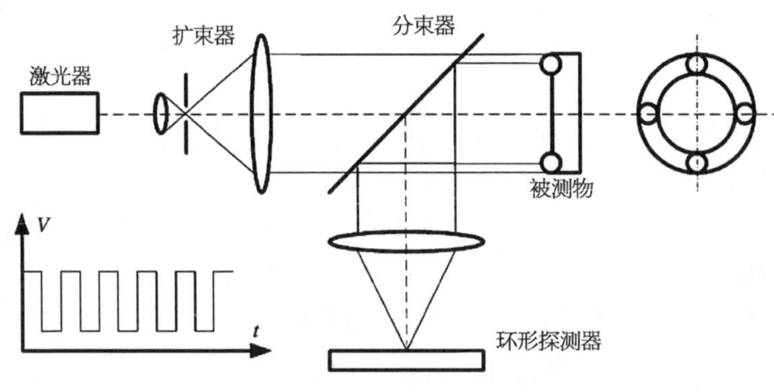

图 1－48　滚珠轴承钢球检测系统

随着机械、汽车、航空、军工、工具原型等工业制造行业的飞速发展，人们对产品的加工、检验的要求越来越高，如对精密几何零部件以及复杂形状的机械零部件的几何参数测量精度要求越来越高。在逆向工程、生物医学、文物保护等领域，对物体三维坐标的测量也显得尤为重要。

通常，人们使用摄像机、照相机等手段获取图像，但只能得到二维信息，然而，随着现代信息技术的飞速发展，准确获取三维信息已经变得非常重要，光学三维传感是指用光学手段获取物体三维空间信息的方法和技术，根据照明方式的不同，光学三维传感可以分为两大类：被动三维传感和主动三维传感。幻灯投影是出现最早也最简单的投影方式，而以液晶（LCD）/数字微镜元件（DMD）为代表的新型数字投影系统具有高亮度、高对比度和可编程性等特点，促进了面结构光为光源的三维传感系统的飞速发展，促进了时间相位展开方法的极大发展和应用。采用基于 LCD/DMD 的数字投影系统进行面结构光的三维传感技术有精度高、速度快、非接触等优点，广泛应用在工件加工、航空航天、汽车制造、半导体加工等行业，是目前工程应用中最有发展前途的三维面形测量方法。

基于数字光栅投影的三维面形测量技术通过向物体投影正弦条纹图像，由 CCD 相机拍摄经被测物体反射的变形条纹图像，通过对调制相位信息进行解调，恢复重建物体三维轮廓形状（见图 1－49）。当一个正弦光栅图形被投影到三维漫反射物体表面时，从成像系统获取的变形光栅像可表示为

$$I(x,\ y)=R(x,\ y)[A(x,\ y)+B(x,\ y)\cos\phi(x,\ y)] \quad (1-86)$$

式中，$R(x,\ y)$ 为物体表面不均匀的反射率，$A(x,\ y)$ 为背景强度，$B(x,\ y)/A(x,\ y)$ 为条纹的对比度。相位函数表示了条纹的变形，并且与物体的三维面形 $z=h(x,\ y)$ 有关。相位和三维形状之间的关系取决于系统结构参数。

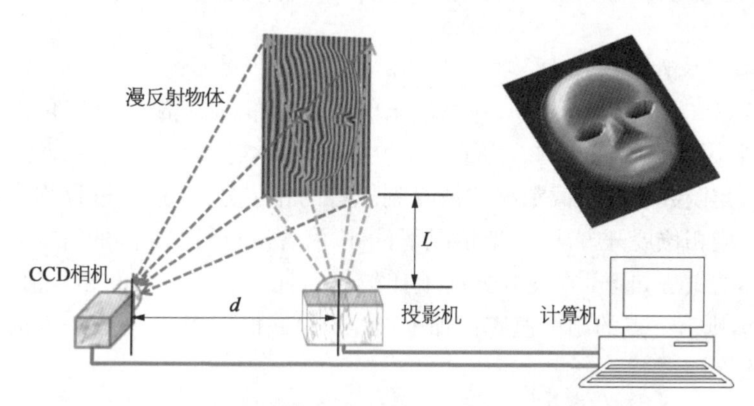

图 1-49　基于数字光栅投影的三维面形测量结构图

1）相位计算

直接分析式(1-86)所示的强度分布而确定相位是困难的，而相移算法却提供了一种精确测定相位的手段。当投影的正弦光栅被移动其周期的 $1/N$ 时，条纹图的相位被移动了 $2\pi/N$，产生一个新的强度函数 $I_n(x,\ y)$，使用 3 个或更多的对应不同相移值的条纹图，相位函数就可以单独分离出来。一般的，每移动一次产生的新的强度函数表达式为

$$I_n(x,\ y)=R(x,\ y)\left[A(x,\ y)+B(x,\ y)\cos\left(\phi(x,\ y)+\frac{n-1}{N}*2\pi\right)\right] \quad (1-87)$$

例如，当 $N=4$ 时，即在四步相移算法中，所产生的 4 个干涉图可表示为

$$\begin{cases} I_1(x,\ y)=R(x,\ y)[A(x,\ y)+B(x,\ y)\cos\phi(x,\ y)] \\ I_2(x,\ y)=R(x,\ y)[A(x,\ y)-B(x,\ y)\sin\phi(x,\ y)] \\ I_3(x,\ y)=R(x,\ y)[A(x,\ y)-B(x,\ y)\cos\phi(x,\ y)] \\ I_4(x,\ y)=R(x,\ y)[A(x,\ y)+B(x,\ y)\sin\phi(x,\ y)] \end{cases} \quad (1-88)$$

从这 4 个方程中可以计算出相位函数：

$$\phi(x,\ y)=\arctan\frac{I_4(x,\ y)-I_2(x,\ y)}{I_1(x,\ y)-I_3(x,\ y)} \quad (1-89)$$

对于更普遍的 N 相位算法，可以从 N 个相移条纹图中计算出相位函数，算法如下：

$$\phi(x, y)=\arctan \frac{\sum_{n=1}^{N} I_n(x, y)\sin[2\pi(n-1)/N]}{\sum_{n=1}^{N} I_n(x, y)\cos[2\pi(n-1)/N]} \tag{1-90}$$

2）相位展开

由式(1-89)或式(1-90)计算出来的相位分布，被截断在反三角函数的主值范围内，因而是不连续的。为了从相位函数计算被测物体的高度分布，必须将由于反三角函数引起的截断相位恢复到原有的相位分布，这一过程称为相位展开。对空域相位展开方法，一般情况下，可以沿着截断相位矩阵的行或列方向展开。具体的做法如下：在展开方向上比较截断处相邻两个点的相位值，如果差值小于 π，则后一点的相位值应该加上 2π；如果差值大于 π，则后一点的相位值应该减去 2π。

3）高度计算

相位测量轮廓术原理如图 1-50 所示，B 为投影仪的出瞳，E 为 CCD 相机的入瞳，θ 为投影仪与 CCD 照相机光轴成角。h 为待测物体表面 D 点的高度，d 为投影仪与 CCD 照相机的水平距离，L_0 为 CCD 照相机与参考面的距离。经推导得相位与高度的计算关系式为

$$h=\frac{\phi_{CD} * L_0}{2\pi f_0 d+\phi_{CD}} \tag{1-91}$$

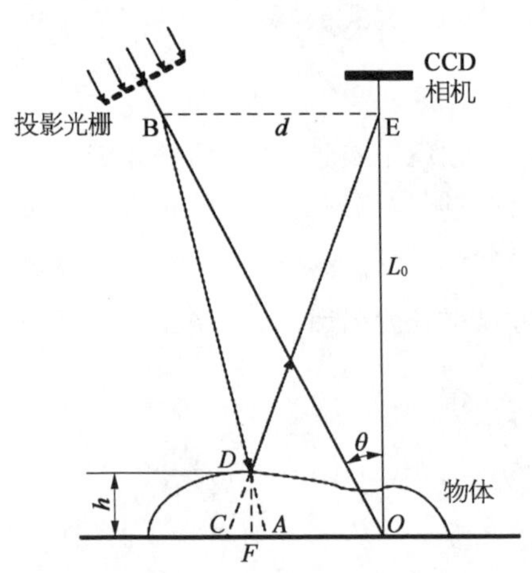

图 1-50 基于数字光栅投影的三维面形测量原理图

因此，对三维物体高度信息的解调关键在于相位解调，当知道了系统的相关几何参数后，便可利用解调的相位信息恢复出待测物体的三维信息。

光学三维测量技术对于逆向工程有非常重要的意义。在现代产品开发中，由于产品的形状日趋复杂化，同时消费者越来越追求个性、美观的设计，产品的外观不可避免地出现一些数学模型难以描述的曲面，此时逆向工程将会提供很好的解决办法。在逆向工程中，利用该技术，对现存的实物或者模型进行三维形状的测量和数字模型的重构、分析和修改等，可快速、准确地设计和造型产品。

对于光学三维测量技术的研究，美国、德国、日本等发达国家的公司和高校

开始得较早，从 20 世纪 60 年代后期就开始提出了许多测量原理和方法，在这方面的技术已经比较成熟。近年来，制造业的快速发展，制造精度和产品质量的不断提高，使得光学三维测量的作用和地位越来越重要，国外对相关技术的研究力度和资金投入不断加大，新的高性能技术不断涌现。

因此，对提高光学三维测量设备精度的方法进行研究，不仅可以替代二维测量及接触式扫描测量装备，而且能够从整体上加速我国对国外先进设备、技术的消化、吸收能力，缩短汽车、航空航天、电子信息、工业零部件、模具等产品的研发周期和提高产品的生产率，进而促进国内众多的制造、生产、加工型企业生产力水平的提高。甚至，对高精度面结构光三维测量技术进行研究，将彻底打破国外技术垄断，填补国内技术空白，并对降低国内企业的生产成本、提升制造业核心竞争力、国家战略装备产品研制、国家节汇和行业信息安全等方面具有重要的战略意义、经济效益和社会效益。

1.2.3　光波参数调制变换原理

光波参数调制变换原理包括强度、频率、相位、偏振等调制，强度、频率、相位的调制与时域调制相类似。

与以上几种调制方式不同，偏振调制最典型的是应用法拉第效应——磁致旋光效应，其原理在光的偏振一节也有介绍。磁致旋光效应的旋转方向仅与磁场方向有关，而与光线传播方向的正逆无关，这是磁致旋光现象与晶体的自然旋光现象不同之处。如图 1-17 所示，在图中若磁场 $\boldsymbol{B}$ 是由信号电流 i 产生(或调制)的，信号电流 i 的变化将引起磁场 $\boldsymbol{B}$ 的变化，进而使得旋转角 ϕ 变化，最终使得通过的光强变化。偏振调制的重要应用是光纤电流传感器，其原理如图 1-18 和图 1-19 所示。

1.2.4　光波参数调制方法

1.2.4.1　光频调制方法

常用的光频调制方法为声光移频(声光调制的一种情况)。

声和光的相互作用是声光调制的物理基础，这种作用表现为光波被介质中的声波衍射或散射，即发生声致光衍射。声波既是一种弹性波，又是一种纵波，其振动方向和传播方向一致。当它在声光介质中传输时，会使介质发生相应的弹性形变，使介质的各质点沿声波的传播方向随声频振动，引起介质的密度呈疏密相间的交替变化，从而引起介质折射率发生周期性变化。此时，受声波作用的晶体相当于一个衍射光栅，光栅的条纹间隔(即栅距)等于声波波长。当光波通过此介质时，将被介质中的弹性波衍射，衍射光的强度、频率和方向等都随声场的变化而变化，这就是声光效应或弹光效应。

声光移频是由于多普勒效应，前行中的声波可使光束的频率上移或下移，其移频值等于射频频率。由于射频频率通常是几十或几百兆赫兹，典型的光学频率在 10^{14} Hz 量级，频移相对来说较小，人们是感觉不到的，不会因为移频而产生光颜色的变化。

当光在建立起超声场的介质中传播时，由于弹光效应，光被介质中的超声波衍射的现象称为声光效应。声光效应包含 3 方面的含义：① 在介质中必须存在超声场。② 弹光效应，当介质中有超声波传播时，由于超声波是弹性波，在介质中就产生了随时间和空间周期变化的弹性应变，因而介质中各点的折射率就会随着该点上的弹性应变而发生相应的改变。折射率的改变影响了光的传播特性。③ 光被介质中的超声波场衍射，当介质中存在超声波时，介质的折射率发生相应的改变，光通过此种介质时，光的传播特性发生改变，光被介质衍射。超声波的频率大于 20 000 Hz，是一种纵向机械应力波，在声光介质中传播时会导致介质密度呈疏密交替的变化，引起介质折射率发生变化。

1) 光栅的形成(折射率的改变)

超声波表达式为

$$a_s(x, t) = A_s\cos(\omega_s t - \boldsymbol{k}_s x) \tag{1-92}$$

式中，ω_s 为声波角频率，$\boldsymbol{k}_s$ 为声波波矢。近似的，介质折射率的变化正比于介质质点沿 x 方向位移的变化率，即

$$\Delta n(x, t) = \frac{\mathrm{d}a}{\mathrm{d}x} = \boldsymbol{k}_s A\sin(\omega_s t - \boldsymbol{k}_s x) = \Delta n\sin(\omega_s t - \boldsymbol{k}_s x)$$

式中，$\Delta n = A\boldsymbol{k}_s$ 为弹性应变振幅。

则介质折射率为

$$n(x, t) = n_0 + \Delta n\sin(\omega_s t - \boldsymbol{k}_s x) = n_0 - \frac{1}{2}n_0^3 PS\sin(\omega_s t - \boldsymbol{k}_s x) \tag{1-93}$$

式中，S 为超声波引起介质产生的应变，P 为材料的弹光系数。

上式表明：① 介质折射率的增大、减小交替进行；② 折射率是时间和坐标的函数，因此光栅不是固定的，移动的速度是超声波的速度 v_s。

当两列超声波在同一直线上，沿相反方向传播时，形成驻波。单一波的方程为

$$a_1(x, t) = A\sin(\omega_s t - \boldsymbol{k}_s x)$$
$$a_2(x, t) = A\sin(\omega_s t + \boldsymbol{k}_s x)$$

则合成声波方程为

$$a(x, t) = 2A\cos 2\pi \frac{x}{\lambda_s} \sin 2\pi \frac{t}{T_s} = 2A\cos \boldsymbol{k}_s x \sin \omega_s t \qquad (1-94)$$

从上式可以看出：① 振幅是坐标的函数，在 $x = 2n\frac{\lambda_s}{4}$ $(n = 0, 1, 2, 3, \cdots)$，各点的振幅最大。这些点称为波腹；② 在点 $x = (2n+1)\frac{\lambda_s}{4}$ $(n=0, 1, 2, 3, \cdots)$，振幅最小，称为波节；③ 波腹和波节的位置不变，它们的距离是 $\lambda_s/2$；④ 光波通过介质所获得的调制光的频率为超声波频率的 2 倍。

2) 光波衍射

按照超声波的频率和声光互相作用的长度 L，声致光衍射可分为拉曼-奈斯衍射和布拉格衍射两种。

(1) 拉曼-奈斯衍射 $L < \frac{\lambda_s^2}{2\lambda}$，衍射光能量分布在许多能级上。

(2) 布拉格衍射 $L > \frac{\lambda_s^2}{2\lambda}$，衍射光能量集中在少数能级上。

拉曼-奈斯衍射的条件是：① 超声波频率比较低；② 光线平行于声波面入射和声波传播方向垂直入射；③ 超声波的宽度 L 比较小。声波波长比光波波长大得多，光波平行通过介质时，几乎不通过声波面，不会在声波面之间穿越，只是受到相位调制，即通过光学折射率大部分的光波波阵面将推迟，而通过光学折射率小部分的光波波阵面将超前，于是通过声光介质的平面波波阵面出现凸凹现象，变成一个折皱曲面。由出射波阵面上子波源发出的次波将发生相干作用，形成与入射方向对称分布的多级衍射光。对应的调制方式为相位调制(见图 1-51)。

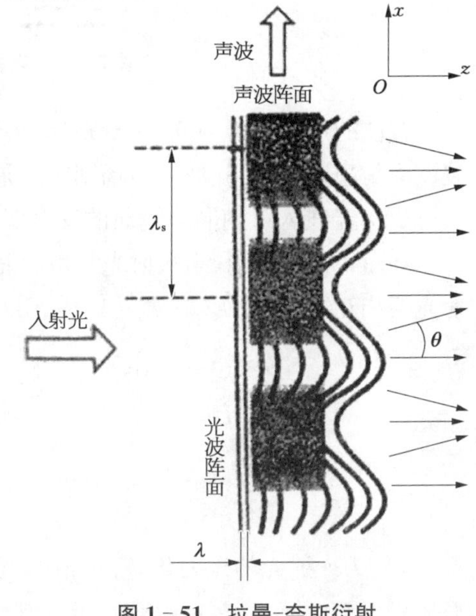

图 1-51　拉曼-奈斯衍射

在声光调制器中布拉格衍射条件很重要：超声波频率足够高，且 $L > \frac{\lambda_s^2}{2\lambda}$，光线倾斜入射，当入射角 θ_B 满足布拉格方程：

$$2\lambda_s \sin\theta_B = \lambda \tag{1-95}$$

时将产生布拉格(Bragg)衍射，其中 λ 为光在声光晶体中的波长。

从波的干涉加强条件可以推导出 Bragg 衍射的条件。声波行波传播，简化成把声波看成许多相距为光栅宽度的部分反射、部分投射的镜面，这些镜面部分反射、部分透射(见图 1－52)。

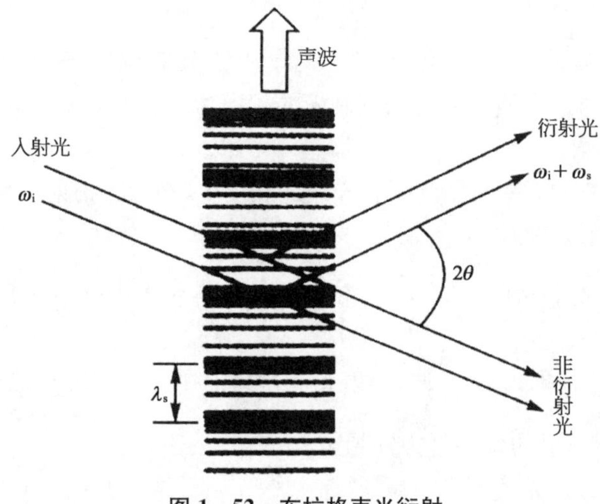

图 1－52　布拉格声光衍射

行波的速度约为 400～700 m/s，在光通过介质的时间内，可以近似认为声波波面是静止的，对驻波超声场则完全是不动的，下面分两步讨论：

(A) 光线入射到同一镜面的反射情况

如图 1－53 所示，当入射光与声波面间夹角满足一定条件时，介质内各级衍射光会相互干涉，设 $BC = x$，$AC - BD$ 是两衍射光的光程差。

$$AC = x\cos\theta_i$$

$$BD = x\cos\theta_d$$

$$x(\cos\theta_i - \cos\theta_d) = m\frac{\lambda_i}{n} \quad (m = 0, \pm 1)$$

式中，θ_i 为入射光的入射角，θ_d 为衍射光的衍射角，λ_i 为光在真空中的波长，n 为介质折射率。当 x 是任意值时，上式都应成立。上式表明，只有 $\theta_i = \theta_d$，即当入

射角和衍射角相等时，才有

$$\cos\theta_i - \cos\theta_d = 0$$

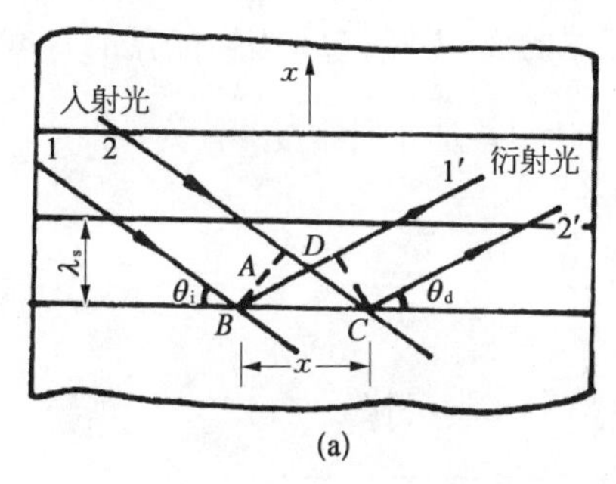

(a)

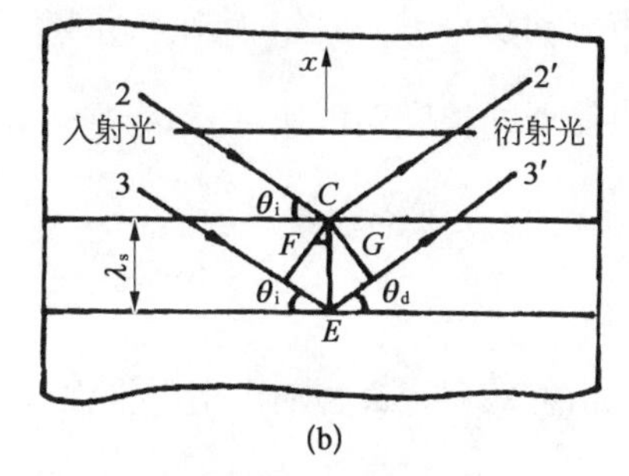

(b)

图 1-53　布拉格衍射条件模型

(B) 光线入射在任意两个声波相位波面上

入射光入射到两个不同的镜面上产生衍射，其两束光的光程差为 $EF+ED$。

$$EF = \lambda_s \sin\theta_i$$

$$DE = \lambda_s \sin\theta_i$$

衍射光相干增强的条件是它们之间的光程差为波长的整倍数：

$$EF + DE = 2\lambda_s \sin\theta_i = m\frac{\lambda_i}{n} \quad (m = 0, \pm 1) \tag{1-96}$$

上式即为布拉格方程。因此，只有入射角满足上式的光波，才能在 $\theta_i = \theta_d = \theta_B$ 的方向上进行干涉，产生极大值。

其他方向并非完全没有光，只是由于互相干涉的结果，基本上相消而已。

考虑到，

$$\theta_i = \theta_d,\ \sin\theta_B = \frac{\lambda_i}{2n\lambda_s}$$

可证明，当入射光强为 I_i 时，布拉格声光衍射的零级和 1 级衍射光强为

$$I_0 = I_i \cos^2\left(\frac{\Delta\phi}{2}\right)$$

$$I_1 = I_i \sin^2\left(\frac{\Delta\phi}{2}\right)$$

式中，$\Delta\phi$ 是光波穿过长度为 L 的超声场所产生的附加相位延迟。可以用声致折射率的变化 Δn 来表示，即

$$\Delta\phi = \frac{2\pi}{\lambda}\Delta nL$$

而 Δn 由介质的弹光系数 P 和介质的弹性应变幅值 S 所决定，弹性应变幅值 S 与超声驱动功率 P_s 有关，而超声功率与换能器的面积 HL（H 为换能器的宽度，L 为换能器的长度）、声速 v_s 和能量密度 $\frac{1}{2}\rho v_s^3 S^2$（$\rho$ 是介质密度）有关，即

$$\Delta n = -\frac{1}{2}n^3 P\sqrt{\frac{2P_s}{HL\rho v_s^3}}$$

声光衍射效率定义为输出衍射光强与输入衍射光强之比。

$$\eta = \frac{I_1}{I_i} = \sin^2\left[\frac{\pi}{\sqrt{2}\lambda_i\cos\theta_B}\sqrt{\left(\frac{L}{H}\right)M_2 P_s}\right] \tag{1-97}$$

上式中，$M_2 = (n^6 P^2)/(\rho v_s^3)$ 是声光介质的物理参数的组合，是由介质本身性质决定的量，成为声光材料的品质因数，$\cos\theta_B$ 是考虑了布拉格衍射角对声光作用的影响。

衍射效率表达式表明，超声功率 P_s 一定时，要使衍射光强尽可能大，则要求选择 M_2 大的材料，并要把换能器做成长而窄（L 大 H 小）的形式；P_s 足够大，η 可达 100%；P_s 改变时，η 改变，通过控制 P_s（即控制加在电声换能器上的电功率）就可以达到控制衍射光强的目的，实现声光调制。

3）*声光调制器*

利用声光效应可实现强度调制、频率调制。布拉格衍射由于效率高，且调制带宽较宽，故多被采用。声光调制器构成如图 1－54(a)所示，由声光介质、电-声换能器、吸声（或反射）装置以及电源组成。声光介质是声光相互作用的场所，通过控制声场的变化，就可以控制衍射光强度的变化，从而制成光强度调制器。常见的声光介质为钼酸铅（$PbMoO_4$）、二氧化碲（TeO_2）、硫代砷酸砣（Tl_3AsS_4）。电-声换能器利用晶体的反压电效应制备而成，在电场作用下产生机械振动形成超声波，起着将调制的电功率转换成声功率的作用。吸声（反射）装置放置在超声源对面，工作于行波则吸收，工作于驻波则反射。

对于布拉格衍射，声光调制器调制特性如式(1－97)所示，其调制特性曲线如图 1－54(b)所示，布拉格型声光调制器工作原理如图 1－54(c)所示。在超声功率 P_s 较小的情况下，衍射效率近似可以表示为

$$\eta \approx \left[\frac{\pi L}{\sqrt{2}\lambda\cos\theta_B}\sqrt{\frac{L}{H}M_2 P_s}\right]^2 \tag{1-98}$$

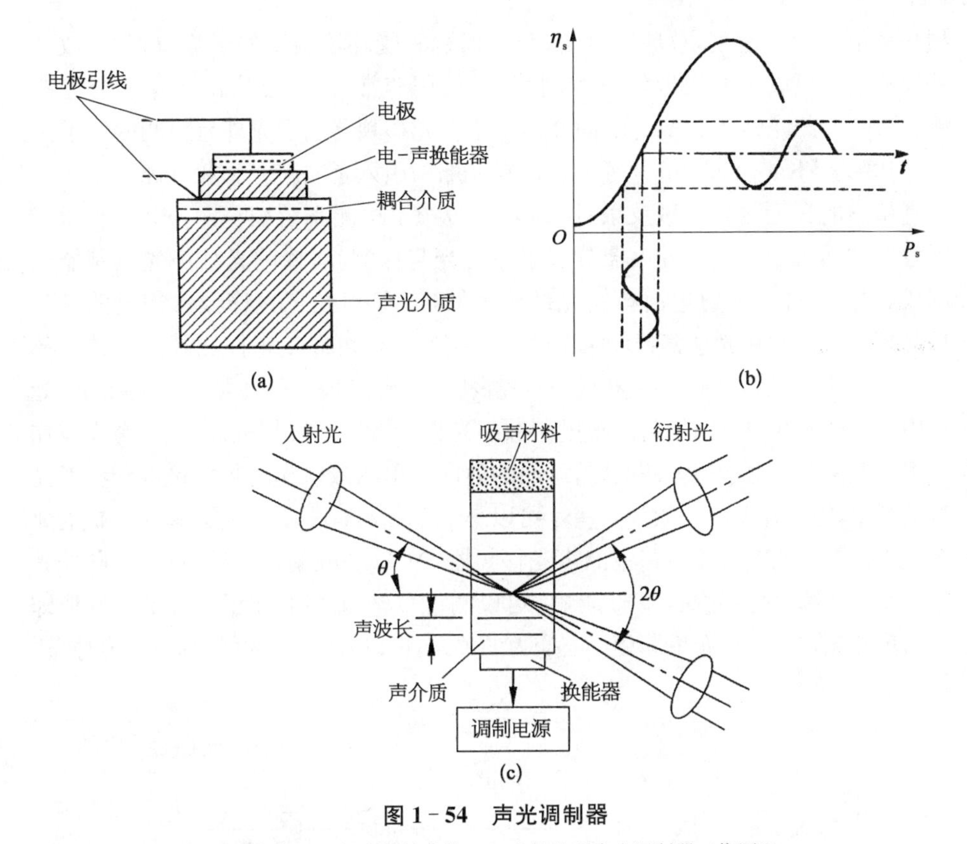

图 1-54　声光调制器

(a) 构成；(b) 调制特性曲线；(c) 布拉格型声光调制器工作原理

上式表明：在超声功率 P_s 较小的情况下，衍射效率和超声功率呈线性关系，当超声功率受到所传递信息的线性调制时，衍射光强也受到了调制，实现了声光强度调制，如图 1-54(b)所示。

激光是光频范围的电磁波，具有很高的频率稳定性。利用声光衍射器件，可以使激光束的频率发生变化，这种工作方式的声光器件，称为声光移频器。衍射光的频率在原输入激光频率上叠加了一个超声频率，光频的改变量等于外加射频功率信号的频率。输出光取正一级衍射光时，输出光的频率为原激光频率加电信号频率；当输出光取负一级衍射光时，输出光的频率为原激光频率减电信号频率。改变声光移频器的电信号驱动频率，输出光的移频量也相应改变，如图 1-52 布拉格衍射。改变输入电信号的频率，就可以控制输出光的移频量。声光移频器因为在实际使用中要求输出光的功率尽可能高，所以声光移频器一般工作在布拉格衍射模式。声光移频器实际上是一个不加调制信号的声光调制器，即射频功率为恒定值。

声光移频器的移频量和移频精度主要由射频功率信号决定，只要能保证射频功率信号的稳定度，移频精度可以达到很高，受环境温度的影响也很小，改变外加电信号可以很方便地任意控制移频，使用非常方便，已广泛应用于外差检测、测速、光纤陀螺等领域。下面介绍一个声光移频器用于光外差检测的例子。

1994 年 Kaoru Shimizu 等人首次在光路中引入了一个光移频环路实现了一个高精度的布里渊光时域反射计（BOTDR）相干检测系统（见图 1－55）。激光器发出的连续相干光被分束器分成了参考光与探测光，探测光被声光调制器调制成脉冲光，并且入射进由掺铒光纤放大器（EDFA）及声光移频器构成的光学移频环路。通过在光学移频环路中循环一定的次数可以使得探测脉冲光移频的量 ν_s 与布里渊频移量 ν_B 大致相同，然后探测脉冲光被 EDFA 放大后入射到测试光纤中。测试光纤中返回的后向布里渊散射光直接被外差接收机检测，参考光波作为本征振荡波。由于布里渊散射，返回的后向布里渊散射光的频率接近于参考光波的频率，因此外差的差频为 $\nu_s - \nu_B$ 可以小于 100 MHz，这是传统外差接收机的典型频带范围。调整移频环路中的声光移频器（AO2）的频率，可以调整探测脉冲光的频率。连续改变探测脉冲光的频率可以测得布里渊频谱，布里渊频谱的峰值即为布里渊频移。根据布里渊频移与应力的关系，可以解调到光纤的轴向应力分布。

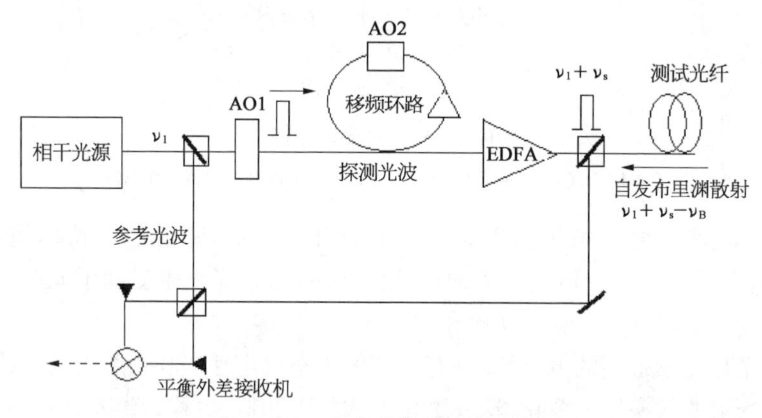

图 1－55 声光移频 BOTDR 原理

但是，由于 AO2 通常一次最大只能移频 120 M，需经上百次的频移才可移 11 GHz。为构建布里渊频谱还需要探测脉冲光可以扫频，这就要求 AO2 输出的频率精确可调。这些都对声光移频器的性能提出了更高要求。并且，声光移频环路的采用，增加系统光学部分的复杂度，影响了系统的稳定性，从而影响了系统的测量精度。

日本 Ando 与 NTT 基于上述光学移频的技术研制了光纤分布式应力监测仪 AQ8620/AQ8602B，该仪器的应力测量精度为 100 $\mu\varepsilon$，空间分辨率为 1 m，最大测量距离为 55 km。

声光扫描通过改变声波频率来改变衍射光的方向,使之发生偏转,可用于激光印刷机、雷达波谱分析器中。衍射光与入射光的夹角(偏转角)为

$$\theta = 2\theta_{\mathrm{B}} = \frac{\lambda_{\mathrm{i}}}{n\lambda_{\mathrm{s}}} = \frac{\lambda_{\mathrm{i}}}{n v_{\mathrm{s}}} f_{\mathrm{s}} \tag{1-99}$$

1.2.4.2　相位调制方法

空间传输过程中,光学相位决定于光程变化。$\phi = \frac{2\pi}{\lambda} n_z$,$n_z$ 表示光程变化,光学相位调制即对折射率 n 光学长度 z 进行调制。相位调制方法中应用最多的是电光调制。

相位调制器分为波导结构的相位调制器和体结构的相位调制器。波导结构的相位调制器具有体积小、驱动电压低、带宽较宽等优点,体结构的相位调制器和自由空间光的耦合效率高。KDP(KH_2PO_4)类晶体和铌酸锂晶体是最常用的两类晶体。KDP类晶体的特点是较易获得大块的高质量的单晶,对可见光透光性好,可承受强光,但它们是水溶性晶体,易潮解,所以使用受到一定限制。$LiNbO_3$(简写为LN)为人工合成的铁电氧化物基材料,为三角晶体结构。其优点是有大的电光、热电、压电常数,电光系数比非铁电氧化物基材料要高一个数量级。所以铌酸锂不仅有高的电光响应,还有宽的光透明度范围(从可见光到红外光),稳定的热、化学和机械性能,容易加工制作。

电光相位调制器的基本原理就是电光效应。由电场所引起的晶体折射率的变化,称为电光效应。通常可将电场引起的折射率的变化表示为

$$n = n_0 + aE_0 + bE_0^2 + \cdots \tag{1-100}$$

式中,a 和 b 为常数,n_0 为不加电场时晶体的折射率。由一次项 aE_0 引起折射率变化的效应,称为一次电光效应,也称线性电光效应或普克尔(Pockels)效应;由二次项 bE_0^2 引起折射率变化的效应,称为二次电光效应,也称平方电光效应或克尔(Kerr)效应。一次效应要比二次效应显著。

当晶体未加外电场时,各向异性晶体的主轴坐标系中的标准折射率椭球方程为

$$\frac{x^2}{n_x^2} + \frac{y^2}{n_y^2} + \frac{z^2}{n_z^2} = 1 \tag{1-101}$$

式中,n_x, n_y, n_z 分别为椭球的3个轴长度,称为主轴折射率,x, y, z 为介质的主轴方向,即晶体内沿着这些方向的电位移矢量和电场强度是平行的。这里以LN晶体为例,介绍电光相位调制器的调制原理。LN晶体属于三角晶系,3m晶类,主轴 z 方向有一个三次旋转轴,光轴与 z 轴重合。对于LN晶体,$n_x =$

$n_y=n_o$，$n_z=n_e$，n_o 是寻常光折射率，n_e 是非常光折射率，且 $n_e<n_o$，因此 LN 晶体为负单轴晶体，其折射率椭球方程可以写成

$$\frac{x^2}{n_o^2}+\frac{y^2}{n_o^2}+\frac{z^2}{n_e^2}=1 \tag{1-102}$$

LN 晶体的折射率变化矩阵为

$$\begin{bmatrix}\Delta\left(\frac{1}{n^2}\right)_1\\ \Delta\left(\frac{1}{n^2}\right)_2\\ \Delta\left(\frac{1}{n^2}\right)_3\\ \Delta\left(\frac{1}{n^2}\right)_4\\ \Delta\left(\frac{1}{n^2}\right)_5\\ \Delta\left(\frac{1}{n^2}\right)_6\end{bmatrix}=\begin{bmatrix}0 & -\gamma_{22} & \gamma_{13}\\ 0 & \gamma_{22} & \gamma_{13}\\ 0 & 0 & \gamma_{33}\\ 0 & \gamma_{42} & 0\\ \gamma_{42} & 0 & 0\\ -\gamma_{22} & 0 & 0\end{bmatrix}\cdot\begin{bmatrix}E_x\\ E_y\\ E_z\end{bmatrix} \tag{1-103}$$

如果外加电场平行于光轴，即 $E_x=E_y=0$，$E_z=E$，则折射率椭球方程变为

$$\frac{x^2}{n_o^2}+\frac{y^2}{n_o^2}+\frac{z^2}{n_e^2}+\gamma_{13}E_zx^2+\gamma_{13}E_zy^2+\gamma_{33}E_zz^2=1 \tag{1-104}$$

即有

$$\begin{cases}\Delta\left(\frac{1}{n^2}\right)_1=\Delta\left(\frac{1}{n^2}\right)_2=\gamma_{13}E_z\\ \Delta\left(\frac{1}{n^2}\right)_3=\gamma_{33}E_z\\ \Delta\left(\frac{1}{n^2}\right)_4=\Delta\left(\frac{1}{n^2}\right)_5=\Delta\left(\frac{1}{n^2}\right)_6=0\end{cases} \tag{1-105}$$

由于 γ 很小，可利用微分关系 $\mathrm{d}\left(\frac{1}{n^2}\right)=-\frac{2}{n^3}\mathrm{d}n$，即 $\mathrm{d}n=-\frac{1}{2}n^3\mathrm{d}\left(\frac{1}{n^2}\right)$，得到

$$\begin{cases}\Delta n_o=-\frac{1}{2}n_o^3\gamma_{13}E_z\\ \Delta n_e=-\frac{1}{2}n_e^3\gamma_{33}E_z\end{cases} \tag{1-106}$$

由此可以得到新的折射率椭球方程为

$$\frac{x^2}{(n_o+\Delta n_o)^2}+\frac{y^2}{(n_o+\Delta n_o)^2}+\frac{z^2}{(n_e+\Delta n_e)^2}=1 \tag{1-107}$$

可以看出,加了电场后,折射率椭球没有旋转,仍为单轴晶体,但其折射率发生了变化。

实际应用中的 LN 晶体是沿着相对光轴的某些特殊方向切割而成的,且外电场也是沿某些特殊方向加到晶体上的。根据电场的方向与通光的关系,可分为两种方式: 加在晶体上的电场方向与光在晶体里传播的方向一致称为纵向电光调制;加在晶体上的电场方向与光在晶体里传播方向垂直,称为横向电光调制。因此根据电场与通光方向的不同,基于 LN 晶体的电光相位调制有 4 种方法。

1) *方法(一)*

外加电场沿 z 轴方向应用,折射率椭球不发生旋转。表 1-2 列出了 LN 晶体的电光系数。从表中可以看出,γ_{33} 远比其他系数大。所以为了在同样条件下获得更显著的电光效应,应该利用 γ_{33} 的方向,而这正是 z 方向。首先以图 1-56 为例来讨论 LN 晶体的横向电光调制。由于外加电场是沿 z 轴方向,晶体的主轴不会发生旋转,仍为 x, y, z 方向,此时的通光方向与 z 轴垂直,并沿 y 方向入射,若入射光偏振方向与 z 轴成 45°角,进入晶体分解为 x 和 z 方向振动的两个分量,其折射率分别为 $(n_o+\Delta n_o)$ 和 $(n_e+\Delta n_e)$;若通光方向的晶体长度为 L、厚度(电极间距) 为 d、外加电压 $V=E_z d$, 则从晶体出射的两光波的相位差为

$$\begin{aligned}\Delta\phi &= \frac{2\pi}{\lambda}[(n_o+\Delta n_o)-(n_e+\Delta n_e)]L \\ &= \frac{2\pi}{\lambda}\left[(n_o-n_e)L-\frac{LV}{2d}(n_o^3\gamma_{13}-n_e^3\gamma_{33})\right]\end{aligned} \tag{1-108}$$

表 1-2　LN 晶体的线性电光系数

		低频电场(10^{-12} m/V)	高频电场(10^{-12} m/V)
线性电光矩阵部分值	γ_{13}	9.6	8.6
	γ_{22}	6.8	3.4
	γ_{33}	30.9	30.8
	γ_{42}	23	28
折射率	寻常光	$n_o=2.286$	
	非寻常光	$n_e=2.200$	

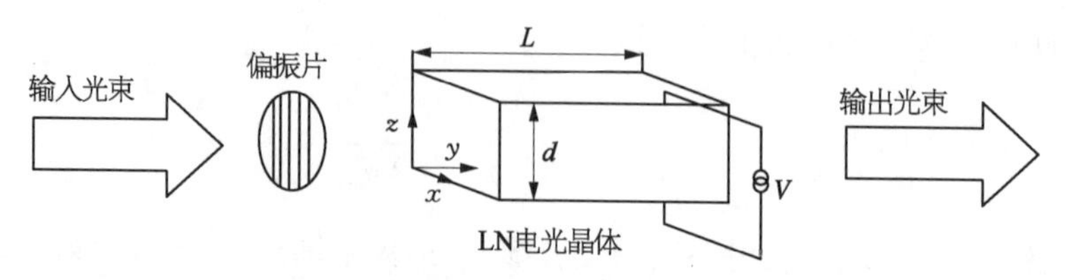

图 1-56 LN 晶体的横向电光调制

由式(1-108)可知,x 轴与 z 轴的综合电光效应使光波通过晶体后的相位差包括两项：第一是与外加电场无关的晶体本身的自然双折射引起的相位延迟,这对调制器的工作没有贡献,而且会因温度变化引起折射率(n_o 和 n_e)的变化而导致相位差漂移,进而使调制光发生畸变,甚至使调制器不能正常工作,应设法消除或补偿双折射现象;第二项是外加场作用产生的相位延迟,它与外加电场和晶体的尺寸有关。另外若采取组合调制器或者 1/2 波片补偿的办法可以使总相差为

$$\Delta\phi = \frac{2\pi LV}{d\lambda}(n_e^3\gamma_{33} - n_o^3\gamma_{13}) \tag{1-109}$$

当相位差为 $\Delta\phi = \pi$ 时,此时的电压为半波电压,它反映了调制功率的大小,此处的半波电压为

$$V_{(\frac{\lambda}{2})横1} = \frac{\lambda}{2(n_e^3\gamma_{33} - n_o^3\gamma_{13})} \cdot \frac{d}{L} \tag{1-110}$$

2) 方法(二)

如果入射光偏振方向为 z 方向,那么光束通过 LN 晶体不会有双折射现象,经过 L 长距离的晶体后,其感应的相位变化为

$$\Delta\phi = \frac{\omega_c}{c}\Delta n_e L = -\frac{\pi}{\lambda}n_e^3\gamma_{33}\frac{V}{d}L \tag{1-111}$$

其半波电压为

$$V_{(\frac{\lambda}{2})横2} = \frac{\lambda}{n_e^3\gamma_{33}} \cdot \frac{d}{L} \tag{1-112}$$

从式(1-110)和式(1-112)可知,可以通过减小晶体厚度,增加电光互作用长度来降低半波电压。根据表 1-2 中的电光系数,在同样的条件下,两者的半波电压的关系为

$$V_{(\frac{\lambda}{2})1} = \frac{n_e^3\gamma_{33}}{2(n_e^3\gamma_{33} - n_o^3\gamma_{13})}V_{(\frac{\lambda}{2})2} = 0.6915V_{(\frac{\lambda}{2})2} \tag{1-113}$$

从式(1-113)可以看出，第一种方法的半波电压较小些，但由于该效应是寻常光和非寻常光电光效应之差，同样会有温度导致的相位差漂移现象，而且它必须要两块晶体，体积较大，此外还需加检偏装置，结构复杂，尺寸加工要求较高。因此，综合考虑，方法(二)更优。

3）方法(三)

在 LN 晶体的 y 轴方向上加电场时，当入射光沿晶体光轴 z 方向传播时，原来的单轴晶体变成了双轴晶体，折射率椭球在 $x'y'$ 平面上的截线由原来的圆变成了椭圆，椭圆的短轴 x'(或 y')与 x 轴(或 y 轴)平行，感应主轴的长短与 E_y 的大小有关。因而电矢量在 x' 方向振动的光波与 y' 方向振动的光波传播速度不同，因此通过长度为 L 的电光晶体后产生相位差：

$$\delta=\frac{2\pi}{\lambda}(n'_x-n'_y)L=\frac{2\pi}{\lambda}n_o^3\gamma_{22}V\frac{L}{d} \tag{1-114}$$

式中，d 为晶体在 y 方向的厚度，$V=E_y/d$ 为外加电压。半波电压为

$$V_{\left(\frac{\lambda}{2}\right)横3}=\frac{\lambda}{2n_o^3\gamma_{22}}\frac{d}{L} \tag{1-115}$$

同样的，根据表 1-2 中的电光系数，在同样的条件下，方法(三)与方法(二)的半波电压的关系为

$$V_{\left(\frac{\lambda}{2}\right)3}=\frac{n_e^3\gamma_{33}}{2n_o^3\gamma_{22}}=2.547V_{\left(\frac{\lambda}{2}\right)2} \tag{1-116}$$

从上式可知，在同样长度和厚度条件下，方法(三)半波电压是方法(二)半波电压的 2.547 倍。

4）方法(四)

方法(四)为纵向电光调制，图 1-57 是 LN 晶体的纵向电光调制示意图，x，y，z 分别表示晶体的 3 个光轴，L 代表晶体的长度。外加电场与光传播方向均相同，沿 z 轴方向，即电极与 z 轴垂直，且必须透明。

此时，晶体仍为单轴晶体，且 $n_x=n_y$，沿 z 轴传播的任意偏振光，不会有双

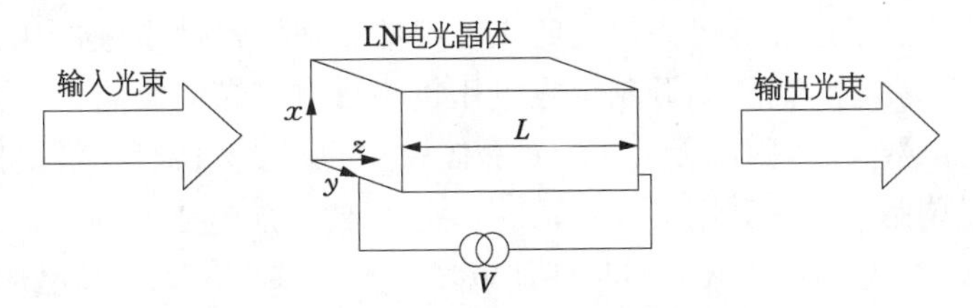

图 1-57　纵向电光调制

折射现象产生，即经过 L 长的距离后，在 x 方向和 y 方向没有相位差。因此可以对非偏振的光进行相位调制，此时光束通过晶体后的相位变化为

$$\Delta\phi = \frac{\omega_c}{c}\Delta nL = -\frac{\pi}{\lambda}n_o^3\gamma_{13}V \tag{1-117}$$

此处 V 为外加电压，且 $V = E_zL$，设 $E = E_m\sin(\omega_s t)$，ω_s 为信号角频率，E_m 为调制电压振幅。若光波在 $z = 0$ 处为 $e_i = A\cos(\omega_c t)$，则在 $z = L$ 处的光波为

$$e_o = A\cos\left\{\omega_c t - \left[\frac{2\pi}{\lambda}n_o - \frac{\pi}{\lambda}n_o^3\gamma_{13}E_m\sin(\omega_s t)\right]L\right\} \tag{1-118}$$

写成相位调制的形式为

$$e_o = A\cos\left[\omega_c t - \frac{2\pi L}{\lambda}n_o + \delta\sin(\omega_s t)\right] \tag{1-119}$$

$$\delta = \frac{\pi}{\lambda}n_o^3\gamma_{13}E_mL$$

纵向电光调制的半波电压为

$$V_{(\frac{\lambda}{2})\text{纵}} = \frac{\lambda}{n_o^3\gamma_{13}} \tag{1-120}$$

纵向调制是外加电场方向与激光的传播方向一致。他的缺点是：① 电极需要安装在通光面上，为不影响光传播，电极需要做成特殊的形状。② 相位延迟量与晶体长度无关，不能通过增加晶体的长度来降低半波电压。根据式(1-120)和式(1-112)可得

$$V_{(\frac{\lambda}{2})\text{纵}} = \frac{n_e^3\gamma_{33}}{n_o^3\gamma_{13}} \cdot \frac{L}{d}V_{(\frac{\lambda}{2})\text{横2}} = 3.61\frac{L}{d}V_{(\frac{\lambda}{2})\text{横2}} \tag{1-121}$$

从上式可知，在同样长度和厚度条件下，纵向半波电压是方法(二)横向半波电压的 $3.61\dfrac{L}{d}$ 倍。

半波电压是描述晶体电光效应的重要参数。在该器件中，这个电压越小越好，如果半波电压小，需要的调制信号电压也小。对于纵向调制，半波电压与晶体尺寸没有函数关系，因此无法通过对晶体尺寸的调节来降低半波电压，因此考虑横向电光调制。为了利用最大的光电系数，可使外加电压电场取 z 方向，为避免双折射效应，光波的偏振方向与外加电场一致。基于 z 切 LN 晶体的横向电光相位调制器结构如图 1-58 所示。

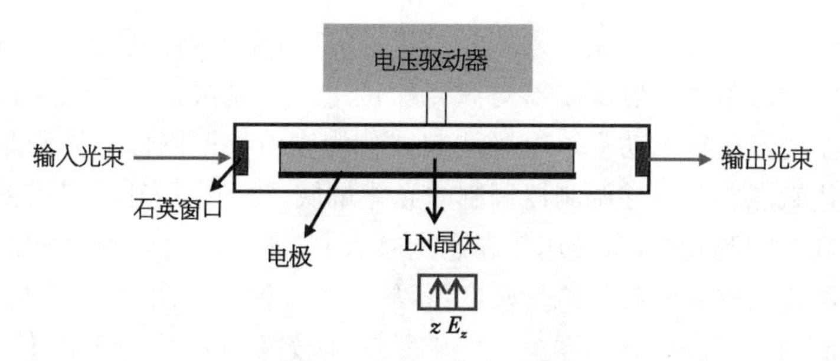

图 1-58　电光调制器结构

由前面的 z 切 LN 晶体的横向电光相位调制的半波电压公式(1-112) $V_{(\frac{\lambda}{2})横2}=\frac{\lambda}{n_e^3\gamma_{33}}\cdot\frac{d}{L}$ 知，通过降低 d/L，可以使半波电压降低。根据电光晶体的参数，可以得出 $LiNbO_3$ 晶体的半波电压在 1 064 nm 时为 3.43 kV。通过适当选取晶体的尺寸，降低 d/L，可以把半波电压降低。d/L 越小，半波电压越小，则调制度越高。调制度增大之后，激光束的衍射损耗就会提高。所以，晶体尺寸 d 与 L 之间存在着限制条件：

$$d/L=\frac{4s^2\lambda}{n\pi} \tag{1-122}$$

式中，s 为安全系数，最好不小于 3。根据 $s\geqslant 3$，可得

$$d/L=\frac{4s^2\lambda}{n\pi}=\frac{4\times 3^2\times 1.06\times 10^{-6}}{2.16\times 3.14}=5.63\times 10^{-6}$$

所以，对 $LiNbO_3$ 晶体来说，在 1 064 nm 时，应取 $d/L>5.63\times 10^{-6}$，也就是说，不能为了获得尽可能小的半波电压而无条件地减小 d/L。

电光效应是一个快的过程，它主要和电子晶格跃迁有关，折射率变化的响应时间接近于电子晶格的弛豫时间，介于 $10^{-13}\sim 10^{-14}$ s 之间。所以晶体的电光效应不会限制调制器的频率特性，调制器的调制带宽主要受外电路参数的限制。表征调制器的主要参数是调制带宽和达到所需调制深度的驱动电压。驱动电压与调制带宽是相互制约的。调制器设计的目标是要同时达到宽带宽和低驱动电压。

相位信号是随机快速变化的，要对此信号放大，就必须使电路具有快速响应信号变化的能力。电压驱动器既要满足高的响应速度，又要提供高的驱动电压。

读者们可以思考一下，如何利用电光相位调制器实现电光移频？

图 1-59 为 Leysop 公司的 EM200L 型电光相位调制器(左)与相应驱动器

(右)。由于能源、国防、工业等领域的需求,高能量激光器的研究越来越受到人们的重视。通过电光相位调制器对激光相位进行控制可以实现光束相干合成,从而提高激光器的输出功率。电光调制器分为光波导调制器和体调制器两类,它们各有优缺点。光波导调制器调制的光能量低,驱动电压往往只需要几伏,可以达到很高的调制频率,常被用在高速光通信中。但是由于波导结构的限制,在其间传输的光具有非常高的能量密度,容易产生各种非线性效应,因此不能用于能量比较高的情况。体调制器虽然能够承受比较高的入射光能量,但是由于其体积尺寸比光波导调制器大得多,驱动时需要相当高的调制电压,这导致其驱动电路难于实现大的带宽。如集成光波导相位调制器具有类似结构,可以制作40 GHz调制频率的相位调制器,半波电压仅为6 V。

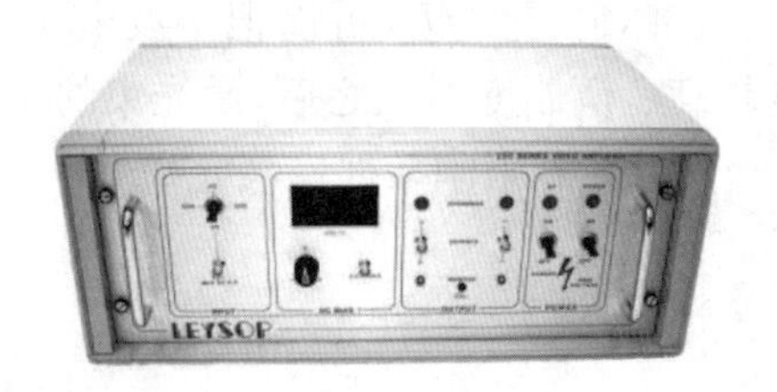

图1-59　Leysop公司EM200L型电光相位调制器(左)与相应驱动器(右)

1.2.4.3　光强调制方法

根据调制器与激光器的关系,激光光强调制可以分为直接调制(又称为内调制)和间接调制(又称为外调制)两类。

直接调制方法是调制信号通过控制激光振荡来改变激光的输出。以半导体激光器(LD)[或半导体发光二极管(LED)]为例,调制信号通过改变注入半导体激光器电流来改变激光输出功率,从而实现调制。这是一种电调制方式,调制后的光波电场振幅的平方随调制信号变化。另一种电调制方式是在谐振腔内放置调制元件,用调制电信号控制元件的物理特性以改变谐振腔的参数,从而改变激光的输出功率。其中更常用的是前一种。

直接调制技术具有简单、损耗小、经济、容易实现等优点,是光纤通信中最常用的调制方式,但该调制方式在高速率下易受到被调器件的高频性能限制。例如光纤通信用半导体激光器在高速调制下出现的啁啾现象,它不仅会使激光输出幅度下降,还会使得激光波长发生改变。这是一种难以克服的现象,啁啾所引起的激光谱线展宽,会加大传输信号的色散,从而限制信号的远距离传输。

间接调制是在激光形成以后加载调制信号，其方法是在谐振腔外的激光光路上放置调制器，利用晶体的电光、磁光和声光等效应使调制器的某些物理特性发生相应的变化，当激光通过时即可达到调制激光输出的目的。这种调制方式并不改变激光器的参数，而是改变已经输出的激光参数（强度、频率和相位等）。既适应于半导体激光器，也适用于其他类型的激光器。

间接调制方式的结构相对直接调制方式的复杂，尽管由于调制器的引入造成光路损耗加大，整体价格提升，但其优势在于克服了直接调制所产生的啁啾现象，因此对于高速信号的光调制多采用间接调制的方式。根据调制原理的不同，间接调制又可分为电光调制、声光调制、磁光调制和电吸收调制等。

1）电光强度调制

下面以 LN 晶体的横向电光效应为例来讨论电光调制的原理。将 LN 晶体放在两偏振片之间，当晶体加上电场后，它就相当于一个厚度为 d、产生 ϕ 相位差的波片[如图 1－60(a)所示]。设该波片 C 轴与起偏器 P 偏振轴成 α 角，与检偏器 A 偏振轴成 β 角。激光经起偏器后成为线偏振光（振幅为 A_i，光强为 I_i）正入射于波片，可将其分解成沿光轴 C 和垂直于 C 方向的两个偏振分量 $A_e = A_i\cos\alpha$ 和 $A_o = A_i\sin\alpha$ [如图 1－60(b)所示]，出射波片时的位相差为：$\phi = \frac{2\pi}{\lambda}(n_e - n_o)d$。因为波片 C 轴与检偏器 A 偏振轴成 β 角，则 A_e，A_o 两分量在 A 方向上的振幅为

$$A_{2e} = A_i\cos\alpha\cos\beta$$
$$A_{2o} = A_i\sin\alpha\sin\beta$$

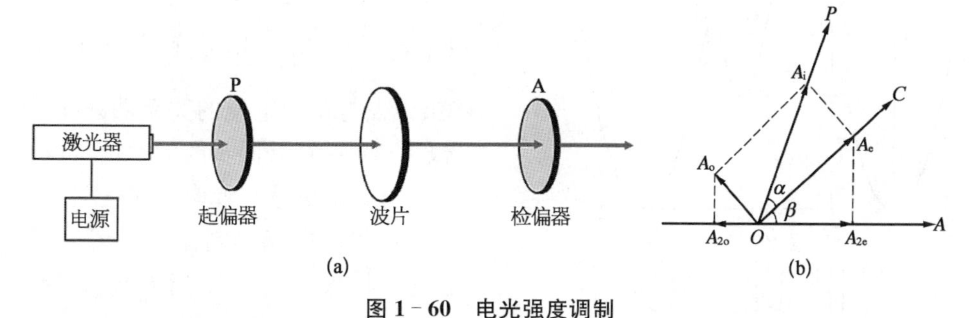

图 1－60　电光强度调制

(a) 电光强度调制的原理；(b) 偏振光的分解与合成

从起偏器得到的线偏振光，经过晶片后，成为透振方向相互垂直的偏振光。这两束光线再经过检偏器后，两者在检偏器主截面上的分振动具有相干性，可发

生干涉现象。经过检偏器 A 后的合成光强为

$$\begin{aligned} I &= A_{2e}^2 + A_{2o}^2 + 2A_{2e}A_{2o}\cos(\pi+\phi) \\ &= A_i^2\left\{\cos^2(\alpha+\beta) + \frac{1}{2}\sin 2\alpha\ \sin 2\beta(1-\cos\phi)\right\} \end{aligned} \tag{1-123}$$

当 PA 正交时，$\alpha+\beta=90^\circ$，且 $\alpha=45^\circ$ 时，有

$$I = \frac{1}{2}I_i(1-\cos\phi) \tag{1-124}$$

(A) 直流电压调制

取 P 的偏振轴与 LN 晶体的 x 轴平行，加直流电压 $U=U_D$ 后 P 与新的感应主轴 x' 即成 45°，则经过 A 之后的输出光强为

$$I = \frac{1}{2}I_i(1-\cos\phi) = \frac{1}{2}I_i\left(1-\cos\frac{\pi}{U_\pi}U_D\right) \tag{1-125}$$

式中，U_π 为半波电压。输出光强 I 随 U_D 而变化，即可达到光调制的目的。

(B) 正弦信号调制

如果在 LN 晶体上除了加一直流电压 U_D 产生位相差 ϕ_D 之外，同时加上一个幅值不大的正弦调制信号 $U_m\sin\omega t$，即

$$U = U_D + U_m\sin\omega t \tag{1-126}$$

代入式(1-125)，并利用贝赛尔函数展开后，可得到几种情况(见图 1-61)：① 当 $\phi_D=\frac{\pi}{2}$，$\frac{3\pi}{2}$，$\frac{5\pi}{2}$，… 时，$I\sim\frac{1}{2}I_i\left(1\pm\frac{U_m}{U_\pi}\sin\omega t\right)$，光强调制曲线(输出光强与调制电压的关系曲线 $I\sim U$)包含与正弦信号同步的频率信号，输出光强与调制信号有近似的线性关系，即线性调制。电光调制器件一般都工作在这个状态。②&③：当 $\phi_D=\pi$，3π，5π，… 和 $\phi_D=0$，2π，4π，… 时，$I\sim\frac{1}{2}I_i\left(1\pm\frac{U_m}{U_\pi}\cos 2\omega t\right)$，光强调制曲线包含正弦信号的二倍频信号。

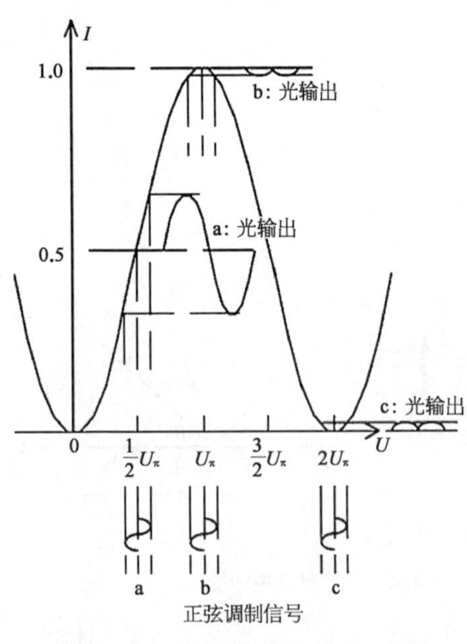

图 1-61 PA 正交时正弦信号的电光调制曲线

(C) 用 $\frac{\lambda}{4}$ 波片进行光学调制

由以上原理可知,电光调制器中直流电压 U_D 的作用是使晶体中 x', y' 两个偏振方向的光之间产生固定的位相差,从而使正弦调制工作在光强调制曲线上不同的工作点。这个作用可以用 $\frac{\lambda}{4}$ 波片来实现。在 PA 间加上 $\frac{\lambda}{4}$ 波片,并调整其快慢轴方向使之与LN晶体的 x' 和 y' 轴平行,即可保证电光调制器工作在 $\phi_D = \frac{\pi}{2}$ 的线性调制状态下。转动波片可使电光晶体处于不同的工作点上。

前面介绍的为电光体调制器,即由具有较大体积尺寸的分离器件构成。其局限性体现在:几乎整个晶体材料都需要受到外加电场的作用,因此必须给器件施加强大的电场,以改变整个晶体的光学特性,从而使通过的光波受到调制。而电光波导强度调制器只是在含有光能的很小一部分波导区域才受到外电场的作用,需要的驱动功率比体调制器小1～2个数量级,通常约为几伏。电光波导强度调制器可以通过调相来完成,它在调相基础上通过干涉技术(马赫-曾德尔干涉仪和Y型干涉仪)或在定向耦合器中通过相位匹配来完成。基于马赫-曾德尔干涉仪做成的波导强度调制器是一种常用的电光调制器。输入光信号在第一个3 dB耦合器处被分成相等的两束,在干涉仪的两臂上传播,干涉仪的两臂间距足够宽以避免光的耦合。两路光信号到达第二个耦合器的相位延迟随外加电压变化。如果两束光的光程差是波长的整数倍,两束光相干加强;若两束光的光程差是半波长的奇数倍,则两束光相干抵消,调制器输出很小。因此,只要控制外加电压,就能对光束进行调制。目前已有高达几十吉赫兹带宽、半波电压为几伏的 $LiNbO_3$ 电光调制器商品。

尽管 $LiNbO_3$ 调制器已经成功应用于各种实际场合,但它仍然有一定的局限性,其主要缺点是具有较强的偏振依赖性,因此应用时须考虑输入光的偏振特性。

2) 声光强度调制

声光强度调制的原理如前面声光调制中的图1-54所示。声光调制技术比光源的直接调制技术有高得多的调制频率,与电光调制技术相比,它有更高的消光比(一般大于1 000∶1)、更低的驱动功率、更优良的温度稳定性和更好的光点质量以及低的价格。但它的调制带宽不如电光调制的宽,通常只能做到100 MHz左右。因此,在光路中若不对带宽提出过高要求,采用声光调制器为佳。

3) 磁光强度调制

磁光调制主要是利用光的法拉第电磁偏转效应,即在磁场的作用下,通过该介质的平面偏振光的偏振方向旋转(在光的传播方向上加上强磁场)。旋转的角度 θ 由经验公式给出：

$$\theta = kHL \tag{1-127}$$

式中，H 为磁场强度，L 为光所穿越的晶体的长度，k 为费尔德(Verdet)常数。对于气体 $k \approx 0.01$，固体和液体为 10^{-5} 数量级。人工生长的铁石榴石 YIG 磁性晶体，它的费尔德常数可以达到 9.0。

磁光调制是将电信号先转换成与之对应的交变磁场，由磁光效应改变在介质中传输的光波的偏振态，从而达到改变光强度等参量的目的。磁光体调制器的结构如图 1-62 所示，YIG 棒放置在沿轴向传输的光路里，它的上面缠绕有高频线圈，高频螺旋形线圈受调制电流的控制，用于提供平行于光路的信号磁场。线偏振光从左面进入晶体，磁光晶体棒的前后放有起偏器和检偏器，它们的偏振方向成 45°。只要把传递的信息作为调制电压加在线圈上，用调制信号控制磁场强度的变化，就可以使光的偏振面发生相应的变化，再通过检偏器，就可以获得强度变化的调制光。

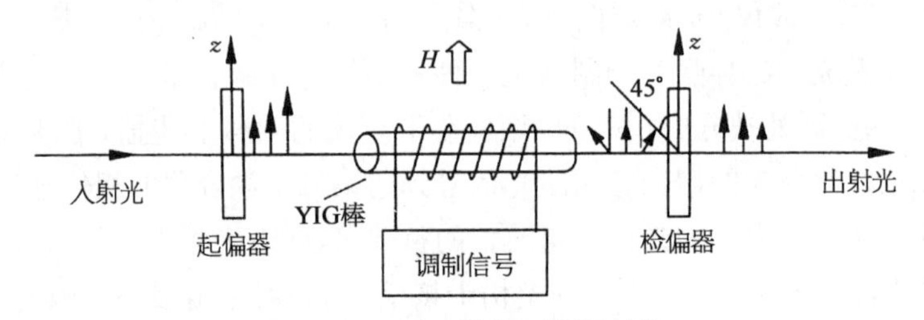

图 1-62　磁光体调制器的结构

磁光调制器需要的驱动功率较低，受温度影响也小，但目前这种调制只能适用于对红外波段(1～5 μm)信号的调制，其调制频率也不及电光调制。

4) 电吸收强度调制

电吸收调制器(EAM)是基于电吸收效应实现的。电吸收效应指出了电吸收材料中由于外加电场的存在而导致吸收系数的变化，利用光信号的衰减常数及相位常数与调制电压之间的非线性关系实现对光信号的调制。

从结构上来说，电吸收调制器是一种 P-I-N 半导体器件，其中 I 层由多层量子阱(MQW)波导构成，I 层的吸收损耗与外加的调制电压有关，即改变调制器上的偏压，可使多量子阱的吸收边界波长发生变化，进而改变光束的通断，实现调制。当调制电压使 P-I-N 反向偏置时，入射光完全被 I 层吸收，入射光不能通过 I 层，相当于“0”码；反之，当偏置电压为零，势垒小时，入射光不被 I 层吸收而通过它，相当于“1”码，从而实现对入射光的调制。

电吸收调制器有很多优点，虽然在速度和啁啾特性方面不如铌酸锂调制器，但具有体积小、驱动电压低、偏振不敏感等优点。通过这种调制器和激光器进行单片集成，不仅可以发挥调制器本身的优点，激光器与调制器之间亦不需要光耦合装置，而且可以降低损耗，从而达到高可靠性和高效率。

1.2.4.4　空间光调制器

前面介绍的各种调制器是对一束光的“整体”进行作用，而且对与光传播方向垂直的 xy 平面上的每一点其效果是相同的。空间光调制器可以形成随 xy 坐标变化的振幅（或强度）透过率：

$$A(x, y) = A_0 T(x, y) \tag{1-128}$$

或者是形成随坐标变化的相位分布：

$$A(x, y) = A_0 T \exp[i\theta(x, y)] \tag{1-129}$$

或者是形成随坐标变化的不同散射状态。显然，这是一种对光波的空间分布进行调制的器件，即空间光调制器（SLM）。空间光调制器含有许多独立单元（称为像素），它们在空间排列成一维或二维阵列，每个像素都可以独立地接受光信号或电信号的控制，并按此信号改变自身的光学性质（透过率、反射率、折射率等），从而对通过它的光波进行调制。控制这些像素光学性质的信号称为“写入信号”（I_W），写入信号可以是光信号也可以是电信号，射入器件并被调制的光波称为“读出光”（I_R）；经过空间光调制器后的输出光波称为“输出光”（I_O），如图 1-63 所示。显然写入信号应含有控制调制器各像素的信息，并把这些信息分别传送到调制器相应的各像素位置上改变其光学性质。

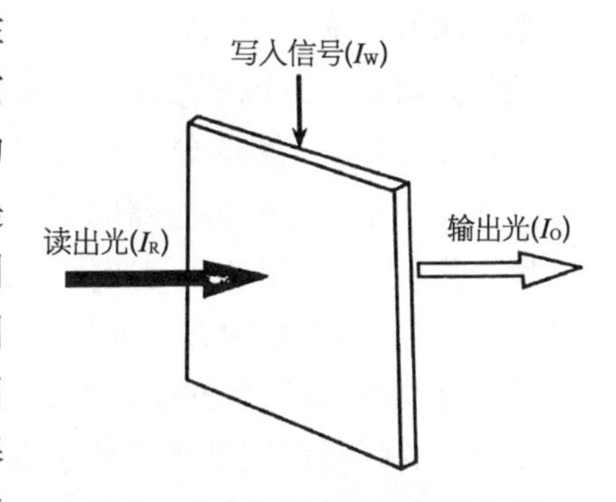

图 1-63　空间光调制器示意图

空间光调制器的基本功能，就是提供实时或准实时的一维或二维光学传感器件和运算器件。当写入信号是光学信号时（通常表现为一个二维的光强分布图像），通过一个光学系统成像在空间光调制器的像素平面上，当读出光通过调制器时，其光学参量就受到空间光调制器各像素的调制，结果变成了一束具有新的光学参量空间分布的输出光，这种方式主要用于光-光转换器件。这种器件可以在光学信息处理和光计算机中用于图像转换、显示、存储、滤波等。例如在实时处理系统中，可以把写入的非相干光信号转换成输出的相干光信号。如图 1-63 所示，写入信号 I_W 是一个由非相干光组成的二维图像，读出光 I_R 是一束振幅均匀的相干光，则当空间光调制器把写入光的照度分布转换成各像素的光强投射系数时,其输出光 I_O 便是一束携带有写入图像信息的相干光。当写入信号是电信号时,主要用做电-光实时的接口器件。它的优点是能够直接用电信号来控制输出光的振幅和相位,便于和计算机连接,也便于和电视摄像机信号等电子模拟信号连接。例如,待处理的信息来自摄像机或计算机的模拟信号,它往往是一个随时间变化的电信号。为了把该信号输入到光学处理系统中,就要用空间光调制器,一方面把按时间先后串行的电信号,转换成一个在空间以一维或二维阵列形式排列的控制信号。另一方面又把阵列中每个像素上的控制信号转换成能调制读出光的光学性质的变化。

典型的空间光调制器有:泡克耳斯读出光调制器、液晶空间光调制器、声光空间光调制器及磁光空间光调制器等。

1.2.5 光纤传感中的光调制技术

前面讨论的调制技术都是完成将一个携带信息的信号加载到光波上,称为一个载波,这一过程由调制器来完成。另一方面,可以利用光载波的这种特性来实现某些信息的传感探测,即包含了承载信息的被调制的光波在光纤中传输,再由光探测器系统解调,然后检测出所需要的信息,这就是光传感调制。可以利用的光载波调制参数包括光波的强度、相位、偏振、频率和波长等。

1.2.5.1 强度调制型光纤传感技术

强度调制型光纤传感器的基本原理是:待测物理量引起光纤传输光的光强发生变化,通过检测光强的变化实现对待测量的测量。强度调制的特点是简单、可靠、经济。强度调制方式很多,大致分为反射式强度调制、透射式强度调制、光模式强度调制、折射率和吸收系数调制等。

反射式强度调制型光纤传感器是一种非功能型光纤传感器,光纤本身只起传光作用。光纤分为输入光纤和输出光纤两个部分。反射式强度型光纤传感器具有原理简单、设计灵活、价格低廉等特点,并且已经在位移、压力、振动、表面粗糙度、液位等测量中得到较为广泛和成功的应用。

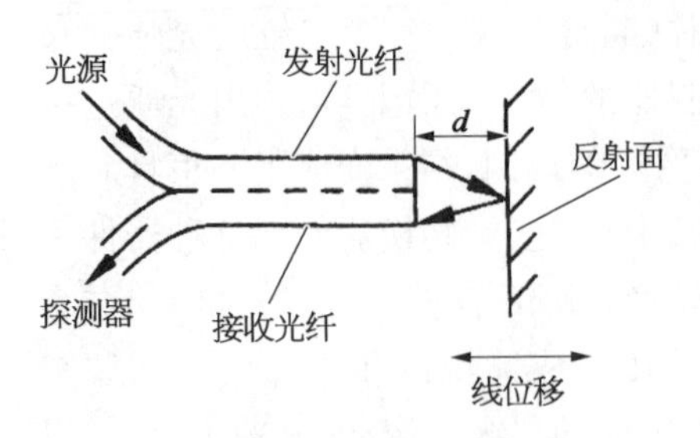

图 1-64 反射型光强调制实现位移传感

利用反射型光强调制实现位移传感的工作原理为:如图 1-64 所示,光源发出的光经过输入光纤(发射光纤)照射到反射面上,反射光进入输出光纤(接收光纤),最后的输出光由光电探测器接收。其中反射镜面的移动方向与光纤探头端面垂直,反射镜面在其背面距离 d 处形成输入光纤的虚像,因此,光强调制作用可看作是虚光纤和输出光纤的耦合。反射光的一部分进入输出光纤，进入的多少与反射面位置 d 有关，因此，根据输出光纤的光功率可探测镜面发生的微小移动。光强度调制系数 M 为接收光纤接收的光功率与发送光纤发送的光功率之比。

虽然强度调制型光纤传感器的工作原理比较直观，但是对于它的光强调制特性的数学建模却并不简单。这主要是因为光强度调制系数不但与光纤到反射面的距离、反射面的斜度有关，还与光纤的数值孔径、芯径、光纤的数目及端面排列方式等密切相关。下面以基于强度调制原理的光纤叶片振动传感器的设计为例说明。航空发动机、电站汽轮机组及各种压气机的旋转叶片随着压力负荷和转速的提高，不时会发生叶片的振动及失速颤振。在稳定或不稳定的气流作用下，加上转子系统本身的振动特性，叶片产生振动和失速颤振，可能导致叶片折断。在高速运转过程中，一个叶片的折断往往会造成整台汽轮机的完全损坏，尤其在新型号的研制过程中，未知因素甚多，研制人员多半凭经验工作，带有相当的冒险性，因此迫切需要一种能够实时监测最危险的第一级叶片振动状态的监测系统。由于现代发动机是高速旋转的，所以叶片的振动测量是相当复杂的技术问题，传统的接触式测量方法很难做到同时监测同级的所有叶片的振动情况。基于叶端定时原理的长距探测光纤叶片振动传感器在振动测量中展现了广阔的应用前景。叶端定时原理的光纤传感器具有抗电磁干扰能力强、耐腐蚀、损耗低、频带宽、工作温度高，且不受叶片材料限制等特性，可实现特殊条件下的测量工作，完全能够满足叶片振动测量系统的要求。

目前，基于光纤传光的光纤传感器主要有两种类型。一种是采用单根进出的 Y 型光纤振动传感器。该方案采用单根光纤传输发射光，涡轮叶片叶端反射回来的光经由 Y 型光纤到达光电接收部分，Y 型光纤的采用使得入射光路与反射光路分离。该方案结构相对简单，制作相对容易，但是单根光纤收光效率低，并且 Y 型光纤分束器增大了入射光功率的损耗，增大了接受光纤的背景光，降低了信噪比。另外一种是单进多出的光纤束式光纤振动传感器，该方案采用一根多模光纤传光，多根光纤束作为接收光纤，接收光纤均匀包围发射光纤，由于发射光纤与接收光纤相互独立，接收光纤的背景光很弱，可获得很高的信噪比。采用光纤叶片振动传感器监视发动机叶片振动的方法是一项重要新技术，它与传统的应变片方法相比，不需要在叶片上安装任何器件，只需在发动机的机壳上钻一个小孔，孔中插入一根光纤探头，就可以将整级叶片的振动参数和变形情况测量出来。

叶片振动传感器系统的测量原理为：将多个光纤叶片振动传感器安装在发动机相对静止的壳体上，利用传感器接收在它前面通过的旋转叶片所产生的脉冲信号。转速同步传感器用于监测涡轮机的转速，同时作为其他传感器的同步信号,每转发出一个脉冲。如果叶片不发生振动,可根据每个叶片在转子上的角度和转子的旋转速度计算出叶片到达传感器的时间。但实际上叶片是振动的,所以叶片的端部相对于转动方向将会向前或向后偏移,使得到达传感器的实际时间与假设叶片不振动时到达传感器的时间不相等,即脉冲到达时间发生改变,从而产生一个时间差 Δt,对该时间差信号序列 $\{\Delta t\}$ 进行分析处理,即可得到叶片振动位移的信息,进一步计算出叶片振动的振幅和频率。通过对叶片振幅序列的时间序列进行快速傅里叶变换(FFT),或进行必要的数据分析处理即可确定叶片的实际振动频率和振动阶次。光纤叶片振动传感器是该系统的核心部分,它为系统提供了最重要的叶端定时信号。

为了在高温、振动、污染等恶劣环境下实现旋转叶片的长距离检测,选用高功率半导体光源与高灵敏度光电接收,传感头采用光纤束与自聚焦透镜相结合的技术,并选用高温材料及高温密封的传感结构。长距探测光纤叶片振动传感器的系统结构如图 1-65 所示。

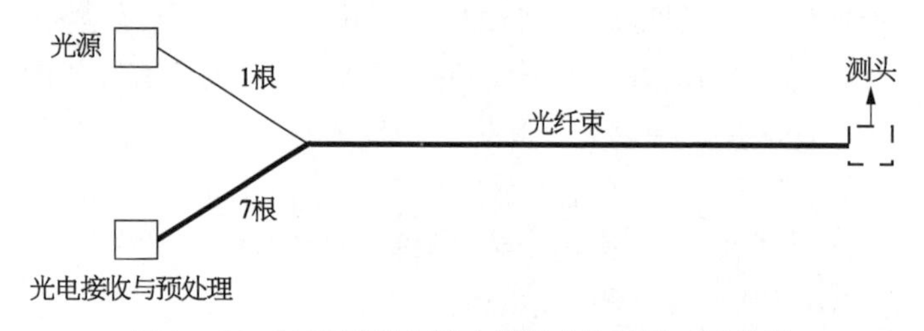

图 1-65 长距探测光纤叶片振动传感器系统结构

传光部分采用了一进多出的光纤束式结构,该结构是中间一根发射光纤,周围包围若干根接收光纤。发射光纤将光源发出的光经过单根发射光纤投射到叶片表面,在叶片表面散射后,部分散射光耦合入接收光纤束中,最终传送到光电二极管的光敏面上,进行光电接收与预处理。采用光纤束式设计结构可使入射光路与出射光路分离,避免光纤端面菲涅尔反射造成的系统背景光,提高了系统的信噪比,并且由于多根光纤收光还具有收集效率较高的特点。

传感器的测头部分是最关键的技术,考虑到测量的高温、强振动、污染等恶劣环境,这也是难度最大的部分,设计的好坏直接影响了振动传感器系统的灵敏度与可靠性。为提高测量范围及信号强度,测头由高温光纤束与自聚焦透镜构成。

(1) 光斑大小直接决定了叶片振动位移分辨率,采用自聚焦透镜减小光斑直径,提高了位移分辨率。同时,为实现长距离探测提供了保障。

为保证光电探测器对信号上升时间的要求和保证测头的灵敏度,即高的分辨率,要求测头的出射光斑尽量小,因为信号的上升时间限制了频率响应。若出射光斑直径为 d_f,当叶片端面以速度 v 进入光斑时,信号的上升时间 t_s 为

$$t_s = d_f / v$$

因此当叶片旋转速度一定时，光斑越小，信号的上升时间越短。

为了减小光斑，在发射传光光纤前面加上自聚焦透镜。传统的透镜是通过控制透镜表面的曲率，凭借光在介质分界面的折射使光线汇聚于一点。自聚焦透镜又称梯度渐变折射率(GRIN)透镜，其内部特殊的折射率分布使从透镜端面入射的光线在透镜内部沿正弦曲线传播。自聚焦透镜体积小，光学成像像差小，易于与光纤对中耦合和连接，且可以获得超短焦距，解决了设计及制造大相对孔径、短焦距透镜的困难。实际上由于不锈钢管外径不大于 3 mm(传感器安装需要)，而成像距离为 5 mm，这就限制了传统透镜的使用。

应用自聚焦透镜能减少激光发射光斑的发散，从而获得最小的光斑发射到叶片上。由相关资料可知，在不用透镜、用一般的光学透镜和用自聚焦透镜 3 种情况下激光器发射出来的光斑大小情况如图 1-66 所示。GRIN 透镜得到的光斑随叶端与测头之间距离的增大，变化很小。虽然光纤透镜得到的光斑也很小，但由于这里的光纤透镜是在入射光纤端面焊接一定长度的多模渐变折射率光纤来实现的，而这个长度通常为几百微米，在实际实验中难以操作与控制，故暂不采用。因此，选用自聚焦透镜来实现长距离的光纤叶片振动测量。

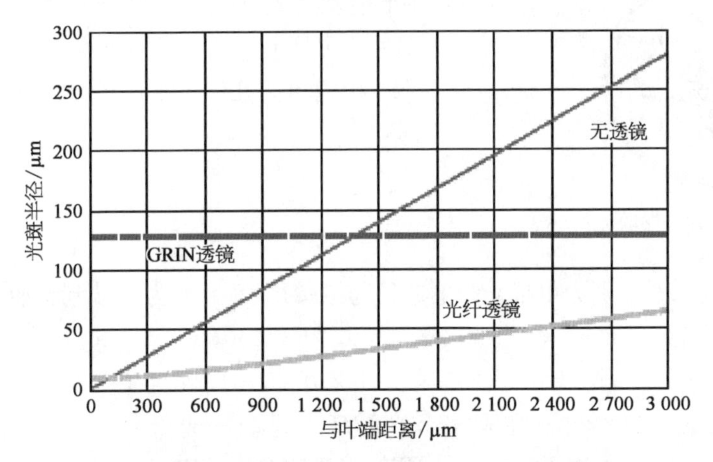

图 1-66 在采用不同透镜情况下，叶端上的入射光斑随叶端与叶端传感器之间距离的变化关系

为实现大于 5 mm 的长距离探测，同时也为提高传感器抗空气污染的能力，采用功率为 100 mw 的半导体激光器，相应的尾纤为芯径 100 μm、数值孔径 0.22 的多模光纤。从多模光纤出射的光，若不加透镜，很容易计算出 5 mm 处的光斑直径达 2.4 mm，远不能满足实际需要。若采用自聚焦透镜进行聚焦，只能在 2.2 mm 处得到 200 μm 的光斑，随着距离的增大光斑将发散。因此设计了孔径角 55°、直径 1.2 mm、长度 4 mm、截距 0.25P(P 为自聚焦透镜的周期)、双面镀膜的自聚焦透镜进行光路准直,在入射光斑为 100 μm、距透镜出射端面 5 mm 处得到的光斑直径仅为 0.2 mm。在透镜端面增镀防反射膜,能有效减少光能量损失,同时有助于保护透镜表面,避免潮湿、化学反应和物理损伤。

(2) 在发射光纤周围排布 7 根数值孔径 0.22、大芯径的光纤构成光纤束接收散射光,理论计算得到收集效率(接收光纤接收到的光功率 P_{FR} 占发射到叶端上面总的光功率 P_T 的比例)约为 0.18%。

激光方案中选用的 7 根大芯径接收光纤的芯径为 200 μm,包层为 224 μm,涂覆层为 240 μm,数值孔径为 0.22,在 660 nm 处的传输损耗为 0.02 dB/m。它们排布在与发射光纤黏结在一起的自聚焦透镜周围。自聚焦透镜的直径 1.2 mm,考虑到与发射光纤的黏结需要加外径 1.6 mm 的金属套管,因此,接收光纤所在位置构成的光纤环的直径为 1.84 mm。数值孔径 0.22 的多模光纤的接收角为 2arcsin(0.22) = 25°,叶端上光斑与传感器测头上 1.84 mm 位置构成的光锥角仅为 2arctan(1.84/2/5) = 21°,这意味着发射光经叶端散射后到达接收光纤位置处的光均可被接收。

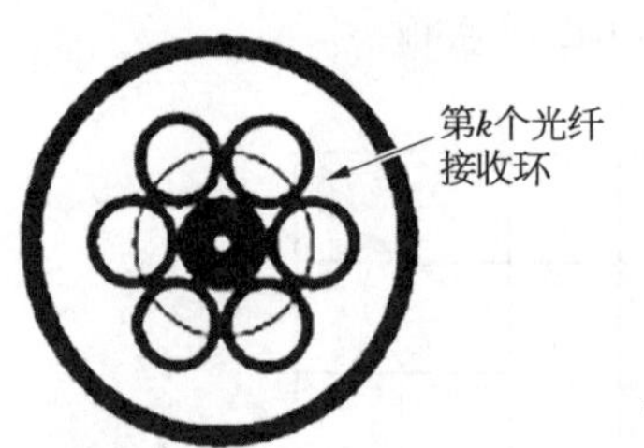

图 1-67 接收光纤环

叶端表面可以看成朗伯体。由相关文献可知,在单根发射光纤周围以环状形式紧密排列接收光纤束(见图 1-67),则第 k 个光纤环的半径 $r = 2kb$,由简单的几何关系计算接收效率为

$$\frac{P_{FR}}{P_T} = \pi \frac{a^2}{z^2} 2k \left[1 + \left(\frac{2kb}{z}\right)\right]^{-5/2} \quad (k = 1, 2, 3, \cdots) \tag{1-130}$$

式中,$2a$ 和 $2b$ 分别为单根光纤的芯径与涂覆层直径,z 为叶端到接收光纤的距离,k 表示光纤环的阶次。这里 $2a = 200$, $2b = 240$, $z = 5$ mm。

由公式 $r = 2kb$, $k = r/(2b) = 1.84/2/0.25 = 4$,即直径 1.84 mm 的光纤环对应着第 4 个光纤环。在第 4 个光纤环上排布的光纤数 N 近似为 $1.84\pi/0.24 = 24$。由这些参数可由上式计算得到直径为 1.84 mm 的光纤环的接收效率约为 0.6%,但考虑到整个光纤环排满时共需 24 根光纤,因此 7 根光纤的接收效率约为 0.18%。综上分析,当有 50 mW 的光功率入射到叶端表面上时,设叶端表面的反射率为 10%,按本方案设计的光纤测头,能够收集到 9 μW 的光功率,而这一光功率对于所设计的高灵敏度的光电接收电路来说是足够强的。

1.2.5.2 应用于光纤传感器的相位调制技术

相位调制型光纤传感器是一种典型的相位调制应用技术,其应用十分广泛。

工作时，它通过被测外场的作用使光纤内传播的光波相位发生变化，然后利用光纤干涉测量技术把相位变化转换为光强变化，从而检测出待测的物理量。

光纤中传导的光，其相位变化取决于 3 个参数的变化：光纤的物理长度、折射率及其分布、光纤横向几何尺寸，可以表示为

$$\phi = \frac{2\pi}{\lambda_0} nL = k_0 nL \tag{1-131}$$

式中，k_0 为光波在真空中的传播常数，n 为传播路径上的折射率，L 为传播路径上的光纤长度。一般来说应力、应变、温度等外界物理量能直接改变上述 3 个波导参数，从而产生相位变化，实现光波的相位调制。此外，光波的相位也可由萨格纳克(Sagnac)效应来决定。由于目前所使用的各类光电探测器都不能直接感知光波的相位变化，所以必须采取干涉测量技术，使相位变化转变为强度变化，才能实现对外界物理量的检测。相位调制技术在精度上可测量到的最小相位变化为 10^{-7} rad，适用于精度要求高的检测。

外施参量与光相位的关系可由被测量产生的光纤参量变化来求得。以温度变化为例，光纤放置在变化的温度场中时，温度 T 将同时影响光纤折射率 n 和长度 L 的变化，则温度 T 引起的光波相位变化为

$$\frac{\Delta\phi}{\Delta T} = k_0 \left[L\frac{\mathrm{d}n}{\mathrm{d}T} + n\frac{\mathrm{d}L}{\mathrm{d}T} \right] \tag{1-132}$$

式中，$\mathrm{d}L/\mathrm{d}T$ 为热膨胀温度系数，$\mathrm{d}n/\mathrm{d}T$ 为折射率温度系数。对于纯硅材料，$\mathrm{d}L/\mathrm{d}T = 5.5\times10^{-7}/\mathrm{k}$，$\mathrm{d}n/\mathrm{d}T = 6.8\times10^{-6}/\mathrm{k}$，由此可得每米光纤每升温 1 K 引起的光相位移为 106 rad，因此对温度的测量精度可达 10^{-5} rad/(m・K)。

由外界因素引起的光纤中光波的相位变化量，通常是由干涉仪来检测的。光纤干涉仪与传统的以空间作为干涉光路的光学干涉仪相比，其优点在于：① 容易准直，减少了干涉仪安装和校准的固有困难，可使仪器小型化、整体化；② 可以通过增加光纤长度来增加光程，以提高干涉仪的灵敏度，可比普通的光学干涉仪更加灵敏；③ 封闭式的光路，不受外界干扰。如在许多环境比较恶劣的条件下，如水声探测和地下核爆测试等，为了克服空气受环境条件影响所导致的空气中光程的变化，一般采用全光纤干涉仪结构。对于一个相位调制干涉型光纤传感器，敏感光纤和干涉仪缺一不可。敏感光纤完成相位调制作用，干涉仪完成相位-光强转换任务。

光纤干涉仪是干涉型光纤传感器的核心，有关光干涉测量原理将在第 3 章作深入介绍。目前已有迈克耳孙(Michelson)光纤干涉仪、马赫-曾德尔(Mach - Zehnder，M - Z)光纤干涉仪、萨格纳克光纤干涉仪及法布里-珀罗(Fabry -

Perot)光纤干涉仪等，下面简要介绍其工作原理。

1）迈克耳孙光纤干涉仪

迈克耳孙光纤干涉仪光路原理图如图 1-68 所示，激光器发出的单色光注入一个 3 dB 耦合器分为两束光：一束光注入参考臂，另一束光注入测量臂。当被测物体发生形变时，测量臂的光纤受到应变，会使干涉条纹发生移动，两束反射光在耦合器发生迈克耳孙干涉现象，通过检测干涉信号可以测量该物体的应变。该干涉仪具有灵敏度高、全封闭式、插入损耗小等特点，目前广泛应用于石油测井和医疗设备等方面。

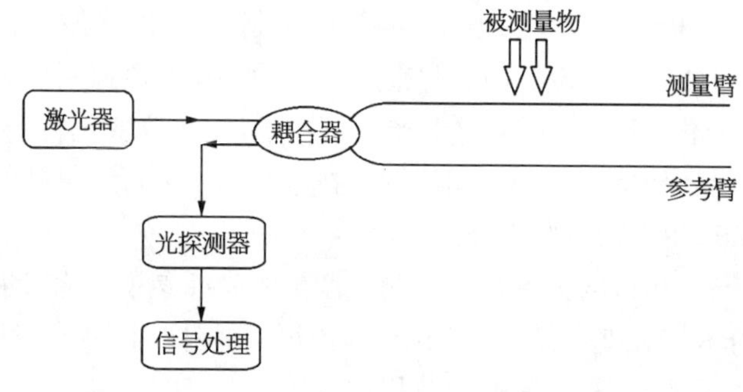

图 1-68　Michelson 光纤干涉技术

2）马赫-曾德尔光纤干涉仪

马赫-曾德尔干涉仪也是一种分振幅干涉仪，与迈克耳孙干涉仪相比，在光通量的利用率上要高出一倍。因为迈克耳孙是利用一半光通量的反射光来干涉，而 M-Z 干涉仪是直接通过两臂后进入另一个耦合器发生干涉。图 1-69 是一种 M-Z 干涉仪的示意图，由激光器发出的相干光，通过耦合器 1 分为两束，其中参考臂不受外场作用，测量臂受到局部微扰，会引起测量臂的光纤长度、折射率改变，最终导致两光纤输出光的干涉效应随之发生变化，通过测量干涉效应的变化从而确定微扰的物理量。这样的光路设计的好处在于避免了反馈光带来的噪声。M-Z 干涉仪广泛应用于温度传感、应力传感和磁场强度传感等。

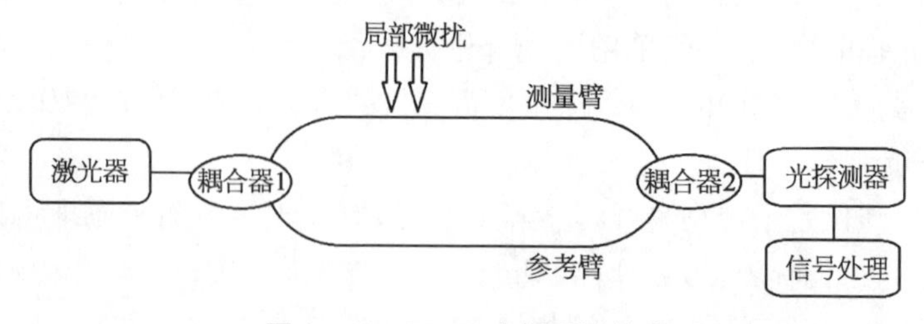

图 1-69　M-Z 光纤干涉技术

3）萨格纳克光纤干涉仪

图 1－70 是萨格纳克光纤干涉仪的原理结构图。在由同一长为 L 的光纤、绕成半径为 R 的光纤圈中，将分成两束激光，分别从光纤线圈的两端送入，再从另一端通过分束器会合输出。这时沿相反方向前进的两束光，在外场作用下将产生不同的相移。两输出光通过分束器叠加后将产生干涉，将干涉光通过光电探测器检测就能检测到外场作用。设光纤线圈以垂直于环路平面的角速度 ω 旋转，这两束光会将产生相位差：

$$\Delta\phi = \frac{8\pi NA}{\lambda c}\omega \tag{1-133}$$

式中，A 为环形光路的面积，c 为真空中的光速；λ 为真空中的波长，N 为光纤的圈数。

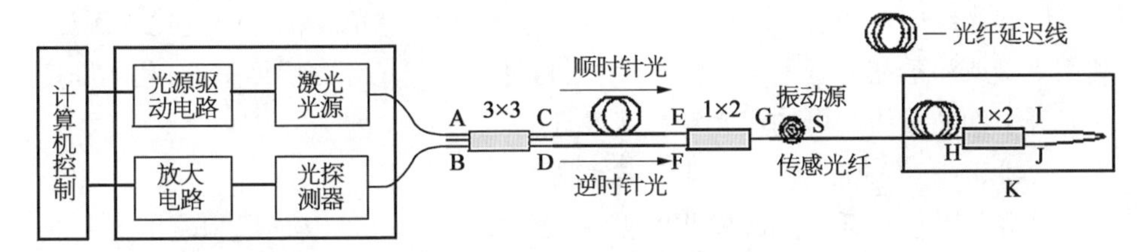

图 1－70　基于 Sagnac 结构的分布式光纤振动传感系统

萨格纳克光纤干涉仪的最典型应用就是光纤陀螺（见第 3 章）。最近也开始用于管道安全监测。由于石油、天然气、水等流体运输的传输管道常年埋于地下，容易发生腐蚀、破损、泄漏等情况，通常需要花费大量的人力、物力来进行巡视维护，监测管道安全。萨格纳克干涉仪是一种零光程差干涉仪，因此不存在干涉两传感臂长度不一致引起的噪声，且对光源相干性要求低，可使用高功率的宽光谱光源。基于萨格纳克结构的分布式光纤传感器具有耐腐蚀、灵敏度高、动态范围大、可长距离连续监测的优点，适合于长距离管道声源扰动的实时监测。

4）法布里-珀罗光纤干涉仪

一般的法布里-珀罗干涉仪是由两片具有高反射率的反射镜构成，激光入射干涉仪在两个反射镜间做多次往返反射，构成多光束干涉。光纤法布里-珀罗干涉仪由两端面具有高反射膜的一段光纤构成。此高反射膜可以直接镀在光纤端面上，也可以把镀在基片上的高反射膜黏贴在光纤端面上。图 1－71 为光纤法布里-珀罗干涉仪的结构图。

一般的法布里-珀罗干涉仪的腔长约为厘米量级，其应用范围受到一定限制。由于光纤的波导作用，光纤法布里-珀罗干涉仪的腔长可以是几厘米、几米

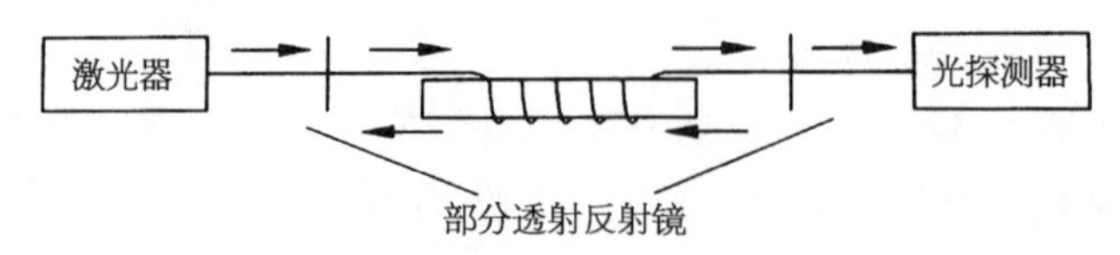

图 1－71　光纤法布里-珀罗干涉仪的结构

甚至几十米。光纤法布里-珀罗干涉仪与传统光学干涉仪相比，以光纤光程代替了空气光程，以光纤特性变化来调制相位，代替了以传感器控制反射镜移动实现调相。且因为采用单根光纤，利用多光束干涉来检测应变，避免了前几种传感器所需双根光纤配对的问题，在光纤传感和光通信领域愈来愈受到人们的重视。

作用于光纤上的压力、温度等因素，可以直接引起光纤中光波相位的变化，从而构成相位调制型的光纤声传感器、光纤压力传感器、光纤温度传感器以及光纤转动传感器（光纤陀螺）等。另外有些其他物理量通过某些敏感材料的作用，也可引起光纤中应力、温度发生变化，从而引起光纤中光波相位的变化。例如，利用黏接或涂敷在光纤上的磁致伸缩材料，可以构成光纤磁场传感器；利用固定在光纤上的质量块则可构成光纤加速度计。

1.2.5.3　偏振态调制型光纤传感器

外界因素使光纤中光波模式的偏振态发生变化，并对其加以检测的光纤传感器属于偏振态调制型。光纤偏振调制技术可用于温度、压力、振动、机械形变、电流和电场等检测。偏振态调制的最典型的应用是高压传输线用的光纤电流传感器，其基本原理是利用光纤材料的法拉第效应，即处于磁场中的光纤会使在光纤中传播的偏振光发生偏振面的旋转，其旋转角度 Ω 与磁场强度 H、磁场中光纤的长度 L 成正比：

$$\Omega = VHL \tag{1-134}$$

式中，V 为费尔德(Verdet)常数。由于载流导线在周围空间产生的磁场满足安培环路定律，对于长直导线有：$H = I/(2\pi R)$，因此只要测量 Ω, L, R 值，就可由

$$\Omega = \frac{VLI}{2\pi R} = VNI \tag{1-135}$$

求出长直导线中的电流 I。式中 N 是绕在导线上的光纤的总圈数。

1.2.5.4　波长调制型光纤传感器

前面介绍的强度调制、相位调制和偏振调制的共同特点是利用光的波动性质，主要以光强、相位、偏振态等基本参数的变化为基础来实现调制。而频率及波长调制中，光纤往往只起着传输光信号的载波作用，而不是敏感元件。

波长调制光纤传感技术主要是利用传感探头的光频谱特性随外界物理量变化的特性来实现的，在波长调制光纤传感器中，光纤只是简单地作为导光作用，即把入射光送往测量区，将调制光送往分析仪。

光纤波长调制技术主要应用于医学和化学领域。例如，对人体血气的分析、pH 值探测、磷光和荧光现象分析及黑体辐射分析等。

1.2.5.5　频率调制型光纤传感器

最常见的频率调制方法是多普勒(Doppler)频移。光学多普勒效应可表示为 $f'=f\left(1+\frac{v}{c}\right)$，$f$ 是运动光源发出的光频，f' 是接收到的频率，v 为速度。因此通过探测频率的改变，可以测得液体的流速。利用此原理可以制成光纤多普勒血液流量计。

1.2.5.6　分布式光纤传感器

前 5 种调制类型的传感器测量的对象都是单个被测点，有些被测对象往往不是一个点，而是呈一定空间分布的场，如温度场、应力场等，为了获得这类被测对象的较完整的信息，需要采用分布调制的光纤传感系统。分布式光纤传感系统的传感元件仅为光纤，它把被测量作为光纤位置长度的函数，可以在整个光纤长度上对沿光纤几何路径的外部物理量进行连续的测量。分布式光纤传感技术具有同时获取在传感光纤区域内随时间和空间变化的被测量分布信息的能力。分布式光纤传感技术由于具备提取大范围测量场的分布信息的能力，能够解决目前测量领域的众多难题，因此具有巨大的应用潜力。按散射介质在光电场作用下，极化与电场间的关系，通常可以把散射分为两大类：线性散射和非线性散射。其中的线性散射是对应散射光频率与入射光频率相等的弹性散射，主要包括瑞利散射和米氏散射，非线性散射是指对应散射光与入射光不相等的非弹性散射，主要包括拉曼散射和布里渊散射。分布式光纤传感技术正是基于其中 3 种散射来实现的。另外，还有一种基于干涉原理的分布式光纤传感技术，也是应用非常广泛的传感技术之一。

在基于后向瑞利散射的分布式光纤传感系统中，一般采用光时域反射仪(OTDR)来实现被测量的空间定位。OTDR 是利用光线在光纤传输时的瑞利后向散射和菲涅耳反射所制成的光电一体化仪表。其基本原理是利用光纤中后向散射光的方法测量光纤传输损耗与光纤长度的对应关系来检测外界信号分布于传感光纤上的扰动信息。

OTDR 系统工作原理是：把激光器输出光调制成一组组脉冲光，经过一个耦合器，将测试光送入被测光纤，由于瑞利后向散射，从光纤各部分散射回来的光，就会以连续信号的形式显示在屏幕的时间轴上，光强度与入射光功率成正比,定向耦合器将光分离并接收,横轴表示光纤传感距离,对应于后向散射光传播的时间,纵轴表示散射光的光强,单位是 dB,其系统结构如图 1-72 所示。

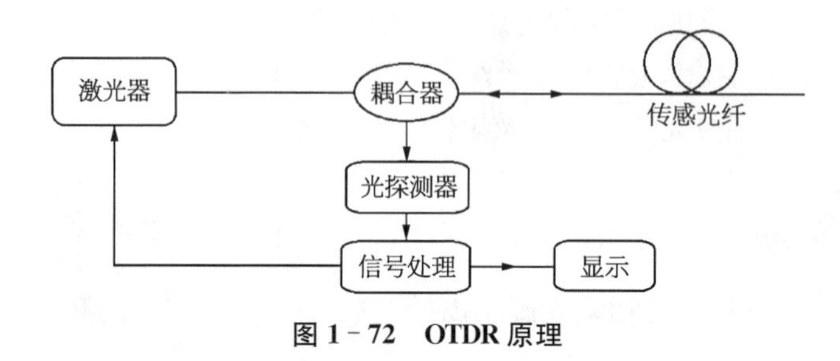

图 1-72 OTDR 原理

设入射到光纤的脉冲光峰值功率为 $P(0)$,测得 z_1, z_2 两处的瑞利散射光返回到入射端的光功率分别为 $P(z_1)$, $P(z_2)$,即可以得到 z_1 和 z_2 两点之间的光纤平均衰减系数为

$$\alpha = \frac{5}{z_1 - z_2} \lg \frac{P(z_1)}{P(z_2)} \tag{1-136}$$

OTDR 系统在测量过程中,距离信息对应于时间,通过 OTDR 输出光与接收机最后接收到的瑞利散射光的时间差,就能简单地把时域信息转化成位置距离信息:

$$z = \frac{ct}{2n} \tag{1-137}$$

式中,t 为脉冲光在传感光纤中传输到某一点再散射回来的总时间,n 为光纤折射率。

OTDR 系统中主要性能指标包括动态范围、空间分辨率、采样率等。其中动态范围揭示了从 OTDR 端口的后向散射级别下降到一定噪声级别时,OTDR 系统所能检测的光纤长度的最大范围。动态范围越大,系统所能探测的最大距离就越长,动态范围直接决定了系统的稳定性。动态范围在不同应用场合的需求是不同的,过大地提高动态范围,也会给系统引入更多的噪声,从而影响了系统的检测能力。

空间分辨率主要是指系统区分光纤上相邻两个待测点的能力,主要是由脉冲宽度所决定的。脉冲越窄,分辨率也越高。由于系统所使用的器件成本等原因,OTDR 系统通常采用较宽的脉冲。若减小脉冲宽度,可以提高空间分辨率,但也有可能使脉冲光功率不够,传播距离也就缩短了。所以通常需要权衡应用需求来合理选择脉冲宽度。

1）基于拉曼散射的分布式光纤传感技术

1928 年，印度科学家拉曼和苏联科学家曼杰利斯塔姆在研究散射光的光谱中，发现有多种频率成分的散射线，不但有与入射光频率 ν_0 相同的瑞利散射线，还出现频率为 $\nu_0 \pm \nu_1$，$\nu_0 \pm \nu_2$，$\nu_0 \pm \nu_3$，…的散射线的存在，这种散射现象就是拉曼散射。1930 年，人们对这些不同散射线终于有了正式的定义，对其中频率变低的散射线定义为斯托克斯线；频率变高的为反斯托克斯线。

在光纤 L 处区域的后向拉曼散射反斯托克斯光的功率表达式为

$$P_{as} = P_0 K_{as} \lambda_{as}^{-4} R_{as}(T) \exp[-(\alpha_0 + \alpha_{as})L] \tag{1-138}$$

斯托克斯光功率表达式为

$$P_s = P_0 K_s \lambda_s^{-4} R_s(T) \exp[-(\alpha_0 + \alpha_s)L] \tag{1-139}$$

式中，P_0 为入射光功率，K_{as}，K_s 分别为两种散射的相关系数。a_0，a_{as}，a_s 分别是入射光、反斯托克斯光、斯托克斯光在光纤中传播的衰减系数。L 为光纤长度。$R_{as}(T)$，$R_s(T)$ 分别为与光纤分子高能级和低能级上的布居数有关的系数，表达式为

$$R_{as}(T) = \frac{1}{\exp[h\Delta\nu/(kT)] - 1} \tag{1-140}$$

$$R_s(T) = \frac{1}{1 - \exp[-h\Delta\nu/(kT)]} \tag{1-141}$$

式中，h 为普朗克常数，k 为玻尔兹曼常数，$\Delta\nu$ 表示拉曼频移，在石英光纤中，$\Delta\nu = 1.32 \times 10^{13}$ Hz。

从以上公式可以看出，拉曼散射的原理可以实现光纤温度分布式测量，图 1－73 就是拉曼后向光时域反射技术（ROTDR）光纤传感系统的原理图。

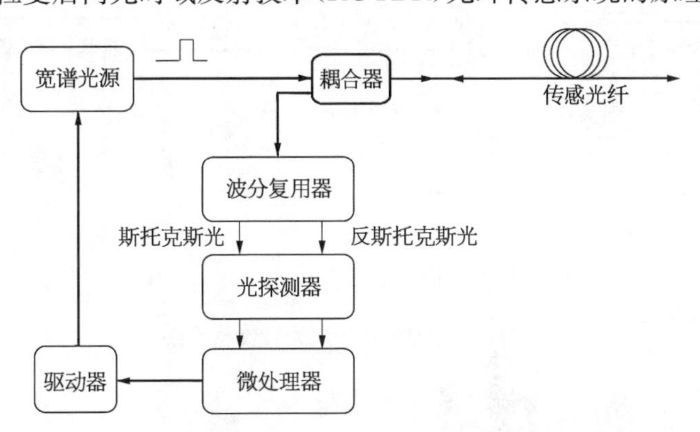

图 1－73　自发拉曼散射的分布式光纤温度传感器原理

2) 基于布里渊散射的分布式光纤传感技术的研究现状

布里渊散射是布里渊于1922年提出的，主要是研究晶体中的声学振动。布里渊散射是指入射到介质的光波与弹性声波发生相互作用而产生的光散射。一束频率为 ν_0 的光波通过光学介质时，会产生频率为 $\nu_0 \pm \nu_s$ 的散射，其中的 ν_s 就是弹性声波的频率。在不同的条件下，布里渊散射可分为自发散射和受激散射两种不同的形式。布里渊散射不同于拉曼散射，不仅对温度敏感，而且对应变敏感，所以，基于布里渊散射的分布式光纤传感器既能实现温度的传感，又能同时实现对应变的测量。布里渊散射光的频移 $\Delta\nu$ 与光纤应变 ε、温度变化 ΔT 的关系式为

$$\Delta\nu(\varepsilon) = \Delta\nu(0)(1 + 3.83\varepsilon) \tag{1-142}$$

$$\Delta\nu(T) = \Delta\nu(T_0)(1 + 1.18 \times 10^{-4}\Delta T) \tag{1-143}$$

目前，基于布里渊散射的温度传感技术可分为3大类：① BOTDR：布里渊光时域反射技术的分布式光纤传感技术；② BOTDA：布里渊光时域分析技术的分布式光纤传感技术；③ BOFDA：布里渊光频域分析技术的分布式光纤传感技术。

BOTDA是一种利用受激布里渊散射的分布式光纤传感系统(见图1-74)。当两束泵浦光在光纤中反向传播时，若它们的频率差等于布里渊频移 ν_B 时，较弱的那一束泵浦光将被较强的那一束泵浦光放大，称之为布里渊受激放大作用。BOTDA便是这样的原理，它需要两个独立的光源，分别作为泵浦光和探测光进入传感光纤中，频率高的光束会向频率低的光束发生能量传递。待测光纤受到微扰之后，光纤的固有的布里渊峰值频移会发生变化，只需要测量光纤的布里渊峰值频移的变化就可以检测出传感光纤温度或应变的变化。

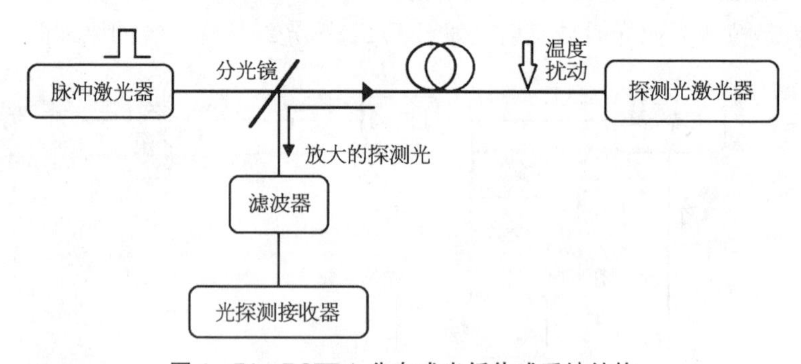

图1-74　BOTDA分布式光纤传感系统结构

3) 基于瑞利散射的分布式光纤传感技术

散射粒子的尺寸在 $\lambda/5 \sim \lambda/10$ 以下，远小于光波波长的散射称为瑞利散

射。其各个方向的散射光强度不一样，该强度与入射光波长的 4 次方成反比。它属于线性散射的一种，散射光的强度正比于入射光强度，散射光的频率与入射光频率一致。目前，分布式光纤传感系统最常用的是利用光的瑞利后向散射，该系统通常采用光时域反射仪，其基本结构如图 1 - 72 所示。

光时域反射仪的工作原理是通过测量光纤后向瑞利散射的光功率，从而检测光纤沿途的损耗、衰减特性及断点等。自 OTDR 问世以来，就被广泛应用于光缆线路的维护、施工之中。随着时间的推移，偏振光时域反射仪（POTDR）和相位敏感光时域反射仪（Φ - OTDR）也相继问世。

POTDR 的原理是由 Rogers 等人提出来的，其结构如图 1 - 75 所示，当光纤受到外界微扰时，其传输光的偏振态会马上改变，由于瑞利散射光在散射点的偏振方向与入射光一致，因此通过在光纤的入射端分别检测后向瑞利散射光的偏振态和前后两束光的时间延迟就可以感知到外界环境物理特征量的分布情况。

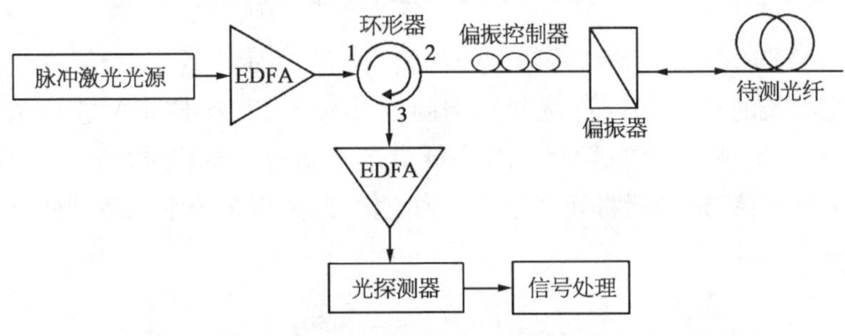

图 1 - 75　偏振光时域反射计的结构

作为最早出现的一种光纤传感技术，POTDR 技术还存在着很多缺陷和不足，比如光纤上前一个位置点的偏振态变化会影响后一个位置点的偏振态变化，故而只能探测光纤上第一个扰动点，不能实现多点的测量，而且偏振态容易受到外界环境的干扰等，因而，直到现在，国内外都还未见比较成熟的产品的相关报道。

相比较而言，Φ - OTDR 使用窄线宽激光器作为传感光源，当光纤上某个位置发生扰动时，会导致光纤相应位置的折射率发生改变，因而该位置的光相位也会发生改变，由于干涉，相位的变化会最终反映为瑞利散射光强度大小的变化。

为了降低相干噪声的影响，普通 OTDR 系统通常采用宽带光源，所以只能探测静态事件，不能对外界动态入侵事件进行监测。而 Φ - OTDR 使用的是窄线宽激光器，输出的是高度相干的光，一个光脉冲宽度内不同散射中心的后向散射光会在系统的环形器发生干涉。当光纤某个位置受到微扰时，相应位置的折射率会改变，该位置的光相位便随之改变，因为干涉会导致瑞利散射光光强随之改变,通过将不同时间点采集到的光强曲线相减就可以检测到扰动发生的位置。Φ－OTDR 入侵如图 1－76 所示。

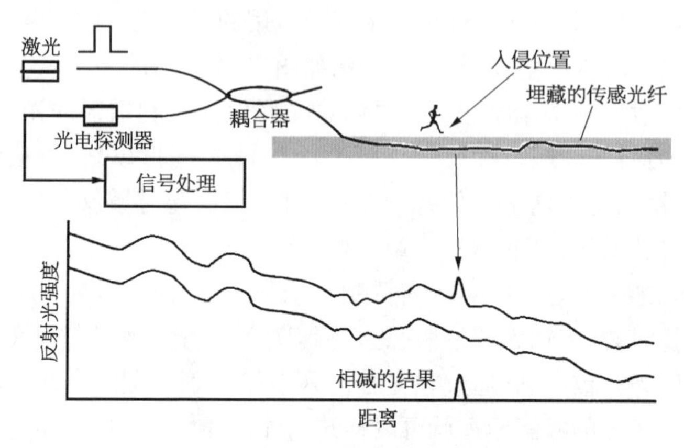

图 1－76　Φ－OTDR 入侵示意

Φ－OTDR 分布式光纤传感系统如图 1－77 所示。首先,窄线宽激光器发出的特定波长的连续光经过调制器调制成脉冲光,进入 EDFA 进行光功率放大,经一环形器注入到测试光纤中,光纤沿途的瑞利后向散射光散射回环形器,进入光电探测器,探测器将光信号转换为电信号,数据采集卡采集到此电信号后送入计算机处理。

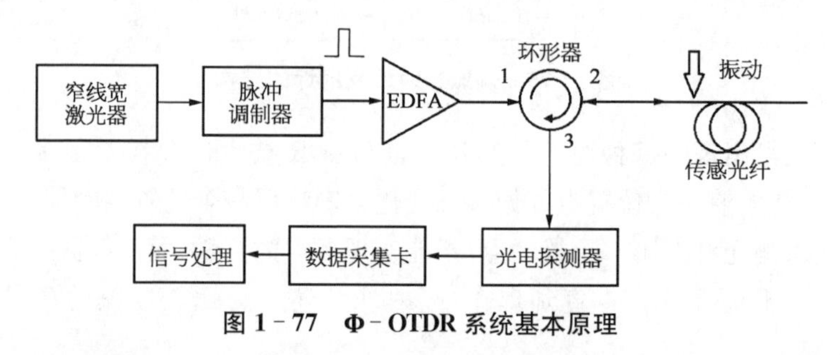

图 1－77　Φ－OTDR 系统基本原理

在实验中,探测器接收的瑞利后向散射自相干信号比较微弱,受噪声影响较大,所以通常采用基于外差探测的 Φ－OTDR 系统进行振动检测,即引入声光移频,其基本结构如图 1－78 所示。

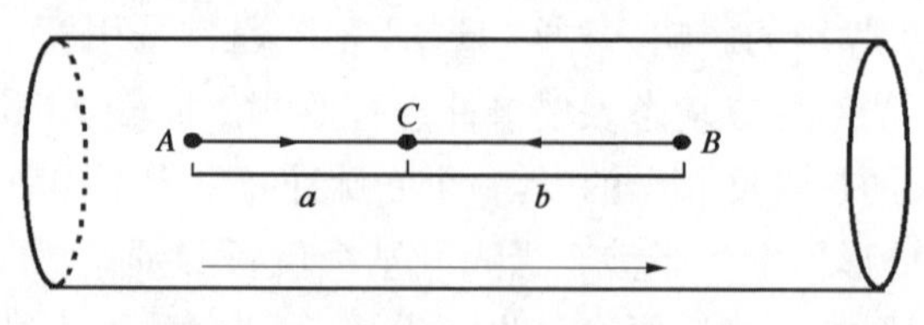

图 1－78　Φ－OTDR 光纤内部干涉

光源输出脉冲光注入传感光纤中，A，B 为纤芯内任意两点，光源先产生 B 处的光波，经过时间 τ 后产生 A 处的光波，则 $\tau=(\mathrm{a}+\mathrm{b})n/c$，其中 n 为纤芯折射率，c 为真空中光速。A 处产生的瑞利后向散射光应该先于 B 处到达探测器，所以它们不能发生干涉。但是，当 A 处的光波传播到 C 处时，产生的瑞利后向散射光，就刚好可以和 B 处产生的瑞利后向散射光同时同步到达探测器，它们彼此会发生干涉。

1.3　光波的传输

光波的传输是光电信息检测系统的重要组成之一，了解光波传输特点对接收机设计具有十分重要的意义。本节主要介绍光在自由空间和光波导中传输的特点。

自由空间中(或均匀介质中)传播的光称为空间光。而被限定、约束在介质中传播的光称为导波光，其介质称为光波导。光波作为电磁波，它服从电磁场的基本规律，其传输可用麦克斯韦波动方程来分析。一般情况下，在自由空间中空间光是向四面八方传播的，具有连续性，没有特定的电磁场分布，常采用辐度学研究的方法来建立自由空间光传输模型。而对于导波光，由于它在波导内受到约束，其传播为分离形式，具有特定的电磁场分布，它们各自有不同的传播常数，这种特定的电磁场分布被称为模。分析光在波导中的传播规律就是分析几种特定模的电磁场的传播规律。导波光与空间光传播的最大区别就在于是否有“模”存在，而这一区别决定了各自研究方法的不同。

激光作为光波的一种，具有亮度高、单色性好、方向性强的优点，光电信息检测系统中，大多使用激光作为光源，本节将着重介绍激光在自由空间、大气、水下及光纤中的传输。

1.3.1　激光在自由空间的传输

多数情况下，激光在自由空间中是以高斯光束的形式进行传输的。本节主要介绍高斯光束特性及其在自由空间中传播的特点。

高斯光束是指激光在谐振腔中多次反射所形成的一种稳定的特定光电场分布，其基模是缓变振幅近似下亥姆霍兹方程的一个特解。

高斯光束截面内的光强分布不均匀，光束波面的振幅呈高斯型函数分布。高斯光束有一最窄处，称为光束腰部。以沿 z 轴方向传播的基模高斯光束为例分析高斯光束的光场分布，如图 1-79 所示，整体的光场分布为

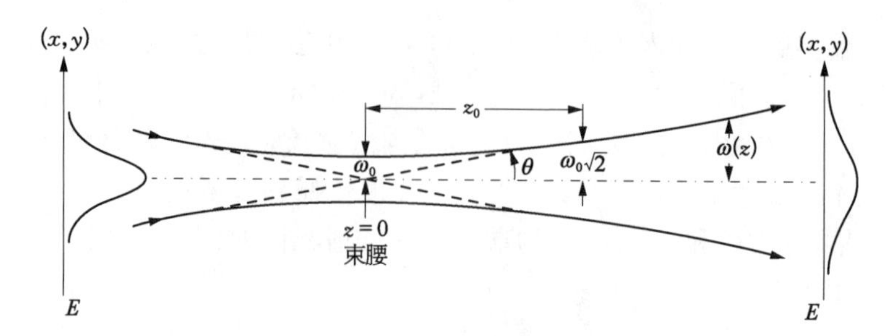

图 1-79 基模高斯光束

$$E=\frac{c}{\omega(z)}\mathrm{e}^{-\frac{r^2}{\omega^2(z)}-\mathrm{i}\left\{k\left[z+\frac{r^2}{2R(z)}\right]-\arctan\frac{z}{z_0}\right\}} \tag{1-144}$$

式中,各符号的意义如下:

$$z_0=\frac{\pi\omega_0^2}{\lambda} \tag{1-145}$$

$$\omega(z)=\omega_0\sqrt{1+\left(\frac{z}{z_0}\right)^2} \tag{1-146}$$

$$R(z)=z+\frac{z_0^2}{z} \tag{1-147}$$

式(1-144)描述了基模高斯光束的光(电)场分布,式中,ω_0为光束腰部处的光斑半径,z_0 为高斯光束的瑞利长度,也称为高斯光束的共焦参数,$\omega(z)$为高斯光束的截面半径,$R(z)$为与传播轴线相交于 z 点的高斯光束的等相面(波面)曲率半径。由式(1-146)可知,$\omega(z_0)=\sqrt{2}\omega_0$,因此 z_0 表示从束腰到光斑半径增加到腰斑的 $\sqrt{2}$ 倍处的位置。在 $z=\pm z_0$ 的范围内,高斯光束可近似地认为是平行的。实际应用中常称 $2z_0$ 为高斯光束的准直距离。以高斯光束的典型参数 z_0(或 ω_0)来描述高斯光束的具体结构,可以深入研究高斯光束本身的特性及其传输规律,而不用管它是由何种几何结构的稳定腔所产生的。

基模高斯光束光斑半径及等相位面的变化,以及各参数的含义如图 1-80 所示。

基模高斯光束在横截面内的光场振幅分布按高斯函数 $\exp\left[-\frac{r^2}{\omega^2(z)}\right]$ 所描述的规律从中心向外平滑降落。其振幅分布(见图 1-81)为

$$A=A_0\mathrm{e}^{-\frac{r^2}{\omega^2(z)}} \tag{1-148}$$

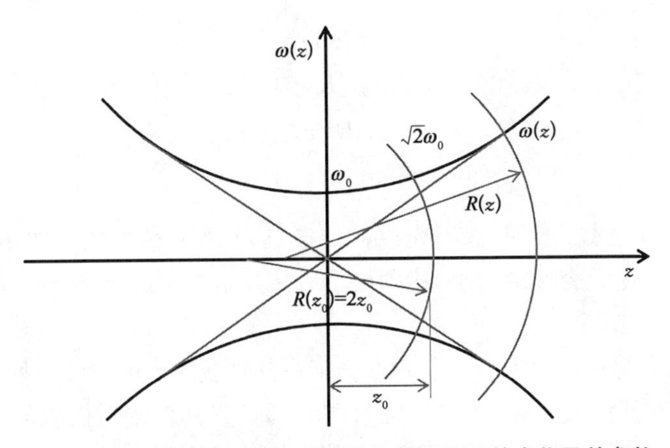

图 1 - 80　基模高斯光束光斑半径和等相位面的变化及其参数

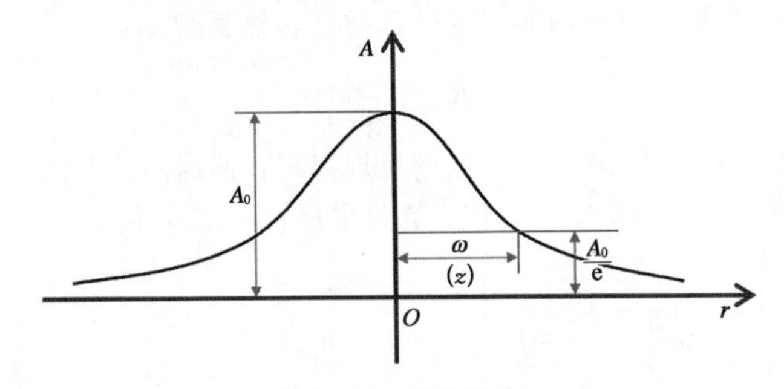

图 1 - 81　振幅分布

高斯光束的光斑延伸到无限远，其光束截面的中心处振幅最大，随着 r 的增大，振幅越来越小，通常以 $r=\omega(z)$ 时的光束截面半径作为激光束的名义截面半径，光斑半径 ω 随 z 的变化规律为

$$\omega(z)=\omega_0\sqrt{1+\left(\frac{\lambda z}{\pi\omega_0^2}\right)^2}=\omega_0\sqrt{1+\left(\frac{z}{z_0}\right)^2} \tag{1-149}$$

并且

$$\begin{cases} z=0, & \omega(0)=\omega_0 \\ z=\pm z_0, & \omega(\pm z_0)=\sqrt{2}\,\omega_0 \end{cases} \tag{1-150}$$

同样，光束波面的曲率半径 R 随 z 的变化规律为

$$R(z)=z\left[1+\left(\frac{z_0}{z}\right)^2\right] \tag{1-151}$$

由上式可得

$$\begin{cases} z=0,\ R(z)\to\infty \\ z=\pm z_0,\ R(z)=2z_0 \\ z\to z_0,\ R(z)\to z \\ z=\pm\infty,\ R(z)\to\infty \end{cases} \tag{1-152}$$

以上一系列式子表明,高斯光束在传播过程中,随传播距离的增加,光束波面的曲率半径由无穷逐渐变小,达到最小后又开始变大,直到达到无限远处时变成无穷大。

高斯光束的基本性质为:① 高斯光束在其轴线附近可看成一种非均匀高斯球面波;② 在其传播过程中曲率中心不断改变;③ 其振幅在横截面内为一高斯光束;④ 强度集中在轴线及其附近;⑤ 等相位面保持球面。

对于普通球面波,其波前曲率半径 R 等于传输距离 z,即

$$R(z_2)=R(z_1)+(z_2-z_1) \tag{1-153}$$

高斯光束波前曲率半径 $R(z)$的变化规律与普通球面波不同,对高斯光束,除波前曲率半径 $R(z)$的变化外,还有光斑半径 $\omega(z)$的变化。

$$R(z)=z+\frac{f^2}{z}=z+\frac{1}{z}\left(\frac{\pi\omega_0^2}{\lambda}\right)^2 \tag{1-154}$$

$$\omega(z)=\omega_0\sqrt{1+\left(\frac{z}{z_0}\right)^2}=\omega_0\sqrt{1+z^2\left(\frac{\lambda}{\pi\omega_0^2}\right)^2} \tag{1-155}$$

若 $\omega_0\to 0$ 或 $z\to\infty$,则 $R(z)\to z$;$\omega(z)\to\infty$。当光斑尺寸趋于无穷大时,波阵面上的光强分布趋于均匀,这正是普通球面波波阵面上的均匀分布情况,此时,高斯光束可看成普通球面波。

若已知高斯光束 ω_0(或 z_0)的大小及其位置,则可由式(1-146)、式(1-147)确定与束腰相距 z 处的 $\omega(z)$以及 $R(z)$,从而由式(1-144)得到空间任意一点处场的强度,整个高斯光束的结构也就随之确定下来。同样,若已知坐标 z 处的 $\omega(z)$及 $R(z)$,则可反过来决定高斯光束腰斑的大小和位置,从而确定整个高斯光束的结构。因此,称这两组参数为高斯光束的特征参数,已知其中任何一组都可确定高斯光束的具体结构。

此外,还可用高斯光束的复曲率半径 q 参数来表征高斯光束。定义一个复参数:

$$\frac{1}{q(z)}=\frac{1}{R(z)}-\mathrm{i}\frac{\lambda}{\pi\omega^2(z)} \tag{1-156}$$

定义 q 参数的好处是：① z 处 $R(z)$ 与 $\omega(z)$ 两个参数可用一个参数 $q(z)$ 表示，已知 $q(z)$，$R(z)$ 与 $\omega(z)$ 就知道：

$$\frac{1}{R(z)}=\mathrm{Re}\left\{\frac{1}{q(z)}\right\}-\frac{\lambda}{\pi\omega^{2}(z)}=\mathrm{Im}\left\{\frac{1}{q(z)}\right\} \tag{1-157}$$

② q 的变化规律与普通球面波 R 的变化规律相同，当 $z=0$ 时，$R(z)=\infty$，$\omega(z)=\omega_0$，高斯光束的复参数 q 也满足近轴成像关系。

同样，若已知坐标 z 处的 $q(z)$ 则可以确定整个高斯光束的结构。高斯光束在各种光学系统中的变换可参考有关资料。

1.3.2　光波在光纤中的传输

激光作为光纤通信的主要信号源，在光纤中的传播是主要研究的内容。

光纤是光导纤维的简称。它是工作在光波波段的一种介质波导，通常为圆柱形。它把以光的形式出现的电磁波能量利用全反射的原理约束在其界面内，并引导光波沿着光纤轴线的方向前进。光纤的传输特性由其结构和材料决定。光波在光纤中传输时，由于纤芯边界的限制，其电磁场解是不连续的。这种不连续的场解称为模式。分析光纤内的光传输时，需要对不同模式的光进行分析。

1.3.2.1　概述

1）光纤的结构

光纤的基本结构是两层圆柱状媒质，内层为纤芯，外层为包层。纤芯的折射率 n_1 比包层的折射率 n_2 稍大。当满足一定的入射条件时，光波就能沿着纤芯向前传播。图 1 - 82 为单根光纤结构，除纤芯与包层外还有一层保护层（涂敷层），其用途是保护光纤免受环境污染和机械损伤。有的光纤还有更复杂的结构，以满足不同的使用要求。

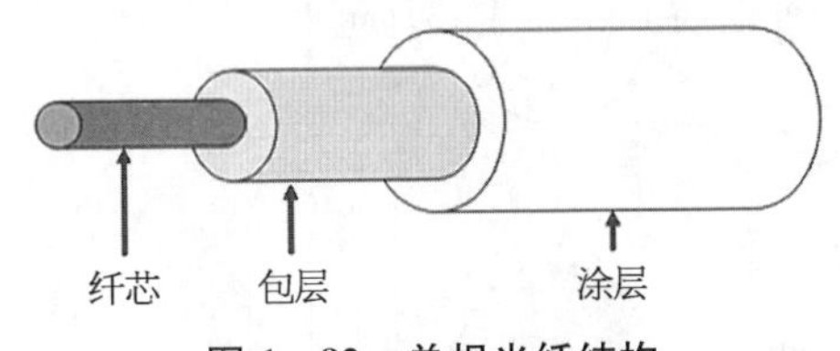

图 1 - 82　单根光纤结构

纤芯尺寸：单模光纤 4～12 μm；多模光纤 50/62.5 μm。塑套保护层尺寸为 900 μm。护套颜色（3 mm 光缆）：黄色是单模光纤；橙色是多模光纤。纤芯折射率较高，用来传送光，使用的材料为高纯度 SiO_2 和掺杂剂，如 GeO_2 等。包层折射率较低，与纤芯一起形成全反射条件（把光能量束缚在纤芯），使用的材料为高纯度 SiO_2 和掺杂剂，如 B_2O_3。

纤芯和包层都用 SiO_2 作为基本材料，折射率差通过在纤芯和包层进行不同的掺杂来实现。涂覆套强度大，能承受较大冲击，保护光纤，通常使用环氧树脂、硅橡胶和尼龙。纤芯掺入 Ge 和 P 的目的是增大折射率，包层掺入 B 的目的是减小折射率。

2）光纤的分类

按纤芯折射率分布，光纤可分为阶跃型光纤（SIF）和渐变型光纤（GIF）。根据传导模式数量的不同，光纤可以分为单模光纤和多模光纤两类：① 多模光纤（MMF），光纤中存在多个传导模式。多模光纤信号畸变大（色散），适用于中距离、中容量的光纤通信系统。② 单模光纤（SMF），光纤中只传输一种模式，即基模（最低阶模式）。单模光纤信号畸变很小，折射率分布与 SIF 相似，适用于长距离、大容量的光纤通信系统。光信号在多模阶跃折射率光纤中的传输，不同模式的光信号到达终点所需的时间不相等。光信号在多模渐变折射率光纤中的传输，不同模式的光信号到达终点所需的时间基本相等。光信号在单模阶跃折射率光纤中的传输，单模光纤中只有一个模式的光信号可以传输，不存在模式之间的时间差，如图 1-83 所示。

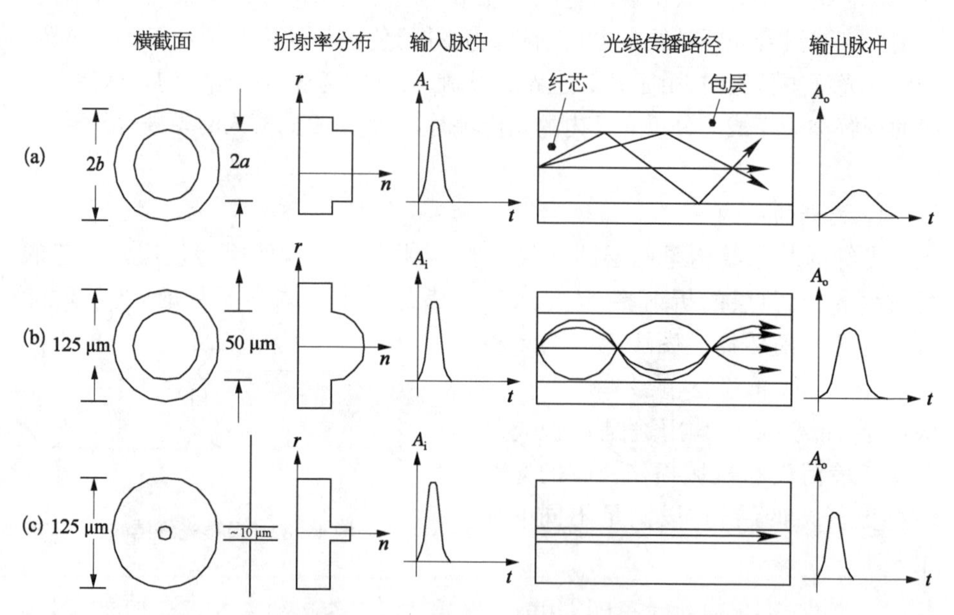

图 1-83　多模阶跃折射率光纤、多模渐变折射率光纤和单模阶跃折射率光纤示意图

按光纤构成的原材料不同，光纤可分为石英系光纤、光子晶体光纤、塑料包层光纤及全塑光纤。目前光纤通信中主要使用石英系列光纤。按光纤的套塑层，可分为紧套光纤（直径 900 μm）和松套光纤（直径 3 mm）。

1.3.2.2　光纤传输分析

通常分析光纤传输的方法有两种，分别是几何光学方法和波动光学方法，这两种方法分别从光线和模式的角度对光纤内的光场进行分析(见表 1-3)。

表 1-3　两种光学方法比对

	几何光学方法	波动光学方法
适用条件	$\lambda \ll a$	$\lambda \approx a$
研究对象	光线	模式
基本方程	射线方程	波导场方程
研究方法	折射/反射定理	边值问题
主要特点	约束光线	模式

1) 光纤传输的射线分析(几何光学方法)

几何光学分析法的基本点：光为射线，在均匀介质中直线传播；不同介质的分界面，遵循折反射定律。射线分析法只能适用于多模光纤，这是因为纤芯直径为 50/62.5 μm(欧洲/美国标准)，而纤芯中传播的光信号波长为 1 μm，相比较而言，多模光纤纤芯直径远大于光信号波长，可以采用几何光学方法近似分析，而单模光纤纤芯直径为 4～12 μm，与光信号波长为同一个数量级，不能采用射线分析法。下面用几何光学分析法分析光在多模阶跃光纤中的传输。

(A) 数值孔径

数值孔径 $NA = n_0 \sin\theta_{\text{imax}}$($\theta_{\text{imax}}$：光纤的接收角)，$NA$ 表示光纤接收和传输光的能力。NA(或 θ_{imax}) 越大，就越容易将光导入光纤并保持在光纤中进行传播。也就是说，数值孔径越大，光纤接收光的能力越强，光源与光纤之间的耦合效率越高，能够导入到并保持在光纤中的光的能量就越大。NA 越大，纤芯对入射光能量的束缚越强，光纤抗弯曲特性越好。但是，目前还不能把数值孔径做得比较大，后面将具体分析。

图 1-84 为光在光纤中子午面的光线传播，图中，n_1，n_2 分别为纤芯和包层折射率，n_0 为光纤所在介质的折射率，θ_{imax} 为光纤的最大接收角，θ_r 为折射角，θ_c 为临界全反射角。由 NA 的定义式出发，可推导出 NA 的计算表达式为

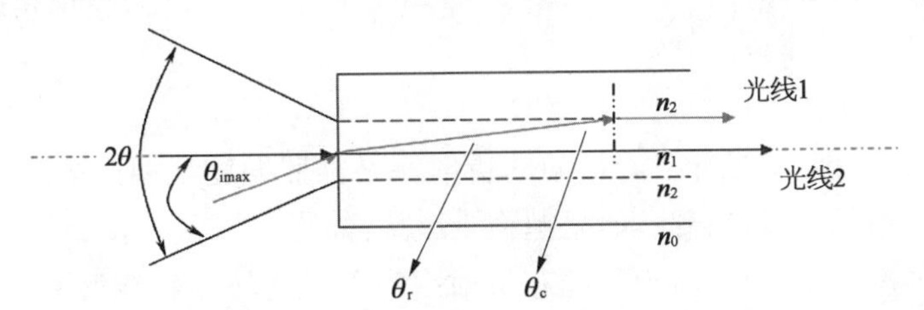

图 1-84　光在光纤中子午面的光线传播

$$
\begin{aligned}
NA &= n_0 \sin\theta_{\mathrm{imax}} = n_1 \sin\theta_{\mathrm{r}} = n_1 \sin(90^\circ - \theta_{\mathrm{r}}) \\
&= n_1 \sqrt{1-\sin\theta_{\mathrm{c}}^2} = \sqrt{n_1^2 - n_2^2}
\end{aligned}
\tag{1-158}
$$

式中,利用了 $\sin\theta_{\mathrm{c}} = n_2/n_1$,通信光纤都是弱导光纤,即 $n_1 \approx n_2$,则有

$$
NA = \sqrt{(n_1-n_2)(n_1+n_2)} = \sqrt{2n_1^2 \cdot \frac{n_1-n_2}{n_1}} = n_1\sqrt{2\Delta} \tag{1-159}
$$

式中,$\Delta = \dfrac{n_1-n_2}{n_1}$,为相对折射率差。对于多模光纤,相对折射率差 Δ 为 1%~2%,而单模光纤为 0.3%~0.6%。

(B) 群时延差

群时延差 $\Delta\tau$ 实际上就是光脉冲经光纤传输以后的信号畸变,可以用光线的时间差来推导得到,如图 1-84 所示。

$$
\begin{aligned}
\Delta\tau &= T_2 - T_1 (\text{光线 } 2 - \text{光线 } 1) \\
&= \frac{L}{v\sin\theta_{\mathrm{c}}} - \frac{L}{v} = \frac{L}{v}\left(\frac{1}{\sin\theta_{\mathrm{c}}} - 1\right) = \frac{Ln_1}{c}\left(\frac{n_1}{n_2} - 1\right) \\
&\approx \frac{Ln_1}{c}\Delta = \frac{L}{2n_1 c}(NA)^2
\end{aligned}
\tag{1-160}
$$

群时延差 $\Delta\tau$ 使光脉冲展宽,即色散。

由式(1-160)可知,相对折射率差 Δ 越小,则群时延差 $\Delta\tau$ 越小,色散越小。而由式(1-159)可知,相对折射率差 Δ 越大,数值孔径 NA 越大,光纤接收光能力越强。

综上分析,NA 和 $\Delta\tau$ 是一对矛盾的量,必须综合起来考虑。NA 越大,则光纤的集光能力越强,但是其传输光能的能力越小。为减小光纤的色散,需采取减小 Δ 的措施,但受到 Δ 的极限制约,于是人们开发出渐变折射率光纤。

(C) 光在多模渐变光纤中传输

纤芯的折射率不再是均匀分布,而是沿着径向按抛物线型变化:

$$
n(r) = \begin{cases} n_1[1-\Delta(r/a)^2] & r < a \\ n_2 & r \geqslant a \end{cases} \quad (r \text{ 是离开纤芯中心的距离}) \tag{1-161}
$$

由于渐变折射率光纤沿着径向的折射率是按照抛物线型逐渐减小的,所以其光线传播路径不再是直线,而是抛物线形状,如图 1-85 所示。

对于多模渐变光纤,由于其纤芯折射率沿着径向按抛物线型变化而非在纤芯/包层分界面发生突变,所以须重新定义 NA,定义局部 NA 为 $NA(r) =$

$\sqrt{n^2(r)-n_2^2}$，定义最大 NA 为 $NA_{\max}=\sqrt{n_1^2-n_2^2}$。

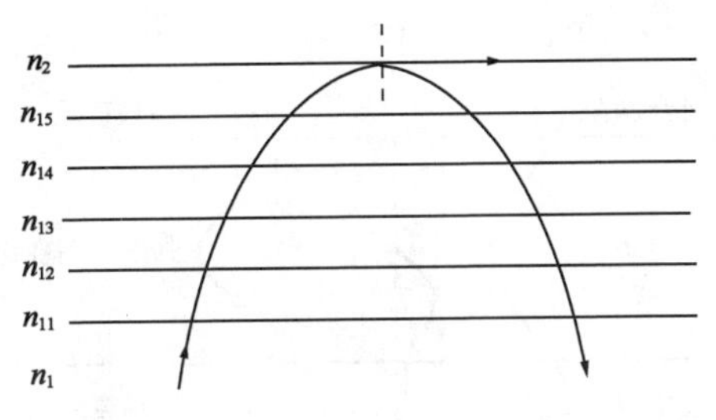

图 1-85　渐变折射率光纤的光线传播路径

在渐变多模光纤中，光线是正弦函数曲线，不同入射角的光线产生自聚焦效应，其时延差近似相等。在微光学系统和光纤传输、传感系统中广泛使用的自聚焦透镜就源于此特性。

光纤传输的射线理论分析法可简单直观地得到光线在光纤中传输的物理图像，但由于忽略了光的波动性质，不能了解光场在纤芯、包层中的结构分布以及其他许多特性。尤其是对单模光纤，由于芯径尺寸小(同光信号波长为一个数量级)，几何光学理论就不能正确处理单模光纤的问题。

在光波导理论中，更普遍地采用波动光学的方法，即把光作为电磁波来处理，研究电磁波在光纤中的传输规律，得到光纤中的传播模式、场结构、传输常数和截止条件。

2) 光纤传输的波动光学分析

波动光学分析理论的基本点：从光的本质出发，光的本质是电磁波，由电磁场结构推导出模式，这种模式满足麦氏方程和电磁场边界条件，可由波动方程式求解。

(A) 光纤中的模式传输

传导模是光纤输入端激起的模式中，能够传输到另一端的传输模式。射线理论中，一组光线以不同的入射角进入光纤，通常认为一个传播方向的光线对应一种模式，有时也称之为射线模式，所以可以按入射角来区分模式，并且也以入射角划分模式等级，角度越小则模式等级越低。因此，严格按中心轴线传输的模式称为基模，而其他的分别为低阶模、高阶模。这种射线理论解释光纤模式是不严格的(只适用于多模光纤)，严格来讲，必须从波动理论出发。但射线模式有助于人们直观形象地理解模式。

波动理论中，光纤模式就是光波在光纤中传播的稳定样式，一种电磁场分布(麦克斯韦方程的解)称之为一个模式。一束光线在纤芯中传输时，其波矢量的方向是光线的传播方向，大小为 k_0n_1，称之为传输常数 k，其物理意义为：光传输单位距离时，其相位变化的大小。因此，传输常数乘以光在传输方向上的距离就是光波经过这段距离后相位的变化量。

光纤中模场的特点如图 1-86 所示，模场并不完全局限在纤芯，而是部分进入包层；强度在纤芯区域简谐变化，在包层按指数衰减；模式的阶数等于波导横

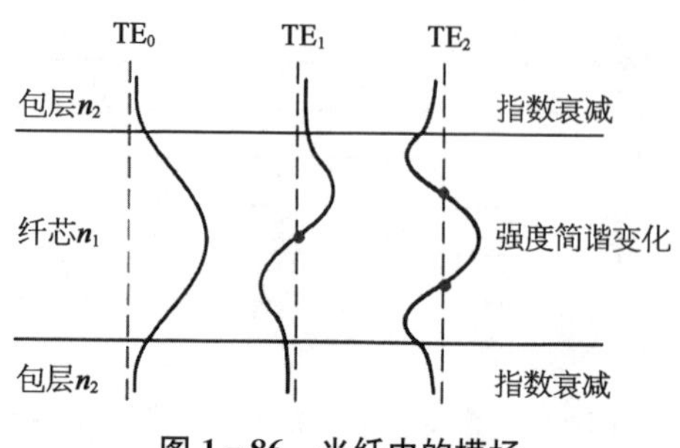

图 1-86　光纤中的模场

向场量零点的个数;光的入射角越小,激发的模式阶数越低。

入射光除了能激励起导波模外,还有辐射模和泄漏模。辐射模是指光的入射角过大,导致光在波导表面产生折射进入包层形成包层模,干扰导模。泄漏模是指一些高阶模的能量在沿光纤传播的过程中连续辐射出纤芯,很快衰减并消失。

某个模式怎样才能成为导波模呢? 导波模传输条件为:传播常数 β 满足 $n_2k<\beta<n_1k$ 或 $n_2<\beta/k<n_1$。导波模和泄漏模的分界点(截止条件)为:$\beta=n_2k$。与截止条件相对应的重要参数是归一化频率 ν。

实际上,判断一根光纤是不是单模传输,用结构参数(也就是光纤的归一化频率 ν)描述:

$$\nu=\frac{2\pi a}{\lambda}\sqrt{n_1^2-n_2^2}=\frac{2\pi a}{\lambda}n_1\sqrt{2\Delta} \tag{1-162}$$

式中,$2a$ 为光纤纤芯直径。只能传输一种模式的光纤称为单模光纤,多模光纤就是允许多个模式在其中传输的光纤。多模光纤能够传输上百个模式。发射光的功率在光纤中由彼此独立的模式传输,总输出功率是由这些独立模式携带的小量功率的汇总发展而来的。

单模光纤只能传输基模(最低阶模 HE_{11} 或 LP_{01}),它不存在模间时延差,因此它具有比多模光纤大得多的带宽,这对于高码速传输是非常重要的。单模光纤的带宽一般都在几十吉赫兹·千米(GHz·km)以上。

对于一个确定的光信号波长,如果结构参数 $\nu<2.405$,则光纤中只有主模/基模存在,单模光纤在当今的光纤通信系统中的重要性不论怎样评价都不为过。由 ν 的表达式可知,通过选材、尺寸可以控制 ν 值。因为工作波长 λ 小,而半径 a 过小会给耦合连接带来困难,所以一般选用弱导光纤(相对折射率差小)。

(B) 单模光纤

单模光纤的横向场分布近似为高斯分布,可以表示为

$$E=E_0\exp\left[-\left(\frac{r}{w_g}\right)^2\right] \tag{1-163}$$

光场幅度降为最大值的 1/e 倍对应的半径为模场半径,用 w_g 表示,如图

1-87所示。高斯光场分布的1/e宽度，基模的光功率下降至中心（光纤轴$r=0$）最大光功率$1/e^2$时，对应的直径称为模场直径（MFD），用$2w_g$表示。模场直径MFD越小，表示模场能量越集中，抗弯能力越强，但非线性效应会增大。

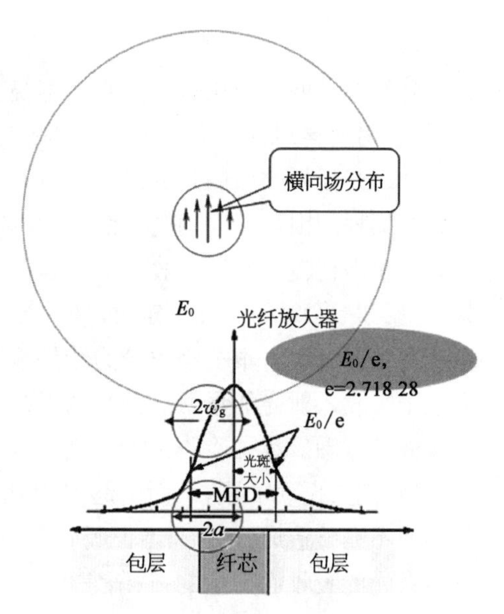

图1-87　单模光纤模场分布

理想的光纤具有完美的圆形横截面及理想的圆对称折射率分布，而且沿光纤轴向不变化。对于理想光纤，x偏振模$HE_{11}{}^x(E_y=0)$与y偏振模$HE_{11}{}^y(E_x=0)$具有相同的传输常数，即$\beta_x=\beta_y$，沿光纤传输时，彼此同相位，两个偏振模完全简并。

但是，实际上制造的光纤并不理想，工艺再好、制造过程精度再高，还是会造成折射率分布各向异性，从而使得两个偏振模的传输常数不相等，即$\beta_x\neq\beta_y$，沿光纤传输时产生相位差，两个垂直偏振模不再简并，引起偏振的变化。即单模光纤中存在两个相互独立且偏振面相互正交的简并模式。但由于结构不完善，光纤对两个简并模式具有不同的有效折射率，它们在光纤中以不同的相速度传播，即双折射效应。

沿光纤传输时，偏振态不断变化，对光的相干检测有影响（相干检测要求偏振态方向保持不变）。

两个偏振模的相位差达到2π的光纤长度定义为L_b。

$$L_b=2\pi/\Delta\beta \tag{1-164}$$

实际中，由于受到应力影响，双折射系数沿轴并非常量，因此单模光纤中的线偏振光很快变成任意偏振光。

1.3.2.3　光波在光纤中的传输特性

光纤的衰减（或损耗）和色散（或带宽）是描述光纤传输特性的两个重要参量。衰减是描述光纤使光能在传输过程中沿着波导逐渐减小或消失的特性。在给定信号和工作条件，即给定发射机输出功率和检测灵敏度时，光纤的衰减决定信号无失真传输通路的最大距离。色散限制了光纤传输频响的上限。色散引起的脉冲扩展限制了脉冲调制或数据传输系统中给定长度光纤的最高脉冲或数据传输速度。

1）光纤的衰减特性

光纤的发展和应用过程一直是围绕着降低损耗来进行的。光纤由玻璃（硅）（偶尔也用塑料）制成，不管用哪种材料，都会引入光吸收和散射引起的损耗。另一个外部光损耗的原因是光纤的弯曲，它导致对全内反射条件的破坏。按照引起光纤损耗的因素不同，其损耗主要有 3 种：吸收损耗、散射损耗及微扰损耗。

吸收损耗包括本征吸收、原子缺陷吸收及非本征吸收。① 本征吸收是由材料本身（如 SiO_2）的特性决定，即便波导结构非常完美而且材料不含任何杂质也会存在本征吸收。本征吸收分为紫外吸收和红外吸收。紫外吸收是指光纤材料的电子吸收入射光能量跃迁到高的能级，同时引起入射光的能量损耗，一般发生在短波长范围。红外吸收是指光波与光纤晶格相互作用，一部分光波能量传递给晶格，使其振动加剧，从而引起的损耗。② 原子缺陷吸收由光纤材料的原子结构的不完整造成。③ 非本征吸收是由过渡金属离子和氢氧根离子（OH^-）等杂质对光的吸收而产生的损耗，它们把光能以热能形式消耗于光纤中。

材料吸收损耗是一种固有损耗，不可避免。我们只能选择固有损耗较小的材料来做光纤。石英在红外波段内吸收较小，是优良的光纤材料。有害的杂质吸收，主要是由于光纤材料中含有 Fe、Co、Ni、Mn、Cu、V、Pt 等离子，还有 OH^-。光纤中只要有 ppm 数量级（10^{-6}）的上述不纯物，就会引起很大的损耗。一般采用 ppm 超纯度的化学原料来制造低损耗光纤。近代的光纤采用的超纯原料中基本上没有金属离子，而光纤的吸收损失主要是由于 OH^- 引起的。采用 OH^- 含量小于 1 ppm 的材料可制成极低损耗的光纤。由图 1－88 可知，在波长大于 1.6 μm 时，光纤材料（石英）开始出现固有损耗，这意味着石英固有损耗随光频降低而增大。所以虽然原则上 HE_{11} 模无截止频率，但是由于材料的光频衰减特性的限制，也只能在某一频段内具有低衰减传输特性。

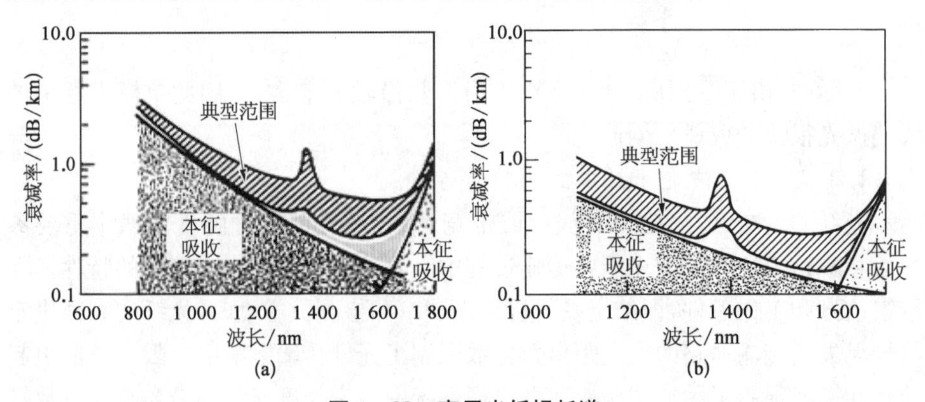

图 1－88 商用光纤损耗谱

（a）多模光纤；（b）单模光纤

由于光纤制作工艺上的不完善，例如有微气泡或折射率不均匀以及有内应力，光能在这些地方会发生散射，使光纤损耗增大。另一种散射损耗的根源是瑞利散射，即光波遇到与波长大小可比拟的带有随机起伏的不均匀质点时发生的散射。

多模光纤的损耗大于单模光纤，这是由于多模光纤掺杂浓度高以获得较大的数值孔径(本征散射大)以及纤芯-包层边界的微扰，多模光纤容易产生高阶模式损耗。

宏弯是指曲率半径比光纤的直径大得多的弯曲。如图1-89所示，随着弯曲曲率半径减小，宏弯损耗会按指数增加，高阶模比低阶模容易发生宏弯损耗，弯曲损耗随模场直径增加而增加。

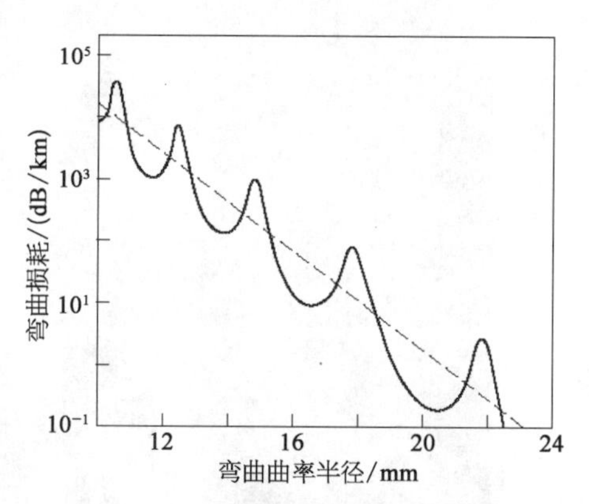

图1-89　宏弯损耗随弯曲曲率半径变化的关系曲线

微弯是指微米级的高频弯曲。微弯的原因包括光纤的生产过程中的带来的不均、成缆时受到压力不均以及使用过程中由于光纤各个部分热胀冷缩的不同，导致的后果是造成能量辐射损耗。与宏弯的情况相同，模场直径大的模式容易发生微弯损耗。

宏弯和微弯对损耗的附加影响如图1-90所示，长波长处附加损耗显著。

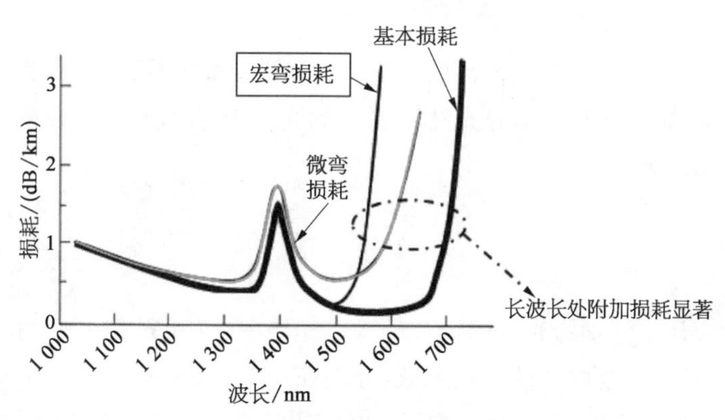

图1-90　宏弯和微弯对损耗的附加影响

美国第一大移动通信运营商Verizon花费230亿美元配置了12.9万km长的光纤，直接连到180万用户家中，以提供高速因特网和电视服务。在光纤到户过程中，光纤宏弯引起通信信号衰减的问题，一度使Verizon陷入困境。在康宁公司的帮助下，他们开始使用一种可弯曲、折返、打结的抗宏弯的柔性光纤，解决了宏弯引起信号衰减的问题，如今这种光纤已在美国 2 500 万户家庭中安装。图 1-91 的光子晶体光纤即为抗宏弯的柔性光纤，这种微结构柔性光纤的优点有增强了对光的约束、在任意波段均可实现单模传输、空气孔径之间的距离可调节、可以实现光纤色散的灵活设计、减少光纤中的非线性效应、抗侧压性能增强。

图 1-91　光子晶体光纤

为了衡量一根光纤损耗特性的好坏，在此引入损耗系数(或称为衰减系数)的概念：传输单位长度(1 km)光纤所引起的光功率减小的分贝数，一般用 α 表示，单位为 dB/km。

$$\alpha = 10\lg \frac{P_{out}}{P_{in}} \tag{1-165}$$

式中，P_{in} 和 P_{out} 分别为光纤的输入和输出光功率，以 mW 或 μW 为单位。

在单模光纤中有两个低损耗区域，分别在 1 310 nm 和 1 550 nm 附近，即通常说的第二窗口和第三窗口。1 550 nm 窗口又可以分为 C 波段(1 525～1 565 nm)和 L 波段(1 565～1 610 nm)，如图 1-92 所示。由于光纤中水的吸收峰的存在，早期光纤的传输窗口只有 3 个，近几年相继开发出第四窗口(L 波段)、第五窗口(全波光纤)以及 S 波段窗口。其中特别重要的是无“水峰”的全波窗口。这些窗口开发成功的巨大意义就在于从 1 280～1 625 nm 的广阔光频范围内，都能实现低损耗、低色散传输，使传输容量几十倍、几百倍、上千倍地增长。从本质上来说，就是通过一项尽可能地消除 OH^- 离子的“水吸收峰”的专门的生产工艺技术，来减少光纤的损耗。

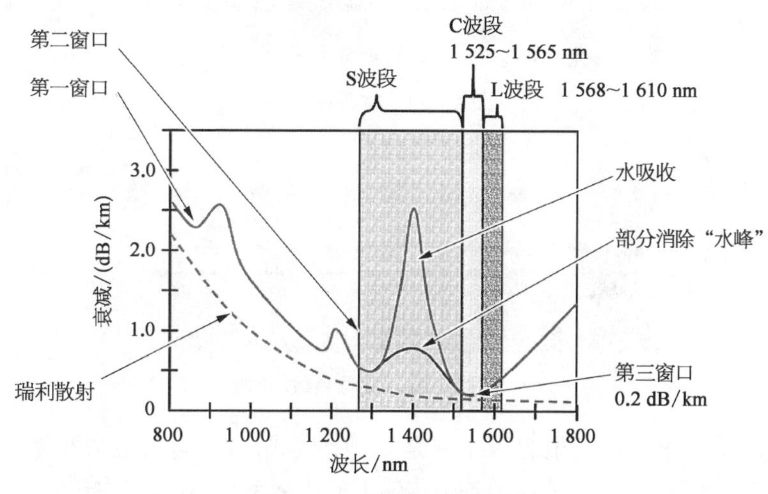

图 1 - 92　光纤的损耗曲线

2) 光纤的色散特性

光信号包含不同的频率、模式、偏振分量。色散使信号不同的成分传播速度不同，会使脉冲信号展宽，使信号在目的端产生码间干扰，给信号的最后判决造成困难，限制了光纤的带宽或传输容量。一般说来，单模光纤的脉冲展宽与色散有关系：

$$\Delta\tau = dL\delta\lambda \tag{1-166}$$

式中，d 是总色散，L 是光纤长度，$\delta\lambda$ 是光信号的谱线宽度。光纤主要用来以数字形式传输信息信号。如果色散情况比较严重，则会限制光纤的带宽，因为一定时间间隔内只能容纳较少扩展后的脉冲。

色散分为模内色散、模间色散和偏振模色散 3 种。模内色散通常也称为色度色散，由两种机制组成：材料色散和波导色散。由于光纤材料的折射率对光频不是常数，因而光能在光纤中的传播速度随光频改变而不同。对于谱线较宽的信号，经过传输后，会发生脉冲展宽，这称为材料色散，如图 1 - 93 所示。模内色散的波导色散，是由于光处于纤芯的部分和处于包层的部分具有不同的传播速度，如图 1 - 94 所示。单模光纤中传播模 80％能量在纤芯，20％能量在包层。波导色散在单模光纤中起主要作用，而在多模光纤中可以忽略。材料色散是多模光纤中模内色散的主要原因。模间色散也叫模式色散，是由于多模光纤中不同模式具有不同的传播路径导致的，而模内色散则发生在单个模式内。

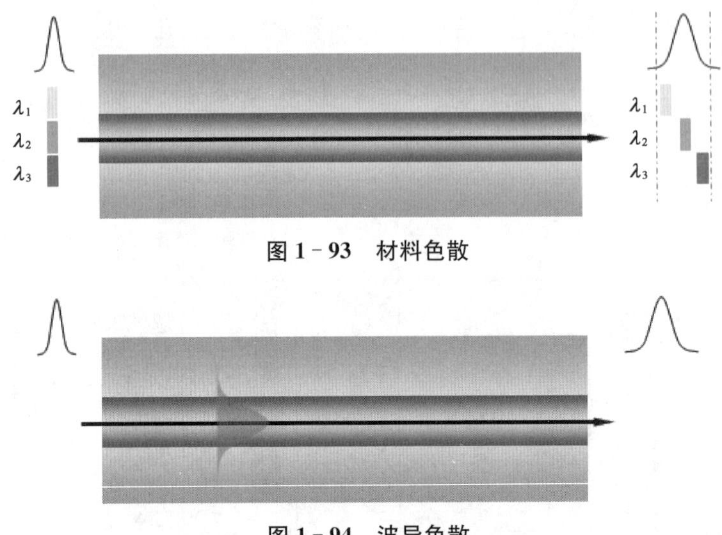

图 1－93　材料色散

图 1－94　波导色散

因此，多模光纤的色散起因主要是 3 种：模式色散、材料色散和波导色散。其中以模式色散为主，它是由于各个传输模的传播系数不同，即由于各传输模经历的光程不同而造成脉冲展宽，如图 1－95 所示。

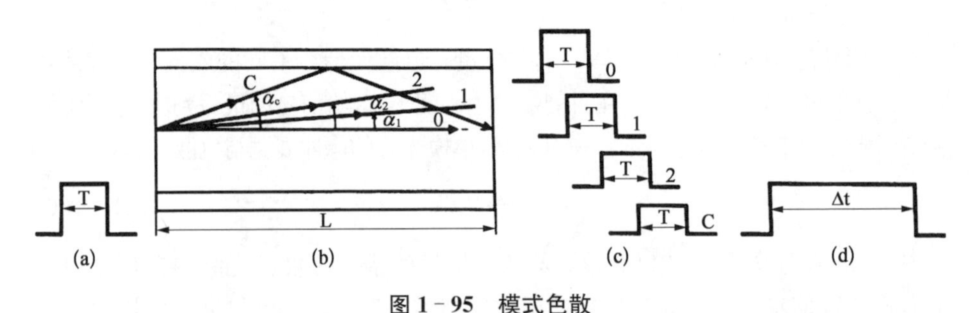

图 1－95　模式色散

(a) 原始脉冲；(b) 光纤中的模式；(c) 由单个脉冲传送的脉冲；(d) 最终脉冲

对于模式色散问题的解决方案是使纤芯的折射率成为变化的值，这样，折射率的值从光纤中心的 n_1 逐渐变为包层边界处的 n_2。这种光纤称为渐变折射率光纤，如图 1－96 所示。它使在光纤中传输距离较长的高级模式以较快的速度传播，同时使靠近光纤中心传播的低级模式以较慢的速度传播，这种方法使模式的到达时间相等，从而减少脉冲扩展。对模式色散问题更好的解决方案是选用单模光纤。单模光纤只有一个传输模 HE_{11}，所以没有模式色散。

偏振模色散也称为极化色散，用 $\Delta\tau_p$ 表示，从本质上讲属于模式色散。单模光纤中可能同时存在 LP_{01}^x 和 LP_{01}^y 两种基模(理想单模光纤中简并)，也可能只存在其中一种模式，并且可能由于激励和边界条件的随机变化而出现这两种模

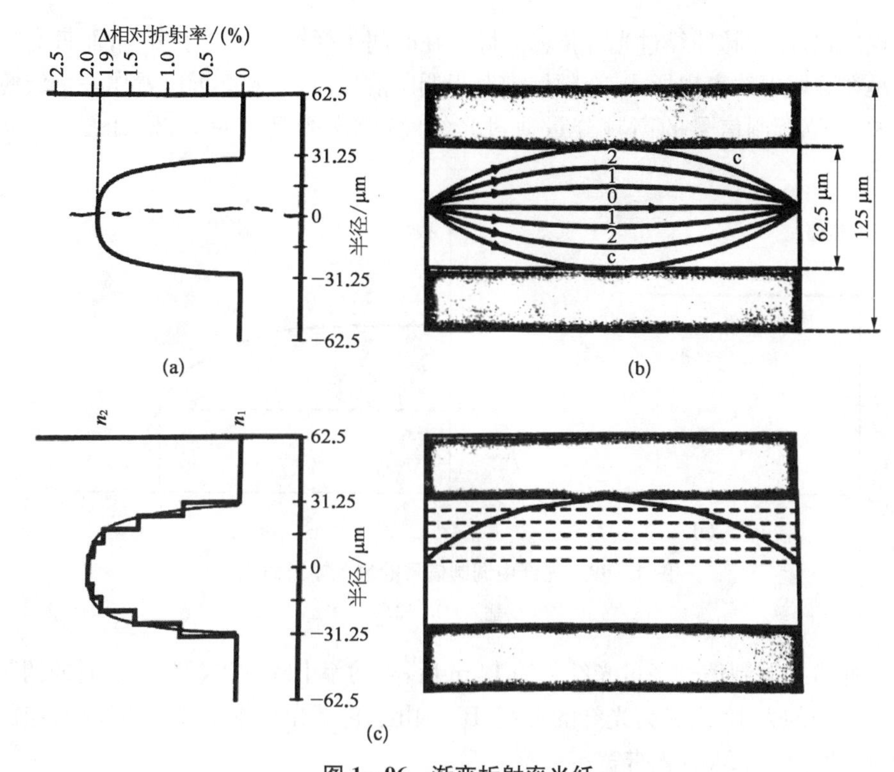

图 1－96　渐变折射率光纤

(a) 折射率分布；(b) 模式传播；(c) 渐变折射率多模光纤工作原理

式的交替。由于光纤并非理想性产生双折射时，基模光信号的两个正交偏振态在光纤中有不同的传播速度而引起的色散称为偏振模色散，如图 1－97 所示。

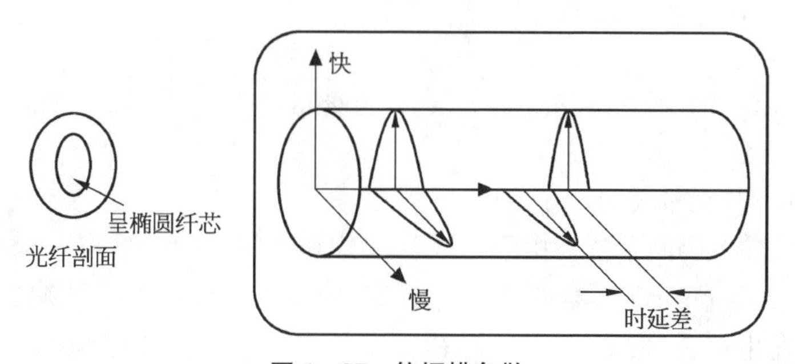

图 1－97　偏振模色散

偏振模色散非常小，与材料色散和波导色散相比小得多，在目前的单模光纤通信中可以忽略不计，但在某些光纤通信器件中以及未来的超高速(>10 Gbit/s)、超大容量的光纤通信中，偏振模色散必须考虑。

光纤的色散和带宽描述的是光纤的同一特性。其中色散特性是在时域中的表现形式，即光脉冲经过光纤传输后脉冲在时间坐标轴上展宽了多少；而带宽特性是在频域中的表现形式，在频域中对于调制信号而言，光纤可以看作一个低通滤波器，当调制信号的高频分量通过光纤时，就会受到严重衰减，如图 1－98 所示。

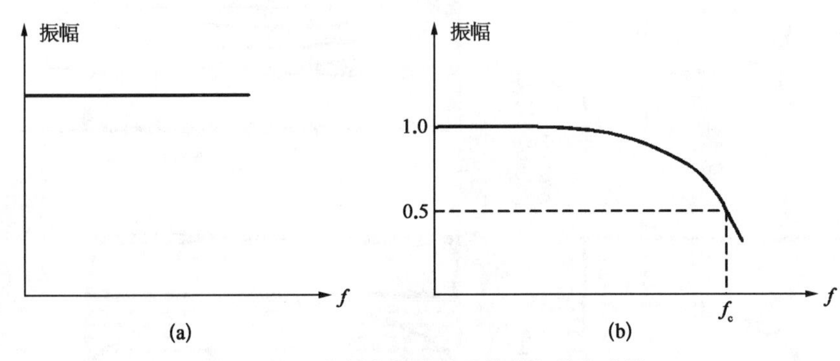

图 1－98　光纤中调制信号的输入输出曲线

(a) 输入；(b) 输出

通常把调制信号经过光纤传输 1 km 后，光功率下降一半(即 3 dB)时的调制频率(f_c)的大小，定义为光纤的带宽(B)。由于它是光功率下降 3 dB 时对应的频率，故也称为 3 dB 光带宽。

$$10\lg \frac{P_{光}(f_c)}{P_{光}(0)} = -3(\text{dB}) \tag{1-167}$$

光功率总是要用光电子器件来检测，而光检测器输出的电流正比于被检测的光功率，于是有

$$10\lg \frac{P_{电}(f_c)}{P_{电}(0)} = 20\lg \frac{I_{电}(f_c)}{I_{电}(0)} = 20\lg \frac{P_{光}(f_c)}{P_{光}(0)} = -6(\text{dB}) \tag{1-168}$$

因此，3 dB 光带宽对应于 6 dB 电带宽。

色散将导致码间干扰。由于各波长成分到达的时间先后不一致，因而使得光脉冲加长了($T+\Delta T$)，这叫作脉冲展宽，如图 1－99 所示。脉冲展宽将使前后光脉冲发生重叠，形成码间干扰，码间干扰将引起误码，因而限制了传输的码速率和传输距离。

单模光纤的色散优化设计如图 1－100 和图 1－101 所示。G. 653 色散位移光纤的损耗和色散最低点都在 1 550 nm。材料色散不变，通过改变折射率剖面形状来增大波导色散，使零色散点往长波长方向移动。G. 656 色散平坦光纤，在较大的范围内保持相近的色散值，适用于波分复用系统。

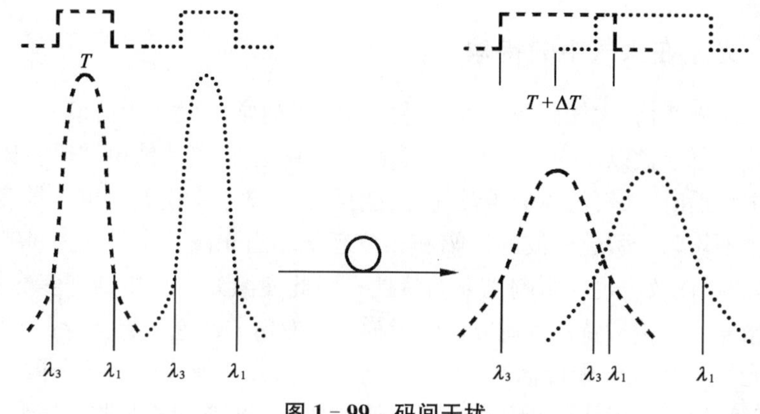

图 1－99　码间干扰

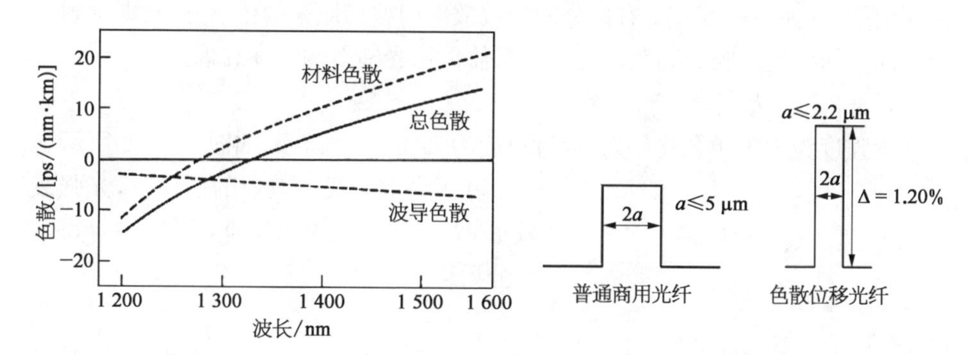

图 1－100　普通商用光纤与色散位移光纤的比较

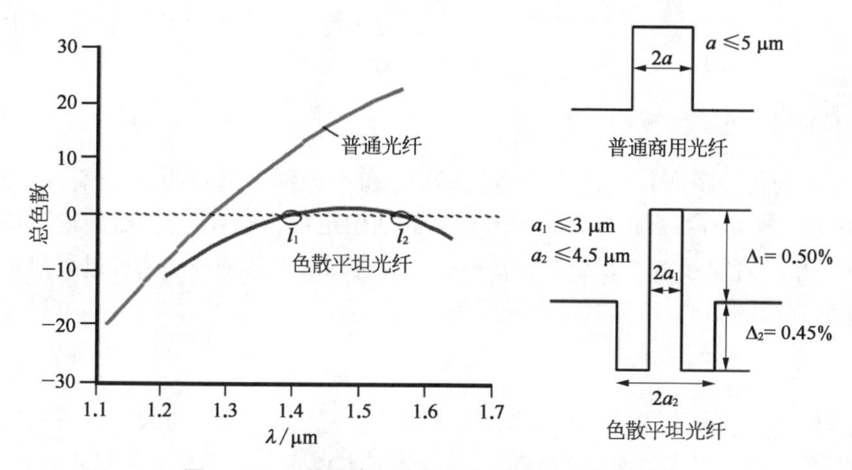

图 1－101　普通商用光纤与色散平坦光纤的比较

光纤不仅仅用于信号的传输，而且在感应监测中也运用到光纤，可将光纤作为传感器或感应器，如上节中讲到的光纤传感器。

1.3.3 光波在大气中的传输

大气激光通信、大气探测及大气遥感等技术通常以大气为信道。由于大气构成成分的复杂性以及受天气等因素影响的不稳定性，与无线电波段相比，光波在大气中传播时，大气气体分子及气溶胶的吸收和散射会引起光束能量衰减，空气折射率不均匀会引起光波的振幅和相位起伏。当光波功率足够大、持续时间极短时，非线性效应也会影响光束的特性。因此使激光应用中的许多优势不能发挥。激光大气传播特性的研究已经成为一个专门的研究领域。

激光辐射在大气中传播时，由于大气中存在着各种气体分子和微粒，如尘埃、烟雾等，以及刮风、下雨等气象变化，使部分光辐射能量被吸收而转变为其他形式的能量(如热能等)，也有部分能量被散射而偏离原来的传播方向(即辐射能量空间重新分配)，吸收和散射的总效果使传输光辐射的强度衰减。

1.3.3.1 大气衰减

设强度为 I 的单色光辐射，通过厚度为 $\mathrm{d}l$ 的大气薄层，如图 1-102 所示。在不考虑非线性效应的条件下，光强衰减量 $\mathrm{d}I$ 正比于 I 及 $\mathrm{d}l$，即 $\mathrm{d}I/I=-\beta\mathrm{d}l$。积分后得

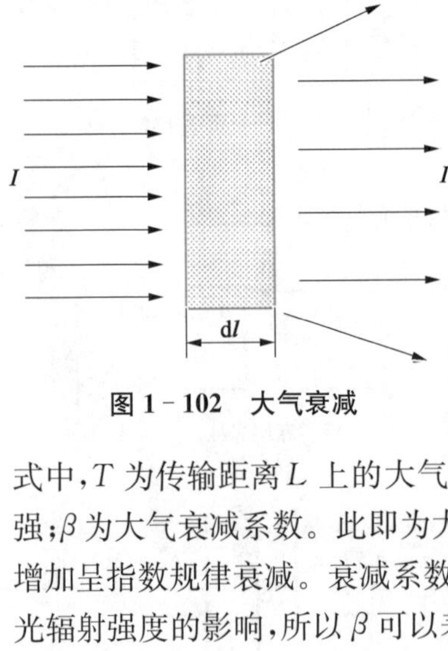

$$T=I/I_0=\exp\left(-\int_0^l\beta\mathrm{d}l\right) \quad (1-169)$$

假定在传输距离 l 上 β 为常数，则上式可简化为

$$T=\exp(-\beta\cdot l) \quad (1-170)$$

图 1-102 大气衰减

式中，T 为传输距离 L 上的大气透过率；I_0 和 I 分别为通过距离 L 前、后的光强；β 为大气衰减系数。此即为大气衰减的朗伯定律，它表明光强随传输距离的增加呈指数规律衰减。衰减系数 β 描述了吸收和散射两种独立物理过程对传播光辐射强度的影响，所以 β 可以表示为

$$\beta=k_{\mathrm{m}}+\sigma_{\mathrm{m}}+k_{\mathrm{a}}+\sigma_{\mathrm{a}} \quad (1-171)$$

式中，k_{m} 和 σ_{m} 分别为分子的吸收和散射系数；k_{a} 和 σ_{a} 分别为大气气溶胶的吸收和散射系数，对大气衰减的研究可归结为对上述 4 个基本衰减参数的研究。

1) 大气分子的吸收

光波在大气中传播时，大气分子在光波电场的作用下产生极化，并以入射光的频率做受迫振动。所以为了克服大气分子内部阻力要消耗能量，表现为大气分子

的吸收。当入射光的频率等于大气分子固有频率时则发生共振吸收，大气分子吸收表现出极大值。由于不同分子的结构不同，从而表现出完全不同的光谱吸收特性。对某些特定的波长，大气呈现出极为强烈的吸收，光波几乎无法通过。

如图 1－103 中大气的吸收光谱图表明：氮分子 N_2、氧分子 O_2 虽然含量最多(约 90%)，但它们在可见光和红外区几乎不表现吸收，对远红外和微波段才呈现出很大的吸收，在可见光和近红外区，一般不考虑其吸收作用；大气中还包含有氦 He，氩 Ar，氙 Xe，臭氧 O_3，氖 Ne 等，这些分子在可见光和近红外有可观的吸收谱线，但其大气中的含量甚微，一般不考虑其吸收作用。只是在高空处，其他衰减因素都很弱时，才考虑它们吸收作用；H_2O 和 CO_2，特别是 H_2O 分子在近红外区有宽广的振动-转动及纯振动结构，是可见光和近红外区最重要的吸收分子，是晴天大气光学衰减的主要因素。

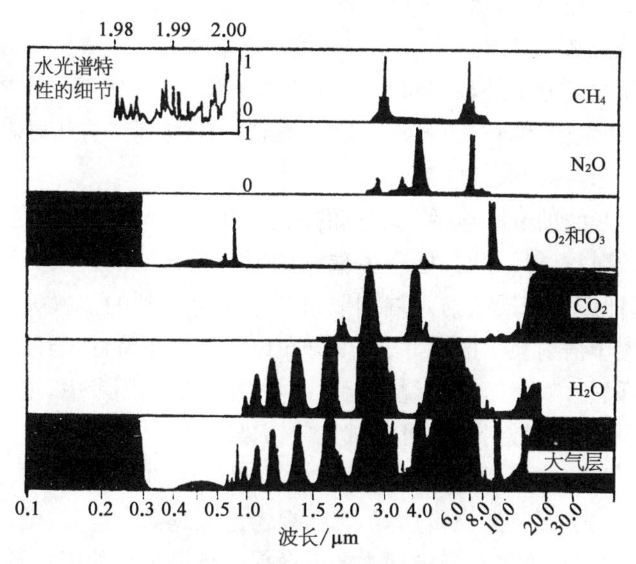

图 1－103　大气的吸收光谱

根据大气的这种选择吸收特性，一般把近红外区分成 8 个区段，将透过率较高的波段称为“大气窗口”。在这些窗口之内，大气分子呈现弱吸收。目前常用的激光波长都处于这些窗口之内。

2) 大气分子的散射

大气中总存在着密度起伏，破坏了大气的光学均匀性，造成部分光会向其他方向传播，从而导致光在各个方向上的散射(实质是反射、折射和衍射的综合反映)。散射主要发生在可见光波段，其性质和强度取决于大气中分子或微粒的半径 r 与被散射光的波长 λ 两者之间的对比关系。

因为大气分子的线度很小($\approx 10^{-8}$ cm)，所以在可见光和近红外波段，辐射波长总是远大于分子的线度，在这一条件下的散射通常称为瑞利散射。瑞利散射定律指出：散射光的强度与波长的4次方成反比。因而分子散射系数与波长的4次方成反比。瑞利散射系数的经验公式为

$$\sigma_m = 0.827 \times N \times A^3/\lambda^4 \tag{1-172}$$

式中，σ_m 为瑞利散射系数，N 为单位体积中的分子数(cm^{-3})，A 为分子的散射截面积(cm^2)，λ 为光波长(cm)。

由上式可知，分子散射系数与分子密度成正比，与波长的4次方成反比。波长越长，散射越弱；波长越短，散射越强。因此，可见光比红外光散射强烈，蓝光又比红光散射强烈。在晴朗天空，其他微粒很少，因此瑞利散射是主要的，又因为蓝光散射最强烈，故晴朗的天空呈现蓝色。

3) 大气气溶胶的衰减

大气中除大气分子外，还会有大量的粒度在0.03～2 000 μm之间的固态和液态微粒，包括尘埃、烟粒、微水滴、盐粒、有机微生物等。这些微粒在大气中的悬浮呈溶胶状态，称为大气气溶胶。

气溶胶对光波的衰减包括气溶胶的散射和吸收。光的散射定理指出，当光波长远大于散射粒子尺寸时，即产生瑞利散射。当光的波长相当于或小于散射粒子尺寸时，即产生米氏散射。瑞利散射与波长有强烈的依赖关系。而米氏散射则主要依赖于散射粒子的尺寸、密度分布以及折射率特性，与波长的关系远不如瑞利散射强烈。对气溶胶来说，瑞利散射作用一般不用考虑，主要考虑米氏散射。遥感利用这两种散射效应可测试大气污染程度。

米氏散射是研究很活跃的一个领域。空间目标的探测、识别、跟踪、激光精确制导、星地激光通信、激光雷达等，都需要考虑云、雾、气溶胶、硝烟等粒子对光的米氏散射，需要较为复杂的模型来考虑散射对信号传输的影响及规律，探寻利用或减弱大气散射的方法，这些内容在大气光学中都有专门的研究。

雾和雨的差别不仅在于降水量的不同，更主要是雾粒子和雨滴尺寸有很大差别。研究表明，虽然下雨天大气中水的含量(若为1 g/m^3)一般较浓雾(若为0.1 g/m^3)大10倍以上，可雾滴半径(μm量级)仅是雨滴半径(mm量级)的千分之一左右，因此雨滴间隙要大得多，故能见度较雾高，光波容易通过。

4) 大气窗口

电磁辐射经大气传输时，由于大气的散射和吸收，其辐射能受到强烈衰减。如太阳辐射中的可见光，经过大气时，其吸收率 $\alpha = 14\%$，散射率 $\gamma = 23\%$，所以透过大气到达地面的只有 $\tau = 63\%$。大气对太阳光的作用大致为：20%～30%

返回太空，20%漫、散射到达地面(天空光)，17%吸收，40%直接到达地面。

大气窗口是指大气对电磁辐射的吸收和散射都很小，而透射率很高的波段。换句话说，就是电磁辐射在大气中传输损耗很小，能透过大气的电磁波段。

从图1-104中不难看出，对某些特定的波长，大气呈现出较高的透过率，根据大气的这种选择性吸收特性，一般把近红外等透过率较高的波段称为“大气窗口”。在这些窗口之内，大气分子呈现弱吸收。目前常用的激光波长都处于这些窗口之内。

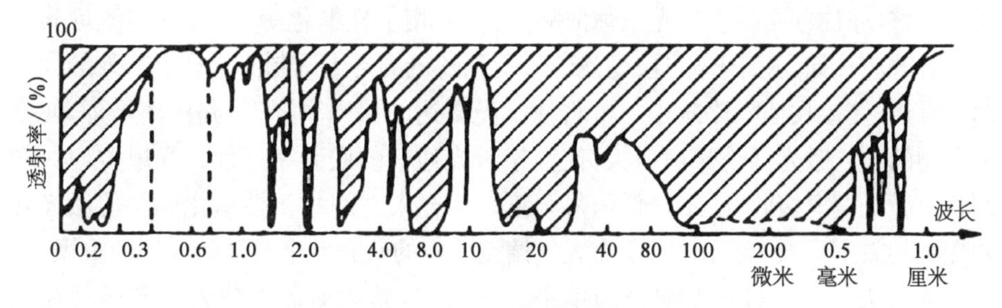

图1-104　大气透射窗口

(1) 0.15～0.20 μm，远紫外窗口，目前尚未利用。

(2) 0.30～1.30 μm，以可见光为主体，包括部分紫外和红外波段，它是目前应用最为广泛的一个窗口。可以用胶片感光摄影、扫描，也可用光谱测定仪和射线测定仪进行测量记录。

(3) 1.40～1.90 μm，近红外窗口，透射率60%～95%，不能为胶片感光，只能为光谱仪及射线测定仪记录。

(4) 2.05～3.00 μm，近红外窗口，透射率超过80%，同样，不能为胶片感光，其中2.08～2.35 μm窗口有利于遥感。

(5) 3.50～5.50 μm，中红外窗口，透射率60%～70%，是遥感高温目标，如森林火灾，火山喷发等监测所用。

(6) 8～14 μm，远红外窗口，透射率80%，当物体温度在27 ℃时，能测得其最大发射强度。

(7) 位于毫米波段，这些窗口，目前遥感还没有利用，或者不能利用。

(8) 波长>1.50 cm，即微波窗口，其电磁波已完全不受大气干扰，即所谓“全透明”窗口，故微波遥感是全天候的。

中红外3～5 μm、8～14 μm，卫星对地红外侦查、红外制导等捕获的就是目标辐射出的处于这些波段的红外辐射信号。

大气透射的意义在于为传感器寻找最佳通道，给辐射校正提供基本资料。如对地面物体进行遥感时，一定要选用“大气窗口”，否则物体的电磁波信息到达不了传感器；而要对大气遥感，则应选择衰减系数大的波段，才能收集到有关大气成分、云高、气压分布和温度等方面的信息。

1.3.3.2 大气湍流效应

以上讨论了大气组分通过吸收、散射作用使光波能量产生衰减的问题，没有涉及大气组分的动态特性。实际上大气始终处于一种湍流状态，即大气的折射率随空间和时间做无规则的变化。这种湍流状态将使激光辐射在传播过程中随机地改变其光波参量，使光束质量受到严重影响，出现光束截面内的强度闪烁、光束的弯曲和漂移(亦称方向抖动)、光束弥散畸变、空间相干性退化等现象，这些统称为大气湍流效应。如光束闪烁将使激光信号受到随机的寄生调制而呈现出额外的大气湍流噪声，使接收信噪比减小。这将使激光雷达的探测率降低、漏检率增加，使模拟调制的大气激光通信噪声增大，使数字激光通信的误码率增加。光束方向抖动则将使激光偏离接收孔径，降低信号强度。而光束空间相干性退化则将使激光外差探测的效率降低等。因此，激光大气湍流效应的研究愈来愈受到人们的重视。

通常大气是一种均匀混合的单一气态流体，其运动形式分为层流运动和湍流运动。层流运动是流体质点做有规则的稳定流动，在一个薄层的流速和流向均为定值，层与层之间在运动过程中不发生混合。而湍流运动为无规则的漩涡流动，质点的运动轨迹很复杂，既有横向运动，也有纵向运动，空间每一点的运动速度围绕某一平均值随机起伏。

在气体或液体的惯性力与此容积边界上所受的黏滞力之比超过某一临界值时，液体或气体的有规则的层流运动就会失去其稳定性而过渡到不规则的湍流运动，这一比值就是表示流体运动状态特征的雷诺数 Re：

$$Re = \rho \Delta v_l / \eta \tag{1-173}$$

式中，ρ 为流体密度(kg/m^3)，l 为某一特征线度(m)，Δv_l 为在 l 量级距离上运动速度的变化量(m/s)，η 为流体黏滞系数(kg/m・s)。雷诺数 Re 是一个无量纲的数。当 Re 小于 Re_{cr}(临界值，由实验测定)时，气流为稳定的层流运动；当 Re 大于 Re_{cr} 时，气流为湍流运动。

由于气体的黏滞系数 η 较小，所以气体的运动多半为湍流运动。激光的大气湍流效应，实际上是指激光辐射在折射率起伏场中传输时的效应。湍流理论表明，大气速度、温度、折射率的统计特性服从“2/3 次方定律”。

$$D_i(r) = \overline{(i_1 - i_2)^2} = C_i^2 r^{2/3} \tag{1-174}$$

式中，i 分别代表速度(v)、温度(T)和折射率(n)，r 为考察点之间的距离，C_i 为相应场的结构常数，单位是 m$^{-1/3}$。

大气湍流折射率的统计特性直接影响激光束的传输特性，通常用折射率结构常数 C_n 的数值大小表征湍流强度，即弱湍流：$C_n=8\times10^{-9}\ \mathrm{m}^{-1/3}$，中等湍流：$C_n=4\times10^{-8}\ \mathrm{m}^{-1/3}$，强湍流：$C_n=5\times10^{-7}\ \mathrm{m}^{-1/3}$。根据光束直径与湍流尺度的大小关系，光在大气湍流中传输时会引起大气闪烁、光束的弯曲和漂移、空间相位起伏等。

1）大气闪烁

光束强度在时间和空间上随机起伏，光强忽大忽小，即所谓光束强度闪烁（光束直径远大于湍流尺度）。大气闪烁的幅度特性由接收平面上某点光强 I 的对数强度方差来表征：

$$\sigma_I^2=\overline{[\ln(I/I_0)]^2}=4\overline{[\ln(A/A_0)]^2}=4\overline{\chi^2} \tag{1-175}$$

式中，$\overline{\chi^2}$ 可通过理论计算求得，而 σ_I^2 则可由实际测量得到。在弱湍流且湍流强度均匀的条件下，有

$$\sigma_I^2=4\overline{\chi^2}=\begin{cases}\left.\begin{array}{ll}1.23C_n^2(2\pi\lambda)^{6/7}L^{11/6} & (l_0\ll\sqrt{\lambda L}\ll L_0)\\ 12.8C_n^2(2\pi\lambda)^{6/7}L^{11/6} & (\sqrt{\lambda L}\gg L_0)\end{array}\right\}\text{对平面波}\\ \left.\begin{array}{ll}0.496C_n^2(2\pi\lambda)^{6/7}L^{11/6} & (l_0\ll\sqrt{\lambda L}\ll L_0)\\ 1.28C_n^2(2\pi\lambda)^{6/7}L^{11/6} & (\sqrt{\lambda L}\gg L_0)\end{array}\right\}\text{对球面波}\end{cases} \tag{1-176}$$

一般的，波长短，闪烁强；波长长，闪烁小。当湍流强度增强到一定程度或传输距离增大到一定限度时，闪烁方差呈现饱和，称之为闪烁的饱和效应。

2）光束的弯曲和漂移

光束直径远小于湍流尺度时，在接收平面上，光束中心的投射点（即光斑位置）以某个统计平均位置为中心，发生快速的随机性跳动（其频率可由数赫到数十赫），此现象称为“光束漂移”。若将光束视为一体，经过若干分钟会发现，其平均方向明显变化，这种慢漂移亦称为“光束弯曲”。光束弯曲漂移现象亦称天文折射，主要受制于大气折射率的起伏。弯曲表现为光束统计位置的慢变化，漂移则是光束围绕其平均位置的快速跳动。

3）空间相位起伏

如果不是用靶面接收，而是在透镜的焦平面上接收，就会发现像点抖动。这可解释为在光束产生漂移的同时，光束在接收面上的到达角也因湍流影响而随机起伏，即与接收孔径相当的那一部分波前相对于接收面的倾斜产生随机起伏。

大气激光通信系统是指以激光光波作为载波，大气作为传输介质的光通信

系统。大气光通信结合了光纤通信与微波通信的优点,既具有大通信容量、高速传输的优点,又不需要铺设光纤,因此各技术强国在空间激光通信领域投入大量人力物力,并取得了很大进展。大气传输激光通信系统是由两台激光通信机构成的通信系统,它们相互向对方发射被调制的激光脉冲信号(声音或数据),接收并解调来自对方的激光脉冲信号,实现双工通信,如图 1-105(a)所示。其通信链路模型如图 1-105(b)所示,激光在大气信道中传输时必须考虑大气的吸收、散射及湍流效应。

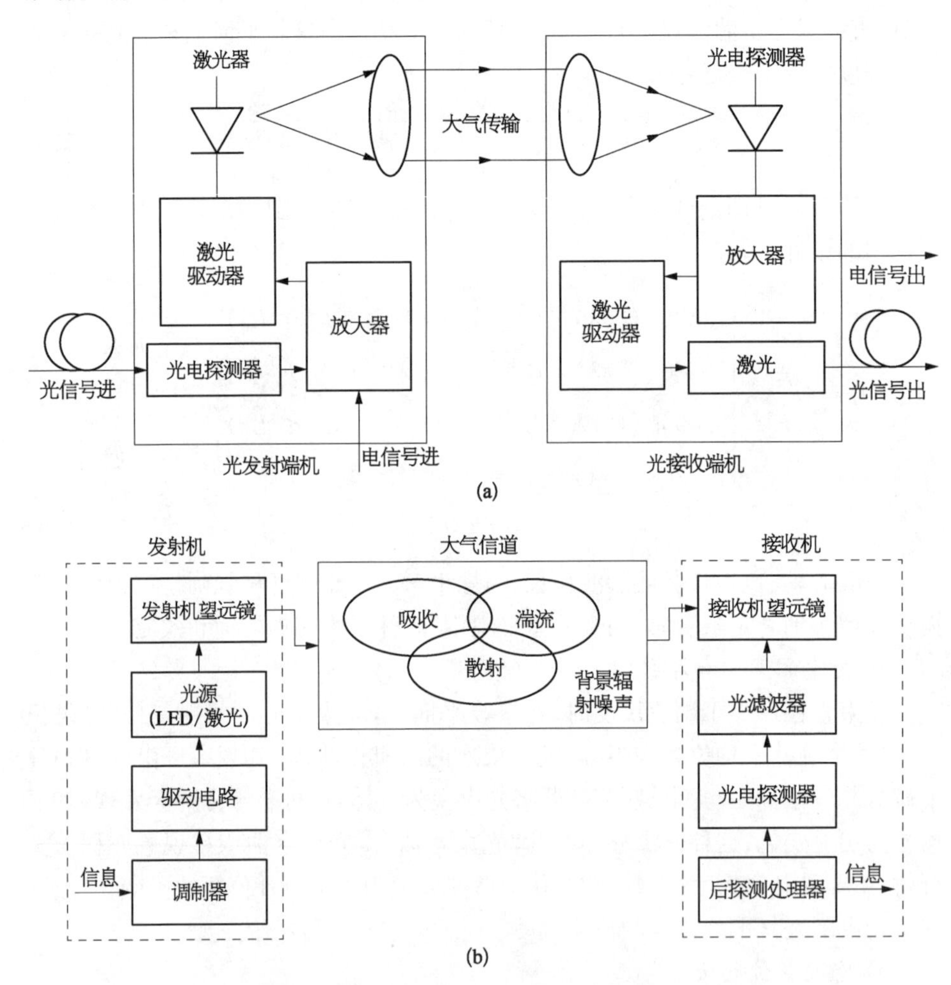

图 1-105　大气激光通信系统原理框图(a)通信链路模型(b)

大气光通信具有传输距离长,空间损耗大的特点,因此要求光发射系统中的激光器输出功率大、调制速率高。一般用于空间通信的激光器有 3 类: ① 二氧化碳激光器输出功率最大(>10 kW),输出波长有 10.6 μm 和 9.6 μm,但体积较大,寿命较短,比较适合于卫星与地面间的光通信。② Nd：YAG(钇铝石榴石晶体)激光器波长为 1 064 nm,能提供几瓦的连续输出,但要求高功率的调制器并保证波形质量,因此比较难于实现。这种激光器适合用于星际光通信,是未来空间通信的发展方向之一。③ 二极管激光器(LD)具有高效率、结构简单、体积小、重量轻等优点。常见有波长为 800～860 nm 的 ALGaAs(砷化铝镓)LD 和波长为 970～1 010 nm 的 InGaAs(砷化铟镓)LD。由于 ALGaAs LD 具有简单、高效的特点,并且与探测、跟踪用 CCD 阵列具有波长兼容性,在空间光通信中成为一个较好的选择。

空间远距离光通信的必要核心技术包括：捕获(粗跟踪)系统与跟踪、瞄准(精跟踪)系统。捕获(粗跟踪)系统是在较大视场范围内捕获目标,捕获范围为$\pm 1^\circ \sim \pm 20^\circ$或更大,通常采用 CCD 阵列来实现,并与带通光滤波器、信号实时处理的伺服执行机构共同完成粗跟踪,即目标的捕获。跟踪、瞄准(精跟踪)系统是在完成目标捕获后,对目标进行瞄准和实时跟踪,通常采用四象限红外探测器(QD)或 APD 高灵敏度位置传感器来实现。

大气信道是随机的。光的吸收和散射,特别在强湍流(流体流速很大的状态)情况下,光信号将受到严重干扰。自适应光学技术可以快速、精确地校正大气湍流引起的波前畸变,可以较好地解决这一问题,并已逐步走向实用化。

1.3.4 光波在水下的传输

在水中传播的各种波中,纵波(声波)的衰减最小,因而声呐技术被广泛采用。而横波(电磁波)的衰减一般都很严重,以致在陆地上广为应用的无线电波和微波在水下几乎无法应用。然而光波却是一种例外,相对无线电波和微波而言,其衰减较小。特别是激光的出现,使水下有限距离内的测距、准直、照明、摄影等成为可能。但由于水下传输光束特性的影响,这些应用仍受到很大限制,并与陆地上的应用有着显著不同的特点。

1) 传播光束的衰减特性

如果传输距离较短,与在大气中传输一样,单色平行光束在水中传播的衰减规律也仅是服从指数规律：

$$P = P_0 e^{-\beta l} \tag{1-177}$$

式中,P_0 和 P 分别为传输距离等于 0 和 l 时的光功率,β 为包括散射和吸收在内的衰减系数(m^{-1})。

习惯上,还用衰减长度 L_0 表示水中传播光束衰减的大小,定义 $L_0 = 1/\beta$,单位为 m。其物理意义是：在一个衰减长度距离上,光束的功率将衰减到初始值的 1/e。

衰减系数 β 不但与水质有关,还与传播光束的波长有关。图 1－106 为蒸馏

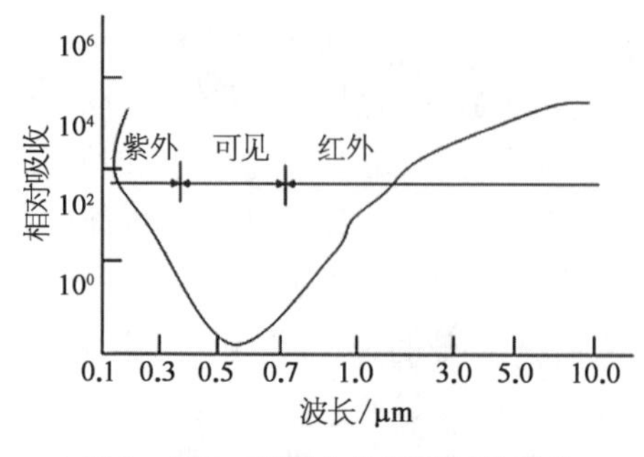

图 1-106 蒸馏水的光谱吸收特性

水的光谱吸收特性，紫外和红外波段的光波在水中的衰减很大，在水下无法使用。在可见光波段，蓝绿光的衰减最小，通常称该段为“水下窗口”。例如 490 nm 和 694.3 nm 波长光波的衰减长度分别为 11 m 和 2 m，这说明蓝光比红光在水中的传输性能要好得多。

将式(1-177)作简单变换就可得到光脉冲的作用距离方程：

$$L=\frac{1}{\beta}\ln\left(\frac{P}{P_0}\right) \tag{1-178}$$

如果把上式中的 P_0 和 P 分别理解为光发射功率和探测器的最小可探测功率，则 L 就是光脉冲在水下所能传输的最远距离。如果取 $P_0=10^6$ W，$P=10^{-14}$ W，对于 0.490 0 μm 波长的光波，其作用距离可达 500 m；对于 0.694 3 μm 波长光波，其作用距离仅为 80 m。可见红光很难在水下应用。此外，水质不同，其衰减按特性差异很大。

2) 前向散射和后向散射

光在传输方向上的散射称为前向散射，而在相反方向上的散射称为后向散射。前向散射包含复杂的散射过程(见图 1-107)。

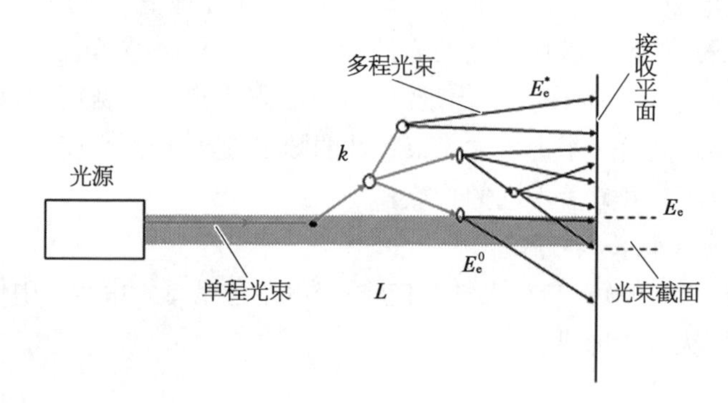

图 1-107 前向散射

接收面上的总照度 E_e 应为单程照度 E_e^0 和多程照度 E_e^* 之和。

$$\begin{cases}E_e=E_e^0+E_e^* \\ E_e^0=(I_e/L^2)e^{-\varepsilon L} \\ E_e^*=[(I_e k)(4\pi L)]e^{-kL}\end{cases} \tag{1-179}$$

用 0.53 μm 绿光在湖水中测得 $\varepsilon = 0.66\ \mathrm{m}^{-1}$，$k = 0.187\ \mathrm{m}^{-1}$。上式表明前向散射使光束传输距离明显增大，传输距离越远，前向散射光的贡献就越大。这种效应对水下照明有利，但对水下光束扫描和水下摄影不利，它会使扫描分辨率和目标背景对比度下降。

水下传输光束的另一个特点就是后向散射较前向散射强烈得多。如在大雾中行车时，有经验的驾驶员一般是开亮尾灯而关闭前灯，他借助于前车的尾灯可以看清楚前车，但若打开前灯，那么大雾强烈的后向散射光会使他什么也看不见。在水下后向散射更为强烈，而且入射光功率越大，后向散射光越强。强烈的后向散射光会使接收器产生饱和而接收不到任何有用信息。因此在水下测距、电视、摄影等应用中，主要是设法克服这种后向散射的影响，可采取措施包括：① 适当选择滤光片和检偏器，以分辨无规则后向散射和有规则偏振的目光反射；② 尽可能地分开发射光源和接收器；③ 采用光学距离选通技术。

光学距离选通如图 1－108 所示。当光源的光脉冲朝向目标传播时，接收器的快门关闭；当水下目标反射的光脉冲信号返回到接收器时，接收器的快门突然打开并记录接收到的目标信息，这样可以减小后向散射的影响。

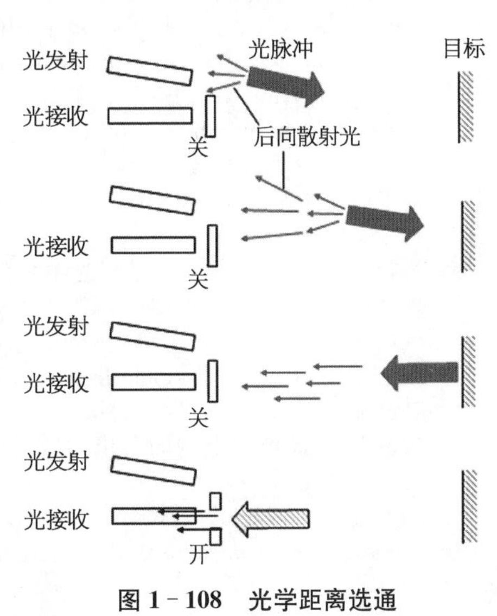

图 1－108　光学距离选通

蓝绿光通信是一种使用波长介于蓝光与绿光（450～550 nm）之间的激光在海水中传输信息的通信方式，是目前较好的一种水下通信手段。波长 459 nm 的蓝绿光在大气中的透过率是 65%。1981 年 5 月，美国在圣地亚哥海域上空，采用 530 nm 的激光束从一架飞行在 1.3 万 m 高度的飞机与巡航在 300 m 深度的核潜艇成功地实现无线光通信。通过星载激光系统、机载激光系统、陆基反射镜系统还可以实现潜艇与卫星、潜艇与飞机、潜艇与地面指挥所的实时保密通信。

参考文献

[1] 叶玉堂，肖峻，饶建珍，等. 光学教程. 北京：清华大学出版社，2011.
[2] 郭培源，等. 光电检测技术与应用. 北京：北京航空航天大学出版社，2011.
[3] 安毓英，等. 光学传感与测量. 北京：电子工业出版社，2001.
[4] 高岳，等. 光电检测技术与系统. 北京：电子工业出版社，2012.
[5] 蒋晓君. 光电传感与检测技术. 北京：机械工业出版社，2011.

[6] 范志刚,等.光电测试技术.北京：电子工业出版社,2012.
[7] 王晓曼,等.光电检测与信息处理技术.北京：电子工业出版社,2013.
[8] 叶佳雄,常大定,陈汝钧.光电系统与信号处理.北京：科学出版社,1997.
[9] 苏显渝.信息光学原理.北京：科学出版社,2011.
[10] 李景镇.激光测量学.北京：科学出版社,1998.
[11] 施斌,徐洪钟,张丹,等.BOTDR应变监测技术应用在大型基础工程健康诊断中的可行性研究.岩石力学与工程学报,2004,23(3)：493-499.
[12] Parker T R, Farhadiroushan M, Handerek V A, et al. A Fully distributed simultaneous strain and temperature sensor using spontaneous brillouin backscatter. IEEE Photonics Technology Letters, 1997, 9(7): 979-981.
[13] Horiguchi T, Shimizu K, Kurashima T, et al. Development of a distributed sensing technique using brillouin scattering. J Lightwave Technol, 1995, 13(7): 1296-1302.
[14] 万生鹏,何赛灵.基于布里渊散射的光纤传感系统性能分析.传感技术学报,2004,2：322-324.
[15] 耿军平,许家栋,韦高,等.基于布里渊散射的分布式光纤传感器的进展.测试技术学报,2002,16(2)：87-91.
[16] Garcus D, et al. Brillouin optical-fiber frequency-domain analysis for distributed temperature and strain measurements. J Lightwave Technol, 1997, 15(4): 654-662.
[17] Sang-Hoon Kim, Jung-Ju Lee, Il-Bum Kwon. Structural monitoring of a bending beam using Brillouin distributed optical fiber sensors. Smart Mater. Struct. 2002, 11: 396-403.
[18] 何玉钧,尹成群.一个新型的基于全光纤Mach-Zehnder干涉仪BOTDR系统.光子学报,2004,33(6)：721-724.
[19] 吴朝霞,吴飞,牛力勇,等.基于光频域布里渊散射的全分布式光纤应变传感器的研究.仪器仪表学报,2006,27(3)：237-240.
[20] Shimizu K, Horiguchi T, Koyamada Y, et al. Coherent self-heterodyne brillouin OTDR for measurement of brillouin frequency shift distribution in optical fibers. J. Lightwave Technol., 1994, 12: 730-736.
[21] 宋牟平.微波电光调制的布里渊散射分布式光纤传感技术.光学学报,2004,24(8)：1110-1114.
[22] Ohno H, Naruse H, Yasue N, et al. Development of highly stable BOTDR strain sensor employing microwave heterodyne detection and tunable electric oscillator. Proc. SPIE, 2001, 4596: 74-85.
[23] Maughan S M, Kee H H, Newson T P. Novel distributed fiber sensor using microwave heterodyne detection of spontaneous Brillouin backscatter. Proceeding of SPIE — The international society for optical engineering, 2000, 4185: 780-783.
[24] 张丹,施斌,徐洪钟.基于BOTDR的隧道应变监测研究.工程地质学报,2004,12(4)：422-426.
[25] 刘书航,谭敬,刘京郊.基于$LiNO_3$相位调制器的激光束相干合成实验研究.半导体光电,2007,28(9)：855-858.
[26] 武敬力,刘京郊,邢忠宝.光纤激光相干合成中得相位控制方法与实验.激光与红外,2009,39(6)：585-587.
[27] Xiaolin Wang, Pu Zhou, Yanxing Ma. Active phasing a nine-element 1.14 kW all-fiber two-tone MOPA array using SPGD algorithm. Optics Letters, 2011, 36(16): 3121-3123.

[28] Stuart J McNaught, Charles P Asman, Hagop Injeyan. 100-kW coherently combined Nd: YAG MOPA laser array. Optical Society of America, 2009.
[29] 罗辉. 铌酸锂相位调制器关键技术的研究. 成都：电子科技大学,2003：3 - 7.
[30] 张金令,代志勇,刘永智. 高速 $LiNbO_3$ 电光调制器的最新研究进展. 半导体光电子, 2006,27(5)：508 - 512.
[31] 甘小勇. 高速铌酸锂波导电光调制器关键技术研究. 成都：电子科技大学,2004：17 - 23.
[32] Huimin Yue, Lei Song, Zexiong Hu. Characterization of the phase modulation property of a free-space electro-optic modulation by interframe intensity correlation matrix. Applied Optics, 2012, 19(51)：4457 - 4461.
[33] 宋雷,岳慧敏,吴雨祥,等. 条纹反射法测量镜面手机外壳多尺度三维形貌. 光电子・激光,2012(11)：2154 - 2162.
[34] Lei Song, Huimin Yue, Yong Liu, et al. Phase unwrapping method based on reliability and digital point array. Optical Engineering, 2011, 50(50) : 283 - 283.
[35] Hae Young Yun, Chung Ki Hong. Interframe intensity correlation matrix for self-calibration in phase-shifting interferometry. Applied Optics, 2005, 44(23)：4860 - 4869.
[36] 韩力,卢杰,李莉. 动态激光衍射法测量细丝直径. 物理实验,2006,26(4)：39 - 40.
[37] 张凤生,刘冲. 高精度激光衍射测径系统. 仪器仪表学报,2001,22(s1)：149 - 150.

第 2 章　光 电 探 测

光电探测技术是光信息检测的一个重要组成部分，其探测过程是把光辐射能（包括可见光、红外光、紫外光能）转换成电信号的过程。光探测器是实现光电转换的核心元件，其性能的优劣将影响整个探测系统的性能。本章介绍光探测器的物理机理及特征参数，噪声的特点、分类、测量与抑制，光探测器的类型及应用，光探测器的偏置与信号放大。

2.1　光电探测描述

2.1.1　光电探测基本模型

通常，光电系统具有一个共同的结构特征，包括光发射机、光学信道、光接收机。而光接收机是用于收集入射光信号并进行处理、恢复光载波信息的单元器件，其基本模型如图 2-1 所示，包含 3 个模块。第一部分是光接收前端，第二部分是光探测器，第三部分为后续处理器。在探测过程中，光信号接收系统把接收到的光波进行滤波和聚焦，使其入射到光探测器上，接着光探测器把光信号转换成电信号，最后后续处理器完成必要的信号放大、滤波以及恢复等处理过程。

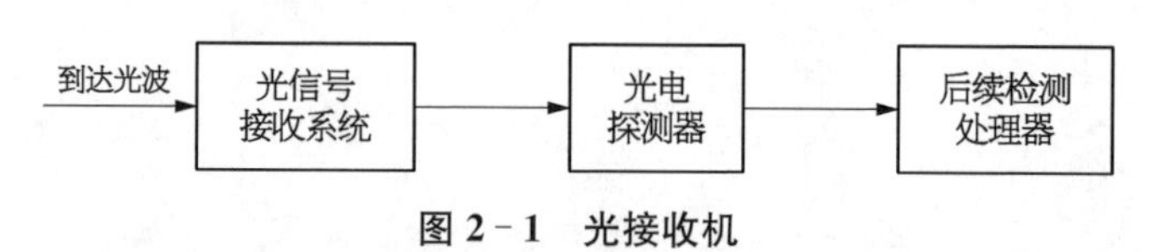

图 2-1　光接收机

光接收机的具体实现方式有两种，即直接型探测接收机和外差接收机。直接型探测接收机又称非相干接收机，它实现方式简单，用于直接接收光场瞬间功率，因而传输的信息直接体现在光场的功率变化之中；而外差接收机探测由本地产生的光波场与接收到的光波场的相干合成的光功率变化，从而实现对信息的处理，但其实现技术难度相对较大，对光场的空间相干性有更高要求。

2.1.2　光谱响应范围

光探测器的光谱响应通常远远超出人眼的视觉范围，包括红外光、可见光、紫外光和 X 射线等部分的电磁辐射，频谱范围为 $3\times10^{11}\sim3\times10^{16}$ Hz，其相应波长范围为 0.025～1 000 μm，但响应范围只是整个电磁频波谱的很小一部分，具体如图 2-2 所示。光电探测是基于光的粒子属性，从光量子的观点来看，光是一种物质，是具有一定能量的粒子，其相应的能量为 $h\nu$ ($h=6.626\times10^{-34}$ J·s，普朗克常数)。光的频率 ν 愈高，单光子的能量就愈大。我们知道，由于 $1\,J=0.624\times10^{19}$ eV，因而单光子能量可用 eV 来表示。

$$h\nu=4.134\times10^{-15}\cdot\nu(\text{eV})\tag{2-1}$$

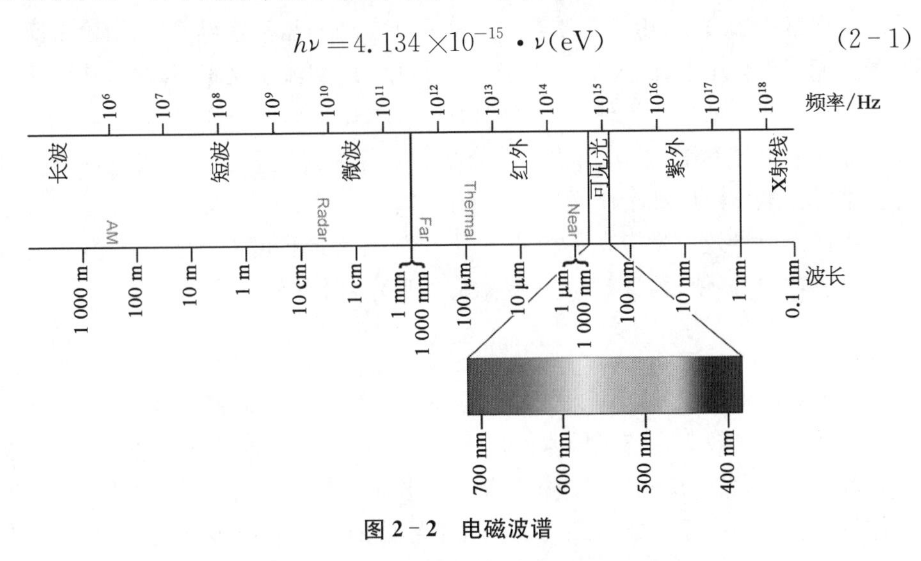

图 2-2　电磁波谱

2.2　光电探测物理效应

光电探测器的物理效应通常分为两大类：光电效应和光热效应，其中每一大类又可细分为若干具体类型。

2.2.1　光电效应

当光波入射到光电材料上时，光电材料发射电子，或者其电导率发生变化，或者产生感生电动势，这种现象统称为光电效应。光电效应实质上是入射光辐射与物质中束缚于晶格的电子或自由电子的相互作用所引起的。按照是否发射电子，光电效应分为内光电效应和外光电效应。在光辐射作用下，光电材料电导率发生变化或产生感生电动势的现象称为内光电效应。内光电效应包括光电导效应、光生伏特(光伏)效应、光子牵引效应和光磁电效应等。在光辐射作用下，光电材料发射电子的现象称为外光电效应，又称为光电子发射效应。

在光电效应中，光子直接与物质中的电子相互作用。物质吸收光子以后，将引起物质内部电子能态的改变。这种变化与光子能的大小有关，亦即与入射光辐射的波长有关，所以光电效应是具有波长选择性的一种物理效应。

1）光电导效应

光电导效应只发生在某些半导体材料中，对于金属，不存在光电导效应。在半导体中有两类传导电流的载流子，即导带中的电子和价带中的空穴，统称为载流子。在某一温度下，由于热激发电子从不断震动的晶格获得能量，由价带跃迁至导带而产生自由载流子，同时由于复合作用自由载流子又不断减少，从而达到一个动态平衡。如果半导体受到光辐射的照射，则入射光子激发出新的载流子，使半导体的电导率增加，增加的这部分载流子称为光生载流子。光电导效应可分为本征光电导效应和杂质光电导效应两种。

本征光电导效应是指光子能量 $h\nu$ 大于材料禁带宽度 E_g 的入射光，才能激发出电子空穴对，使材料产生光电导效应的现象，因而有

$$h\nu \geqslant E_g \tag{2-2}$$

由上式可以看出，辐射光波长大于波长 $\lambda_0 = hc/E_g$（即截止波长）时将不会产生本征光电导效应。若半导体材料的禁带宽度 E_g 越小，则其截止波长 λ_0 越大，因而在制作光电探测器时应根据辐射波长来选择具有合适禁带宽度 E_g 的半导体材料。其工作原理如图 2-3 所示，半导体两端敷有电极，沿电极方向加有电场。当无光照时，半导体材料在常温下具有一定浓度的热激发载流子，此时材料处于暗态，具有一定大小的暗电导率：

$$g_d = \sigma_d \frac{S}{L} \tag{2-3}$$

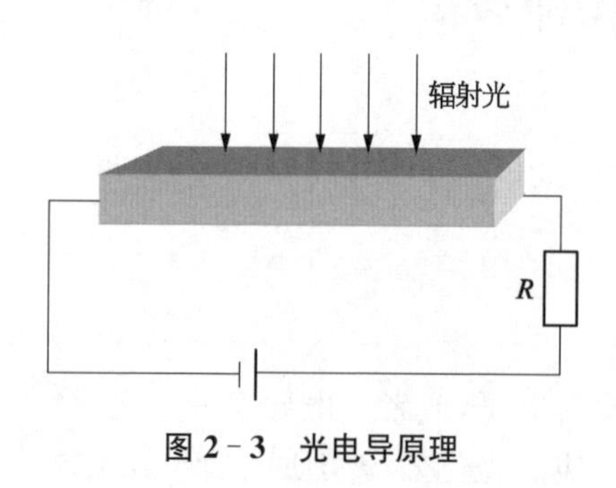

图 2-3　光电导原理

式中，g_d 为半导体样品电导，σ_d 为半导体电导率，S 和 L 分别为半导体样品的横截面面积和长度，下标 d 表示暗态。当给样品施加外电压 U 时，则在样品中产生的暗电流为

$$I_d = g_d U = \sigma_d \frac{SU}{L} \tag{2-4}$$

如果有光辐射到半导体材料表面，样品吸收光子能量产生光生载流子，这时材料处于亮态，其相应亮电导为

$$g_l = \sigma_l \frac{S}{L} \tag{2-5}$$

下标 l 表示亮态。同样,可以得到其亮电流为

$$I_l = g_l U = \sigma_l \frac{SU}{L} \tag{2-6}$$

亮电导与暗电导之差称为光电导,用 Δg 表示为

$$\Delta g = g_l - g_d = (\sigma_l - \sigma_d)\frac{S}{L} = \Delta\sigma \frac{S}{L} \tag{2-7}$$

$\Delta\sigma$ 为光致电导率的变化量,其大小为

$$\Delta\sigma = \eta\tau q\mu N \tag{2-8}$$

式中,η, τ, q, μ 与 N 分别表示半导体材料的量子效率、载流子平均寿命、载流子电量、载流子迁移率、在光敏位置处单位时间所吸收的量子数密度。所以,由于光照所产生的光电流为

$$\Delta I = I_l - I_d = (\sigma_l - \sigma_d)\frac{SU}{L} = \Delta\sigma \frac{SU}{L} \tag{2-9}$$

杂质光电导效应是指杂质半导体中施主或者受主吸收光子能量后电离,产生自由电子或空穴,从而增加材料电导率的现象,又称为非本征光电导效应。

由于杂质光电导器件中施主或受主的电离能比同材料的本征半导体的禁带宽度要小很多,因而其光辐射的截止波长要大很多。另外,正因为其电离能很小,为避免热激发所产生的载流子噪声大于光激发的信号载流子,故通常要求器件工作在低温状态。

对于光电导型探测器件,响应带宽主要受到光电导弛豫过程快慢的影响。光照开始后,随着时间的增加,载流子浓度才逐渐趋于一稳定值;若这时突然停止光照,光生载流子并不立即消失,而是经过一定时间才趋于照射前的水平。这种开始到建立稳定状态所需的时间,或停止光照后到照射前水平所需的时间称为弛豫时间。它反映了光电导体对光强变化的反应快慢程度。光电导上升和下降阶段的弛豫过程如图 2-4 所示。

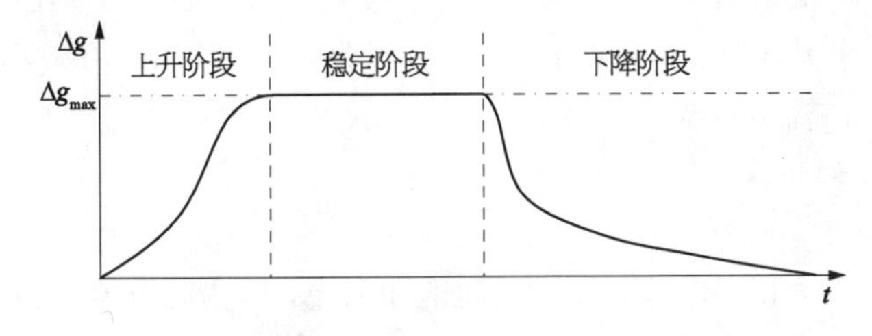

图 2-4　光电导弛豫过程

2) 光生伏特效应

与光电导效应不同，光生伏特效应具有由“内建电场”形成的内部势垒将电子和空穴分开，这个势垒可以是不同类型的半导体接触形成的结，其中应用最多、最重要的是半导体 PN 结中的光伏效应。这里以此为例来说明光伏效应的机理。

PN 结是半导体材料掺入不同导电类型的杂质所形成的 P 型和 N 型半导体通过接触形成的结构。由于 PN 结交界处附近存在载流子浓度差，故会在载流子梯度方向发生扩散，即电子从 N 区向 P 区扩散，而空穴由 P 区向 N 区扩散，扩散的结果是使 N 区一侧缺少自由电子，只剩下带正电的施主离子，而 P 区一侧缺少自由空穴，只剩下带负电的受主离子，如图 2-5(a)所示，从而形成由 N 区指向 P 区的内建电场，该电场对载流子的后续扩散有抑制作用，到最后扩散和热漂移达到平衡状态，该状态称为零偏状态。在热平衡条件下，结区有一个统一的费米能级 E_F，而在远离结区的位置，N 区和 P 区的价带、禁带、费米能级不会发生改变，其能带图如图 2-5(b)所示。

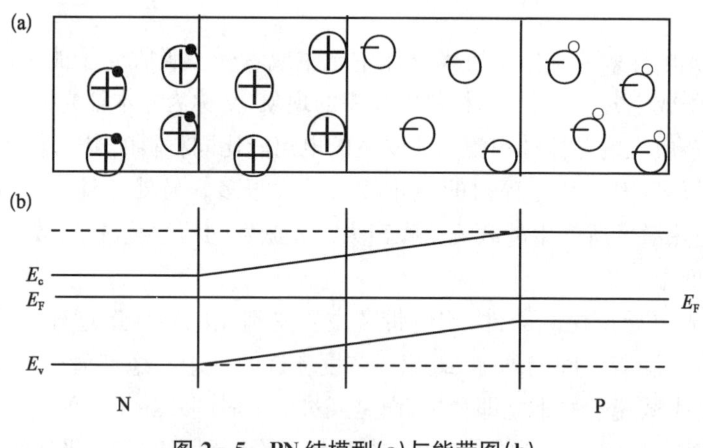

图 2-5　PN 结模型(a)与能带图(b)

如果在 PN 结加上正向偏置电压，从而降低结区位置的势垒，引起漂移电流相应减少，这样就有较大的正向净电流流过 PN 结。如果 PN 结反向偏置，则 PN 结势垒将增大，结果导致漂流电流超过扩散电流，从而只有较小的净电流流过 PN 结。其电流方程为

$$I_d = I_0 e^{qU/(kT)} - I_0 \tag{2-10}$$

式中，$I_0 e^{qU/(kT)}$ 为正向电流，I_0 为反向饱和电流，I_d 为暗电流。当有光照射，且光子能量大于材料的禁带宽度时，结区少数载流子浓度将发生很大变化，而多数

载流子的浓度则几乎不变。其少数载流子很容易被结电场加速而进入另一区域，而多数载流子由于势垒阻挡而不能穿过结，这样，入射的光能转变为光电流，其电流方程为

$$I = I_d - I_p = I_0 e^{qU/(kT)} - I_0 - I_p \tag{2-11}$$

总电流等于光生电流与无光照电流之和。当光照下的 PN 结外电路开路时，则在 PN 结两端的开路电压为

$$U_{oc} = (kT/q)\ln(I_p/I_0) \tag{2-12}$$

这就是光生伏特效应，即光照零偏 PN 结产生开路电压的效应。

3）光牵引效应

当光子与半导体中的自由载流子作用时，光子把动量传递给自由载流子，自由载流子将沿着光线传播方向做相对于晶格的运动。结果，在开路的情况下，半导体样品将产生电场，它反过来阻止载流子的运动，这个现象被称为光子牵引效应。

在这里，给出在室温下 P 型锗光子牵引探测器的光电灵敏度表达式，即

$$S = \frac{\rho\mu_P}{Ac}\left[\frac{1-e^{-\alpha l}}{1+re^{-\alpha l}}\left(\frac{p/p_0}{1+p/p_0}\right)\right] \tag{2-13}$$

式中，ρ 为锗的电阻率，μ_P 为空穴迁移率，A 为探测器的面积，c 为光速，α 为材料的吸收系数，r 为探测器表面的反射系数，l 为探测器沿光方向的长度，p 为空穴的浓度。

4）光磁电效应

如图 2-6 所示，在半导体上外加磁场，磁场的方向与光照方向垂直。当半导体受光照射时，会产生丹培效应（即由于电子与空穴载流子的迁移率存在差异，从而引起受照面与遮光面之间产生一个伏特现象）。由于载流子处于一个磁

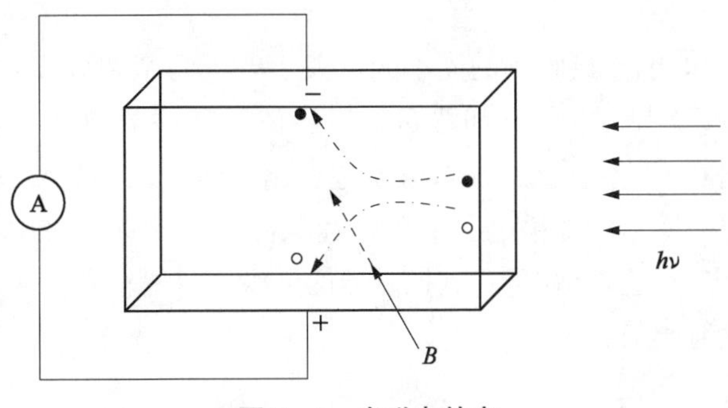

图 2-6　光磁电效应

场中,其运动受到洛伦兹力的影响,因而其运动轨迹会发生偏转,空穴向半导体的下方偏转,电子偏向上方。最后,在垂直于光照方向与磁场方向的半导体上、下表面产生伏特电压,称为光磁电场,该现象被称为半导体的光磁电效应。

5) 光电子发射效应

当照射真空中材料表面的光能量足够大时,激发态电子会逃逸材料表面的势能约束,从而成为真空中的自由电子,这种现象称为光电子发射效应。如图 2-7(a)所示,能量为 $h\nu$ 的入射光子,将引起价带中电子向外逃逸。根据能量守恒定律,发射的电子具有的动能为

$$E_{max} = h\nu - W \tag{2-14}$$

式中,W 为光电发射功函数,表示真空能级与金属费米能级的能量之差,即 $W = E_{vac} - E_f$,该方程是著名的爱因斯坦光电发射方程。由于金属的最小光电发射功函数约为 2 eV,因而基于金属外光电效应的光探测器的光谱响应范围在可见光和紫外光谱段。

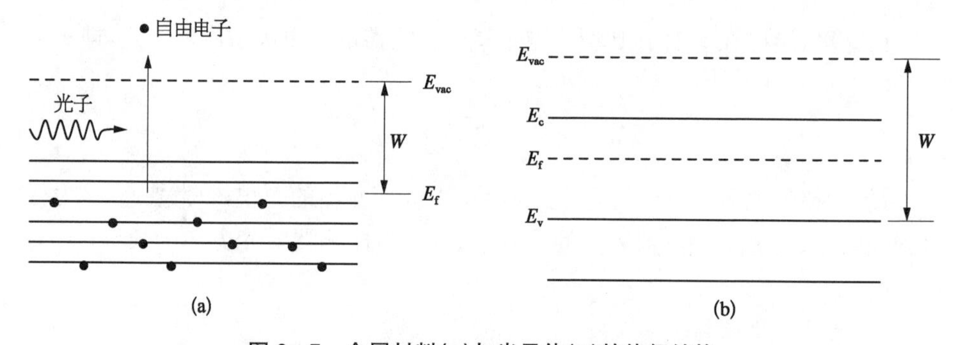

图 2-7 金属材料(a)与半导体(b)的能级结构

如图 2-7(b)所示,对于半导体材料,导带中的电子发射阈值为

$$E_{th} = E_{vac} - E_c \tag{2-15}$$

即当导带中的电子接收到的光子能量大于电子的亲和势 E_{th} 时,电子就从半导体表面逃逸飞出。电子亲和势是指半导体导带底部到真空能级间的能量值,它表征材料在发生光电效应时,电子逃逸出材料表面的难易程度,电子亲和势越小,就越容易逸出。如果电子亲和势为零或负值,表明导带中的电子随时可脱离材料而逸出,在这种情况下,其探测器的灵敏度一般较高。而对于价带中的电子,其电子发射阈值为

$$E_{th} = W = (E_{vac} - E_c) + (E_c - E_v) \tag{2-16}$$

这是电子从价带顶逸出半导体表面所需的最低能量。光电发射器件具有如下特点：① 导电电子可以在真空中运动，可以通过电场或内倍增系统提高光电探测灵敏度；② 有利于制作均匀的、大面积光电发射器件。但是光电发射器件需要高稳定的高压直流电源设备，以致其探测器体积庞大，功率消耗大，造价昂贵。

2.2.2　光热效应

热电器件是基于热电效应来工作的，它首先将入射到器件上的光辐射能转换成热能，接着再将热能转换成电能，其实现原理主要基于温差电效应和热释电效应。热电器件在光电探测中占有重要地位。如激光功率和能量的测量，都广泛采用热电或热释电探测器。尤其是热释电探测器，工作时无需冷却同时无需偏压电源，可以在室温和高温环境下工作。热电器件存在宽广的光谱响应范围，但是热电探测器存在灵敏度较低和响应时间长的缺点。

1）温差电效应

如图 2－8 所示，两种不同的配偶材料（可以是导体或半导体）构成的闭合回路中，如果两结点的温度不同，则在两个结点间产生温差电动势，该电动势的大小与方向取决于该结点处两种材料的性质以及结点处的温差，同时，在闭合回路中产生电流，这种现象称为温差电效应。通常，采用一个结点作为测量段（即热端），用于吸收光辐射能量而升温；另一结点作为参考端（即冷端），以维持恒温。温差电探测器在材料构成上可以是金属或半导体，在结构上可以为线、条状的实体，也可为采用微细加工技术制作的薄膜。

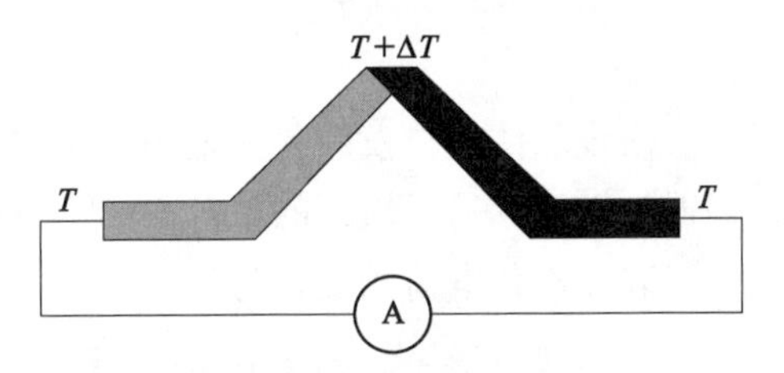

图 2－8　温差电效应原理图

为了减小温差电探测器的响应时间，提高灵敏度，通常把多个温差电探测器串联起来，称为热电堆。一般来说，由半导体材料制成的热电探测器通常较脆弱，容易破碎，因而在使用过程中应避免震动。另外，其额定功率小，入射功率不能太强，以避免产生过大电流。

2）热释电效应

热释电器件是基于热释电效应来工作的，即它是利用某些晶体材料的自发极化强度随温度变化而产生热释电效应而制成的新型探测器件。这种具有热释电效应的材料是一种绝缘电介质，即晶体对称性很差的压电晶体，在常温下也能自发电极化，使得晶体内分子在某一方向上的正负电荷中心不重合，导致其晶体表面存在一定的极化电荷。随着温度的变化，自极化矢量将发生改变，这将引起晶体正负电荷中心发生位移，从而使得表面上的极化电荷也随之变化。

图 2－9 为热释电效应示意图。当温度恒定时，由于晶体表面吸附有来自周围空气的异性自由电荷，因而观察不到它的自发极化现象。自由电荷与极化电荷中和所需的时间受环境的影响，一般为数秒到数小时。如果晶体的温度在极化电荷被中和前因吸收辐射而发生变化，则晶体表面的极化电荷随之变化，而它周围被吸附的自由电荷因跟不上它的变化而导致晶体表面失去电平衡，这时将显现出晶体的自发极化现象。这一过程所需时间为 ε/σ，其中 ε 为晶体的介电常数，σ 为晶体的电导率。通过计算，自发弛豫时间很短，约为 10～12 s。当入射辐射是变化的，且仅当辐射的调制频率 $f > (\varepsilon/\sigma)^{-1}$ 时，才会有热释电信号输出，这表明热释电探测器只工作于交变辐射下的非平衡环境。

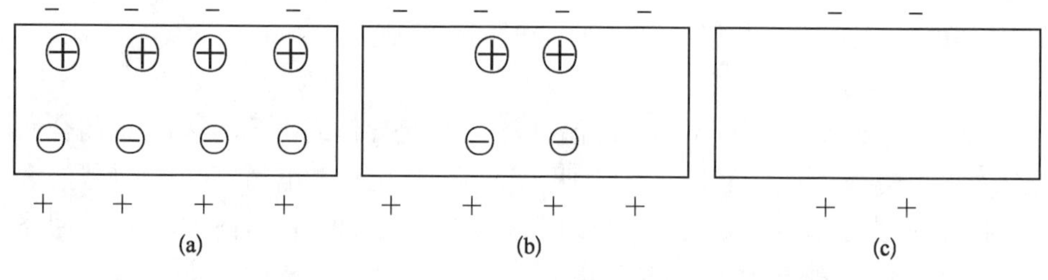

图 2－9 温度变化所引起的热释电效应

假设晶体的自发极化矢量为 $\boldsymbol{P}$，其方向垂直于电容器的极板表面。当接收辐射的极板和另一极板的重合面积为 S，辐射所引起的晶体温度变化为 ΔT，所引起表面极化电荷的变化为

$$\Delta Q = S\Delta P = A(\Delta P/\Delta T)\Delta T = A\kappa\Delta T \tag{2-17}$$

式中，κ 表示热释电系数。上式表明，极化电荷与晶体温度的变化成线性关系。

2.3 光电转换基本规律及其光电子计数统计

2.3.1 光电转换基本规律

光探测器是将光辐射转换成易于传输、处理、存储的电信号的装置，因而可以说，光探测器实质上就是一种光电转换器件。对该器件而言，光辐射量（即光功率）是输入参量，光电流是其输出参量。假设入射光子的能量 $h\nu$ 大于或至少等于光探测器材料的禁带宽度；在观察时间 Δt 内，产生的平均光电子数为

$\Delta n_{\text{electron}}$，辐射光子数为 Δn_{photon}。由于入射光辐射在光探测器表面总是存在反射损耗以及在光探测器内的光电子的产生和复合等一系列复杂过程，为简单起见，引入量子效率 η，表示探测器每吸收一个光子而在外回路感生的光电子数。

$$\eta = \Delta n_{\text{electron}} / \Delta n_{\text{photon}} \tag{2-18}$$

在观察时间 Δt 内，辐射的光子能量 E 和产生的光生电荷 Q 分别为

$$E = h\nu \Delta n_{\text{photon}};\ Q = e\Delta n_{\text{electron}} \tag{2-19}$$

其相应的光子流和光电流为

$$i(t) = \lim_{\Delta t \to 0}\left(h\nu \frac{\Delta n_{\text{photon}}}{\Delta t}\right);\ P(t) = \lim_{\Delta t \to 0}\left(e \frac{\Delta n_{\text{electron}}}{\Delta t}\right) \tag{2-20}$$

利用式(2-18)和式(2-20)得到

$$P(t) = \frac{e\eta}{h\nu} i(t) = Di(t) \tag{2-21}$$

式中，$D = \dfrac{e\eta}{h\nu}$，表示光探测器的光电转换因子。上式就是光电转换基本规律，可以看出，光探测器输出的光电流与入射的光功率成线性关系。所以，入射光功率越大，则光探测器输出的光电流也就越大。另外，由于光功率是与光的电场强度的平方成正比，故光探测器的输出光电流与光的电场强度的平方成正比关系，这就是说光探测器的响应具有平方律特性，因而称该器件为平方律器件。

2.3.2　光电子计数统计

上面唯象地给出了光电转换的基本规律。光探测器产生载流子的过程是大量光子与光探测器材料中的电子相互作用的统计结果，即在给定的光探测器光敏面上，在特定的时间间隔内，一定光场作用下光电子的产生是一个随机过程，因而必须采用统计的办法来研究光电子的确切统计规律，这就是“光电子计数”，其相应统计学称之为“计数统计学”。光电子计数统计主要是为了解决随机发射的光电子数与入射光场的统计关系，以及光探测器的响应特性与噪声功率的计算。

在光探测过程中，探测器光敏面上释放电子的概率与其光电场强度的平方包络相关。这里假设光探测器的光敏面面积为 A，光照强度为 I，其发射的电子数等于各个微小光敏面元 ΔA 所发射的光电子的总和。电子跃迁规律服从“费米准则”，即跃迁概率为

$$\frac{\mathrm{d}P_t}{\mathrm{d}t} = \alpha I(t,\ r)\Delta A \tag{2-22}$$

式中，P_t 是 t 时刻在微面元 ΔA 上发射一个电子的概率，α 为比例常数，$I(t, r)$ 是在探测器微面元位置 r 处在 t 时刻的光强函数。若微面元 ΔA 和时间 Δt 很小时，上式可改写为

$$\Delta P_t = \alpha I(t, r)\Delta A \Delta t \tag{2-23}$$

ΔP_t 表示在 Δt 时间内、从微面元 ΔA 上发射一个电子的概率。该式表明，发射出一个电子的概率在整个 Δt 和 ΔA 上正比于输入光强 $I(t, r)$。上式还表示发射两个以上的电子的概率趋于零，即

$$\Delta P'_t = 1 - \alpha I(t, r)\Delta A \Delta t \tag{2-24}$$

$\Delta P'_t$ 是在 Δt 时间内、从微面元 ΔA 上发射 2 个以上电子的概率。由于微面元 ΔA 和时间 Δt 很小，则任意位置 r 处发射电子的概率仅与该点的光强函数有关。这说明，当给定一个具体的强度函数时，在表面上不相交叠的微面元和不相交叠的时间间隔内发射电子可以作为一个独立时间事件。式(2-22)～式(2-24)描述了光探测器表面光电子发射的数学模型，它是研究光电子计数的理论基础。利用概率论知识，可得到发射 k 个电子的概率为

$$P(k) = \frac{m^k \exp(-m)}{k!} \tag{2-25}$$

式中，$m = \alpha\int_A\int_t^{t+\tau} I(t, r)\mathrm{d}t\,\mathrm{d}r$，表示计数概率电平，为光强函数在光敏面内、时间 τ 内的积分。由上述结果，得到：

(1) 由于 k 是一个非负整数，上式描述了针对非负整数出现的概率，即泊松概率，表明电子发射呈泊松概率分布。

(2) 参量 m 为泊松方程的期望值，其大小对光电子计数的概率分布起决定作用。

(3) 参量 m 是一个无量纲的参数，为方便分析，引入单位时间、单位面积的光电子计数，称作计数强度，即

$$n(t, r) = \alpha I(t, r) \tag{2-26}$$

则计数概率电平 m 可表示为

$$m = \int_A\int_t^{t+\tau} n(t, r)\mathrm{d}t\,\mathrm{d}r \tag{2-27}$$

如果入射光波是相干的，则光强度函数 $I(t, r)$ 可写为

$$I(t, r) = I(t) \tag{2-28}$$

这表明光场的空间效应将不再存在，即入射到探测器光敏面 A 上的光强分布是均匀的。利用(2-28)，则单位时间在探测器光敏面 A 上的光电子数为

$$N(t)=\alpha\int_A I(t,\ r)\mathrm{d}r=\alpha A I(t) \tag{2-29}$$

式中，$N(t)$ 又称为计数速率，表示计数功率的大小。当光敏面积小于相干面积时，其探测器称为点探测器，它可被看作在相干区里像单个空间点一样来接收光场。在许多实际应用中，大多数的光探测器可作该简化处理，这对于后续分析和讨论带来很大方便。

2.4　光电探测器性能参数

对于光电探测器，它有一套描述该器件性能特性的参数，科学地反映了各种探测器所共有的特性。根据这一套参数，人们容易获知探测器性能的优劣，从而可对不同探测器的差异进行有效评价，为合理选择和正确使用光电探测器提供依据。光探测器的性能参数并非都通过测量获得，通过直接测量得到的参数称为实际参数，而有些参数是通过折合到标准条件的参数值，则称为参考参数。

2.4.1　探测灵敏度

光探测器灵敏度又称为响应度，表征光探测器将入射光信号转换成电信号的能力。其定义为光探测器的输出均方根电压 U_S 或电流 I_S 与入射到光探测器光敏面上的平均光功率 p 之比，分别用 R_u 和 R_i 来表示。

$$R_\mathrm{u}=\frac{U_\mathrm{S}}{P} \tag{2-30}$$

$$R_\mathrm{i}=\frac{I_\mathrm{S}}{P} \tag{2-31}$$

R_u 和 R_i 分别称为光探测器的电压灵敏度和电流灵敏度，其单位分别为 V/W 和 A/W。如果使用波长为 λ 的单色辐射源，则称为单色灵敏度；如果使用复色辐射源，则称为积分灵敏度。

2.4.2　光谱响应

通常，除光热探测器外，一般光探测器对光的响应都与光波长有关，即具有

波长选择性。不同材料制成的这类探测器具有不同的光谱响应范围。因此其输出电压或电流是波长的函数。为表征探测器的波长响应特性，通常用单色灵敏度描述光探测器对单色辐射的响应能力。其单色电压灵敏度和单色电流灵敏度用公式分别表示为

$$R_u(\lambda)=\frac{U_S(\lambda)}{P(\lambda)} \tag{2-32}$$

$$R_i(\lambda)=\frac{I_S(\lambda)}{P(\lambda)} \tag{2-33}$$

在实际情况中，通常将单色灵敏度进行归一化，即相对光谱灵敏度，用 $s(\lambda)$ 来表示。

$$S(\lambda)=\frac{R(\lambda)}{R_{\lambda m}} \tag{2-34}$$

式中，$R_{\lambda m}$ 是指 $R(\lambda)$ 的最大值，其对应波长称为峰值波长，相对光谱灵敏度 $S(\lambda)$ 是一个无量纲的百分数，它随波长的变化曲线称为光谱灵敏度曲线。通常用峰值响应 50%间的波长范围来表示光探测器的光谱响应宽度。图 2-10 是美国电子物理公司制造的碲镉汞(MCT)探测器的光谱响应曲线，其光谱响应范围为 3.6～4.8 μm。

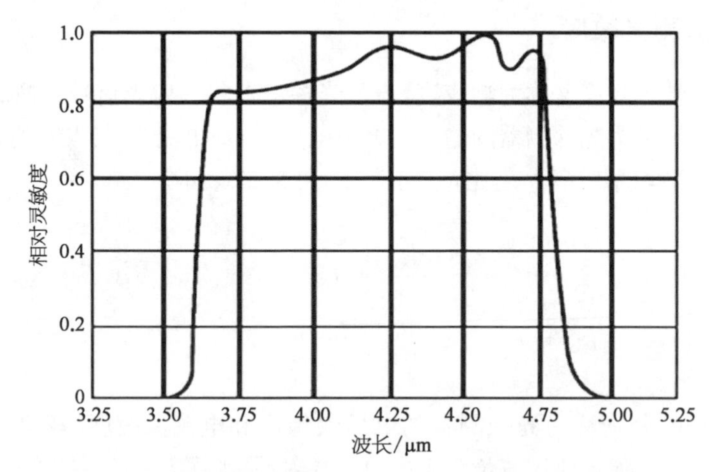

图 2-10　碲镉汞探测器(Emerald 630 M)的光谱响应曲线

大多数情况下，光探测器响应度实际是对连续光谱辐射(复色辐射源)反应的灵敏程度。这时用积分灵敏度来表示所接收光谱范围的探测器灵敏度。设入射光总的光功率为

$$P=\int_{0}^{\infty}P(\lambda)\mathrm{d}\lambda \tag{2-35}$$

由连续光辐射产生的总的光电流为

$$I_{\mathrm{S}}=\int_{\lambda_1}^{\lambda_2}I_{\mathrm{S}}(\lambda)\mathrm{d}\lambda=\int_{\lambda_1}^{\lambda_2}S(\lambda)P(\lambda)\mathrm{d}\lambda \tag{2-36}$$

式中，λ_1 与 λ_2 分别表示光探测器的长波限和短波限。根据定义，积分灵敏度可表示为

$$R_I=\frac{\int_{\lambda_1}^{\lambda_2}S(\lambda)P(\lambda)\mathrm{d}\lambda}{\int_{\lambda_1}^{\lambda_2}P(\lambda)\mathrm{d}\lambda} \tag{2-37}$$

同理，积分电压灵敏度可类似得到。

2.4.3　响应时间和频率响应

响应时间描述了光探测器对光辐射响应快慢的一个特征参量。通常光探测器输出的电信号在时间上相对输入光信号存在一定响应落后，其落后时间的多少用响应时间来表征。当光辐射突然照射到探测器的光敏面上时，光探测器的电输出要经过一定的时间才能上升到与这一辐射功率相应的稳定值；而当入射的光辐射被遮断后，光探测器的电输出也要经过一定时间才能下降到照射前的值。人们通常将光探测器的这种响应落后的特性称之为惰性，正是由于惰性的存在，将导致先后作用的光信号在输出端产生相互交叠，即探测器的响应速度跟不上光辐射的变化，从而会引起输出信号发生畸变，这种畸变程度将随输入信号频率的增加而加重。正是由于输出信号的产生与消失存在一个滞后过程，其输入信号的调制频率对器件的灵敏度有较大影响。

在入射光的波长不变的条件下，通常将光探测器的响应随入射光辐射的调制频率的变化特性称为光探测器的频率响应特性，用公式表示为

$$R_f=\frac{R_0}{\sqrt{1+(2\pi f\tau)^2}} \tag{2-38}$$

式中，R_0，f，τ 分别表示调制频率为 0 时的探测器的响应灵敏度、调制频率、响应时间。上式表明 R_f 随调制频率 f 的升高而下降的速度受响应时间 τ 值大小的影响较大。在实际应用中，通常采用频率带宽来描述光探测器的频率响应特性，其定义为探测器的响应灵敏度从零频到光探测器的响应值下降到 $R_0/\sqrt{2}$ 所对应的频率之间的范围。由式(2-38)得探测器频率带宽为

$$\Delta f = \frac{1}{2\pi\tau} \tag{2-39}$$

实质上,频率带宽和响应时间是分别从频域和时域来描述器件的时间特性的两种表达方式。上式说明器件的响应时间与频率带宽成反比关系,即器件的响应时间越大,其频率带宽就越小,反之亦然。

2.4.4 量子效率

量子效率是描述光探测器光电转换能力的一个参数。探测器吸收入射光子而产生光电子,光电子形成光电流,其大小与单位时间入射的光子数即光功率成正比。量子效率定义为单位时间产生的光电子数与单位时间入射的光子数之比,即

$$\eta = \frac{\text{单位时间产生的光电子数}}{\text{单位时间产生的光子数}} \tag{2-40}$$

若入射的平均光功率为 P,在探测器中产生的平均光电流为 I,每秒入射的光子数为 $P/h\nu$,每秒产生的光电子数为 I/e,根据定义,有

$$\eta = \frac{I/e}{P/h\nu} = \frac{Ih\nu}{Pe} = \frac{Ihc}{Pe\lambda} \tag{2-41}$$

式中,e,λ 和 c 分别是电子电荷、入射光波长和光速。若 $\eta=1$,表示入射一个光子就会产生一个光电子,但实际上,η 通常小于 1。对于具有增益的光探测器,其量子效率仅表示最初过程,即入射光与光敏元件之间的作用。

2.4.5 噪声等效功率

光探测器在工作时不仅接收到入射的信号光,而且在光探测器中总会有噪声存在。例如遮断入射信号光时,光探测器仍有一定的输出,这就是噪声存在的证明。正因为噪声的存在,所以它限制了探测器对微弱信号的探测能力。噪声等效功率(NEP)是指光探测器输出的电信号的有效值等于噪声均方根值时,所对应的入射到光探测器上信号光功率的均方根值。用公式表示为

$$NEP = \frac{P}{U_s/U_n} = \frac{U_n}{R_s} \tag{2-42}$$

式中,U_s/U_n 表示输出信噪比,P 为辐射光功率,R_s 为探测器灵敏度。在实验中发现,等效噪声功率与光敏面的面积 A、测量系统的带宽 Δf 的乘积的平方根成正比。

2.4.6　探测率与比探测率

由上面讨论可知,等效噪声功率越小,则光探测器的性能就越好。但是,这与传统认知习惯不相一致。另外,只用 NEP 不能考察不同探测器的性能优劣。为此,引入新的特性参数,即探测率 D 和比探测率 D^*。

探测率 D 等于等效噪声功率的倒数,即

$$D=\frac{1}{NEP}=\frac{U_s/U_n}{P}=\frac{R_s}{U_n} \tag{2-43}$$

该参数描述的是:光探测器在其噪声电平之上产生一个可观测的电信号的本领,即光探测器能响应的入射光功率越小,则其探测率就越高。

在前面提到,等效噪声功率与光敏面的面积 A、测量系统的带宽 Δf 有关。如果两只由相同材料制备的探测器,虽然内部结构相同,但光敏面积以及测量带宽的不同,则其探测度也不同,因而仍不能对其性能进行比较。基于此,将探测度相对于光敏面积和带宽乘积的平方根进行归一化,这种归一化的探测度称为比探测率 D^*,即

$$D^*=\frac{\sqrt{A\Delta f}}{NEP}=\frac{U_s/U_n}{P}\sqrt{A\Delta f}=\frac{R_s}{U_n}\sqrt{A\Delta f} \tag{2-44}$$

通常条件下,比探测率需注明测试条件。

2.5　光探测器噪声

2.5.1　噪声来源

大家知道,信号在传输和处理时总是受到一些无用信号的干扰,人们通常将这些干扰信号称为噪声。同样,光探测器在进行光电转换的过程中要引入噪声,称为光电探测器的噪声。这些干扰信号主要来自两个方面:① 来自光探测器的外部,包括由电、磁、机械等因素所引起的,如电源 50 Hz 干扰、工业设备电火花干扰等,这种噪声具有一定的规律性,可通过采取适当的措施将其减弱或消除(如屏蔽、滤波等);② 来自光探测器的内部,如电阻中自由电子的热运动、真空中自由电子的热运动,真空管中电子的随机发射、半导体中载流子随机的产生和复合等,这些干扰是随机过程,既不能精确预知其大小和规律,也不能完全消除,但需遵循其统计规律,采取一定措施加以控制。

由于噪声总是与有用信号混在一起,这对于特别微弱的信号的正确探测有

较大影响，因而一个光探测器的极限探测能力即灵敏度往往要受到探测系统的噪声所限制，尤其在探测微弱信号过程中，减小或消除噪声干扰是十分重要的。

2.5.2 噪声特点

噪声是一种随机信号，在任何时刻都不能精确预知其大小，但是其噪声遵循一定的统计分布规律，所以可采用统计概率方法来获得其统计参量。对于噪声，在长时间范围内，噪声振幅集中在零电平附近波动，它从零向上和向下的涨落机会是均等的，即其时间平均值为零，因而用时间平均值无法描述噪声的大小。若采用均方值的方法，也就是在数学上用随机量的起伏方差来计算，就可以得到一确定值来描述噪声大小。

如前所述，引起光探测器的噪声的影响因素很多，一般这些因素是不相关的，因此可得到总噪声功率，其大小等于各个独立的噪声功率之和。

$$\bar{U}_n^2 = \bar{U}_{n1}^2 + \bar{U}_{n2}^2 + \bar{U}_{n3}^2 + \cdots \tag{2-45}$$

其光探测器的输出均方根噪声幅度为

$$U_n = \sqrt{\bar{U}_{n1}^2 + \bar{U}_{n2}^2 + \bar{U}_{n3}^2 + \cdots} \tag{2-46}$$

由于噪声的存在使得探测器灵敏度受到很大的限制，因而定量估计其实际大小已显得十分重要。众所周知，从频率上讨论噪声问题比在时域上来得更方便，其数学方法是采用傅里叶变换。若噪声电压为 $U_n(t)$，则其傅里叶变换为

$$U_n(\omega) = \int_{-\infty}^{+\infty} U_n(t)\exp(-j\omega t)\mathrm{d}t \tag{2-47}$$

$$U_n(t) = \frac{1}{2\pi}\int_{-\infty}^{+\infty} U_n(\omega)\exp(j\omega t)\mathrm{d}\omega \tag{2-48}$$

上式成立的条件是噪声电压绝对可积，但是对于无限延续的噪声电压并不一定满足绝对可积条件，为克服这个困难，引入噪声电压的自相关和功率谱。自相关的定义为

$$g(t) = \lim_{T\to\infty}\frac{1}{2\pi}\int_{-T}^{+T} U_n(t+\tau)U_n(\tau)\mathrm{d}\tau \tag{2-49}$$

该方程是将噪声电压进行卷积并对其进行时间平均。一般来说，该积分满足绝对可积条件。其傅里叶变换谱为

$$g(\omega)=\int_{-\infty}^{+\infty} g(t)\exp(-\mathrm{j}\omega t)\,\mathrm{d}t \tag{2-50}$$

$$g(t)=\frac{1}{2\pi}\int_{-\infty}^{+\infty} g(\omega)\exp(\mathrm{j}\omega t)\,\mathrm{d}\omega \tag{2-51}$$

对于式(2-49)，若 $t=0$，则该式变为

$$g(0)=\lim_{T\to\infty}\frac{1}{2\pi}\int_{-T}^{+T} U_{\mathrm{n}}^2(\tau)\,\mathrm{d}\tau=\bar{u}_{\mathrm{n}}^2 \tag{2-52}$$

$\bar{u}_{\mathrm{n}}^2$ 表示噪声电压平方的平均值，物理意义为噪声电压消耗在 1 Ω 电阻上的平均功率。对于式(2-51)，若 $t=0$，则该式变为

$$g(0)=\frac{1}{2\pi}\int_{-\infty}^{+\infty} g(\omega)\,\mathrm{d}\omega \tag{2-53}$$

再利用式(2-52)和式(2-53)，得到

$$g(\omega)=\overline{|\, u_{\mathrm{n}}(\omega)\,|^2} \tag{2-54}$$

它们就是单位频带噪声电压消耗在 1 Ω 电阻上的平均功率，称为噪声电压的功率谱。

2.5.3　噪声类型

1) 散粒噪声

光探测器在光辐射或热激发作用下，其产生的光电子或载流子将随机引发噪声，这种噪声起源于一个个的粒子，因而称为散粒噪声。散粒噪声存在于所有电子管、半导体器件中，当然光探测器也不例外。

这里以光电子发射为具体模型进行分析，如图 2-11 所示，其中电子由电极 A 无规则地发射进入真空，然后被电极 B 收集，其中电极 B 的电位比电极 A 高。设产生的平均电流为 I_{d}，电子电荷为 $-e$，则电极的电子平均发射率为

$$N=I_{\mathrm{d}}/e \tag{2-55}$$

则在外部电路中观测到的单个电子所形成的电流脉冲为

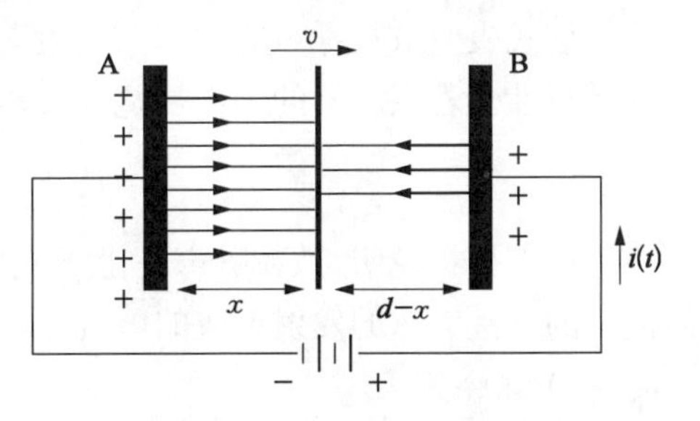

图 2-11　散粒噪声分析模型

$$i(t)=\frac{ev(t)}{d} \tag{2-56}$$

式中，$v(t)$，d 分别表示电子的瞬时速度和两电极板之间的距离。具体推导如下：首先假设运动电子在面积很大的薄层中，它快速在电极板间运动，设其离电极板 A 的距离为 x。利用麦克斯韦方程中 $\nabla \cdot \boldsymbol{E}=\rho/\varepsilon$，则可得到运动电荷层在 A 电极板上产生的感生电荷为

$$Q_{\mathrm{A}}=\frac{e(d-x)}{d} \tag{2-57}$$

同理，可得到在 B 电极板上产生的感生电荷为

$$Q_{\mathrm{B}}=\frac{ex}{d} \tag{2-58}$$

在外电路产生的电流等于感生电荷的变化率，即

$$i(t)=\frac{\mathrm{d}Q_{\mathrm{B}}}{\mathrm{d}t}=-\frac{\mathrm{d}Q_{\mathrm{A}}}{\mathrm{d}t}=\frac{e}{d}\frac{\mathrm{d}x}{\mathrm{d}t}=\frac{ev(t)}{d} \tag{2-59}$$

利用傅里叶变换，从而可直接得到单电子的电流脉冲的频谱函数为

$$i(\omega)=\frac{e}{d}\int_0^{\tau} v(t)\mathrm{e}^{-\mathrm{j}\omega t}\,\mathrm{d}t \tag{2-60}$$

式中，τ 是 $t=0$ 时发射的电子到达电极 B 所需的渡越时间。由于渡越时间非常短，因而有 $\omega\tau \ll 1$，则其电流脉冲的频谱函数可写为

$$i(\omega)=\frac{e}{d}\int_0^{\tau} v(t)\,\mathrm{d}t=\frac{e}{d}\int_0^{\tau}\frac{\mathrm{d}x}{\mathrm{d}t}\mathrm{d}t=e \tag{2-61}$$

利用自相关定理，则可得到散粒噪声的功率谱密度为

$$S_{\mathrm{N}}(f)=2Ni^2(\omega)=2Ne^2=2eI_{\mathrm{d}} \tag{2-62}$$

该式表明散粒噪声的功率谱密度与探测器的工作频率无关，具有白噪声的频谱特性。若探测器的工作带宽为 Δf，则散粒噪声的功率为

$$P_{\mathrm{N}}=2eI_{\mathrm{d}}\Delta f \tag{2-63}$$

以上分析说明，散粒噪声是由于光电子或载流子的电荷的不连续性以及载流子的杂乱无章的发射形成的电流涨落而引起的。

2）热噪声

热噪声又称为约翰逊或耐奎斯特噪声，它是由系统中耗散元件中电荷载流

子的随机热运动所引起的。从本质上说，光探测器可用一个电流源来等效，这就意味着探测器有一个等效电阻。其光探测器的热噪声将导致电阻器两端产生一个涨落电压，其分析模型如图 2-12 所示。

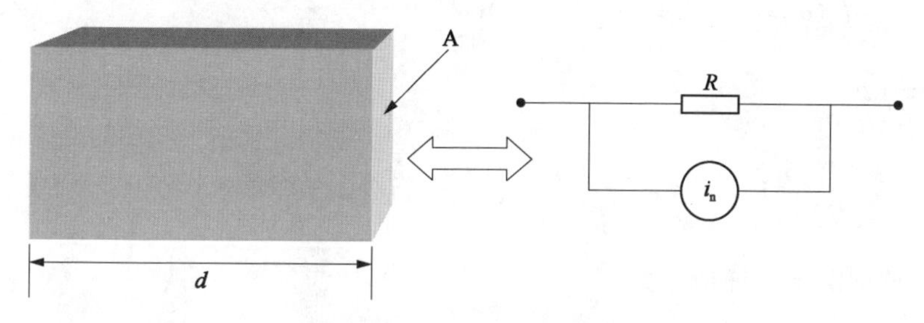

图 2-12　热噪声分析模型

设电阻器的体积为 $V = Ad$，其中 A 和 d 分别表示电阻器的横截面积和长度，其中单位体积含有 N_e 个自由电子，当然还含有 N_e 个带正电的粒子，因而平均是电中性的。根据物理热力学知识，每个电子无规则运动的平均动能为

$$E_k = \frac{3}{2}kT = \frac{1}{2}m(\overline{v_x^2} + \overline{v_y^2} + \overline{v_z^2}) \tag{2-64}$$

式中，k 为玻耳兹曼常数，T 为绝对温度，m 表示电子质量，$\overline{v_x^2}$，$\overline{v_y^2}$，$\overline{v_z^2}$ 为电子在 x，y，z 方向的热运动速率平方的平均值，且 $\overline{v_x^2} = \overline{v_y^2} = \overline{v_z^2}$。在热运动过程中，存在多种散射，即电子-电子、电子-离子、电子-声子碰撞将扰乱电子的运动，设其平均碰撞时间为 τ_0。这些散射实质上是形成电阻的成因。由固体物理知识知道，其电阻的电导率为

$$\sigma = \frac{N_e e^2 \tau_0}{m} \tag{2-65}$$

于是，样品的直流电阻为

$$R = \frac{d}{A\sigma} = \frac{md}{N_e e^2 \tau_0 A} \tag{2-66}$$

这里，将相继两次散射事件之间的电子的运动在外电路中形成的电流脉冲 $i_e(t)$ 看成基本的单一事件，其电流为

$$i_e(t) = \begin{cases} \dfrac{ev_x}{d} & 0 \leqslant t \leqslant \tau \\ 0 & \text{其他} \end{cases} \tag{2-67}$$

式中，v_x 是电子在 x 方向的运动速度(假设是常数)，τ 是受观测的电子的散射时间。对电流脉冲 $i_e(t)$ 进行傅里叶变换，则有

$$I_e(\omega,\ \tau,\ v_x)=\frac{1}{2\pi}\int_0^{\tau}i_e(t)e^{-j\omega t}dt=\frac{ev_x}{-j2\pi\omega d}[e^{-j\omega\tau}-1] \quad (2-68)$$

所以有

$$|I_e(\omega,\ \tau,\ v_x)|^2=\left(\frac{ev_x}{2\pi\omega d}\right)^2[2-e^{-j\omega\tau}-e^{j\omega\tau}] \quad (2-69)$$

注意到电子碰撞概率为

$$P(\tau)=\frac{1}{\tau_0}e^{-\tau/\tau_0} \quad (2-70)$$

然后对散射时间 τ 求平均，有

$$\overline{|I_e(\omega,\ v_x)|^2}=\frac{2}{1+\omega^2\tau_0^2}\left(\frac{ev_x\tau_0}{2\pi d}\right)^2 \quad (2-71)$$

利用式(2-64)，得到

$$\overline{|I_e(\omega)|^2}=\frac{2kT}{m(1+\omega^2\tau_0^2)}\left(\frac{ev_x\tau_0}{2\pi d}\right)^2 \quad (2-72)$$

对于体积为 $V=Ad$、单位体积含有 N_e 个自由电子的电阻样品中含有 N_eAd 个电子，则每秒的平均散射数目为 $\bar{N}=N_eAd/\tau_0$。利用式(2-66)以及 $\omega\tau_0\ll 1$，式(2-72)变为

$$g(\omega)=\bar{N}\overline{|I_e(\omega)|^2}=\frac{2kT}{R} \quad (2-73)$$

最后得到热噪声电流为

$$\overline{i_n^2}=2g(\omega)\Delta f=\frac{4kT\Delta f}{R} \quad (2-74)$$

其噪声电压为

$$\overline{u_n^2}=4kT\Delta fR \quad (2-75)$$

3) 产生-复合噪声

半导体在光辐射激发中产生电子-空穴对，这些载流子存在严重的复合，整个产生-复合过程是随机的，则将引起平均载流子的起伏，这种噪声称之为产生-

复合噪声。这种噪声在本质上与散粒噪声是相同的,即噪声都是由载流子的随机起伏所致,但是这里更强调载流子的产生与复合两个因素。

其具体过程为：当半导体吸收光辐射能量而受到激发,产生载流子,设其持续时间为 τ,从而在外回电路产生感应电流脉冲,其大小为

$$i_{\mathrm{e}}(t)=\begin{cases}\dfrac{e\bar{v}}{d} & 0\leqslant t\leqslant\tau \\ 0 & \text{其他}\end{cases} \tag{2-76}$$

式中,$\bar{v}$ 表示载流子漂移平均速度,d 为极间距离。利用傅里叶变换,得到电流脉冲的傅里叶频谱为

$$I(\omega,\ \tau)=\frac{e\bar{v}}{d}\int_0^{\tau}\mathrm{e}^{-\mathrm{j}\omega t}\,\mathrm{d}t=\frac{e\bar{v}}{d}[1-\mathrm{e}^{-\mathrm{j}\omega\tau}] \tag{2-77}$$

所以,有

$$|\ I(\omega,\ \tau)\ |^2=\left(\frac{e\bar{v}}{d}\right)^2[2-\mathrm{e}^{-\mathrm{j}\omega\tau}-\mathrm{e}^{\mathrm{j}\omega\tau}] \tag{2-78}$$

而载流子的复合概率为

$$P(\tau)=\frac{1}{\tau_0}\mathrm{e}^{-\tau/\tau_0} \tag{2-79}$$

则 $|\ I(\omega,\ \tau)\ |^2$ 的平均值为

$$\overline{|\ I_{\mathrm{e}}(\omega,\ v_x)\ |^2}=\frac{2}{1+\omega^2\tau_0^2}\left(\frac{e\bar{v}\tau_0}{d}\right)^2 \tag{2-80}$$

因而其产生-复合噪声功率谱密度为

$$\overline{i_{\mathrm{Ng-r}}^2}(f)=2N\overline{|\ I_{\mathrm{e}}(\omega,\ v_x)\ |^2}=\frac{4N}{1+\omega^2\tau_0^2}\left(\frac{e\bar{v}\tau_0}{d}\right)^2 \tag{2-81}$$

由于 $\bar{v}=d/\tau_{\mathrm{d}}$($\tau_{\mathrm{d}}$ 为载流子渡越电极间距的时间)以及产生的载流子速率 $N=(\bar{I}/e)(\tau_{\mathrm{d}}/\tau_0)$,则上式变为

$$\overline{i_{\mathrm{Ng-r}}^2}(f)=\frac{4e\bar{I}}{1+\omega^2\tau_0^2}\frac{\tau_0}{\tau_{\mathrm{d}}} \tag{2-82}$$

因为 $\omega^2\tau_0^2\ll 1$,所以上式可简化为

$$\overline{i_{\mathrm{Ng-r}}^2}(f)=\frac{4e\bar{I}\tau_0}{\tau_{\mathrm{d}}} \tag{2-83}$$

其产生-复合噪声功率为

$$\overline{i_{\mathrm{Ng-r}}^{2}}=\frac{4e\bar{I}\tau_{0}}{\tau_{\mathrm{d}}}\Delta f \tag{2-84}$$

4）光子噪声

在光辐射过程中，通常所说的光功率恒定，其实是指单位时间内辐射的光子数的统计平均值，而实际上每一瞬时到达探测器光敏面的光子数是随机的，从而引起光激发的载流子跟着随机起伏，这就产生了噪声。由于这种噪声是由光子起伏引起，故称为光子噪声。不管是信号光还是背景光，都存在着光子噪声。通常情况下，光子噪声随着入射光功率的增大而增大。与散粒噪声类似，光子噪声均方电流大小为

$$\overline{i_{\mathrm{N}}^{2}}=2e\bar{I}\Delta f \tag{2-85}$$

式中，$\bar{I}$ 为光平均电流。

5）$1/f$ 噪声

$1/f$ 噪声又称为电流噪声或低频噪声，这是由于这种噪声与其工作频率密切相关，即噪声功率谱密度与频率成反比。其噪声均方值可表示为

$$\overline{i_{\mathrm{N}f}^{2}}=k\bar{I}^{b}\Delta f/f^{a} \tag{2-86}$$

式中，k 表示比例常数，通常与探测器制作工艺、电极接触状况、半导体表面状态及器件尺寸等因素有关，指数 a 为与器件材料有关的系数，通常大多近似取为 1，b 与流过器件的电流 $\bar{I}$ 有关，通常取值为 2，f 和 Δf 分别表示探测器的工作频率与带宽。

另外，$1/f$ 噪声主要出现在 1 kHz 以下的低频工作区。当工作频率大于 1 kHz 时，该噪声影响相对较弱，可忽略不计。在实际中通常采用较高的调制频率来避免或减小 $1/f$ 噪声的影响。

2.6 光电探测器

2.6.1 光电管与光电倍增管

1）光电管工作原理

光电管是一种典型的光电子发射探测器件，它主要由光电阴极和阳极构成，一般用玻璃管壳封装，若管壳内被抽成真空，称之为真空光电管；若里面充入某种工作气体，则称为充气光电管。光电管按接收光辐射形式分为发射型和透射

型，其光电阴极则对应分为不透明和半透明两种。通常，对于半透明阴极的制作难度要高，这是由于受光面与光电子飞出面属于不同表面，这要求光电阴极层的厚度控制精确，否则，膜层过厚会导致光电子不能逸出；膜层过薄会引起光辐射能没有被充分吸收。阳极则起着收集光电子的作用，其形状和位置须经过精心设计来制作。

其原理电路如图 2-13 所示。当入射光透过入射窗照射到光电阴极表面上时，光电子就从阴极表面逃逸出来，在阴极和阳极之间形成的外加电场作用下，光电子在极间做加速运动，被高电位的阳极吸收，在外电路负载电阻上形成光电流。实际上，光电子逸出经历 3 个阶段：① 光电阴极内部电子吸收光子能量，被激发到真空能级以上的高能量状态；② 这些高能量的光电子在向表面运动的过程中，将受到其他电子的碰撞、散射而损失部分能量；③ 光电子到达表面时还需克服表面势垒才能逸出。因而，光阴极需满足条件：① 光阴极表面对光辐射的反射尽量小而吸收尽量大；② 光电子在向表面运动的过程中，其能量损耗尽可能小；③ 光阴极表面势垒尽量低，以使电子逸出概率大。

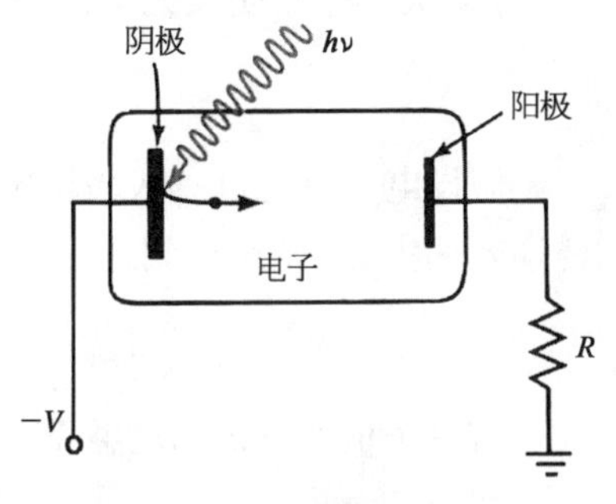

图 2-13　光电管工作原理

当光辐射能一定时，光电流开始将随外加电压的增加而升高。当电压增加一定值时，其光电流基本维持恒定，即光电流已达到饱和状态。该对应电流值称为饱和电流，而使光电流达到饱和时所施加的电压称为饱和电压。另外，当入射到光电阴极表面的光能流增大，其饱和电流将增大，其饱和电压也将升高。

2) 光电倍增管工作原理

光电倍增管(PMT)也是一种真空光电发射器件，主要由光入射窗、光电阴极、电子光学系统、倍增器和阳极构成，其工作原理图如图 2-14 所示。当光子入射到光电阴极光敏面上时，如果光子能量大于光电发射阈值，光电阴极就会产生电子发射，进入到真空中的光电子，在外加电场和电子光学系统的控制作用下，加速运动到第一倍增器上，从而发射出比入射电子数多的二次电子，这样依次类推，经过 N 级倍增电极后，电子数将被放大 N 倍。最后，被放大 N 次的电子被阳极收集，形成阳极电流。当入射光辐射能流发生改变时，其阴极发射的光电子数目也随之改变，由于系统倍增系数通常恒定，所以其阳极电流亦发生相应变化。

设光电阴极产生的光电流为 i_0，入射到光阴极的光通量为 ϕ，阴极灵敏度

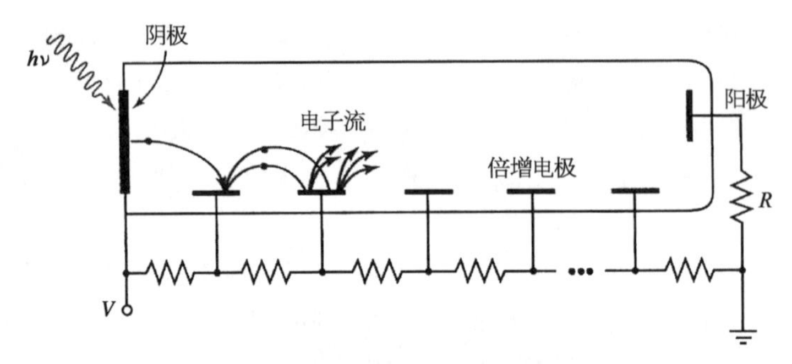

图 2-14 光电倍增管工作原理

为 S，其大小等于阴极光电流与入射光通量的比值，则有

$$i_0 = S\phi \tag{2-87}$$

假设电子每通过一次倍增电极后，其增益系数为 κ_n，倍增电极之间的电子传递效率为 g，则最后到达阳极的阳极电流为

$$i_{\text{anode}} = S\phi(\kappa_1\kappa_2\cdots\kappa_{N-1}\kappa_N)g^N \tag{2-88}$$

若各个倍增电极的增益系数相同，即 $\kappa_1 = \kappa_2 = \cdots = \kappa_{N-1} = \kappa_N = \kappa$，则有

$$i_{\text{anode}} = S\phi\kappa^N g^N \tag{2-89}$$

通过以上分析可知，倍增电极数目和增益系数越大，则达到阳极电流就越大。但是过多的倍增电极将使得光电倍增管的长度加长，体积增大，同时导致电子的渡越效应变得严重，从而严重影响器件的频率特性和噪声性能。基于此，通常选择较大增益系数的倍增电极，其电极级数较小，增益系数一般为 3～6，倍增电极数目一般为 9～14。

3) 微通道板倍增管工作原理

微通道板是一种二维电子图像倍增极，它发展于 20 世纪 60 年代。微通道板利用固体材料在电子的撞击下能够发射出更多电子的特点来实现电流倍增，具有增益高、噪声低、分辨力高、功耗低、体积小、重量轻、寿命长等优点，在显像管、像增强器、高速光电倍增管、摄像管和高速示波器以及紫外探测器等领域有广泛应用。

微通道板由上百万的微小单通道的细空心玻璃纤维彼此平行排列而集成为片状盘形薄板，其结构如图 2-15(a)所示。这些微通道的直径为 15～40 μm、长度为 600～1 600 μm。通常，微通道板由含铅、铋等重金属材料的硅酸盐玻璃，在 500～600 ℃的高温下，拉伸成直径较小的玻璃纤维棒，再经烧结切成圆片而成。在微通道板的两个端面用电镀方法涂覆一层金属 Ni，以作为输入电极和输出电极。

微通道的内壁具有半导体的电阻率(109～1 011 Ω·cm)和良好的二次电子发射系数。当在两极间加上电压时,管道内有大小为微安量级的电流流过,使管内沿轴向方向建立起一个均匀的加速电场。当光电子以一定角度从微通道管一端射入时,其光电子以及由碰撞管壁释放出的二次电子在这个纵向电场和垂直于管壁的出射角的共同作用下,将沿着管轴方向曲折前进。每一次曲折就产生一次倍增,而在前后两次碰撞之间,电子将获得 100～200 V 电压的加速,最后,电子在细长的微通道中经过多次曲折将获得 107～108 的增益,其原理图如图 2-15(b)所示。

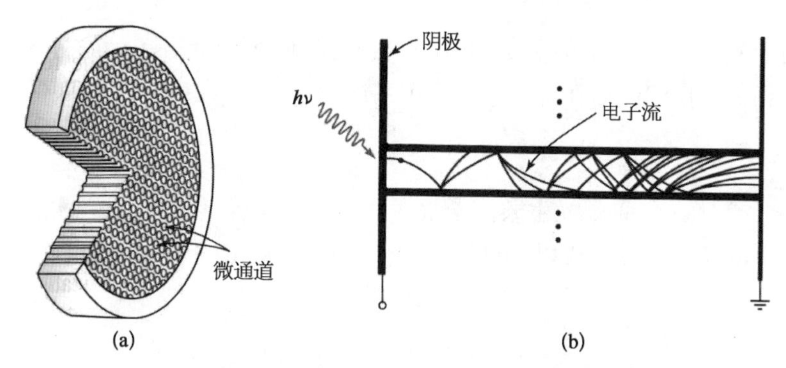

图 2-15　微通道板结构(a)及单个微通道倍增原理(b)

微通道板光倍增管是将光电阴极、微通道板和荧光屏做在一起,达到对微弱图像信号的放大作用。首先,用置于输入窗口内表面的半透明光阴极将微弱光信号转换成光电子发射出来,在经过电子透镜将其传输到微通道板的输入端,图像在输入端面被几百万个微通道分割成几百万像素,然后在各自独立的通道进行传输放大,在微通道的输出端得到增强的图像;最后该电子图像再被均匀加速电场加速后入射到荧光屏上,从而获得清晰明亮的电子图像。

2.6.2　光电导探测器

1）光电导探测器工作原理

利用光电导效应来制作的光探测器称为光电导探测器(photoconductive detector)。光电导效应是半导体材料的一种体效应,这种器件在光照下表现为自身电阻率的变化,光照越强,其电阻率就越小,因而又称为光敏电阻或光导管。在前面分析光电导效应曾指出,光子作用于光电导材料,形成本征吸收或杂质吸收,产生附加的光生载流子,从而使其电导率发生变化。若在外加电压作用下,将在光探测器的外电路产生光电流。在这里主要分析光探测器输出的光电

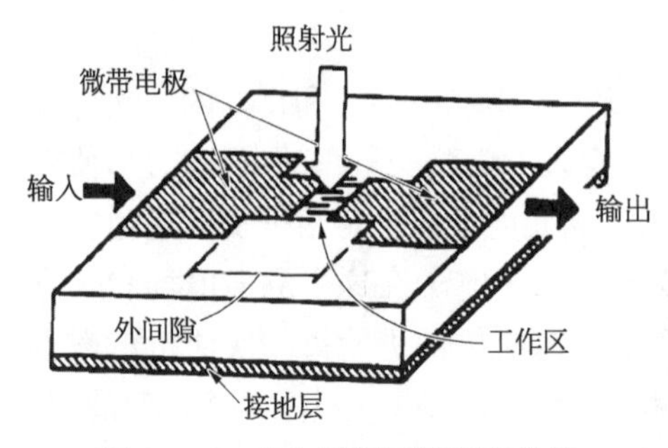

图 2-16　光电导探测器原理结构

信号。

光电导探测器的原理结构和物理模型分别如图 2-16 和图 2-3 所示，设照向光敏面的入射光辐射的光功率为 P，光电导材料的吸收系数为 a，材料光敏面的反射率为 R，则入射光功率在材料内部沿传播方向的变化可表示为

$$P(x)=P(1-R)\mathrm{e}^{-ax} \tag{2-90}$$

由于光辐射功率随传播深度发生指数衰减，则光生载流子的统计平均值也将发生相似变化。因而在外加电场作用下该位置的漂移电流密度为

$$J(x)=evn(x) \tag{2-91}$$

式中，$n(x)$ 为该位置处光生载流子浓度，$v=\mu_0 E=\mu_0 V/L$ 为光生载流子在电场作用下的漂移速度。所以，可得到光电导探测器输出的平均光电流为

$$I_{\mathrm{p}}=\int_S J(x)\mathrm{d}S \tag{2-92}$$

将式(2-91)代入式(2-92)，得到

$$I_{\mathrm{p}}=wev\int n(x)\mathrm{d}x \tag{2-93}$$

式中，微面元 $\mathrm{d}S=w\mathrm{d}x$。利用稳态条件下的电子产生率和复合率相等，就可得到光生载流子浓度 $n(x)$。若电子的平均寿命为 τ，那么电子的复合率为 $n(x)/\tau$，而电子的产生率等于单位体积内、在单位时间中吸收的光子数与量子效率的乘积，即为 $a\eta P(x)/h\nu wL$，于是有

$$n(x)=a(1-R)e\eta\tau P\exp(-ax)/(h\nu\cdot wL) \tag{2-94}$$

将式(2-94)代入式(2-93)，得到

$$I_{\mathrm{p}}=\frac{e\eta'}{h\nu}GP \tag{2-95}$$

式中，$\eta'=a(1-R)\eta\int\exp(-ax)\mathrm{d}x$，$G=\mu_0\tau V/L^2$。

该式与式(2-21)的光电转换定律是一致的，不同的是，式(2-95)中增加了一个因子 G，这说明光电导探测器是一个具有内增益的器件，它与器件材料、结

构尺寸以及外加电场密切相关。

2) 基本结构及常用材料

光电导探测器的基本结构有3种，即梳形结构、蛇形结构和刻线式结构，如图2-17所示。对于梳形结构，两个梳形电极之间为光电导材料，两个梳形电极靠得很近，其电极距离很小，因而具有高的灵敏度；对于蛇形结构，光电导材料制备成蛇形状，在光电导材料两侧为金属导电材料，并在其上设置电极，这种小的电极间距有利于提高器件灵敏度；对于刻线式结构，首先在制备好的光电导材料衬底上刻出狭窄的线条，再在上面蒸镀金属电极，从而构成刻线式结构。

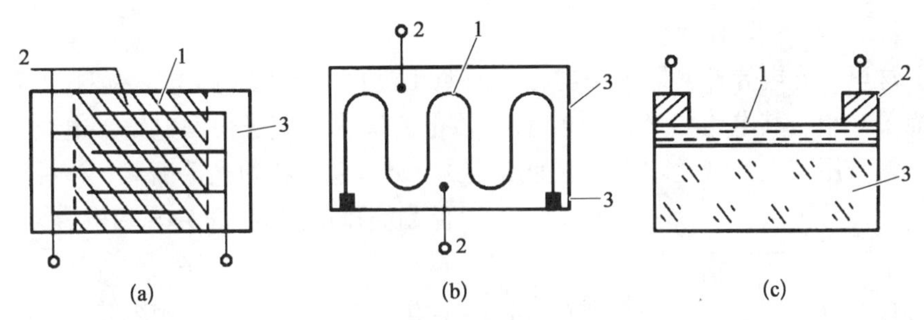

图2-17　光电导探测器3种基本结构

(a) 梳形结构；(b) 蛇形结构；(c) 刻线式结构(其中：1—光电导材料，2—电极，3—衬底材料)

具有光电导效应的材料很多，但目前能在实际中应用得却很有限。用于制作光电导探测器的材料主要有硅、锗、Ⅱ-Ⅵ族和Ⅲ-Ⅴ族化合物，此外还有一些有机光电导材料。其中，属于本征型的有碲镉汞(HgCdTe)、锑化铟(InSb)、硫化铅(PbS)等；属于杂质型的有锗掺汞(Ge∶Hg)、锗掺铜(Ge∶Cu)、锗掺锌(Ge∶Zn)、硅掺砷(Si∶As)等。

例如，对于锑化铟(InSb)探测器，其光谱范围为3～5 μm，光敏面面积通常为0.5 mm×0.5 mm～0.8 mm×0.8 mm，而大面积光敏面较难制作，这是由于工艺中薄膜不能制作很薄，以致其探测率较低。对于硫化铅(PbS)探测器，采用真空蒸发或化学沉积方法制备，其光谱响应在2 μm附近，但是通常与工作温度有关。随着温度的降低，其峰值响应波长将向长波方向移动。

杂质型光电导探测器主要用于远红外辐射探测，不同掺杂浓度将会引起其响应范围变化，其范围一般在1～几百微米，如图2-18所示，这里给出了几种常用杂质型光电导探测器的光谱响应范围。另外，由于材料中杂质复合中心的浓度会影响光生载流子的寿命，通过减小复合中心浓度以增大光生载流子浓度，使器件内增益增大，从而提高响应灵敏度。杂质型光电导材料的光吸收系数通常

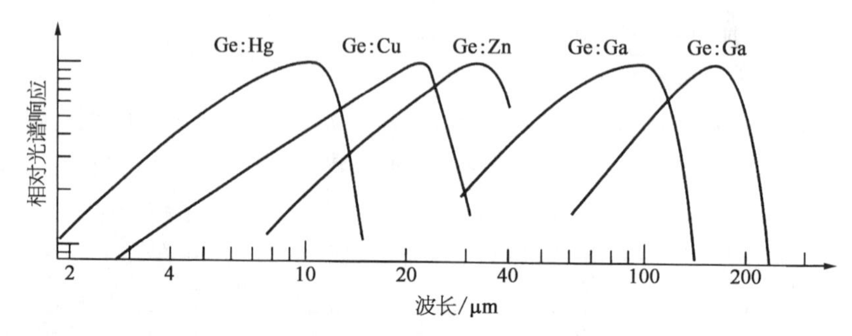

图 2-18 杂质型光电导材料的相对光谱响应

较小,因而可使其薄膜厚度较大。

3) 光电导探测器的应用

这里以光电导探测器为关键元件的照相机自动曝光控制电路为例,对其进行简单介绍。其电路如图 2-19 所示,该电路又称为电子快门电路。电路中探测器常采用与人的视觉响应接近的硫化镉(CdS)为材料的光探测器。该控制电路由光敏电阻 R、开关 S 和电容 C_1 所构成,以作为充电电路。另外还有时间检出电路(即电压比较电路)、三极管 VT 构成的驱动放大电路、电磁铁 M 带动的开门叶片(执行单元)等组成。开始时,开关 S 处于图示位置,这时电压比较值的正输入端的电位为 U_{th},该电压值为 R_1 和 R_{w1} 对电压 U_{bb} 的分压;而其负输入端电位压 U_R 等于 U_{bb}。由于这时负输入端电位高于正输入端,因而比较电路输出为低电位,三极管截止,电磁铁不吸合,开门叶片处于闭合状态。

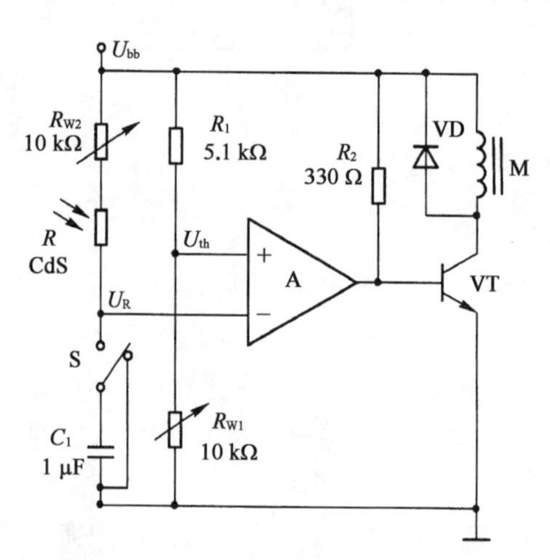

图 2-19 照相机自动曝光控制电路

当按动快门按钮时,开关 S 则与光敏电阻 R 及 R_{w2} 构成的充电电路接通,这时,电容 C_1 两端的电压降为 0,导致其负输入端电位低于正输入端电位,比较器输出高电位,使后面的三极管接通,从而出现电流通过电磁铁。电磁铁的开启将带动快门叶片打开,照相机开始工作。

在快门打开的过程中,电源 U_{bb} 通过光敏电阻向电容充电,其充电速度取决于景物的亮度,景物越亮则光敏电阻的阻值越小,使其充电速度越快,反之则越慢。当电容充电到一定值的时候(即 $U_R \geq U_{th}$),电压比较器输出电位将由高变低，这时开门则返回到关闭状态。其快门由打开到关闭的时间长度取决于景物的亮度，这就实现了照相机快门的自动控制。

2.6.3　光伏特探测器

利用光生伏特效应来制备的光探测器称为光伏探测器（photo-voltage detector）。当光照射光敏区时，光生载流子（电子-空穴对）被内建电场分离，产生光速电势，若其外电路闭合，则出现光生电流。它与光电导的物理机理差异较大，虽然它们都属于内光电效应，但光生伏特效应属于少数载流子导电的光电效应，而光电导效应是多数载流子导电的光电效应，因而光生伏特探测器具有暗电流小、噪声低、响应速度快、温度影响小等优点。具有光生伏特效应的半导体材料主要有硅、锗、硒、砷化镓等，其中基于硅材料的光生伏特器件应用最为广泛。

1) PN 结光电二极管

硅光电二极管是最简单、最典型的光生伏特器件，其中 PN 结硅光电二极管是一种最基本的结构。其结构原理图如图 2－20 所示，它有两种结构形式，图 2－20(a)是采用 N 型单晶硅和扩散工艺，称为 2CU 型；图 2－20(b)采用 P 型单晶和磷扩散工艺，称为 2DU 型。

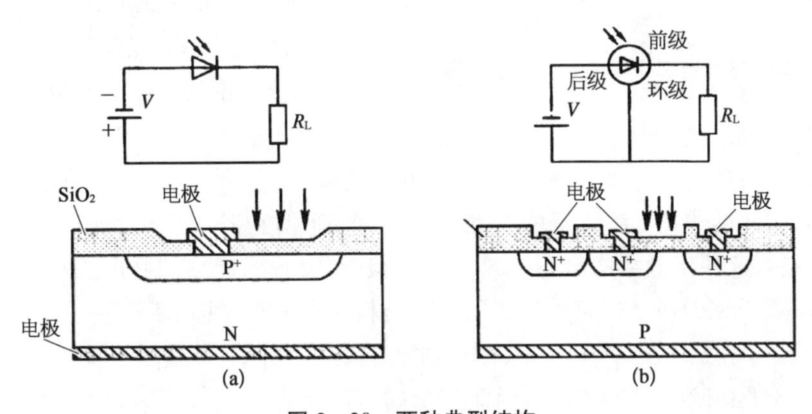

图 2－20　两种典型结构

(a) 2CU 型；(b) 2DU 型

通常，硅光电二极管的封装有多种形式，其中金属外壳加入射窗口封装最为常见，入射窗有平面型和透镜型之分，透镜有聚光作用，可提高探测器灵敏度以及减小杂散背景光。但是由此带来的缺点是探测器的灵敏度与光辐射入射方向有关，这给对准和可靠性带来了负面影响。图 2－21 为硅光电二极管的灵敏度在透镜和平面镜两种条件下随入射角度的变化。

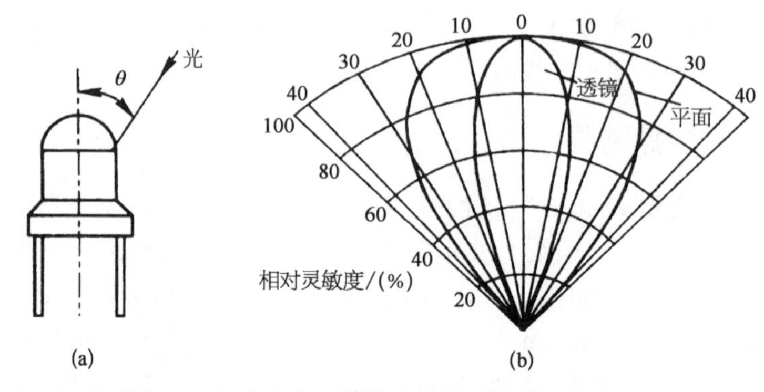

图 2-21 硅光电二极管外形与灵敏度随角度变化

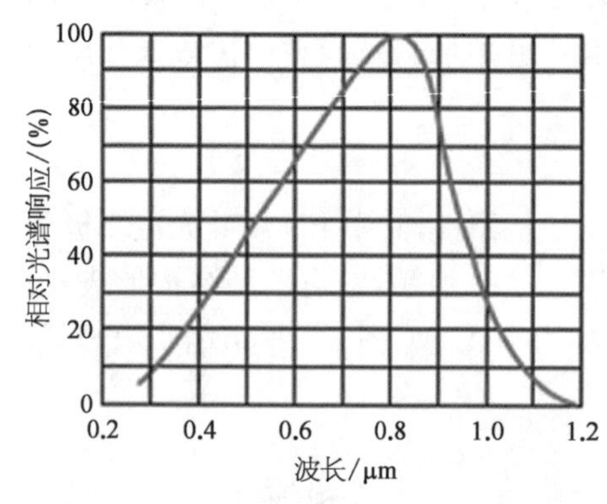

图 2-22 硅光电二极管的光谱响应曲线

对于硅光电二极管，其光谱响应范围位于近红外区，如图 2-22 所示。在室温条件下，硅材料的禁带宽度为 1.12 eV，峰值波长对应于 900 nm，长波限为 1 100 nm。另外，随着入射波长的减小，其管芯的反射损失将增大，导致了光能量利用率的降低，从而产生短波限问题，通常约为 400 nm。

2) PIN 光电二极管

前面所讨论的 PN 结光电二极管，其响应时间取决于 PN 结两侧的少数载流子扩散到结区所需时间，这种扩散时间限制器件的响应速度，特别是对长波光谱的响应较大。为了提高其响应时间，减小在 PN 结外光生载流子的扩散运动时间，通常在 PN 结之间加一层本征层（即 I 层），这种新型结构称为 PIN 光电二极管，又称为耗尽型光电二极管，其外形如图 2-23(a)所示。它采用高阻纯硅材料和离子漂移技术形成一个无杂质的本征层，其厚度约为 500 μm，其结构如图 2-23(b)所示。通过这样设计，本征层相对于 P 区和 N 区是高阻区，因而其反向偏压集中在这一区域，形成了高电场区，如图 2-23(c)所示。高电阻使其暗电流明显减小。本征层的引入加宽了耗尽层区，有利于对长波区光辐射的吸收，使其灵敏度得以提高和量子效率的改善。由于 I 层的存在，而 P 区又很薄，因而其光子只在 I 层区被大量吸收，产生光生载流子，并在该区高电场作用下加速运动，使其渡越时间大大缩短，同时又减小了结电容，使其时间常数减小。性能良好的 PIN 光电二极管，其扩散与漂移时间一般为纳秒量级。目前，光纤通信用 InGaAs，InGaAsP 等都是这类结构探测器，其响应波长在 1.1～1.7 μm 范围。

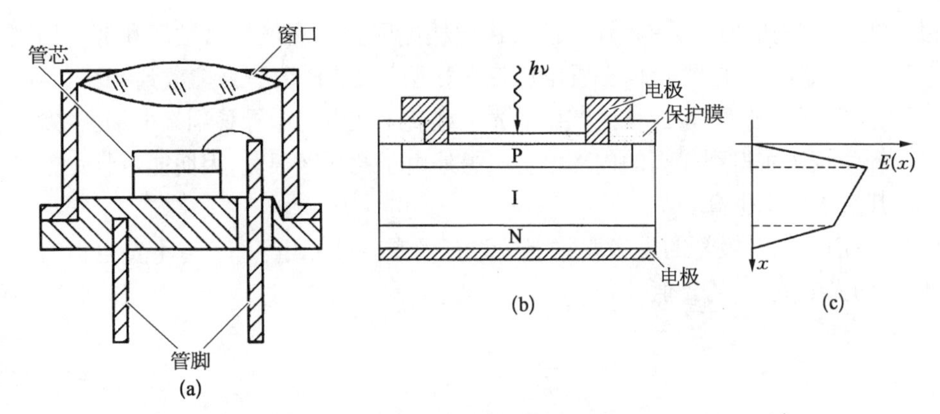

图 2-23　PIN 硅光电二极管的外形(a)、管芯结构(b)和电场分布(c)

3）雪崩光电二极管

对于普通的硅光电二极管和 PIN 光电二极管，它们并不具有内增益，因而其灵敏度十分有限。而在实际应用中，若对微弱信号进行探测，则它对器件的灵敏度要求很高，而雪崩光电二极管可满足该情形的光电探测。雪崩光电二极管是利用雪崩倍增效应而产生内增益的光电二极管，具有灵敏度高、响应快等优点。其工作原理是：在光电二极管的 PN 结上加一相当高的反向偏压，使结区产生一个很强的电场，当光激发的载流子或热激发的载流子进入结区后，在强电场的加速下获得很大的能量，在运动过程中与晶格原子发生碰撞，使晶格原子发生电离，从而产生新的电子-空穴对；这些新产生的电子-空穴对，它们在强电场作用下沿相反方向运动，又获得足够的能量，再次与晶格原子碰撞，又产生新的电子-空穴对；这一过程不断重复，使 PN 结内电流急剧倍增，这种现象称为雪崩倍增效应。

图 2-24 为雪崩光电二极管的结构，其中图(a)是 P 型 N^+ 结构，这是以 P 型硅材料做基片，扩散五价元素磷而形成重掺杂 N^+ 型层，并在 P 区与 N^+ 区间通过扩散形成轻掺杂高阻 N 型硅，以作为保护环，使 N^+ P 结区变宽，呈现高阻。图(b)是 PIN 结构，图(c)为一种达通型雪崩光电二极管结构(RAPD)，图右边为

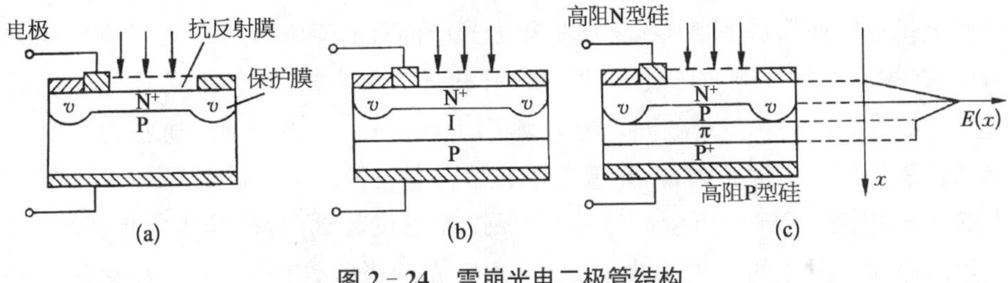

图 2-24　雪崩光电二极管结构

(a) P 型 N^+ 结构；(b) PIN 结构；(c) RAPD 结构

其对应区域内的电场分布情况，该结构把耗尽层分为高电场倍增区和低电场漂移区。当器件工作时，反向偏置电压使耗尽层从 N^+P 结一直扩散到 πP^+ 边界。当光照射到光敏面时，漂移区产生的光生载流子在电场中漂移到高电场区，发生雪崩倍增，从而得到较高的内部增益。另外由于耗尽区很宽，因而能吸收大量光子，其量子效率也高。

雪崩光电二极管的雪崩增益定义为有光照时的光电流 I_p 与不发生倍增效应时的光电流 I_0 的比值，即

$$M=\frac{I_p}{I_0}=(1-V/V_B)^{-n} \tag{2-96}$$

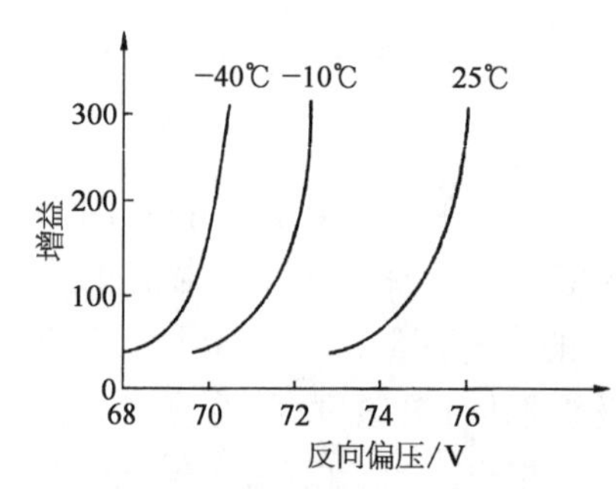

图 2-25　倍增因子与反向偏压在不同温度条件下的关系曲线

式中，V_B 表示击穿电压，V 表示外加反向电压，n 是取决于半导体材料特性、掺杂分布以及辐射波长，对于硅 $n=1.5\sim4$，锗 $n=2.5\sim3$。另外，器件的击穿电压与其工作温度有关，当温度升高时，击穿电压也会随之增大，因而，其方向偏压、增益系数与工作温度息息相关。图 2-25 给出了在不同工作温度下增益系数与工作电压的关系曲线。

4) 硅光电池

光电池是最简单的光伏器件，它不需要加偏置电压就能把光子能量直接转换成电能的 PN 结光电器件。按结构可分为同质结硅光电池和异质结硅光电池；按功用可分为太阳能光电池和测量光电池（即光电探测）；而按所采用的材料可分为硒光电池、氧化亚铜光电池、硫化镉光电池、锗光电池、硅光电池等。而硅光电池因价格便宜、光电转换效率高、光谱响应宽、寿命长、稳定性好、频率特性好以及能耐高辐射等优势而成为应用最广泛的一种光电池。

图 2-26(a)为同质结硅光电池的 2DR 系列，这是以 P 型硅为衬底，然后在衬底上扩散磷而形成 N 型层，该层将作为光敏面；而 2CR 系列则是 N 型硅作为衬底，在衬底上扩散硼而形成 P 型层，同样将该层作为光敏面，构成 PN 结，再经过工艺处理，在衬底与光敏面上制作输出电极，并涂上保护膜（通常为二氧化硅），这就是硅光电池。通常，光敏面上的输出电极做成梳齿状或“E”字形，以减小遮光，如图 2-26(b)所示。另外，该保护膜不仅起到防潮、防尘等保护作用，还可减小对入射光的反射损失，增强对入射光的吸收，有利于光电转化效率的提高。

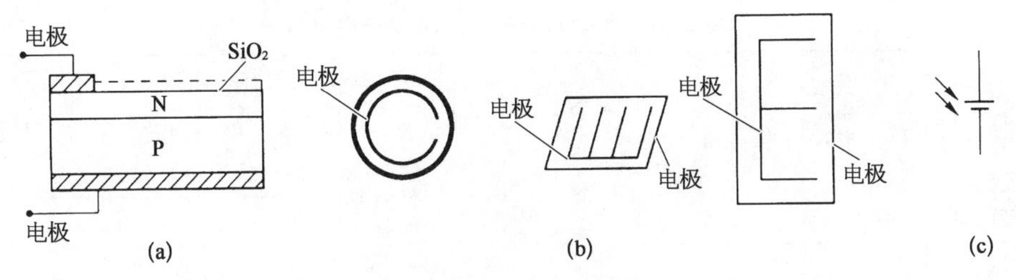

图 2-26　硅光电池结构

(a) 结构;(b) 外形;(c) 符号

当光照射到 PN 结时,耗尽区内的光生电子与空穴在内建电场的作用下分别向 N 区与 P 区运动,在闭合回路中产生输出电流 I,在负载电阻 R 上产生的电压降为 U,则 PN 结获得的偏置电压为

$$U = IR \tag{2-97}$$

其伏安特性曲线如图 2-27 所示,由曲线可知,负载电阻所获得功率为

$$P = IU \tag{2-98}$$

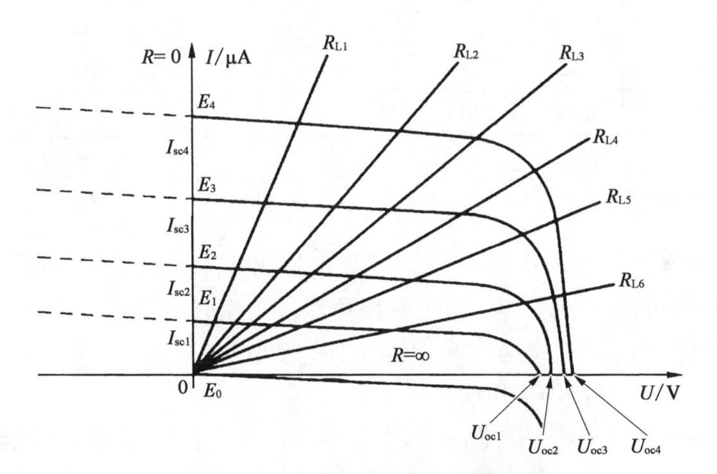

图 2-27　硅光电池的伏安特性曲线

实际上,存在一个最佳的负载电阻 R_{opt},可获得最大的输出功率。

$$R_{opt} = (0.6 \sim 0.7)U_{\infty}/S\Phi_{e,\lambda} \tag{2-99}$$

式中 U_{∞}, S 和 $\Phi_{e,\lambda}$ 分别表示开路电压、灵敏度和入射辐射通量。在这种情况下,硅光电池存在最大的光电转换效率。表 2-1 为典型硅光电池的基本特性参数。

表 2-1 典型硅光电池的基本特性参数

型号	开路电压 (U_{∞}/mV)	光敏面积 (S/mm²)	短路电流 (I_{sc}/mA)	输出电流 (I_s/mA)	时间响应(τ_r)		时间响应(τ_f)		转换效率/(%)
					R_L = 500 Ω	R_L = 1 kΩ	R_L = 500 Ω	R_L = 1 kΩ	
2CR11	450～600	2.5×5	2～4		15	20	15	20	≥6
2CR21	450～600	5×5	4～8		20	25	20	25	≥6
2CR31	550～600	5×10	9～15	6.5～8.5	30	35	35	35	6～8
2CR32	550～600	5×10	9～15	8.6～18.3	30	35	35	35	8～10
2CR41	450～600	10×10	18～30	17.6～22.5	35	40	40	70	6～8
2CR44	550～600	10×10	27～30	27～35	35	40	40	70	≥12
2CR51	450～600	10×20	36～60	35～45	60	150	80	150	6～8
2CR54	550～600	10×20	54～60	54～60	60	150	80	150	≥12
2CR61	450～600	ϕ17	40～65	30～40	70	100	90	150	6～8
2CR64	550～600	ϕ17	61～65	61～65	70	100	90	150	≥12
2CR71	450～600	20×20	72～120	54～120	100	120	120	150	≥6
2CR81	450～600	ϕ25	88～140	66～85	150	200	170	250	6～8
2CR84	500～600	ϕ25	132～140	132～140	150	200	170	250	≥12
2CR91	450～600	5×20	18～30	13.5～30	30	35	35	35	≥6

2.6.4 热探测器

热探测器是光电探测中一种十分重要的探测器件，它有着广泛的应用领域，如激光功率和能量的测量等。由于热探测器在工作时不需要冷却、不需要偏压电源、工作温度范围宽、结构简单、使用方便、光谱响应范围宽以及探测灵敏度高等优点，因而具有广阔的应用前景。

热电探测器是在热探测器的基础上，再利用热电转换元件把热探测器中热敏元件吸收的光能量而响应的温度转换成电信号的探测器。由于这一过程较为缓慢，因而其响应速度多为毫秒量级。另外，热电探测器通常利用热敏材料来吸收入射辐射的总功率产生温升，而不是某一频率的光子能量，所以各个波长的辐射对于器件的响应都有贡献。本节将对热敏电阻、热电堆探测器以及热释电探测器进行简要介绍。

1) 热敏电阻

凡能在吸收光辐射后将引起温度升高而导致其器件电阻改变，从而使其负载电阻两端的电压发生相应改变的器件称为热敏电阻。热敏电阻按材料分类为金属和半导体两种。金属热敏电阻的电阻温度系数多为正值，其绝对值较小，但其电阻与温度的关系通常为线性的，且其耐高温能力强。半导体热敏电阻由各种氧化物按一定比例混合，再经高温烧结而成。多数半导体热敏电阻具有负温度系数，且其阻值与温度的变化呈非线性；但是其温度系数较大，其大小一般为金属热敏电阻的10～100倍。

图2-28为各种热敏电阻的外形图。图2-29为其结构示意图，它的灵敏面是一层由金属或半导体热敏材料制成，厚度约为0.01 mm，黏在一个导热能力强的绝缘衬底上；电阻体两端蒸发金属电极以便与外电路连接。当红外辐射通过探测器窗口照射到热敏元件上，其电阻的变化与辐射通量密切相关。另外，由于热敏材料本身并不是很好的辐射吸收体，为提高其吸收效率，通常灵敏面表面进行黑化处理。图2-30为半导体材料与金属材料的温度特性曲线。白金的电阻温度系数为正值，其值为＋0.003 7。半导体材料的温度系数为负值，为－0.03～0.06，大致是白金的10倍。

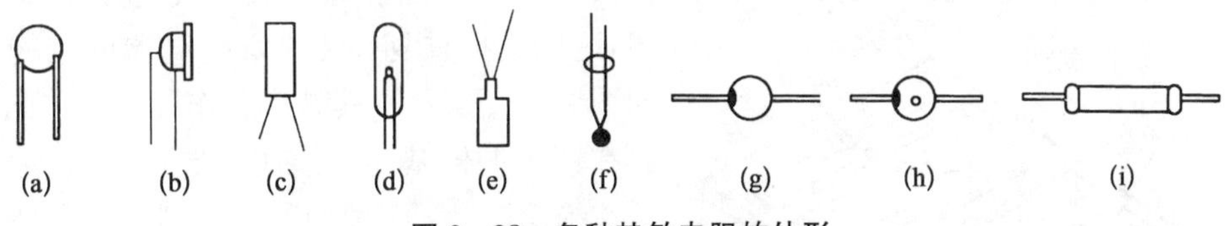

图2-28　各种热敏电阻的外形

(a) 圆片形；(b) 薄膜形；(c) 柱形；(d) 管形；(e) 平板形；(f) 珠形；(g) 扁形；(h) 垫圈形；(i) 杆形

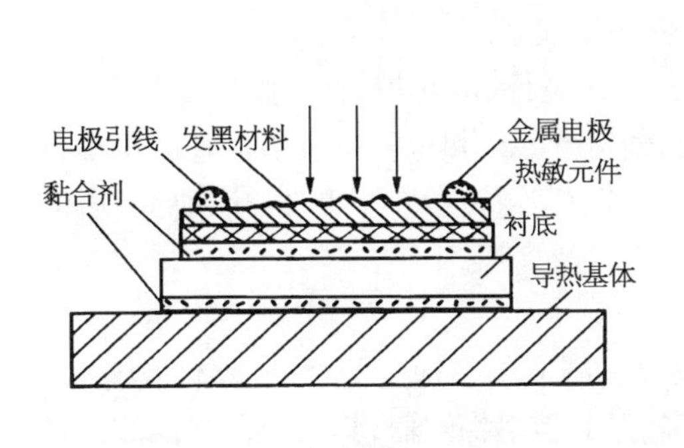

图2-29　热敏电阻的结构

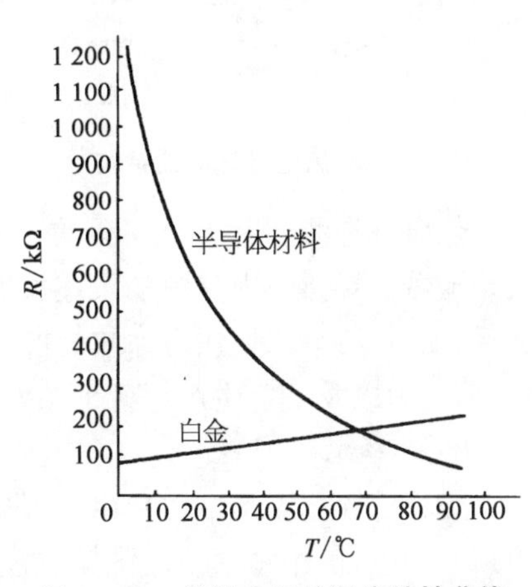

图2-30　热敏电阻的温度特性曲线

热敏电阻R_T与其自身温度T关系为

$$R_T = R_0 e^{AT} \text{（正温度系数的电阻）} \tag{2-100}$$

$$R_T = R_\infty e^{B/T} \text{（负温度系数的电阻）} \tag{2-101}$$

式中，R_0 和 R_∞ 表示为背景环境下的电阻，它与电阻的几何尺寸和材料物理特性有关，A 和 B 为材料常数。

温度系数表示温度每变化 1 ℃时热敏电阻实际阻值的相对变化，可表示为

$$\alpha_T = \frac{1}{R_T}\frac{dR_T}{dT}\ (1/0C) \tag{2-102}$$

对于正温度系数的热敏电阻，其温度系数为 $\alpha_T = A$；而对于负温度系数的热敏电阻，其温度系数为 $\alpha_T = -B/T^2$。热敏电阻大小的变化值为

$$\Delta R_T = R_T \alpha_T \Delta T \tag{2-103}$$

2）热电堆探测器

热电堆探测器实质上是一系列热电偶探测器的串接，其目的是为了减少探测器的响应时间，提高灵敏度。其工作原理是基于温差热电效应，这在前面已叙述，这里不再重复。热电堆探测器的结构如图 2－31 所示。其具体制作方法是：首先在镀金的铜基体上蒸镀一层绝缘层，然后在绝缘层上面蒸发制作工作结以及参考结，这要求参考结与铜基体之间既要保证电绝缘，又要保持良好的热传导，而工作结与铜基体间要求电与热都是绝缘的；最后，热电材料敷在绝缘层上，从而把这些热电偶串接起来。

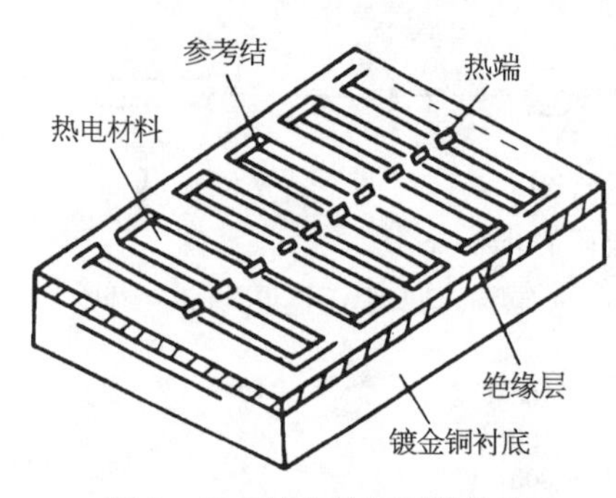

图 2－31　热电堆探测器结构

热电堆探测器有十分广泛的应用，如体温计、电烤炉、食品温度监测等。尤其是随着半导体热电材料的飞速发展，使得半导体热电发电技术具有体积小、重量轻、无运动部件、使用寿命长、性能可靠性高等特点，在军事、医疗、研究、通信、航海、动力以及工业生产等各个领域也有广泛应用。

3）热释电探测器

热释电探测器是一种利用热释电效应制成的热探测器件，该器件具有较宽的频率响应，工作频率接近兆赫兹，远超过其他热探测器；其探测率高；可以有均匀大面积敏感面，且不需外加偏置电压；受环境温度影响更小；有更好的强度和可靠性，且制作相对容易。但是，由于其制作材料属于压电类材料，因而容易受外界震动的影响，而且仅对变化辐射存在响应，而对于恒定辐射却没有响应。热释电探测器不仅可用于热辐射和从可见光到红外波段的光学探测，而且在亚毫

米波段的辐射探测也有重要应用。

对于铁电体电介质，当其外加电场去除后仍然能保持极化状态，如图 2-32 所示。铁电体的自极化强度 P_S 随温度变化的关系如图 2-33 所示。随着温度的升高，极化强度降低，当温度升高到一定值时，自发极化突然消失，这个温度被称为"居里温度"或"居里点"。在居里点以下其极化强度 P_S 为温度 T 的函数，利用这一关系制作的热敏探测器称为热释电器件。

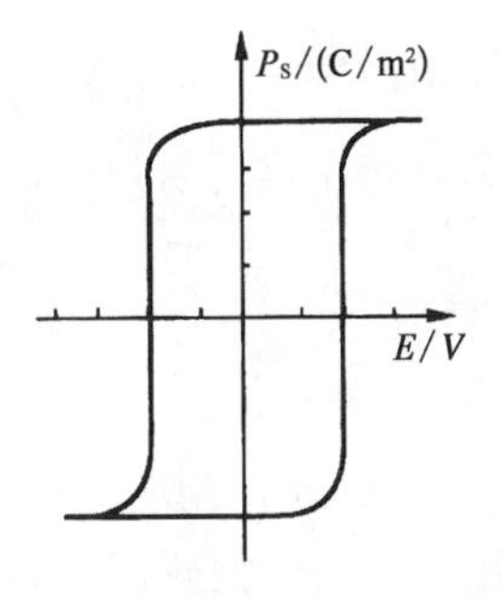

图 2-32　铁电体极化曲线

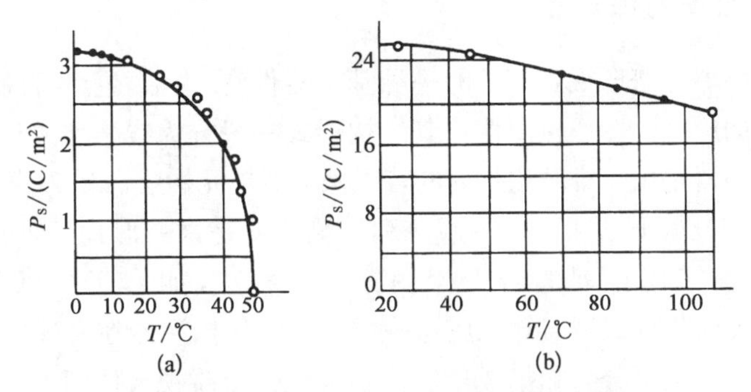

图 2-33　自发极化强度随温度变化关系曲线

(a) TGS 材料；(b) $BaTiO_2$ 材料

当红外辐射照射到已经极化的铁电体薄片上时，引起其温度升高，其表面电荷将减少，这相当于热"释放"了部分电荷。释放的电荷通过放大器转变为电压输出。如果辐射稳定、持续，表面电荷将达到新的平衡，不再释放电荷，因而不再有电压信号输出。

设晶体的自发极化矢量为 $\boldsymbol{P}_S$，$\boldsymbol{P}_S$ 的方向垂直于极板表面，接收辐射的极板面积为 A，则在表面上的束缚极化电荷为

$$Q = AP_S \tag{2-104}$$

当辐射引起晶体温度变化为 ΔT 时，则相应的束缚电荷变化为

$$\Delta Q = A(\Delta P_S/\Delta T)\Delta T = A\gamma\Delta T \tag{2-105}$$

式中，$\gamma = \Delta P_S/\Delta T$，称为热释电系数，是与材料本身的特性有关的物理量，表示自发极化强度随温度的变化率。若在两极间连接电阻 R_L，则在负载上流过电流，可表示为

$$i_S = \frac{\mathrm{d}Q}{\mathrm{d}t} = A\gamma\,\frac{\mathrm{d}T}{\mathrm{d}t} \tag{2-106}$$

式中，$\frac{dT}{dt}$ 表示热释电晶体的温度随时间的变化率，它与材料的吸收率及热容有关。热释电器件产生的电流在负载上的电压为

$$U_S = i_S R_L = A\gamma \frac{dT}{dt} R_L \tag{2-107}$$

在使用热敏电阻、热电堆器件和热释电探测器的过程中，要根据具体情况选用合适的热探测器，扬长避短，综合考虑。

2.6.5 图像阵列探测器

图像探测器是获取视觉信号的一种基本器件，在生活、生产、科研中得到了越来越广泛的应用。图像探测器按其结构形式一般分为线阵列式与面阵列式。线阵列式探测器是由一维结构排列的若干探测器单元构成，如二极管阵列，电荷耦合器件(CCD)与 HgCdTe 红外线阵列探测器就是这一形式。面阵列式探测器则是由二维结构排列的若干探测器单元构成，如 CCD 与 CMOS 以及 HgCdTe 红外面阵列探测器等就属这一类型。图像探测器在实现成像过程中，根据其成像方式又可分为扫描成像和非扫描成像或凝视成像两类。一般，线阵探测器成像都采取机械扫描方式，而面阵探测器则是一种凝视成像。本节主要介绍目前应用最广的电荷耦合器件(CCD)、CMOS 器件以及红外焦平面成像器件的结构、工作原理。

1) 电荷耦合器件

CCD 是 20 世纪 70 年代发展起来的新型半导体器件，它是在 MOS 集成电路技术发展起来的，是半导体技术的一次重大突破。由于 CCD 器件具有光电转换、信息存储和延时等功能，而且具有集成度高、功耗低等优势，它在图像传感、信息存储和处理等方面有着广泛应用。

Si - CCD 是按一定规律排列的 MOS 电容器阵列组成的移位寄存器，其基本结构如图 2 - 34(a)所示。这里以 P 型硅半导体材料为例，当在金属电极上施加正偏压时，其产生的电场将穿过氧化物 SiO_2 薄层，故而对其 Si - SiO_2 界面附近的空穴产生排斥力，留下带负电的固定不动的受主离子(即空间电荷)，从而形成耗尽层。同时，氧化层与半导体界面处的电势也随之发生变化。由于电子在界面处的静电势很低，当金属电极上所加正偏压超过某一阈值电压后，在界面处将存储电子，即在 Si - SiO_2 界面处形成电子势阱，如图 2 - 34(b)所示。

由于界面处势阱的存在，当有自由电子进入势阱时，耗尽层深度和表面势将随偏置电压的增加而减少。在电子逐渐填充势阱的过程中，势阱能容纳多少电

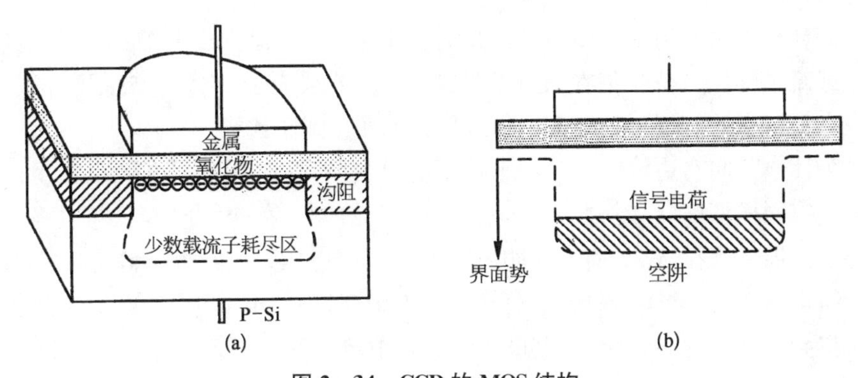

图 2-34　CCD 的 MOS 结构

(a) MOS 电容器剖面；(b) 有信号电荷的势阱

子取决于势阱的深浅，而势阱的深浅又取决于栅电压的大小。

如果没有外来的信号电荷，那么势阱将被热生少数载流子逐渐填满，而热生多数载流子将通过衬底泄漏，则称此时的 MOS 结构达到了稳定状态，热生少数载流子形成的电流叫暗电流。在稳定状态下，信号电荷不能再注入势阱，这时探测光信号不再起作用。通常，对于光探测器，所关心的是非稳情况。

这里以三相 CCD 为例，对其结构和原理进行介绍。三相 CCD 的结构如图 2-35 所示，每一个像元有 3 个相邻电极，每隔两个电极的所有电极都接在一起，由 3 个相位相差 120°的时钟脉冲电压 ϕ_1，ϕ_2，ϕ_3 来驱动，共有 3 组引线，故称为三相 CCD。

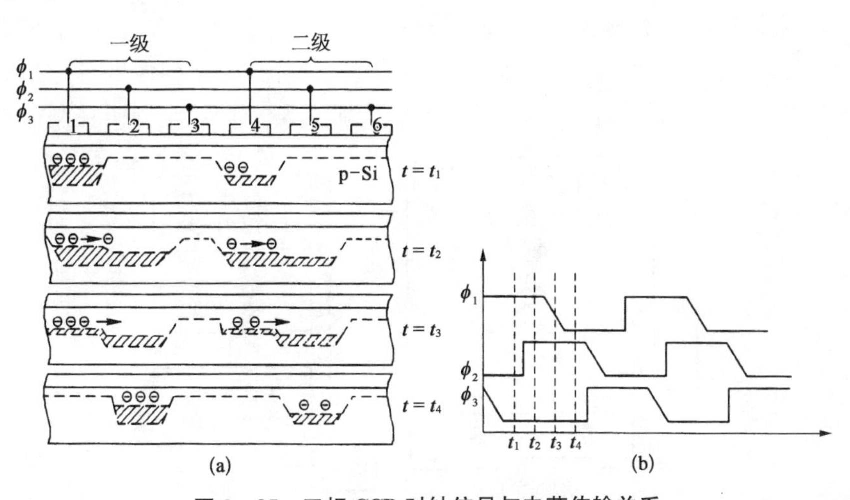

图 2-35　三相 CCD 时钟信号与电荷传输关系

当加到 ϕ_1 上的电压高于 ϕ_2 和 ϕ_3 上的电压时，这时在电极 1，4，7，…下面将形成表面势阱，在这些势阱中可储存少数载流子(电子)，形成“电荷包”作为信号电荷。当光照射到 CCD 表面后，光电子在耗尽层内激发出电子-空穴对，其中少数载流子(电子)被收集在表面势阱中，而多数载流子(空穴)被推到基底内。收集在势阱中的“电荷包”的大小与入射光的照度成正比。

为使电荷向右边传输，在 ϕ_2 上加正电压台阶，这时在 ϕ_1 和 ϕ_2 电极下面的势阱具有同样深度(t_2 时刻)，ϕ_1 电极下面存储的“电荷包”开始向 ϕ_2 电极下面的势阱扩展。当在 ϕ_2 上加正脉冲之后，ϕ_1 上的电压开始线性下降，ϕ_1 电极下的势阱逐渐上升，这样有利于电荷转移。在 t_3 时刻，“电荷包”从电极 1 的势阱中转移到电极 2 的势阱中，从电极 4 的势阱中转移到电极 5 的势阱中。到 t_4 时刻，原 ϕ_1 电极下的电荷已全部转移到 ϕ_2 电极下的势阱中，ϕ_1 电极下形成的势垒可防止电荷向左运动。重复以上过程，信号电荷可从 ϕ_2 转移到 ϕ_3，然后从 ϕ_3 转移到 ϕ_1。当三相时钟电压循环一次时，“电荷包”向右转移一个像元。依次类推，信号电荷可从电极 1 转移到 2，3，…，最后输出。

2) CMOS 成像器件

CMOS 成像器件出现于 1969 年，它是一种用成熟的芯片工艺方法将光敏元件、放大器、A/D 转换器、存储器、数字信号处理器和计算机接口电路等集成在一块硅片上的成像器件，它具有结构简单、处理功能多、成品率高和价格低廉等特点。

CMOS 成像器件的组成原理如图 2-36 所示，它包括像敏单元阵列和 MOS 场效应管集成电路，这两部分集成在同一硅片基底上。图 2-36 中所示的像敏单元阵列按 X 和 Y 方向排列成方阵，方阵中的每一个像元都有其 X 和 Y 方向上的地址，其地址由两个方向的地址译码器进行选择。每一列像敏单元都对应于一个列放大器，列放大器的输出信号分别接到由 X 方向地址译码控制器进行

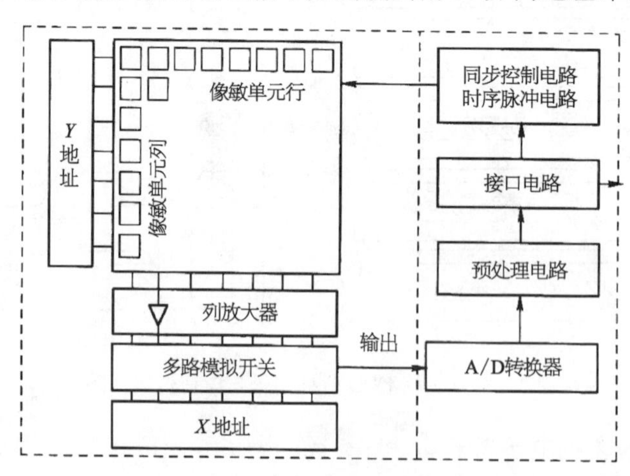

图 2-36 CMOS 成像器件组成原理

选择的模拟多路开关，并输出至放大器，然后馈送到 A/D 转换器进行模数转换变成数字信号，再经预处理电路处理后通过接口电路输出。时序信号发生器为整个 CMOS 成像器件提供各种工作脉冲，这些脉冲均受控于接收电路发来的同步控制信号。

图像信号的输出过程如图 2-37 所示，在 Y 方向地址译码器的控制下，依次序列接通每行像敏单元上的模拟开关 $S_{i,j}$，信号将通过行开关传送到列线上，再通过 X 方向地址译码器的控制，输送到放大器。当然，由于设置了行与列开关，而它们的选通受两个方向的地址译码器上所加的数码控制，因此，可以采用 X，Y 两个方向以移位寄存器的形式工作，实现逐行扫描或隔行扫描的输出方式。为了改善 CMOS 成像器件的性能，在实际中，光敏单元通常与放大器制作成一体，以提高灵敏度和信噪比。

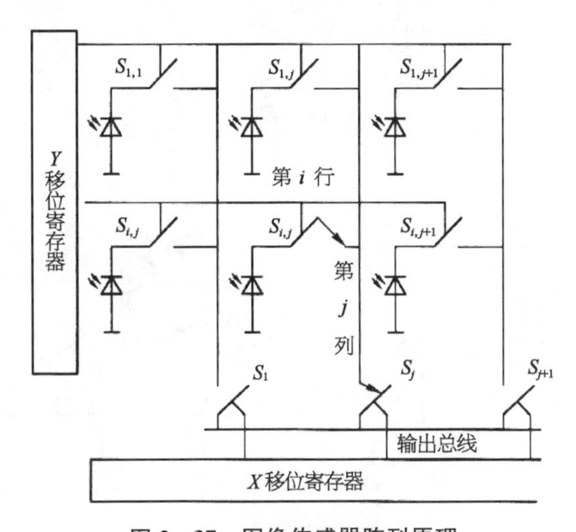

图 2-37　图像传感器阵列原理

像敏单元结构是 CMOS 成像器件的核心组件，它有两种类型，即被动像敏单元结构和主动像敏单元结构，前者只包括光电二极管和地址选通开关两部分，如图 2-38(a)所示，其图像信号的读出时序如图 2-38(b)所示。其工作方式是：复位脉冲启动复位操作，光电二极管的输出电压被置为 0，然后光电二极管开始光信号的积分。当积分工作结束时，选址脉冲启动选址开关，光电二极管中的信号便传输到列总线上，然后经过公共放大器放大后输出。被动像敏单元结构的缺点是噪声大和信噪比低。

主动式像敏单元结构的基本电路如图 2-39(a)所示，图中场效应管 V_1 构成光电二极管的负载，它的栅极接在复位信号线上。当复位脉冲出现时，V_1 导通，光电二极管被瞬时复位；而当复位脉冲消失后，V_1 截止，光电二极管开始积

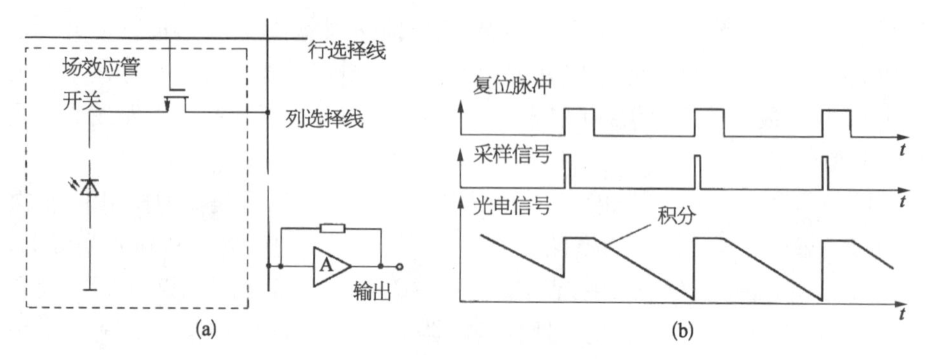

图 2-38 CMOS 像敏单元结构(a)和信号读出时序(b)

分光信号。场效应管 V_2 是源极跟随放大器,它将光电二极管的高阻输出信号进行电流放大。场效应管 V_3 用作选址模拟开关,当选通脉冲引入时,V_3 导通,使得被放大的光电信号输送到列总线上。图 2-39(b)为其对应时序图,其中,复位脉冲首先到来,V_1 导通,光电二极管复位;复位脉冲消失后,光电二极管进行积分;积分结束时 V_3 导通,信号开始输出。

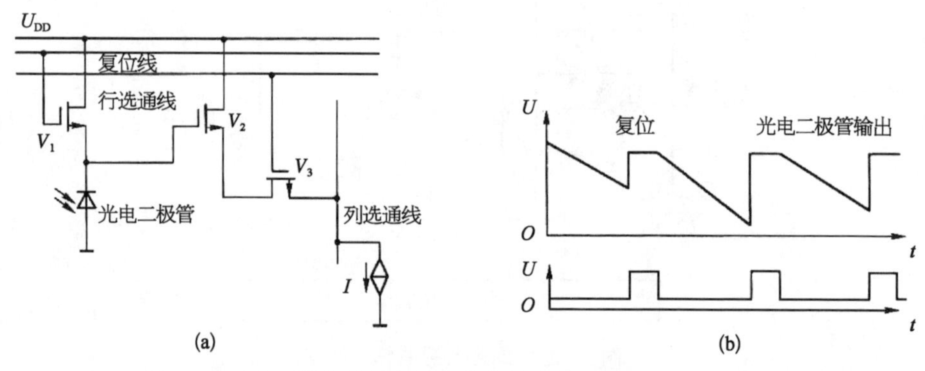

图 2-39 主动式像敏单元结构的基本电路(a)和信号时序图(b)

3) 红外热成像器件

红外热成像技术是利用物体或景物发出的红外热辐射而形成可见图像的方法,在医学成像、目标识别、非损伤探测以及科研等方面有十分广泛的应用。实现红外热成像的方法很多,图 2-40 为红外热成像器件所拍摄的实际图片。

这里主要讨论对波长响应无选择性的热释电摄像管,它由透红外热辐射的锗成像物镜、斩光器、热像管和扫描偏转系统等构成。将被摄景物的热辐射经过锗成像物镜成像到由热释电晶体排列成的热释电靶面上,得到热释电电荷密度图像。该密度图像在扫描电子枪的作用下,按一定的扫描规则扫描靶面,在靶面的输出端将产生视频信号输出,再经过前置放大器进行阻抗变换与信号放大,产生视频信号。

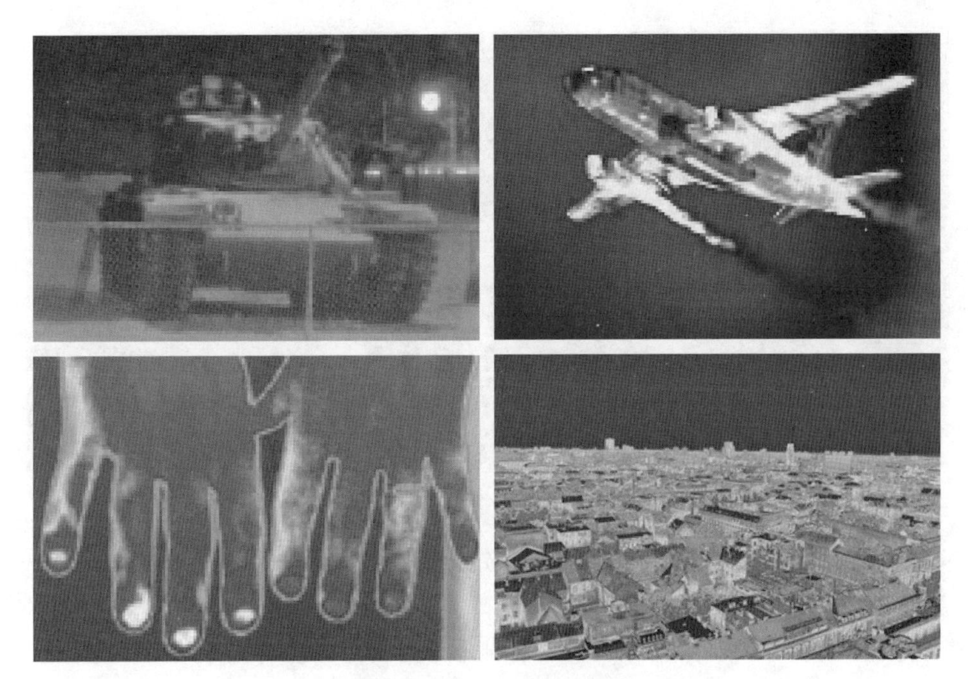

图 2-40　红外热成像图片

成像物镜用锗玻璃，摄像管的前端面也用锗玻璃窗。摄像管前端的栅网是为了消除电子束的二次发射所产生的电子云对靶面信号的影响而设置的。摄像管的阴极在灯丝加热下反射电子束，电子束在聚焦线圈产生的磁场作用下汇聚成很细的电子束，该电子束在水平和垂直两个方向的偏转线圈作用下扫描热释电靶面。当电子束扫描到靶面上的热释电器件时，此时电子束所带的负电子将热释电器件的面电荷释放掉，并在负载电阻 R_L 产生电压降，即产生时序信号输出。

4）红外焦平面探测器

红外焦平面探测器是一种可探测目标的红外辐射，并能通过光电转换、电信号处理等手段，将目标物体的温度分布图像转换成视频图像的设备，是集光、机、电等尖端技术于一体的高科技产品。因其具有较强的抗干扰能力，隐蔽性能好、跟踪、制导精度高等优点，在军事、工业、交通、安防监控、气象、医学等各行业具有广泛的应用。

其工作原理是：焦平面探测器的焦平面上排列着感光元件阵列，从无限远处发射的红外线经过光学系统成像在系统焦平面的感光元件上，探测器将接收到的光信号转换为电信号并进行积分放大、采样保持，通过输出缓冲和多路传输系统，最终送达监视系统形成图像。其实物图和红外照片如图 2-41 所示。

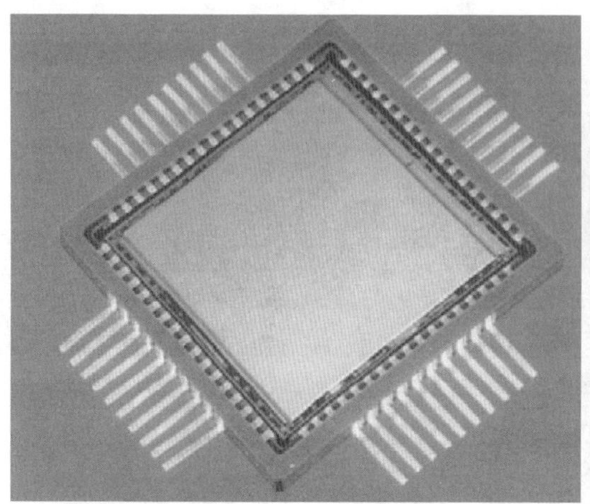

图 2-41　焦平面探测器和红外照片

根据制冷方式,红外焦平面阵列可分为制冷型和非制冷型。制冷型红外焦平面探测器的探测灵敏度高,能够分辨微弱温度变化,探测距离较远,主要应用于高端军事装备;非制冷红外焦平面探测器无需制冷装置,能够在室温状态下工作,具有体积小、质量轻、功耗小、寿命长、成本低、启动快等优点。虽然其灵敏度略差,但其性能已可满足部分军事装备及绝大多数民用领域的技术需要。

制冷型红外焦平面目前主要采用杜瓦瓶/快速起动节流制冷器集成体和杜瓦瓶/斯特林循环制冷器集成体。由于背景温度与探测温度之间的对比度决定探测器的理想分辨率,所以为了提高探测仪的精度就必须大幅度降低背景温度。非制冷红外焦平面探测器主要以微机电技术制备的热传感器为基础,大致可分为热电堆/热电偶、热释电、光机械、微测辐射热计等类型,其中微测辐射热计的技术发展非常迅猛,所占市场份额最大。近年来,非制冷红外焦平面探测器的阵列规模不断增大,像元尺寸不断减小,并且在探测器单元结构及其优化设计、读出电路设计、封装形式等方面进展很快。

目前,国内外主要发达国家十分重视这方面研究。美国 FLIR - SYSTEMS 公司是高性能红外热像仪系统研制、生产和销售的全球领先者,也是世界上首屈一指的非制冷氧化钒红外焦平面探测器的制造商。目前 FLIR 非制冷焦平面探测器的像元尺寸以 25 μm 和 17 μm 为主,面阵规模以 336×256 和 640×512 为主。封装形式上既有陶瓷管壳封装,也有晶圆级封装的成熟产品。NETD 指标约为 40 mK,热响应时间为 10～15 ms。FLIR 的产品代表了目前世界主流先进水平。美国 DRS 公司是世界知名的非制冷氧化钒红外焦平面探测器的生产厂商。目前,DRS 基于 25 μm 像元尺寸的产品已经非常成熟,17 μm 像元尺寸的产品也开始在批量供货;阵列分辨率上 320×240,640×480 两种都已批量生产,更大的 1 024×768/17 μm 探测器也开始推向市场。图 2－42 是 DRS 几款有代表性的产品照片。DRS 探测器产品的微测辐射热计采用了双层伞形结构设计，可获得更高的填充系数，带来更高的响应率；在读出电路中采用了温度补偿技术，从而可使探测器稳定地工作于无 TEC 模式。美国 L－3 公司是一家实力非常雄厚的非制冷红外焦平面探测器制造厂商。L－3 旗下采用多晶硅为热敏材料的电光系统公司 L－3 EOS(L－3 Electro－Optical Systems)，在多晶硅红外探测器的出货量上仅次于法国 ULIS，早在 2009 年就实现了 17 μm 像元尺寸，分辨率 640×480 的探测器量产，其产品阵列规模覆盖了 320×240，640×480 和 1 024×768。图 2－43 是 L－3 公司几款晶圆级封装的探测器产品。日本 NEC 公司是采用氧化钒材料的非制冷红外焦平面探测器生产厂商，拥有像元尺寸为 23.5 μm，分辨率 320×240，640×480 的探测器产品。近两年 NEC 新研制成功了像元尺寸 12 μm、分辨率 640×480 的探测器，采用陶瓷管壳封装，并获得 60 mK 的 NETD 指标。英国 BAE 公司也是世界知名的非制冷氧化钒红外焦平面探测器生产厂商。近年来，BAE 致力于将其原先 28 μm 像元尺寸的产品升级至 17 μm 像元尺寸，640×480 的探测器研究和制造较为顺利，更大面阵的 1 024×768 探测器也在研制中。BAE 的探测器可有不同的热响应时间指标(4～20 ms)，对应的 NETD 指标也不同，在两者之间取适当折中。BAE 热响应时间 12 ms 的器件 NETD 可达 50 mK。法国 ULIS 公司隶属于法国 Sofradir 公司，是世界上最主要的非制冷多晶硅红外焦平面探测器的制造商，ULIS 的探测器产品进入中国较早并占据了国内大部分探测器市场。目前 ULIS 的探测器在像元尺寸上以 25 μm 为主，17 μm 的产品也已开始批量供货，面阵规模涵盖 160×120，384×288 和 640×480；在封装上同时具有金属管壳和陶瓷管壳封装，即 ULIS 的产品既有含 TEC 的，也有无 TEC 的。NETD 指标稍差，为 50～80 mK；但热响应时间小于 10 ms 是其一个优点。最近 ULIS 在进一步减小像元尺寸方面做了不少研究工作，据 2012 年的文献报道，ULIS 已经研制成功像元尺寸 12 μm、分辨率 640×480 的多晶硅探测器，其在热响应时间仅有 6.6 ms 的情

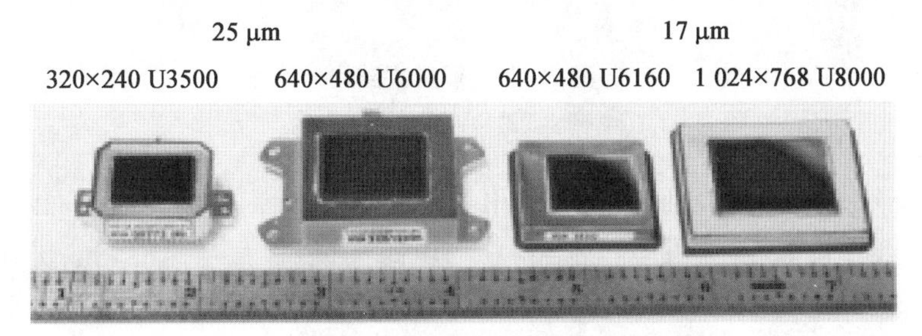

图 2－42 DRS 非制冷红外焦平面探测器照片

况下，NETD 可达到 53 mK。更小的像元尺寸意味着探测器的面阵可以做得更大，而体积、重量、成本则会更低。随着探测器像元尺寸的缩小，也需要在红外光学和图像处理端配合进行更加深入和细致的工作，才能获得性能优异的热成像系统。

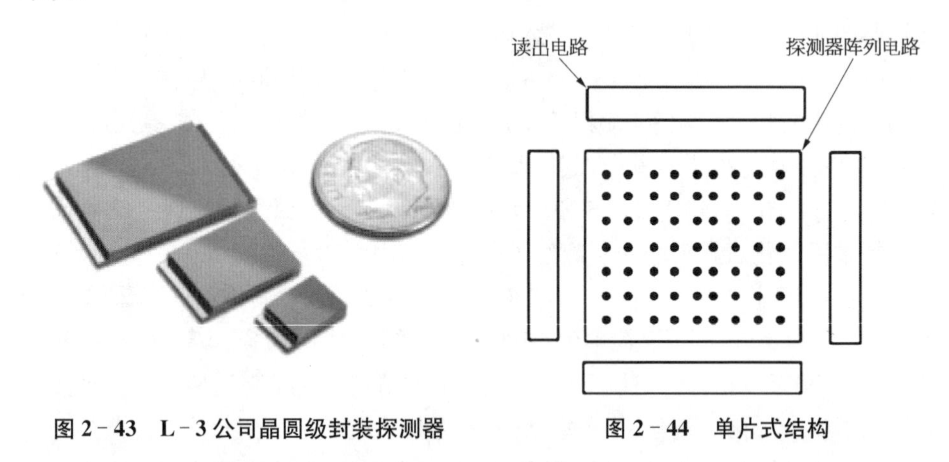

图 2-43　L-3 公司晶圆级封装探测器

图 2-44　单片式结构

按照结构形式分类，红外焦平面阵列可分为单片式和混成式两种。其中，单片式集成在一个硅衬底上，即读出电路和探测器都使用相同的材料，如图 2-44 所示。混成式是指红外探测器和读出电路分别选用两种材料，如红外探测器使用 HgCdTe，读出电路使用 Si。混成式主要分为倒装式[见图 2-45(a)]和 Z 平面式[见图 2-45(b)]两种。

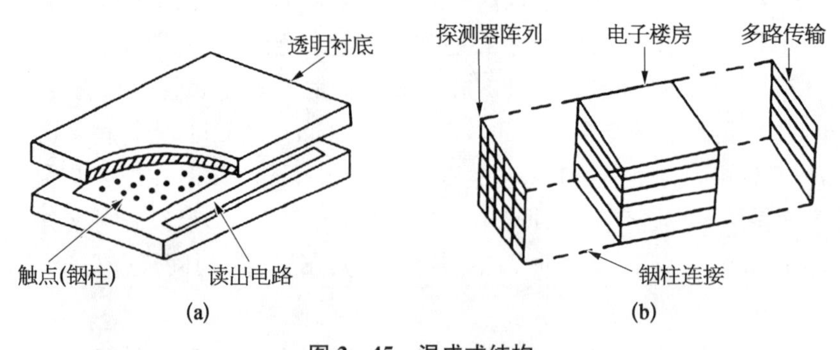

图 2-45　混成式结构

(a) 倒装式结构；(b) Z 平面结构

根据红外焦平面阵列在军事、民用等方面的要求，未来红外焦平面阵列的主要发展方向为：① 集成化，探测器材料与电路集成，杜瓦与制冷、光、机、电的集成。② 长线列如 6 000×1(美国已经用于高空预警机)，大面阵如 2 048×2 048(中短波)、640×480(长波)。③ 小型化、重量轻、容易携带。④ 双色、多光谱。

⑤ 高温化(如 300 K 常温使用)。⑥ 智能化,对于不同的目标能自动调节窗口。红外成像属于技术密集度高、投资强度大、研究周期长、应用前景广泛的高技术产业,因此,只有相关单位打破单位界限和行业界限,分工协作,集中国内已有的技术力量和充分利用先进技术,发挥优势,组织联合攻关,才能确保此行业的顺利发展。

2.6.6　新型光电探测器

随着光通信、光传感与光电测量技术的迅速发展,人们对新波长、高性能光电探测器的应用需求也越来越迫切,在一批新型光电材料问世与探测器制备工艺技术提升的基础上,近年涌现了一批新型光电探测器。这些探测器的主要特点有:

(1) 拓展波长探测功能。在红外探测器方面,研究表明 HgCdTe 材料在相当长的一段时间还将继续发挥作用。但从应用出发一方面将其探测波长向甚长波(6～20 μm)延伸,另一方面发展了双色红外探测器、多光谱红外焦平面器件等。新近发展的紫外探测器,其中日盲(230～280 nm)探测器发展最为活跃。紫外线在军事方面有重要应用如紫外线告警、通信、干扰等;在民用方面的应用如天文、火焰探测、生物效应、环境污染监测等。

(2) 开发新型结构。最为典型的是开发具有良好性能的量子阱与量子点结构器件。如量子点红外探测器(QDIPs 与 QWIPs),QWIPs 是一种在量子阱中嵌入量子点(DWELL, dot-in-a-well)的异质结结构,它兼备了传统 DWELL 和 QDIPs 的特点。此外,偏振选择红外焦平面探测器也是一种新结构器件。

(3) 高灵敏探测性能。为适应远距离或微弱光信号探测需要,发展了盖格模式雪崩光电二极管(GAPD)、微光夜视成像用电子倍增电荷耦合器件(EMCCD)、电子轰击电荷耦合器件(EBCCD)、多阳极阵列探测器(MAMA)等。

(4) 新型材料器件。GaN 是紫外探测器最具吸引力的材料,尤其是 GaN 基三元合金 Al_xGa_1-xN,它随 Al 组分的变化带隙在 3.4～6.2 eV,所对应吸收波长正好在 200～365 nm,覆盖了大气臭氧层吸收光谱区(230～280 nm),是制作太阳盲区紫外探测器的理想材料之一。近年,随着石墨烯材料制备的成熟,人们利用它具有从紫外至远红外的宽光谱吸收特性、室温下超高的载流子迁移率、良好的机械柔韧性和环境稳定性等优异性能,努力研究适于超宽谱、超快、非制冷、大面阵、柔性和长寿命应用的从可见到红外波段的光电探测器。但石墨烯较弱的光吸收能力还需加以克服。在众多有机材料中,一类有机半导体材料(小分子与聚合物)是发展光电探测器的一项新的选择,如聚合物制作的光电二极管与光电倍增器件正吸引人们的注意。与无机光电探测器相比,有机材料合成方法简单,能级结构可自由设计,光电探测器具有质量轻、材料来源丰富、成本低、易加工、柔性可弯曲等优点。

2.7 光探测器的偏置与放大

2.7.1 常用偏置电路

众所周知,正确设计探测器的偏置对于提高其性能有重要影响与意义。在前面,已对不同类型的探测器的结构、原理及参数进行了介绍。若按偏置方式对探测器进行分类,并对具体偏置设计进行分析与讨论,这在实际应用中是很有用的。通常,光探测器的偏置方式有两种:① 自生偏置(零偏置)。通常,热电偶、光伏探测器采用自生偏置方式。对于前两种探测器,它不需外加偏置电源,其光辐射产生的光电流通过一定耦合方式,直接与前置放大器相连,实现对信号的有效放大。而对于光伏探测器,它即可工作于零偏置状态,也可工作于反偏压状态。② 外加偏置。通常,光电导探测器、光电子发射探测器需采用外加偏置方式,这类探测器使用偏置电源才能形成光电流或电压。当然,在实现最大信噪比的条件下其偏置电压的设定有一个范围。随着偏置电压的进一步增加,它会引起探测器的电阻降低,输出信号减小,还将引起探测器功率消耗增大,产生焦耳热以致其器件温度迅速上升,甚至损坏器件。总之,在使用偏置电压过程中,应在发挥器件性能的同时,尽量降低引入噪声量,且偏压电路应稳定。

1) 光伏探测器偏置电路

加在探测器上的偏置电压与其内建电场方向一致的偏置电路叫作反向偏置电路,如图 2-46 所示。光生伏特器件在反向偏置状态中使其 PN 结势垒区变

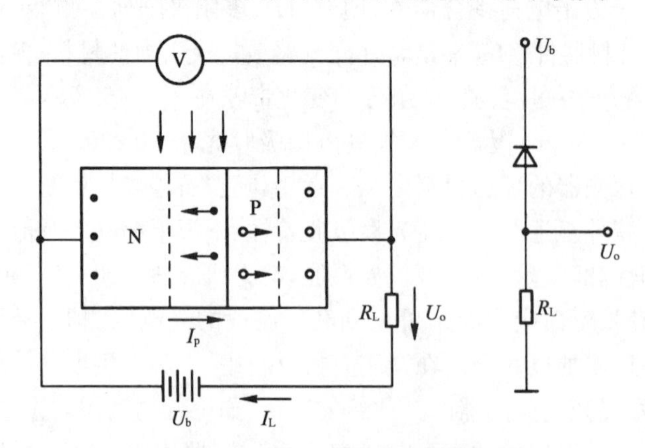

图 2-46 光生伏特器件的反向偏置电路

宽，这有利于光生载流子的漂移运动，从而使其线性范围和光电变换的动态范围加宽。另外，它具有电路简单、容易调节等优点。

在该电路中，当 $U_b \gg KT/q$ 时，流过负载电阻 R_L 的电流为

$$I_L = I_p + I_d \tag{2-108}$$

其输出电压为

$$U_o = U_b - I_L R_L \tag{2-109}$$

其输出特性曲线如图 2-47 所示，图中 Q 点为静态工作点。其输出电压的动态范围与电源电压、负载电阻有关，而输出电流也与负载电阻有关。由于负载电阻 $R_{L_1} \gg R_{L_2}$，因而负载电阻 R_{L_1} 所对应的特性曲线 1 的动态范围大于负载电阻 R_{L_2} 所对应的特性曲线 2 的动态范围，但是，其相应电流动态范围的大小则相反。所以，在设计过程中应根据器件的技术指标要求来合理选择负载电阻。

在式(2-108)中，将光生电流与入射辐射量的关系式代入，得到

$$I_L = \frac{\eta q \lambda}{hc} \Phi_{e,\lambda} + I_d \tag{2-110}$$

另外，由于光生伏特器件的暗电流通常很小，可忽略不计。因而上式可简化为

$$I_L = \frac{\eta q \lambda}{hc} \Phi_{e,\lambda} \tag{2-111}$$

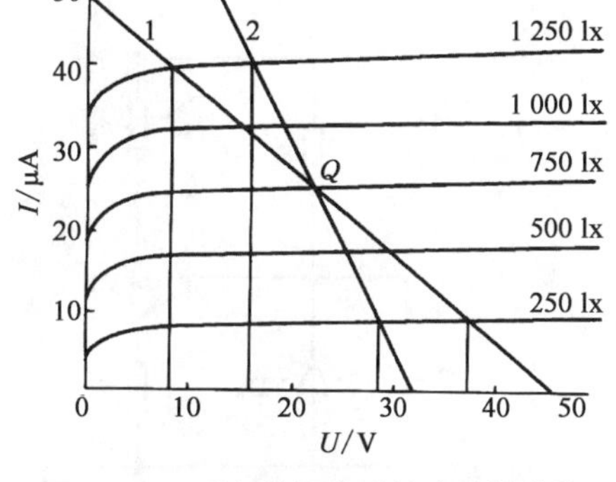

图 2-47　反向偏置电路输出特性曲线

其反向偏置电路输出电压与入射辐射量的关系为

$$U_o = U_b - R_L \frac{\eta q \lambda}{hc} \Phi_{e,\lambda} \tag{2-112}$$

则输出电压变化量与入射辐射量的改变量的关系为

$$\Delta U_o = -R_L \frac{\eta q \lambda}{hc} \Delta \Phi_{e,\lambda} \tag{2-113}$$

上式表明输出信号电压与入射辐射量的变化成正比，但变化方向相反，即输出电压随入射辐射的增加而减小。

2) 光电导探测器偏置电路

光敏电路是最常见的光电导探测器件，它的阻值随入射辐射通量的改变而

变化,因而可利用光敏电阻将光学信息转变为电信号信息,通常称完成这个转换工作的电路叫作光敏电阻的偏置电路。其偏置电路有两种:恒流电路和恒压电路。

恒流电路如图 2-48(a)所示,电路中稳压管 VD_W 用于稳定晶体三极管的基极电压,则流过晶体三极管发射极的电流为

$$I_e = \frac{U_W - U_{be}}{R_e} \tag{2-114}$$

式中,U_W,U_{be},R_e 分别为稳压二极管的稳压值、三极管发射结电压和固定电阻,发射极电流 I_e 为恒定电流。又三极管在放大状态下集电极与发射极电流近似相等,因而流过光敏电阻的电流为恒流。其偏置电路输出电压为

$$U_o = U_{bb} - I_c R_p \tag{2-115}$$

该式说明输出信号电压与光敏电阻成线性关系,而光敏电阻与辐射光能流有关。

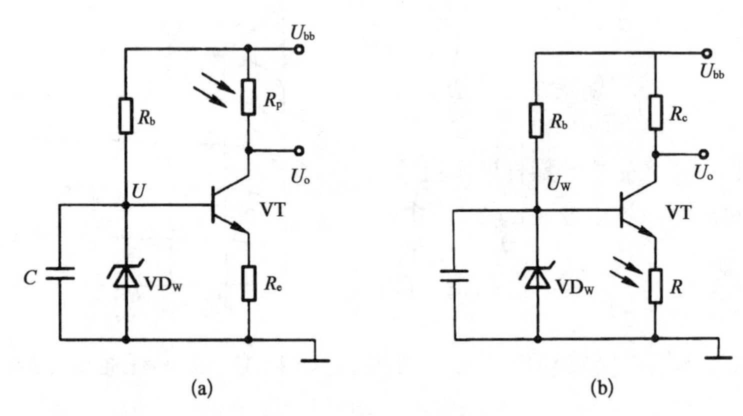

图 2-48 光电导探测器偏置电路

(a) 恒流电路;(b) 恒压电路

对于恒压电路,其电路图如图 2-48(b)所示。处于放大工作状态的三极管 VT 的基极电压由稳压二极管恒定为 U_W,三极管发射极的电位为 $U_o = U_W - U_{bb}$,而处于放大状态的三极管的 $U_{bb} \approx 0.7$ V,所以,当 $U_W \gg U_{bb}$ 时,$U_o \approx U_W$,因而光敏电阻上的电压为恒定值。其恒压偏置电路输出电压为

$$U_o = E_c - I_c R_c \tag{2-116}$$

由于三极管的反射极电流 I_c 与光敏电阻的输出电流 I_P 近似相等,因而道路输出电压保持恒定。

3）其他探测器偏置电路

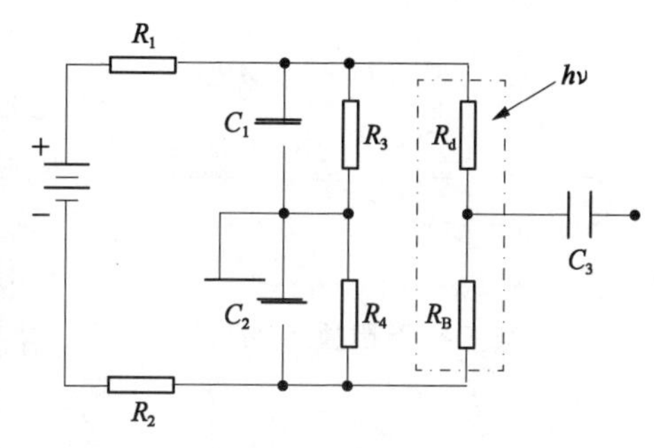

图 2-49　热敏电阻的偏置电路

热敏电阻是一种将探测光辐射转换成电信号的探测器。其偏置电路如图 2-49 所示。由于热敏电阻对温度变化特别敏感，偏置电路中的 R_B 通常不采用固体电阻器，而用一个与探测光辐射的热敏电阻相同型号的热敏电阻替代，使外界环境温度对 R_B 与 R_d 产生相同的影响，从而消除环境温度变化对输出信号的漂移，以保持输出信号的稳定。

2.7.2　常用放大电路

前置放大器的设计与选择对光探测器的性能有主要影响。通常，从两方面进行考虑，首先是要求探测器到前置放大器的传输功率最大，即放大器输入阻抗与探测器阻抗匹配；其次要求输出噪声最小，即要求前置放大器工作在最佳源电阻状态。而实际上光探测系统中最佳源电阻与匹配电阻往往并不严格相等，甚至相差很大。而对于不同类型的探测器，其内阻通常差别很大。根据阻抗匹配及信噪比要求，通常有下列前置放大电路可供选择。

1）低输入阻抗的前置放大器

低输入阻抗的前置放大器一般可有变压器耦合、晶体管共基极电路、并联负反馈及多个晶体管并联等作为放大器的输入级。在变压器耦合中，改变匝数比可改变变压器输出端电阻，以达到阻抗匹配和所需最佳源电阻要求，但是，它和变压器耦合零偏置电路类似，只适用于较窄的频带。若采用多个低噪声晶体管并联，可以减小放大器输入电路，以达到阻抗匹配或最佳源电阻的要求。

2）高输入阻抗前置放大器

对于阻抗特别高的光探测器必须采用场效应管作为第一级输入电路，场效应管是电压控制器件，它的栅源、栅漏电阻较高为 $10^8 \sim 10^{15}$ Ω，而栅源、栅漏电容一般为几皮法到几十皮法。同时，场效应管噪声低、抗辐射能力强，具有零温度系数工作点，所以高输入阻抗放大器采用场效应管制作。为进一步提高输入阻抗，还可采用源极输出电路或源极跟随器作阻抗变换，再和下一级放大器相连。

3）其他放大电路

对于具有恒流源特性的光探测器，采用高阻负载将有利于获得大的信号电压，故希望采用高阻放大器。但对于探测器分布电容和放大器输入电容来说，高

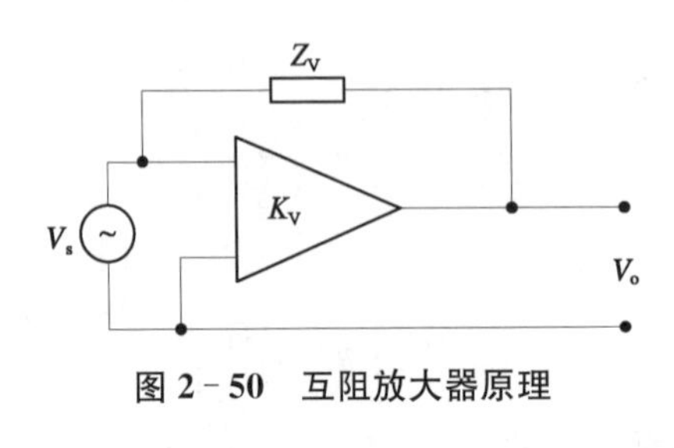

图 2-50 互阻放大器原理

负载电阻将增加 RC 时间常数,从而影响系统的高频响应,减小其动态范围,通常采用互阻放大器或并联反馈放大器来克服这一问题。其放大电路如图 2-50 所示,它是一个电流-电压变压器,当在环路增益很大的情况下,输出电压与输入电流的关系为

$$V_o = -Z_V I_i \tag{2-117}$$

式中,Z_V 是从放大器的输出到输入的有效反馈阻抗。在大环路增益的简化假设下,频率响应由 Z_V 的特性所决定。

2.7.3 应用实例

红外防盗报警器是光电探测器的一个典型应用实例,其电路如图 2-51 所示,它由发射电路和接收电路构成。该电路的特点是灵敏可靠、抗干扰、可在强光下工作。在发射电路中,由 F_1, F_2, R_1 和 C_1 组成多谐振荡器产生 1～15 kHz 的高频信号,经 VT 放大后驱动红外发光二极管 VL 发出高频红外光信号。在接收电路中,当发射头前方有人阻挡或通过时,由发射机发出的高频 IR 信号将被人体反射回来一部分,光敏二极管 VD 接收到这一信号后,经 VT_1, VT_2, VT_3 及阻容元件组成的放大电路放大 IR 信号,然后送入音频译码器 LM567 进行识别译码,在 IC_1 的 8 号管脚产生一低电位,使 VT_4 截止。电源经 R_9, VD 向 C_7 充电,IC_2, TWH8778 立即导通,使音像电路发出报警声。这时,

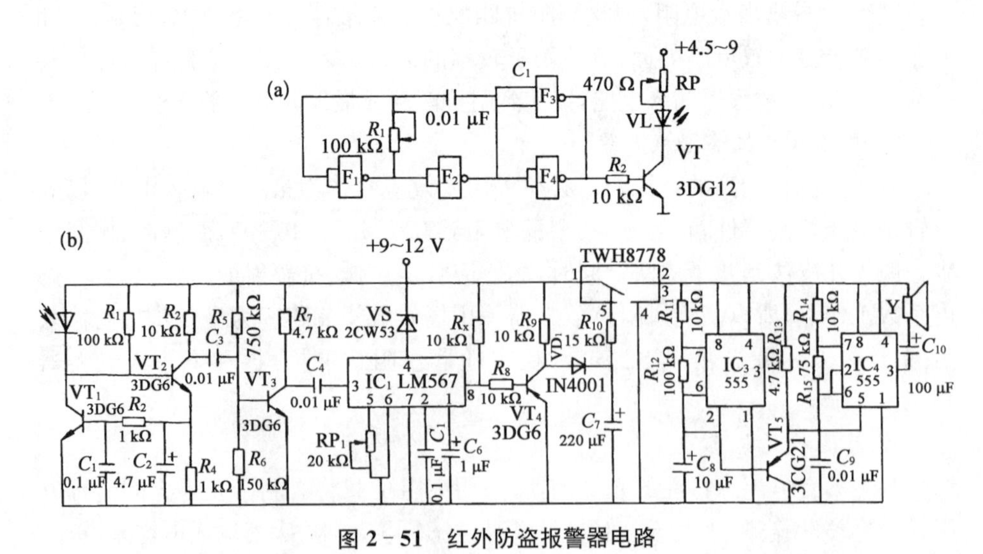

图 2-51 红外防盗报警器电路

即使人已通过“禁区”，光敏二极管 VD 无信号接收，使 VT_4 导通，VD 截止，但由于 C_7 的放电作用，仍在 10 s 时间内维持 IC_2 导通，从而实现报警记忆。

参考文献

[1] 王有庆. 光电技术. 北京：电子工业出版社，2005.
[2] 安毓英，曾晓东. 光电探测原理. 西安：西安电子科技大学出版社，2004.
[3] 陈永甫. 红外辐射、红外器件与典型应用. 北京：电子工业出版社，2004.
[4] 浦昭邦. 光电测试技术. 北京：机械工业出版社，2006.
[5] 高稚允，高岳. 光电检测技术. 北京：国防工业出版社，1995.
[6] 王清正，胡渝，林崇杰. 光电探测技术. 北京：电子工业出版社，1994.
[7] Michael Bass. Handbook of optics：fundamentals，techniques & design. McGraw-Hill Inc，2nd，1995.
[8] Ronald W Waynant，Marwood N Ediger. Electro-optics handbook. McGraw-Hill Inc，2nd，2000.
[9] 刘辉. 红外光电探测原理. 北京：国防工业出版社，2016.
[10] 安毓英. 光电探测与信号处理. 北京：科学出版社，2018.
[11] 冯涛，金伟其，司俊杰. 非制冷红外焦平面探测器及其技术发展动态. 红外技术，2015，37(3)：177 - 184.
[12] 刘武，叶振华. 国外红外光电探测器发展动态. 激光与红外，2011，41(4)：365 - 370.
[13] 徐立国，谢雪松，吕长志，等. GaN 基紫外光探测器研究进展. 半导体光电，2004，25(6)：411 - 416.
[14] 朱淼，朱宏伟. 石墨稀/硅光电探测器. 自然杂志，2016，38(2)：97 - 100.

第3章　光波参数检测

光波作为信息载体,信息都是以主动或被动方式调制在光波上的,因此要进行信息的解调,首先需要对被调制的光波进行检测。由于光探测器只能对光强进行光电转换,所以还需要将除光强以外的其他光波参数转换成光强的形式。光强(光能量或光功率)检测是光波参数检测中最基本、最重要的检测,通常应用光电效应与光热效应进行测量,一般作为计量仪器运用并制定有相应标准。在光信息检测中则主要将光强信号转变为电压或电流信号进行处理。光波长测量多数情况下应用了光色散原理,其色散元件主要有棱镜与光栅等。同样,波长计也是一种经过标定后的常用测量仪器。在光信息检测中更多的是将波长信号转变为光强信号进行检测处理。而光波相位测量则比较特殊,通常需要应用光干涉方法,首先将光波相位的变化转变为光强的变化再进行检测,其测量在光信息检测中占有很重要的地位。由于相位的变化与光波传播密切相关,引起相位变化的因素有多种形式,所以至今无专一的相位测量仪器。同样,作为光波重要参数之一的光波偏振测量也在光信息的解调中得到应用。

本章将简要介绍激光光强(光能量与光功率)与波长测量的一般原理和基本方法,重点从光信息解调出发结合各种光干涉方法介绍波长、相位与偏振参数的检测原理、方法和技术,并紧密联系当前应用进行举例以加深其理解。

3.1　激光能量与光功率测量

通常,激光具有两种工作方式:连续工作方式和脉冲工作方式。对于连续激光主要是光功率测量,而对于脉冲激光则主要是测量单次脉冲的能量或峰值功率。

激光能量与功率的检测已有国家与国际标准。表3-1列出了美国国家计量机构NIST的标准,同样,我国也制定了相应测量标准(见表3-2～表3-4)。应用这些标准研究生产的各种激光能量与激光功率计就是我们通常所应用的测量工具。

表 3-1　NIST 激光功率和能量标准

主基准	波长范围	功率(能量)范围	不确定度
C 系列量热计	0.4～2 μm	50 μW～1 W	0.5%～1%
Q 系列量热计	1.06 μm	0.5～15 J	1.1%～1.9%
K 系列量热计	0.4～20 μm	1～1 000 W，300～3 000 J	1.6%～2.5%
BB 量热计	1.06～10.6 μm	100 W～200 kW、10 kJ～6 MJ	3%
QUV 量热计	248 nm	0.5～15 J	1.6%～2.5%
QDUV 量热计	193 nm	0.1～1 J	1%
低温辐射计	0.4～2 μm	100 μW～1 mW	0.2‰～0.5‰

表 3-2　连续激光功率计量标准

波　长	功　率	不确定度
0.514 μm	1 W	1.0%
1.064 μm	1 W	1.0%
10.6 μm	1 W	1.0%
10.6 μm	100 W	2.5%

表 3-3　脉冲激光能量计量标准

波　长	能　量	脉冲宽度	不确定度
0.532 μm	50 mJ	10 ns	1.5%
1.064 μm	60 mJ	10 ns/5 μs	1.5%
10.6 μm	50 mJ	55 ns+2 μs	1.5%

表 3-4　热电型能量计量标准

波　长	能　量	脉冲宽度	不确定度
0.532 μm	10 mJ	20 ns	4.0%
1.064 μm	70 mJ	20 ns/60 μs	2.0%
10.6 μm	50 mJ	50 ns+2 μs	2.0%

3.1.1　激光能量测量

对于一激光功率 $p(t)$，重频为 f（周期 T）的脉冲激光，在脉宽 τ 时间内激光能量为

$$E=\int_0^{\tau} p(t)\mathrm{d}t \tag{3-1}$$

其平均功率为

$$P=fE \tag{3-2}$$

对于峰值功率为 p 的方波脉冲激光，其脉冲激光能量为

$$E=\tau p \tag{3-3}$$

通常，激光能量测量有两种方法：光热法与光电法。

1）光热法

光热法测量激光能量的原理是利用了激光的热效应。当激光在绝热环境下为吸收体全部吸收后，其光能将全部转换为热能引起吸收体的温升。只要准确测量吸收体的升高温度和吸收体的质量、比热和对应波长的光吸收率就能准确计算出激光能量。光热法的核心元件就是光热吸收体，而测量的关键技术就是对吸收体进行无辐射吸收结构设计，对测量装置进行隔热以及对温度变化的精确测量。作为光热吸收体的材料主要有固体（如石墨、中性离子着色玻璃等）和液体（如 $CuSO_4$ 等），它们可以用来测量较高激光能量；而对于低能激光测量则可应用热释电一类材料。

设吸收体处于绝热条件下，其质量 M、比热容 C、吸收率 $\alpha(\lambda)$，所测得的温升为 ΔT，则所吸收的激光能量为

$$E=\frac{1}{\alpha(\lambda)}MC\Delta T \tag{3-4}$$

一般吸收率 $\alpha(\lambda)$ 随波长变化不大。吸收体的温度测量可用热电偶、热电堆或半导体器件将其转换为电压形式输出。设 K 为热电耦合系数，则输出热电势为

$$V=K\Delta T \tag{3-5}$$

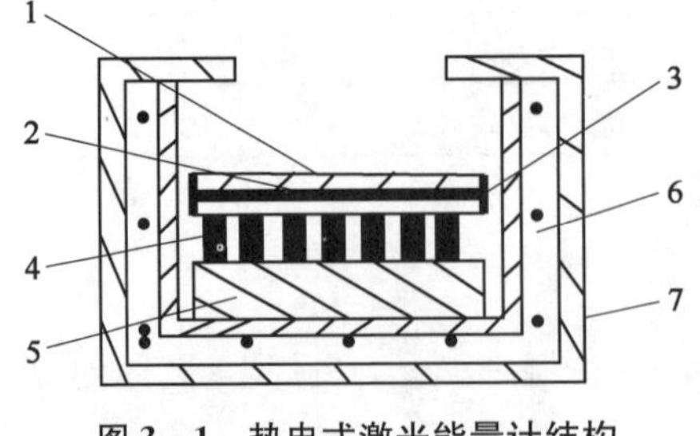

图 3-1 热电式激光能量计结构

由测得的热电势通过放大、标定即可得到激光能量。吸收体可设计为锥形漏斗形式如石墨空心锥体，在这一结构下被测激光能够最大限度为锥体内表面所吸收。图 3-1 为一热电式激光能量计结构。图中 1 为中性玻璃吸收体，具有从紫外到红外波长较为平坦的吸收谱；2 为黑

化热垫体，用于对残留激光能量的再吸收，同时提高热能的横向均匀性；3 为电加热校准器，用于激光能量校准；4 为热电堆；5 为热电堆冷端；6 为隔热层；7 为外壳。

2）光电法

光电法测量激光能量的原理利用了光电效应。当激光照射到光电探测器上后就能获得光电流或光电势(压)输出。光电探测器输出与光强成正比，由此可标定激光功率。由式(3-1)可知，激光能量需对功率进行积分。应用图 3-2 所示的电容积分电路即可实现对激光能量的测量。图中首先将开关 K 闭合对电容器 C 充电，当充电至电压 V 时断开开关，使其处于待测状态。当激光照射光电探测器 D 时所产生的光电流 i_p 为电容器 C 放电形成，电容器释放的电荷量 Q 为

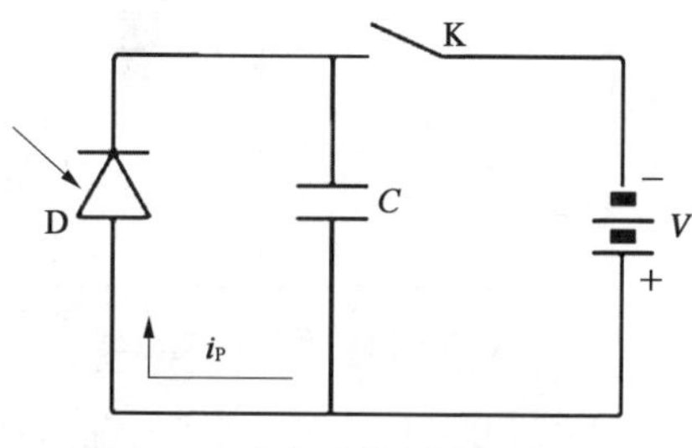

图 3-2　光电式能量计积分电路

$$Q=\int i_p \mathrm{d}t=\Delta VC \tag{3-6}$$

式中，ΔV 为电容器上的电压变化量。设光电探测器的响应度为 $R(\lambda)$，有

$$i_p=R(\lambda)p(t) \tag{3-7}$$

将上式中 $p(t)$ 带入式(3-1)可得到

$$E=\frac{1}{R(\lambda)}\int i_p \mathrm{d}t=\frac{\Delta VC}{R(\lambda)} \tag{3-8}$$

从上可见，激光能量与电容器上电压变化 ΔV 成正比，测量 ΔV 并经过校准即可得到激光能量。由于光电探测器的响应度与波长紧密相关，所以应用光电探测器的能量计都需要进行波长标定。相较之下，光热型能量计对波长的响应就没有如此敏感，其波长适应范围更宽。

3.1.2　激光功率测量

1）连续功率测量

连续激光功率测量同样可以应用光热法与光电法。光热法与能量计原理相同，利用了吸收体将激光能量转换为热能从而产生温升的原理。而光电法则比能量计更为简单，光电探测器输出信号正比于激光功率，因而无需进行电路积分就可直接测量功率。

2) 峰值功率测量

由于需要测量激光功率的瞬时变化,响应速度慢的光热法不能适应,所以通常都采用响应速度快的光电法。利用光电探测器测量激光峰值功率的原理如图3-3所示。其出发点还是利用了电容充放电效应。进行测量时先使开关K断开,让光照射光电探测器产生的光电流通过电阻 R 对电容 C 充电。设激光脉冲上升时间为 τ_r,只要选取 R, C 回路充放电时间常数 T 得当,使 $T = RC \ll \tau_r$,以保证激光脉冲在上升时间里对电容充电完成,则电容器上的电压 V_c 将正比于激光峰值功率 P_m。然后接通开关K,电容器 C 将通过 R_c 放电。由于 $R_c \gg R$,所形成的脉冲将大大展宽。应用这一方法可以将纳秒量级脉冲展宽为亚毫秒脉冲进行测量。

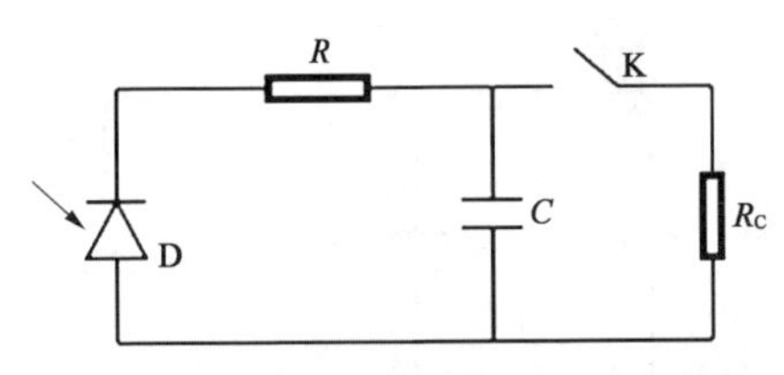

图 3-3　峰值功率计测量原理

随着电子技术的发展,目前应用高速数字示波器通过定标与功率衰减即能对中小功率的高速光脉冲重复频率、脉冲宽度、峰值功率等进行实时测量。

由于激光波长从红外到紫外,其功率从皮瓦到兆瓦,能量从微焦到千焦,因而有着各种不同规格的测量仪器,应用时需作适当选择。

通过光探测器将信号光强转换为电信号的耦合测量在第2章和第5章都有深入介绍。

3.2　光波长(频率)检测

光波长的一般检测方法早已为人们所熟知,应用棱镜、光栅的色散特性做成的分光光度计与光栅光谱仪作为计量仪器已得到普遍应用,在此不多介绍。本节主要介绍一些在光信息检测中常用的特殊方法。

3.2.1　可调谐F-P(Fabry-Perot)腔方法

F-P腔是一种多光束干涉谐振腔,用于波长检测的F-P腔,其原理结构如图3-4所示。理想情况下,F-P腔是由一对反射率分别为 R 的平行平面反射镜 M_1 与 M_2 所构成,腔内介质折射率为 n,腔长为 l。

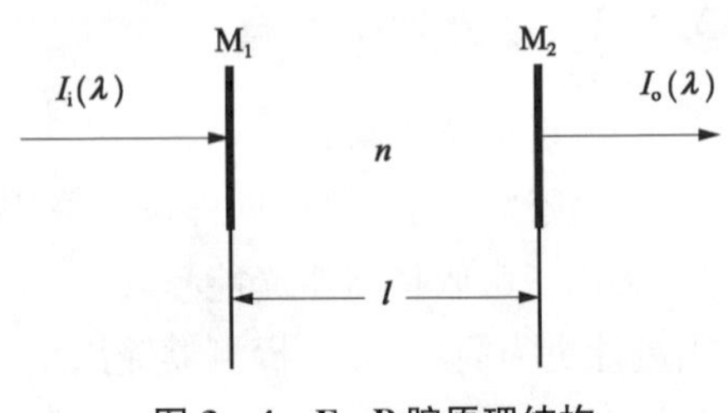

图 3-4　F-P腔原理结构

设输入光为具有一定光强 $I_i(\lambda)$ 与

谱宽的被测信号，当以垂直方式入射到 F－P 腔上时，由 F－P 腔输出的光强 $I_o(\lambda)$ 与 $I_i(\lambda)$ 之比，即光的透射率为

$$T=\frac{I_o(\lambda)}{I_i(\lambda)}=\frac{(1-R)^2}{(1-R)^2+4R\sin^2\left(\frac{\delta}{2}\right)} \tag{3-9}$$

式中，λ 为光在真空中的波长，光在腔中往返一周所产生的相位差为

$$\delta=\frac{4\pi nl}{\lambda} \tag{3-10}$$

从式(3－9)可以看出，反射率 R 与相位差 δ 决定了输出光强的大小与分布。图 3－5 给出了不同反射率 R 下，透射率 T 与波长 λ 的关系曲线。
当光频 ν_m 满足：

$$\nu_m=m\left(\frac{c}{2nl}\right)\qquad (m=\text{任意整数}) \tag{3-11}$$

透射率 T 将取得最大值。这里 ν 为光频，$c=\lambda\nu$。由图 3－5 可见，对应不同的 R，透射光的谱宽不同，R 愈大，透射光谱宽愈窄。透射光的半光谱宽 $\Delta\nu_{1/2}$ 近似为

$$\Delta\nu_{1/2}\approx\left(\frac{c}{2\pi nl}\right)\left(\frac{1-R}{\sqrt{R}}\right) \tag{3-12}$$

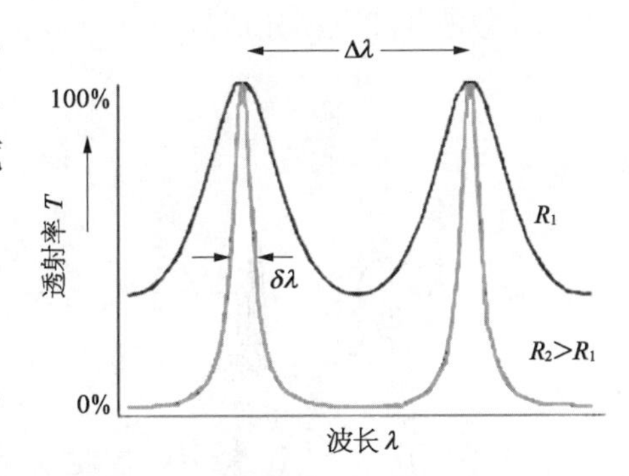

图 3－5　无损耗情况下 F－P 腔透射率 T 与波长 λ 间关系

光谱精细度 F 定义为

$$F=\frac{\pi\sqrt{R}}{1-R} \tag{3-13}$$

以波长表示的透射光的自由光谱区(FSR，两透射峰波长间隔)宽为

$$FSR=\frac{\lambda^2}{2nl} \tag{3-14}$$

当腔内存在损耗时，透射率特性将随损耗增加而降低并变得更平坦，其情形如图 3－6 所示。

从式(3－9)与式(3－10)可见，只要改变腔长 l 即可通过改变 δ 来对不同波长的光进行选择，从而实现对入射光波长的测量。从式(3－12)可见，选择高的光反射率 R，透射光谱愈窄，从而可以获得更高的波长分辨率。增大腔长

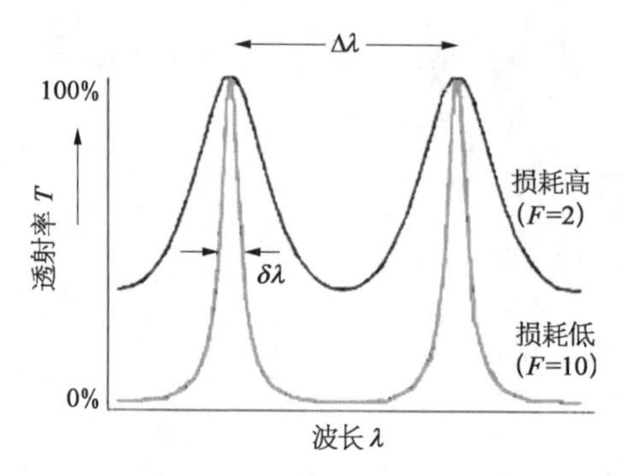

图 3-6　F-P腔内存在光损耗时透射率 T 与波长 λ 间关系

也可提高透射光谱精细度,但自由光谱区将变窄。

在实际中,用于激光波长选择或测量的 F-P 标准具就是应用这一原理做成的。它通过手动与压电陶瓷电压调节相结合的方法来改变腔长,从而对波长进行扫描。前者进行初调,后者实现精调。这种结构的 F-P 标准具的精细度可达到几百,自由光谱范围几十吉赫兹,波长分辨率可达纳米量级。

F-P 标准具波长计可用来测量脉冲或连续激光器的输出波长。图 3-7 为又一结构的 F-P 波长计原理,它采用了两套 F-P 标准具,标准具 A 为楔形,B 为平行结构,它们分别为参考激光与待测激光提供干涉,在标准具上所产生的干涉条纹分别为 CCD_1 和 CCD_2 成像记录。参考激光与待测激光在标准具 A 上产生干涉条纹数的间隙宽度分别为 m_{Ar} 与 m_{As},则第一次测量所得待测激光波长为

$$\lambda_{s1}=\frac{m_{Ar}}{m_{As}}\lambda_r \tag{3-15}$$

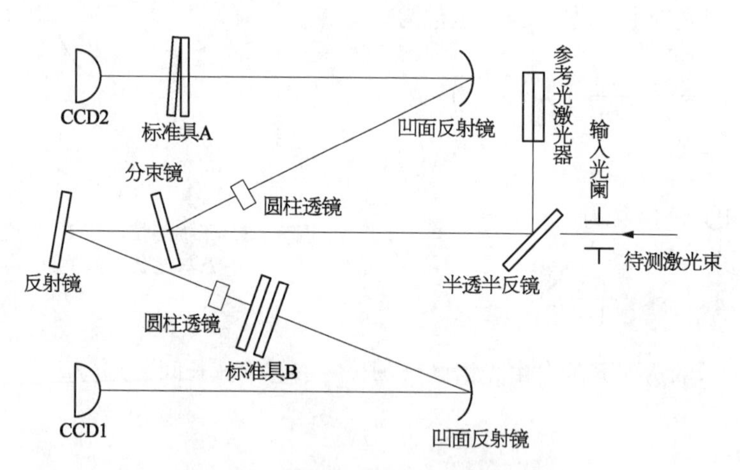

图 3-7　一种 F-P 波长计的原理结构

式中,λ_r 为参考激光波长。利用测量确定的标准具 A 的镜面间厚度 d_A 与上式得到的 λ_{s1} 可计算出待测激光在标准具 A 上干涉的条纹数:

$$M_{AS}=\frac{2nd_A}{\lambda_{s1}} \tag{3-16}$$

将 M_{AS} 取整数为 M_{AS0}，则可得到修正后的待测激光波长 λ_{s2} 为

$$\lambda_{s2} = \frac{2nd_A}{M_{AS0}} \tag{3-17}$$

应用标准具 B 的镜面间厚度 d_B 和 λ_{s2} 可计算得到待测激光在标准具 B 上干涉的条纹数：

$$M_{BS} = \frac{2nd_B}{\lambda_{s2}} \tag{3-18}$$

将 M_{BS} 取整数为 M_{BS0}，最后可得到待测激光波长为

$$\lambda_{s3} = \frac{2nd_B}{M_{BS0}} \tag{3-19}$$

这种干涉波长计可获得 1×10^{-6} 的测量精度。

图 3-8 为一种用于光纤传输系统的可调光纤滤波器，其 F-P 腔由经准直的两光纤与镀高反射膜的膜片构成，光纤端冒分别与压电陶瓷固定在一起，当改变加在压电陶瓷上的电压时，光纤两端面距离发生改变，即 F-P 腔长改变，从而实现输入光波长的调谐滤波。

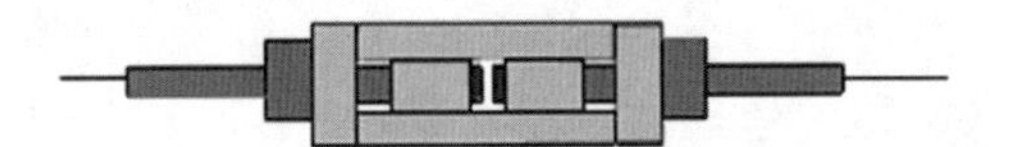

图 3-8　可调 F-P 光纤滤波器原理结构

一种具有类似结构的，用于光纤光栅传感测量的可调光纤滤波器，其典型工作参数如表 3-5 所示。

表 3-5　一种可调光纤滤波器典型工作参数

工作波长	1 480～1 600 nm
精细度	100～1 000
插入损耗	>3 dB
自由光谱范围	0.1～120 nm
光谱半高宽	0.01～1 nm
消光比	>45 dB
调谐电压	0～25 V
最大扫描频率	1 000 Hz
工作温度	−10～70 ℃

这种滤波器可用作光纤通信系统中的波分器与光纤光栅传感器的波长解调。图 3－9 为一光纤光栅传感器工作原理。宽谱光源输出的光经光纤耦合器送至光纤光栅阵列，温度或外部应力作用将引起光栅的反射光波长移动。一部分反射光经耦合器后到达可调 F－P 光纤滤波器，通过加到滤波器压电陶瓷上的电压扫描，实现对波长的解调，从而测量各个光栅所经受的温度或应力的变化。

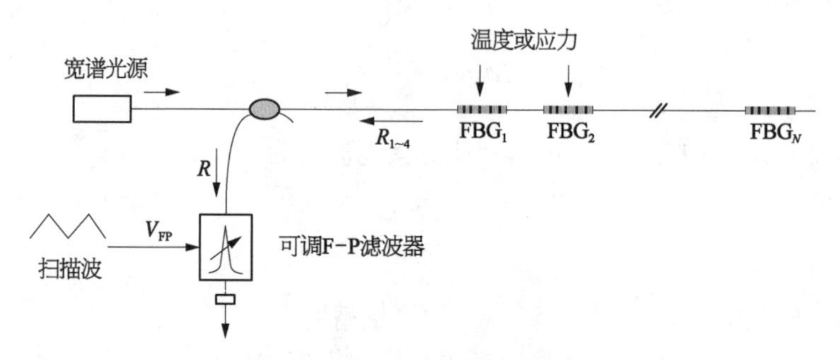

图 3－9　可调光纤滤波器在光纤光栅传感器中的应用

3.2.2　迈克耳孙干涉方法

该方法应用了迈克耳孙干涉原理，适于连续激光波长测量。其测量光路如图 3－10 所示。

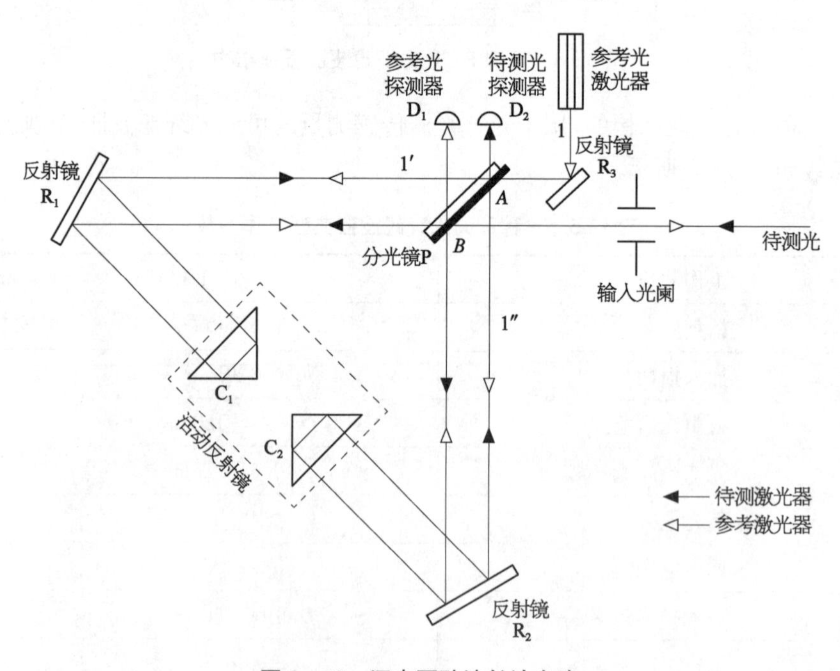

图 3－10　迈克耳孙波长计光路

参考激光器发出的激光束1经反射镜 R_3 反射后到达分光镜P的 A 处被分为透射光1′和反射光1″。反射光1″经反射镜 R_2 反射后到达活动反射镜的 C_2 再次被反射沿 R_2 反射到达分光镜P的 B 处，与此同时光束1′经反射镜 R_1 和 C_1 反射后再次经 R_1 反射到达分光镜P的 B 处，在 B 处1′光束一部分发生反射到达光探测器 D_1，另一部分透射从输入光阑出射；与此同时，到达 B 处的1″光束一部分透射到达光探测器 D_1，另一部分反射从光阑出射。1′光和1″光在光探测器 D_1 汇合并干涉形成参考信号。

待测激光由光阑入射经 B 处分光后沿光路分别到达分光镜的 A 处，最后到达光探测器 D_2 干涉形成待测信号。保持待测光与从光阑出射光重合，反射镜 C_1 和 C_2 安装在同一可平动的导轨上。测量时移动导轨改变参考信号与待测信号两光路的光程，从而分别获得不同的干涉条纹数。由于 C_1 和 C_2 在同一导轨上参考激光和待测激光的光程差相等，干涉条纹通过电子细分并进行计数。该方法的测量原理如下：

设反射镜移动距离为 L，参考激光所产生的条纹数为 N_r，参考激光波长为 λ_r，参考激光光路空气折射率为 n_r，则有

$$N_r\lambda_r = 4n_rL \tag{3-20}$$

同样，待测激光所产生的条纹数为

$$N_s\lambda_s = 4n_sL \tag{3-21}$$

式中，N_s 为待测激光所产生的条纹数，λ_s 为待测激光波长，n_s 为待测激光光路空气折射率。

由式(3-20)与式(3-21)可得到待测激光波长为

$$\lambda_s = \left(\frac{N_r}{N_s}\right)\left(\frac{n_s}{n_r}\right)\lambda_r \tag{3-22}$$

参考激光波长 λ_r 与空气折射率为已知，故通过两干涉光路条纹比值测量即可得到待测激光波长 λ_s。

应用迈克耳孙干涉方法可以获得比前述方法更高的测量精度，达到 10^{-6} 或 10^{-7} 量级。

3.2.3　光外差干涉方法

光外差干涉方法是又一种测量光波长或频率改变的方法。这是一种双光束干涉方法，它与双光束零差干涉不同，参与干涉的两束光除具有相同偏振与稳定的相位外，其主要差别在于两束光具有不同频率。这一方法具有较高的检测灵

敏度，在光波技术中有很广的应用，其原理详见第4章介绍。作为光频测量的例子，下面就激光多普勒测速作一介绍。

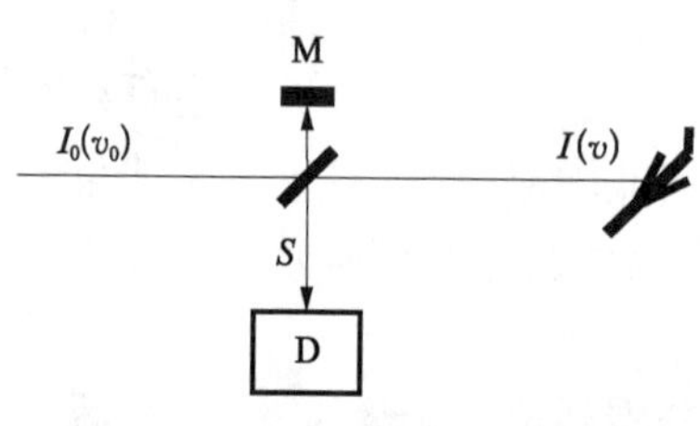

图 3-11 激光多普勒测速原理

激光多普勒测速原理如图 3-11 所示。设用于测速的发射光 $I_O(\nu_O)$ 的一部分与从目标物反射回的反射光 $I(\nu)$ 同时送至光探测器D上，其中 $I_O(\nu_O)$，$I(\nu)$ 与 ν_O，ν 分别为入射光与反射光的光强与频率(设为单色光)。反射光频率 $\nu=\nu_O\pm\nu_D$，ν_D 为运动目标物所引起的激光多普勒频移，± 号分别表示目标物朝向或背离发射光源运动的方向。按照理想光干涉条件，即保证两光束平行、重合、相位恒定、同为线偏振且偏振方向一致，则由光探测器输出的电信号的交流分量为

$$\begin{aligned} i &= \eta(I_O I)^{1/2}\cos[2\pi(\nu-\nu_O)t+(\phi-\phi_o)] \\ &= \eta(I_O I)^{1/2}\cos[2\pi\nu_D t+(\phi-\phi_o)] \end{aligned} \tag{3-23}$$

式中，η 为与光电转换相关的系数，ϕ_o，ϕ 分别为发射光与反射光的相位。从式(3-23)可见，信号频率即为运动目标物的激光多普勒频移 ν_D。因此，只要测量电信号频率即可确定目标物运动速度大小。为了测量运动目标的运动方向，通常将探测光在发射前进行移频，设移频频率为 ν_a，则经移频后所得到的光探测器输出交流分量为

$$\begin{aligned} i &= \eta(I_O I)^{1/2}\cos\{2\pi[(\nu_O+\nu_a)-(\nu_O\pm\nu_D)]t+(\phi-\phi_o)\} \\ &= \eta(I_O I)^{1/2}\cos\{2\pi[(\nu_a\pm\nu_D)]t+(\phi-\phi_o)\} \\ &= \eta(I_O I)^{1/2}\cos[2\pi\nu_s t+(\phi-\phi_o)] \end{aligned} \tag{3-24}$$

式中，$\nu_s=\nu_a\pm\nu_D$，一般可选择 $\nu_a>\nu_D$，由 ν_s 的增大或减小即可判定目标物运动的方向。

激光多普勒测速可以在许多领域得到应用，具有良好的应用前景。它可以测量液体与气体以及大气中微小粒子的运动与分布、可以测量血流、可以设计激光雷达对大气污染进行探测、也可以设计探测飞行器以及其他物体运动的激光多普勒雷达在军事与工业中应用。

外差干涉方法也被用于布里渊光纤时域反射计(BOTDR)中，用来测量由于温度或应力所引起的光频变化。BOTDR 是一种分布式光纤传感器，它利用了在光纤中入射的泵浦光与自发声波相互作用产生斯托克斯(Stokes)光的原理。相对于泵浦光，斯托克斯光有一频移——布里渊频移 f_B，其大小与光纤中的声

速成正比，有

$$f_{\mathrm{B}} = 2nV_{\mathrm{a}}/\lambda \tag{3-25}$$

式中，n 与 V_{a} 分别为光纤折射率与声速，它与光纤的温度及所受的应变等因素有关，有

$$f_{\mathrm{B}} = f_{\mathrm{B}}(0) + \frac{\partial f}{\partial T}T + \frac{\partial f}{\partial \varepsilon}\varepsilon \tag{3-26}$$

所产生的布里渊光功率 P_{B} 随温度上升呈线性增加，而随应变增加呈线性下降，其间关系为

$$P_{\mathrm{B}} = P_{\mathrm{B}}(0) + \frac{\partial f}{\partial T}T - \frac{\partial f}{\partial \varepsilon}\varepsilon \tag{3-27}$$

上式中 $f_{\mathrm{B}}(0)$ 和 $P_{\mathrm{B}}(0)$ 分别为 $T=0$ 和零应变时的布里渊频移和功率。应变所引起的布里渊频移光功率变化比之于温度所引起的变化要小得多，通常可以忽略。所以从式(3-26)与式(3-27)可见，在设定温度下可以通过布里渊频移测量来获得光纤所受外部应力的变化，而通过布里渊频移光功率的测量可获得光纤所处环境的温度信息。

用于应力测量的 BOTDR 原理如图 3-12 所示。由光源 1 发射的波长为 λ 的脉冲光沿光纤传输，当其到达光纤遭受外部应力(主要来自光纤轴方向)作用处 2 时，由于光纤晶体结构的改变(产生声子)将引起入射光的后向自发布里渊散射，散射光将发生频移成为新的波长为 λ_{B} 的后向传输光。按照光外差方法，若分别将波长 λ 和 λ_{B} 的光汇合进行干涉，则可以测得布里渊频移量 f_{B}，从而可测得作用于光纤上的外部应力大小。通常 $\lambda > \lambda_{\mathrm{B}}$，有

$$f_{\mathrm{B}} = C/\lambda_{\mathrm{B}} - C/\lambda \tag{3-28}$$

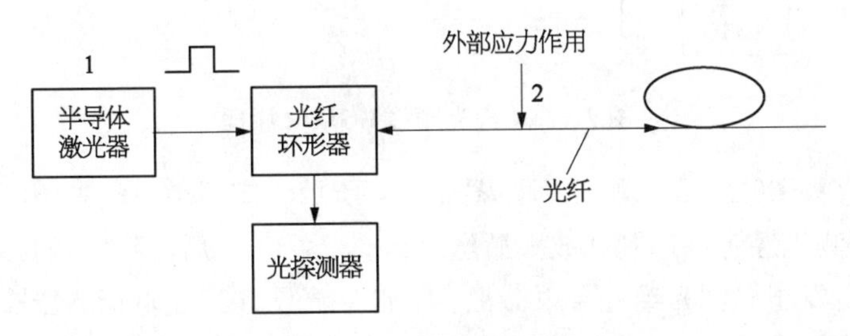

图 3-12　BOTDR 原理

对于 1.55 μm 波长激光，布里渊频移量 f_{B} 一般在 11 GHz 左右，其光强比瑞利散射光约低 2～3 个数量级，采用直接检测较为困难，通常都采用相干检测，

这一方法已在 BOTDR 测量仪中得到普遍应用。相干检测方法虽然系统复杂些,但检测灵敏度高,可大大增加测量距离。目前有 3 种相干检测技术:声光频移 BOTDR、电光频移 BOTDR[17] 和微波外差 BOTDR 技术。

声光频移 BOTDR 检测原理如图 3-13 所示。窄线宽半导体激光器发出的连续激光经光纤环形器 H 分为参考光 I_r 和探测光 I_s,参考光被送至光合束器 S_1,而探测光经声光调制器 AO1 调制首先变为脉冲光,然后经放有声光移频器 AO2 的移频环进行移频,其移频量大小可由 AO2 进行控制。由于布里渊频移量较大,光在移频环内要经历几次循环,光的损失较大,故移频后的光需经过掺铒光纤放大器(EDFA)光放大后再送入传感光纤。由传感光纤产生的后向散射布里渊光 I_{SB} 经光耦合器 S_2 到达光合束器 S_1 与参考光 I_r 汇合产生光干涉。干涉光经平衡光电探测器(平衡外差接收机)转换成电信号,最后再进行信号处理。设参考光波长为 λ_r、声光移频量为 f_s,则在光电探测器处输出的外差电信号频率为

$$\begin{aligned} f_o &= (\lambda_r + f_s - f_B) - \lambda_r \\ &= f_s - f_B \end{aligned} \tag{3-29}$$

选择适当的移频量即可将 f_o 控制在信号处理可接受的范围内。f_o 大小随 f_B 改变,从而反映了外部应力对光纤的作用。

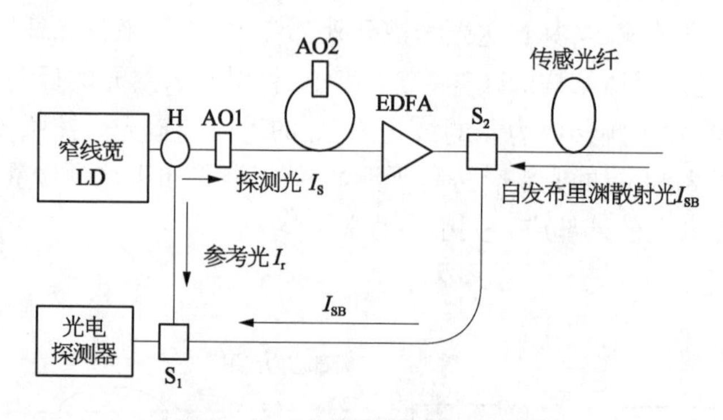

图 3-13　声光频移 BOTDR 原理

电光移频 BOTDR 检测原理如图 3-14 所示。应用微波电光调制器将参考光移频,探测光经脉冲调制和放大后送至传感光纤。最后,经移频的参考光与后向散射的自发布里渊光经光合束器汇合后产生光干涉。光电探测器输出的外差电信号频率为

$$\begin{aligned} f_o &= (\lambda_r + f_D) - (\lambda_r + f_B) \\ &= f_D - f_B \end{aligned} \tag{3-30}$$

只要控制电光移频频率 f_D 得当，f_o 同样可落入信号处理范围。只要电光调制器工作频率足够高，就可一次满足频移要求。显然 f_o 测量精度决定于 f_D 的控制精度。

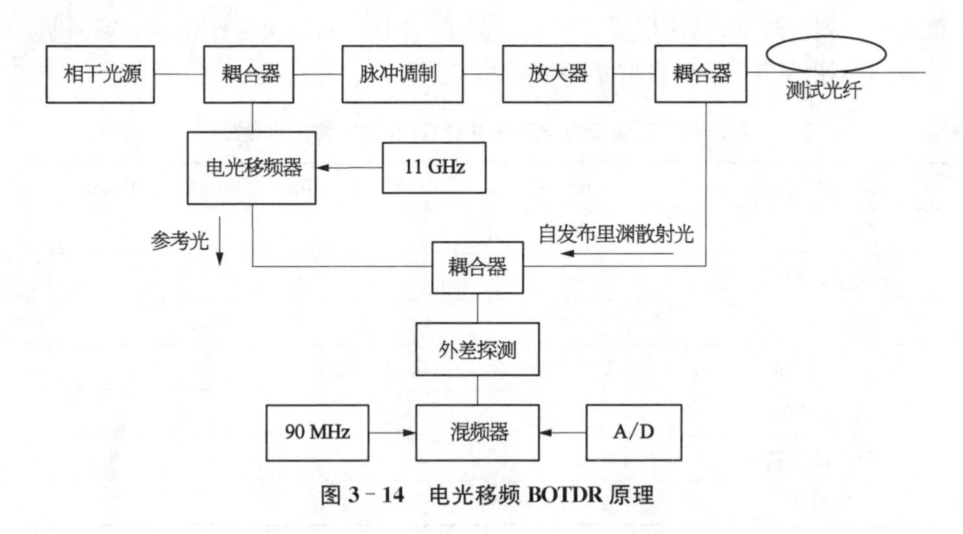

图 3 - 14　电光移频 BOTDR 原理

微波外差 BOTDR 检测原理如图 3 - 15 所示。这是一种应用最为成熟的，已经成为商用 BOTDR 的一项核心技术。在这里由光源发出的连续光除一部分作为参考光外，大部分光作为探测光送至声光调制器调制成脉冲光，再经 EDFA (1 550 nm 波长)光放大后进入传感光纤。参考光与后向散射布里渊光到达外差接收机进行光外差干涉转换成频率为 f_w 的微波信号。为了检测布里渊频率及其变化(反映外部应力变化)，对所获得的微波信号 f_w 再次进行二次外差(电外差)，以使其降至信号处理器所选择的通带内。一次外差信号 f_w 经放大后进入混频器与微波频率源所产生的微波信号进行二次外差，通过连续改变参与二次

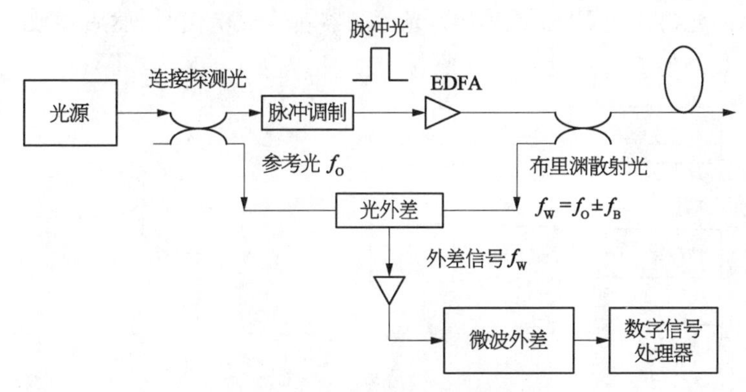

图 3 - 15　微波外差 BOTDR 原理

外差的微波频率即可获得布里渊频谱。二次外差输出信号放大后经模数转换进行数据分析与处理，对所得频谱进行洛伦兹曲线拟合即可计算得到布里渊频移 f_B。在实际应用中，由于布里渊光频移信号十分微弱，测量时需针对微弱信号配合一系列信号处理，所以需要较长的测量时间，因而其实时性受到一定限制。表 3-6 列出了几种 BOTDR 的主要技术参数。

表 3-6 测量应力与温度用 BOTDR 的主要技术参数

距离测量范围	1 m～10 km，2 m～20 km，4 m～30 km，最大 80 km
空间分辨率	可读出 5 cm
应变分辨率	2 με
应变精度	20 με
温度测量范围	－220～＋550 ℃（决定于光缆）
温度分辨率	0.1 ℃
温度测量精度	1 ℃
响应时间	2 分钟（典型值）

由于 BOTDR 能够沿光纤敷设的路径随处测量其应力、温度及其变化，因而在许多方面得到应用。诸如光纤陀螺环绕制、大型建筑、海缆与输油管道的安全监测，油库火灾防范等。目前所研制的 BOTDR，数据读出时间较长，一定程度上限制了它的应用，因此还需进一步改进。

当参与外差干涉的两束光的频率一致时即构成了零差干涉。图 3-16 所示的一种测量窄线宽半导体激光器与窄线宽光纤激光器谱宽的自相干方法即是一种零差干涉方法。图中被测激光器 L 发射的光经光纤环形器 S_1 分成两路，一路光被直接送至光纤合束器 S_2，另一路光则经光纤延时后被送至光纤合束器 S_2。将合束后的光再送至 PIN（或 APD）光探测器转换成电信号，然后经放大送至频谱仪进行观测与测量。设未延时光电场为

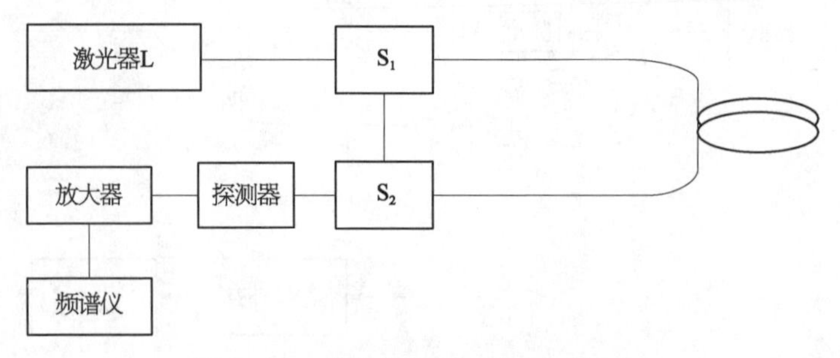

图 3-16 激光线宽测量的自相关原理

$$E_1(t)=E_{01}\exp\{\mathrm{j}[\omega_0 t+\varphi(t)]\} \tag{3-31}$$

延时光电场为

$$E_2(t+\tau_d)=E_{02}\exp\{\mathrm{j}[\omega_0(t+\tau_d)+\varphi(t+\tau_d)]\} \tag{3-32}$$

式中，ω_0 为光的角频率 $\omega_0=2\pi f_0$，$\varphi(t)$ 与 $\varphi(t+\tau_d)$ 分别为两路光到达合束器 S_2 时的相位；τ_d 为光纤延时时间。两路光在 PIN 光探测器上所产生的自相关电信号为

$$i(t)=\eta(I_1 I_2)^{1/2}\gamma(\tau_d) \tag{3-33}$$

式中，η 为与光电转换相关的系数；$\gamma(\tau_d)$ 为两路光的时间相关度：

$$\begin{aligned}\gamma(\tau_d)&=\langle E_1(t)\cdot E_2(t)\rangle\\&=\int G_s(f)\exp(\mathrm{j}2\pi f\tau_d)\mathrm{d}f\end{aligned} \tag{3-34}$$

式中，$G_s(f)$ 为激光功率谱函数。对于窄线宽、单纵模半导体激光器与光纤激光器，其激光功率谱函数可视为洛伦兹型，有

$$G_L(f)=\frac{\delta f}{2\pi}\left[(f-f_0)^2+\left(\frac{\delta f}{2}\right)^2\right]^{-1} \tag{3-35}$$

式中，f_0 为功率谱函数的中心频率，δf 为激光器线宽。将式(3-35)代入式(3-34)可得到

$$\gamma(\tau_d)=\exp(-\pi\tau_d\delta f)\cdot\exp(\mathrm{j}2\pi f_0\tau_d) \tag{3-36}$$

由式(3-30)，光探测器所产生的电信号为

$$i(t)=\eta(I_1 I_2)^{1/2}\exp(-\pi\tau_d\delta f)\cdot\exp(\mathrm{j}2\pi f_0\tau_d) \tag{3-37}$$

图 3-17 为一实验所得光电信号的频谱曲线，从中取其 3 dB 带宽的一半即为激光器线宽 δf。

由测得的激光器线宽 δf 可得到激光器相干时间为

$$\tau_c=0.11/\delta f \tag{3-38}$$

对于一线宽为 10 kHz 的激光器，τ_c 约为 11 μs。通常，要求 τ_d 为 τ_c 的 6 倍以上，测量才会准确。因此，用于延

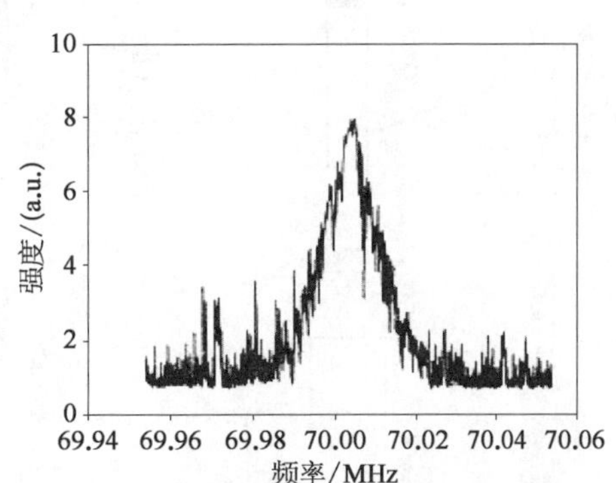

图 3-17　激光线宽的理论计算与实验曲线

时的光纤长度将达到几十公里。

为了避免测量过程中低频噪声的影响以及减短延时用光纤长度，可在延时的同时加入声光移频进行自差干涉，使输出电信号的频谱向高端移动一声频。其测量系统原理如图 3-18 所示。

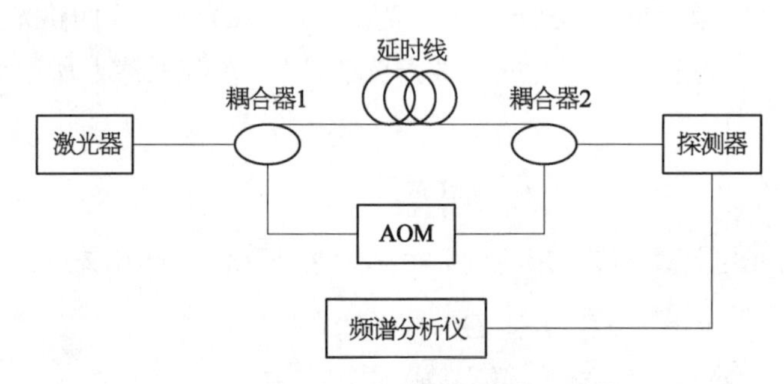

图 3-18　应用声光移频的激光线宽测量原理

光外差干涉测量方法适于所产生的差频能够为光电探测器所响应的范围。在 1.0～1.6 μm 波长范围，InGaAs 探测器的响应频率可达 20 GHz；在 0.4～1.1 μm 波长范围，Si 探测器的响应频率可达 5 GHz。

3.2.4　声光方法

应用声光偏转方法也可以对光波长进行测量。图 3-19 为一 Bragg 声光偏转器的原理结构。图中 S 为电信号源；T 是电声换能器，其作用是将输入电信号转换为对应频率的声信号；A 为声光晶体，当入射光波与声波在晶体中相遇时将发生光的衍射，使光产生偏转；B 为一声吸收材料，其作用是避免声波的反射，保证声波以行波形式在晶体里传播。当被测光入射到晶体上时，出射光将产生空间衍射，获得最大衍射的 Bragg 条件为

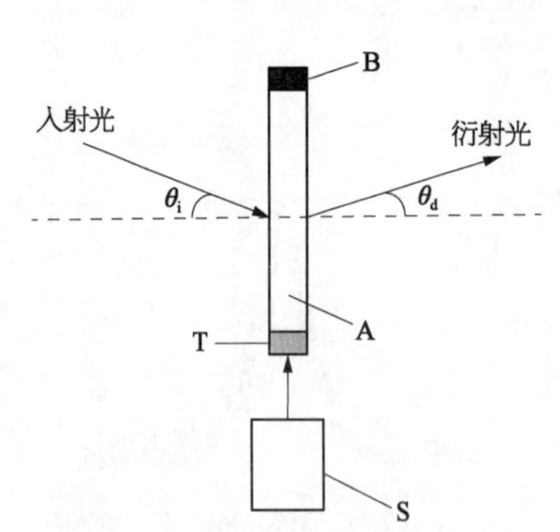

图 3-19　应用声光偏转方法进行光波长测量的原理

$$\theta_i = \theta_d = \theta_B \tag{3-39}$$

$$2\lambda_a \sin\theta_B = \left(\frac{\lambda}{n}\right) \tag{3-40}$$

式中，θ_i，θ_d，θ_B 分别是被测光的入射角、出射偏转角和 Bragg 角；λ_a 为声波波长，$\lambda_a = V_a/f_a$，V_a，f_a 分别为声波在晶体里的传播速度与频率；λ 与 n 分别为光在真空中波长与晶体的折射率。从式(3-39)

与式(3-40)可见，在 Bragg 条件附近进行光的输入与输出探测，即可通过改变声波波长(频率)来进行光波波长的测量。应用这一原理，可在小的光波长范围内进行光谱分析；由于只需要改变激励声波的电信号频率就可改变声波波长，因此可以很容易应用电子技术方法实现自动测量。其衍射光强 I_0 大小为

$$I_0 = I_1 \sin^2\left(\frac{A\sqrt{P_a}}{\lambda}\right) \tag{3-41}$$

式中，I_1 为被测光的光强，P_a 为声功率，A 为与偏转器有关的常数。可以看出，在声功率一定条件下，在小的波长范围内除进行波长测量外还可以测量被测光的光强，从而进行光谱分析。应用这一原理，按照式(3-40)在设定激光波长 λ 下可以设计声光频谱接收机对电子信号 RF 进行侦察。此时，光探测器将采用线阵 CCD 或二极管阵列，其结构原理如图 3-20 所示。

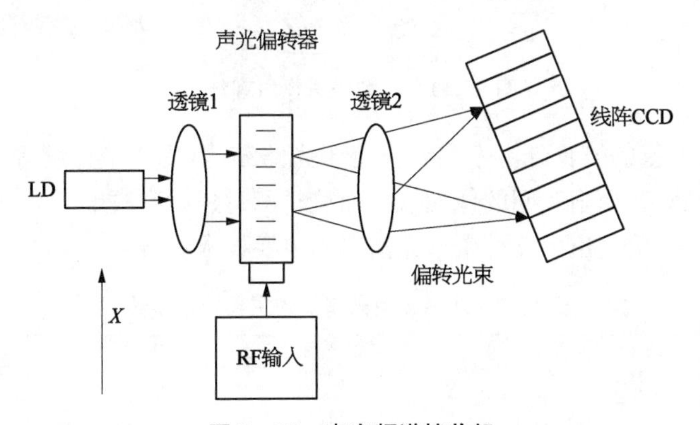

图 3-20　声光频谱接收机

3.2.5　微型光谱仪方法

应用 F-P 腔光谱扫描测量波长的方法尽管可以获得高的波长分辨率，但在一些工程应用中其测量速度与灵活性远不能满足实际需要。近年来，迅速发展的特别是体积更加紧凑小巧、波长分辨率进一步得到提高的微型光谱仪受到广泛关注。微型光谱仪不仅可以获得快速的波长测量，而且具有较高的波长测量分辨率，在可见光范围其波长分辨（$FWHM$）可达到 10^{-2} nm 量级，可测量的波长范围从紫外到近红外乃至红外。微型光谱仪具有灵敏度高（探测几十个光子）、体积小、重量轻的特点，它的尺寸仅有几厘米大小，重量仅几百克，因此使用十分灵活方便。它可对目标物进行光学透射、反射、荧光与光谱（或拉曼光谱）等的测量，因而在冶金、地质、石油、化工、医药卫生、环保以及军事领域

都有广泛应用。

目前商用的微型光谱仪有多种形式，其中应用较为普遍的结构是采用光纤输入结合微型光栅与线阵CCD器件的结构形式，其原理结构如图3-21所示。输入光纤将待测光送至准直镜变为平行光后投射到微型光栅，光栅衍射的光再经过聚焦镜会聚、投射到线阵CCD器件转换成电信号，由CCD输出的电信号经信号处理后由高速的USB接口输出。

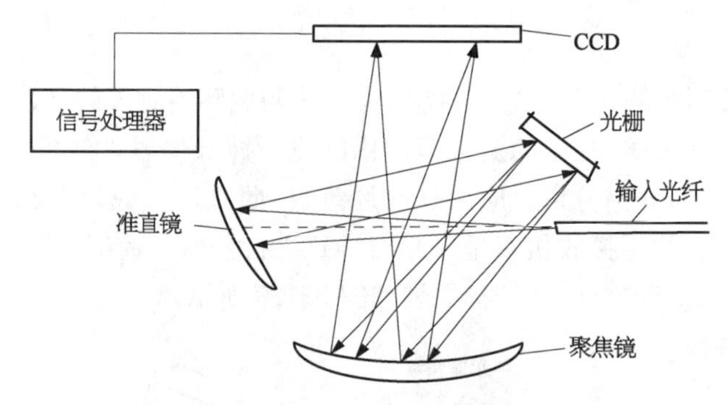

图3-21 微型光谱仪原理结构

微型光谱仪的波长分辨率主要决定于光路结构(光束平行度等)、光栅分辨率与CCD在对应衍射空间的像元数。而波长测量速度则决定于CCD自身的扫描速度。表3-7列出了几种微型光谱仪的主要技术参数。

表3-7 几种微型光谱仪的主要技术参数

主要性能	USB2000	HR4000	NIRX
波长范围/nm	200～1 100	200～1 100	1 500～2 200
波长分辨率/nm	0.3～10.0 *FWHM*	0.02～8.4 *FWHM*	1.4 *FWHM*
灵敏度/个光子	41～71	60～130	130
动态范围	1 300∶1	1 300∶1	4 000∶1
积分时间	1 ms～65 s	3.8 ms～10 s	1 ms～10 s
体积/mm^3	89.1×104.8×34.4	148.6×104.8×45.1	150×100×68.8
重量/g	190	570	—

光纤输入结构的微型光谱仪应用于光纤光栅传感器中可以获得近微秒级速度的波长解调，从而实现对震动、冲击等快速变化量的实时测量，而且不会出现可调F-P光纤滤波器由于压电陶瓷的迟滞效应所带来的信号补偿问题。其应用如图3-22所示。

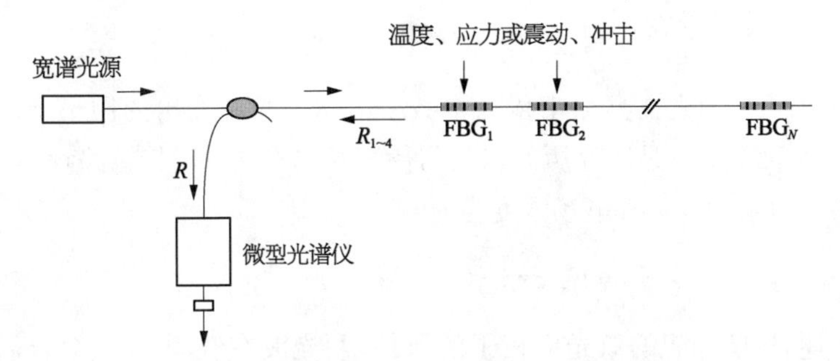

图 3-22　微型光谱仪在光纤光栅传感器中的应用

3.3　光波相位检测

光波传输的空间相位决定于它的初始相位和所经历的传播路径即所走过的光程。对于射线光束而言，在均匀介质中传输一段路程 r 后，其相位为

$$\phi = k_0 nr + \phi_0 \tag{3-42}$$

式中，$k_0 = 2\pi/\lambda$ 为光在真空中的传播常数；λ 为光在真空中的波长；ϕ_0 为光波的初始相位；n 为介质折射率。对于具有波面的光束来说，在折射率 $n(x, y)$ 具有二维分布的介质中传输一段路程 r 后，其相位为

$$\phi(x, y) = k_0 n(x, y) r + \phi_0(x, y) \tag{3-43}$$

此时，光波相位具有二维空间分布形式。

针对上述两种不同形式的光波相位，其测量方法不尽相同。

3.3.1　光波相位的干涉测量原理

由于光波相位不能为光探测器所直接测量，因此，作为测量的第一步就是如何将光波相位或其变化转化为光强或光强变化，然后用光探测器对其光强或其变化进行探测。研究表明，最有效的将光波相位或其变化转化为光强的方法就是采用光波的自差干涉方法。上节所介绍的用于波长检测的 F-P 腔方法也是一种多光束自相干方法，它对波长的测量实质上也是对光波相位的测量。双光束自相干方法的原理如图 3-23 所示。设待测相位的光波 A_s 为一平面波，在折射率为 n_s 的介质中经路程 r_s 传输后，其电场强度为

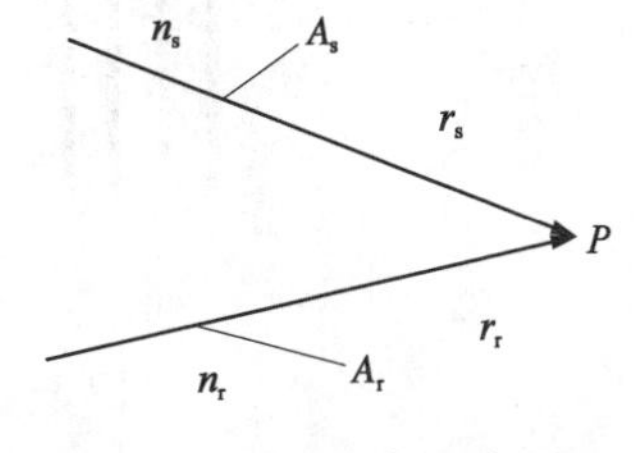

图 3-23　双光束干涉原理

$$\bar{E}_s = E_{s0}\exp[j(\omega t - k_0 n_s r_s - \phi_{s0})] \tag{3-44}$$

式中，$k_0 = 2\pi/\lambda$ 为光在真空中传播常数。由同一光源发出的用于干涉的光波 A_r 也为一平面波，只是所经历的路径与待测光波不同。设传输路程为 r_r、所经历的介质折射率为 n_r，其电场强度为

$$\bar{E}_r = E_{r0}\exp[j(\omega t - k_0 n_r r_r - \phi_{r0})] \tag{3-45}$$

如上节所述，按照理想的双光束相干的条件，两光波在空间 P 点会合后其合成的电场强度将为

$$\bar{E} = \bar{E}_s + \bar{E}_r \tag{3-46}$$

由于光强与电场强度的平方成正比，故合成后的光强可写为

$$I = |E_s|^2 + |E_r|^2 + 2|E_s| \cdot |E_r| \cdot \cos\Delta\phi \tag{3-47}$$

式中，$\Delta\phi$ 为两光波的空间相位差，有

$$\Delta\phi = (k_0 n_s r_s - k_0 n_r r_r) + (\phi_{s0} - \phi_{r0}) \tag{3-48}$$

式(3-47)可改写(设相干度 $\gamma = 1$) 为

$$I = I_s + I_r + 2\sqrt{I_s I_r}\cos\Delta\phi \tag{3-49}$$

可见，当待测光与参考光输入强度一定时，相干合成后的光强随两光的相位差而变，若参考光相位恒定，则输出光强仅与待测光的相位或其变化有关。

实际中，光束通常都具有一定大小。此时，对于平面波其相干输出光强在相交的平面上往往具有如图 3-24 所示的平行条纹与圆形条纹(或介于两者间的过渡条纹)的周期分布形式。平行条纹由两束在同一平面上的光干涉形成，干涉条纹垂直于两光束轴组成的平面。圆形条纹则是两光束不在同一平面干涉时所产生。设两束光的交角如图 3-25 所示为 α，则干涉条纹的周期 Λ 为

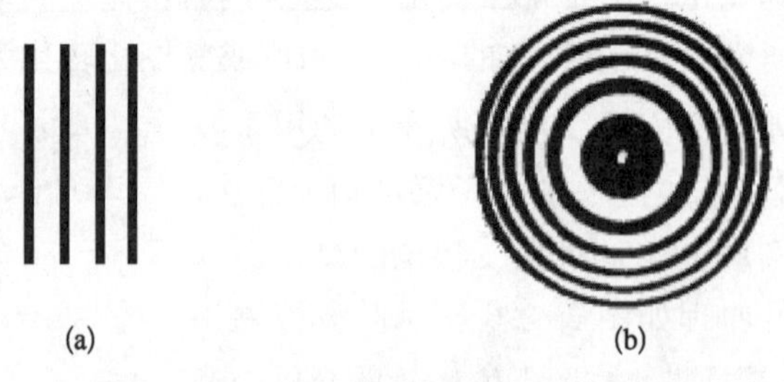

图 3-24 双光束干涉产生的典型干涉条纹

(a) 平行条纹；(b) 圆形条纹

$$\Lambda = \frac{\lambda}{2\sin\frac{\alpha}{2}} \tag{3-50}$$

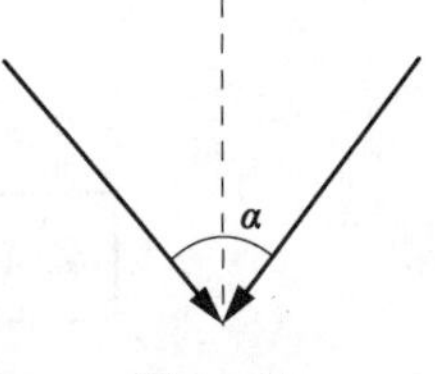

图 3 - 25
两平面波的干涉

条纹在空间的强度分布或观察空间一点的强度时可用式(3 - 49)表示。由式(3 - 48)与式(3 - 49),亮条纹产生的条件为

$$\begin{aligned}\Delta\phi &= (k_0 n_s r_s - k_0 n_r r_r) + (\phi_{s0} - \phi_{r0}) \\ &= 2m\pi \quad (m = 0, \pm 1, \pm 2, \cdots)\end{aligned} \tag{3-51}$$

暗条纹产生的条件为

$$\Delta\phi = (k_0 n_s r_s - k_0 n_r r_r) + (\phi_{s0} - \phi_{r0}) = (2m+1)\pi \quad (m = 0, \pm 1, \pm 2, \cdots) \tag{3-52}$$

条纹对比度为

$$M = \frac{2\sqrt{I_s I_r}}{I_s + I_r} \tag{3-53}$$

因此,通过条纹亮度的测量,即可确定待测光的相位变化。

由式(3 - 48)还可见,引起待测光相位变化的主要原因是由信号光的波长 λ、所经历介质的折射率 n_s 与传输路径 r_s 的变化所引起,即

$$d(\Delta\phi) = -\frac{1}{\lambda} k_0 n_s r_s d\lambda + k_0 r_s dn_s + k_0 n_s dr_s \tag{3-54}$$

应用式(3 - 54)的概念可以设计多种光电传感与测量系统。

3.3.2 光波相位的干涉测量方法

应用双光束干涉原理,人们研究了好几种相干测量的方法。下面介绍几种最常应用的方法。

3.3.2.1 马赫-曾德尔(Mach - Zehnder)干涉方法

采用空间光进行马赫-曾德尔(简称 M - Z)干涉的方法如图 3 - 26 所示。图中 M_1, M_2 为光反射镜,S_1, S_2 为光分束镜与合束镜,C 为与光束垂直的观测平面,在 C 处可放置光探测器。干涉输出条纹决定于两输出光束的平行度,在完全平行下将形成无限宽的零级条纹。当两输出光束成在微小交角 α 情况下将产生有限宽的干涉条纹,其条纹周期 Λ 为

$$\Lambda \approx \frac{\lambda}{\alpha} \tag{3-55}$$

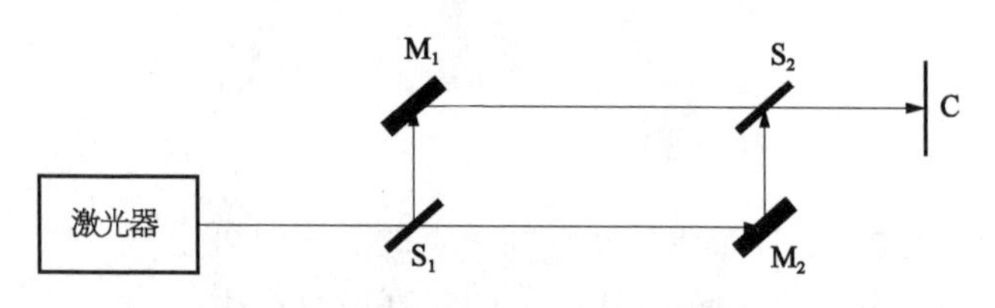

图 3-26　M-Z 光干涉原理

近年,随着光纤技术的发展,光纤 M-Z 技术得到广泛应用。图 3-27 为一光纤 M-Z 干涉原理图,图中 LD 为 DFB 半导体激光器,传输光路用单模光纤,S1, S_2 分别为 3 dB 光纤分束器与合束器,I_s, I_r 分别为信号光与参考光光强,PD 为光探测器。其输出光强为

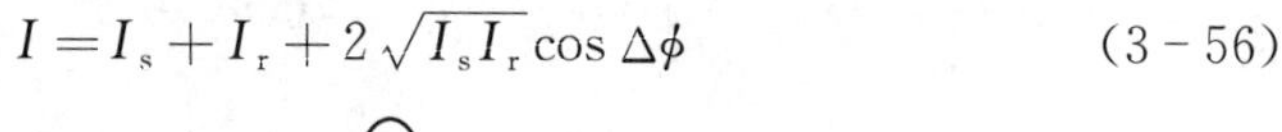

$$I = I_s + I_r + 2\sqrt{I_s I_r}\cos\Delta\phi \tag{3-56}$$

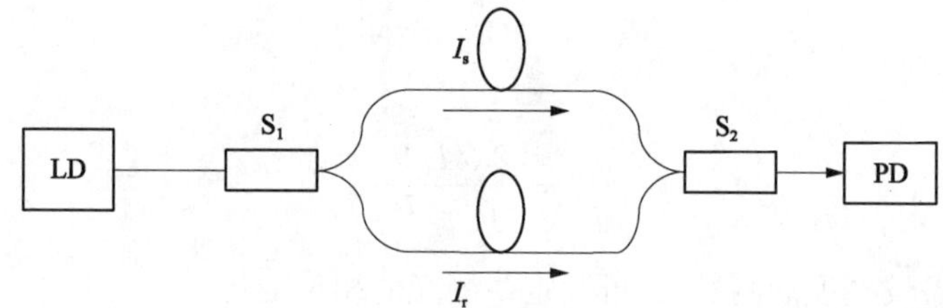

图 3-27　M-Z 光纤干涉原理

这里,两路光间的相位差 $\Delta\phi$ 为

$$\Delta\phi = \frac{2\pi}{\lambda}(N_s L_s - N_r L_r) \tag{3-57}$$

式中,N_s, N_r 与 L_s, L_r 分别为信号光纤与参考光纤的有效折射率与长度。在光纤中,传播常数 $\beta_i = \frac{2\pi}{\lambda}N_i$,因此式(3-57)又可写为

$$\Delta\phi = \beta_s L_s - \beta_r L_r \tag{3-58}$$

在普遍情况下,光纤相位改变主要决定于光纤长度、折射率与芯径的改变,即

$$\begin{aligned}\delta\phi &= \delta(\beta L)\\ &= \beta\delta L + L\delta\beta\\ &= \beta L\left(\frac{\delta L}{\delta L}\right) + L\left(\frac{\delta\beta}{\delta n}\right)\delta n + L\left(\frac{\delta\beta}{\delta a}\right)\delta a\end{aligned} \tag{3-59}$$

式中,a 为光纤芯径,一般,外界作用引起的芯径变化相对较小。

1) M-Z 干涉信号的检测

从上可见,M-Z 干涉可以在空间进行也可以通过光纤进行,下面就这两种

情况下的干涉信号检测分别作一介绍。

对于空间形式的干涉，其条纹亮度的测量可采用两种不同的方法。一种方法如图 3-28 所示，应用一个单元探测器对任一条纹光强进行探测，通过光强的改变来确定待测光的相位变化。这一方法的缺点是不太适于细条纹的测量，遇到这一情况须事先将干涉条纹进行光学放大。该法的优点是针对不同的光波长，容易找到合适的光探测器。另一种方法是应用图像阵列传感器来进行检测，首先用图像阵列传感器将干涉条纹记录下来，然后再将图像信号以数据方式存储在计算机内，计算机通过条纹在传感器像元间的移动数据来计算待测光的相位变化。图 3-29 为一应用 S_i-CCD 图像阵列（面阵或线阵）传感器对可见光干涉条纹的测量原理。设条纹周期为 Λ，所对应的像元数为 N，则所能测得的最小相位变化为

$$\phi_m = \frac{2\pi}{N} \tag{3-60}$$

可见，条纹周期所对应的像元愈多，测量分辨率愈高。因此，采用大阵列图像传感器可以获得高的测量分辨率。在同一图像传感器下，应用如质心法、插值法等算法可将相位分辨率进一步提高。

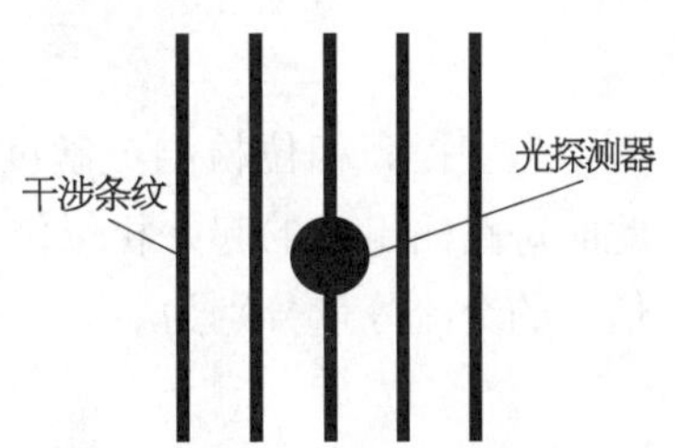

图 3-28　单元光探测器对干涉条纹的测量

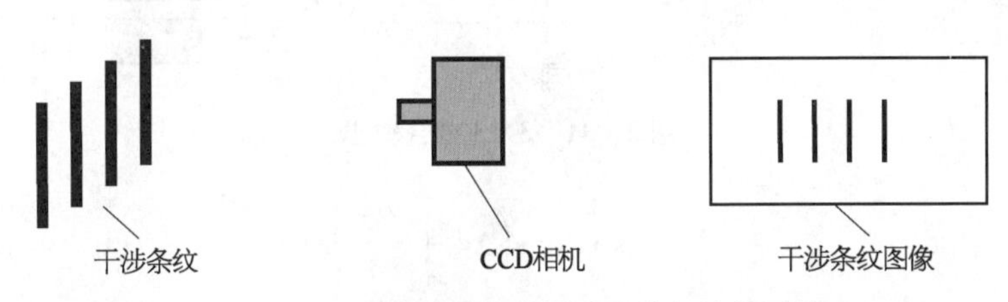

图 3-29　图像阵列传感器对干涉条纹的测量

在实际测量中，由于各种因数干扰，干涉条纹并非具有理想形式，可能会出现光干扰噪声、光强不均匀以及条纹的扭曲、畸变等。这都会引起测量信息的正确判读。为此，可以对条纹图像采取必要的处理。通过处理后的条纹信号将变得更清晰、归整，有利于计算机采样计算。

对于光纤形式的干涉，一般情况下 M-Z 干涉输出可以是 2×1（见图 3-27）或 2×2（见图 3-30）耦合输出方式。对于 2×1 输出形式，只有一路光信号输出，可以直接用单元光探测器进行检测。在 2×2 输出方式下，经过光电转换与放大后，输出电压为

$$V_1 = V_0[1 + k\cos(\Delta\phi)] \tag{3-61}$$

$$V_2 = V_0[1 - k\cos(\Delta\phi)] \tag{3-62}$$

式中，k 为分光比。此时，如应用差分电路将两路信号相差可使输出幅度提高两倍，即

$$V_s = 2kV_0\cos(\Delta\phi) \tag{3-63}$$

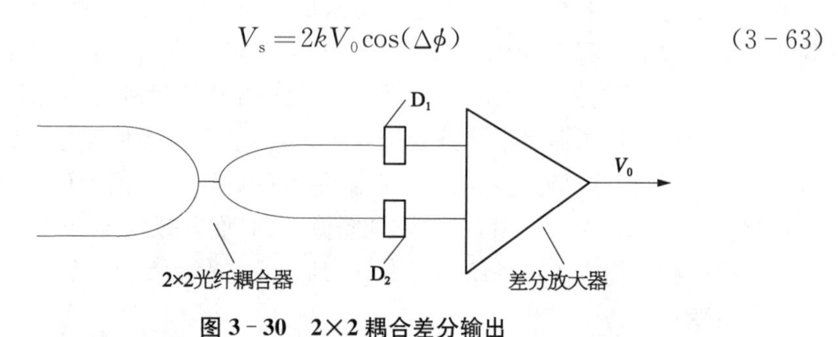

图 3-30　2×2 耦合差分输出

为了提高相位检测灵敏度，人们研究了一种 3×3 输出方式（见图 3-31）。此时每路输出光的起始相位位于 0 和 $\pm 2\pi/3$ 处而不再为 0 与 π 处。各路输出信号的交流分量分别为

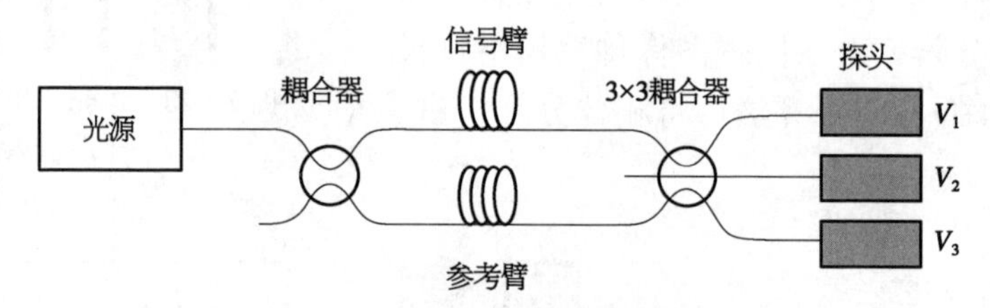

图 3-31　3×3 耦合输出

$$V_1 = kV_0\cos\left(\Delta\phi + \frac{2\pi}{3}\right) \tag{3-64}$$

$$V_2 = kV_0\cos(\Delta\phi) \tag{3-65}$$

$$V_3 = kV_0\cos\left(\Delta\phi - \frac{2\pi}{3}\right) \tag{3-66}$$

应用上述 3 路信号或任意 2 路信号进行再处理可以获得相位变化信息。特别是后一方法，它可以不受严格的分束比限制，可以减小制作难度。

为了进一步提高相位检测的灵敏度，一种有效的外差方法常被采用。其中一种方法如图 3-32 所示，在参考光路中引入声光移频器 AOM 使光频变为 $\omega_0 + \omega_a$。此时，差分输出信号为

$$V_s = 2kV_0\cos(\omega_a t + \Delta\phi) \tag{3-67}$$

式中，ω_a 为声频。由于输出信号为一频率 ω_a 的窄带交流信号，因此它可以通过窄带放大器大大提高信噪比与增益，从而提高相位检测灵敏度。

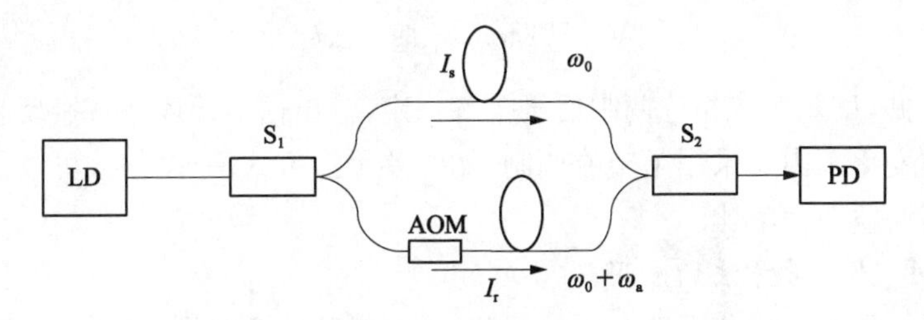

图 3-32　具有声光移频的 M-Z 干涉原理

提高相位检测灵敏度的另一种方法是在图 3-30 的参考光路中引入交流相位调制器，例如用缠绕光纤的压电陶瓷代替声光移频器进行 M-Z 干涉，其原理如图 3-33 所示。设加在压电陶瓷上的调制信号为

$$u_t = B\sin(\omega_m t) \tag{3-68}$$

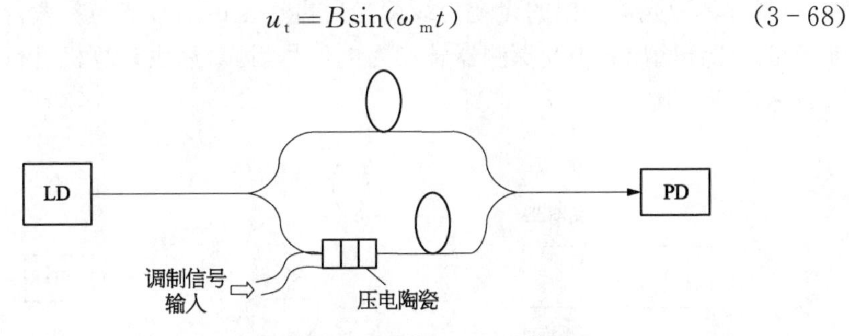

图 3-33　具有相位调制的 M-Z 干涉原理

式中，B 与 ω_m 分别为调制信号幅度与频率。调制信号引起的参考光路相位变化为

$$\phi(t) = \phi_0 \sin(\omega_m t) \tag{3-69}$$

式中，ϕ_0 为相位变化幅度。通过上述改变后，式(3-63)将变为

$$\begin{aligned} V_s &= 2kV_0\cos[\phi(t) + \Delta\phi] \\ &= A\cos[\phi_0\sin(\omega_m t) + \Delta\phi] \end{aligned} \tag{3-70}$$

式中，$A = 2kV_0$。将式(3-70)展开得

$$V_s = A\begin{bmatrix} J_0(\phi_0) + 2(-1)^k J_{2k}(\phi_0)\cos(2k\omega_m t)\cos\Delta\phi \\ -2(-1)^k J_{2k+1}(\phi_0)\cos(2k+1)\omega_m t\sin\Delta\phi + \cdots \end{bmatrix} \tag{3-71}$$

式中，$J_k(B)$ 为第一类 k 阶 Bessel 函数，输出信号包含了无限多个谐波。从上可见，若改变调制信号幅度 B，则将改变相位变化幅度 ϕ_0。由式(3-71)，只要

选取合适 ϕ_0，就可以仅选取 ω_m 的基频(即 $k=0$) 进行放大。此时,式(3-71)将被简化为

$$V_s = A\cos\omega_m t\sin\Delta\phi \tag{3-72}$$

由上式可见,只要保持相位调制信号幅度一定,输出信号幅度将直接反映信号光路的相位变化。由于采用了交流调制,如外差干涉方式一样,信号可以通过窄带放大提高增益与信噪比。

2) M-Z干涉方法的应用

为了加深对 M-Z 干涉方法的理解,下面就其几个典型应用作一简要介绍。

(A) 光纤水听器

光纤水听器是光纤 M-Z 干涉光纤振动传感器的一个典型应用。图 3-34 为一 M-Z 干涉型光纤水听器原理图。为了最大限度地消除光偏振所带来的噪声,这种光纤水听器采用了保偏光纤与保偏光纤耦合器,并同时引入光纤起偏器,将半导体激光器输出的光变为线偏光后再送至由信号臂与参考臂构成的干涉光路。干涉输出光被光探测器转换为电信号后,最后由计算机进行信号处理与目标特征提取。

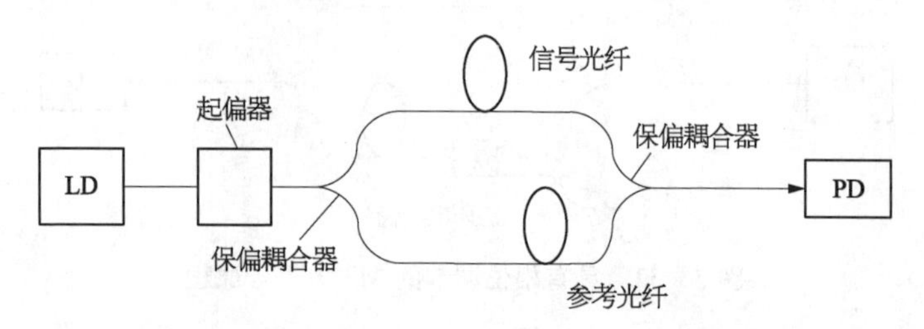

图 3-34　具有 M-Z 结构的光纤水听器原理

(B) 光纤速度传感器

图 3-35 为一改进的用于物体运动速度测量的 M-Z 光纤干涉传感器原理。与常规结构不同,这种传感器的光源为一短相干长度光源,例如超辐射发光管(SLD),而传感器的 1 和 2 两臂只被作为传输光路,且长度不同。由耦合器 S_2 输出的光到达被测运动物体后沿原路返回,再次分别从光纤 1,2 回到耦合器 S_1,最后到达光探测器 PD。设光纤 1 和 2 长度分别为 L_1, L_2 且 $L_1 > L_2$,由于光源的相干长度很短,只有来回光程几乎相等的两路光会合后才能相干,也就是只有从长光纤 1 出射,经物体反射后沿短光纤 2 返回的光才会与从短光纤 2 出射,经物体反射后沿长光纤 1 返回的光会合后相干。设物体沿光纤轴向在光纤端头运动的速度为 V, 某一时刻,光纤输出端到物体运动的起始距离为 D, 则在探测器 PD 处所产生的相位差为

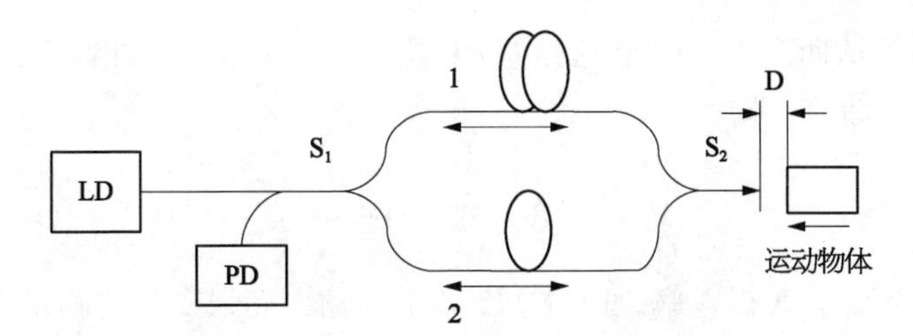

图 3-35　用于物体运动速度测量的 M-Z 光纤干涉原理

$$\begin{aligned}\Delta\phi &= \left(\frac{2\pi}{\lambda}\right)\{(nL_1 + nL_2 + 2D) - [nL_1 + nL_2 + 2(D - Vt)]\} \\ &= \left(\frac{2\pi}{\lambda}\right)(2Vt)\end{aligned} \tag{3-73}$$

式中，t 为两路光分别经光纤 1，2 传输所产生的时间差，为

$$t = \left\{\left[\frac{L_1}{\left(\frac{c}{n}\right)} + \frac{(D - Vt)}{c}\right] - \left[\frac{L_2}{\left(\frac{c}{n}\right)} + \frac{D}{c}\right]\right\} \tag{3-74}$$

式中，n 为光纤折射率，c 为自由空间光速。由式(3-74)可得到

$$\begin{aligned}t &= \frac{(L_1 - L_2)}{\left[\left(\frac{c}{n}\right)\left(1 + \frac{V}{c}\right)\right]} \\ &\approx \frac{(L_1 - L_2)}{\left(\frac{c}{n}\right)}\end{aligned} \tag{3-75}$$

将式(3-75)代入式(3-73)得到

$$\Delta\phi = 2V\left(\frac{2\pi n}{\lambda c}\right)(L_1 - L_2) \tag{3-76}$$

由式(3-76)可见，通过对相位 $\Delta\phi$ 的测量即可测得物体运动速度 V。两光纤长度差 $(L_1 - L_2)$ 大小决定于所测物体运动速度的范围。该方法，由于两干涉光路的程差很小，对光源的相干性能要求不高。

(C) 非对称 M-Z 干涉结构波长测量

应用非对称 M-Z 干涉结构也可以对输入光波长进行测量。图 3-36 就是一非对称光纤 M-Z 结构，被测光从 M-Z 光纤一端输入，由于 M-Z 的两路

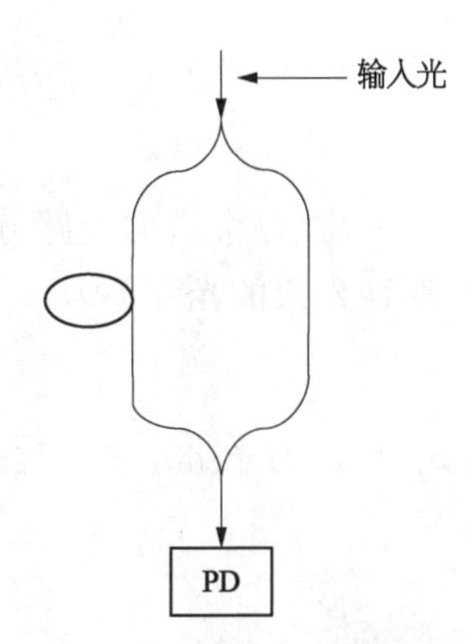

图 3-36　用于波长变化测量的非对称光纤 M-Z 结构

光纤长度不等从而产生一固定光程差，由式(3-58)，输出光相位改变 $\Delta\phi$ 将决定于波长 λ 的改变，即

$$\Delta\phi = \frac{2\pi}{\lambda} N \Delta l \tag{3-77}$$

式中，N 为光纤有效折射率。通过 M-Z 干涉输出光强变化的测量即可测得输入光波长变化。应用上述原理所设计的非对称 M-Z 干涉结构可以获得较高精度的测量结果。

3.3.2.2 迈克耳孙(Michelson)干涉方法

采用空间光进行迈克耳孙干涉的方法如图 3-37 所示。图中激光光源一般选用相干性良好的单频激光器，S 同为光分束镜与合束镜，M_1，M_2 为光反射镜。单频激光经分束、反射、合束后到达光探测器 PD 产生干涉，并进行光电转换。测量时可选择任一光路作为信号臂，信号光路的反射镜可以前后移动，因而相位的变化可以单独由反射镜位移产生。同 M-Z 光干涉一样，信号光的相位变化可视为其传播路径上光程的改变所引起。迈克耳孙干涉条纹形式及其检测方法与 M-Z 光干涉完全一样。

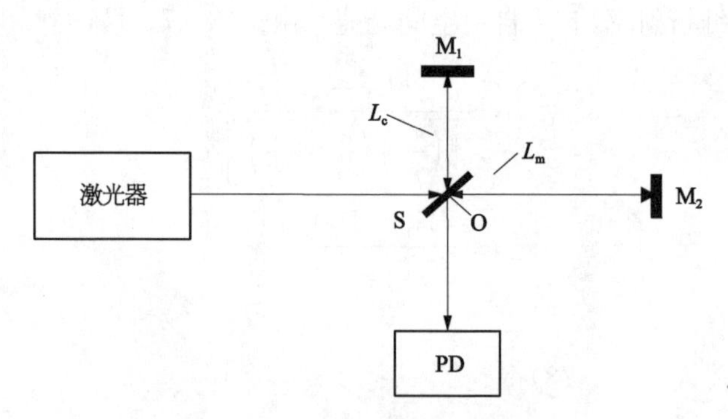

图 3-37 迈克耳孙光干涉原理

设经分束后的光路分别为 L_c，L_m，略计分束镜厚度及其影响，则在 O 点处，两光束的光程差为

$$\Delta = 2n(L_m - L_c) \tag{3-78}$$

式中，n 为光路介质折射率，此处对于空气 $n=1$。两光束的相位差为

$$\Delta\phi = \frac{4\pi}{\lambda} n (L_m - L_c) \tag{3-79}$$

输出光强为

$$I = I_s + I_r + 2\sqrt{I_s I_r} \cos\Delta\phi \tag{3-80}$$

通过输出光强的检测即可获得引起光程变化的任何信息。因此，迈克耳孙方法不仅可以测量光路中相位的变化，而且可以通过反射镜位置的变化来测量物体的长度、位移、各种机械运动以及引起机械运动的各种物理作用(热、声、电、磁等)以及波长。

同 M－Z 干涉一样，也可以采用光纤形式构建迈克耳孙干涉系统，其原理如图 3－38 所示。图中 LD 为窄线宽激光器，从激光器发出的光经保偏光纤起偏器 P 后，传送到保偏光纤耦合器 S 分为两束，分别进入迈克耳孙干涉仪的两臂，然后经光纤端面的反射镜反射再回到耦合器 S 进行干涉，干涉光信号为光探测器 PD 转换为电信号，最后输入计算机进行处理。采用保偏光纤所构建的干涉系统可以获得更高的灵敏度与可靠性。

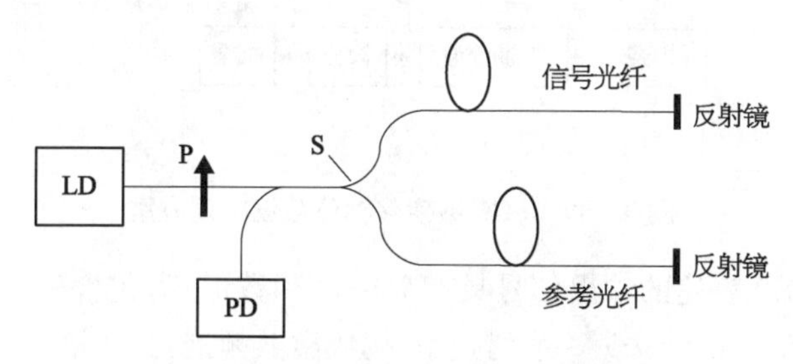

图 3－38　光纤迈克耳孙干涉结构

1) 迈克耳孙干涉信号的检测

(A) 直接检测方法

同 M－Z 光干涉条纹检测一样，对于空间干涉所产生的迈克耳孙干涉条纹除用单元光探测器方法外，也可采用阵列光探测器如 CCD 的方法。对于光纤结构则一般采用单元光探测器的方法。

(B) PGC 调制法

在光纤水听器研究中，针对光纤干涉仪固有的相位衰落对信号高灵敏检测的影响，发展了一种相位调制载波方法(PGC)，应用 DSP，FPGA 技术进行信号处理，后者可以获得更高的处理速度。PGC 调制法的基本原理是在干涉仪中引入周期相位变化，并将其叠加到初始相位工作点上。

设未进行 PGC 处理的干涉仪光探测器输出电压信号为

$$V=V_0+V_s\cos(\phi_0+\phi_s) \tag{3-81}$$

式中，V_0 为直流分量，V_s 为信号输出幅度，ϕ_0 为干涉仪初始相位，ϕ_s 为信号引起的相位变化。采用 PGC 调制法后，由于初始相位受到调制，干涉仪输出信号将变为

$$V=V_0+V_s\cos(M\cos\omega_0 t+\phi_0+\phi_s) \tag{3-82}$$

式中，$M\cos\omega_0 t$ 为调制信号，M 为调制幅度，ω_0 为调制频率，它远大于信号频率。

PGC处理过程是将输出信号数字化后分别与$G\cos\omega_0 t$和$H\cos 2\omega_0 t$相乘得到两路信号，再利用调制频率ω_0大于信号频率、而信号频率大于初始相位变化频率的特点，通过滤波、微分、积分等一系列信号组合与处理，最终得到所需信号。其数字化相位载波解调方案如图3-39所示。

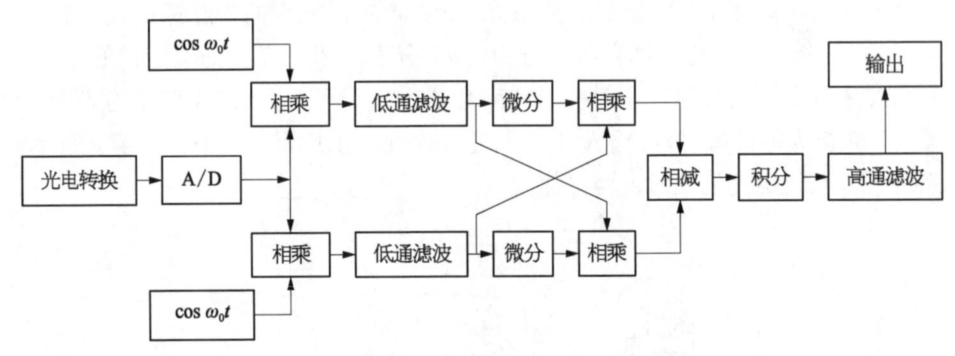

图3-39　PGC数字化相位载波解调方案

式(3-82)所表达的输出信号具有Bessel函数形式，包含有$k\omega_s$，$k\omega_0$以及$\omega_0 \pm k\omega_s$ ($k=0, 1, 2, \cdots$)一系列频率，构成离散频谱，其频谱如图3-40所示，其高阶倍频分量的幅度是随阶数递减的。为了减少光强波动的影响，通常对ω_0和$2\omega_0$进行检测。为了避免频谱的混叠，保证系统具有足够的动态范围与带宽，在信号采样速度能够实现的前提下，尽可能提高调制频率。从图3-40中可见，应用滤波器可将信号分离出来。

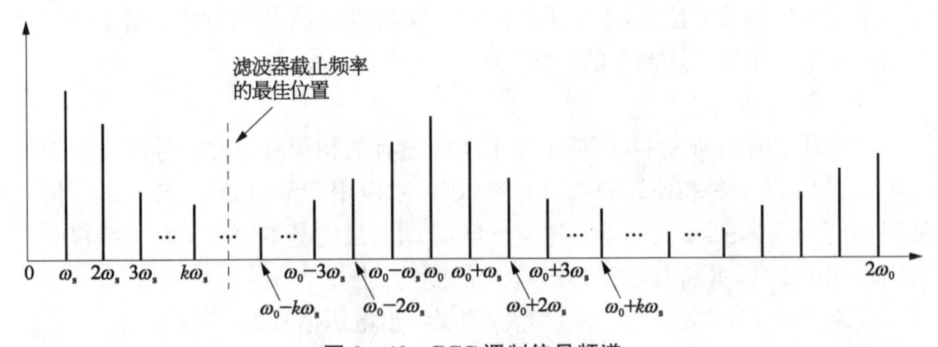

图3-40　PGC调制信号频谱

2) 迈克耳孙干涉方法的应用

(A) 物体长度测量

应用空间迈克耳孙干涉方法测量物体长度是一种近代经典的方法，其原理如图3-41所示。它通过安放反射镜的物体的移动来确定物体长度。由于采用稳频激光波长作为长度计量单位，再加上电子细分，因而它能够达到很高的测量精度，乃至纳米量级。此时，测量系统除光学方面的特殊设计以外还都采用了良好的隔振与恒温、恒湿等措施。

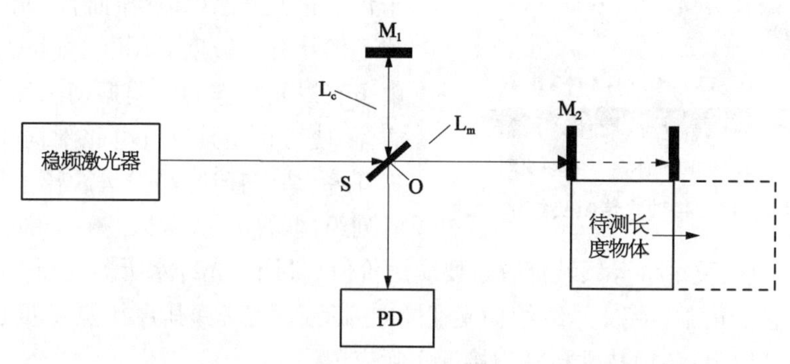

图 3-41　应用空间迈克耳孙干涉方法测量物体长度的原理

(B) 光纤水听器

应用迈克耳孙光纤干涉方法所设计制作的光纤水听器与图 3-38 所示结构几乎一样。相对于 M-Z 干涉结构的光纤水听器来说，由于光纤耦合器的减少，迈克耳孙干涉结构的光纤水听器更为简单一些，特别是当水听器阵列加大后更显得突出。

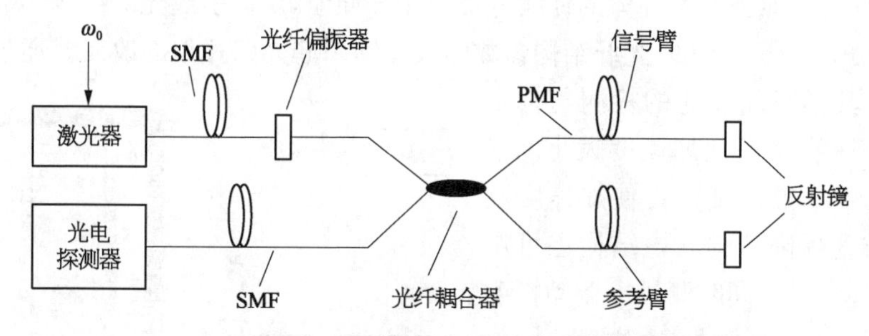

图 3-42　具有迈克耳孙结构的光纤水听器原理

无论具有 M-Z 干涉结构的光纤水听器还是具有迈克耳孙干涉结构的光纤水听器，除光路设计制作与信号处理外，传感头(信号臂)的设计制作十分重要，它是光纤水听器的核心元件，直接影响光纤水听器性能的优劣。为了适应水下作业，特别是作为拖曳应用，传感头往往设计成芯轴式结构(圆管状)，这种圆形对称结构可以大大降低水阻所产生的流噪声。芯轴式结构传感头的原理结构如图 3-43 所示，传感光纤与参考光纤分别绕在圆柱支架上。传感光纤绕制在管的外层为弹性声敏材料所包覆，以最大限度地感测外部水声，而参考光纤则由空气减振层隔离绕制放置在内层的防振管上，以尽量避免外部振动噪声的引入。

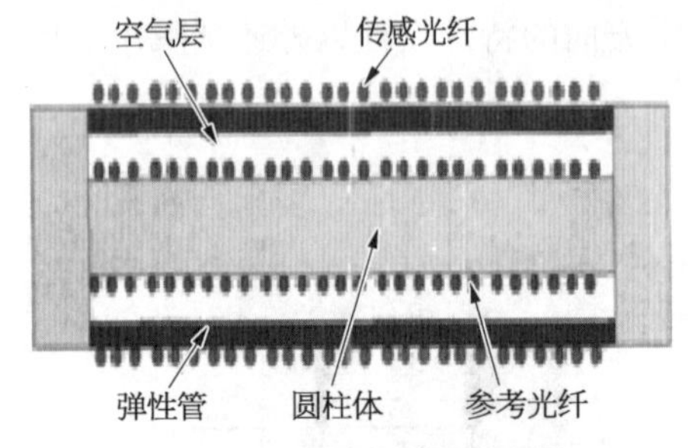

图 3-43　芯轴式传感头结构

由这两种干涉结构设计制作的光纤水听器都获得了良好的测量性能。相对于传统的压电型水听器而言，光纤水听器不仅具有灵敏度高、频响宽特点，而且由于它以光纤作为微弱振动感测与传输载体，使得它还具有抗电磁干扰、耐受恶劣环境、结构轻巧、易于远距离监测与大阵列组网等特点，所以它在石油、地质、海洋、渔业以及军事等领域都有重要应用价值。目前，光纤水听器的频率响应从十几赫兹到几千赫兹，并继续向更低和更高频率拓展，其声压灵敏度已达到 -160 dB 以上，各项技术指标均接近实际应用要求。

(C) 物体运动加速度测量

一种测量物体运动加速度的光纤迈克耳孙干涉装置如图 3-44 所示。这是一种推挽式结构，使用时将其安置在运动物体上。激光器 LD 发出的光通过光纤耦合器 C 分别送至缠绕在弹性圆柱体上的 A，B 两路光纤，然后从镀有反射膜的光纤端面反射再次经光纤耦合器 C 后到达光探测器 PD。M 为质量块，其作用是将被测加速度 a 的作用传递给弹性圆柱体。由于光纤是缠绕并黏结在圆柱体上的，因而弹性圆柱体的伸缩将带动光纤伸缩，从而引起光纤结构参数的改变。由式(3-59)可知，光纤结构参数的改变即引起光路相位的改变。通过光学相位及其随时间变化的检测与标定即可获得物体运动加速度大小。采用图 3-44 推挽结构可使加速度测量灵敏度提高两倍。该结构也可用于微振动测量，同时测量出振动幅度与频率。在这一测量中，质量块同弹性圆柱体材料的选择与尺寸设计将主要决定传感器灵敏度、动态范围与长期稳定性。

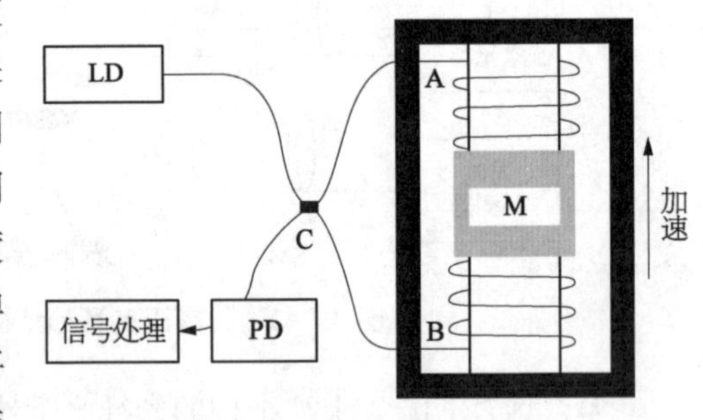

图 3-44　光纤加速度测量原理

应用这一结构已发展出光纤矢量水听器。图 3-45 为一种三维矢量水听器结构，其传感头采用的是三分量正交一体的芯轴式推挽结构，光路系统采用全保偏非平衡迈克耳孙干涉方式。该结构用 6 根弹性柱体对称地支撑在位于中心的质量块上，迈克耳孙干涉的两臂则由紧密缠绕在每一相对的两根柱体上的保偏光纤形成。激光器发出的光经光隔离器和起偏器后进入保偏光纤耦合器分为 6 路光分别进入各个干涉仪的两臂，然后由光纤端的反射膜反射回到耦合器进行相干。光纤矢量水听器的各轴只对弹性体轴向上的加速度分量敏感，而对垂直于轴向上的加速度分量不敏感，因而具有很好的方向性。这种芯轴式推挽结构可以最大限度地消除由于温度、压力等变化所引起的干扰。目前，这种三维矢量水听器的工作频率范围为 1～2 000 Hz，等效声压灵敏度与加速度灵敏度分别优于－155 dB 与 30 dB。

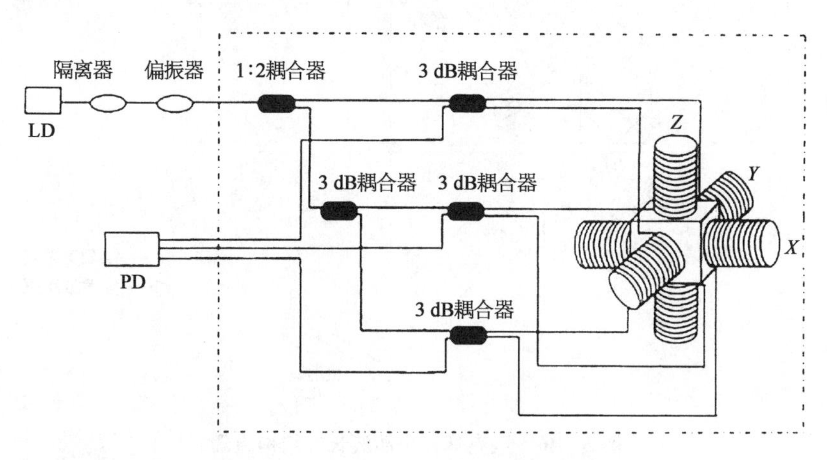

图 3－45　一种三维矢量水听器结构

矢量水听器不仅能测量声压，而且可以同步测量同一位置的三维声速，因此它在石油、地质、地震、水下目标探测等领域都有着十分重要的应用。

(D) 波长测量

应用迈克耳孙干涉也可以进行激光波长测量。图 3－46 为一测量连续激光波长的迈克耳孙干涉波长计结构原理。参考激光 1 经反射镜 R_3 反射到达分光镜 P，在 A 处被分成透射光 1′和反射光 1″，1′光经反射镜 R_1 到达可动反射镜 C_1，经 C_1，R_1 反射后回到分光镜 P 的 B 处，在 B 处 1′光有一部分透射后穿过输入光阑，另一部分则反射到达光电探测器 D_1。与此同时，由 P 分出的，1″光经反射镜 R_2 反射后到达可动反射镜 C_2，由 C_2 反射的 1″光又回到分光镜 P，同样 1″光在 B 处被分为两部分光，一部分反射后穿过输入光阑，另一部分透射后到达光电探测器 D_1 同 1′光汇合并产生干涉形成输出参考信号。待测激光由光阑射入，与参考光形成干涉过程相似，最后在光电探测器 D_2 处形成输出待测信号。测量时使待测光与参考光完全重合，反射镜 C_1，C_2 装在同一平动导轨上，电机驱动导轨移动可同时改变待测光与参考光的光程差，从而引起光电探测器 D_1 和 D_2 处输出条纹移动。设可动反射镜移动距离为 L，则参考激光产生的干涉条纹移动数 N_r 为

$$N_r = \frac{4n_r L}{\lambda_r} \tag{3-83}$$

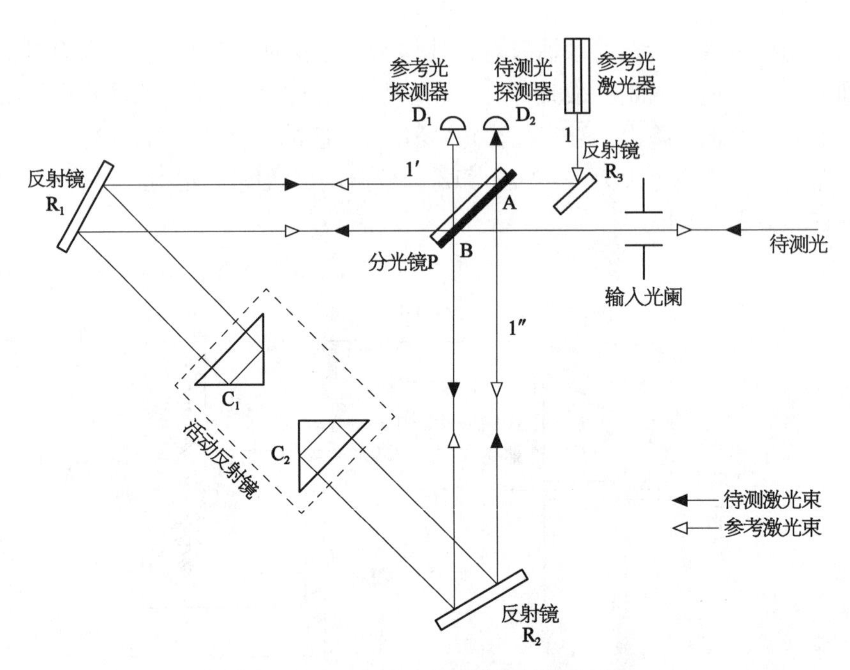

图 3-46　迈克耳孙干涉波长计结构原理

式中，λ_r 为参考激光波长，n_r 为参考激光所经历介质(空气)的折射率。

对于待测激光所得到的干涉条纹移动数 N_s 为

$$N_s = \frac{4n_s L}{\lambda_s} \tag{3-84}$$

式中，λ_s 为待测激光波长，n_s 为待测激光所经历介质(空气)的折射率，此处 $n_s \approx n_r$。由式(3-83)和式(3-84)可得到待测激光波长为

$$\lambda_s = \left(\frac{N_r}{N_s}\right)\left(\frac{n_r}{n_s}\right)\lambda_r \tag{3-85}$$

应用这一方法设计的波长计比裴索干涉仪和 F-P 干涉仪具有更高测量精度，其测量精度可达到 1×10^{-7}。

应用迈克耳孙干涉方法也可实际制作光纤微弱磁场传感器使测磁灵敏度达到纳特斯拉(nT)量级。此外，傅里叶变换红外光谱仪也是建立在迈克耳孙干涉方法基础上的。

3.3.2.3　Sagnac 干涉方法

Sagnac 干涉也是一种双光束干涉，其光路的特殊结构使得它能够测量旋转光路所产生的相位变化，进而测量旋转体的角速度。Sagnac 光干涉测量方法的原理如图 3-47 所示。这是一理想的空间光学环，环半径为 R，环介质折射率为

n。假设一光束从 P 点注入，然后被对称地分为两束并分别沿环的逆时针方向 1 与顺时针方向 2 传播。当环处于静止状态时，两束光分别经历时间 $t_{10}=t_{20}$ 回到起始点 P。它们所走过的路程分别为 S_{10} 与 S_{20}，其大小为

$$S_{10}=t_{10}\frac{c}{n} \tag{3-86}$$

$$S_{20}=t_{20}\frac{c}{n} \tag{3-87}$$

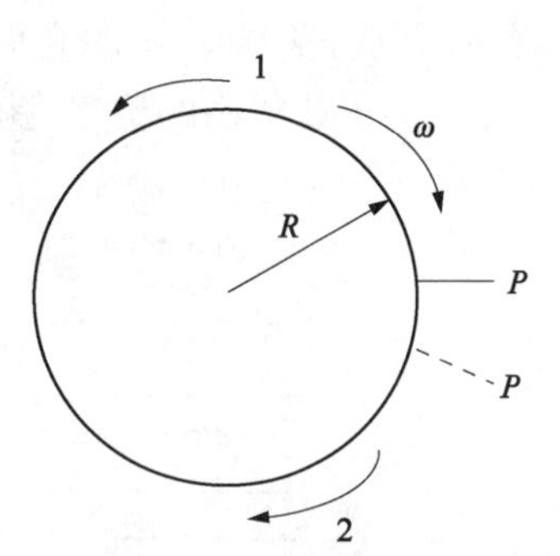

图 3-47　Sagnac 光干涉原理

此时，两光束的相位差为 $\Delta\phi=\frac{2\pi}{\lambda}n(S_{20}-S_{10})=0$。

当环以 ω 角速度顺时针旋转时，两光束仍将在 P 点会合。此时，沿逆时针方向 1 传播的光束所经历时间为 t_1，光程为

$$S_1=2\pi R-\omega Rt_1=\frac{c}{n}t_1 \tag{3-88}$$

沿顺时针方向 2 传播的光束所经历时间为 t_2，光程为

$$S_2=2\pi R+\omega Rt_2=\frac{c}{n}t_2 \tag{3-89}$$

由式(3-88)与式(3-89)可求得 t_1 与 t_2 为

$$t_1=2\pi Rn/(c+\omega Rn) \tag{3-90}$$

$$t_2=2\pi Rn/(c-\omega Rn) \tag{3-91}$$

将式(3-90)与式(3-91)分别代入式(3-88)与式(3-89)可得到两路光由于光路顺时针旋转所引起的相位差：

$$\begin{aligned}\Delta\phi&=\left(\frac{2\pi}{\lambda}\right)n(S_1-S_2)\\&=\left(\frac{2\pi}{\lambda}\right)n^2\left[\frac{4\pi R^2c\omega}{c^2-(\omega Rn)^2}\right]\end{aligned} \tag{3-92}$$

由于 $c^2\gg(\omega Rn)^2$，故上式可近似为

$$\Delta\phi\approx\left(\frac{2\pi}{\lambda}\right)n^2\left(\frac{4\pi R^2\omega}{c}\right) \tag{3-93}$$

从式(3-93)可见，两路光所产生的相位差与环旋转的角速度 ω 成正比。环所构成的面积愈大即半径愈大、光纤愈长，在同一旋转角速度下所引起的相位差愈大。

利用上述原理,人们设计了光纤陀螺。一种闭环检测方式的光纤陀螺的原理结构如图 3-48 所示。由超辐射半导体光源 SLD 发出的光经过一光纤耦合器 SB 后进入铌酸锂光波导分路器分成两路,然后耦合进入保偏光纤绕制的光纤环。从光纤环输出的光再次沿原路返回,经过光纤耦合器 SB 到达光探测器 PD。为了获得高的检测灵敏度与大的动态范围,在铌酸锂光波导的分路区利用铌酸锂的电光效应制作了一对光波导相位调制器,其作用是调整光路的直流相位及进行相位的正交调制。陀螺信号输出如图 3-49 所示,交变调制使陀螺始

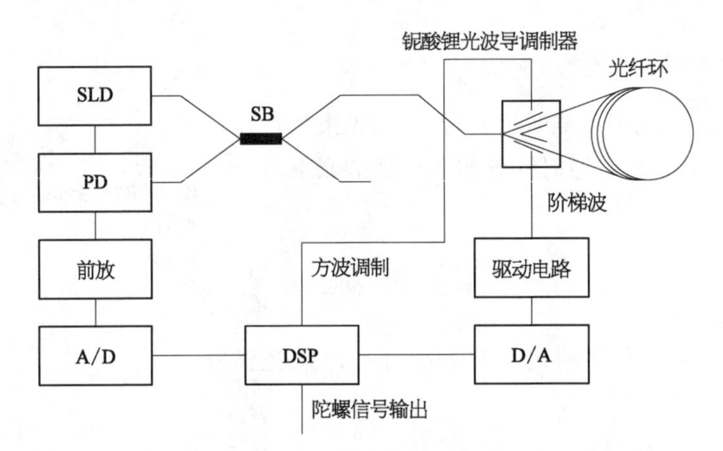

图 3-48　光纤陀螺原理结构

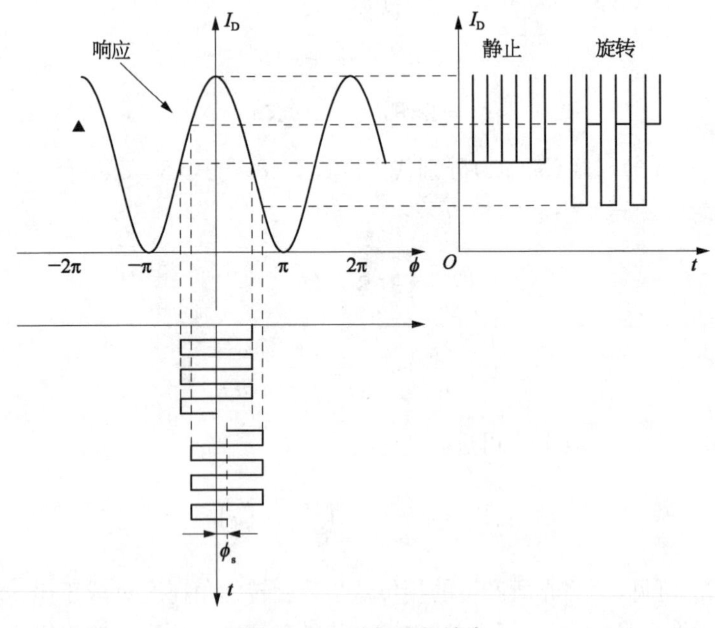

图 3-49　陀螺信号输出

终处于 $\pi/2$ 的最佳工作状态。信号处理器的作用主要是对光信号进行探测、处理及提供相位调制信号。

目前,中低精度的光纤陀螺已完全实用化,高精度光纤陀螺也将问世。表 3-8 列出了几种典型光纤陀螺的性能。

表 3-8　干涉型光纤陀螺精度级别

级　别	零偏稳定性(1σ 值)/(°/h)	标度因数稳定性(1σ 值)
精密级	<0.001	<1 ppm
惯性级	0.01	<5 ppm
战术级	0.1~10	10~100 ppm
速率级	10~1 000	0.1%~1%

与传统的机械陀螺和压电陀螺相比,光纤陀螺具有结构紧凑、灵敏度高、可靠性好、抗干扰、带宽大、动态范围宽、启动快、功耗低等优点。相对于激光陀螺,它更适于要求尺寸小的中等惯性精度测量,因此它在飞机、直升机、坦克、导弹、卫星以及石油钻井乃至汽车、机器人等领域得到推广应用。随着光纤陀螺技术的日趋成熟,高精度(优于 0.01°/h)导航级光纤陀螺也必将得到广泛应用。

应用 Sagnac 原理也可以构成光纤振动传感器,用于周界安全防卫。其原理如图 3-50 所示。由半导体激光光源发射的光经一 3 dB 光纤耦合器分束后分别以顺时针方向(CW)与逆时针方向(CCW)沿 Sagnac 光纤环传输,图中 F 为一作用在光纤环上的外部声频振动,它分别位于离耦合器 R_1 与 R_2 处。两束方向相对传输的光再次经过光纤耦合器到达光探测器最后转换为电信号。设输入光强为 I_0,CW 光与 CCW 光在输出端产生干涉,其光强为

$$I = \frac{1}{2} I_0 (1 \pm \cos \phi) \tag{3-94}$$

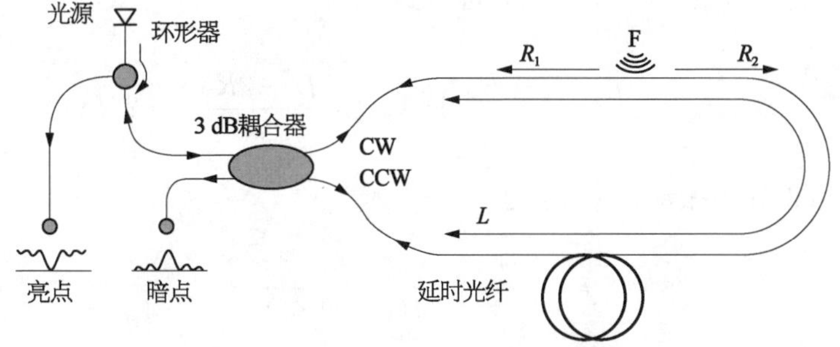

图 3-50　Sagnac 结构光纤振动传感器

这里 $\phi=\phi_{cw}-\phi_{ccw}$，为两束光传输所产生的相位差。$\phi_{cw}$ 与 ϕ_{ccw} 分别为 CW 光与 CCW 光沿光纤环传输所产生的相位移。式(3-94)中±号分别为输出光强的亮点值与暗点值。忽略光源带来的初始相位变化以及声振动作用长度，设 τ_1 和 τ_2 分别为光沿 R_1 和 R_2 传输所经历的时间，则有

$$\phi=\varphi(t-\tau_1)-\varphi(t-\tau_2) \tag{3-95}$$

式中，φ 为两路光所产生的时间相位移。将式(3-95)代入式(3-94)可得到

$$I=\frac{1}{2}I_0\{1+\cos[\varphi(t-\tau_1)-\varphi(t-\tau_2)]\} \tag{3-96}$$

设外部振动所引起的传输光相位变化为 $\varphi(t)=\varphi_0\sin(\omega_s t)$，$\varphi_0$ 为相位变化幅值。将其代入式(3-96)并取其交流分量则有

$$I(t)=\frac{I_0}{2}\cos\{\varphi_0\sin[\omega_s(t-\tau_1)]-\varphi_0\sin[\omega_s(t-\tau_2)]\} \tag{3-97}$$

考虑 φ_0 很小，则上式近似为

$$I(t)=I_0\varphi_0\cos\left(\omega_s t-\frac{\omega_s\tau}{2}\right)\sin\left(\frac{\omega_s\Delta\tau}{2}\right) \tag{3-98}$$

式中，$\tau=\tau_1+\tau_2$，$\Delta\tau=\tau_1-\tau_2=\dfrac{n(R_1-R_2)}{c}$，$n$ 为光纤有效折射率。交流分量的幅值为

$$I_{aco}=I_0\varphi_0\sin\left(\frac{\omega_s\Delta\tau}{2}\right) \tag{3-99}$$

零频值出现在
$$\frac{\omega_s\Delta\tau}{2}=0,\ \pi,\ \cdots,\ N\pi$$

式中，N 是整数。由 $\dfrac{\omega_s\Delta\tau}{2}=N\pi$ 可得到

$$\omega_s\Delta\tau=\omega_s\left(n\,\frac{R_1-R_2}{c}\right)=\omega_s\left(n\,\frac{L-2R_1}{c}\right)=2N\pi \tag{3-100}$$

由上式即可得到声振动频率 f_s 为

$$f_s=\frac{\omega_s}{2\pi}=\frac{Nc}{n(L-2R_1)} \tag{3-101}$$

利用上式即可得到振动点位置 R_1：

$$R_1=\frac{L-\dfrac{Nc}{nf_{\mathrm{s}}}}{2} \tag{3-102}$$

对于一理想宽谱振动源如白光噪声振动源，其干涉输出特性通过快速傅里叶变换(FFT)将时域干涉输出特性转换为频域干涉输出特性所得结果如图 3－51 中虚线所示 ($R_1=1\ 000$ m)，具有多个零频点；图中实线为 $R_1=0$ 的情况。

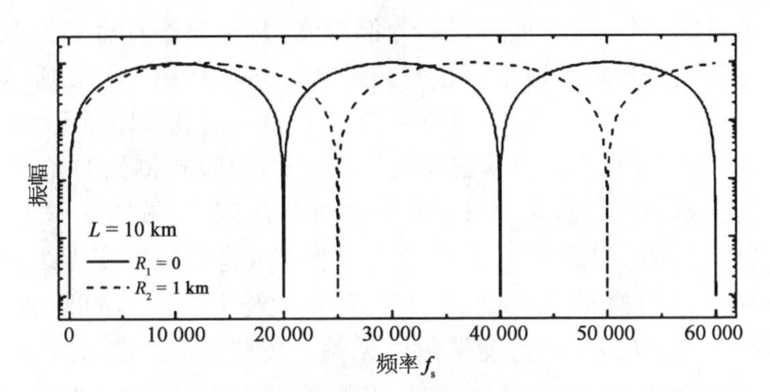

图 3－51　理想白光噪声振动源经 FFT 变换后的干涉输出

对于实际的有限谱宽振动源的干涉输出，经 FFT 变换后其结果如图 3－52 所示。图中虚线是理想白噪声源干涉输出结果，而小框内曲线为时域干涉输出结果。

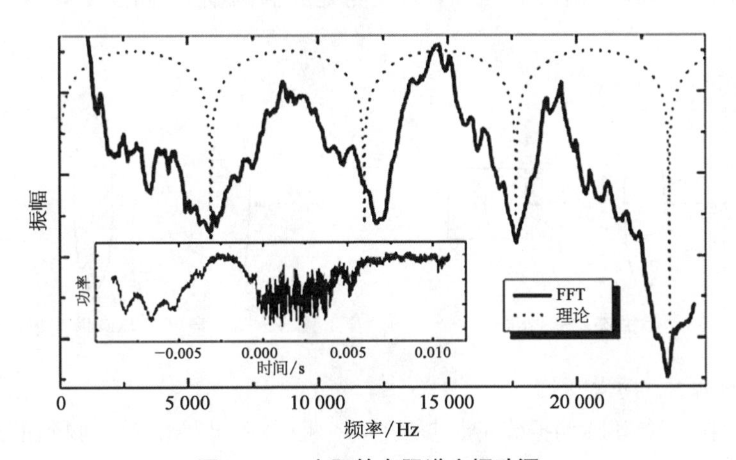

图 3－52　实际的有限谱宽振动源

3.4　偏振检测

光波偏振是光波的又一重要特性。在信息领域，其应用与检测受到愈来愈广泛的重视。应用最多的检测主要有偏振方向与偏振消光比等。如同相位测量一样,光波偏振特性的检测需要将其转换为光强形式进行。除应用检偏器件的基本方法外,偏振干涉方法也得到普遍应用。

3.4.1 基本方法

1）偏振态的检测

光波除自然光外,对于偏振或部分偏振光,其偏振态具有圆偏振、椭圆偏振与线偏振不同的形式。用于偏振态测量装置通常如图 3-53 所示,主要利用检偏器来进行检测。检测时,将被测光 I_i 垂直入射到检偏器 P,然后送到探测器 PD。此时以光束为轴将检偏器旋转 360°,如 PD 检测到的光强 I_0 不变,则被测光为圆偏光或自然光。为了对两者进行区别,可按图 3-54 方式进一步在检偏器 P 后加一 1/4 波片。由于 1/4 波片可将圆偏光变为线偏光,因而对于圆偏光,其 PD 检测到的光强将出现 I_0 最大与 $I_0=0$ 的情况;而对于自然光,则所检测到的光强依然与旋转角度无关。按照图 3-53,如 PD 检测到的光强 I_0 出现最大与最小,当 $I_0=0$ 时,被测光为线偏光。而当 $I_0 \neq 0$ 时,被测光可能为椭圆偏振光或部分偏振光。为对两者作进一步的区分,可在 P 旋转到检测光强最小处再如图 3-54 加入 1/4 波片,使其特征方向与此时的 P 平行,这时如检测到的光强 $I_0=0$,则被测光为椭圆偏振光;反之,$I_0 \neq 0$ 为部分偏振光。

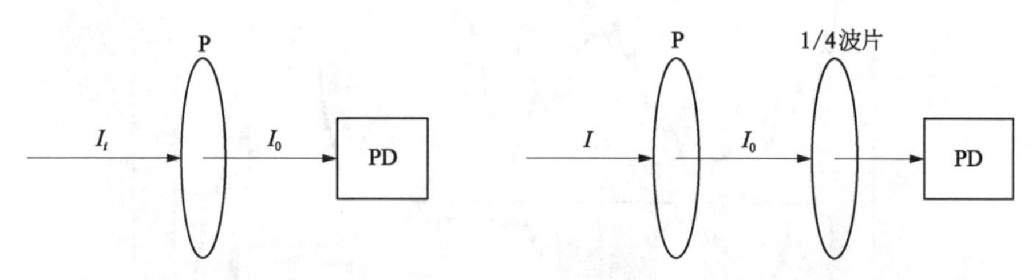

图 3-53　偏振态的检测原理　　图 3-54　自然光与圆偏光的检测

2）偏振方向的检测

线偏振光或椭圆偏振光的偏振方向,一般可通过检偏器检测到的最大、最小输出光强所对应的旋转角来确定。由于人眼对视场明暗变化判定的灵敏度低,为了获得高的角度测量精度,可采用“半影”法。用于蔗糖浓度测量的旋光计就采用了这一方法。如图 3-55 所示,由光源 L 发出的单色光首先经准直镜 C 变成平行光,然后通过起偏器 P_1 变为与光轴方向一致的线偏光。光线通过待测旋光物(如蔗糖溶液)S 后,由于物质的旋光作用将产生一偏振旋转角 α。为使输出光形成“半影”,光线所通过的玻璃片 W 由两半组成,一半为半波片，而另一半为透光玻璃。通过半波片的那部分光将再次旋转一个小角度 θ，即使输入光产生了 $\alpha+\theta$ 角度的旋转。而通过玻璃片 W 的另一部分光则直接通过玻璃，其旋转角仍为 α。检偏器 P_2 对 W 输出的光进行检偏，当 P_2 旋转到与半波片输出光或与透光玻璃输出光的偏振方向一致时两者均会出现半边明、半边暗即“半影”的情况。仅当 P_2 的检偏方向为 $(\alpha+\theta)/2$ 时，两半视场才出现明暗一致。此时，人眼能较好地进行判定。而应用光探测器代替人眼则可实现自动测量。

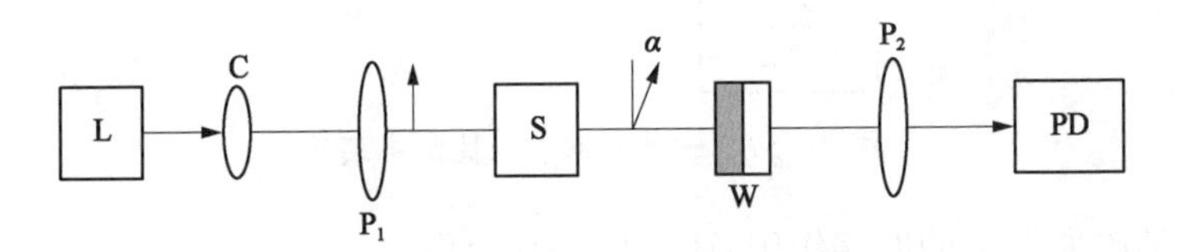

图 3-55　“半影”法的测量原理

3) 偏振消光比的测量

对于一个偏振器件，消光比是一个重要参数，其精确测量需采用专门的技术。对于透射式偏振器件其消光比测量可采用如图 3-56 所示的原理。由激光器 L 出射的光首先经过高消光比的偏振棱镜 P_A 使其变为线偏光，然后送至被测偏振器件 P_X，最后到达光探测器 PD。测量时，将被测偏振器 P_X 旋转。当其主轴与 P_A 线偏方向平行时将获得最大光强 I_{MAX} 输出；而当其与 P_A 线偏方向垂直时输出光强 I_{MIN} 将最小。则所测消光比为

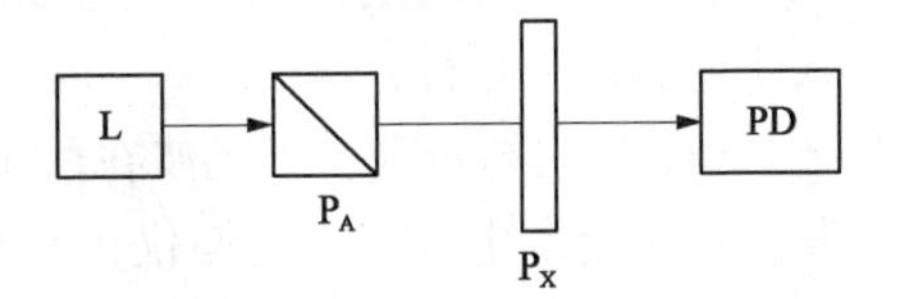

图 3-56　偏振消光比测量原理

$$\begin{aligned} K &= 10\lg(I_{MAX}/I_{MIN}) \\ &= 10\lg(V_{MAX}/V_{MIN}) \end{aligned} \tag{3-103}$$

式中，V_{MAX}，V_{MIN} 分别为 I_{MAX}，I_{MIN} 经光电转换后放大输出的电压。一种实际应用的可见光波段的偏振消光比测量装置如图 3-57 所示。为了保证测量光有足够高的消光比，该装置采用了两个偏振方向一致的偏振棱镜 P_A，P_B 组合作为起偏器，D_1，D_2，D_3 为光阑，M_1，M_2，M_3 为反射镜，为测量提供一参考光，以消除光源不稳所带来的影响。探测器采用了高灵敏的光电倍增管以适应垂直状态下弱光信号的探测。为了避免直流光干扰，装置中还引入了斩波器，将测量光变为交流调制光。对于近红外或其他光波段，在图 3-57 的基础上只要改变相应的光源、光探测器等也可进行同样的测量。当装置中引入透镜等其他光学元件

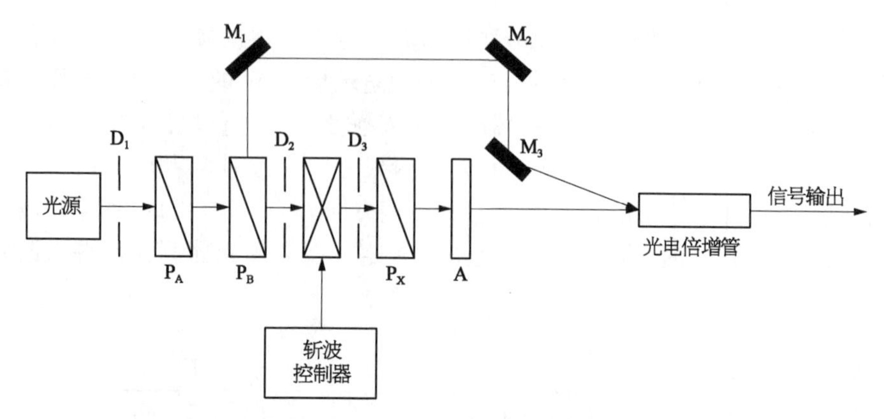

图 3-57　一种偏振消光比测量装置

时，为了消除所产生的退偏作用，还需作特殊处理。

3.4.2　偏振检测的应用

应用偏振检测原理可以设计线偏光仪、椭偏仪等光学测量仪器，同时可通过光波经过物质前后偏振态变化的测量来确定物质的特性或施加于物质的外部作用，例如测量单模光纤与光波导的双折射特性、测量薄膜的光学特性以及设计与偏振变化有关的光电传感器等。光波与物质间的相互作用引起偏振态变化的形式主要有以下几种：

(1) 反射与折射。当光波在两个不同光学介质的界面发生反射或折射时，其偏振态会发生改变。椭偏仪正是利用这一现象来测量介质薄膜的光学特性的。它也可以用来获取引起界面变化的外部信息。

(2) 透射。当光波通过各向异性的介质时，其偏振特性也会发生改变。利用这一点可测量物质的偏振特性、旋光特性、圆二向色性，分析物质的成分与含量以及获取传感信息(如机械的、热的、电与磁的)等。

(3) 散射。当光波通过折射率不均匀的介质时，会发生散射。其结果，除引起光束传播方向与立体角改变外还会引起偏振态的改变。利用偏振态改变的这一现象可以测量某些物质的应力分布；也可在气象和环保监测中，检测气、液悬浮物以及溶胶的密度和微粒尺度分布等。

下面就几种典型应用作一介绍。

1) 单模保偏光纤的双折射测量

(A) 单模光纤的双折射

通常，无论用于通信还是传感的以石英为基质的单模光纤都具有双折射特性。这种双折射特性使得光纤的基模具有两个正交偏振模。设光纤轴向为 z

轴，径向分别为 x 轴与 y 轴。当线偏光以偏振方向同 x 轴成 θ 夹角入射到光纤端面(见图 3-58)时，将在光纤中激励出两个正交偏振模，其电场矢量具有相同的初始相位，它们分别为

$$\begin{cases} E_x = E_{x0}\sin\omega t \\ E_y = E_{y0}\sin\omega t \end{cases} \tag{3-104}$$

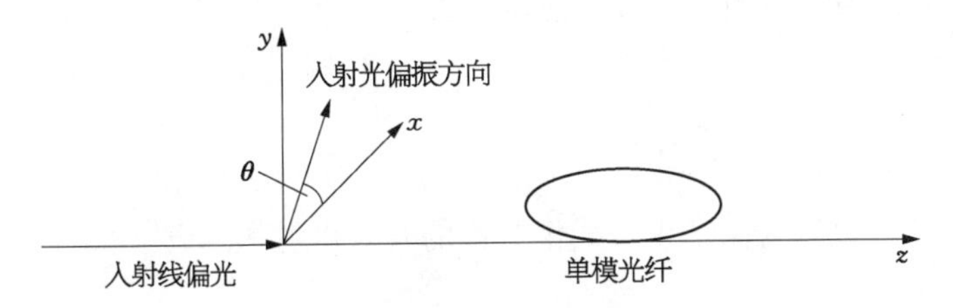

图 3-58　线偏光在光纤端面入射的位置

式中，E_{x0}，E_{y0} 分别为入射光电场矢量在 x 轴与 y 轴上的幅值分量，有

$$\begin{cases} E_{x0} = E_0\cos\theta \\ E_{y0} = E_0\sin\theta \end{cases} \tag{3-105}$$

式中，E_0 为入射光电场幅值。当光经距离 z 传输后，两偏振模为

$$\begin{cases} E_x = E_{x0}\sin(\omega t - \beta_x z) \\ E_y = E_{y0}\sin(\omega t - \beta_y z) \end{cases} \tag{3-106}$$

设 $\Delta\beta = \beta_x - \beta_y$ 由式(3-106)可得到一椭圆方程：

$$(E_x/E_{x0})^2 + (E_y/E_{y0})^2 - (2E_xE_y/E_{x0}E_{y0})\cos(\Delta\beta z) = \sin^2(\Delta\beta z) \tag{3-107}$$

从上式可见，椭圆内接于以 $2E_{x0}$ 与 $2E_{y0}$ 为边的矩形中。其形状及其对于坐标的方位角则决定于 θ 和 $\Delta\beta z$。由此可见，当线偏光在均匀双折射光纤中传输时，随距离 z 的改变，其偏振将呈现从线偏-椭偏-圆偏-椭偏-线偏的周期性的变化。图 3-59 为 $\theta=45°$ 时，输出光经检偏后光强随 z 变化的关系曲线，其变化正反映了上述偏振的周期变化。把引起偏振作一个周期变化的距离长度 L_b 称为拍长。由

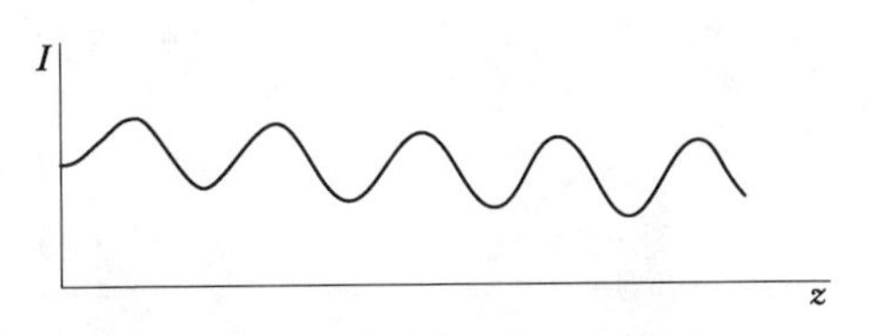

图 3-59　$\theta=45°$ 时，输出光经检偏后光强随 z 的变化

$$\Delta\beta(z_2 - z_1) = 2\pi \tag{3-108}$$

可得到

$$L_{\mathrm{b}}=\frac{2\pi}{\Delta\beta} \tag{3-109}$$

可见，光纤的双折射愈强，拍长愈短。当拍长远小于各种干扰周期时，光纤即能保持单偏振，这就是设计“熊猫”或“蝴蝶结”型高双折射单模保偏光纤的原理。在光纤中，双折射可以用其有效折射率来表示。即

$$\Delta\beta=\beta_x-\beta_y=\frac{2\pi}{\lambda}(N_x-N_y) \tag{3-110}$$

式中，N_x，N_y 分别为两个正交线偏振模的有效折射率。设

$$B=N_x-N_y \tag{3-111}$$

则有

$$L_{\mathrm{b}}=\lambda/B \tag{3-112}$$

一般，单模保偏光纤的拍长只有几毫米。

(B) 单模保偏光纤的双折射测量

目前，应用最广的单模保偏光纤多是采用应力双折射原理设计制作的，其双折射测量主要有散射光法和透射光法两类。前者通过测量光纤散射光的偏振特性来确定光纤的拍长，而后者则测量偏振光通过被测光纤后的偏振态随外部调制(如周期微扰、扭转、移动磁场、外力作用等)变化的关系来确定光纤的拍长。这里仅介绍透射光方法中两种常用的压力法与磁光调制法。

(1) 压力法。该法测量精度高、速度快、易于实现，常被采用。其原理如图 3-60 所示。由半导体激光器输出的光准直后经一 1/4 波片变为圆偏振光，然后经起偏器 P_1 变为线偏光，再经耦合透镜 L_1 将其耦合进长度为 l 的被测光纤。如上节所述，输入光将在光纤中激励起两正交偏振模 E_x，E_y，对应的传播常数为 β_x，β_y。设输入光电场幅值为 E_0，偏振方向与光纤主轴 x 轴成 θ 角。则在输入端 $z=0$ 处，两偏振模的电场幅值为

$$\begin{cases}E_x(0)=E_0\cos\theta\\E_y(0)=E_0\sin\theta\end{cases} \tag{3-113}$$

在被测光纤的前端 z_i 处加一外力 F，当光传输到达 z_i 时，由于外力作用将引起两偏振模间的耦合。设外力恒定并沿 z 前向移动，则两偏振模沿光纤长度

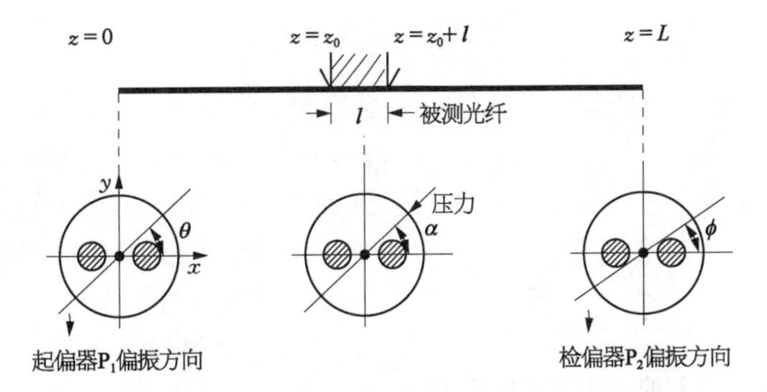

图 3-60　压力法测量光纤拍长的原理

间的光场幅值耦合系数 k 将视为一常数。在 z_i 处，两偏振模的电场为

$$\begin{cases} E_x(z_0) = [E_x(0) + kE_y(0)]\exp(-\mathrm{i}\beta_x z_i) \\ E_y(z_0) = [E_y(0) + kE_x(0)]\exp(-\mathrm{i}\beta_y z_i) \end{cases} \tag{3-114}$$

在光纤输出端 $z=L$ 处，放置有一检偏器 P_2，其偏振方向同光纤轴成 ϕ 角。光经检偏器 P_2 后，两偏振模的输出光场分别为

$$\begin{cases} E_x(L) = E_0\{\cos\theta\exp[\mathrm{i}\beta_x(L-z_i)] + k\sin\theta\exp[\mathrm{i}\beta_y(L-z_i)]\}\cos\phi \\ E_y(L) = E_0\{\sin\theta\exp[\mathrm{i}\beta_y(L-z_i)] + k\cos\theta\exp[\mathrm{i}\beta_x(L-z_i)]\}\sin\phi \end{cases} \tag{3-115}$$

其合成光强为

$$I = |E_x(L) + E_y(L)|^2 \tag{3-116}$$

将式(3-115)代入式(3-116)，得

$$I = E_0^2\{A + B\cos[(\beta_x - \beta_y)(L - z_i)]\} \tag{3-117}$$

式中，A 和 B 均为与 θ，ϕ 和 k 有关的常数。从式(3-117)可以看出，由于被测光纤与所选定的测量波长一定，因此经检偏器 P_2 输出的光强的交变分量仅与外力作用点 z_i 的位置有关，且呈周期变化。由光强变化一个周期所对应的相位：

$$(\beta_x - \beta_y)(L - z_i) = 2\pi \tag{3-118}$$

可得到光纤的拍长 L_b：

$$L_b = (L - z_i) = 2\pi/(\beta_x - \beta_y) = \lambda/B \tag{3-119}$$

由式(3-114)可得到耦合系数 k 为

$$| k | = \cos\theta \sin\theta \tag{3-120}$$

从上式可见,当入射线偏光与光纤 x 主轴交角 θ 为 0 或 $\pi/2$ 时, k 均为零。此时,外力作用不会引起两模间的耦合,从而不能得到交变输出光强。而检偏器 P_2 与光纤 x 轴交角 ϕ 则会影响输出交变光强的幅度。图 3-61 给出了一个实际测量得到的光强-光纤长度曲线。由图可将多个周期长度取平均值,从而得到更精确的拍长测量结果。

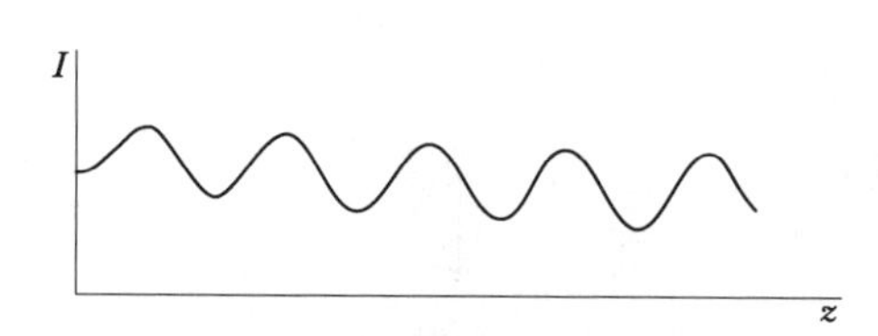

图 3-61 实际测量的光强-光纤长度曲线

在实际测量中,这种动态压力法会因光纤主轴的变化影响测量结果,因此必须有一套专门的、精细的加压机构。此外,被测光纤包层的不均匀性也会导致压力作用的不恒定而影响测量结果。

(2) 磁光调制法[53,54]。磁光调制法是一种非接触测量方法,它可以克服压力法、扭转法等与光纤接触所带来的缺点。磁光调制法主要利用了石英光纤的磁光效应。当外加磁场与被测光纤的传光方向平行时,光纤中传输的线偏光会因法拉第(Faraday)效应而发生旋转。当磁场沿光传输方向移动时,线偏光的偏振度也将作周期性的改变。利用这一原理设计的测量装置如图 3-62 所示。由半导体激光器 LD 发射的光准直后经起偏器 1 变为线偏光,然后经过一 1/4 波片 2 将其变为圆偏光,偏振旋转器 3 将其偏振方向调节到一适当方向,最后由耦合透镜 4 将其耦合进被测光纤。光纤可划分为 l_1, l_2, l_3 三段,光从光纤 l_1 段进入后经 l_2 段再到 l_3 段。磁场加在 l_2 段,其方向与光纤轴平行,测量时它将沿光纤轴向 l_3 段移动。从光纤 l_3 段出射的光经透镜 5 准直后被送到沃拉斯顿(Wollaston)棱镜 W 将其分为偏振方向彼此垂直的两束光。最后,两输出光再由光探测器转换为电信号进行处理。

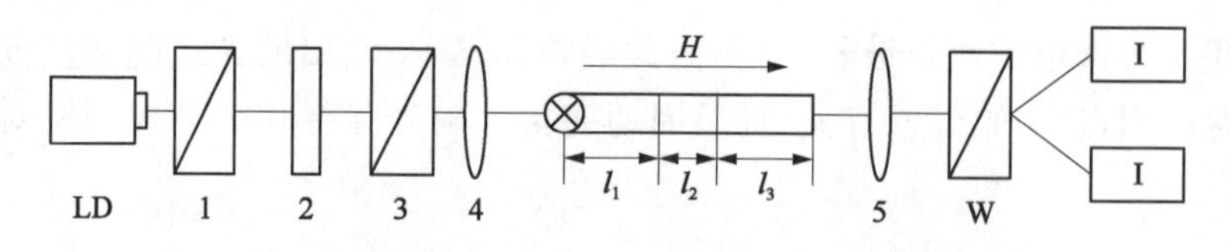

图 3-62 磁光调制法测量光纤拍长原理装置

设被测光纤的快、慢轴分别为 x 轴和 y 轴,两偏振模的传播常数分别为 β_x, β_y,注入光的电场幅值为 E_0,其偏振方向与 x 轴交角为 θ。则两偏振模的琼斯(Jones)矩阵为

$$\begin{array}{lll} \boldsymbol{J}_0 & E_x(0)=E_0 & \cos\theta \\ & E_y(0)=E_0 & \sin\theta \end{array} \tag{3-121}$$

在 l_1 段光纤，两偏振模间所产生的相位差为 $\alpha_1=2\pi(l_1/L_\mathrm{b})$，$L_\mathrm{b}$ 为光纤拍长。则偏振模传输的 Jones 矩阵为

$$\begin{array}{lllll} \boldsymbol{J}_1 & E_x(l_1)=E_x(0) & \exp(\mathrm{i}\alpha_1/2) & 0 \\ & E_y(l_1)=E_y(0) & 0 & \exp(-\mathrm{i}\alpha_1/2) \end{array} \tag{3-122}$$

在 l_2 段光纤，外磁场将引起线偏光旋转，设相对 x 轴的旋转角为 Ω，有 $\Omega=VHl_2$，其中 V 为光纤的维尔德系数，H 为磁场强度。所产生的相位差为 $\alpha_2=2\pi l_2/L_\mathrm{b}$。则偏振模传输的 Jones 矩阵为

$$\begin{array}{ll} \boldsymbol{J}_2 & E_x(l_2)=E_x(l_1)(\cos\psi+\mathrm{i}\cos x\ \sin\psi-\sin x\ \sin\psi) \\ & E_y(l_2)=E_x(l_1)(\sin x\ \sin\psi+\cos\psi-\mathrm{i}\cos x\ \sin\psi) \end{array} \tag{3-123}$$

式中，$\psi=\phi/2$，$\phi=[\alpha_2+(2\Omega)^2]^{1/2}$，$\sin\psi=2\Omega/\phi$，$\cos\psi=\alpha_2/\phi$。

在光纤 l_3 段，两偏振模所产生的相位差为 $\alpha_3=2\pi l_3/L_\mathrm{b}$。则偏振模传输的 Jones 矩阵为

$$\begin{array}{llll} \boldsymbol{J}_3 & E_x(l_3)=E_x(l_2) & \exp(\mathrm{i}\alpha_3/2) & 0 \\ & E_y(l_3)=E_y(l_2) & 0 & \exp(\mathrm{i}\alpha_3/2) \end{array} \tag{3-124}$$

最后，光经沃拉斯顿棱镜 W 输出。设沃拉斯顿棱镜的检偏轴与光纤主轴夹角为 γ，其 Jones 矩阵为

$$\begin{array}{lll} \boldsymbol{J}_\mathrm{W} & \cos\gamma & \sin\gamma \\ & -\sin\gamma & \cos\gamma \end{array} \tag{3-125}$$

则两偏振模输出的电场分量为

$$\begin{cases} E_x(\mathrm{W})=\boldsymbol{J}_\mathrm{W}\quad \boldsymbol{J}_3\quad \boldsymbol{J}_2\quad \boldsymbol{J}_1\quad \boldsymbol{J}_0\quad E_x(0) \\ E_y(\mathrm{W})=\boldsymbol{J}_\mathrm{W}\quad \boldsymbol{J}_3\quad \boldsymbol{J}_2\quad \boldsymbol{J}_1\quad \boldsymbol{J}_0\quad E_y(0) \end{cases} \tag{3-126}$$

由此可得到输出光的偏振度为

$$I=[|E_x(\mathrm{W})|^2-|E_y(\mathrm{W})|^2]/[|E_x(\mathrm{W})|^2+|E_y(\mathrm{W})|^2] \tag{3-127}$$

移动磁场，可测得输出偏振度 I 与磁场沿 l_3 移动长度的关系，其波形变化周期即是所测拍长。

通常，磁场强度可选几千奥斯特，长度 1 mm 左右，其移动精度需不低于 0.01 mm，这样可测量毫米量级的拍长。实验表明，在线偏光注入的情况下，选

θ 为 0°或 90°，γ 为 45°可获得大的测量灵敏度；同样利用圆偏光注入，γ 为 0°或 90°也可得到好的测量结果。

2) 分布式光纤应力测量

利用偏振干涉的分布式光纤应力测量原理如图 3-63 所示。由宽谱光源（如 SLD）发出的光经起偏器 P_F 后变为线偏光，然后送入用于应力测量的保偏光纤 W，保持输入光偏振方向与光纤 W 的主轴（如 HE_{X1} 模）方向一致。经一段光纤传输后传输光由自聚焦透镜准直出射到偏振分束器 BS（如沃拉斯顿棱镜），BS 将光分为偏振彼此垂直的 I_1 与 I_2 两束光。I_1 与 I_2 光分别经反射镜 M_1 与 M_2 沿原路反射回到偏振分束器 BS 并彼此重合从 BS 出射到检偏器 P_D，P_D 的偏振方向与 I_1，I_2 的偏振方向呈 45°。I_1，I_2 光经 P_D 后将产生偏振干涉。M_1 为固定反射镜，M_2 可沿光路平行移动。输出光最后到达光探测器 D 转换为电信号。

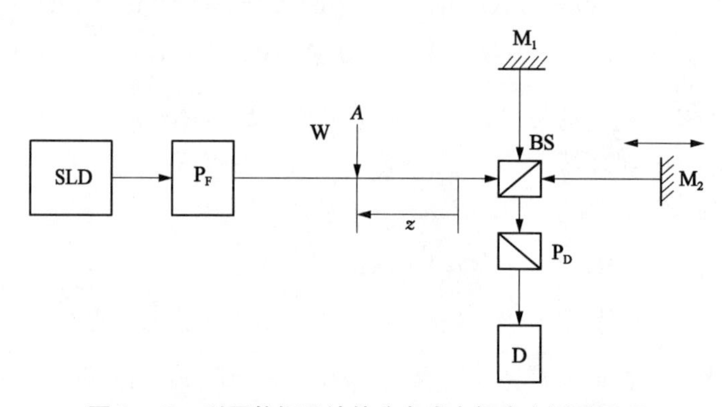

图 3-63　利用偏振干涉的分布式光纤应力测量原理

设外力作用于光纤 A 点，则由于外力作用光纤中 HE_{11}^x 模将与 HE_{11}^y 模产生耦合。设它们相互耦合所形成的电场分量分别为

$$\begin{cases} E_x(z) = E_{0x}\exp(-\mathrm{i}\beta_x z) \\ E_y(z) = E_{0y}\exp(-\mathrm{i}\beta_y z) \end{cases} \tag{3-128}$$

式中，E_{0x}，E_{0y} 与 β_x，β_y 分别为 HE_{11}^x、HE_{11}^y 电场幅值与相位传播常数。设注入光纤功率为 P_i，其归一化的功率耦合系数为 k，则有

$$P_i = |E_x|^2 + |E_y|^2 \tag{3-129}$$

$$\begin{cases} |E_x|^2 = (1-k)P_i \\ |E_y|^2 = kP_i \end{cases} \tag{3-130}$$

k 随外力大小而变。设分束器 BS 的分光比为 1∶1，且不考虑光路损耗，则从检偏器 P_D 输出的光功率 P_0 为

$$\begin{aligned}P_0 &= \frac{1}{2}\mid E_x\mid^2\cos^2\alpha\{1+\cos[k_0(l_1-l_2)]\}+\\&\quad\frac{1}{2}\mid E_y\mid^2\sin^2\alpha\{1+\cos[k_0(l_1-l_2)]\}\\&=\frac{1}{2}P_i\{(1-k)\cos^2\alpha[1+\cos k_0(l_1-l_2)]+\\&\quad k\sin^2\alpha[1+\cos k_0(l_1-l_2)]\}\end{aligned}\tag{3-131}$$

式中，α 为检偏器偏振方向与 HE_{11}^x 偏振模方向(x 轴)间夹角，l_1，l_2 分别为迈克耳孙系统中光经历反射镜 M_1，M_2 的两臂光程长，$k_0=\frac{2\pi}{\lambda}$ 为光在真空中的传播常数。当 $\Delta l=l_1-l_2\leqslant L_c$($L_c$ 为光源相干长度)时，探测器 D 可探测到相干光功率变化。为了测量 $A(z)$ 点位置，调节 Δl，当 $\Delta l>L_c$，且 $\Delta\beta z+\frac{2\pi}{\lambda}(l_1-l_2)=0$ 时，HE_{11}^x 与 HE_{11}^y 模通过检偏器产生干涉，其输出的相干光功率为

$$\begin{aligned}P_0=\frac{1}{2}P_i\Big\{&(1-k)\cos^2\alpha+k\sin^2\alpha+\sqrt{k(1-k)}\sin\alpha\cdot\\&\cos\alpha\cdot\cos\Big[\Delta\beta z+\frac{2\pi}{\lambda}(l_1-l_2)\Big]\Big\}\end{aligned}\tag{3-132}$$

从上式可见，当 $\Delta\beta z+\frac{2\pi}{\lambda}(l_1-l_2)=0$ 时，互相干输出功率将达到最大，此时可得到 A 点位置坐标 z 为

$$z=\frac{2\pi}{\lambda}\frac{l_2-l_1}{\Delta\beta}\tag{3-133}$$

$\Delta\beta$ 与保偏光纤拍长 l_b 有关，且

$$\Delta\beta\approx\beta_{x0}-\beta_{y0}=\frac{2\pi}{\lambda}B\tag{3-134}$$

$$B=\frac{\lambda}{l_b}\tag{3-135}$$

$$z=\frac{l_2-l_1}{B}\tag{3-136}$$

β_{x0}，β_{y0} 分别为光纤在无外力作用时 HE_{11}^x 与 HE_{11}^y 模的传播常数。A 点受力 F 的大小可通过 HE_{11}^x 模自相干输出功率 P_{0x} 反映。其大小为

$$P_{0x}=\frac{1}{2}\mid E_x\mid^2\cos\{1+\cos[k_0(l_1-l_2)]\}\tag{3-137}$$

将检偏器 P_D 调节至使 $\alpha=0$，在不考虑系统衰减的情况下，当 $\Delta l=0$ 时，输出光功率为

$$P_{0x}=(1-k)P_i=\phi(F) \tag{3-138}$$

A 点受力 F 大小亦可通过式(3-132)中 HE_{11}^x 与 HE_{11}^y 模的互相干输出功率大小来检测。当 $\Delta\beta z+\frac{2\pi}{\lambda}(l_1-l_2)=0$ 时，其输出的互相干功率为

$$P_{0xy}=\frac{1}{2}P_i\sqrt{k(1-k)}\sin\alpha\cos\alpha \tag{3-139}$$

通过反射镜 M_2 的扫描能够测量沿光纤的受力位置及受力大小，其测量距离可达到上百米，而空间分辨率可达到厘米量级。

上述方法也称为白光偏振干涉。全光纤白光干涉系统如图 3-64 所示。与图 3-63 不同，由传感光纤输出的光通过一与光纤主轴成 45°的光纤偏振耦合器构成一迈克耳孙光纤干涉系统，参考臂光纤一端镀反射膜，测量臂光纤一端通过一光纤准直器出射到移动反射镜，最后由两反射镜反射的光经光纤偏振耦合器输出到达探测器被转换成电信号。这一装置已经成为商用测量仪器。应用白光干涉仪不仅可以测量光纤应力分布，也可以测量光纤长度与光学元件的偏振消光比，特别是在光纤陀螺的研制中发挥重要作用。

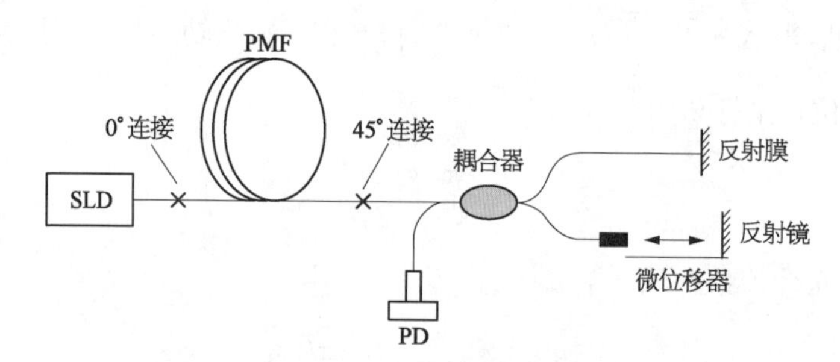

图 3-64　全光纤白光干涉仪工作原理

3.5　激光光束测量

激光器研究中激光束质量是一个很重要的参数，它涉及激光器后续的光学系统设计、光束的传输变换以及光束质量控制等一系列应用。激光光束质量主要决定于激光光强分布与传播，具体表现为光束束宽、光束发散角大小与传播因子，针对不同情况其描述有多种形式。目前主要有 M^2 因子，衍射极限倍因子 β，

桶中功率比 BQ，斯特列尔比 S_R 等，它们有各自的特点和适合的应用场合。按照国际 ISO 标准，对于一般激光束，更多的是应用 M^2 因子来表示。一般说，M^2 愈小的光束质量愈好，即激光束相干性愈好、亮度愈高。M^2 作为光束质量判据的出发点就是将实际光束同理想高斯光束进行比较，对于理想基模高斯光束，其 $M^2=1$，这时候激光光束测量实际上就是对 M^2 的测量。

3.5.1 M^2 的测量

1) M^2 定义

M^2 的定义为

$$M^2 = 实际光束的空间束宽积 / 理想光束的空间束宽积 \tag{3-140}$$

空间束宽积为束腰直径(束宽)与远场发散角的乘积，它又称为光束参数乘积(BPP)。设 d_m 为实际光束的束腰直径，θ_m 为远场发散角；d_0 与 θ_0 为理想光束的束腰直径与远场发散角，则上式可写为

$$M^2 = \frac{d_m \cdot \theta_m}{d_0 \cdot \theta_0} \tag{3-141}$$

对于具有对称分布的激光束，在一级近似下光束传播方程为

$$d^2(z) = d_0^2 + (z - z_0)^2\theta^2 \tag{3-142}$$

$$\theta = \lim_{z\to\infty} \frac{d(z)}{z}$$

式中，z_0 为光束的腰斑位置，d_0 为光腰直径，θ 为远场发散角。

由光腰直径与远场发散角可以定义光束传播因子 K 和 M^2 的关系为

$$K = \frac{1}{M^2} = \frac{4\lambda_0}{\pi d_0 n\theta} \tag{3-143}$$

式中，λ_0 为真空中光束波长，n 为传输介质折射率(空气中近似为 1)。

显然

$$M^2 = \frac{\pi d_0 n\theta}{4\lambda_0} \tag{3-144}$$

乘积 $nd_0\theta = \frac{4\lambda_0}{K\pi} = M^2\frac{4\lambda_0}{\pi}$ 描述了激光束通过无小孔与无畸变光学系统不变的特性。引入 M^2 后，光束传播方程式(3-142)可写为

$$d^2(z) = d_0^2 + \left(\frac{4\lambda_0}{\pi d_0}M^2\right)^2(z - z_0)^2 \tag{3-145}$$

2) M^2 的测量

无论从式(3-141)还是式(3-144)出发，M^2 测量都要测量光束束腰位置 z_0、束腰直径 d_0 以及远场发散角 θ。

光束束宽(直径)可以通过测量光束传播方向 z 处 xy 横截面上激光功率(或能量)分布的二阶矩阵获得。对于高斯光束，设激光束传播方向横截面为 xy 平面，在光轴 z 处，其 x 方向与 y 方向束宽分别为

$$\begin{cases} d_x(z) = 4\sigma_x(z) \\ d_y(z) = 4\sigma_y(z) \end{cases} \tag{3-146}$$

由 z 处光束强度 $I(x, y, z)$ 求得 x 和 y 的一阶矩阵 $\bar{x}$，$\bar{y}$ 分别为

$$\begin{cases} \bar{x} = \dfrac{\iint xI(x, y, z)\mathrm{d}x\mathrm{d}y}{\iint I(x, y, z)\mathrm{d}x\mathrm{d}y} \\ \bar{y} = \dfrac{\iint yI(x, y, z)\mathrm{d}x\mathrm{d}y}{\iint I(x, y, z)\mathrm{d}x\mathrm{d}y} \end{cases} \tag{3-147}$$

$\bar{x}$，$\bar{y}$ 实际是光束在 x 和 y 方向的光学质心坐标。由一阶矩阵可得到 x 和 y 的二阶矩阵分别为

$$\begin{cases} \sigma_x^2(z) = \dfrac{\iint I(x, y, z)(x-\bar{x})\mathrm{d}x\mathrm{d}y}{\iint I(x, y, z)\mathrm{d}x\mathrm{d}y} \\ \sigma_y^2(z) = \dfrac{\iint I(x, y, z)(y-\bar{y})\mathrm{d}x\mathrm{d}y}{\iint I(x, y, z)\mathrm{d}x\mathrm{d}y} \end{cases} \tag{3-148}$$

利用束宽二阶矩阵定义的 M^2 为

$$\begin{cases} M_x^2 = \sqrt{\dfrac{\sigma_x^2(0)\sigma_x^2(z)}{\delta_x^2(0)\delta_x^2(z)}} \\ M_y^2 = \sqrt{\dfrac{\sigma_y^2(0)\sigma_y^2(z)}{\delta_y^2(0)\delta_y^2(z)}} \end{cases} \tag{3-149}$$

式中，$\sigma_x^2(0)$ 与 $\sigma_y^2(0)$ 是任意光束在 x 和 y 方向束腰处的二阶束宽矩阵，$\sigma_x^2(z)$ 和 $\sigma_y^2(z)$ 是任意光束在 x 和 y 方向远场的二阶束宽矩阵，$\delta_x^2(0)$ 和 $\delta_y^2(0)$ 是基

模高斯光束在 x 和 y 方向束腰处的二阶束宽矩阵，$\delta_x^2(z)$ 和 $\delta_y^2(z)$ 是基模高斯光束在 x 和 y 方向远场的二阶束宽矩阵。

应用束宽测量方法，在远场处利用无畸变光学聚焦系统在焦距 f 处测得光束直径 d_{fx} 与 d_{fy}，则光束发散角 θ 为

$$\begin{cases}\theta_x = \dfrac{d_{fx}}{f} \\ \theta_y = \dfrac{d_{fy}}{f}\end{cases} \tag{3-150}$$

束腰直径与位置常常不能直接测得，一种方法是在光束传播方向上放置无像差聚焦元件，通过模拟腰斑来进行测量，其测量原理如图 3-65 所示。图中 f 为聚焦元件焦距，l 为聚焦元件到参考平面距离，s_2（或 s_{2x}，s_{2y}）为聚焦元件到模拟腰斑的距离，d_{02}（或 d_{02x}，d_{02y}）为模拟腰斑直径，以上参数通过设定或测量均为已知。则光腰位置 s_1（或 s_{1x}，s_{1y}）为

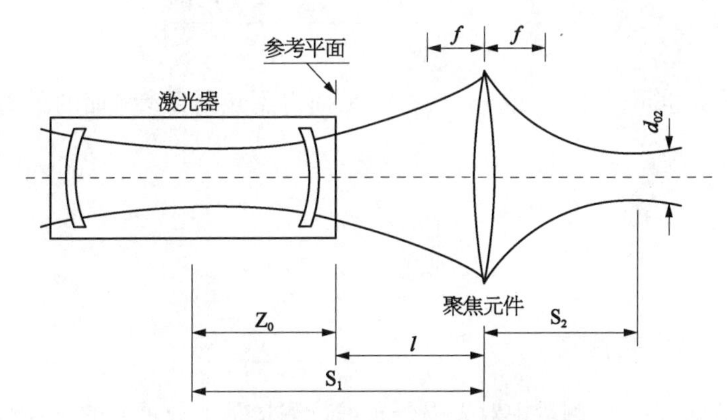

图 3-65　光束束腰直径与位置测量原理

$$s_1 = \frac{fs_2(s_2 - f) + fz_{R2}^2}{s_2^2 - 2fs_2 + f^2 + z_{R2}^2} \tag{3-151}$$

或

$$\begin{cases}s_{1x} = \dfrac{fs_{2x}(s_{2x} - f) + fz_{R2x}^2}{s_{2x} - 2fs_{2x} + f^2 + z_{R2x}^2} \\ s_{1y} = \dfrac{fs_{2y}(s_{2y} - f) + fz_{R2y}^2}{s_{2y}^2 - 2fs_{2y} + f^2 + z_{R2y}^2}\end{cases} \tag{3-152}$$

式中，z_{R2}（或 z_{R2x}，z_{R2y}）为汇聚光束的瑞利长度。瑞利长度为

$$z_{R2} = \frac{\pi d_{02}^2}{\lambda_0} \tag{3-153}$$

光腰直径 d_{01}(或 d_{01x}, d_{01y})为

$$d_{01}=\frac{d_{02}}{A} \tag{3-154}$$

$$\begin{cases} d_{01x}=\dfrac{d_{02x}}{A_x} \\ d_{01y}=\dfrac{d_{02y}}{A_y} \end{cases} \tag{3-155}$$

式中,$A(A_x, A_y)$ 为放大率,有

$$A=\left[\frac{f^2+[f^4-4z_{R2}^2(s_1-f)^2]^{1/2}}{2(s_1-f)^2}\right]^{1/2} \tag{3-156}$$

或

$$\begin{cases} A_x=\left[\dfrac{f^2+[f^4-4z_{R2x}^2(s_{1x}-f)^2]^{1/2}}{2(s_{1x}-f)^2}\right]^{1/2} \\ A_y=\left[\dfrac{f^2+[f^4-4z_{R2y}^2(s_{1y}-f)^2]^{1/2}}{2(s_{1y}-f)^2}\right]^{1/2} \end{cases} \tag{3-157}$$

利用上述公式也可求得 s_1(或 s_{1x}, s_{1y}),从而得到光腰到参考面的距离 z_0:

$$z_0=s_1-l \tag{3-158}$$

或

$$\begin{cases} z_{0x}=s_{1x}-l \\ z_{0y}=s_{1y}-l \end{cases} \tag{3-159}$$

3.5.2 光强分布测量

从上可见,在 M^2 测量中对光强分布进行测量是十分重要的,由测量所得光强分布不仅可以确定光束束宽与光腰直径,同时可计算其光束质心与对应的二阶矩阵。光强分布的测量有多种方法,有小孔扫描法、光反射扫描法、点阵式法以及摄像法等。摄像法具有无机械扫描、测量精度高、速度快能实时对脉冲激光进行测量等特点,其缺点主要是只适用测量小功率光束,同时已受摄像器件光谱与响应速度局限。下面就扫描法与摄像法分别作一介绍。

1) 机械扫描法

在光强分布的测量中,无论是小孔扫描法还是光反射扫描法,它们均需采用机械移动方式。前者将光学输入小孔(窗口)沿所设计路径对光束进行扫描,后者则将光束依次扫过光探测窗口。最后将测量的透过窗口的光功率与窗口(或光束)所对应的位置作出光强分布的一维或二维的分布曲线。图 3-66 为小孔扫描法测量光强分布的原理图。由激光器发出的激光经透镜组 M(或经适当距

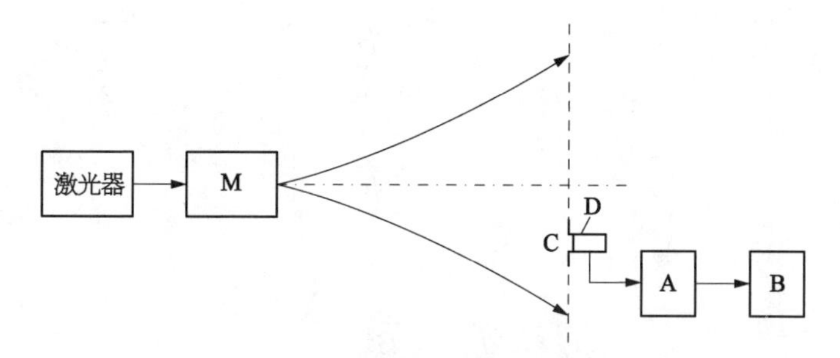

图 3-66　小孔扫描法测量光强分布的原理

离传输)发散到适合测量大小的光斑。C 为测量用小孔,安置在 6 维自动调节架上,放置在选定光斑大小位置处。在小孔背面放置有带光衰减器的光探测器 D,它用来检测光强。由 D 输出的电信号送至放大器和信号处理器 A 以及计算机 B 进行运算与处理。C 的平面与光轴垂直,它通过 6 维调节架上的旋转调节器进行调节,调节架用驱动器受计算机控制。设 z 轴为光轴,测量开始,计算机控制 x 和 y 调节器移动小孔 C 自动寻找最大光强位置,并将其设为测量原点 O。然后,从 O 点开始将小孔沿 x 和 y 的正、负两个方向移动,在记录 x 和 y 位置的同时记录下测量的以电压形式表示的光强。计算机可以通过接口将所得光强分布测量结果在显示器上显示或打印机打印出来。在这里,所测得的光强分布是将光束波面视为平面而得到的,它与实际光束由于具有发散角是有一定差异的。测量的空间分辨率主要决定于光斑大小和小孔尺寸的相对大小。这一方法可用来对光斑进行二维扫描测量,从而获得完整的光强二维分布(见图 3-67)。将小孔沿 z 轴移动,可以测量出不同 z 处的光强分布。由此从光强分布得到的光束束宽应用双曲线拟合方法得到光腰直径:

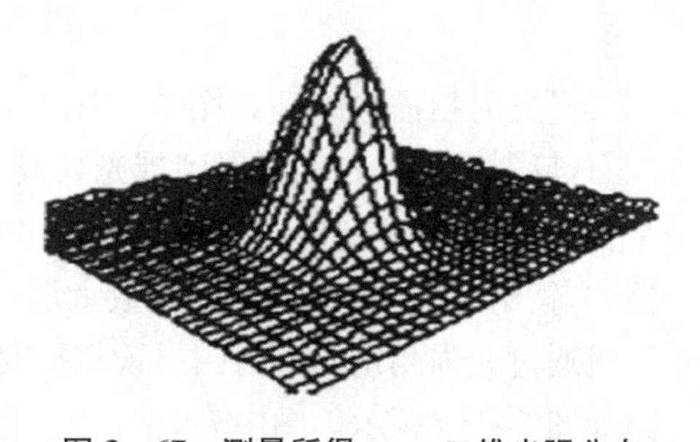

图 3-67　测量所得 x, y 二维光强分布

$$d^2(z)=A+Bz+Cz^2 \tag{3-160}$$

$$\begin{cases} d_x^2(z)=A_x+B_xz+C_xz^2 \\ d_y^2(z)=A_y+B_yz+C_yz^2 \end{cases} \tag{3-161}$$

式中,A, B, C 以及 A_x, B_x, C_x 和 A_y, B_y, C_y 等系数可用最小二乘法求得。则束腰位置与直径分别为

$$z_0=-\frac{B}{2C} \tag{3-162}$$

$$\begin{cases} z_{0x} = -\dfrac{B_x}{2C_x} \\ z_{0y} = -\dfrac{B_y}{2C_y} \end{cases} \tag{3-163}$$

于是得到

$$d_0 = \sqrt{A - \frac{B^2}{4C}} \tag{3-164}$$

$$\begin{cases} d_{0x} = \sqrt{A_x - \dfrac{B_x^2}{4C_x}} \\ d_{0y} = \sqrt{A_y - \dfrac{B_y^2}{4C_y}} \end{cases} \tag{3-165}$$

而光束发散角为

$$\theta = \sqrt{C} \tag{3-166}$$

光束的 M^2 因子为

$$M^2 = \frac{\pi}{4\lambda}\sqrt{AC - \frac{B^2}{4}} \tag{3-167}$$

光反射扫描法原理如图 3－68 所示。由激光器输出的激光被扫描反射镜 A，B 反射并逐一扫描投射到带光衰减器的光探测器 D 上。其中反射镜 A 作水平扫描，B 作垂直扫描。扫描反射镜由计算机控制的扫描驱动源所驱动。探测器 D 输出的光电信号经放大器放大后由 A/D 转换送入计算机存储，最后再由计算机通过光强测量与反射扫描镜扫描角的记录生成光场图。测量系统的等效光路如图 3－69 所示。图中 l_1，l_2 分别为激光器输出端面到反射镜与反射镜到探测器的距离。设激光远场为一圆光斑，光斑半径为 a，则扫过探测器的光斑面积为

$$S = \pi a^2 \tag{3-168}$$

有

$$a \approx (l_1 + l_2)\tan\alpha \tag{3-169}$$

α 为激光输出水平（x）方向或垂直（y）方向的半发散角。设扫描镜的最大扫描角为 γ_x 与 γ_y，将光斑扫描到探测器的最大接收角为 θ_x 与 θ_y。扫描镜每偏转一

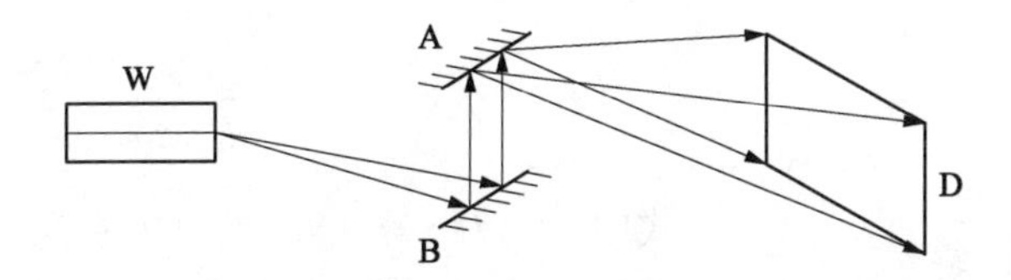

图 3－68　激光远场测量原理

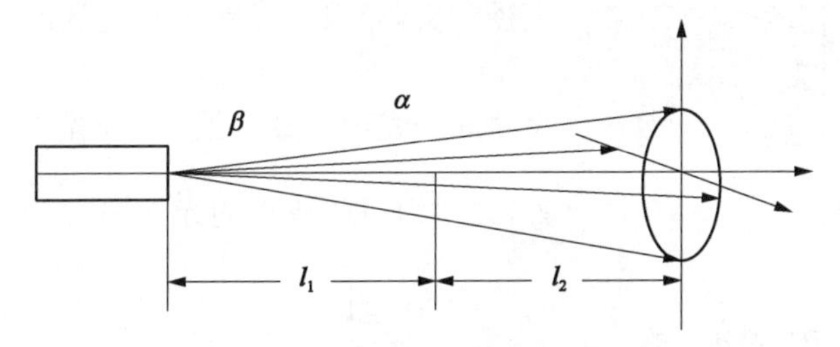

图 3－69　测量系统等效光路

γ 角，反射光则将偏转 2γ 角。由图 3－70 可得到

$$\begin{cases}\theta_x = 2\gamma_x - \alpha \\ \theta_y = 2\gamma_y - \beta\end{cases} \qquad (3-170)$$

当 $\theta_x = \theta_y = 0$ 时，$\gamma_x = \dfrac{\alpha}{2}\left(\text{或}\ \gamma_y = \dfrac{\beta}{2}\right)$，这表明扫描镜的偏转角不能小于激光输出发散角。对于发散角大的激光器，如半导体激光器，一般扫描振镜由于扫描角有限（仅正负几度）而不适用。同样，由式(3－170)可知，当 $\gamma_x = \gamma_y = 0$ 时，$\theta_x = \alpha$，$\theta_y = \beta$，表明探测器的接收角不能小于激光器的发散角。扫描反射镜步进角度由计算机控制，此时的探测器等价于一光学窗口，应用这一方法可以在较高空间分辨率下较快获得激光输出光强分布。其探测器受光谱响应的限制相对于摄像法要小。

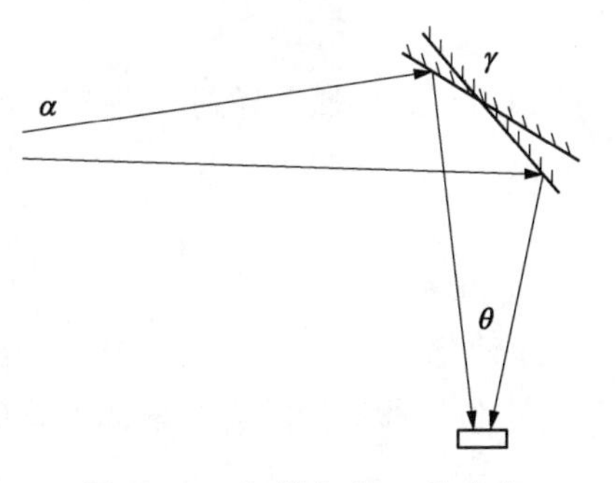

图 3－70　扫描角 θ，γ 和光束发散角关系

刀口测量法是又一种机械扫描测量法，它可以通过光束直径的测量来求得光腰直径，进而求得光束质量的相关参数，其实验原理如图 3－71 所示。该图为激光束沿传输轴 z 任一位置的横切面图（光斑），设激光斑具有圆形分布，测量系统的 $x-y$ 坐标原点选为光斑中心。图中阴影区为刀片，设刀片无厚度，其刀口与 y 轴平行，它可沿 x 轴与 z 轴移动。在刀片后可用光功率计（或能量计）对激光功率进行测量。测量时将刀片沿 $-x$ 方向移动使其逐步遮挡光斑。对于理想基模高斯激光，其光强在空间 z 处的分布可写为

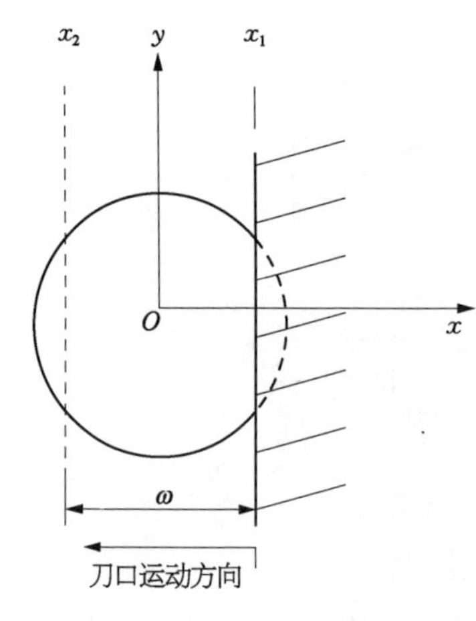

图 3-71 为刀口测量法的实验原理

$$I(z)=I_0\frac{d_0^2}{d^2(z)}\mathrm{e}^{-2\frac{x^2+y^2}{w^2(z)}} \tag{3-171}$$

式中，I_0 为 $z=0$ 处、光束中心光强，w_0 为光腰半径；$w(z)$ 为光轴 z 处的光束半径。按照光束直径定义，光强下降到中心光强的 $\frac{1}{\mathrm{e}^2}$ 时的光束尺寸即为光束直径。设 x_1 为光强下降到 $\frac{1}{\mathrm{e}^2}$ 位置，此时刀口所遮挡的光功率为

$$P=\int_{x_1}^{\infty}\int_{-\infty}^{+\infty}\frac{d_0}{d(z)}\mathrm{e}^{-\frac{x^2+y^2}{d(z)}}\mathrm{d}x\mathrm{d}y \tag{3-172}$$

当刀口移到光强下降到 $\frac{1}{\mathrm{e}^2}$ 的 $-x_2$ 时，刀口所遮挡的光功率为

$$P=\int_{-x_2}^{\infty}\int_{-\infty}^{+\infty}\frac{d_0}{d(z)}\mathrm{e}^{-\frac{x^2+y^2}{d(z)}}\mathrm{d}x\mathrm{d}y \tag{3-173}$$

为了简化测量，可以将刀口在 x_1 位置所遮挡的光功率选为总功率的 10%，而在 $-x_2$ 位置所遮挡的光功率选为总功率的 90%。此时所测得的光束直径即为

$$d(z)=x_1-x_2 \tag{3-174}$$

应用这一方法沿 z 方向可以测得多个光束直径值。如前所述，应用双曲线拟合方法即可得到光束直径的表达式：

$$d^2(z)=A+Bz+Cz^2 \tag{3-175}$$

由此得到光腰直径为

$$d_0=\sqrt{A-\frac{B^2}{4C}} \tag{3-176}$$

光束的 M^2 因子为

$$M^2=\frac{\pi}{4\lambda}\sqrt{AC-\frac{B^2}{4}} \tag{3-177}$$

2）摄像法

采用摄像法时，可针对不同激光波长利用 CCD 数码相机、红外焦平面阵列

或其他固体摄像器件放置在聚焦元件后方沿光轴 z 平移进行多点光强分布测量。应用 CCD 相机对可见或近红外激光进行测量的实验装置原理如图 3－72 所示。图中滤光片 F_1，F_2 主要用来进行光强衰减与杂散光滤除。CCD 所获得的数据存入计算机并进行数据处理。应用测量所求得的束宽参数可采用式(3－175)进行双曲线拟合，进而求得束腰位置与直径、光束发散角以及光束的极限倍率因子 M^2。应用所得光强分布，也可计算光束传播方向 z 处 xy 横截面上激光功率(或能量)分布的二阶矩阵，进而计算束宽参数与 M^2。

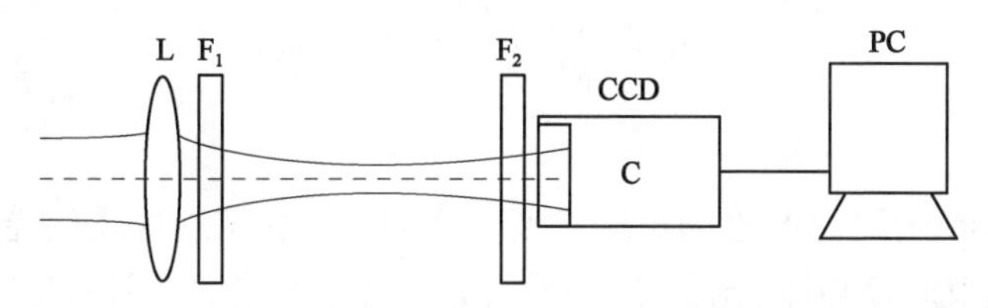

图 3－72　应用 CCD 对光束束宽测量的实验装置原理

3) 高功率与高能激光光束质量测量

近年，随着激光器技术发展及其运用推广，高功率与高能激光在工业加工、科学研究以及军事技术等领域得到愈来愈广泛的应用。如何评价与测量高功率与高能激光光束质量成为光束质量测量的新课题。由于激光功率很高(千瓦级以上)、能量很大(几十焦耳以上)，也不能采用上述针对中小功率激光的光强分布测量方法，必须对激光功率或能量进行衰减。常用的方法是应用分束或加入衰减元件方法来进行激光衰减，这些方法的缺点是容易产生附加的畸变。因此，需要寻求一种方法，既不引起附加畸变，又能够承受高的激光功率。

目前，一种商业化的测量仪器即具有上述优点，它主要应用了图 3－73 的一个针孔装置。被测激光通过针孔进入反射腔，最后为光探测器所接收。同其他扫描方法一样，针孔装置随转动台做圆周扫描，与此同时还可沿垂直于光束传播方向步进移动，这样就完成了对整个激光束的扫描。探测的光信号可经过放大

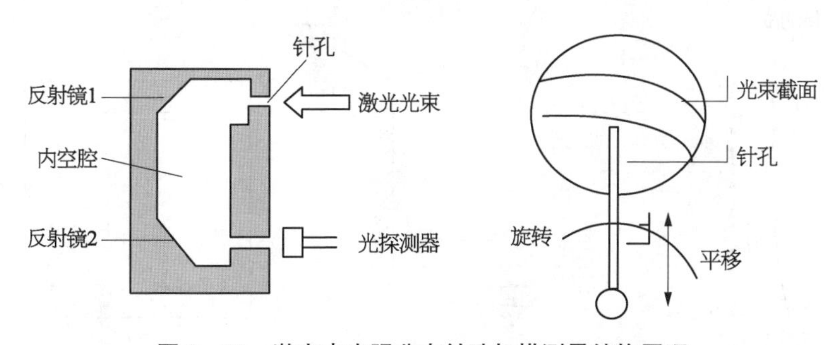

图 3－73　激光束光强分布针孔扫描测量结构原理

与后续处理，最后获得激光光强分布，从而应用前述方法计算出 M^2。

对于实际的激光束，情况是多样的，衡量光束质量的判据 M^2 不是唯一的，特别是对于不连续的低阶模与超高斯光束等就更不准确。但是在多数情况下，特别是激光束在具有高斯分布的情况下，M^2 对激光光束质量的评价还是客观的，而且使用也比较方便。目前已有针对 M^2 进行测量的激光束质量测量仪器出售。

3.6 激光波前检测

近年来，激光波前的检测愈来愈受到重视，它不仅是自适应光学的核心技术，同时在光束质量检测、光学像差分析、晶片变形测量、人眼波像差测量以及星体测量等方面都有广泛应用。

哈特曼-夏克（Hartmann - Shac，简称 H - S）波前测量技术具有动态范围大、无需参考光、不存在 2π 模糊、对环境要求低等特点是波前检测中最常应用的一种技术。下面就 Hartmann - Shac 波前传感器工作原理及其在光束质量检测中的应用作一介绍。

3.6.1 Hartmann - Shac 波前传感器工作原理

一种 H - S 波前传感器结构如图 3 - 74 所示，它主要由 CCD 面阵探测器与放置在前面的微透镜阵列构成。被检测光入射到微透镜阵列后将被分割成许多子孔径，子孔径内入射光分别汇聚成像在 CCD 上，形成光斑阵列。对于未发生波前畸变的理想输入光，每个微透镜所汇聚的光斑将准确落在焦点上；而发生波前畸变的输入光，经过微透镜后就会产生光斑的偏移，从而使得 CCD 输出分布显现不均匀现象。通过 CCD 输出测量，应用光学质心算法即可确定每一光斑的

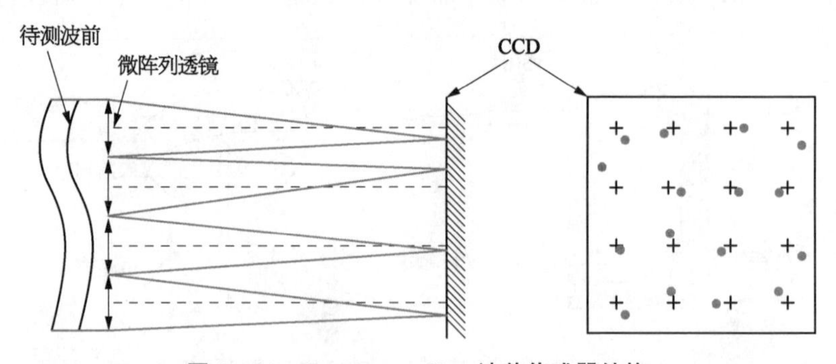

图 3 - 74 Hartmann - Shac 波前传感器结构

偏移量；再结合光斑偏移量与波前斜率成正比关系重构被测光的波前。

3.6.2　光学质心计算

由微透镜成像的光斑照射在 CCD 像元上，设在 x，y 坐标光斑照射的像元数分别为 M，N，序数为 i，j 的像元所接收到的光强为 $I(i, j)$，则光强在 x，y 方向的一阶矩光学质心分别为

$$\begin{cases} \bar{x} = \dfrac{\sum\limits_{i=1}^{M}\sum\limits_{j=1}^{N} I(i, j)}{\sum\limits_{i=1}^{M}\sum\limits_{j=1}^{N} (x, y)} \\ \bar{y} = \dfrac{\sum\limits_{i=1}^{M}\sum\limits_{j=1}^{N} I(x, y)y}{\sum\limits_{i=1}^{M}\sum\limits_{j=1}^{N} I(x, y)} \end{cases} \tag{3-178}$$

对于 CCD 输出而言，光强 $I(i, j)$ 实际以灰度值来表示。设未发生畸变的平行光经序列为 n 的微透镜成像所得光斑基准位置为 x_{0n}，y_{0n}，对应子孔径的产生波前畸变的光斑的光学质心为 $\bar{x}$ 与 $\bar{y}$，则畸变光斑在 x 和 y 方向的光学质心偏移量分别为

$$\begin{cases} \Delta x_n = \bar{x}_n - x_{0n} \\ \Delta y_n = \bar{y}_n - y_{0n} \end{cases} \tag{3-179}$$

入射光波前畸变可视为由多个斜率不同的子孔径波前构成，光斑偏移量愈大，子孔径波前斜率愈大。子孔径波前斜率 k 决定于对应序列微透镜焦距 f 与光斑偏移量，有

$$\begin{cases} k_{xn} = \dfrac{\Delta x_n}{f} = \dfrac{\overline{x_n} - x_{0n}}{f} \\ k_{yn} = \dfrac{\Delta y_n}{f} = \dfrac{\overline{y_n} - y_{0n}}{f} \end{cases} \tag{3-180}$$

3.6.3　入射光波前重构

光束质量评价中通常可以采用模式法进行波前重构。设入射光波前相位为 $\Phi(x, y)$，应用 Zernike 多项式可将其展开为

$$\Phi(x, y)=\sum_{m=1}^{l} a_m Z_m(x, y) \tag{3-181}$$

式中，l 为模式数，a_m 为第 m 项 Zernike 多项式系数，$Z_m(x, y)$ 为第 m 项 Zernike 多项式。模式法重构波前就是利用所测量的波前斜率求解 Zernike 多项式系数 a_m，进而由式(3-181)重构波前。子孔径在 x 和 y 方向的波前斜率与 Zernike 多项式之间关系可写为

$$\begin{cases} k_{xn}(x, y)=\sum_{m=1}^{l} a_m \dfrac{\partial Z_m(x, y)}{\partial x} \\ k_{yn}(x, y)=\sum_{m=1}^{l} a_m \dfrac{\partial Z_m(x, y)}{\partial y} \end{cases} \tag{3-182}$$

H-S 波前传感器探测到的只是子孔径内的平均斜率，第 n 个子孔径内入射光波前斜率的平均值可表示为

$$\begin{cases} k_{nx}(x, y)=\dfrac{1}{s_n}\iint_{n} \dfrac{\partial \Phi_n(x, y)}{\partial x} \mathrm{d}x\mathrm{d}y \\ \qquad =\sum_{m=1}^{l}\left(\dfrac{a_m}{s_n}\right)\iint_{s_n} \dfrac{\partial Z_m(x, y)}{\partial x} \mathrm{d}x\mathrm{d}y \\ \qquad =\sum_{m=1}^{l} a_m Z_{xm(n)} \\ k_{ny}(x, y)=\dfrac{1}{s_n}\iint_{n} \dfrac{\partial \Phi_n(x, y)}{\partial y} \mathrm{d}x\mathrm{d}y \\ \qquad =\sum_{m=1}^{l}\left(\dfrac{a_n}{s_n}\right)\iint_{s_n} \dfrac{\partial Z_{mn}(x, y)}{\partial y} \mathrm{d}x\mathrm{d}y \\ \qquad =\sum_{m=1}^{l} a_m \cdot Z_{ym(n)} \end{cases} \tag{3-183}$$

式中，s_n 是第 n 个子孔径的归一化面积，有

$$\begin{cases} Z_{xm(n)}=\dfrac{1}{s_n}\iint_{s_n} \dfrac{\partial Z_{mn}(x, y)}{\partial x} \mathrm{d}x\mathrm{d}y \\ Z_{ym(n)}=\dfrac{1}{s_n}\iint_{s_n} \dfrac{\partial Z_{mn}(x, y)}{\partial y} \mathrm{d}x\mathrm{d}y \end{cases} \tag{3-184}$$

设波前传感器共有 W 个子孔径，并取 Zernike 函数前 L 项进行波前重构，则有

$$\begin{bmatrix} k_x(1) \\ k_y(1) \\ k_x(2) \\ k_y(2) \\ \vdots \\ k_x(W) \\ k_y(W) \end{bmatrix} = \begin{bmatrix} Z_{x1}(1) & Z_{x2}(1) & \cdots & Z_{xL}(1) \\ Z_{y1}(1) & Z_{y2}(1) & \cdots & Z_{yL}(1) \\ Z_{x1}(2) & Z_{x2}(2) & \cdots & Z_{xL}(2) \\ Z_{y1}(2) & Z_{y2}(2) & \cdots & Z_{yL}(2) \\ \vdots & \vdots & \vdots & \vdots \\ Z_{x1}(W) & Z_{x2}(W) & \cdots & Z_{xL}(W) \\ Z_{y1}(W) & Z_{y2}(W) & \cdots & Z_{yL}(W) \end{bmatrix} \begin{bmatrix} a_1 \\ a_2 \\ \vdots \\ a_L \end{bmatrix} \tag{3-185}$$

上式可表示为矩阵形式：

$$\boldsymbol{K} = \boldsymbol{Z} \cdot \boldsymbol{A} \tag{3-186}$$

式中，$\boldsymbol{K}$ 为波前斜率矢量，为所有子孔径沿 x，y 方向的平均斜率；$\boldsymbol{Z}$ 为 $2m \times L$ 的重构矩阵，决定于 H－S 波前传感器中微透镜阵列的数量与放置；$\boldsymbol{A}$ 为待定的 N 阶 Zernike 模式函数的系数矩阵。

由式(3－186)，应用 $\boldsymbol{K}$ 及用奇异值分解法求得波前重构矩阵 $\boldsymbol{Z}$ 的逆矩阵 $\boldsymbol{Z}^{+}$，即可运算得到

$$\boldsymbol{A} = \boldsymbol{Z}^{+} \cdot \boldsymbol{K} \tag{3-187}$$

再将 $\boldsymbol{A}$ 代入式(3－186)即可得到入射光的波前展开式。

3.6.4　M^2 因子的计算

应用 H－S 波前传感器不仅能得到入射光波前相位分布，而且可以通过光斑测量计算出每个子孔径的能量，从而计算出光束近场的强度分布。应用式(3－147)～式(3－149)即可计算出光束的 M^2。

参考文献

[1] 杨照金，王雷. 激光功率和能量计量技术的现状与展望. 应用光学，2004，25(3)：1－4.
[2] 中国计量科学院光学室激光组. 激光功率和能量的计量标准. 中国激光，1978(Z1)：139.
[3] 孙宝贵. 激光能量工作标准. 计量技术，1996(6)：36－38.
[4] 包学诚，秦莉娟，周志尧. 激光波长的标定——浅谈波长计的结构原理与应用. 上海计量测试，1998(6)：24－27.
[5] Parker T R, Farhadiroushan M. Fentometer resolution optical wavelength meter. IEEE. Potonics Technology Letter. 2001，13(4)：347－349.
[6] Yi Jiang，Caijie Tang. High-finesse microlens optical fiber Fabry－Perot filters. Microw. Opt. Technol. Lett.，2008，50(9)：2386－2389.
[7] 秦大甲(译). 可调光纤滤波器用于 WDM 系统的解复用. Laser Focus Word. 1996，32 (9)：167－168.
[8] Alan D Kersey，Michael A Davis，Heather J Patrick，et al. Fiber grating sensors.

J. Lightwave Tech. , 1997, 15(8): 1442 - 1462.
[9] 王利强,左爱斌,彭月祥. 光波长测量仪器的分类、原理及进展. 科技导报,2005, 23(6): 31 - 33.
[10] Yeh Y, Cummins H Z. Localised fluid-flow measurements with a He - Ne laser spectrometer. Appl Phys. Letter. 1964: 176 - 178.
[11] Alian Le Duff-Guy Plantier, Jean-Christophe Valiere, Thierry Bosch. Velocity measurement in a fluid using LDA: low-cost sensor and signal processing design. IEEE 2002, 2002: 1347 - 1350.
[12] Sudo S, et al. Detection of small particles in fluid flow using a self-mixing laser. Optics Express, 2007, 15(13): 8135 - 8145.
[13] Pfister T, Gunther P, Nothen M, et al. Heterodyne laser Doppler distance sensor with phase coding measuring stationary as well as laterally and axially moving object. Measurement Science and Technology, 2010, 21: 025302.
[14] Parker T R, Farhadiroushan M, Handerek V A, et al. A fully distributed simultaneous strain and temperature sensor using spontaneous brillouin backscatter. IEEE Photonics Technology Letters, 1997, 9(7): 979 - 981.
[15] Horiguchi T, Shimizu K, Kurashima T, et al. Development of a distributed sensing technique using brillouin scattering. J Lightwave Technol. 1995, 13(7): 1296 - 1302.
[16] Shimizu K, Horiguchi T, Koyamada Y, et al. Coherent self-heterodyne brillouin OTDR for measurement of brillouin frequency shift distribution in optical fiber. J. Lightwave Technol. , 1994, 12(5): 730 - 736.
[17] 宋牟平. 微波光调制的布里渊散射分布式光纤传感技术. 光学学报,2004,24(8): 1110 - 1114.
[18] Maughan S M, Kee H H, Newson T P. A calibrated 27-km distributed fiber temperature sensor based on microwave heterodyne detection of spontaneous brillouin scattered power. IEEE Phton. Tech. Lrtt. , 2001, 13(5): 511 - 513.
[19] Ohno H, Naruse H, Yasue N, et al. Development of highly stable BOTDR strain sensor employing microwave heterodyne detection and tunable electric oscillator. Proc. SPIE, 2001, 4596: 74 - 85.
[20] Okoshi T, Kikuchi K, Nakayama A. Novel method for high resolution measurement of laser output spectrum. Electron Lett. , 1980, 16(16): 630 - 631.
[21] Liyama K, Hayashi K, Ida Y, et al. Delayed self-homodyne method using solitary monomode fiber for laser linewidth measurements. Electron LETT. , 1989, 25(23): 1589 - 1590.
[22] Chen Xiaopei, Han Ming, Zhu Yizheng, et al. Implementation of a loss-compensated recirculating delayed self-heterodyne interferometer for ultran arrow laser linewidth measurement. Appl. Opt. , 2006, 45(29): 7712 - 7717.
[23] Hecht D L. Spectrum analysis using acousto optic devices. Opt. Eng. , 1977, 16: 461.
[24] 蒲天春. 集成光学共线声光频谱分析仪研究. 成都: 电子科技大学,1995.
[25] Gurevichi B S, Aveltsev O V, Andreyev S V, et al. Panoramic RF spectrum analysis with high productivity using acousto-optic components. Proc. SPIE,2001, 4453: 45 - 51.
[26] Ocean opyics. Inc. http: //www. oceanoptics. com.
[27] Robert V Chimenti, Robert J Thomas. Miniature spectrometer designs open new applications potential. Laser Focus World, 2013, 49(5): 34 - 42.
[28] 鞠挥,吴一辉. 微型光谱仪的发展现状. 微纳电子技术,2003,40(1): 30 - 37.

[29] 于美文. 光全息学及其应用. 北京：北京理工大学出版社，1996.
[30] 袁纵横，周晓军，刘永智，等. 采用频谱分析技术的高分辨率微位移测量方法. 仪器仪表学报，2004，21(1)：100 - 103.
[31] Sheem S K. Optical fiber interferometers with 3×3 directional couplers analysis. J. Appl. Phys.，1981，52(6)：3865 - 3872.
[32] Joao G V Teixeirai，Ivo T Leite，Susana Silva，et al. Advanced fiber-optic acoustic sensors. Photonic Sensors，2014 4(3)：198 - 208.
[33] Levin L. Fiber optic velocity interferometer with very shot coherence length light source. Rev. Sci. Instrum.，1996，67(4)：1434 - 1437.
[34] 倪明，熊水东，孟洲，等. 数字化相位载波解调方案在光纤水听器系统中的实现. 应用声学，2004，23(6)：5 - 11.
[35] 陈宇，李平. 基于 FPGA 的光纤水听器 PGC 解调算法实现. 应用声学. 2006，25(1)：48 - 54.
[36] 杨国光. 近代光学测试技术. 杭州：浙江大学出版社，1997.
[37] 张仁和，倪明. 光纤水听器的原理与应用. 物理，2004，33(7)：503 - 507.
[38] 罗洪，熊水东，胡永明，等. 拖曳线列阵用光纤水听器的研究. 应用声学，2006，25(2)：65 - 68.
[39] Pechstedt R D，Jackson D A. Design of a compliant-cylinder type fiber-optic accelerometer：theory and experiment. Apll. Opt.，1995. 34(16)：3009 - 3017.
[40] 殷锴，张敏，丁天怀，等. 芯轴型光纤水听器声压相移灵敏度响应分析. 光子学报，2009，38(7)：1461 - 1465.
[41] Gardner D L，Hofler T，Baker S R，et al. A fiber-optic interfe-rometer seismometer. J. Lightwave Tech.，1987，LT - 5(7)：953 - 959.
[42] Zeng N，Shi C Z，Zhang M，et al. A 3-component fiber-optic accelerometer for well logging. Optics Communications，2004，234：153 - 162.
[43] 罗洪，熊水东，陈儒辉，等. 全保偏光纤加速度矢量传感器的设计与实验. 半导体光电，2004，25(3)：242 - 245.
[44] 王建飞，罗洪，熊水东，等. 高性能三维全保偏光纤矢量水听器研制. 光电子・激光，2011，22(12)：1784 - 1788.
[45] 王利强，左爱斌，彭月祥. 光波长测量仪器的分类、原理及研究发展. 科技导报，2005，23(6)：31 - 33.
[46] KOO K P，Anthony Dandridge，Tveten A B，George H Sigel. A fiber-optic DC magnetometer. J. Lightvave Tech.，1983，LT - 1(3)：524 - 525.
[47] Bucholtz F，Villarruel C A，Kirkendall C K，et al. Fiber optic magnetometer system for undersea applications. Electronics Letters，1993，29(11)：1032 - 1033.
[48] 张学亮. 用于拖曳阵阵形测量的光纤磁场传感研究. 长沙：国防科技大学，2007.
[49] [法] Herve C Lefevre 著. 光纤陀螺仪. 张桂才，王巍，译. 北京：国防工业出版社，2002.
[50] 张桂才. 光纤陀螺原理与技术. 北京：国防工业出版社，2008.
[51] Paul R Hoffman，Mark G Kuzyk. Position determination of an acoustic burst along a Sagnac interferometer. J. Light-wave Tech.，2004，22(2)：494 - 498.
[52] 胡薇薇，钱景仁. 压力法测量保偏光纤拍长参数的系统分析. 中国科学技术大学学报，1996，26(2)：250 - 256.
[53] Zhang P G，Halliday D I. Measurement of the beat length in high birefringent optical fiber by way of magnetooptic modulation. J. Lightwave Technol，1994，12(4)：597 - 602.

[54] 宁鼎. 偏振保持光纤拍长的磁光调制法测量. 光通信技术，2000，21(1)：42－45.
[55] 刘永智，李尚俊，周元庆. 分布式光纤应力传感器的空间分辨率与灵敏度. 半导体光电，2000，121(1)：16－19.
[56] 林惠祖，姚琼，胡永明. 全保偏结构的光纤偏振耦合测试系统. 中国激光，2010，37(7)：1794－1799.
[57] Siegman A E. New development in laser resonators. Laser Re-solators. Proc. SPIE.，1990，1224：1－12.
[58] 黄忠伦，郭劲，付有余. 评价激光光束质量的各种方法. 激光杂志，2004，25(3)：1－3.
[59] 郑建洲，关寿华，于清旭. 激光光束质量的评价方法. 大连民族学院学报，2008，10(1)：53－57.
[60] 陆治国. 激光束空间质量评价. 激光杂志，1995，16(2)：53－69.
[61] 吴晗平. 激光光束质量的评价与应用分析. 光学精密工程，2000，8(2)：128－132.
[62] 高春清，Weber Horst. 激光光束传输因子 M^2 的一些问题. 光子学报，2001，30(2)：240－242.
[63] Spiricon，Inc. M2－200 User's Manual. Spiricon，2003.
[64] 刘永智，刘永，陈伟，等. $LiNbO_3$ 光波导输出光场分布的测量. 电子科技大学学报，1999，28(5)：543－545.
[65] 樊心民，郑义，孙启兵，等. 90/10 刀口法测量激光高斯光束束腰的实验研究. 激光与红外，2008，38(6)：541－543.
[66] 游凝思，霍玉晶. 实用化的光束质量测量系统. 激光与红外，1997，27(4)：222－225.
[67] 王省书，秦石乔，胡春生，等. 点阵式远场激光光斑监测系统的设计与实现. 光电子・激光，2006，17(8)：974－977.
[68] 姜文汉，鲜浩，杨泽平，等. 哈特曼波前传感器的应用. 量子电子学报，1998，15(2)：228－235.
[69] 胡诗杰，许冰，侯静. H－S 波前传感器在测量光束质量因子 M^2 中的应用. 光电工程，2002，29(2)：6－38.

第4章　微弱光信号检测

在激光通信、激光雷达、光纤传感以及光电传感与测量等光电信息系统中经常会遇到微弱光信号的检测问题，特别是近年发展的光子探测技术，更是一种微弱光信号的探测技术。在这些系统中，接收机灵敏度的提高将直接影响系统性能。因此，了解微弱光信号特点对于光接收机的设计十分重要。

4.1　微弱光信号特点

(1) 具有微弱的光强。对于这种弱光信号，其光功率大小接近光接收机灵敏度极限，当它通过光电转换后，所获得的信噪比接近1，即 $S/N \approx 1$。因此信号功率大小主要决定于接收机的灵敏度，它常常是小功率光信号，可能是微瓦(μW)、纳瓦(nW)甚至更小。

(2) 具有强的背景光与其他光干扰。对于这种光信号，相对于光接收机的灵敏度而言，尽管它具有较强的光功率，但是同时有较强的背景光或其他干扰光同时进入光接收机，经过光电转换后所获得的信噪比 S/N 也接近1。对于图像信号而言，此时所表现出来的特点就是图像对比度很低。

从上可见，所谓微弱光信号，它主要决定于输入光信号及其经光电转换后的信噪比，信号几近或完全淹没在噪声中，要检测这种光信号需要从光接收天线、光电探测器、前级放大器乃至后续的软、硬件信号处理技术入手来从噪声中提取信号。

4.2　干扰(背景)与噪声

从干扰与噪声中提取信号是微弱光信号检测的最终目标。

4.2.1　光干扰

输入光信号所遭受的光干扰主要来自两方面。一是强光背景，例如太阳光就是大气与空间光传输的强光背景，它可能是直接照射进入光接收天线，也可能是通过其他物体的反射或漫反射进入光接收天线。除此之外，对于上述光传输，其他辐射光源包括人为的干扰源也是一种干扰背景。原则上，任何温度不为绝对零度的物体都可认为是背景辐射源。如地面、建筑、星体以及各种灯光等，其中尤以太阳光最强。太阳照射其他物体会产生反射、散射，空气中的云雾、悬浮粒子、尘埃等都会由于散射产生干扰。太阳在地球大气层外的日照度在平均日-地距离上约为 1 390 W/m^2。图 4－1 为太阳辐照度 E_λ 与辐射波长 λ 的关系。由图可见，太阳辐射能量主要集中在可见光和近红外光区。二是传输光的漫反射与后向散射，例如在进行水下目标激光探测过程中，增大激光功率可以增大目标测量距离，但是由于激光的后向散射，在增大激光发射功率的同时，后向散射也随之增大，以致将所要接收的反射光信号完全淹没。分布式光纤传感器如光纤时域反射计(OTDR)，光纤布里渊时域反射计(BOTDR)以及光纤拉曼光时域反射计(LOTDR)等都是利用光纤后向散射来测量沿光纤长度方向的物理场信息的，随着发射光功率的增加，与检测信号无关的其他后向散射光将构成干扰，从而妨碍信号光的检测。了解上述各种干扰对接收机设计是非常必要的。

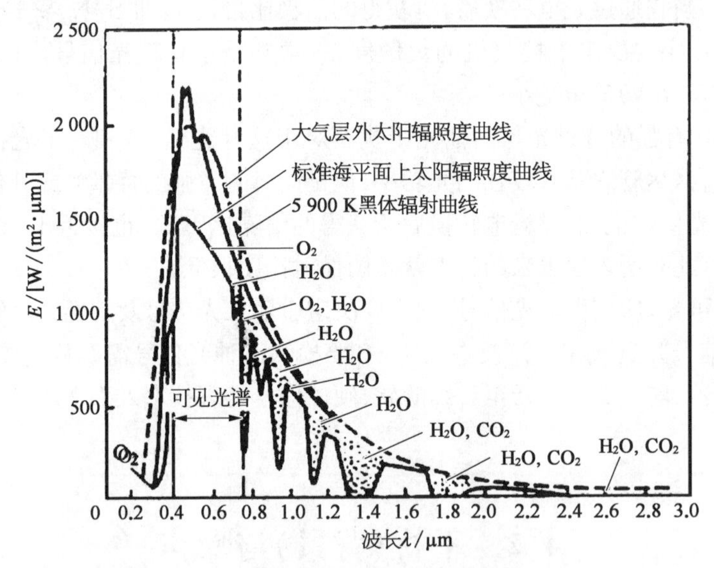

图 4－1　太阳辐射照度 E_λ 与辐射波长 λ 关系

4.2.2　噪声

沿光信号流经路径，光接收机噪声主要来自以下部分：

(1) 光子噪声。由于光的粒子性，信号光、背景光或干扰光经光探测器转换成电信号后都将带来光子噪声。这种噪声在小信号光输入的情况下较为突出，随入射光功率的增加其影响逐渐减弱。

(2) 光探测器噪声。光探测器所产生的噪声在第 2 章已作详细介绍。

(3) 电路元器件与放大电路噪声。电路元器件包括电阻、各种晶体管以及由它们所构成的放大电路都会带来噪声，妨碍对信号的检测。

此外，光传输路径上介质的随机波动也会给光接收带来噪声。例如大气光传输中，大气湍流就会带来光路起伏噪声。

下面就光子噪声，放大器噪声的产生与特点分别作一介绍。

4.2.3　光子噪声

1) 光辐射起伏

无论是有用的光信号还是需要避免的背景光或干扰光，它们都属于光辐射。对于任何光辐射(理想单色光除外)，其所包含的全部光子总是具有不同能量的。因此，对其平均能量而言，光子数总是存在一定起伏。与此同时，光子发射可视为彼此独立的行为，由发射引起的辐射光子速率也存在起伏。

2) 光子噪声

上述起伏都将在光探测过程中引起噪声，通常把这种噪声称为光子噪声。由光子数起伏所形成的噪声称为波动噪声，而由发射光子速率起伏所形成的噪声称为量子噪声。对于发射频谱较窄的激光而言，所产生的波动噪声可以忽略，所引起的噪声主要为量子噪声。在光电探测过程中，量子噪声以散粒噪声形式存在于光电流中。对于光伏型光探测器，光子噪声电流的均方值为

$$\overline{i_n^2} = 2eIB \tag{4-1}$$

对于光导型光探测器，则有

$$\overline{i_n^2} = 4GeIB \tag{4-2}$$

式中，I 为平均光电流，B 为电路的噪声等效带宽，G 为光电导增益，e 为电子电量。

在被动红外探测中，红外辐射源可近似视为黑体辐射源，对于黑体辐射，其光子数按能量分布遵从玻色-爱因斯坦统计分布。设辐射体温度为 T，能量 $\varepsilon = h\nu$ 的光子占有概率为

$$\eta = \frac{1}{e^{h\nu/kT} - 1} \tag{4-3}$$

式中，h 为普朗克常量，ν 为光子频率，k 为玻尔兹曼常量。量子统计可以证明，

玻色-爱因斯坦统计分布的均方值为

$$\overline{\Delta\eta^2}=\frac{e^{h\nu/kT}}{(e^{h\nu/kT}-1)} \tag{4-4}$$

从上式可见，在给定温度 T 下，光子数起伏与光子能量大小有关，能量愈低起伏愈大。相对于激光辐射而言，红外辐射所引起的波动噪声更突出。

利用式(4-4)，对于辐射面积为 A_s 的辐射源，可以推得在单位时间内辐射光子数起伏的均方值为

$$\sigma_n^2=2.085A_sT^3\times10^{11} \tag{4-5}$$

由上式可以得到辐射功率的起伏为

$$\sigma_p^2=4A_sk\sigma T^5 \tag{4-6}$$

式中，σ 为斯特潘-玻耳兹曼常量。这种辐射功率的起伏将在红外探测器中引起温度的起伏，从而产生温度噪声。探测器温度起伏与探测器热导 G 有关，有

$$\overline{T^2}=\frac{4kT^2}{G}B \tag{4-7}$$

由光辐射所引起的光子噪声通常为一白噪声，其频谱范围很宽。由背景光辐射引起的光子噪声称为背景噪声，而由信号光引起的光子噪声称为信号光噪声。在光探测过程中，即使光电探测器和放大器不存在噪声，也会因光辐射而引起噪声。光子噪声限制了光电探测灵敏度的提高。通常把由于背景辐射起伏引起的探测限制称为背景噪声限制。而由信号辐射起伏引起的探测限制称为信号噪声限制。

4.2.4 噪声的特性

1) 噪声的随机与统计特性

绝大多数噪声都是随机噪声，它是一种前后独立的平稳随机过程，任何时刻它的幅度、相位大小以及波形变化都是随机的。不管哪一类噪声，它都具有一定的统计分布规律。所以，噪声是随机的同时又是可统计的。例如白噪声或宽带噪声，其瞬时幅度(如电压)的概率分布具有高斯分布规律，有

$$p(V)=\frac{1}{\sqrt{2\pi}\sigma}e^{-\frac{(V-A)^2}{2\sigma^2}} \tag{4-8}$$

式中，$p(V)$ 是噪声电压 V 的概率密度，σ^2 为噪声电压均方值，A 为噪声电压平均值。

$$A = \bar{V} = \lim_{T \to \infty} \frac{1}{T} \int_0^T V \mathrm{d}t \tag{4-9}$$

通常 A 为零。所以式(4-8)又可写为

$$p(V) = \frac{1}{\sqrt{2\pi}\sigma} \mathrm{e}^{-\frac{V^2}{2\sigma^2}} \tag{4-10}$$

有

$$\sigma^2 = \overline{V^2} = \lim_{T \to \infty} \frac{1}{T} \int_0^T V^2 \mathrm{d}t \tag{4-11}$$

σ 为噪声电压均方根值。

通常将瞬时噪声电压 V 同 σ 进行比较,为此设

$$\eta = \frac{V}{\sigma} \tag{4-12}$$

η 称为峰值因子,它表示瞬时电压 V 对噪声电压均方根值 σ 的偏离程度,为归一化值。由此,式(4-10)可写为

$$p(\eta) = \frac{1}{\sqrt{2\pi}} \mathrm{e}^{-\frac{\eta^2}{2}} \tag{4-13}$$

上式可以用来估计某一大小瞬时噪声电压出现的概率。图 4-2 为表示高斯噪声概率密度函数关系的 $p(\eta)-\eta$ 曲线,图中给出了 $\eta=0$, 1, 2, 3, 4 各区域(划线部分)所对应的瞬时电压出现的时间概率。当 $\eta=3$ 时,意味着在 99.74%的时间内,噪声的瞬时值不会超过 3σ。换言之,在对瞬时值进行一万次测量中仅有 26 次的瞬时值超过 3σ。利用上述理论可以设计测量噪声电压的均方根电压表。

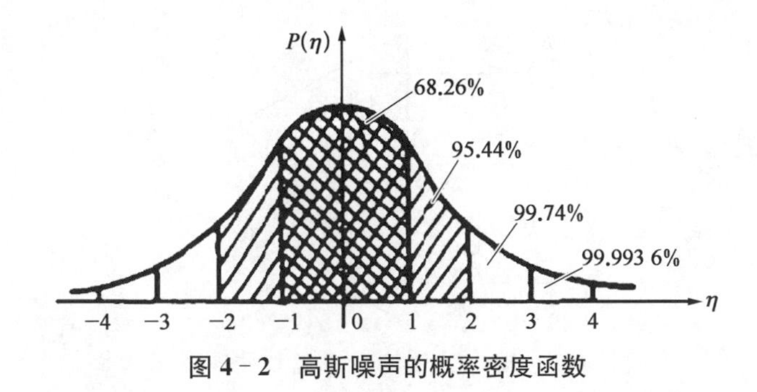

图 4-2　高斯噪声的概率密度函数

2）噪声的功率谱密度

由于噪声的随机性，噪声随频率变化的关系不能用其幅度或相位随频率的变化来表示，而只能用功率谱的形式来描述它的频率特性。

尽管噪声具有随机特性，但在一定时期，所观测的系统处于平稳状态时，噪声的统计分布规律是不变的。噪声随时间变化的这种过程又称为平稳随机过程。此时，噪声的功率谱密度表示为

$$S(f)=\lim_{\Delta f\to 0}\frac{p_{\mathrm{N}}(f,\ \Delta f)}{\Delta f} \tag{4-14}$$

式中，$p_{\mathrm{N}}(f,\ \Delta f)$ 为频率 f 处，带宽为 Δf 时的噪声均方功率。如已知噪声的功率谱密度，则在频率从 $f_1 \sim f_2$ 的范围内噪声的均方功率为

$$p_{\mathrm{N}}=\int_{f_1}^{f_2} S(f)\mathrm{d}f \tag{4-15}$$

按照噪声与频率关系划分了几类噪声。一类称为白噪声，如前所述它在很宽的频率范围内都具有恒定的功率，正是这一特性白噪声是最难抑制的噪声。第二类噪声就是其大小随频率而异，称为有色噪声。如红噪声，又称为 $1/f$ 噪声，其特点是随着频率的降低其噪声增大。还有一种噪声，称为蓝噪声，它随频率增高而增大。

4.2.5 放大器的噪声

1）放大器的 $E_{\mathrm{n}}-I_{\mathrm{n}}$ 噪声模型

放大器为一四端网络，其输入与输出关系可用外接等效电压源与电流源来分析。与此同时，放大器具有内部噪声，噪声的来源主要在于所构成的电子元器件。放大器噪声也可仿照上述方法进行分析，即将各种等效噪声置于放大器的输入与输出端构成放大器的等效噪声模型。图 4－3 为一信号源与放大器连接

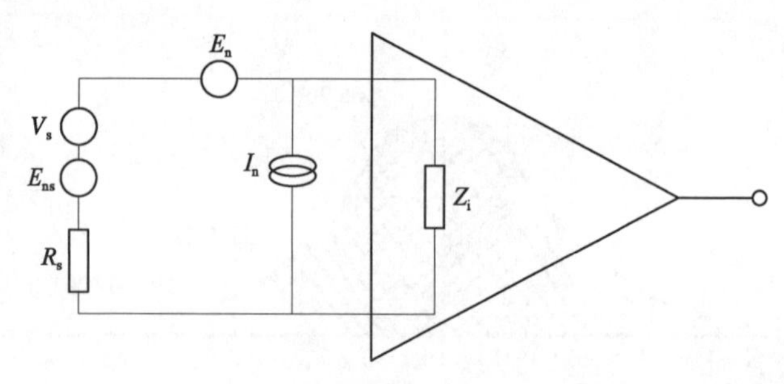

图 4－3 放大器的 $E_{\mathrm{n}}-I_{\mathrm{n}}$ 噪声模型

的等效噪声电路图。图中 V_s，R_s 和 E_{ns} 分别为信号源电压、内阻和等效噪声；而 E_n，I_n 和 Z_i 分别为放大器的等效噪声电压源、电流源和输入阻抗；E_{no} 为放大器的输出噪声电压。这种用 E_n，I_n 来表述与分析放大器噪声的模型被称为放大器的 $E_n - I_n$ 噪声模型。从上可见，放大器的噪声主要包括 E_n，I_n 和 E_{ns} 三部分。

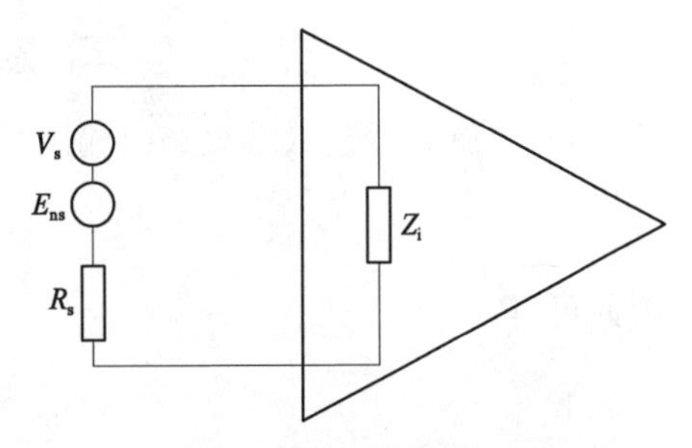

图 4－4　放大器的等效输入噪声模型

若将它们等效为一噪声 E_{ni} 置于信号源位置，用“等效输入噪声”表示，则放大器的等效噪声又可用图 4－4 来表示。为获得 E_{ni} 首先需得到放大器输出端的总噪声。除 E_{ns} 外，设放大器的放大系数 k_v，E_n，I_n 均与频率有关。有

$$E_{no}^2(f) = k_v^2(f)[E_{ns}^2 + E_n^2(f) + I_n^2(f)R_s^2] \tag{4-16}$$

式中，$k_v(f)$ 为

$$k_v(f) = \frac{Z_i}{R_s + Z_i} A_v(f) \tag{4-17}$$

式中，$A_v(f)$ 是放大器的电压增益；E_{ns}^2 为白噪声，$E_n^2(f)$ 和 $I_n^2(f)$ 为放大器的噪声电压和电流的功率谱密度。对于有限带宽，放大器的输出噪声电压功率为

$$E_{no}^2 = \int_{f_1}^{f_2} E_{no}^2(f)\mathrm{d}f = \int_{f_1}^{f} k_v^2(f)[E_{ns}^2 + E_n^2(f) + I_n^2(f)R_s^2]\mathrm{d}f \tag{4-18}$$

此时放大器的等效输入噪声为

$$E_{ni}^2 = \frac{E_{no}^2}{\int_{f_1}^{f_2} k_v^2(f)\mathrm{d}f} = E_{ns}^2 + \frac{\int_{f_1}^{f_2} k_v^2(f)[E_n^2(f) + I_n^2(f)R_s^2]\mathrm{d}f}{\int_{f_1}^{f_2} k_v^2(f)\mathrm{d}f} \tag{4-19}$$

若 E_n，I_n 也都为白噪声，则放大器的等效输入噪声为

$$E_{ni}^2 = E_{ns}^2 + E_n^2 + I_n^2 R_s^2 \tag{4-20}$$

利用式(4－20)可以对放大器噪声进行测量。

(1) 当信号源内阻 R_s 很小时，它所产生的信号源噪声 E_{ns} 很小，此时由式(4－20)可得到

$$E_{ni}^2 \mid_{R_s \to 0} \approx E_n^2 \quad (4-21)$$

这表明,当放大器输入端短路时输出端所测得的噪声电压的均方根值 E_{no} 为

$$E_{no} = A_v E_n \quad (4-22)$$

由此可得

$$E_n = \frac{E_{no}}{A_v} \quad (4-23)$$

(2) 当信号源电阻 R_s 很大时,式(4-20)中 E_{ns}^2 和 $I_n^2 R_s^2$ 起主要作用,且 $E_{ns}^2 \propto R_s$, $I_n^2 R_s^2 \propto R_s^2$,所以有

$$E_{ni}^2 \mid_{R_s \to \infty} \approx I_n^2 R_s^2 \quad (4-24)$$

这表明,当放大器输入端开路时输出端测得的噪声电压的均方根值 E_{no} 为

$$E_{no} = k_v I_n R_s \quad (4-25)$$

由此可得放大器的 I_n 为

$$I_n = \frac{E_{no}}{k_v R_s} \quad (4-26)$$

2) 放大器的噪声系数

放大器的噪声性能常常用噪声系数来表示。图 4-5 为放大器的信号放大图,图中 K_p 为放大器功率增益,R_s 为信号源内阻,E_{ns}^2 为信号源噪声,这里为 R_s 的热噪声,V_s 为信号源信号电压,E_{nA}^2 为放大器自身噪声经放大后形成的噪声功率,V_o 为放大器输出信号。放大器的噪声系数定义为

$$F = \frac{E_{no}^2}{E_{ns}^2 k_p} = \frac{E_{ns}^2 k_p + E_{nA}^2}{E_{ns}^2 k_p} \quad (4-27)$$

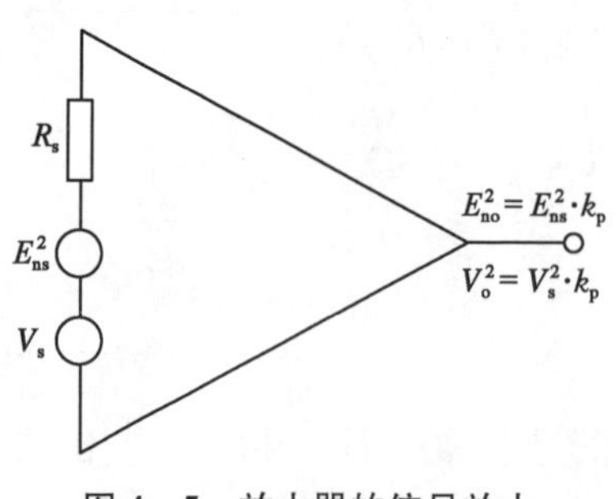

图 4-5 放大器的信号放大

由于放大器总是存在噪声,即 $E_{nA}^2 \neq 0$,故 $F > 1$。对于无噪声的理想放大器,$F = 1$。当用分贝数表示 F 时,噪声系数记为 NF,有

$$NF = 10\lg F \ (\text{dB}) \quad (4-28)$$

当用电压信噪比来表示噪声系数时,有

$$NF = 20\lg \frac{(S/N)_{V_o}}{(S/N)_{V_i}} \quad (4-29)$$

4.3　噪声匹配与信噪比改善

4.3.1　噪声匹配

在信号放大过程中，为了尽量减少电路噪声，获得最小的噪声系数，需对电路进行“噪声匹配”。下面以放大器为例来分析实现噪声匹配的条件。首先，将噪声系数定义的式(4-27)改写为

$$F=1+\frac{E_n^2}{4kTR_sB}+\frac{I_n^2R_s}{4kTB} \tag{4-30}$$

式中，B 为放大器的噪声等效带宽。从上式考察 R_s 对 F 的影响：当 R_s 很大时，上式右边第二项很小，第三项很大，F 很大；当 R_s 很小时，上式第三项很小，但第二项很大，F 也很大。可见，随 R_s 变化 F 有一极小值 F_{min}，可取 F 对 R_s 变化的极值 $\frac{\partial F}{\partial R_s}=0$，由此可求得

$$R_s=\frac{E_n}{I_n} \tag{4-31}$$

此时 F 最小，为

$$F_{min}=1+\frac{E_nI_n}{2kTB} \tag{4-32}$$

此时的 R_s 称为放大器的最佳源电阻，记为 $(R_s)_{opt}$。实际电路中，当放大器的信号源电阻等于最佳源电阻时，放大器具有最小噪声系数，从而实现了“噪声匹配”。

当 E_n 与 I_n 相关，其相关系数 $\gamma\neq 0$ 时，有

$$(R_s)_{opt}=\frac{E_n}{I_n} \tag{4-33}$$

$$F_{min}=1+(1+\gamma)\frac{E_nI_n}{2kTB} \tag{4-34}$$

当信号源为复源，即包含有电抗时，其阻抗 Z_s 为

$$Z_s=R_s+jX_s \tag{4-35}$$

此时相关系数 γ 为复数，有

$$\gamma=\mathrm{Re}(\gamma)+j\mathrm{Im}(\gamma) \tag{4-36}$$

其噪声匹配条件为

$$(R_s)_{opt}=\left[\frac{E_n^2}{I_n^2}+X_s^2+2\mathrm{Im}(\gamma)\frac{E_n}{I_n}X_s\right]^{1/2} \tag{4-37}$$

$$(X_s)_{opt}=-\mathrm{Im}(\gamma)\frac{E_n}{I_n} \tag{4-38}$$

$$F_{min}=1+\frac{1}{2kTB}[I_n^2(R_s)_{opt}+\mathrm{Re}(\gamma)E_nI_n] \tag{4-39}$$

式中，$(R_s)_{opt}$ 称为最佳源电阻，$(X_s)_{opt}$ 称为最佳源阻抗。

在实际应用中复源是存在的，例如当考虑光探测器电容以及放大器输入电容时其噪声匹配就是复源噪声匹配。

4.3.2 信噪比改善

在微弱信号检测中如何提高系统的信噪比(即获得信噪比改善)是一项十分重要的工作。信噪比改善定义为

$$SNIR=\frac{\text{输出功率信噪比}}{\text{输入功率信噪比}} \tag{4-40}$$

作为一个例子，下面从带宽角度来分析信号处理系统信噪比改善所需要的条件。图 4-6 为一信号处理系统，设输入信号与噪声电压分别为 V_{si} 和 V_{ni}，噪声为白噪声，带宽为 B_i，噪声功率谱密度为 S_{ni}；输出信号与噪声电压分别为 V_{so} 和 V_{no}。

图 4-6 信号处理系统的信噪比改善

由上，输入噪声的均方电压为

$$V_{ni}^2=S_{ni}B_i \tag{4-41}$$

设系统的电压增益为 $K_v(f)$，系统的噪声等效带宽为 B_e，则系统输出噪声的均方电压为

$$\begin{aligned}V_{no}^2&=\int_0^{\infty}S_{ni}K_v^2(f)\mathrm{d}f=S_{ni}\int_0^{\infty}K_v^2(f)\mathrm{d}f\\&=S_{ni}B_eK_{vo}\end{aligned} \tag{4-42}$$

式中，等效电压增益 K_{vo} 为

$$K_{vo}=\frac{V_{so}}{V_{si}} \tag{4-43}$$

由上可得系统的信噪比改善为

$$SNIR=\frac{V_{so}^2/V_{no}^2}{V_{si}^2/V_{ni}^2}=\frac{K_{vo}S_{ni}B_i}{K_{vo}S_{ni}B_e}=\frac{B_i}{B_e} \tag{4-44}$$

上式表明，信号处理系统的信噪比改善取决于系统的噪声等效带宽。减小系统的噪声等效带宽即减小系统带宽就可以提高系统的信噪比改善，从而提高系统对信号的检测能力。上述概念也可应用于光学系统中。

4.3.3　最大信噪比原理

为使信号处理系统的信噪比获得最大输出，针对信号的幅频特性，系统频响函数应与之相适应。

1) 信号处理系统输出的信噪比

信号处理系统原理如图 4-7 所示。其中 $S_i(t)$，$S_i(\omega)$ 分别为时域与频域的输入信号；$h(t)$，$H(\omega)$ 分别为信号处理系统的脉冲响应与频响函数；$S_o(t)$，$S_o(\omega)$ 分别为时域与频域的输出信号；$n_i(t)$，$W_i(\omega)$ 分别为输入噪声与其功率谱密度，设为白噪声；$n_o(t)$，$W_o(\omega)$ 分别为输出噪声与其功率谱密度。

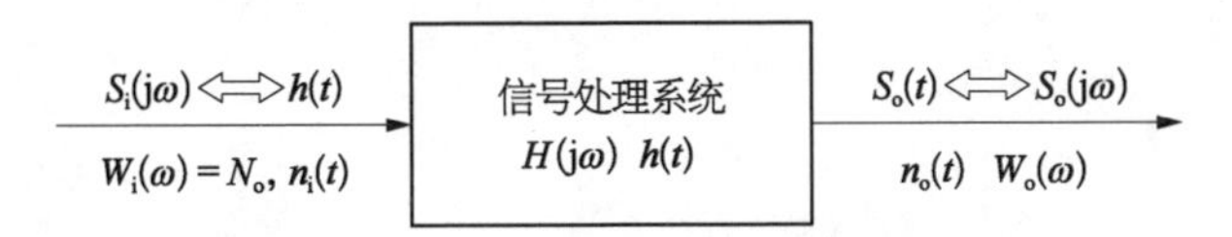

图 4-7　信号处理系统原理

按照信号的频域处理输入与输出信号间关系为

$$S_o(\omega)=S_i(\omega)\cdot H(\omega) \tag{4-45}$$

将上式作傅里叶变换可得到时域的输入、输出关系为

$$S_o(t)=\frac{1}{2\pi}\int_{-\infty}^{+\infty}S_i(\omega)\cdot H(\omega)\cdot e^{j\omega t}\,d\omega \tag{4-46}$$

设在 t_d 时刻对信号进行检测，此时信号输出功率为

$$|S_o(t_d)|^2=\left|\frac{1}{2\pi}\int_{-\infty}^{+\infty}S_i(\omega)\cdot H(\omega)\cdot e^{j\omega t_d}\,d\omega\right|^2 \tag{4-47}$$

输出噪声的功率谱密度为

$$\begin{aligned} W_o(\omega) &= W_i(\omega) \cdot |H(\omega)|^2 \\ &= N_o |H(\omega)|^2 \end{aligned} \tag{4-48}$$

式中，N_o 是输入白噪声功率。将上式对频率积分可得到输出噪声功率为

$$\begin{aligned} P_{on} &= \frac{1}{2\pi}\int_{-\infty}^{+\infty} W_o(\omega)\mathrm{d}\omega \\ &= \frac{N_o}{2\pi}\int_{-\infty}^{+\infty} |H(\omega)|^2 \mathrm{d}\omega \end{aligned} \tag{4-49}$$

由此，可得到 t_d 时刻系统输出的功率信噪比为

$$\left(\frac{S}{N}\right)_{o.p} = \frac{|S_o(t_d)|^2}{P_{on}} = \frac{\left|\dfrac{1}{2\pi}\displaystyle\int_{-\infty}^{+\infty} S_i(\omega) \cdot H(\omega) \cdot e^{j\omega t_d}\mathrm{d}\omega\right|^2}{\dfrac{N_o}{2\pi}\displaystyle\int_{-\infty}^{+\infty} |H(\omega)|^2 \mathrm{d}\omega} \tag{4-50}$$

对于式(4－50)，按照 Schwartz 定理，当满足条件：

$$\int_{-\infty}^{+\infty} |S_i(\omega)|^2 \mathrm{d}\omega < \infty;\ \int_{-\infty}^{+\infty} |H(\omega)|^2 \mathrm{d}\omega < \infty$$

有

$$\left|\int_{-\infty}^{+\infty} S_i(\omega) \cdot H(\omega)\mathrm{d}\omega\right|^2 \leqslant \int_{-\infty}^{+\infty} |S_i(\omega)|^2 \mathrm{d}\omega \cdot \int_{-\infty}^{+\infty} |H(\omega)|^2 \mathrm{d}\omega \tag{4-51}$$

将上述不等式代入式(4－50)，即可得到系统输出的功率信噪比为

$$\left(\frac{S}{N}\right)_{o.p} \leqslant \frac{\dfrac{1}{4\pi^2}\displaystyle\int_{-\infty}^{+\infty} |S_i(\omega)|^2 \mathrm{d}\omega \cdot \int_{-\infty}^{+\infty} |H(\omega)|^2 \mathrm{d}\omega}{\dfrac{N_o}{2\pi}\displaystyle\int_{-\infty}^{+\infty} |H(\omega)|^2 \mathrm{d}\omega} \tag{4-52}$$

当满足条件：

$$H(\omega) = C[S_i(\omega)e^{j\omega t_d}]^* = CS_i^*(\omega)e^{-j\omega t_d} \tag{4-53}$$

系统输出的功率信噪比获得最大值，为

$$\left(\frac{S}{N}\right)_{\mathrm{o.p.max}}=\frac{\frac{1}{2\pi}\int_{-\infty}^{+\infty}|S_i(\omega)|^2\mathrm{d}\omega}{N_o} \tag{4-54}$$

式中,C 为常数,$S_i^*(\omega)$ 是 $S_i(\omega)$ 的共轭复数。上式中分子为信号的平均功率,所以最大功率信噪比可写为

$$\left(\frac{S}{N}\right)_{\mathrm{o.p.max}}=\frac{P_s}{N_o} \tag{4-55}$$

上式表明,系统的最大功率信噪比与信号波形无关。

2) 匹配滤波器

从上面分析可看到,当信号处理系统的频率响应函数满足式(4-53)时,系统可获得最大输出信噪比。把满足这一关系的信号处理系统称为匹配滤波器,它具有以下特点:

(1) 其幅频特性与输入信号的幅频特性成正比。

(2) 在每一输入信号频率上,其相位与输入信号相位反相,从而可对输入信号能量形成全部吸收,且在延时 t_d 时刻与信号频率成线性变化。

(3) 其脉冲响应由其频响函数 $H(\omega)$ 作反傅里叶变换得到,为

$$\begin{aligned}h(t)&=\frac{1}{2\pi}\int_{-\infty}^{+\infty}H(\omega)\cdot \mathrm{e}^{\mathrm{j}\omega t_d}\mathrm{d}\omega\\&=\frac{C}{2\pi}\int_{-\infty}^{+\infty}S_i^*(\omega)\mathrm{e}^{\mathrm{j}\omega(t-t_d)}\mathrm{d}\omega\\&=CS_i^*(t-t_d)\end{aligned} \tag{4-56}$$

即有

$$\begin{cases}S_i^*(\omega)\underset{F}{\overset{F^{-1}}{\rightleftarrows}}S_i^*(t-t_d)\\H(\omega)\underset{F}{\overset{F^{-1}}{\rightleftarrows}}h(t)\end{cases} \tag{4-57}$$

上式表明,匹配滤波器的脉冲响应 $h(t)$ 是输入信号 $S_i(t)$ 在时间轴上 t_d 时刻的反转,其关系如图 4-8 所示。

匹配滤波器的概念为将介绍的相关处理提供了理论依据。

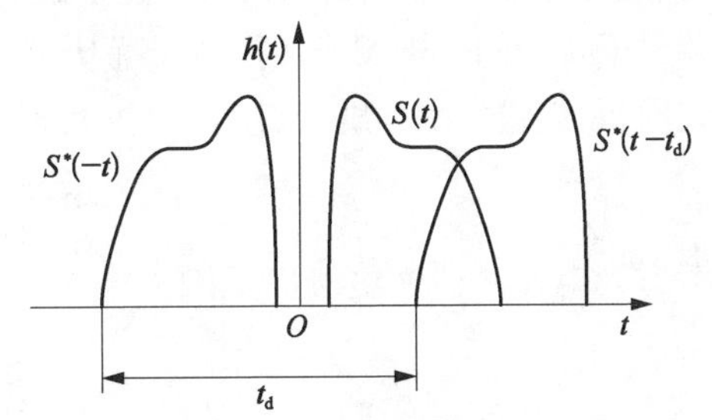

图 4-8　匹配滤波器的脉冲响应

4.4 微弱信号检测方法

从上分析可见，对于一个光学接收系统，其接收灵敏度的提高主要归集于两方面：一是提高光探测器灵敏度；二是降低系统的光学与电子学噪声，即提高系统的光学与电子学的信噪比。从信号流角度看，光学接收系统包括光信号输入、光电转换以及电信号放大与处理等环节。有关光探测器的技术已在第 2 章作了介绍，下面仅就系统各环节的信噪比提高方法作一介绍。

4.4.1 光学输入

光信息检测中光信号输入是实现检测的第一步，对于激光通信(大气、空间、水下)，激光雷达，激光测距以及其他开放式光学接收系统，如何抑制输入背景光和其他光干扰，提高输入光信号的信噪比是光学天线设计需要考虑的十分重要一步。对于背景光而言，它对光接收的影响主要表现在：强光背景引起光电探测器饱和，其次是所产生的散粒噪声使接收灵敏度降低。

影响光接收系统背景噪声的因素主要是光学天线孔径(口径、视场角)，滤光器与系统带宽。

1) 光学天线孔径选择

对于光接收而言，接收灵敏度与天线孔径[包括天线直径与接收角(视场角)]大小有关，同时又与光电探测器面积相关联，这三者常常需要作一体化设计。大的天线直径与接收角无疑可以增大信号光接收通量，提高天线增益，但同时又会引入更多的光干扰，因此需要对光学天线孔径大小作一优化选择。无论哪一种开放式光学发送与接收系统，为了提高光接收信噪比，从系统考虑首先需要控制的是发射光束的发散角。愈小的光束发散角，愈有利于减小接收天线孔径，但这又需要提高光学天线的跟瞄精度。光电探测器面积大小除与接收灵敏度有关外还受信号带宽或速率的限制，所以探测器面积也需要同天线孔径一道进行优化。下面以太阳光背景干扰为例分析天线孔径与干扰功率间关系。设光接收天线的接收立体角、天线面积、天线效率分别为 Ω_a，A_a 和 η_a，则由太阳所引起的背景干扰光功率为

$$P_b = \eta_a E_\lambda(\lambda)\Omega_a A_a \tag{4-58}$$

考虑光电探测器光谱响应范围为 $\lambda_1 \sim \lambda_2$，则背景光所产生的有效干扰功率为

$$P_b = \eta \Omega_a A_a \int_{\lambda_1}^{\lambda_2} E_\lambda(\lambda)\mathrm{d}\lambda \tag{4-59}$$

设光电探测器的响应度为 $R(\lambda)$，背景光所产生的光电流则为

$$I_{\mathrm{b}}=\eta_{\mathrm{a}}\Omega_{\mathrm{a}}A_{\mathrm{a}}\int_{\lambda_1}^{\lambda_2}R(\lambda)E_{\lambda}(\lambda)\mathrm{d}\lambda \tag{4-60}$$

若系统带宽为 Δf，则由太阳光所引起的噪声为

$$\overline{i_b}^2=2\mathrm{e}I_{\mathrm{b}}\Delta f \tag{4-61}$$

2) *光学滤波*

联系式(4－59)与式(4－60)，从光谱角度看待背景光干扰，引起干扰的重要原因之一是因为光电探测器一般都具有较宽的光谱响应。因此光接收系统同电子学系统一样，需采用光学滤波方法来压缩光接收带宽，从而减少背景光与其他光特别是太阳光的干扰。

在开放式光接收系统中，例如空间光通信系统，光学滤波器一般都在如图 4－9 所示位置放置。设光学波长滤波器带宽为 $\Delta\lambda$，则背景光所产生的光电流为

$$I_{\mathrm{b}}=\eta_{\mathrm{a}}\Omega_{\mathrm{a}}A_{\mathrm{a}}\int^{\Delta\lambda}R(\lambda)E_{\lambda}(\lambda)\mathrm{d}\lambda \tag{4-62}$$

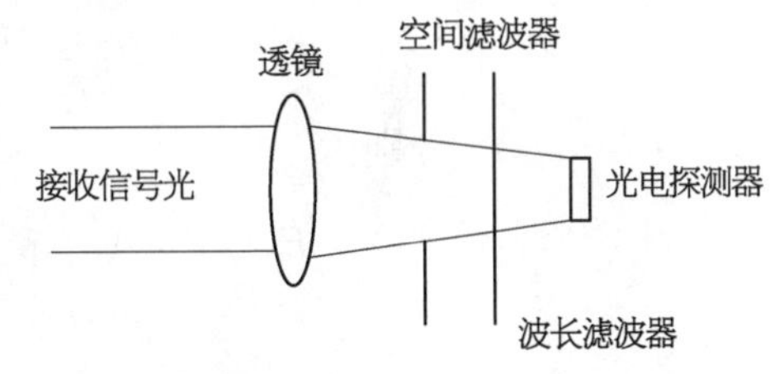

图 4－9　光学滤波器在光接收系统中的位置

由于 $\Delta\lambda$ 很窄，因此由太阳光所产生的光噪声将大大减小。只要 $\Delta\lambda$ 落在信号光光谱范围内，光信号检测灵敏度就不会受到显著影响。开放式光学接收系统往往需要窄带光学滤光器(其半带宽只有几纳米)，同时要求滤光器具有高的透过率和噪声抑制比。目前，能满足这一要求的滤光器主要有干涉滤光器，光子晶体滤光器和原子滤光器等。

4.4.2　光外差接收

光外差检测方法在激光通信、雷达、传感与测量等方面都有很广的用途。它与传统的直接检测相比具有噪声抑制性好、灵敏度高的特点。其灵敏度可达量子噪声限，最小可测光功率(NEP)甚至可达到 10^{-20} W。因此，光外差技术的应用不仅可以大大提高光学系统的工作距离，而且还能提高传感和测量仪器与设备的测量精度。但是，相对于直接光检测而言，实现光外差的条件要更为苛刻与复杂。

1) *光外差原理*

在光信息传输系统中，光外差接收是一种十分有效的抑制噪声、提高接收灵敏度的方法。图 4－10 为实现光外差接收的原理图。图中 P_{S} 为被检测的信号

功率，P_L 为参与外差接收的本振光强，BS 为光束合束器，D 为光电探测器。信号光与本振光分别传送至合束器后会合、重合，最后到达光电探测器转换成电信号。设信号光与本振光场分别为 E_S 与 E_L，且彼此具有相同偏振态，有

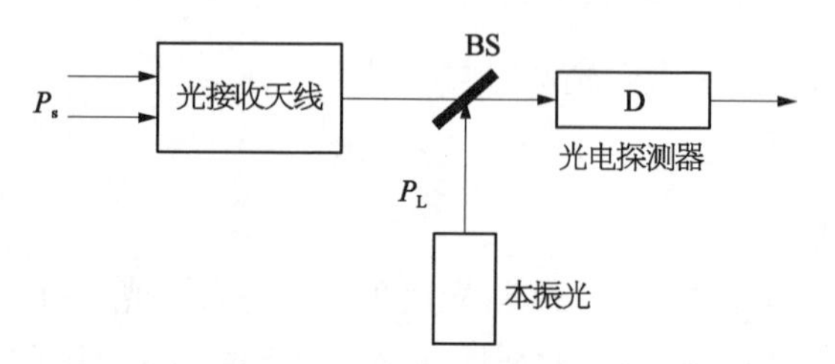

图 4-10　光外差接收原理

$$\begin{cases} P_S = |E_S(t)|^2 \\ P_L = |E_L(t)|^2 \end{cases} \tag{4-63}$$

$E_S(t)$ 与 $E_L(t)$ 分别为

$$\begin{cases} E_S(t) = A_S \exp[-i(\omega_S t + \phi_S)] \\ E_L(t) = A_L \exp[-i(\omega_L t + \phi_L)] \end{cases} \tag{4-64}$$

式中，A_S 与 A_L、ω_S 与 ω_L、ϕ_S 与 ϕ_L 分别为信号光与本振光的振幅、频率与相位。两束光会合产生干涉，其干涉光场为两光场叠加：

$$\begin{aligned} E_i(t) &= E_S(t) + E_L(t) \\ &= A_S \exp[-i(\omega_S t + \phi_S)] + A_L \exp[-i(\omega_L t + \phi_L)] \end{aligned} \tag{4-65}$$

光电探测器所得到的光电流 i_D 与干涉光强成正比，即与干涉光场平方成正比，有

$$i_D \propto |E_i(t)|^2 = |E_S(t) + E_L(t)|^2 \tag{4-66}$$

设光电探测器的响应度为 R_D，则所得光电流为

$$\begin{aligned} i_D &= R_D |E_i(t)|^2 \\ &= R_D\{A_S^2\cos^2(\omega_S t + \phi_S) + A_L^2\cos^2(\omega_L t + \phi_L) + \\ &\quad A_S A_L \cos[(\omega_S + \omega_L)t + (\phi_S + \phi_L)] + \\ &\quad A_S A_L \cos[(\omega_S - \omega_L)t + (\phi_S - \phi_L)]\} \\ &= R_D\left\{\frac{A_S^2}{2}(1 + \cos 2\omega_S t) + \frac{A_L^2}{2}(1 + \cos 2\omega_L t) + \right. \\ &\quad A_S A_L \cos[(\omega_S + \omega_L)t + (\phi_S + \phi_L)] + \\ &\quad \left. A_S A_L \cos[(\omega_S - \omega_L)t + (\phi_S - \phi_L)]\right\} \end{aligned} \tag{4-67}$$

由于光电探测器无法响应光频，式(4－67)中前 3 项只得到与时间变化无关的直流值，而仅有第 4 项得到两光束差频所形成的中频信号电流，即

$$
\begin{aligned}
i_{\mathrm{IF}} &= \frac{1}{2}R_{\mathrm{D}}(A_{\mathrm{S}}^{2}+A_{\mathrm{L}}^{2}) + \\
&\quad R_{\mathrm{D}}A_{\mathrm{S}}A_{\mathrm{L}}\cos[(\omega_{\mathrm{S}}-\omega_{\mathrm{L}})t+(\phi_{\mathrm{S}}-\phi_{\mathrm{L}})] \\
&= R_{\mathrm{D}}(P_{\mathrm{S}}+P_{\mathrm{L}}) + 2R_{\mathrm{D}}\sqrt{P_{\mathrm{S}}P_{\mathrm{L}}}\cos[\omega_{\mathrm{IF}}t+(\phi_{\mathrm{S}}-\phi_{\mathrm{L}})]
\end{aligned}
\tag{4-68}
$$

式中，$P_{\mathrm{S}}=\frac{1}{2}A_{\mathrm{S}}^{2}$，$P_{\mathrm{L}}=\frac{1}{2}A_{\mathrm{L}}^{2}$，中频 $\omega_{\mathrm{IF}}=\omega_{\mathrm{S}}-\omega_{\mathrm{L}}$。经中频滤波后得到的交流信号为

$$
i_{\mathrm{IF}} = 2R_{\mathrm{D}}\sqrt{P_{\mathrm{S}}P_{\mathrm{L}}}\cos[\omega_{\mathrm{IF}}t+(\phi_{\mathrm{S}}-\phi_{\mathrm{L}})] \tag{4-69}
$$

从式(4－69)可得出下述结论并看到外差接收的优点：

(1) 由于本振信号为主动提供的信号，为已知信号，因此输出信号包含了输入光信号的幅度、频率以及相位等全部信息。

(2) 一般情况下 $P_{\mathrm{L}}\gg P_{\mathrm{S}}$，所以外差接收具有比直接探测更高的灵敏度；而且还可以通过进一步提高本振光强度，即增大式中 A_{L} 来提高接收灵敏度。

(3) 可以针对输出信号为中频信号特点，在后续电路中采用选频放大器进一步抑制噪声，放大信号。

下面对光外差检测与直接检测的接收灵敏度作一比较。设两者产生的光电流均流经负载电阻 R_{L}，则由光外差中频信号所获得的电功率为

$$
\begin{aligned}
W_{\mathrm{IF}} &= \frac{(i_{\mathrm{IF}}R_{\mathrm{L}})^{2}}{R_{\mathrm{L}}} \\
&= 4R_{\mathrm{D}}^{2}P_{\mathrm{S}}P_{\mathrm{L}}R_{\mathrm{L}}\,\frac{1}{T}\int_{0}^{T}\cos^{2}[\omega_{\mathrm{IF}}t+(\phi_{\mathrm{S}}-\phi_{\mathrm{L}})]\mathrm{d}t \\
&= 2R_{\mathrm{D}}^{2}P_{\mathrm{S}}P_{\mathrm{L}}R_{\mathrm{L}}
\end{aligned}
\tag{4-70}
$$

式中，T 是中频周期，直接检测信号光获得的电功率为

$$
W_{\mathrm{S}} = R_{\mathrm{D}}^{2}P_{\mathrm{s}}^{2}R_{\mathrm{L}} \tag{4-71}
$$

两检测方式相比，即为光外差所得增益：

$$
G_{\mathrm{IF}} = \frac{W_{\mathrm{IF}}}{W_{\mathrm{S}}} = \frac{2P_{\mathrm{L}}}{P_{\mathrm{S}}} \gg 1 \tag{4-72}
$$

对于光外差检测的信噪比，由式(4－69)，光电流的均方值为

$$\overline{i^2}=2R_D^2P_SP_L \tag{4-73}$$

设背景光强为 I_B，光电探测器暗电流为 i_d，则滤波器输出端的散粒噪声与热噪声电流的均方值 $\overline{I_{nh}^2}$，$\overline{I_{ni}^2}$ 分别为

$$\begin{cases}\overline{I_{nh}^2}=2e[R_D(I_S+I_L+I_B)+i_d]\Delta f_{IF}\\ \overline{I_{ni}^2}=\dfrac{1}{R_L}4kT\Delta f_{IF}\end{cases} \tag{4-74}$$

则外差检测的信噪比为

$$\begin{aligned}\left(\frac{S}{N}\right)_P&=\frac{\overline{i^2}}{\overline{I_{nh}^2}+\overline{I_{ni}^2}}\\ &=\frac{2R_D^2P_SP_LR_L}{2e[R_D(P_S+P_L+P_B)+i_d]\Delta fR_L+4kT\Delta f_{IF}}\end{aligned} \tag{4-75}$$

在散粒噪声限制下，考虑 $P_L\gg P_S$，P_B，$i_d=0$，则外差检测的信噪比为

$$\left(\frac{S}{N}\right)_P=\frac{R_DP_S}{e\Delta f}=\frac{\eta P_S}{h\nu\Delta f} \tag{4-76}$$

式中，$R_D=\eta\left(\dfrac{e}{h\nu}\right)$，$\eta$ 为量子效率，h 为普朗克常量。当 $\left(\dfrac{S}{N}\right)_P=1$ 时，光外差接收系统的最小可检测功率为

$$P_{Smin}=\frac{h\nu}{\eta}\Delta f_{IF} \tag{4-77}$$

2）影响光外差的因素

（A）光外差条件

实现光外差最基本的条件是信号光与本振光均需为相干性良好的激光光源。激光器的相干性决定于它输出光的光谱线宽，愈窄的线宽，光束的相干性愈好。所以，一般都选取窄线宽、单纵模的激光器作为光源。不仅如此，光外差还要求两光源具有稳定的工作频率与相位，同时具有稳定而又尽可能相同的偏振态。

从前面的分析可以看到，中频信号与两光束的谱宽和频率稳定度直接相关联。光谱宽度影响相干效率，而频率稳定度将影响接收系统噪声。所以在获得窄谱光源的同时需对激光器的频率进行稳定。除主动与被动稳频外，恒定的工作温度也是保障频率与相位稳定的一个重要条件。

光束偏振态除与器件工作状态有关外还很大程度上与光传输路径有关。例

如,大气中的湍流对光束偏振态就有随机影响;又如普通光纤,外部温度和应力的变化也会造成光束偏振态的随机变化。相对于光频率的变化来,偏振变化要缓慢得多。在光外差接收系统中,保证偏振匹配的方法有 3 种:其一是在接收端设置实时的偏振控制器来主动控制两束光的偏振以保证检测信号的稳定性;其二是采用分集接收的方法,即通过偏振分束器将信号光的两个正交偏振分量分开进行检测,然后经相位补偿后再将两者叠加;方法三主要是针对光纤系统,可以采用保偏光纤来构架整个光路系统。

(B) 光束的空间对准

两光束相干的中频电流表达式[式(4-68)]是在假定两光束处于完全平行与重合、且与光电探测器光敏面相垂直的状态下获得的。这一条件实际上是保证了两束光的束宽和波前重合以及到达光电探测器的相位一致。若这些条件没有得到保证,则所得到的中频电流将会减小。图 4-11 给出了两光束间具有一定交角到达光电探测器进行相干的状态。设两束光均为平面波,其波矢均在 xz 平面内,本振光波矢与探测器表面垂直,信号光与本振光交角为 θ,两光束的光场分别为:本振光 $E_L(t)=A_L\exp[-i(\omega_L t+\phi_L)]$,信号光 $E_S(t)=A_S\exp[-i(\omega_S t+\phi_S)]$。此时两光束到达探测器表面在 x 不同的位置处存在不同的相位差,其大小决定于信号光波前位置,为

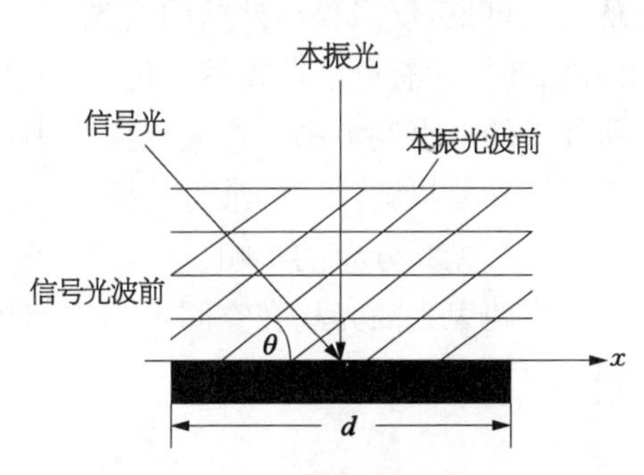

图 4-11　信号光与本振光在光电探测器的相干

$$\Delta\phi=\frac{2\pi}{\lambda_S}n_0 x\sin\theta=\beta x \tag{4-78}$$

式中,$\beta=\frac{2\pi}{\lambda_S}\sin\theta$, $n_0=1$。此时,在 x 处探测器元 $\mathrm{d}x\mathrm{d}y$ 所产生的中频光电流为

$$\mathrm{d}i=\eta A_S A_L\cos[\omega_{IF}t+(\phi_S-\phi_L)+\beta x]\mathrm{d}x\mathrm{d}y \tag{4-79}$$

整个光电探测器所产生的光电流为

$$\begin{aligned} i&=\int_{A_D}R_D A_S A_L\cos[\omega_{IF}t+(\phi_S-\phi_L)+\beta x]\mathrm{d}x\mathrm{d}y \\ &=R_D A_S A_L\cos[\omega_{IF}t+(\phi_S-\phi_L)]\frac{\sin\beta\frac{l}{2}}{\frac{\beta l}{2}} \end{aligned} \tag{4-80}$$

式中，A_D 为探测器面积，l 为 x 方向的长度。从上式可见，当

$$\frac{\sin\frac{\beta l}{2}}{\frac{\beta l}{2}}=1 \tag{4-81}$$

时，中频光电流将最大。由 $\sin\beta l/2=\beta l/2$，仅当 $\beta l/2\to 0$，即 $\beta l/2=1$ 时才成立，所以得到

$$\frac{\beta l}{2}=\frac{2\pi l}{2\lambda_S}\sin\theta=1 \tag{4-82}$$

即
$$\sin\theta\approx\theta=\frac{\lambda_S}{\pi l} \tag{4-83}$$

从上式可见，仅当参与外差的两光束几近平行(即信号光束与本振光束在空间很好准直时)才有可能获得尽可能大的中频光电流输出，且波长愈短，光口径愈大所要求的准直度愈高。在实际应用中，一般都在接收端放置大口径聚焦透镜来降低光外差检测对空间准直的要求。

(C) 光场分布的影响

当两束光的光场在空间不为均匀场且具有一定分布时，此时表达光场的式(4-64)变为

$$\begin{cases}E_S(t)=E_S(x,\ y)\exp[-\mathrm{i}(\omega_S t+\phi_S)]\\ E_L(t)=E_L(x,\ y)\exp[-\mathrm{i}(\omega_L t+\phi_L)]\end{cases} \tag{4-84}$$

在光电探测器上外差所产生的光电流将为

$$i_D=R_D\cos[\omega_{IF}t+(\phi_S-\phi_L)]\iint_{A_D}E_S(x,\ y)E_L(x,\ y)\mathrm{d}x\mathrm{d}y \tag{4-85}$$

4.4.3 相关检测

提高系统信噪比与接收灵敏度的又一方法是应用相关检测技术。相关技术包括光学相关与电子学相关。电子学相关早已得到广泛应用，而光学相关主要在目标识别中得到应用，用光学相关来提高接收机灵敏度的方法是近年才发展起来的。

1) 相关原理

(A) 自相关函数

设函数 $f(t)$，其自相关函数为

$$R_{ff}(\tau)=\lim_{T\to\infty}\frac{1}{2T}\int_{-T}^{T}f(t)\cdot f(t-\tau)\mathrm{d}t \tag{4-86}$$

$R_{ff}(\tau)$ 是 $f(t)$ 在 τ 时刻后持续时间的度量，记为 $R(\tau)$。自相关函数具有以下重要性质：

(1) $R(\tau)=R(-\tau)$，即自相关函数是偶函数。

(2) $R(\tau)\leqslant R(0)$，表明 $R(0)$ 是自相关函数的最大值。

(3) 若 $f(t)$ 代表一个平稳的各态经历的随机过程，则 $R(\tau)$ 与 $f(t)$ 的统计平均值间关系为

$$R(0)=\overline{f^{2}(t)} \tag{4-87}$$

(4) 若 $f(t)$ 为周期函数，则 $R(\tau)$ 也为周期函数，且两者周期相同。$R(\tau)$ 将包含 $f(t)$ 的基波和所有的谐波成分，但丢失所有相位信息。

(5) 若 $f(t)$ 为非周期函数，则 $R(\tau)$ 从 $\tau=0$ 的最大值起随 τ 的增大而迅速单调下降，直到 $f(t)$ 平均值的平方。

噪声为非周期函数。白噪声的自相关函数为 δ 函数，不存在相关性。带限白噪声存在一定相关性，其 $R(\tau)$ 随 τ 的增大迅速衰减到零。正弦函数、白噪声和带限噪声的自相关函数如图 4-12 所示。

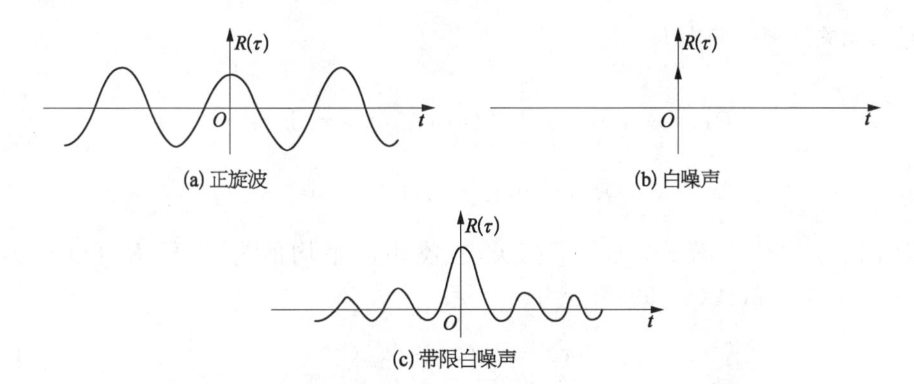

图 4-12　正弦函数、白噪声与带限噪声的自相关函数

(B) 互相关函数

设函数 $f(t)$ 与 $g(t)$，其互相干函数为

$$R_{fg}(\tau)=\lim_{T\to\infty}\frac{1}{2T}\int_{-T}^{T}f(t)\cdot g(t-\tau)\mathrm{d}t \tag{4-88}$$

$R_{fg}(\tau)$ 是 t 时刻的 $f(t)$ 与 $t-\tau$ 时刻的 $g(t)$ 间相关程度的度量。互相关函数

具有以下重要性质：

(1) $R_{fg}(\tau)=R_{gf}(-\tau)$，即 $R_{fg}(\tau)$ 与 $R_{gf}(\tau)$ 互为镜像对称。

(2) 两个不具相关性的函数，其互相关函数为一常数且等于两原函数平均值的乘积。若其中一原函数的平均值为零，如噪声，则其互相关函数为零，即噪声与信号不具有相关性。

(3) 互相关函数保留了两原函数共有的谐波成分，其谐波相位等于原函数相应谐波的相位差，而其谐波幅度则由两原函数相应谐波的幅度与相位差决定，即互相关函数保留了原函数的部分信息。

2) 相关检测

应用上述函数间的相关理论可以将原函数视为信号或噪声进行相关检测。

(A) 自相关检测

自相关检测的原理如图 4-13 所示。自相关检测器主要由延时器、乘法器与平均器构成。设输入为 $V_i(t)$，它由被测信号 $s(t)$ 与随信号输入带入的噪声 $n(t)$ 组成，有

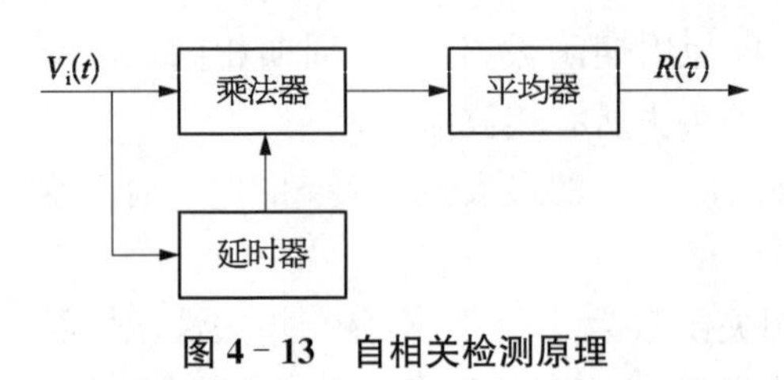

图 4-13　自相关检测原理

$$V_i(t)=s(t)+n(t) \tag{4-89}$$

经自相关处理的输出 $R(\tau)$ 为

$$\begin{aligned} R(\tau)&=\lim_{T\to\infty}\frac{1}{2T}\int_{-T}^{T}V_i(t)\cdot V_i(t-\tau)\mathrm{d}t \\ &=R_{ss}(\tau)+R_{sn}(\tau)+R_{ns}(\tau)+R_{nn}(\tau) \end{aligned} \tag{4-90}$$

由于信号 $s(t)$ 与噪声 $n(t)$ 不相关，且噪声的平均值为零，即 $R_{sn}(\tau)=0$，$R_{ns}(\tau)=0$。故式(4-90)可变为

$$R(\tau)=R_{ss}(\tau)+R_{nn}(\tau) \tag{4-91}$$

随着时间 τ 的增大，$R_{nn}(\tau)$ 趋于零。最后，对于足够大的 τ 可得到

$$R(\tau)=R_{ss}(\tau) \tag{4-92}$$

$R(\tau)$ 包含了 $s(t)$ 的部分信息，从而实现对被测信号的检测。

(B) 互相关检测

互相关检测的原理如图 4-14 所示。互相关检测器由延时器、乘法器与平均器构成。同上，设输入为 $V_i(t)$，它由被测信号 $s(t)$ 与随信号输入带入的噪声 $n(t)$ 组成，有

$$V_i(t)=s(t)+n(t) \quad (4-93)$$

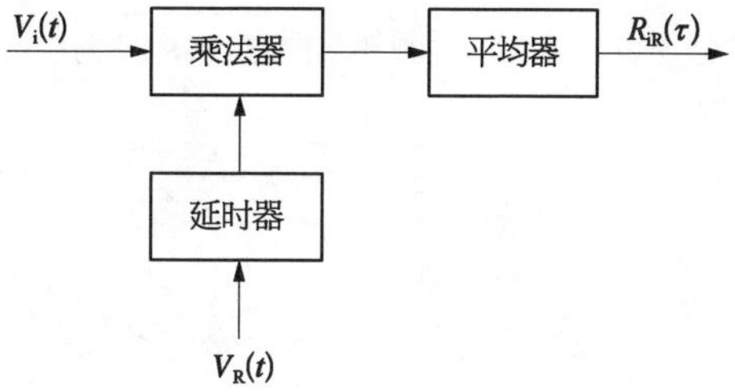

图 4-14 中，$V_R(t)$ 为人为设定的互相干信号。经互相关处理的输出 $R_{iR}(\tau)$ 为

$$\begin{aligned}R_{iR}(\tau)&=\lim_{T\to\infty}\int_{-T}^{T}V_i(t)\cdot V_R(t-\tau)\mathrm{d}t\\&=R_{sR}(\tau)+R_{nR}(\tau)\end{aligned} \quad (4-94)$$

$V_i(t)$ → 乘法器 → 平均器 → $R_{iR}(\tau)$；$V_R(t)$ → 延时器 → 乘法器

图 4-14　互相关检测原理

若 $V_R(t)$ 与 $s(t)$ 具有相关性，而 $V_R(t)$ 与 $n(t)$ 不具有相关性，且 $n(t)$ 的平均值为零，则上式变为

$$R_{iR}(\tau)=R_{sR}(\tau) \quad (4-95)$$

$R_{iR}(\tau)$ 包含了 $s(t)$ 所携带的信息，从而实现对被测信号的检测。

与自相关比较，互相关不仅获得的被测信息更完整，而且由于 $V_R(t)$ 的注入，使互相关输出还具有一定增益，所以实际中得到更多的应用。

4.4.4　平均处理技术

从噪声中提取信号有许多专门技术，其中平均处理技术是一项简单而行之有效的技术。无论是相关检测中的模拟信号平均器还是数字信号的平均处理在光信息检测中都得到很好应用。

设信号 $x(t)$ 由被测信号 $s(t)$ 与噪声 $n(t)$ 组成，其中 $s(t)$ 为周期变量，而 $n(t)$ 为一随机变量。对 $x(t)$ 进行 m 次测量，其平均值 $\overline{x(t)}$ 为

$$\begin{aligned}\overline{x(t)}&=\frac{1}{m}\sum_{i=1}^{m}x_i(t)\\&=\frac{1}{m}\sum_{i=1}^{m}s(t)+\frac{1}{m}\sum_{i=1}^{m}n(t)\\&=s(t)+\frac{1}{m}\sum_{i=1}^{m}n(t)\end{aligned} \quad (4-96)$$

从上可见，当 $m\to\infty$ 时，噪声将会得到很好的抑制。上述平均值也可用测量值的概率密度来表示。设 $p(x)$ 为测量 x 的概率密度，则其测量平均值为

$$\bar{x}=\int_{-\infty}^{+\infty}x\cdot p(x)\mathrm{d}x \quad (4-97)$$

对 $x(t)$ 测量所得均方值 $\overline{\Delta x(t)^2}$ 为

$$\begin{aligned}\overline{\Delta x^2(t)} &= \frac{1}{m}\sum_{i=1}^{m}[x_{\mathrm{i}}(t)-\overline{x(t)}]^2 \\ &= \frac{1}{m}\sum_{i=1}^{m}x_i^2-\frac{1}{m}\sum_{i=1}^{m}2x_i\bar{x}+\frac{1}{m}\sum_{i=1}^{m}{}^{-2}x \\ &= \frac{1}{m}\sum_{i=1}^{m}n^2(t)\end{aligned} \tag{4-98}$$

从上可见,以均方根值表示的噪声大小(例如噪声电压)经过上述平均处理后降低了 $\frac{1}{\sqrt{m}}$ 倍,所以测量次数 m 愈多,平均处理后对噪声的抑制愈好。用概率密度方法表示测量所得均方值为

$$\overline{\Delta x^2(t)} = \int_{-\infty}^{+\infty}(x-\bar{x})\cdot p(x)\mathrm{d}x \tag{4-99}$$

在模拟技术中采用平均器来完成信号的平均,从而达到抑制噪声、凸显被测信号的目的。在数字技术中则将采样信号通过 A/D 转换将其数值化后通过计算机进行平均运算,从而实现对噪声的抑制。无论光纤传感测量中的 OTDR, BOTDR 等,还是图像处理中提高画质的行平均与帧平均技术都采用了信号平均处理技术。

4.4.5 锁定放大技术

锁定放大是检测微弱信号的一种有效技术。其技术核心是应用了互相关原理,使输入的被测信号与频率相同的参考信号实现互相关,从而将伴随被测信号的噪声抑制把信号检测出来。实现锁定放大的器件叫锁定放大器(Lock-in Amplifier),锁定放大器的等效噪声带宽可达 $10^{-3}\sim4\times10^{-4}$ Hz,增益达到约 220 dB,因此它可检测到纳伏甚至皮伏量级的信号。即使噪声大于信号几千倍也能检测到信号。锁定放大中需将被测信号与参考信号严格同步,它所放大的交流成分将以直流形式输出。

锁定放大器除包括相关器外,通常还包括同步积分器与旋转电容滤波器或它们的组合等。同步积分器与旋转电容滤波器也都具有很好的噪声抑制能力。

1) 相关器

相关器是锁定放大器的核心器件之一,用于完成被测信号与参考信号的互

相关函数运算,它可以是模拟电路也可以是数字处理电路。图 4-15 为一模拟相关器,它由乘法器和积分器构成。图中,$V_s(t)$ 为输入信号,它包括被测的周期信号、干扰与噪声;$V_R(t)$ 为参考信号;$V_o(t)$ 为输出信号。

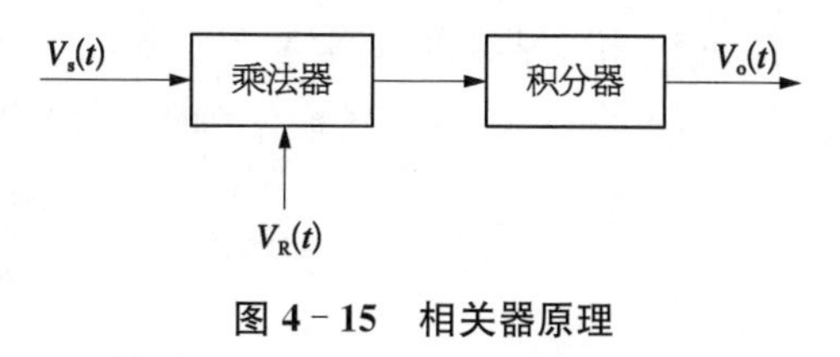

图 4-15　相关器原理

实际中,锁定放大器通常用来检测正弦波或方波。对于直流信号则可将其转换为方波后进行检测。相关器中的乘法器通常用线性好、动态范围大的开关电路来实现。而积分器则采用 RC 低通滤波器构成。设输入信号 $V_s(t)=V_{sm}\sin(\omega_s t+\phi)$;参考信号 $V_R(t)$ 为图 4-16 所示的对称方波,其角频率为 ω_R、占空比为 1∶1。$V_R(t)$ 可表示为

$$V_R(t)=\frac{4}{\pi}\sum_{k=0}^{\infty}\frac{1}{2k+1}\sin[(2k+1)\omega_R t] \tag{4-100}$$

当 $\omega_s=\omega_R$ 时,$V_s(t)$ 被视为被测信号,而当 $\omega_s\neq\omega_R$ 时,$V_s(t)$ 被视为干扰或噪声。$V_s(t)$ 与 $V_R(t)$ 间的相位差 ϕ 可由锁定放大器中的移相器调节。

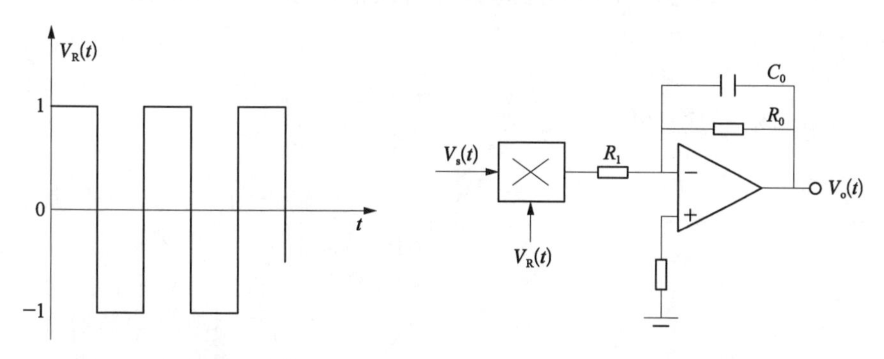

图 4-16　参考方波信号　　　图 4-17　锁定放大器中的相关器

对于图 4-17 所示相关器,可求得输出电压为

$$V_o(t)=-\frac{2R_0V_{sm}}{\pi R_1}\sum_k\frac{1}{k}\cdot\left\{\frac{\cos[(\omega_s-k\omega_R)t+\phi+\theta_k^-]}{\sqrt{1+[(\omega-k\omega_R)R_0C_0]^2}}-e^{-\frac{t}{R_0C_0}}\frac{\cos(\phi+\theta_k^-)}{\sqrt{1+[(\omega_s-k\omega_R)R_0C_0]^2}}\right\} \tag{4-101}$$

式中,k 为奇数,$k=(2l+1)$,$l=0,1,2,\cdots$;$\theta_k^-=\arctan[(\omega_s-k\omega_R)R_0C_0]$。

对式(4-101)分析可得到相关器的重要特性:

(1) 相关器的时间常量 $\tau = R_0 C_0$ 为低通滤波器的时间常量。

(2) 当 $\omega_s = \omega_R$，且 $t < \tau$ 时，可得相关器的稳态输出电压为

$$V_o = -\frac{2R_0 V_{sm}}{\pi R_1} \cos\phi \tag{4-102}$$

从上可见，输出电压随被测信号电压大小变化，且与两者的相位差有关。当 $\phi = 0$ 时，V_o 最大；当 $\phi = \frac{\pi}{2}$ 时，$V_o = 0$。

(3) 当输入信号的频率为参考信号基波频率的偶数倍时，输出为零，即参考信号的偶次谐波被相关器所抑制。

当输入信号频率为参考信号基波频率的奇数倍时，相关器才获得输出，其大小为

$$V_o = -\frac{2R_0 V_{sm}}{\pi k R_1} \cos\phi \tag{4-103}$$

从上式可见，其输出幅度随倍频级次 k 的增大而下降。

(4) 当输入信号频率偏移参考信号奇次谐波频率一小量 $\Delta\omega$ 时，即 $\omega_s = k\omega_R + \Delta\omega$ 时，输出为

$$V_o(t) = -\frac{2R_0 V_{sm}}{\pi k R_1} \cdot \frac{\cos(\Delta\omega t + \phi + \theta_k^-)}{\sqrt{1 + (\Delta\omega R_0 C_0)^2}} \tag{4-104}$$

此时输出为一交流信号，其幅度随频偏而下降。相关器的这一归一化幅频特性如图 4-18 所示，图中 f_S，f_R 分别为信号频率与相关器基波频率。由图可见，它与参考方波信号频谱一致。因此，在这一情况下，相关器是方波信号的匹配滤波器，时间常量 τ 愈大，各次谐波处的通带愈窄。

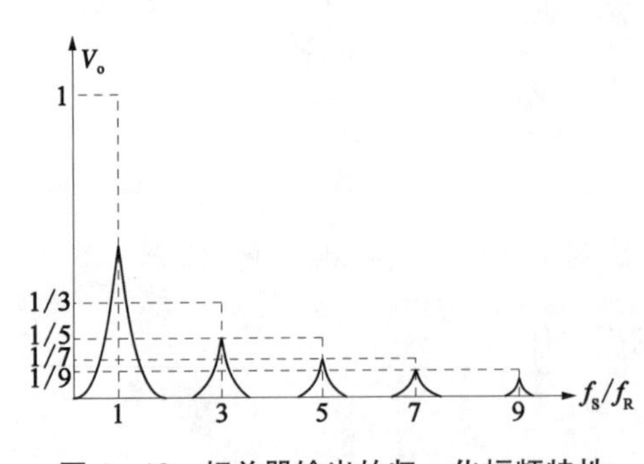

图 4-18 相关器输出的归一化幅频特性

此时相关器的噪声等效带宽为

$$B = \frac{\pi^2}{16} \cdot \frac{1}{R_0 C_0} \tag{4-105}$$

$R_0 C_0$ 愈大，B 愈小，相关器对噪声的抑制愈强。

(5) 当输入信号为一恒定幅度，且与参考方波同频率时，相关器的输出与它们的相位差成线性关系。此时，相关器被称为相敏检波器(PSD)。

相关器中的乘法器一般用模拟或数字开关电路来实现。图 4－19 给出了输入信号 $V_s(t)$ 为正弦波信号、参考信号 $V_R(t)$ 为同频率对称方波时乘法器输出随 $V_s(t)$ 和 $V_R(t)$ 间相位差 ϕ 变化的情况。

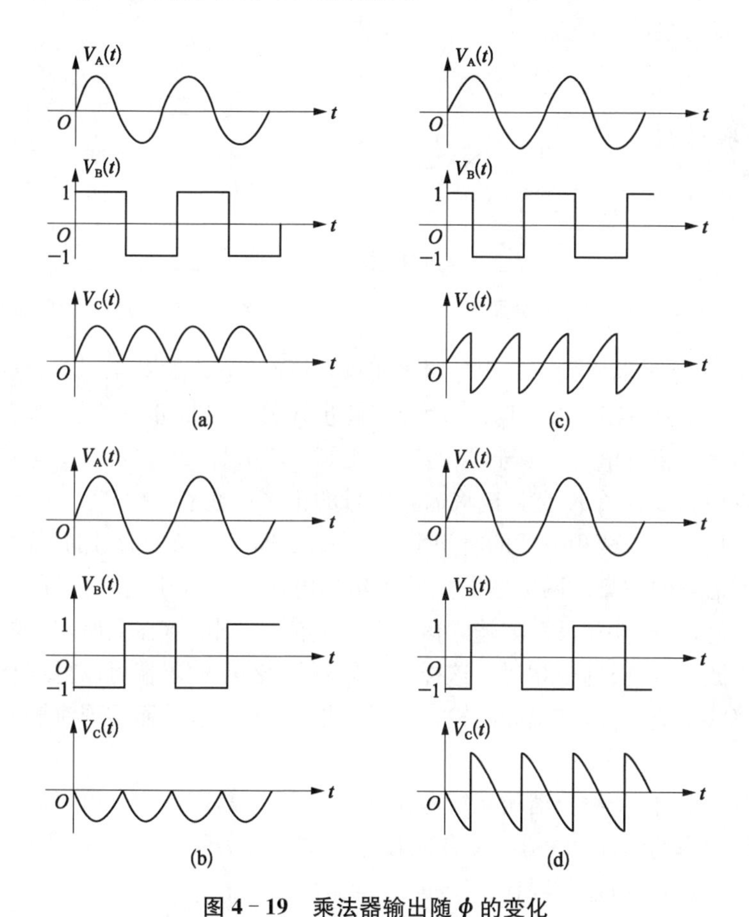

图 4－19　乘法器输出随 ϕ 的变化

(a) $\phi=0°$；(b) $\phi=180°$；(c) $\phi=90°$；(d) $\phi=270°$

2）同步积分器

同步积分器又称相干滤波器，它主要用于对周期信号的线性叠加，以达到提高信噪比的目的。此外，信号的多次叠加还可以弥补信号传递过程中的缺失。同步积分器充分利用了周期信号前后相关的依附性远高于随机噪声的特点，所以它也是相关检测的一种形式。同步积分器的累加过程须与周期信号的重复出现同步进行，所以又称为同步积累。同步积分器是从噪声中提取已知频率的正弦信号与方波信号振幅的最有效方法之一。

同步积分的原理如图 4－20 所示。它由两个并行的累加器 1，2 与接在输入、输出端的同步开关 K_1 与 K_2 构成。当周期信号例如正弦信号输入时，开关 K_1 控制累加器 1 只对信号的正半周累加积分，累加器 2 只对信号的负半周累加积分。同样，开关 K_2 控制两累加器分别在信号的正、负半周输出。这样就完成了对周期信号的线性叠加。

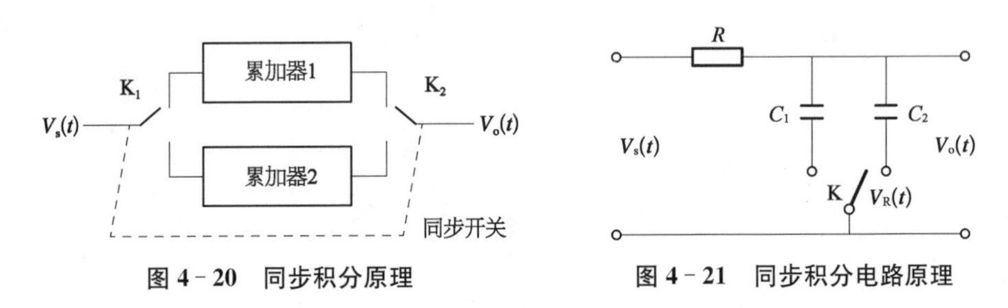

图 4-20　同步积分原理

图 4-21　同步积分电路原理

实际中，累加器常用 RC 积分器来实现，其简单电路如图 4-21 所示。设输入信号 $V_s(t)$ 为一正弦波，$V_R(t)$ 为控制同步开关 K 的同步方波信号，它与输入信号同频率。积分电容 C_1 与 C_2 的容量相等。积分器 RC_1 与 RC_2 构成两个累加器。应用同步开关 K 交替地将输入信号的正半周在 C_1 上积累，负半周在 C_2 上积累。只要选取两积分器的时间常量 $\tau=RC$ 远大于输入信号的周期，则可实现对输入信号的积累。两电容器上所积累的电压分别等于输入信号正、负半周期的平均值，但极性相反。如输入信号为方波信号，则电容器上所积累电压将分别等于方波幅度，极性也相反。这样，在同步积分器的输出端可以得到与参考信号同频率的交流方波，其幅度与输入信号幅度大小有关，从而实现对输入信号幅度的检测。

分析表明，同步积分器的功能与相关器完全相似，因此它也可以被视为与参考信号同频率的匹配滤波器，具有梳妆滤波器性能，因此有很强的噪声抑制能力，它可以检测到电压信噪比小于 1/10 的微弱信号。

3) 旋转电容滤波器

旋转电容滤波器与同步积分器相似，也是一种噪声抑制能力很强的相关检测器件。所不同的是它只用了一个积分电容器，但积分电容器的接入与输入信号的正负半周变换同步地翻转，好似电容器作旋转一样。图 4-22 为一有源旋转电容滤波器的原理电路图。其同步开关由与输入周期信号同频率的参考信号所控制。旋转电容滤波器的性能与同步积分器完全相同，也是将输入周期信号变为同频率的方波输出，其输出幅度包含了待测信号的幅度信息。

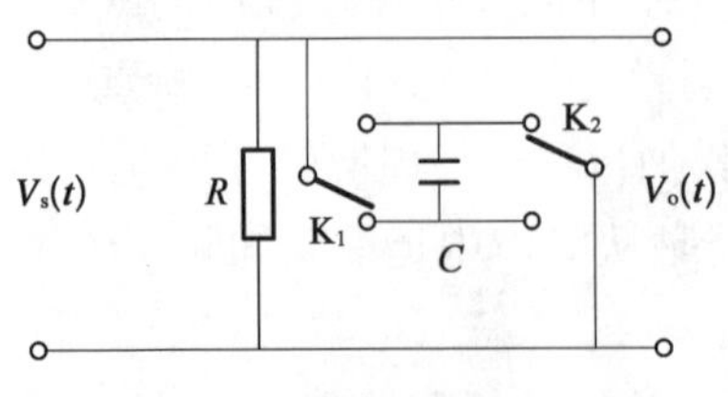

图 4-22　旋转电容滤波原理

图 4-23 为一实际的旋转电容滤波器电路。电路采用了高输入阻抗运算放大器，以不造成对输入信号的分流。驱动信号 A 和 B 为与输入信号频率 f_0 相同但互为反向的方波。在 A 和 B 的控制下，场效应管 FET_1，FET_2，FET_3，FET_4 交替地导通与截止，从而将电容 C 如前面所述旋转方式接入放大电路实现滤波。

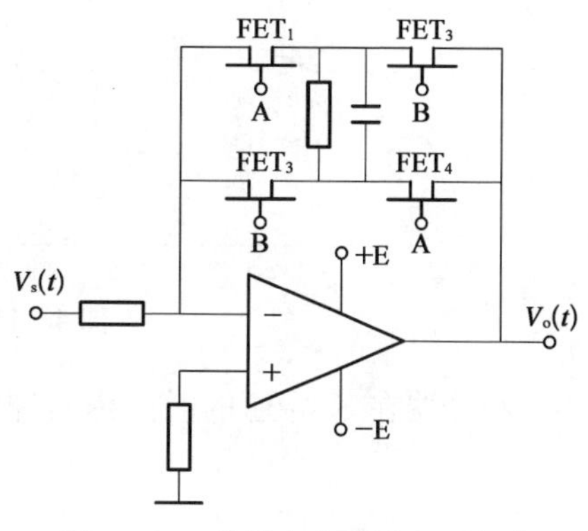

图 4-23　旋转电容滤波实际电路

4）锁定放大器

应用相关器、同步积分器与旋转电容滤波器或其组合，可以构成锁定放大器。通常，锁定放大器由 3 部分构成，以相关器构成的锁定放大器为例，锁定放大器由信号通道、参考通道和相关器组成，如图 4-24 所示。

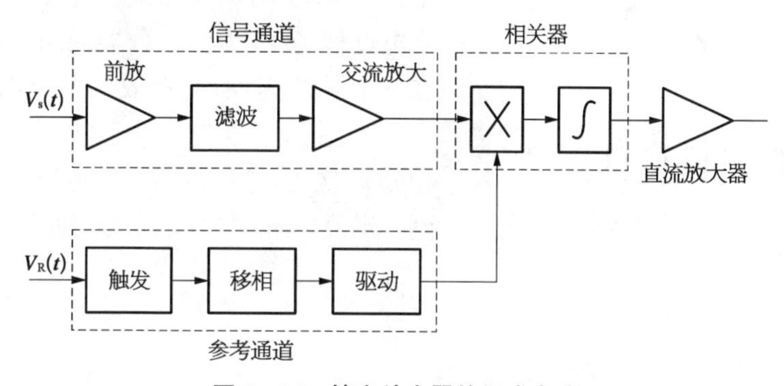

图 4-24　锁定放大器的组成电路

为噪声淹没的周期信号 $V_s(t)$ 由信号通道放大、滤波后进入相关器。信道中，滤波器的作用在于改善锁定放大器的动态范围，它也可加入抑噪能力很强的同步积分器或旋转电容滤波器来达到这一目的。

5）取样积分器

无论相关器，同步积分器还是旋转电容滤波器，它们只能从噪声中提取信号幅度信息，不能获得信号随时间变化的波形。为此，要获得信号在时域内的变化信息需采用对信号逐点取样方法。取样积分器正是将“取样”和“积分”两者结合在一起的技术，它既能获得对噪声的抑制，又能从噪声中恢复周期信号波形。

取样积分器的核心是门积分器，应用它才得以从噪声中恢复信号的波形。门积分器是在 RC 积分电路中增加一个取样门构成的，其结构如图 4-25 所示。

图中开关 K 由脉冲序列 $s(t)$ 控制，在 $s(t)$ 脉冲持续时间 T_S 内 K 导通。

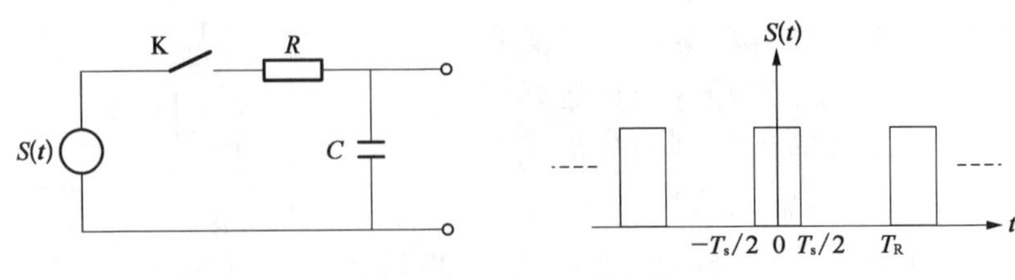

图 4－25 门积分器电路

RC积分器在K导通的时间内对输入信号 $V_s(t)$ 积分。$s(t)$ 可表示为级数形式,有

$$s(t)=\sigma+\frac{2}{\pi}\sum_{n=1}^{\infty}\frac{1}{n}\sin n\pi\sigma\cdot\cos n\omega_{R}t\ (n=1,\ 2,\ \cdots)\qquad(4-106)$$

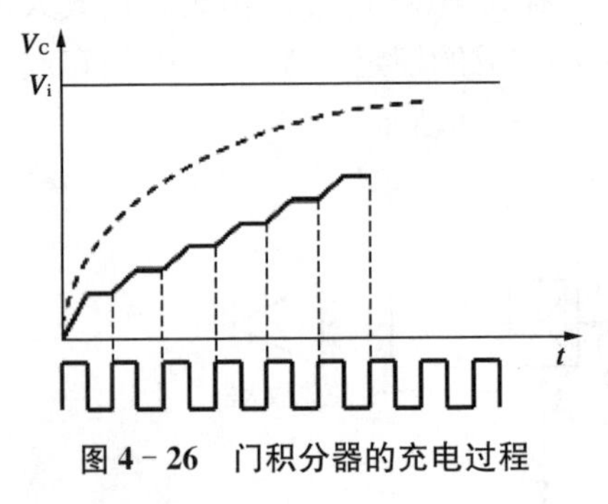

图 4－26 门积分器的充电过程

式中,$\sigma=T_S/T_R$ 为脉冲的占空因子;ω_R 为脉冲重频(周期 T_R)。门积分器的充电过程如图 4－26 所示。图中虚线为普通 RC 连续充电过程,实线为门积分器间断充电过程。在一个脉冲周期内,有效的积分时间仅为 T_S。设输入信号为一恒定的电压 V_i,取样积分 m 次后,电容器 C 两端电压 V_c 将上升到一定值。输入电压的积分时间为

$$T_c=mT_g=RC\qquad(4-107)$$

积分等待时间为

$$T_0=mT_R=\frac{RC}{T_g}T_R=RC/\sigma\qquad(4-108)$$

从图 4－26 可见,随着取样次数的增加,电容 C 上电压愈接近输入电压 V_i 值,且升值逐渐减小。

实际应用的门积分电路主要有定点取样积分、扫描取样积分和多点取样平均等 3 种。

(A) 定点取样积分

该方法是在信号的每一周期内对固定时刻的信号进行取样积分,多次取样积分可以获得信噪比改善。图 4－27 为定点取样积分工作的原理图。该方法不能完整地再现信号的特征。

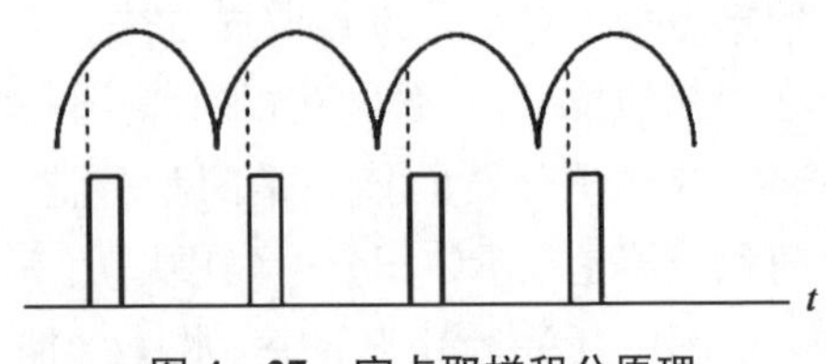

图 4－27 定点取样积分原理

(B) 扫描取样积分

在定点取样积分方法的基础上,对信号的每一周期沿时间轴相间 Δt 进行取样积分,如图 4-28 所示,信号的第一个周期在时间 t_1,第二个周期在时间 $t_2=t_1+\Delta t$,第三个周期在时间 $t_3=t_1+2\Delta t$…… 直到取样脉冲移动扫过信号的一个完整周期。当对信号进行了 m 次取样积分后,不仅可以获得信号波形,而且信噪比得到大大改善。在这一方法中,取样脉冲宽度决定于信号频率 f,至少保证在一个周期内对信号进行两次取样,即取样脉冲宽度 $T_g \leqslant 0.443\,1/f$。

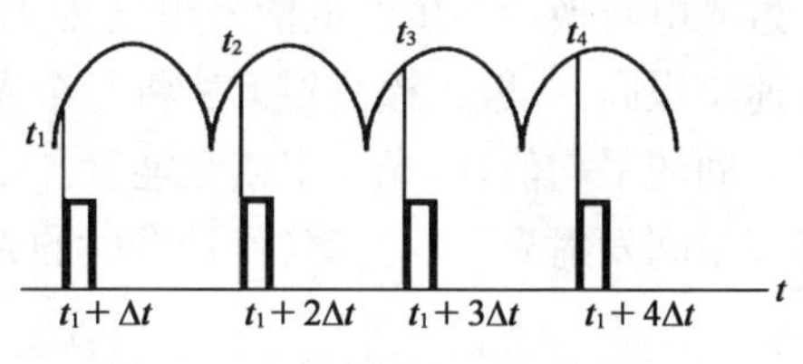

图 4-28 扫描取样积分原理

(C) 多点取样平均

扫描取样积分方法的缺点在于,要在得到大的信噪比改善前提下获得信号波形需要较长时间。为了缩短恢复信号波形时间,可以采用多个并联取样积分器的办法。在信号的每一周期内,对信号进行多点取样,在信号的下一周期又重复进行相同的多点取样。每取样一次在积分器上即进行一次电压累加,如此经过多次累加即可使信噪比得到改善。这种多点取样平均方法是通过增加硬件的办法来缩短信号恢复时间与得到信噪比改善的。

上述取样平均方法都是在设定信号为周期变化的光电信号前提下进行的。这对于恒定的或缓慢变化的微弱光行之有效,但对变化迅速的微弱光信号就需要别的方法,在此可参见相关研究报导。

上面介绍的微弱光信号处理方法均是模拟信号处理方法。模拟方法的优点是电路结构简单,处理快速,但它对信号具有选择性,适应面差。正如前面在平均处理技术一节中所介绍的,应用数字处理方法是目前普遍流行的方法。随着微处理器与一些信号处理的专用芯片问世,快速数字信号处理技术像雨后春笋般得到迅速发展,其中也包括许多新的算法。信号处理技术已成为电子技术一个新领域,它也是光信息检测不可或缺的一项重要手段,读者可参考相关资料。

4.5 光子计数

光子计数是从 20 世纪 60 年代逐步发展起来的一项微弱光检测新技术。近年,随着光探测器技术与电子技术的发展,光子计数技术得到迅速发展。它不仅能进行单光子计数,而且可以在极低照度下进行光子计数成像。目前,光子计数除在物理、化学、生物、医学、天文等领域中得到愈来愈广泛的应用外，近年在光信息检测技术如激光测距、激光雷达、卫星遥感、导弹预警以及迅速发展的量子光学与量子通信技术中也得到应用。

通常，一定强度的光辐射是无数光子发射的结合，当其被光探测器吸收后经过光电转换所产生的电信号可视为无数光电脉冲的集合。此时，由于光子发射速率很高，一般光探测器无法将每个光电脉冲一一区分开来，而只能获得其更长时间的平均值，即光功率或光能量。设 P 为辐射的光功率，E_P，R 分别为光子能量和发射光子的速率(每秒发射的光子数)。则有

$$P = RE_P(\mathrm{W}) \tag{4-109}$$

对于波长为 633 nm 的氦氖激光发射，当输出功率为 1 mW 时，每秒发射的光子数为

$$R = \frac{P}{E_P}(\text{光子 /s}) \tag{4-110}$$

此时，光子能量 E_P 为

$$\begin{aligned} E_P &= \frac{hc}{\lambda} \\ &= \frac{(6.6 \times 10^{-34}) \cdot (3 \times 10^8)}{6.33 \times 10^{-7}} = 3.13 \times 10^{-19}(\mathrm{J}) \end{aligned} \tag{4-111}$$

光子发射速率 R 即为

$$R = \frac{P}{E_P} = \frac{10^{-3}}{3.13 \times 10^{-19}} = 3.2 \times 10^{15}(\text{光子 /s}) \tag{4-112}$$

经光电转换后，光电脉冲宽度约为 3×10^{-14} s。

可见，对于这样窄的光电脉冲以及这样高的脉冲频率，要进行光子计数，目前所有光探测器都是无能为力的。所以，要能对光子辐射进行计数探测，只有在微弱光的条件下，也即是在单位时间里发射的光子数不多的情况下应用高灵敏度、高响应速率与低噪声的光探测器才能实现。例如，对于波长为 650 nm，功率为 10^{-14} W 的微弱激光(相当于 10^{-2} lux 光照度)，其光子速率 $R \approx 3.26 \times 10^4\ \mathrm{s}^{-1}$，此时 1 ms 时间内大约只有几十个光子发射。对于这样的光发射，无论对于光电转换与读出电路而言，理论上都是可以进行单光子探测的。

4.5.1 光子计数原理

实现光子计数的最终目标就是要将光探测器所转换的光电脉冲从各种噪声

中分辨并提取出来，最后完成计数。对于微弱光信号，经光电转换后得到的是离散的脉冲信号，而且伴随这些脉冲信号的还有包括热噪声在内的各种噪声。因此，计数过程必须针对光电脉冲与各种噪声特点进行识别与分离。通常，光子计数系统包含光探测器、低噪声前置放大器、脉冲幅度甄别器和计数器等几部分。其系统原理如图 4 - 29 所示。光探测器将极微弱光信号转化为电脉冲，首先经过低噪声前置放大器放大，然后再由脉冲幅度鉴别器滤除噪声，最后将所选取输出的脉冲电平由计数器进行计数。

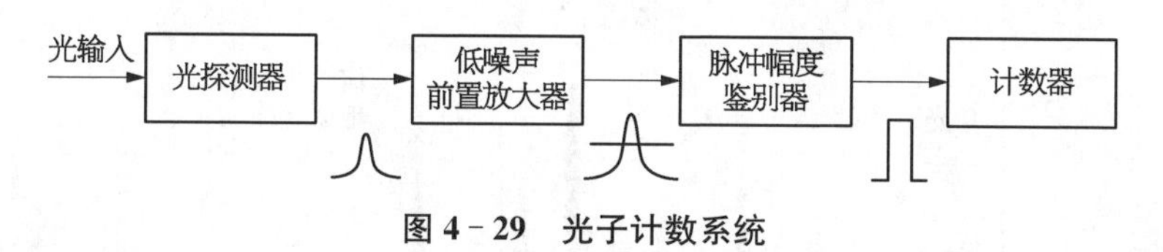

图 4 - 29　光子计数系统

光子计数过程中的噪声主要来自光子噪声与光探测器内部的暗计数噪声。以光电倍增管(PMT)为例，它通常工作在紫外与可见光谱区。研究表明，在这一光谱范围内普通照明灯与激光的光子发射都具有泊松概率分布形式，即在时间 τ 内 n 个光子到达 PMT 光阴极的概率具有泊松分布形式。考虑 PMT 的量子效率 η，则 PMT 探测到 n 个光子的概率为

$$P(n,\ \tau)=\frac{(\eta R\tau)^{2}\cdot \mathrm{e}^{-\eta R\tau}}{n!} \tag{4-113}$$

由此，引起的光阴极发射光电子数目的方差为

$$\sigma_{P}^{2}=\eta R\tau \tag{4-114}$$

式中，$R=R_{\mathrm{s}}+R_{\mathrm{b}}$，为到达 PMT 光阴极上信号光子与背景光子的平均速率。R_{s} 与 R_{b} 分别为信号光子平均速率与背景光子平均速率。阴极发射光电子数目的方差大小即反映了光子噪声大小。

暗计数噪声是 PMT 未接收光发射时 PMT 内部出现的一些幅度不等的电脉冲，这些电脉冲被计数后就成了伪计数，称为暗计数噪声。对于 PMT 来说，暗计数噪声主要来自几方面。

(1) 温度使得光阴极发射热电子，从而在阳极产生电流脉冲被计数。它是光子计数时的一个重要噪声源。其他电极也会因为温度引起热发射，但因为它们在 PMT 中的增益相对较小，所产生的电流脉冲幅度也较低，可以通过脉冲幅度鉴别方法消除。

(2) PMT 内工作在高压状态下的各电极间可能会因为放电发光引起光阴极发射，产生暗计数噪声。

(3) PMT 内的各种残留离子在高电场作用下轰击光阴极，引起光阴极电子发射。由于轰击能量较大，一般会同时激发出两个以上的电子，且在阳极形成的脉冲幅度较大，对此也可通过脉冲幅度鉴别方法加以消除。

图 4 - 30 给出了各种暗噪声产生的暗计数脉冲幅度与信号光子脉冲幅度大小及其随时间变化关系。从图可见，光阴极热发射与放电发射影响最大。

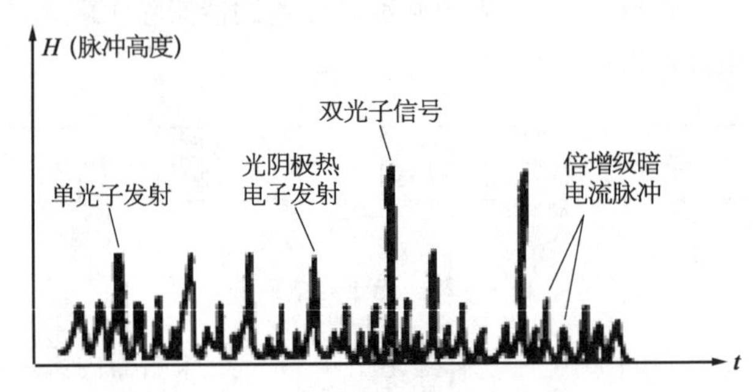

图 4 - 30　PMT 的信号光子计数脉冲和暗计数脉冲

设 PMT 内各种暗计数脉冲数的平均数为 r，则在 τ 时间内暗计数噪声的方差 σ_t^2 为

$$\sigma_t^2 = r\tau \tag{4-115}$$

则光子计数过程中总的噪声方差 σ^2 为

$$\sigma^2 = \sigma_p^2 + \sigma_t^2 = \eta R\tau + r\tau \tag{4-116}$$

光子计数过程中的信噪比为

$$S/N = \eta R_s\sqrt{\tau} / \sqrt{\eta R + r} \tag{4-117}$$

雪崩光电二极管(APD)产生暗计数最主要的因素是隧道贯穿、热激发和后脉冲。隧道贯穿是指由于隧道效应吸收区的载流子进入倍增区，在高电场作用下产生雪崩而引发的暗计数。由于热激发，少数电子会从价带跃迁到导带，同时在价带中产生空穴，由此引起雪崩倍增而产生暗计数。后脉冲指在雪崩过程中少数载流子被结区杂质缺陷捕获，在初始倍增结束后经过短暂的延迟又被释放出来，并在高压电场下再次引起雪崩产生噪声脉冲。

4.5.2　光子探测器

适用于光子计数的光探测器主要有光电倍增管、工作在盖革模式下的雪崩光电二极管(GM - APD)、多像素光子计数器(MPPC)以及灵敏度增高的电荷耦合器件(CCD)等。上述器件的工作原理与结构大部分在第 2 章已作了介绍。这些器件最大特点是都具有很高的光探测灵敏度和低的暗计数噪声，因此十分适于微弱光信号的探测。

针对不同光波段上述探测器采用了不同材料与结构形式。PMT 通常应用于 320～700 nm 的紫外到可见光波段。硅材料的 GM‐APD 适于 350～1 100 nm 波长范围，而 InGaAs/InAlAs 雪崩光电二极管则工作在 700～1 700 nm 波长范围。具有固体结构的 GM‐APD 与真空器件结构的 PMT 相比较，GM‐APD 具有体积小、重量轻、功耗低、增益高、工作稳定性好、光谱响应范围宽等优点，而且正从单元器件向阵列结构发展，被认为是 PMT 的替代品。具有阵列结构的 Si‐CCD 工作在可见到近红外波段，采用背照结构的器件可以将其灵敏度大大提高，并可将其响应波长延伸到 20 nm 的紫外波长。除此外，灵敏度增高的电荷耦合器件还有电子轰击 CCD(EBCCD)、电子倍增 CCD(EMCCD)等。多阳极微通道阵列真空管(MAMA 管)是在 PMT 基础上发展起来的一种真空电子器件，具有阵列结构，它通过微通道板来提高光接收灵敏度，可工作在紫外、远紫外波段。

上述光子探测器除用于光子计数外均可用于光子计数测距与成像。

4.5.3 光子计数器

图 4‐31 为 PMT 光子计数器的系统框图。PMT 工作在制冷状态下以减少光阴极的热发射。光辐射经 PMT 转换为光电流后在阳极负载电阻上形成脉冲电压输出，随后再经放大与幅度鉴别，最后进行计数与数据输出。幅度鉴别器主要用来消除暗计数噪声以提高计数精度，它实际是一电压比较器。鉴别器可根据需要进行设计，当输入的电压脉冲幅度超过单一比较电平值时鉴别器才有脉冲输出，此时为单电平鉴别器。单电平鉴别器可以消除各倍增级产生的噪声，但对光输入较强时的多光子发射会产生计数误差。

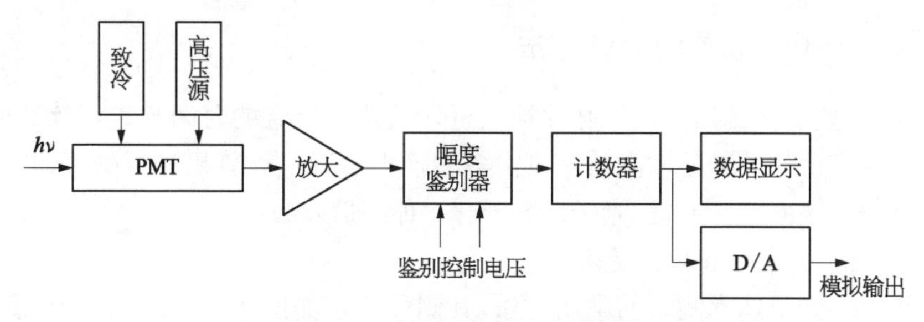

图 4‐31　PMT 光子计数器系统

设置两个比较电平的鉴别器称为双电平鉴别器，其电平设置如图 4‐32 所示。图中 V_L 为第一电平，V_H 为第二电平，$V_H > V_L$。

双电平鉴别器具有两种工作方式：

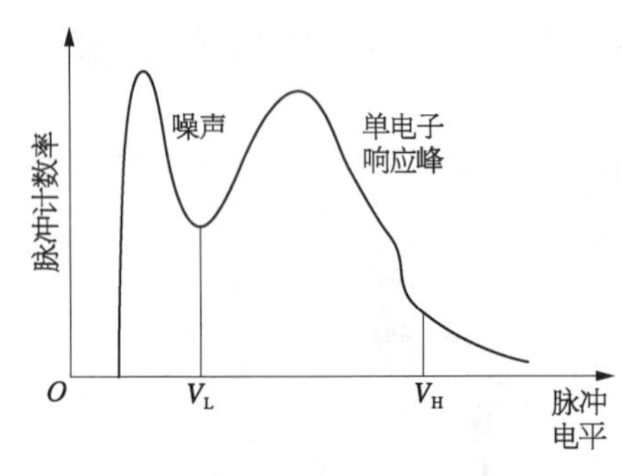

图 4-32 双电平鉴别器的电平设置

1）校正工作方式

在一般情况下，光阴极发射的单个信号光电子所产生的输出电压脉冲幅度高于 V_L 而低于 V_H，此时鉴别器只输出一个计数脉冲。当光输入较强时，光阴极可能出现双光电子发射，此时所产生的输出电压脉冲幅度将超过 V_H，此时鉴别器将产生两个计数脉冲。因此，这一工作方式能将光阴极的单光电子发射和双光电子发射加以区分，从而提高了入射光子速率较高时的计数精度。但当光输入更强，产生 3 个以上的光电子发射时，这一工作方式也只能输出两个计数脉冲。

2）窗口工作方式

这一工作方式用于光输入较弱的情况。此时，到达光阴极的光子速率很小，输出电压脉冲幅度位于 V_L 和 V_H 之间，鉴别器只输出一个计数脉冲。而对于高于 V_H 或低于 V_L 的输出电压脉冲，鉴别器均不会产生计数脉冲输出。这种工作方式有利于微弱光探测。

从上可见，比较电压的设置在光子计数中是关键的一步。确定比较电压大小主要参考图 4-32 所示脉冲幅度与速率分布关系。图中给出了 PMT 输出经放大后的脉冲幅度——脉冲速率分布。分布中第一个峰值是由 PMT 和放大器噪声产生，第二个峰值则是由单光子产生的光电子脉冲高度，脉冲幅度最高的峰为双光电子峰。根据上述关系，可以将第一电平 V_L 选在第一个峰谷处，而第二电平 V_H 选在第二个峰谷处。当没有双光电子峰出现时，第二电平可以单光电子脉冲峰为中心在第一峰谷电平的对称处设置第二电平。

4.5.4 光子计数器的测量方法

通常，鉴别器输出的电压脉冲被送至计数器在指定的时间内进行计数而得到光子速率。计数器的输出信号可由各种输出装置或计算机进行处理，其工作类似于数字频率计。通常，光子计数器有 5 种测量方法。

1）光子速率的直接测量法

该法为光子速率测量的常用方法，其测量原理如图 4-33 所示。当“启动”信号送至计数器 A 后，计数器 A 开始计数；与此同时，计数器 B 对时钟脉冲发生器输出的脉冲也进行计数。计数控制器 C 根据计数器 B 的计数设定一时间计数值 N，当计数器 B 的计数值达到 N 时即控制计数器 A 和计数器 B 同时停止计数。这样就在设定的时间里完成了光子计数。

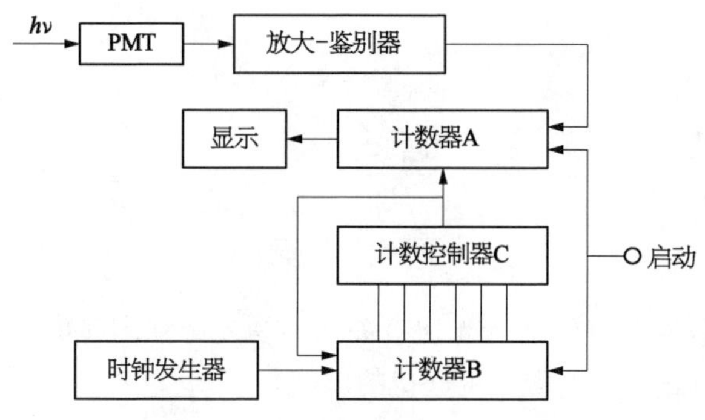

图 4-33　光子速率直接测量原理

设时钟发生器的时钟频率为 f，则计数器 B 计数达到 N_B 所需时间 t 为

$$t = N_B / f \tag{4-118}$$

在时间 t 内，计数器 A 的光子计数为 N_A，则光子计数速率 R_A 为

$$R_A = \frac{N_A}{t} = \frac{N_A}{N_B} f \tag{4-119}$$

时间 t 可选定为单位时间，如 0.1 s，0.01 s 等。在选定时间里每完成一次计数后又继续启动计数，如此往复，即可获得光子速率随时间变化的关系。

2）源补偿测量法

该法适于弱光条件下透射物的测量，主要考虑了消除光源不稳定性所带来的测量误差。其测量装置如图 4-34 所示，与直接测量法有些相似，所不同的是计数器 B 的时钟是由分光镜分出的另一束参考光经 PMT 计数脉冲所形成。

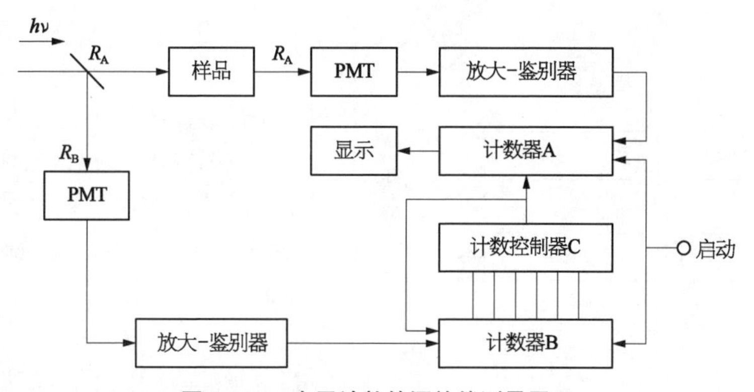

图 4-34　光子计数的源补偿测量原理

设入射光到达被测样品的光子速率为 R_A，参考光的光子速率为 R_B，待测样品的透射率为 τ。则经样品后的光子速率参照式(4-119)为

$$\tau R_{\mathrm{A}}=\frac{N_{\mathrm{A}}}{N}R_{\mathrm{B}} \tag{4-120}$$

式中，N 为计数器 B 的预置数。由上式可得

$$\tau=\frac{N_{\mathrm{A}}}{N}\cdot\frac{R_{\mathrm{B}}}{R_{\mathrm{A}}} \tag{4-121}$$

式中，$R_{\mathrm{B}}/R_{\mathrm{A}}$ 仅与分光镜的分光比有关而不受光源强度起伏的影响。因此，所测得的 τ 较好地消除了光源强度起伏的影响。

3) 倒数测量法

该法可以提高测量的信噪比。其测量装置原理如图 4-35 所示。它将直接测量法(图 4-33)中的 R_{A} 与 R_{B} 对调送至计数器。此时，计数器 A 所计数为时钟频率 f，则光子计数速率为

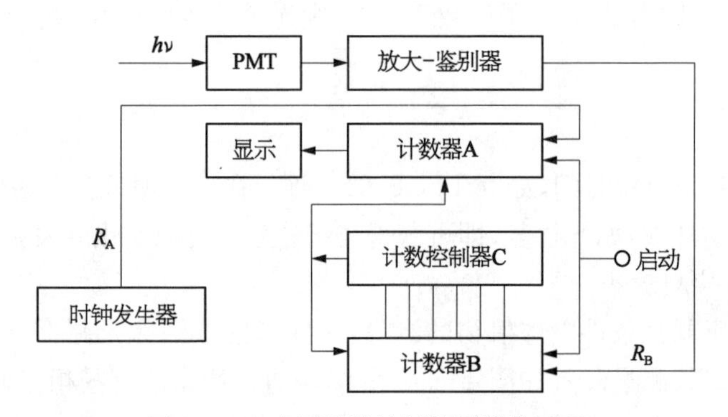

图 4-35　光子计数的倒数测量法原理

$$R_{\mathrm{B}}=\frac{N}{N_{\mathrm{A}}}f \tag{4-122}$$

所得光子计数速率与计数器 A 的脉冲计数 N_{A} 成倒数比，所以该法称为倒数测量法。该法信噪比与测量预置数 N 的 $\sqrt{N}$ 成正比。所以，增大预置数 N 可以提高测量的精度。

4) 恒定背景扣除法

当背景的暗计数不能忽略且为恒定值时可以采用该测量方法。光子计数恒定背景扣除法原理如图 4-36 所示。与直接测量法不同的是计数器 A

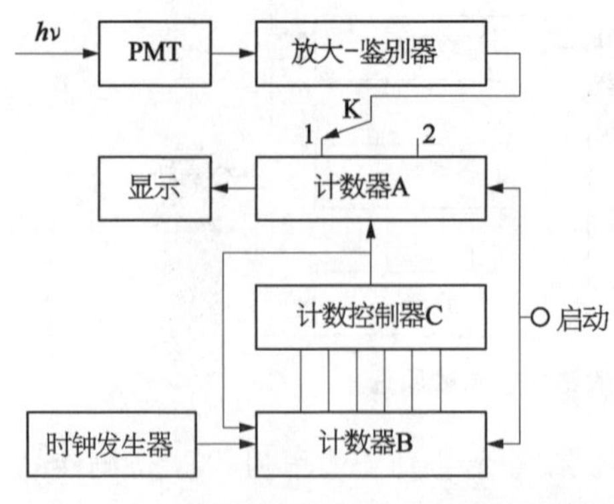

图 4-36　光子计数恒定背景扣除法原理

的计数具有双向功能。

测量时，先将光源遮挡，开关 K 置于“1”，计数器 A 开始对背景暗计数脉冲计数，直至计数器 B 达到预置数 N 时停止，并存储计数值。第二步是将开关 K 置于“2”，移开遮光板，计数器 A 又重开始计数，直至计数器 B 达到预置数 N 后停止。将第二次计数所得结果扣除第一次计数结果即是扣除背景暗计数后的测量值。

5）实时背景扣除法

当背景的暗计数不为恒定值时，可以采用如图 4-37 所示实时背景扣除法。这里采用斩波器来实现对光的快速通断。选通控制器根据斩波器的“通”、“断”来设定开启计数器 A 和 B 的计数。A 和 B 的计数结果送至运算器。当斩波器处于遮光状态时，计数器 B 进行暗计数，得到计数值 N_B。通光时，选通计数器 A 对信号和背景计数，得到计数值 $N_A=N_S+N'_B$。N_S 为信号光计数值，N'_B 为背景光的计数值。由于斩波器快速旋转进行光的通、断，因此 $N_B \approx N'_B$。应用运算器进行 N_A+N_B 和 N_A-N_B 运算可得

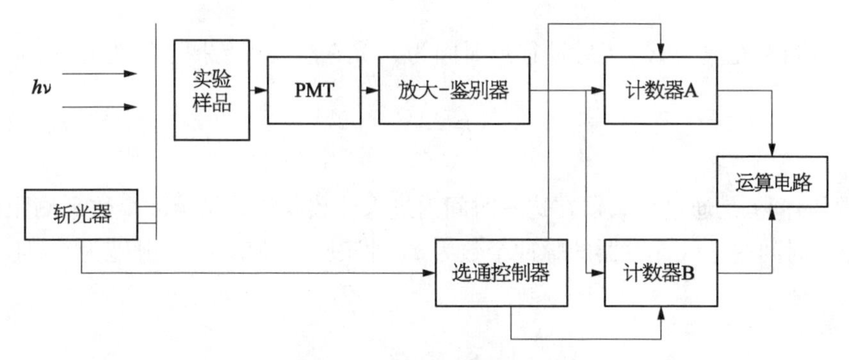

图 4-37　实时背景扣除法

$$\begin{cases} N_A+N_B=N_S+2N_B \\ N_A-N_B=N_S \end{cases} \tag{4-123}$$

则测量的信噪比 S/N 为

$$S/N=\frac{N_A-N_B}{\sqrt{N_A+N_B}}=\frac{N_S}{\sqrt{N_S+2N_B}} \tag{4-124}$$

4.5.5 光子计数探测应用

1）光子计数测距

基于 GM-APD 探测器的光子计数脉冲激光雷达测距系统如图 4-38 所

示。激光器发射的短脉冲激光由分束器 BS1 分为两束,一束光通过光学发射天线射向目标,另一束则送至 PD 探测器产生计时钟触发信号。目标所产生的漫反射光经光学接收天线后由 BS2 到达 GM - APD 产生计时停止信号。

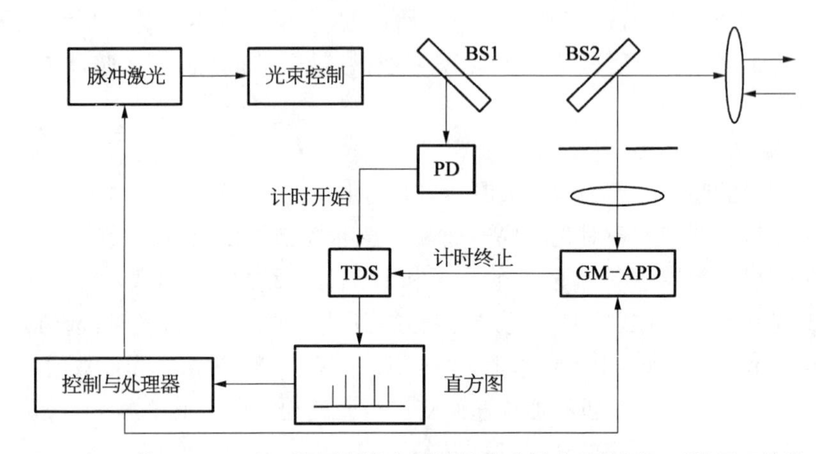

图 4 - 38　基于 GM - APD 探测器的光子计数脉冲激光雷达测距系统原理结构

设目标距离为 R,光脉冲往返时间为 t,光在空气中传播速度为 c,则

$$R=\frac{ct}{2} \tag{4-125}$$

通常,时间 t 是通过计数器在这一时间内进入计数器的钟频脉冲个数来测距的。设在 t 时间内进入计数器的脉冲个数为 n,钟频脉冲频率为 f,脉宽为 τ,且 $f=1/\tau$。则

$$R=\frac{1}{2}cn\tau=\frac{c}{2f}n=l\cdot n \tag{4-126}$$

式中,$l=c/(2f)$ 为每个脉冲间隔所对应的基准距离。在 l 一定情况下脉冲计数值 n 确定了距离测量精度。光子计数测距主要是针对弱光信号的探测,如远距离测距。因此,如何准确测量 n 是光子计数测距的关键。

在弱光信号下光探测器接收到的光在每一信号周期内入射的光子被探测到的概率接近泊松分布:

$$P_{sn}(k,\ \Delta t)=\frac{N_{sn}^{k}\mathrm{esp}(-N_{sn})}{k!} \tag{4-127}$$

式中,$N_{sn}=N_{s}+N_{n}$,N_{s} 和 N_{n} 分别为信号和噪声光子的平均数;k 为一次探测到的光子数;Δt 为计数时间。对于单脉冲光,未探测到光子即 $k=0$ 的概率为

$$P_{sn}(\Delta t) = \exp(-N_{sn}) \tag{4-128}$$

因此,所能探测到的光子概率为

$$P_{dsn} = 1 - \exp(-N_{sn}) \tag{4-129}$$

考虑到光探测器的响应速率,即存在对光无响应的死时间 t_{dead} 效应(对于 GM - APD 光探测器而言,目前的 t_{dead} 为 10～100 ns 量级),此时式(4 - 129)则变为

$$P_{dsn} = \exp(-N_n t_{dead})\exp(-N_{sn}) \tag{4-130}$$

设激光发射功率为 P_t,光束的发散角为 θ_t,发射光学系统透过率为 τ_t,大气衰减系数为 α(设为常数),目标面积为 A_S,激光对目标照射的入射角为 θ,目标漫反射系数为 ρ,被测目标距离为 D,接收光学系统天线口径与透过率分别为 A_r 和 τ_r。则按照雷达作用距离方程,由 $E = nh\nu$ 可得到进入光探测器的光子数为

$$N_{sn} = \frac{2E_t\tau_t\tau_r\exp(-2\alpha D)\cos\theta A_s A_r\rho}{\pi^2 D^4\theta_t^2}\frac{\lambda}{hc} \tag{4-131}$$

式中,E_t 为发射激光脉冲能量,$P_t = E_t/\tau$,τ 为激光脉宽;c,λ 和 h 分别为大气中光速、激光波长和普朗克常数,$h = 6.626\times10^{-34}$ J・s。对于大目标在一个脉冲周期 T 内进入光探测器的平均光子数为

$$N_r = \frac{E_t\tau_t\tau_r\exp(-2\alpha D)A_r\rho}{\pi^2 D^2}\frac{\lambda}{hc} \tag{4-132}$$

在采用飞行时间法测距情况下,为减小背景噪声和 GM - APD 探测器暗计数噪声,通常采用距离门技术。距离门的测距时序如图 4 - 39 所示,图中 T 是发射脉冲时间间隔;T_{gs} 为距离门开启时间,它在回波到达前开启;T_{gd} 为距离门持续时间,直到回波脉冲进入光探测器。在距离门关断时间,光探测器不工作,τ_d 为距离门开启到接收到回波脉冲的时间间隔。距离门保证了在其开启时间内光探测器只对一个脉冲回波进行探测。在接收光子数很少情况下,为了进一步滤除噪声,提高接收灵敏度,可以应用光子计数累积和相关处理技术来提取目标距离。

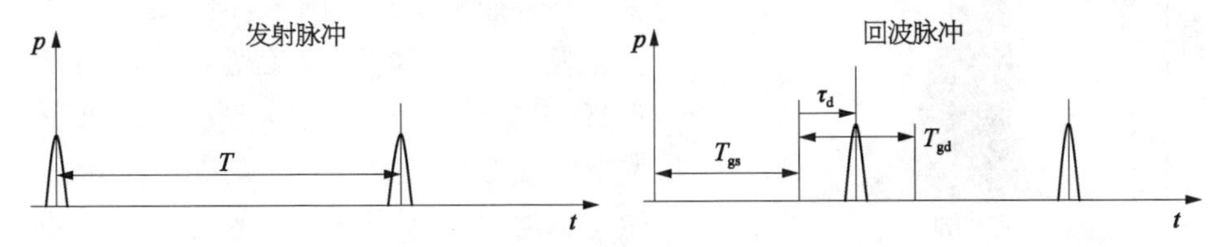

图 4 - 39　距离门开启时序关系

图 4-40 为单脉冲与多脉冲回波接收的光电信号。对于不同时序脉冲，由于噪声与信号光子的随机性，其回波也具有随机性。从图 4-40(b)可见，尽管每一脉冲回波探测信号幅度不同，但时间响应宽度基本相近。当回波脉冲产生的光子数愈来愈少时，会出现回波脉冲无光子响应情况，这时应用多个脉冲回波接收信号进行累积处理就显得更加重要。测距精度决定于发射脉冲与回波脉冲间的飞行时间测量，可以采用光子计数测距方法。该方法采用时间数字转换器(TDC)来进行时间测量，TDC 具有高精度时序(皮秒量级)产生功能。它能够在一个回波脉冲时宽内产生多个时间间隙。实际测量中多个脉冲的累积实际体现在飞行时间测量的累积上。飞行脉冲的时间截止点可应用固定幅值法、恒比鉴定法及自相关法等方法来确定，最后应用测量脉冲数与飞行时间关系来确定测量时间。图 4-41 为飞行时间的累积分布图，纵坐标为统计的测量脉冲数，横坐标为飞行时间。显然获得最大概率的飞行时间即为测距时间，从而利用式(4-126)可计算得到测量距离。压窄测距激光脉冲宽度，提高测距系统的信噪比都有利于提高测量距离精度与灵敏度。

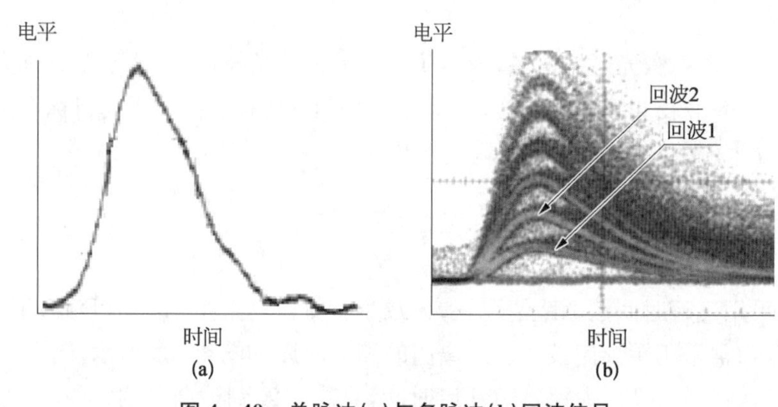

图 4-40 单脉冲(a)与多脉冲(b)回波信号

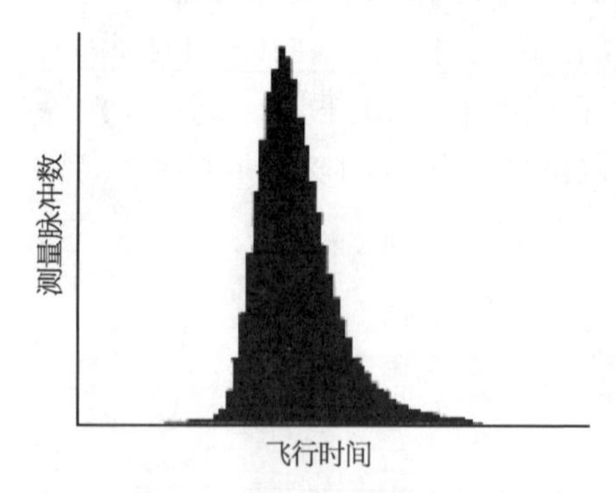

图 4-41 飞行时间累积分布

2) 光子计数成像

微光成像技术已得到广泛应用。尽管第三代微光夜视可在$(2\sim3)\times10^{-7}$ lx 等效背景照度下获得图像，但在诸如生物发光观察、波前探测、拉曼光谱分析、天文观察、卫星遥感以及其他一些更低照度情况下的成像探测中，已有的夜视技术也不能满足需要。光子计数成像正是应这些需求从 20 世纪 70 年代发展起来的一项新技术。

光子计数成像主要有两种形式，一种是应用单元光子计数探测器对目标物进行二维扫描，例如用带像增强器 MCP 的 PMT 与 GAPD 进行光子计数成像就是采用的这一方法。另一种形式即是应用二维阵列的光子计数探测器直接进行成像探测，例如背照 Si - CCD，EBCCD，EMCCD，MAMA 管以及正待发展的阵列 Si 或 GaAs - APD 等。

采用光子计数成像具有高的光子增益，可将灵敏度提高近 3 个数量级，达到 1～10 个光子/s。应用像增强器的微光摄像管，在光子计数模式下其工作照度甚至可降低到 10^{-8} lx。光子计数成像还具有响应速度快、动态范围宽、亮度高、畸变小和空间分辨率高等特点。

采用单元光子计数探测器构成的光子计数成像系统如图 4 - 42 所示。微弱光照下由物体所反射的光通过传输介质后进入光学接收系统并到达光子计数器。光学接收系统与光子计数器安放在移动平台上由计算机控制对物体进行二维扫描探测。由光子计数器输出的光电脉冲被送至信号处理器处理并生成图像信号最后由显示器显示。

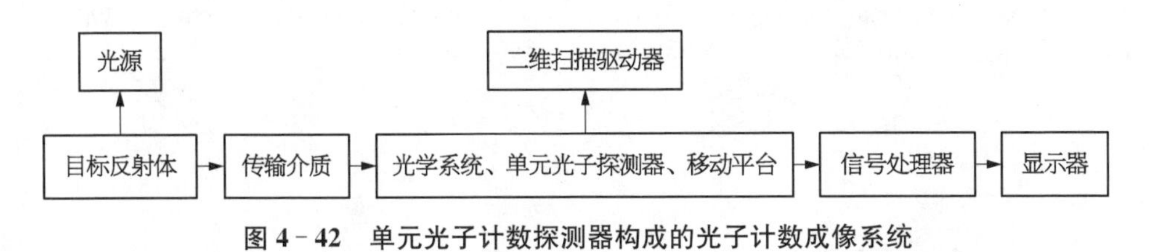

图 4 - 42　单元光子计数探测器构成的光子计数成像系统

采用面阵结构的光子计数探测器构成的光子计数成像系统如图 4 - 43 所示。这一系统更为简单，省去了二维扫描装置，因此其稳定性与可靠性更高。

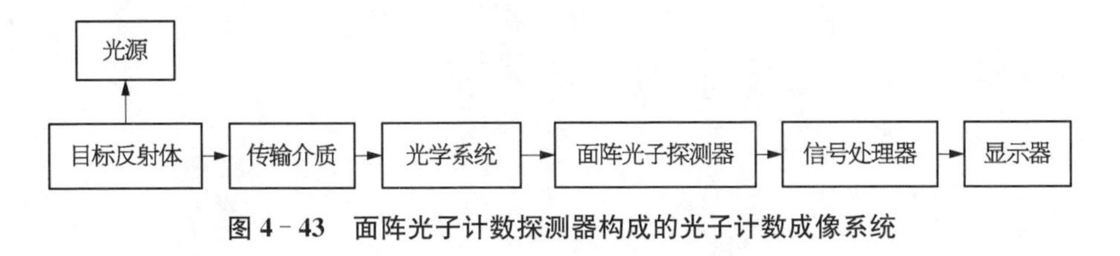

图 4 - 43　面阵光子计数探测器构成的光子计数成像系统

在二维成像基础上加入测距技术即可实现三维成像。为了提高成像探测的灵敏度与抑制噪声，除了应用单元光子计数探测已有的技术外，还可应用图像信号处理的一系列算法软件与硬件措施。

目前，光子计数探测技术正随着各波段光子探测器与信号处理技术的研究发展得到迅速发展，技术也愈来愈成熟，其应用渗透到许多领域。

参考文献

[1] 曾庆勇. 微弱信号检测(第二版). 杭州：浙江大学出版社，2002.
[2] 叶嘉雄，费大定，陈汝钧. 光电系统与信号处理. 北京：科学出版社，1997.
[3] 王坤朋，柴毅，苏春晓，等. 新型微弱受激散射光能量检测方法. 中国激光，2013，40(3)：0308001-0308006.
[4] 冯治，贾红辉，常胜利，等. 强噪声中的光散射通信信号检测. 光学技术，2010，36(4)：607-612.
[5] Kozlovskii A V. Detection of weak optical signals with a laser amplifier. J. of Experimental and Theoretical Physics，2006，102(1)：24-33.
[6] 吴杰. 光电信号检测. 哈尔滨：哈尔滨工业大学出版社，1992.
[7] John S Massa，Gerald S Buller. Time-of-flight optical ranging system based on time-correlated single-photon counting. Applied Optics，1998，37(31)：7298-7304.
[8] 罗韩君，詹杰，丰元，等. 基于盖革模式 APD 的光子计数激光雷达探测距离研究. 光电工程，2013，40(12)：80-88.
[9] 何伟基，司马博羽，程耀进，等. 基于盖格-雪崩光电二极管的光子计数成像. 光学精密工程，2012，20(8)：1831-1837.
[10] Albota M A，Heinrichs R M，Kocher D G，et al. Three-dimensional laser radar with a photon-counting avalanche photodiode array and microchip laser. Applied Optics 2002，41(32)：7671-7678.
[11] OH M S，Kong H J，Kim T H，et al. Development and analysis of a photon-counting three-dimensional imaging laser detection and ranging（LADAR）system. J. Optics Society of American A，2011，28(5)：759-765.

第 5 章　光电接收系统设计

在光电检测系统中,光电接收系统的作用是将传输的光载波有效地送至光电探测器进行光电变换,然后从所获取的电信号中解调出信息。因此,在光电检测系统中做好光电接收系统的设计具有十分重要的意义。通常,光电接收系统包括光学天线、光电变换电路以及信号处理等部分,本章内容主要包含光学接收天线和光电变换电路部分的内容。

5.1　光学接收天线设计

光学接收天线是光电接收系统的前端,是针对所接收的光载波的特点而设计的一种光束变换装置,能有效地将所接收到的光载波进行光束变换,并准确送至光电探测器。光学接收天线通常由各种各样的光学元件如透镜、反射镜、滤光镜、光阑、调制盘等组成。光学接收天线的主要作用有:

(1) 具有合适的视场和较大的入瞳孔径,最大限度地接收来自检测目标的光辐射通量。

(2) 能观察瞄准检测目标方位,并实现大视场捕获。

(3) 具有较好的低频特性和有效消除杂散光的能力。

除此之外,依据使用场所的不同,光学接收天线还有一些其他功能。

众所周知,宽频带、多波段、小体积、高精度一直是光学天线的研究方向。目前光电接收系统所接收的光谱范围覆盖了从紫外、可见光到红外光的全部波段。在光电接收系统中,像光电探测器一样,光学接收天线也会因工作波段的不同而有所不同。这主要是由于构成光学天线的光学元件所使用的光学材料具有一定的光谱特性所决定。例如应用于可见光到近红外区域的光学玻璃,对波长为 2.4 μm 以上的光辐射几乎不透明;而常用红外系统的光学材料硅和锗等,对可见光也不透明。此外,工作在不同光谱范围的光学天线,从结构、镀膜要求以及处理方法上都会有很大不同。

光学接收天线通常可分为凝视型光学接收天线、阵列型光学接收天线、扫描型光学接收天线等几种类型。凝视型光学接收天线不需要在接收方向上进行任何扫描运动,即可探测一定视场范围内各方向上的光辐射。阵列型光学接收天线通常由多个凝视型光学接收天线按一定的规律排列组成,每个阵列单元都有一定的接收范围,只能接收特定视场范围内的光辐射。扫描型光学接收天线主要由凝视型光学接收天线和一定的扫描驱动部件构成。在驱动部件的作用下,凝视型光学接收天线以一定时序对一定的空域扫描,获得对更大视场范围内的光辐射接收,通常是为了在大视场范围内获得高的空间分辨率。

5.1.1 光学接收天线性能

在实际工程应用中,光学接收天线设计除考虑接收的光辐射波段外,还必须根据所探测目标的需要,满足一定性能指标,如视场角、天线增益等。

1) 视场角

视场角表示光电检测系统能“观察”到的空间范围(见图 5-1)。对于光电检测系统,被测物被视为位于无穷远处,且物方与像方两侧的介质相同。在此条件下,光电探测器位于焦平面上时,其半视场角为

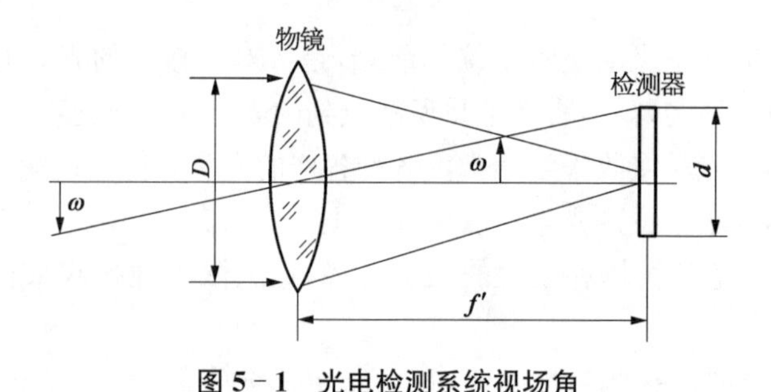

图 5-1 光电检测系统视场角

$$\omega = \frac{d}{2f} \tag{5-1}$$

或视场立方角为

$$\Omega = \frac{A_{\mathrm{d}}}{f^2} \tag{5-2}$$

式中, d 为光电探测器的直径, A_{d} 为探测器的面积, f 为焦距。

在很多应用中,需要接收的辐射光场的面积远大于光电探测器的光敏面面积。为了接收到更强的辐射光功率,一种方法是直接增大光电探测器的光敏面面积,但是光电探测器光敏面面积越大,结电容越大,系统响应速度下降,同时探测器面积增大,噪声也会增加,系统信噪比降低;另一种方法是在光电探测器前加上光学天线,以等效地增加光敏面面积,将超出探测范围的光尽量通过折射、

反射、聚焦等传输到光电探测器的光敏面内，使其接收到的光功率增强，此时系统的视场角应主要考虑光学系统入瞳的有效直径 D。

对任何光学系统而言，光电探测器的光敏面尺寸与光电接收系统视场角有下列关系：

$$D \cdot \omega/(n \cdot d) \leqslant 1 \tag{5-3}$$

式中，n 为探测器所在媒质的折射率。由式(5-3)可知，对于光电接收系统，其入瞳大小、视场角的大小及探测器光敏面的大小是相互制约的，所以为增大视场或增加相对孔径需采用一些特殊的措施。

2) 天线增益

天线增益是光学天线另一重要的性能评价参量。光学天线的增益是指同一光电探测器在加或未加光学天线时，光电探测器接收到的光功率的比值。也可定义为加光学天线之后的等效有效面积与未加光学天线的有效面积之比，即

$$G = \tau \cdot (A/A_{\mathrm{d}}) \tag{5-4}$$

式中，G 为天线增益，τ 为光学系统透射率，A 为光学系统入瞳面积，A_{d} 为探测器光敏面的面积。多数光电系统的 G 值是一个很大的值，但对某些光电系统如大视场激光告警器而言，因为通量的限制，G 通常约为 1，告警器的有效集光面积一般与探测器的面积相等。

5.1.2　大视场高增益光学接收天线

图 5-2 表示一个基本的光辐射接收光学系统，光电探测器放在物镜的焦平面上，则

$$d = 2f' \tan\omega \tag{5-5}$$

由式(5-5)可知光学系统视场角的大小和光电探测器光敏面的大小是相互制约的，而光电探测器光敏面又不可能太大。当被探测光场的面积远大于光电探测

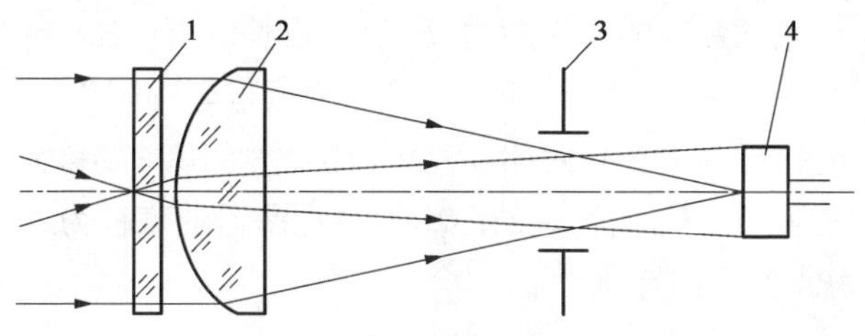

图 5-2　典型的光学接收系统

1-滤光片；2-物镜；3-光阑；4-光电探测器

器的光敏面面积时，为了接收到更强的信号光功率，要将超出探测范围的光尽量通过光学天线传输到光电探测的光敏面内，即等效增加光敏面面积，使光学系统具有一定的光学增益。

为了获得大视场、高增益的光学系统，主要需要解决光学系统大视场和光电探测器小光敏面匹配的矛盾，增强光电探测器接收到的光功率。在光学天线中可采用场镜、光锥、浸没透镜等辅助光学元件或光阑移动的方法达到上述的目的。

5.1.2.1　场镜

1) 场镜的作用

场镜是位于物镜焦平面或其附近的正透镜，它的作用是把视场边缘的发散光束折向光轴，达到增加光电探测器有效光敏面积的目的，如图 5－3 所示。场镜还有另一个作用就是使会聚到探测器的辐照度均匀化。场镜是把入瞳(或出瞳)而不是目标成像在探测器上，使焦平面上每一点发出的光线都充满探测器，这样在探测器上辐照度就很均匀，从而避免产生虚假信号。

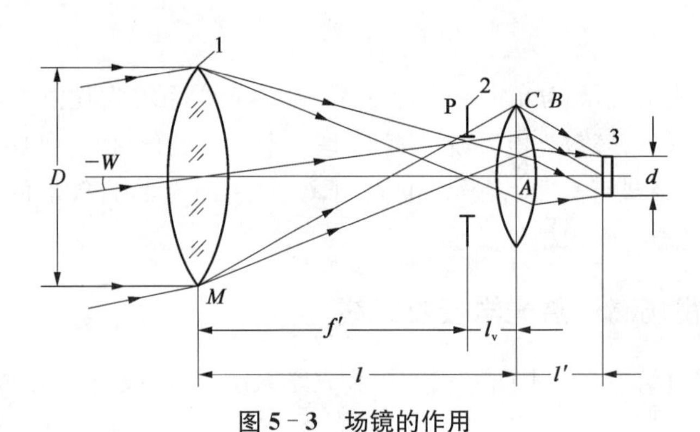

图 5－3　场镜的作用

1－物镜；2－光阑；3－探测器

2) 场镜参数计算

如图 5－3 所示，设光学系统的物镜可以等价为一个薄透镜，这时物镜的孔径光阑和入瞳、出瞳、主面重合。设物镜的孔径为 D，焦距为 f'，$F/\# = f'/D$($F/\#$ 表示光学系统的通光能力，F 为焦距长度，$\#$ 表示光瞳相对于焦距的比例，如 $F/4$ 表示光瞳是焦距的 1/4)；视场光阑位于物镜焦面上，系统的半视场角为 ω；场镜的口径为 D_1，焦距为 f_1'，$F/\# = f_1'/D_1$；场镜到视场光阑和探测器的距离分别为 l_v 和 l'，离物镜的距离为 l；探测器的直径为 d，物在无限远。则根据透镜的物像关系式有

$$\frac{1}{l'} - \frac{1}{l} = \frac{1}{f'} \tag{5-6}$$

式中，$-l=f'+l_v$ 为场镜的物距，根据横向放大率关系式有

$$\frac{d}{D}=\frac{l'}{l} \tag{5-7}$$

联立式(5-6)、式(5-7)可得场镜的焦距为

$$f'_1=-\frac{l\cdot d}{D+d}=\frac{(f'+l_v)\cdot d}{D+d} \tag{5-8}$$

当场镜位于物镜焦平面上时，$l_v=0$，于是场镜的直径为

$$D_1=2f'\cdot \tan\omega\approx 2\omega\cdot f'\ (\omega\text{ 很小时}) \tag{5-9}$$

探测器的尺寸为

$$d=f'_1\cdot D/(f'-f'_1) \tag{5-10}$$

由式(5-9)及式(5-10)，并考虑到半视场角不大时，有

$$d=\frac{2\omega\cdot D\cdot F_1/\#}{1-2\omega\cdot F_1/\#}\approx 2\omega\cdot D\cdot F_1/\# \tag{5-11}$$

3) 场镜的光学增益

由式(5-4)，若未加场镜时系统的光学增益为 G_0，加场镜后的系统的光学增益为 G_1，则场镜的光学增益倍数 G 根据 $G=G_1/G_0$ 可求。有

$$\begin{cases} G_1=\tau_1\cdot\dfrac{A}{A_d}=\tau_1\cdot\left(\dfrac{D}{d}\right)^2 \\ G_0=\tau_0\cdot\dfrac{A}{A_1}=\tau_0\cdot\left(\dfrac{D}{d_1}\right)^2 \end{cases} \tag{5-12}$$

所以光学增益为

$$G=\frac{\tau_1}{\tau_0}\left(\frac{D_1}{d}\right)^2\approx\left(\frac{F/\#}{F_1/\#}\right)^2 \tag{5-13}$$

由上式可见，从光学增益角度看，场镜比较适用于物镜 $F/\#$ 较大的系统。此外，由于场镜的吸收损失和反射损失，使 $\tau_1<\tau_0$，所以加入场镜后的实际增益系数要略小些。

5.1.2.2　光锥

光锥通常是一种空腔圆锥或具有合适折射率材料的实心圆锥。如图 5-4 与图 5-5 所示。光锥内壁具有高反射比，其大端放在物镜焦面附近，收集物镜

所会聚的光辐射,然后依靠内壁的连续反射把光引导到小端,通常在小端放置在光电探测器,因而可以缩小光电探测器的光敏面尺寸。

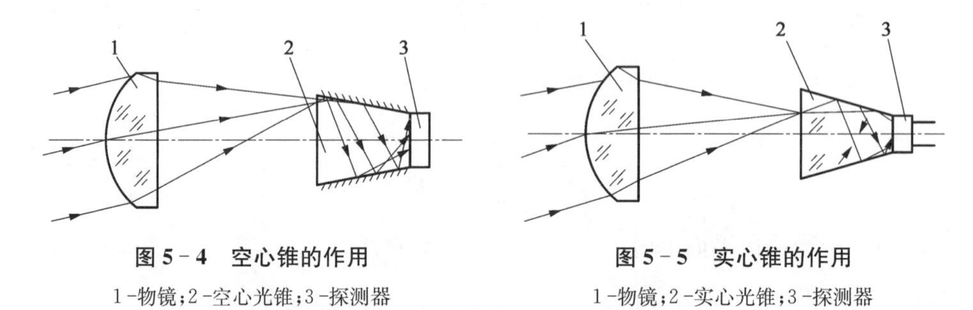

图 5-4　空心锥的作用

1-物镜;2-空心光锥;3-探测器

图 5-5　实心锥的作用

1-物镜;2-实心光锥;3-探测器

根据不同的使用要求,光锥可被制成空心的或实心的,其形状又可分为圆锥形、二次曲面形或角锥形。曲面光锥的大端也可以加场镜,这样往往可以使二次曲面光锥的长度大为缩短。当光电系统的视场角很小时,加空心光锥后光电探测器的尺寸为

$$d \approx D \cdot \omega \tag{5-14}$$

这就是系统使用光锥后探测器光敏面尺寸的理论极限。这个极限值只决定于物镜的口径 D 和半视场角 ω,而与系统的焦距无关。

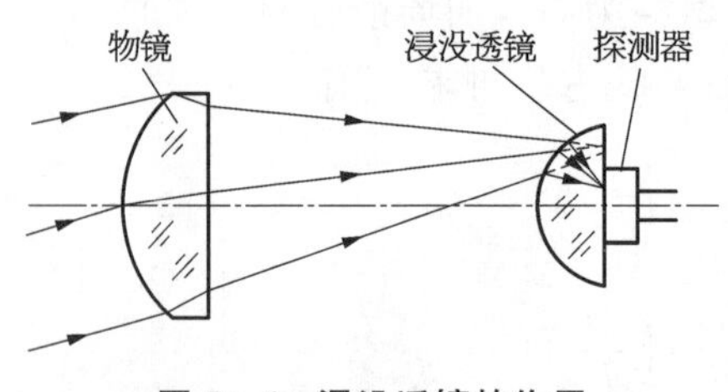

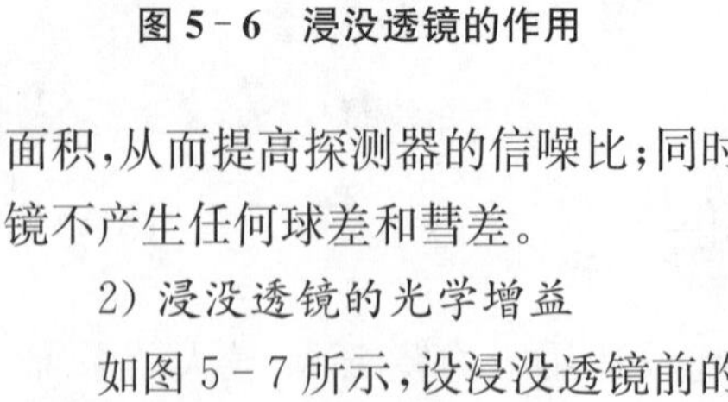

图 5-6　浸没透镜的作用

5.1.2.3　浸没透镜

1) 浸没透镜的作用

浸没透镜是由一个单折射球面与平面构成的球冠体,光电探测器光敏面用胶合剂黏接在透镜的平面上,使像面浸没在折射率较高的介质中,如图 5-6 所示。使用浸没透镜可以缩小探测器的光敏面面积,从而提高探测器的信噪比;同时,在半球透镜的曲率中心处放置探测器,透镜不产生任何球差和彗差。

2) 浸没透镜的光学增益

如图 5-7 所示,设浸没透镜前的介质折射率为 n,浸没透镜折射率为 n',透镜球面半径为 r,厚度为 d,单个折射球面的横向放大率为

$$\beta = y'/y = (n \cdot l')/(n' \cdot l) \tag{5-15}$$

为了成像在探测器上,有 $l' = d$,再由单个折射球面的物像关系式,可得浸没透镜的横向放大率为

$$\beta=1-\frac{n'-n}{n'}\cdot\frac{d}{r} \tag{5-16}$$

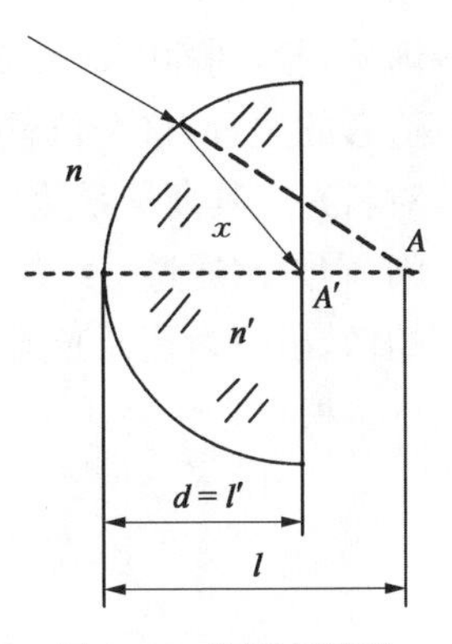

图 5-7　浸没透镜的光路原理

浸没透镜分为半球型($d=r$)和超半球型($d>r$)。根据初级像差理论,单个折射球面在 3 个共轭点没有球差,有实用意义的两个位置为:① 球心处,即 $l=r=l'=d$;② 物距和像距分别为

$$\begin{cases}l=r(n'+n)/n\\ l'=r(n'+n)/n'=d\end{cases} \tag{5-17}$$

满足条件①,②的两对共轭点,但能以任意宽的光束成完善像,而且还能使垂轴小平面内的物体成完善像,故称这两对共轭点为齐明点或不晕点。满足齐明条件①,②的浸没透镜分别称为半球型浸没透镜和标准超半球型浸没透镜。

对半球型浸没透镜,将条件 $d=r$ 代入式(5-16),若浸没透镜前的介质为空气,有 $n=1$,则

$$\beta_1=1/n' \tag{5-18}$$

对标准超半球型浸没透镜,将式(5-17)代入式(5-16),若浸没透镜前的介质为空气,$n=1$,则

$$\beta_2=1/n'^2 \tag{5-19}$$

由此可见,使用半球型浸没透镜可使探测器光敏面尺寸缩小至不使用浸没透镜时的 $1/n'$,使用标准超半球浸没透镜后可以使探测器尺寸缩小到未用该透镜时的 $1/n'^2$,其光学增益分别为 $G_1=n'^2$ 和 $G_2=n'^4$。所以,在光学系统中使用浸没透镜可以等效增加光电探测器的光敏面,获得较大的光学增益。

5.1.2.4　光阑移动法

对于某些光学系统而言,光电探测器都安放在光学系统的焦面处,此时,光学系统对视场范围内的光束在探测器光敏面足够大时,可做到全视场接收,且视场边缘是清晰的。

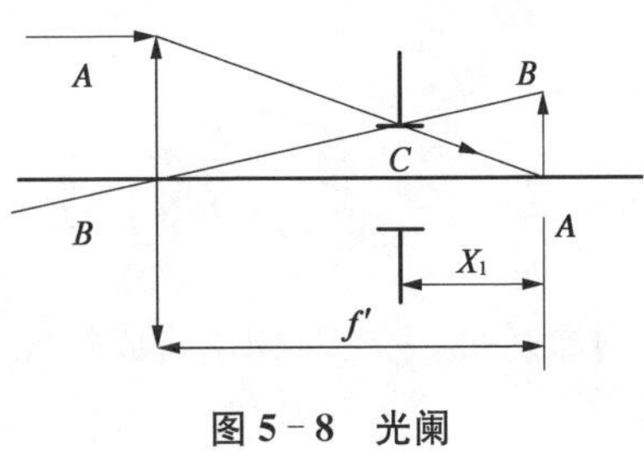

图 5-8　光阑

如图 5-8 所示,如果光敏面沿着光轴由焦点处向物镜的方向移动,则视场光束主光线 BB 在光敏面的投射高越来越小,而轴上边缘光线在光敏面的投射高略有增加。当移动到 C 点时,两者投射高相等。此时,轴上光束无渐晕,全部进入光电器件,轴外视场光束

渐晕则达到 50%。由此可以得出,光敏面在焦点与主点之间可以找到一个较为适合的位置,这个位置既能满足视场大小的要求,又能满足光敏面尺寸的要求,对斜光束其渐晕系数也不是很大。其实质是光敏面必须作为光学系统的孔径光阑,它限制通过系统的光束大小,而入瞳应是光敏面边框通过物镜在物空间所成的像,出瞳为孔径光阑本身。

根据牛顿公式 $x \cdot x' = f \cdot f'$,可确定入瞳的位置 x',并计算出横向放大率:

$$\beta = \frac{-x'}{f'} = \frac{f}{2f' - X_1} \tag{5-20}$$

从而可得到使用光阑移动法时系统的光学增益:

$$G = \frac{1}{\beta^2} = \frac{(2f' - X_1)^2}{f^2} \tag{5-21}$$

可见光电系统的光学增益与光阑位置有关,通过移动光阑的位置能改善光电系统的光学增益。

5.1.3 特殊的光学接收天线

5.1.3.1 显微光学系统

光学显微镜是一种利用光学原理,把人眼不能分辨的微小物体放大成像,以供人们提取微细结构信息的光学仪器,主要用于瞄准、读数及观测测量。从 17 世纪中期第一台显微镜诞生开始,显微镜经过多年的发展与改进在科学领域有了越来越广泛的应用。早期的显微镜只是简单的光学元件与机械元件的组合,以人眼为图像的最终接收元件。随着电子技术与计算机技术的迅猛发展,逐步在显微镜中加入了摄像装置以及图像记录存储元件,再配合计算机对采集的信息进行处理,构成了可以对微观信息进行采集、记录、处理以及存储的光电检测系统。在当今医学、生物学、材料分析等领域显微系统已是一种常用的观测工具。

显微系统对物体成像是分别经过物镜和目镜两次放大最终成像在人眼瞳孔上的,如图 5-9 所示。

物镜的放大率 β_1 为

$$\beta_1 = -\frac{\Delta}{f_1'} \tag{5-22}$$

式中,Δ 为系统的光学筒长,f_1' 为物镜的焦距。对于目镜,它会对物镜所成的像进行二次放大,其视觉放大率 Γ_2 可以表示为

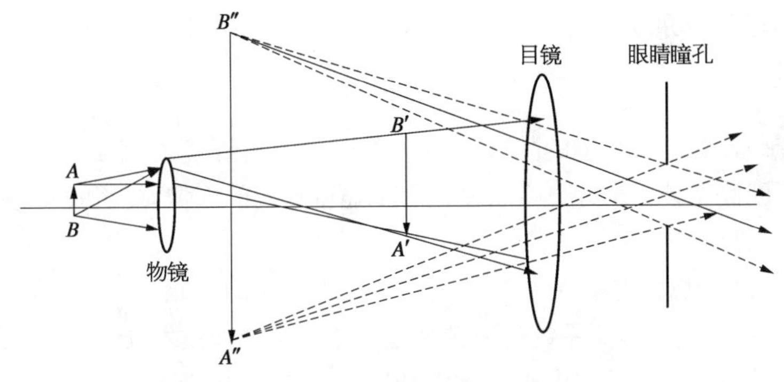

图 5－9　显微光学系统工作原理

$$\Gamma_2 = \frac{250}{f_2'} \tag{5-23}$$

式中，f_2' 为目镜的焦距。由此，显微系统的组合放大率 Γ 可表示为

$$\Gamma = \beta_1 \Gamma_2 = -\frac{250\Delta}{f_1' f_2'} \tag{5-24}$$

根据上式可知，系统的视觉放大率正比于系统的光学筒长，反比于物镜和目镜的焦距。因此通过选取适当的光学筒长、目镜和物镜组合，就能得到观测时所需要的放大性能。

显微系统的光学筒长和目镜物镜的具体结构有关，为了避免在更换物镜、目镜时繁琐的调焦过程，因此系统的光学筒长在设计时就必须满足齐焦条件：① 显微系统的共轭距为一标准值；② 物镜安装面与目镜安装面位置固定；③ 物镜像面与目镜物方焦点重合。如果显微系统能够满足上述的齐焦条件，那么系统的物镜与目镜就能实现自由组合。

为了系统组装使用的便捷，显微系统中有一类使用的物镜是一种筒长无限物镜，它主要分为物镜前组和辅助物镜（也叫接物镜或者镜筒物镜）。由于观测物放置在物镜前组的物方焦面上，因此前组所成的像在无限远处，前组的像再通过辅助物镜后，将会成像在辅助物镜的像方焦面上。由于物镜与辅助物镜之间的光为平行光，所以它们两者之间的间隔可以任意组合。而物镜的放大率就由前后组焦距之比决定：

$$\beta = -\frac{f_2}{f_1} \tag{5-25}$$

式中，f_1，f_2 分别为物镜前组和后组的焦距。显微系统除了放大率以外，另一个重要的参数就是物镜的数值孔径 NA，它决定了一个系统的分辨能力以及景

深的大小，其形式可表示为

$$NA = n\sin U \tag{5-26}$$

显微系统一旦确定了物镜的数值孔径 NA 以及放大倍率 β，那么其性能就基本确定了。因此设计一个好显微物镜对整个显微系统的成像质量和各项光学指标有着重要的意义。

5.1.3.2 成像光学系统

目前，由于光电检测系统越来越多地使用图像处理技术，成像光学系统变得日益重要。成像光学系统由摄影物镜和感光元件组成，把外界景物成像在感光元件上，从而产生景物像，如数码照相机、数码摄像机等。摄像物镜的光学特性主要由焦距 f'、相对孔径 D/f' 和视场角 2ω 表示。焦距决定成像的大小，相对孔径决定像面照度，视场角决定成像的范围。

1) 视场角 2ω

摄影物镜的感光元件框是视场光阑和出射窗，它决定了像空间的成像范围，即像的最大尺寸。在拍摄远处物体时，像的大小可表示为

$$y' = -f'\tan\omega \tag{5-27}$$

在拍摄近物体时，像的大小取决于垂轴放大率，即

$$y' = y\beta = yf'/x \tag{5-28}$$

式中，y' 就是由感光元件框的尺寸决定，显然摄影物镜视场的大小是由物镜的焦距和接收器的尺寸决定的。因此，当接收器的尺寸一定，同一摄影仪器配用不同焦距的物镜时，其视场角是不同的。物镜的焦距越短，其视场角越大；焦距越长，视场角越小。普通标准镜头的视场角为 40°～60°。

当焦距确定时，根据光学接收元件的规格，物方最大视场为

$$\tan\omega_{\max} = y'_{\max}/2f' \tag{5-29}$$

式中，$y'_{\max}$ 为光接收元件框的对角线长度。

2) 焦距 f'

在成像光学系统中，焦距决定了拍摄像的放大率。用不同焦距的物镜，对前方同一距离处的物体进行拍摄时，焦距长的物镜摄得的像放大倍率大，焦距短则摄得的像放大率小。显然对于同样的接收器件，放大倍率小的物镜，拍摄范围大；放大倍率大的物镜，拍摄范围小。

3) 相对孔径 D/f'

入射光瞳口径 D 与焦距 f' 之比定义为相对孔径，它是决定摄影系统分辨

率和像面光照度的重要参数，同时也与景深、焦深有关。

(A) 分辨率

成像光学系统的分辨率取决于物镜的分辨率和接收器的分辨率。分辨率以像平面上每毫米内能分辨开的线对数表示。按照瑞利判据，物镜的理论分辨率为

$$N = D/(1.22\lambda f') \tag{5-30}$$

取 $\lambda = 0.555\ \mu\text{m}$，则

$$N = 1\,475D/f' = 1\,475/F \tag{5-31}$$

式中，$F = f'/D$ 称作物镜的光圈数，也称 F 数。显然物镜的分辨率与相对孔径成正比。由于摄影物镜有较大的像差，所以物镜的实际分辨率要低于理论分辨率。此外物镜的分辨率还与接收器的分辨率和被摄目标的对比度等有关。

(B) 像面照度

按光照度理论，像面照度 E' 的表达式为

$$E' = \tau\pi B\sin^2 U' = \frac{1}{4}\tau\pi L\ \frac{D^2}{f'^2}\ \frac{\beta_p^2}{(\beta_p - \beta)^2} \tag{5-32}$$

式中，β_p 为光瞳垂轴放大率，β 为物像垂轴放大率，B 为物体的亮度，τ 为系统透射比。当物体在无限远时，$\beta = 0$，则

$$E' = \frac{1}{4}\tau\pi L\ \frac{D^2}{f'^2} \tag{5-33}$$

对大视场物镜，其视场边缘的照度要比视场中心小得多。

5.1.3.3　光纤耦合光学系统

光电检测系统呈现出越来越多的复合传输介质(大气、水下、光纤)。工程应用中为探测或后续传输的需要，常常需要将空间光耦合到光纤中传输。随着低噪声光纤放大器在空间光通信系统、激光测距机中的大量使用，空间光到光纤耦合的相关理论和实验得到了大量研究，耦合效率不断得到提高。已有的研究表明光学天线中心遮挡、光纤归一化频率、光纤端面横向偏移、倾斜以及离焦等都会对光纤耦合光学系统的耦合效率产生影响。

如图 5－10 所示，假设入射激光束经接收光学系统会聚后，在后焦平面上形成爱里斑衍射图样，单模光纤放置在接收光学系统后焦面爱里斑位置处，实现空间光到光纤耦合。将接收光学系统等效为焦距为 f 的衍射极限薄透镜，当采用透射式接收光学天线时，其等效为半径为 R 的圆形孔径薄透镜；当采用反射式接收光学

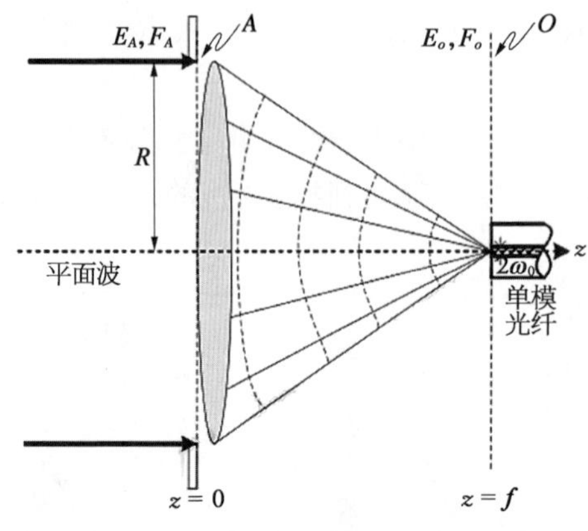

图 5-10 空间激光到单模光纤耦合示意图

天线，如卡塞格林式、牛顿式，则等效为具有中心遮挡的薄透镜，中心遮挡比 $\varepsilon = R_{ab}/R$，R_{ab} 为次镜半径。

图 5-10 中 E_A 表示入射光瞳面 A 上的接收光场，假设远距离传输激光束在接收孔径平面上(假设与入射光瞳面重合)为理想的平面波(假设为单位振幅)。E_o 表示入射平面波在接收光学系统后焦平面 O 上的聚焦场，在后焦平面上距光轴中心 r_o 处的电场分布为

$$E_o(r_o) = \pi R^2 \frac{\exp(\mathrm{j}kf)}{\mathrm{j}\lambda f} \exp\left(\mathrm{j}k \frac{r_o^2}{2f}\right) \left[2J_1\left(\frac{2\pi R r_o}{\lambda f}\right) \cdot \frac{2\pi R r_o}{\lambda f}\right] \tag{5-34}$$

式中，k 为自由空间波数 $k = 2\pi/\lambda$，λ 为光波长。在单模光纤中，只允许基模传输，其基模的模场 $F_o(r_o)$ 可近似为高斯分布：

$$F_o(r_o) = \sqrt{\frac{2}{\pi\omega_o^2}} \exp\left(-\frac{r_o^2}{\omega_o^2}\right) \tag{5-35}$$

式中，ω_o 为单模光纤模场半径。由于入射光瞳面 A 上的光场分布与焦平面 O 上的光场分布互为傅里叶变换对，将 $F_o(r_o)$ 进行逆傅里叶变换，可以得到单模光纤后向传输到入射光瞳面处的模场 $F_A(r_A)$（简称为单模光纤后向传输模场)，其仍为高斯分布。当天线口径比较大、光学系统的焦距较长，则单模光纤后向传输模场的瑞利长度将非常大，因此在接收孔径处其波前曲率可忽略，模场半径可近似为束腰半径。因此在光瞳面上距光轴中心 r_a 处的单模光纤后向传输模场分布可表示为

$$F_A(r_a) = \sqrt{\frac{2}{\pi\omega_a^2}} \exp\left(-\frac{r_a^2}{\omega_a^2}\right) \tag{5-36}$$

式中，ω_a 光纤后向传输模场半径，它与单模光纤模场半径之间的关系为

$$\omega_a = \frac{\lambda f}{\pi \omega_o} \tag{5-37}$$

式(5-36)满足归一化条件 $\iint_A |F_A(r_a)|^2 \mathrm{d}s = 1$。衡量单模光纤耦合系统的重

要指标为耦合效率。耦合效率可定义为耦合入单模光纤内的光功率与入射光瞳面上的接收光功率之比，表示为

$$\eta = \frac{\left| \iint E_o^*(r_o) F_o(r_o) \mathrm{d}s \right|^2}{\iint |E_o(r_o)|^2 \mathrm{d}s \cdot \iint |F_o(r_o)|^2 \mathrm{d}s} \tag{5-38}$$

式中，$E_o^*(r_o)$ 为 $E_o(r_o)$ 的复共轭，积分在整个焦平面上进行。可以看出，耦合效率的计算实际上是 $E_o(r_o)$ 和 $F_o(r_o)$ 的相关运算，即聚焦场与单模光纤模场间的模式匹配程度决定了耦合效率的大小，$E_o(r_o)$ 和 $F_o(r_o)$ 之间相似度越高，则耦合效率越高。

根据 Parseval 定理，在入射光瞳面 A 和焦平面 O 之间的任意平面上计算耦合效率都是等价的，其中在入射光瞳面上计算是最为简单方便的。入射光瞳面上的耦合效率表达式为

$$\eta = \frac{\left| \iint E_A^*(r_a) F_A(r_a) \mathrm{d}s \right|^2}{\iint |E_A(r_a)|^2 \mathrm{d}s \cdot \iint |F_A(r_a)|^2 \mathrm{d}s} \tag{5-39}$$

受接收孔径的限制，入射光瞳面上的接收光场应表示为单位振幅平面波与孔径函数 $P(r_a)$ 的乘积，即

$$E_A(r_a) = P(r_a) \tag{5-40}$$

$$P(r_a) = \begin{cases} 1 & \varepsilon \leqslant \dfrac{|r_a|}{R} \leqslant 1 \\ 0 & \text{其他} \end{cases} \tag{5-41}$$

将式(5-40)和式(5-41)代入式(5-39)，可得理想情况下，空间光到单模光纤的耦合效率为

$$\eta = 2\left[\frac{\exp(-\beta_F{}^2 \varepsilon^2) - \exp(-\beta_F{}^2)}{\beta_F \sqrt{1-\varepsilon^2}} \right]^2 \tag{5-42}$$

式中，β_F 为耦合参数，定义为光瞳半径与光纤后向传输模场半径之比，即

$$\beta_F = \frac{R}{\omega_a} = \frac{\pi R \omega_o}{\lambda f} = \frac{\pi D \omega_o}{2\lambda f} \tag{5-43}$$

由式(5-43)可知，耦合参数 β_F 表征了接收光学系统 F 数 (f/D) 与单模光纤模场半径 ω_o 间的关系。在不同中心遮挡比 ε 下，耦合效率 η 对耦合参数 β_F 的依赖关系如图 5-11 所示。

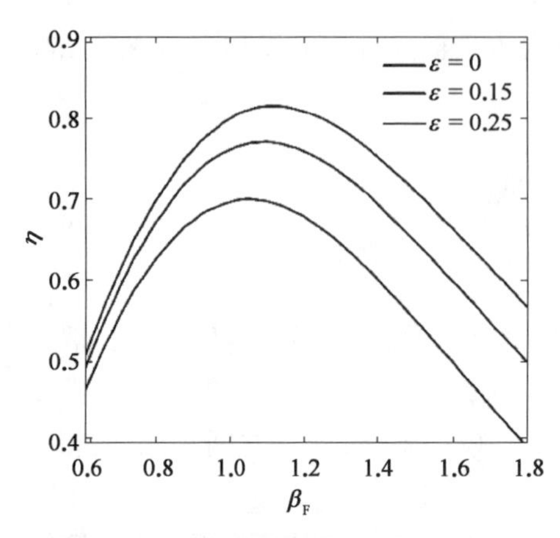

图 5-11 在不同遮挡比 ε 下，耦合效率随耦合参数 β_F 的变化曲线

由图 5-11 可知，存在使耦合效率最大的最优 β_F 值，并且 β_F 的最优值随着 ε 的增大略有减小。根据 β_F 最优值可以得出接收光学系统的最优 F 数，从而实现对接收光学系统的优化设计。从图 5-11 中还可以看出耦合损耗随着中心遮挡比 ε 的增大而增大，这是由于中心遮挡降低了接收光功率，同时还使聚焦场爱里斑的中心能量扩散到次级衍射环上，从而引起附加耦合损耗。当 $\beta_F=1.12$，$\varepsilon=0$ 时，得到耦合效率的理论极大值为 81.45%。在这里并未考虑光纤端面的菲涅耳反射损耗(约 4%)，但实际应用中，可以通过在光纤端面镀膜来降低菲涅耳反射损耗。

5.1.4 光学天线扫描

5.1.4.1 光扫描基本原理与分类

在大量的光电检测系统中，被检测目标通常为复杂的二维或三维图形或景物，有着极其复杂的光强分布形式，即光强 I 不仅随时间 t 改变，而且与坐标位置 x，y 有关，一般可表示成 $I=f(x, y, t)$。字符、图表、照片等平面图形，工业产品实体以及自然景物等都属于这样的光学目标，其特点是光强分布结构细密、空间频谱分布广、灰度层次丰富、动态范围宽。

为了实现这一类目标的检测、处理、显示和存储，最基本的变换方法就是图像的分解和合成，即将物体在空间域内的光强分布变换成时域内的电信号变化，或者是将时序电信号变换成空间光强的分布，能够实现这样功能的最常用的技术就是光学扫描。在观察和测量复杂目标图像时，常常希望光电系统既具有大视场能力，又具有精确分辨图形细节的能力。虽然，可以采用由大视场光学系统和多通道并行光电探测器件组合的方式，但尚存在着诸多的困难，尤其是需要一个大阵列光电探测器件实现高分辨的并行检测，具有较大的技术难度。因此，在工程实践中，应用最早最多的是光学扫描技术。

光学扫描系统通常由一个窄视场的光学天线与一个光电变换通道组成。当其按照一定的时间顺序和轨迹逐点扫视目标物像空间的各点时，就能获得瞬时值与被测目标的光学参数成比例的时序电信号输出。相反，用图像的时序电信号调制扫描光点的瞬时发光强度，则可以再现光学图像。因此，光学扫描技术不仅能够实现图像的分解与合成，而且可用窄视场光电检测通道，实现大范围的图像信号采集，既具有宽广的观察测量范围，又具有较高的空间分辨率和灰度等级分辨能力。光学扫描系统有很多类型，通常可按下列方式分类：

(1) 按光电探测器类型分：① 有单一光敏面探测器的扫描；② 有阵列探测器的扫描。

(2) 按瞬时视场在空间的扫描轨迹分：① 直线扫描，即对指定两点间的线段进行扫描读取，也称为行扫描；② 光栅扫描，在进行一维直线扫描的同时进行另一正交方向的扫描；③ 圆周扫描，沿边缘跟踪以及中心位置为随机的不同大小的光栅扫描等；④ 随机扫描，包括扫描轨迹为螺旋型、梅花型或按图形边缘跟踪以及中心位置为随机的不同大小的光栅扫描等；⑤ 沿圆柱面上的螺旋线扫描，或沿圆面的空间扫描。

(3) 按实现扫描的物理方法分：① 机械扫描，如转鼓和平板扫描；② 光学机械扫描，如多面体反射镜；③ 利用衍射光栅或全息光栅的扫描；④ 电磁场控制的电子束偏转扫描；⑤ 利用电光、磁光和声光效应的扫描；⑥ 利用 CCD 等成像器件的移位电场扫描。

(4) 按扫描的应用目标分：① 图片扫描，指对二维的平面图形扫描；② 实体扫描，指对三维物体的实体图像扫描；③ 搜索扫描，指对地-空、空-地的空间光学目标的扫描。

5.1.4.2　光学扫描技术

光学扫描技术在电视、传真、复印、计算机图像输入设备、印刷分色制版、雕版等有关图像的生成、处理领域内有非常广泛的应用，实现光学扫描的装置有下面几种形式：

1) 机械式扫描装置

图 5-12 为两种机械式扫描装置，在传真和印刷制版中应用较为广泛。在图 5-12(a)滚筒式扫描装置中，图片被固定在转筒的圆柱表面上，由电机带动高

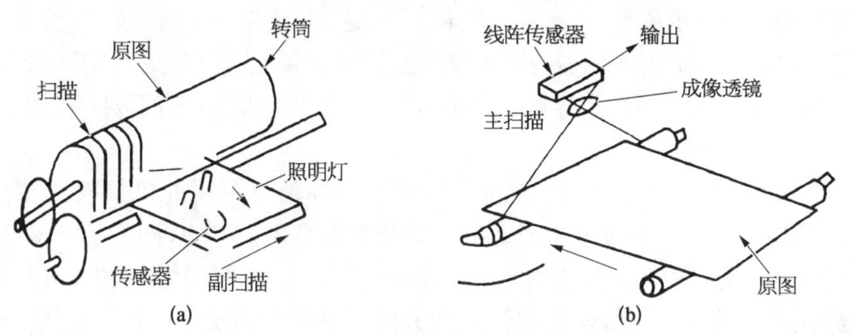

图 5-12　滚筒式(a)与平板式(b)机械扫描结构

速转动,实现圆周方向的主扫描运动。滑动托板上装置有照明系统,在图像表面形成照明光点,经画面反射由光电接收器接收。托板由丝杆带动以一定的转速与转筒主轴同步运动,从而形成沿圆筒母线方向的副扫描运动。图 5-12(b)是使用线阵光电传感器的平板扫描装置。图片放在平板上,在滚轮带动下做反复直线运动,实现副扫描运动。相应于每一个行位置,由物镜成像于线阵传感器,并在其中通过电场移位实现主扫描运动。

2) 电子束扫描装置

在电真空器件中,电子束在交变电场或磁场作用下会改变它的运动轨迹,这种现象在各种类型的电子摄像和显像器件中应用得非常普遍,并长期被作为一种主要的扫描手段。飞点扫描法是一种利用扫描电子束管的典型应用。图 5-13 为两种常用的飞点扫描装置,它们应用于高质量的传真和电视广播中,主要的扫描器件是飞点显像管,实质上是一种 CRT 阴极射线显像管。在图 5-13(a)中,飞点管荧光屏上,由电子束形成的光点在偏转磁场作用下给出光栅型轨迹,被测半透明软件片置于光屏上。扫描光点透过软片,其强度被图片内容调制。再经聚光镜由光电检测器接收,变成图像电信号。图 5-13(b)给出的是反射型飞点扫描装置示意图。

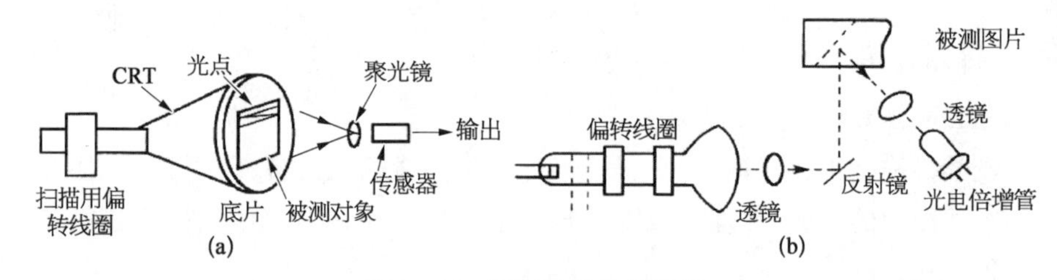

图 5-13　两种飞点扫描装置

3) 激光扫描装置

借助有良好指向性的激光束按一定规律偏转的方法,相继研制出了激光大屏幕电视、激光束显示系统、激光阅读和印刷机、复印机等图像装置。此外,光束扫描也适用于高密度光信息存储器的写入和读出、激光声像光盘等存储技术中。使激光束扫描的装置称为光束扫描器或光学扫描器。目前,用得最多的有下列 4 种类型。

(A) 多面反射镜转鼓

多面反射镜转鼓也称为多面转镜,它是一种最早应用的机械扫描器。图 5-14 给出了利用多面转镜实现光扫描的装置示意图。其中,图 5-14(a)采用柱形多面体,用细的激光束投射到反射镜面上。在反射镜旋转过程中,入射角周期地由小到大循环变化,使反射光束的方向反复改变而实现扫描。在图 5-14(b)中,采用的是锥形多面体结构,这是应用较多的类型。这种扫描装置的特点是：扫描速度快(10 000 行/s)、扫描角度宽、精度很高、易获得高分辨率(40 线/mm)；缺点是：工艺复杂、成本高。

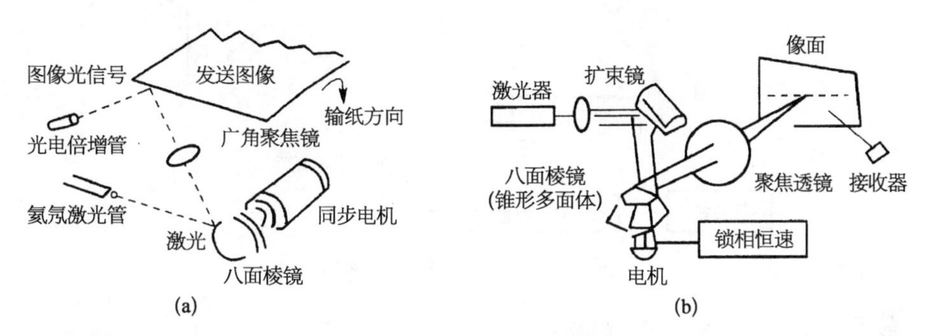

图 5-14　机械转镜法扫描装置

(B) 检流计振镜

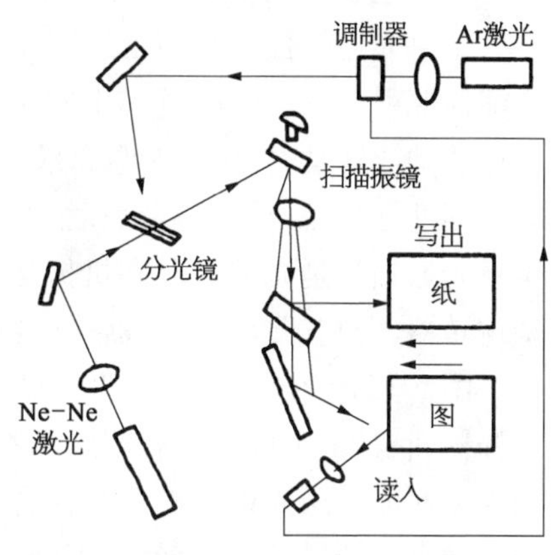

图 5-15　读写共用的振镜扫描系统

检流计振镜将反射镜固定于检流计式的振子上组成。早期大部分采用动圈式，现在多采用动铁式。动铁式具有较大的转矩，增加了牢固性。图 5-15 给出的是一种传真系统的读出写入扫描振镜系统，读出部分采用 He-Ne 红光激光器，写出部分采用 Ar 离子紫外激光器。扫描振镜同时对两光束同步扫描，并用读出部分的输出信号去控制写出激光束的调制器，因此能采用简化的共用扫描系统实时地同步，而完成读写操作。此类扫描有中等程度偏转角和扫描精度、扫描速度不高的特点，但成本低，而且采用宽带低惯性器件，能进行随机存取扫描是它的优点。

(C) 声光偏转器

声光偏转器是由声光互作用介质和激发声波的压电换能器组成的。入射到透明介质中的光波会受到同时传播的声波的影响。声波的波阵面使入射光反射形成一级衍射光。衍射光的偏转角 θ 与声波频率 f 成正比。

$$\theta = \lambda f/(nv) \tag{5-44}$$

式中，λ 是入射光波长；n 是介质折射率；v 是声波的相速。压电换能器在驱动电压作用下产生控制声波，使出射光束实现一维的扫描偏转。图 5-16 给出了声光扫描字符阅读机的原理示意图。声光扫描器与转鼓不同，可随机存取。但它的扫描角较窄，分辨率和振镜扫描器相近，可达每行 2 000 个像素。扫描频率接

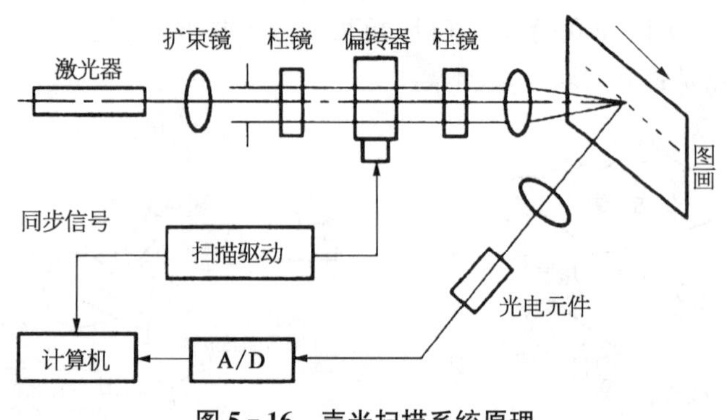

图 5－16　声光扫描系统原理

近鼓的水平，有 10 kHz 的数量级。

(D) 全息光栅扫描器

全息光栅扫描器利用全息照相方法得到的全息条纹具有衍射光栅的性质，它能使照射于其上的准直光束发生衍射，从而引起出射光束的偏转。当将全息光栅移动或转动时，由于全息条纹方向的周期性改变，衍射光束的出射方向将随时间周期性变化，经透镜聚焦后，在扫描平面上得到规则的扫描轨迹线。因此，全息光栅扫描是光栅衍射和机械运动的组合。它像转动反射镜一样，是机械运动偏转器，但它却像光扫描器一样，靠衍射偏转光束。

图 5－17 给出了两种典型的全息光栅扫描器示意图。图 5－17(a)是圆盘型扫描器，它是一个旋转的有规则的平面光栅，是将若干个扇形全息图刻制在一个圆盘上而成。激光束经扩束准直后，穿过全息图，然后被透镜聚焦在 F 平面上。当将转盘旋转后，激光束就在 F 面上形成周期运动的扫描线。图 5－17(b)是圆筒型的全息扫描器，它将全息图绕在圆筒上，随着圆筒的旋转即能形成扫描线。

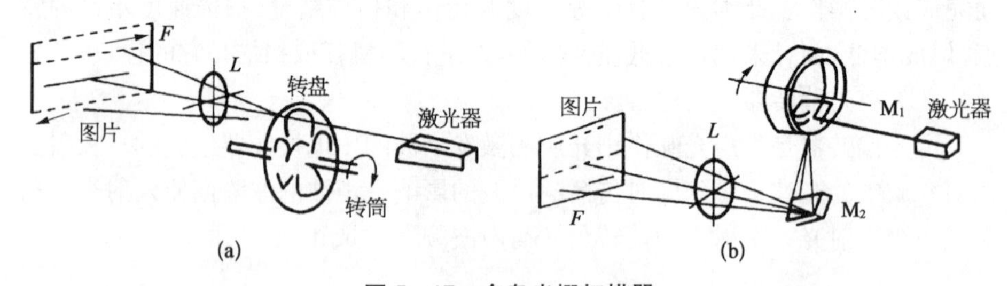

图 5－17　全息光栅扫描器

(a) 圆盘型；(b) 圆筒型

全息扫描的优点是：结构简单、质量轻、不需机械加工、可以廉价复制；转动时动力负荷轻、噪声小；扫描速度、精度和分辨率相当于多面转镜的水平。其缺点是：对照明光波长有选择性。

5.1.4.3　实体扫描技术

在光学图像检测中，除了各种平面图形外，更多场合是要对实际的三维物体或景物扫描测量，例如各种工业制品的外观和尺寸检测，自然物体的表观状态和景物、地形的测量等。根据被测对象的状态不同，实体扫描大致可分为：对直线运动物体的扫描、对静止物体的扫描和对空间特定目标的搜索扫描等类型。

1）直线运动物体扫描

这类直线运动物体的扫描方法，适用于生产车间传输带上的工件和条带状制品的表面状态或伤痕的自动检查。扫描测量装置应该完成一个方向的快速直线扫描，同时检测出经被测物体所透、反射的光强度。另一个运动方向，由工件本身的缓慢传送实现。根据照明和接收方式的不同，这种扫描方法可以分为下列几种方式。

（A）光学飞像扫描方式

图 5－18(a)给出了采用管状照明和转鼓扫描接收的扫描器示意图。照明集中于被测板材的条带上，随转鼓的转动，被照明条带上的各个像点逐次被转鼓反射后经接收器检测，所以称为飞像式扫描。为了保证检测点的覆盖率，转鼓的转

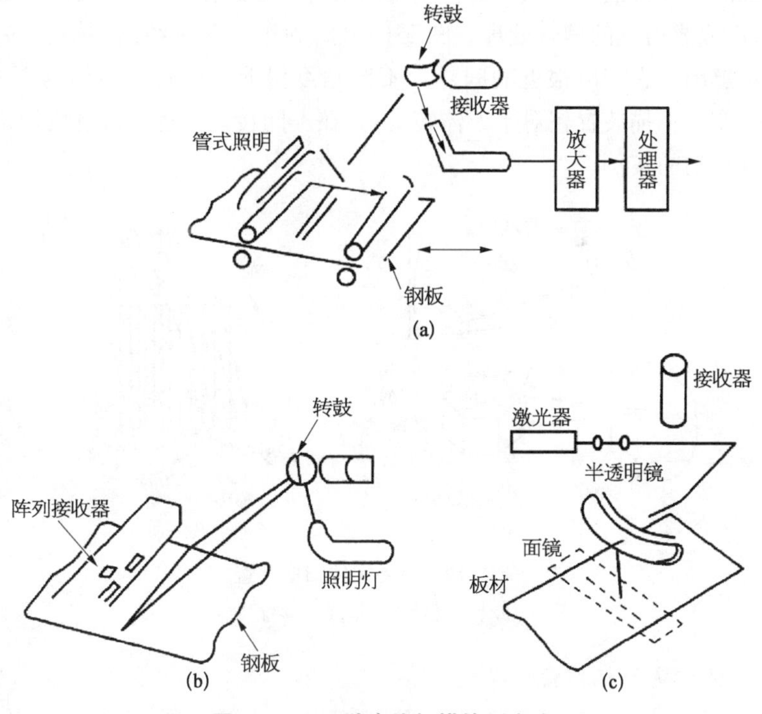

图 5－18　三种直线扫描检测方式

(a) 飞像式；(b) 飞点式；(c) 混合式

速要和板材传送速度配合，并且增大反射镜面的数目。通常转速为 1 800～3 600 转/min，镜面数为 16～36 面。

(B) 光学飞点扫描方式

图 5-18(b)表示具有点源照明和阵列式接收器的扫描装置示意图。转鼓的转动使照明光点依次横扫被测物体表面，各瞬间被光点照明的像由阵列接收器检测，所以称为飞点式扫描。

(C) 光学混合扫描方式

图 5-18(c)是一种兼有飞点和飞像扫描特点的混合式扫描方法。激光束通过转鼓和锥面照明被测表面，所得像点沿同一轨迹返回到半透明反射镜后，由接收器接收。利用这种方式制成的扫描装置的照明和检测共用一个光路，因此结构紧凑，扫描精度也得到改善，是一种有应用潜力的工业扫描装置。

2) 静止物体的扫描

对于单个静止物体，扫描检测应该包括二维或多维的扫描能力。图 5-19(a)振动或转动反射镜的方法就具有这种功能，它是热成像照相机的基本形式。被测物体的温度辐射经水平扫描转镜和垂直扫描振动镜连续进行光栅扫描，相当于二维的飞像方式。凹面反射物镜将反射光强通过振镜的中心孔会聚到光检测器上，以完成后续的信号处理。图 5-19(b)为用做 X 射线断层摄影的多维扫描方法示意图。它能以很近的间隔从不同角度摄取人体各个断面的 X 射线透过强度分布。扫描装置相对于人体转动，并在不同转动位置进行直线扫描，是典型的多维扫描的实例。

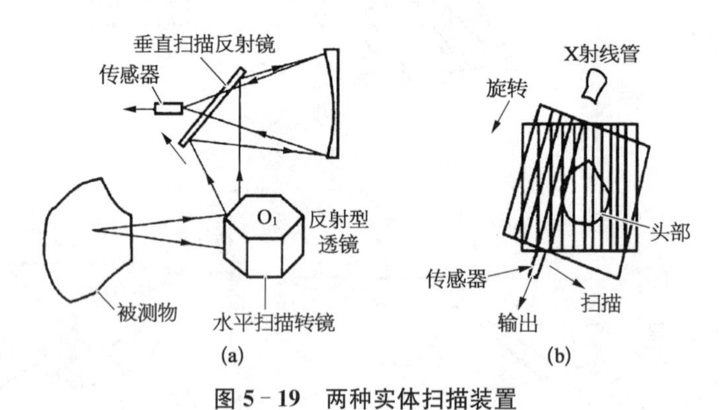

图 5-19 两种实体扫描装置

(a) 振动或转动反射镜；(b) 多维扫描

3) 空间特定目标搜索扫描

在地-空、空-地对运动目标的探测和跟踪中，为了发现辐射目标，不得不在很大的空间范围内进行搜索。但是，通常的目标相对于广阔的背景是极小的，若同时观察整个区域显然会增加背景噪声范围的检测问题，需要采用具有小的瞬时视场角的光学系统，使之在每一瞬间只针对一部分搜索空间，同时按一定规律不断地运动以保证观察到大范围的空间区域，这是搜索扫描的一个特点。搜索扫描系统的基本要求是：搜索空间区域的时间要短；目标处于瞬时视场内的时间要长，以便获得必要的有用信息，能保证对角坐标的高分辨本领；结构简单、工作可靠、质量轻、尺寸小等。

(A) 行搜索扫描

最简单的搜索扫描是行扫描，图5-20为使用单个辐射接收器的转鼓扫描系统。装有该装置的飞行器在一定高度上相对地面运动。在图5-20(a)所示的系统中，为了得到大的相对孔径和短的轴尺寸，采用了折射系统。图中地面景物经转鼓反射镜1，具有中心通光孔的成像反射镜2，反射镜3成像在辐射接收器上。转鼓经过一个反射镜实现一行扫描，转动一周有 n 个反射镜扫过。此期间内由于飞行物的移位，可观察到地面的 n 行景物。

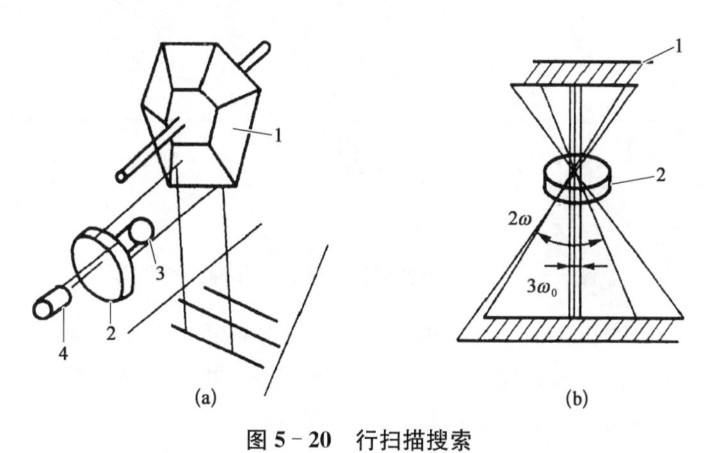

图5-20　行扫描搜索

(a) 转鼓扫描；(b) 线阵扫描

现在，以利用线阵摄像传感器代替转鼓实现行扫描。这种系统不需要大尺寸的旋转零件，结构简单、方便可靠、使用效果良好，获得了成功的应用。图5-20(b)为线阵探测器的行扫描原理，图中探测器1处于照相物镜2的焦平面上，物镜的焦距和探测器的阵列长度决定了扫描范围角 2ω，单个像素的几何尺寸决定了瞬时视场角 $2\omega_0$。

(B) 圆锥形空间扫描

直线轨迹扫描有个共同的缺点，即辐射目标是在不同距离上观测到的，随瞬时视场对法线偏移的加大，目标要发生几何形状畸变。随着目标距离增大，辐射通量逐渐减弱，从而降低了有用信号的强度。图5-21给出的圆锥形空间扫描

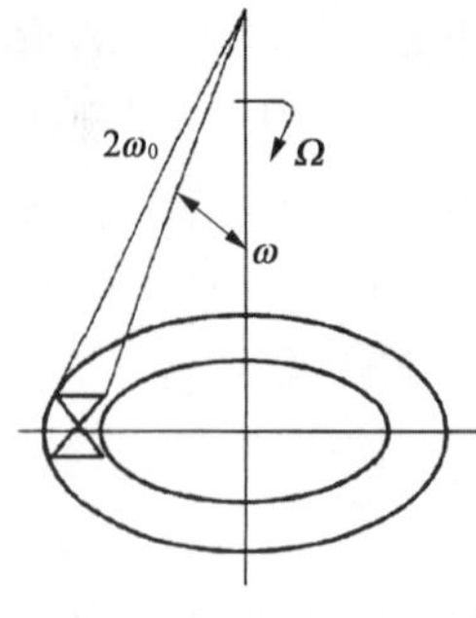

图 5-21　圆锥形空间扫描

可以避免上述的缺点。在这种系统中，瞬时视场相对地垂线偏离 ω 角，并在旋转时始终保持不变。地面的扫描轨迹是圆环形，随飞行器的移动使被扫描地区得到覆盖，图 5-22 为圆锥空间形扫描装置的几种结构形式。图 5-22(a)中，反射镜 2 倾斜安装于转轴上，绕物镜中心转动，使环形扫描地带连续投射到探测器 3 上；图 5-22(b)的结构是采用旋转光，地面景物经光楔 2 折射到探测器 3 上；图 5-22(c)是旋转凹面物镜，其物镜 1 的光轴和转轴间的夹角，等于瞬时视场偏转角的一半。

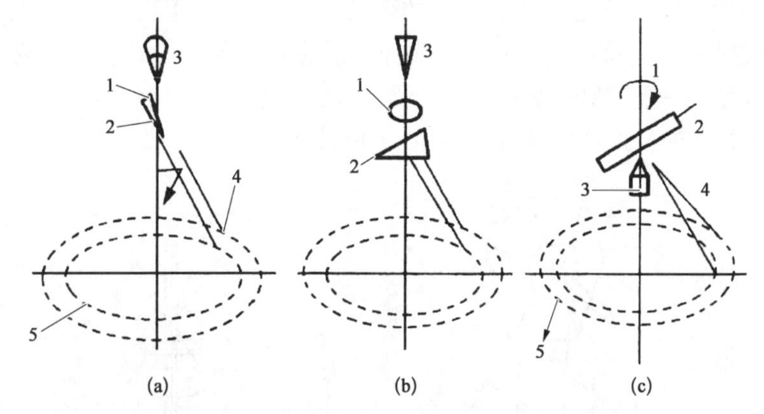

图 5-22　圆锥形空间扫描装置的几种结构形式

在各种搜索扫描装置中，采用由光导纤维组成的圆直变换器或直圆变换器能比较简单地变换各种扫描轨迹。所谓光纤直圆变换器或圆直变换器是指使像的形式由行变换为环形或环形变换为行的光纤装置。为此，把光纤的一端集束成矩形截面，另一端则排列成环形，这样便可以将矩形的图像分布转换成环形的分布，如图 5-23(a)所示。采用直圆变换器的空间扫描装置，如图 5-23(b)所示。该装置包括物镜 1、光纤直圆变换器 2、光学扫描器 3 和检测器 4，光纤束的矩形输入窗口的宽度确定瞬时视场，长度确定扫描角范围。为了用单元探测器接收环形图像，要借助于光学扫描器，这是一种能相对物镜光轴转动的透镜和光纤束。光学扫描器的输出端，连续地将环形图像辐

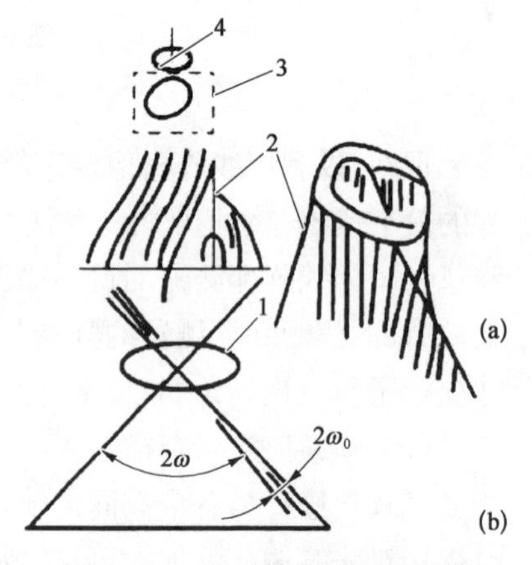

图 5-23　有光纤直圆变换器的扫描装置

射送到探测器中，一圈和一行对应地完成扫描动作。若使用阵列式摄像传感器，同时采用光纤圆直变换器，即使不用机械旋转元件也可以实现圆锥形空间扫描。这种形式的扫描器综合利用了光纤和摄像传感器的优点，因此是一种结构简单、功能多样的有发展前途的新型扫描装置。

5.2　光电变换电路

在光电检测系统中，光电变换电路是另一关键组成部分，是实现高信噪比光信号探测的关键，其中接收灵敏度、带宽和信噪比是其主要的技术指标。在光电探测系统中，光电变换电路的任务是以最小的附加噪声及失真，将微弱光信号转换为电信号。如果不考虑来自光电探测器的量子噪声和其他因素的影响，光接收机的灵敏度就由光电变换电路中的前置放大器所决定。光电变换电路通常需要设计一定带宽、低噪声、高增益的前置放大器，才能获得较高的信噪比输出。因此设计出一个低噪声前置放大器是设计光电变换电路的关键，其性能在很大程度上决定了整个光接收机的性能。目前，如何设计出高灵敏度、宽带、高信噪比的光电变换电路还有非常大的技术难度。

5.2.1　光电检测系统的通频带宽度

频带宽度 Δf 是光电检测系统的重要指标之一。检测系统要求 Δf 应保持原有信号的调制信息，并使系统达到最大输出功率信噪比。系统按传递信号能力可有以下几种方法确定系统通频带宽度。

1) 等效矩形带宽

令 $I(\omega)$ 为信号的频谱，则信号的能量为

$$E=\frac{1}{2\pi}\int_{-\infty}^{\infty}|I(\omega)|^2\mathrm{d}\omega \tag{5-45}$$

等效矩形带宽 $\Delta\omega$ 定义为

$$E=|I(\omega_0)|\Delta\omega \tag{5-46}$$

式中，$I(\omega_0)$ 为 $\omega=\omega_0$ 时的频谱分量，如图 5-24 所示。$I(\omega_0)=I(0)$ 为最大频谱分量。例如，以矩形波表示的脉冲激光信号的等效矩形带宽，激光波形为

$$I(t)=A\mathrm{e}^{-\beta^2t^2} \tag{5-47}$$

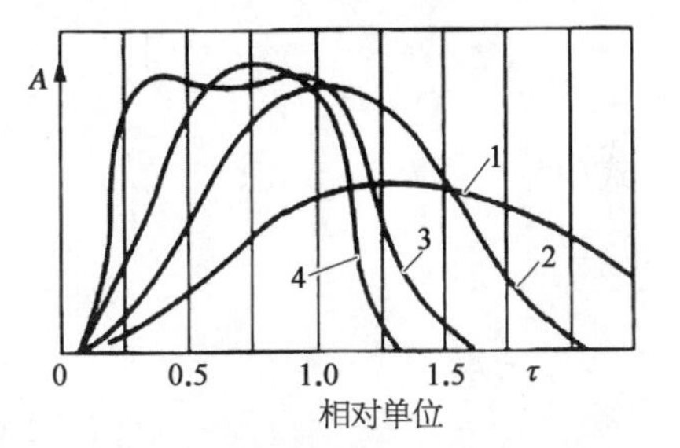

图 5-24　矩形波通过滤波器的波形

式中，β 为脉冲峰值，$\beta \approx 1.66/\tau_0$；$\tau_0$ 为激光脉冲宽度，它的频谱 $I(\omega)$ 为

$$I(\omega)=\int_{-\infty}^{\infty} I(t)\mathrm{e}^{-\mathrm{i}\omega t}\mathrm{d}t=\frac{A\sqrt{\pi}}{\beta}\mathrm{e}^{-\omega^2/4\beta^2} \tag{5-48}$$

激光脉冲能量 E 为

$$E=\frac{1}{2}\int_{-\infty}^{\infty}\left|\frac{A\sqrt{\pi}}{\beta}\mathrm{e}^{-\omega^2/4\beta^2}\right|^2\mathrm{d}\omega=\frac{A^2}{\beta}\sqrt{\frac{\pi}{2}} \tag{5-49}$$

等效矩形带宽 $\Delta\omega_1$ 为

$$\Delta\omega_1=\frac{E}{[I(0)]^2}=\frac{\beta}{\sqrt{2\pi}}=\frac{0.06}{\tau_0} \tag{5-50}$$

2）频谱曲线下降 3 dB 的带宽

将式(5-48)代入 $20\lg\dfrac{I(\omega)}{I(0)}=-3\left(\text{或}\dfrac{I(\omega)}{I(0)}=\dfrac{1}{\sqrt{2}}\right)$ 中，可得

$$\omega=\sqrt{4\beta}\sqrt{\ln\sqrt{2}}\text{，}\Delta\omega_2=2\omega=4\beta\sqrt{\ln\sqrt{2}}\text{，}\Delta f_2=\frac{\Delta\omega_2}{2\pi}=\frac{0.62}{\tau_0} \tag{5-51}$$

3）包含 90%能量的带宽

在 90%处能量的带宽为

$$\frac{E(\Delta\omega)}{E}=0.9$$

式中，

$$E(\Delta\omega)=\frac{1}{2\pi}\int_{-\Delta\omega}^{\Delta\omega}|I(\omega)|^2\mathrm{d}\omega=\frac{2}{2\pi}\int_{-\Delta\omega}^{\Delta\omega}\left|\frac{A\sqrt{\pi}}{\beta}\mathrm{e}^{-\omega^2/4\beta^2}\right|^2\mathrm{d}\omega$$

$$=\frac{\sqrt{2}A^2}{\beta}\int_0^{\Delta\omega}\mathrm{e}^{-\left(\frac{\omega}{\sqrt{2}\beta}\right)^2}\mathrm{d}\left(\frac{\omega}{\sqrt{2}\beta}\right)=\frac{A^2}{\beta}\sqrt{\frac{\pi}{2}}\phi(x)$$

式中，

$$x=\frac{\omega}{\sqrt{2}\beta} \tag{5-52}$$

$$\frac{E(\Delta\omega)}{E}=\phi(x)=0.9$$

当给定误差函数 $\phi(x)$ 的值时，由误差函数表可求出 x 的值，根据式(5-52)求出 ω 值，即 $\Delta\omega=2\omega_0$，下面为 $E(\Delta\omega)/E$ 的几种带宽 Δf 值。

$E(\Delta\omega)/E$	0.9	0.8	0.7	0.6	0.5
Δf	$\frac{0.89}{\tau_0}$	$\frac{0.68}{\tau_0}$	$\frac{0.58}{\tau_0}$	$\frac{0.45}{\tau_0}$	$\frac{0.38}{\tau_0}$

由以上分析可知，频带宽度 Δf 愈宽，通过信号的能量愈多，但系统的噪声功率也增大。为保证系统有足够的信噪比，Δf 的取值不能太宽。如果要求复现信号的波形，则必须加宽频带宽度。

图 5-24 为输入信号为矩形波时，通过不同带通滤波器的波形，曲线 1 是 $\Delta f=0.25/\tau_0$ 的薄型曲线，它的输出峰值功率很低。曲线 2 是 $\Delta f=0.5/\tau_0$ 的波形，这时输出的峰值功率基本达到最大值。从信噪比的观点，系统有这样的带宽足够了。曲线 3 是 $\Delta f=1/\tau_0$ 时的输出波形，此时脉冲峰值功率已达到最大值，脉冲上升沿也较陡，波形亦接近方波。曲线 4 是 $\Delta f=4/\tau_0$ 的输出波形，这一指标达到了复现输入信号波形的要求。可见，要复现输入信号波形，必须使系统带宽 $\Delta f=4/\tau_0$。

如果系统的输入信号是调幅波，一般情况下取其频带宽度 $\Delta f=f_0\pm f_1$。其中 f_0 为载波频率，f_1 为包络波(边频)频率，即 $\Delta f=2f_1$，如果系统的输入信号为调频波，由于调频波的边频分量较多，为保证有足够的边频分量通过系统，要求滤波器加宽频带宽度。

5.2.2 典型的前置放大电路

光信号经光电探测器后，产生的电流非常微小，须经过前置放大器进行放大，由于前置放大器的结构决定接收机的灵敏度和带宽，因此设计要求在保持合适带宽的前提下使得接收机灵敏度最高。前置放大器类型主要有低阻放大器、高阻放大器和跨阻放大器三种。

1) 低阻前置放大器

低阻前置放大器如图 5-25 所示。检测光电流通过电阻 R_b 后产生信号电压，然后对电压进行放大。输出电压范围是电阻 R_b 和放大器增益 A 的函数。如果放大器的噪声相对较低，则该前置放大器的低值电阻 R_b 将是产生放大器噪声的主要因素。若 R_b 阻值增大，噪声电流将减小，但频率响应会变差。带宽受第一级放大器的等效输入电阻 R_T 和等效输入电容 C_T 的限制：

$$f_b=1/(2\pi R_T C_T) \tag{5-53}$$

从式(5-53)可见，要想实现放大器具有较大的带宽，就需使时间常数 $R_T C_T$ 变小。如果 C_T 保持不变,就得通过减小 R_T 来减小时间常数,但这样会使放大器的噪声增加。为获得大的带宽,R_b 值通常取值较小(50 Ω 或 75 Ω),一般选用 50 Ω 的低电阻接在前置放大器的输入端。这种类型的前端电路较适合于 PD 和前置放大器混合集成电路。在这种情况下,传输线用于连接两个器件,50 Ω 的电阻能够与传输线保持较好的匹配,以减小放大器引起的反射。但是,其不足之处是最大增益只能从传输线至放大器间获得,而不能从 PD 至传输线间获得,整个增益远远低于高阻放大器,而且其噪声性能也不理想。

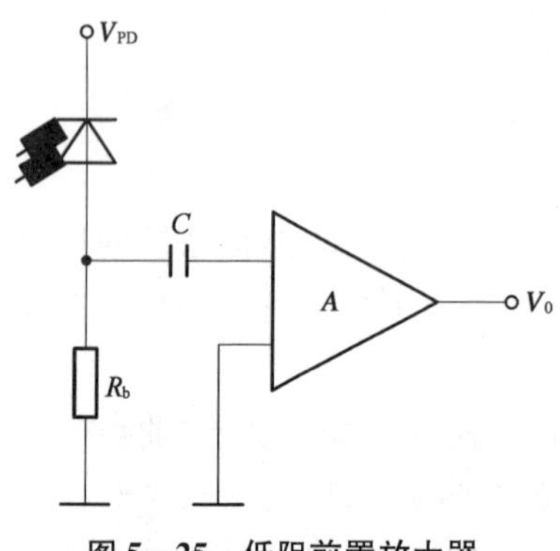

图 5 - 25　低阻前置放大器

低阻放大器具有结构简单、不需要或只需要很少的均衡、动态范围较大的特点。缺点是噪声较大、灵敏度较低。电阻 R_b 与放大器输入电容 C_T 必须是比较合适的值,组合起来使 R_TC_T 足够小才有利于恢复原脉冲波形。在实际应用中这种放大器使用较少。

2) 高阻放大器

高阻放大器的结构如图 5 - 26 所示。为了降低前端电路的噪声,提高接收机的灵敏度,应加大偏置电阻。这种电路由于 R_b 很大,所以称为高阻型前置放大器,灵敏度是所有类型中最大的一个。输入阻抗非常高(1～10 MΩ),热噪声非常小。曾较早用于低比特率的光接收系统中,是建立在获得最大增益理论基础上的。这是因为高内阻受控电流信号源需要和一个高负载电阻相匹配以获得最大增益,其带宽由式(5 - 53)决定。

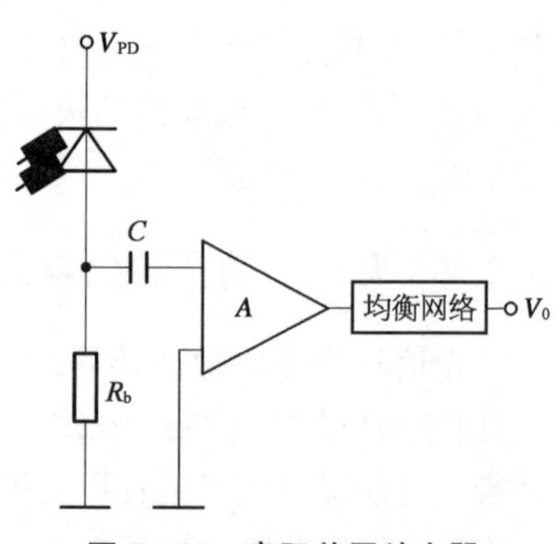

图 5 - 26　高阻前置放大器

高阻放大器,由于输入阻抗较大,使输入电路时间常数变得较大,限制了频率响应,因此带宽较窄。由于时间常数较大,高阻放大器可看作是对检测信号的积分,此时的高阻放大器可作为一个积分型前端电路,当信号速率提高时,信号脉冲会产生严重的失真。需要采用均衡网络,将放大器的极点与均衡网络的零点相匹配,对频率特性进行补偿,使接收机的带宽扩展至所需的值,但接收机设计的复杂度将增加。当编码中存在对较长的连 0 或连 1 时,将导致十分明显的基线偏离效应,此时只有通过编码的优化来解决这一问题,因此高阻放大器只适用于中低速率系统。

3) 跨阻放大器

跨阻放大器如图 5－27 所示。I_s 为光电探测器等效电流源，R_i 为基本放大器的输入电阻，R_f 为反馈电阻，C_s 为光电探测器的寄生电容，C_i 为基本放大器的输入电容，A 为基本放大器的中频电压增益，负号表示反向放大。跨阻型前置放大器实际上是电压并联负反馈放大器，是一种性能非常不错的电流-电压转换器。负反馈虽然改变不了噪声特性，但可以提高前置放大器的带宽，这对高阻型前置放大器来说是非常有利的。所以 FET 跨阻型前置放大器在接收机中应用较多。但由于高阻型前置放大器的噪声随工作码率的增加而增加的速度比低阻型前置放大器大，因此在高码率和超高码率重要任务条件下，应该采用 BJT 跨阻型前置放大器。BJT 跨阻型前置放大器在中低速码率工作时，其引入的噪声比 FET 跨阻型前置放大器大，但这种电路比较实用。

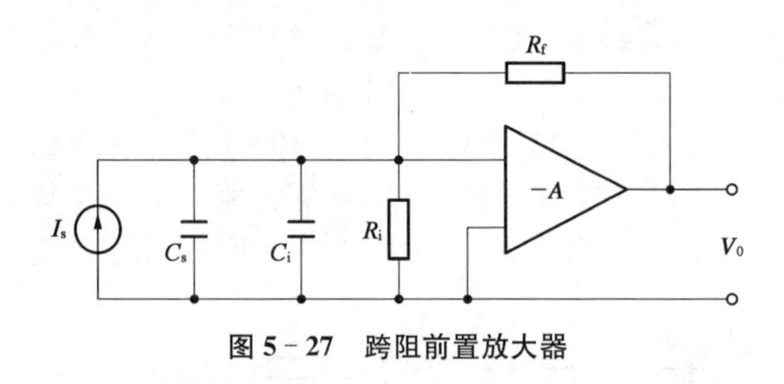

图 5－27　跨阻前置放大器

综上所述，跨阻放大器实质上就是一个电流-电压变换器，其优点是：放大器输入电阻小，电路时间常数小，波形失真小，基本不需要均衡；动态范围大；输出电阻小，放大器受噪声影响小，不易发生串话和电磁干扰；负反馈使得放大器特性易于控制，稳定性显著提高；灵敏度在宽带应用时，仅比高阻放大器低 2～3 dB。但是，高阻型前置放大器的带宽不能太宽，它在低码率工作时所引入的放大器噪声比低阻型前置放大器要小得多，但其输入阻抗高，输入电路的时间常数大，动态范围较小，这种电路只适用于速率不太高的系统，但如果在高阻型放大器前加入电感调谐网络则可应用于高速光接收的前端，且具有很好的实用性。

5.2.3　PIN 光电转换电路

PIN 光电二极管是一种工作在反向偏压下的 PN 结型光电器件，具有制作简单、可靠性高、噪声低、所需反偏电压低及带宽相对较高等特点，所以它成为光电检测系统中使用最广泛的光电探测器。

1) PIN 前置放大器带宽设计

光探测器选用 PIN 光电二极管，前置放大使用 I－V 变换与放大电路，其等

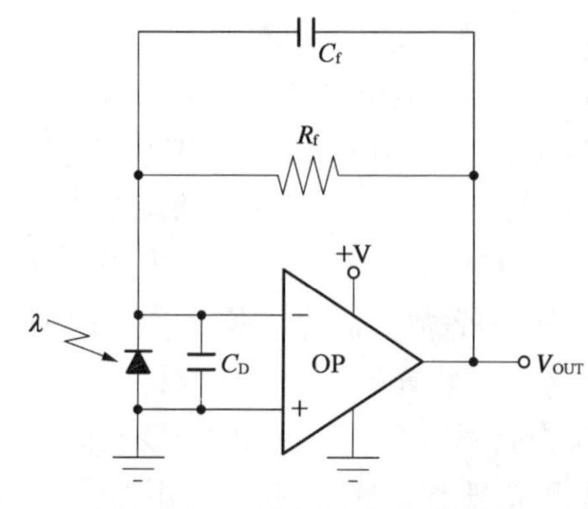

图 5-28 前置放大器等效电路

效电路如图 5-28 所示。有前置放大电路带宽计算公式：

$$f_{3\,dB}=\sqrt{\frac{GBP}{2\pi R_f C_s}} \tag{5-54}$$

式中，$f_{3\,dB}$ 为通频带的 3 dB 的带宽，GBP 为放大器的增益带宽积，R_f 为反馈电阻，C_s 为 C_D（PIN 光电二极管的结电容）、C_{diff}（运放差分输入电容）、C_{com}（运放共模输入电容）、C_f（反馈电容）以及电路板的分布电容之和。

2）PIN 前置放大器噪声计算

直接反馈电流放大器输出电压 U_o 包括 3 个部分：① 输入信号电流在 R_f 两端产生的电压 $U_o=IR_f$；② 失调电压和偏置电流在 R_f 两端产生的电压 $U_o'=(U_{os}+I_bR_f)$；③ 放大器输入噪声电压 E_{no}。PIN 前置放大电路的噪声等效电路如图 5-29 所示。U_o' 在电路中可以通过调零去掉。E_{no} 在估算最小输入光信号或计算光接收灵敏度时非常用。等效噪声输出电压计算公式为

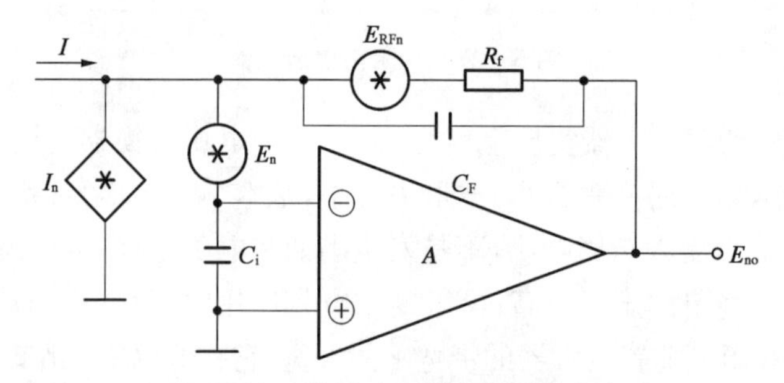

图 5-29 前置放大器噪声等效电路

$$E_{no}=\sqrt{E_{n1}{}^2+I_n^2R_f^2+4kTR_f\Delta f} \tag{5-55}$$

或写成

$$E_{no}=\sqrt{E_{n1}{}^2+E_{n2}^2+E_{n3}^2} \tag{5-56}$$

等效输入端噪声输入电流为

$$I_{ni}=\sqrt{I_{n1}{}^2+\frac{4KT}{R_f}+\left(\frac{E_{n1}}{R_f}\right)^2+\frac{(E_{n1}2\pi C_D\Delta f)^2}{3}} \tag{5-57}$$

式中，Δf 是系统噪声带宽，R_f 为反馈电阻，波尔滋曼常数 $K=1.38\times10^{-23}$，

E_{n1}，I_n 分别为运算放大器的输入电压噪声和电流噪声。$4kTR_f\Delta f$ 为反馈电阻的热噪声平方。

5.2.4　APD 光电转换电路

1) APD 工作原理与结构

尽管 PIN 管比 PD 有所改进，但由于耗尽区加宽而且反向偏压也不够高，故载流子的漂移时间势必要拉长，从而影响响应速度的进一步提高。另外，PIN 产生的光生电流很微弱，为了达到可供使用的程度，必然要对其进行多次放大。这样不可避免地要引进放大器的噪声，从而使接收机的信噪比降低。为了克服 PIN 的缺点，需进一步改进，使光生电流在其内部先进性放大，这就要求光电管具有雪崩增益作用。具有这种功能的光电管称为雪崩光敏二极管。

雪崩光电倍增管工作在反向偏压下，且反向偏压很高，可达 50～150 V。这样，在 PN 结内形成了一个强电场区。初始的载流子在经过这个强电场区时，在强电场的作用下获得很大动能，从而运动速度很高。载流子在高速运动过程中要与晶体的晶格发生碰撞作用，结果使价带的电子跃迁到导带上去，于是就产生了新的电子-空穴对。初始的和新生的电子或空穴，在强电场的作用下，又要碰撞别的原子进而产生新的电子-空穴对。经过多次碰撞电离后，便使载流子迅速增加，从而反向电流也迅速增大形成雪崩倍增效应，APD 就是利用雪崩倍增效应使光生电流达到很高的数值，电流增益可达 10^6。因此雪崩光电二极管是灵敏度很高的光电信息转换器件。

影响雪崩光电二极管工作的因素有：

(1) 雪崩过程伴有一定的噪声，并受温度的影响较大。

(2) 由于材料本身(特别是表面部分)具有一定的缺陷，使 PN 结的各区域电场分布不均匀，局部的高电场区首先发生击穿，使漏电流变大，这相当于增强了噪声。为避免这一情况发生，在选择材料和工艺上应该加以注意。

2) APD 光电探测电路设计

APD 微弱光电信号探测系统中接收机主要是将接收到的激光信号转换成电信号，APD 是电流型器件，即要进行跨阻放大，电压增益控制处理(见图 5－30)。APD 输出的电流信号仍然很小，不宜检测，因而令其经过一个高速跨

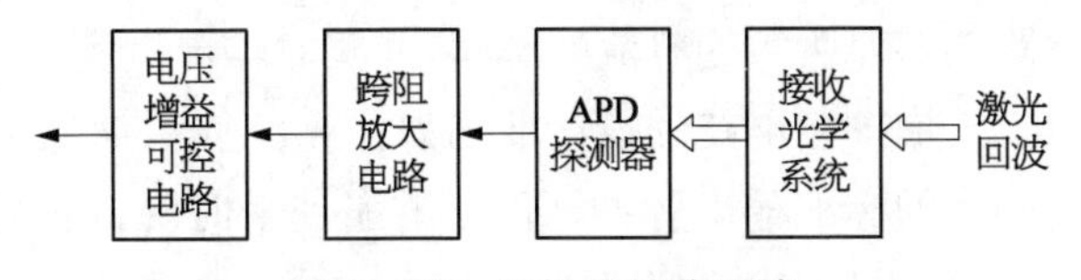

图 5－30　APD 光接收系统

阻放大电路，在这里不仅将 APD 探测器输出的电流信号进行放大，同时将电流信号转换为容易测量控制的电压信号；此时的电压依旧不够大，这就体现了电压增益可控电路的主要作用，将跨阻放大电路输出的电压信号进行第二次放大。

APD 信号处理电路可以分为两大部分：前期信号采集电路和后期信号处理电路。前期信号采集电路主要为 APD 在复杂多变环境下正常工作提供保障，使 APD 处于最佳增益状态下，以达到探测微弱光信号的目的；后期信号处理电路主要用于提取 APD 接收到的微弱信号，经过放大、滤波等处理后送入后期信号处理电路，进而完成相应的测量。从图 5-31 中可以看出：APD 为核心器件，APD 探测器将接收到的微弱激光回波信号转换成电信号；APD 左侧为前期信号采集部分，依据 APD 探测器工作原理、自身特性及外界影响因素分别设计了该部分电路；APD 右侧为后期信号处理部分，前置放大电路用于将 APD 输出的微弱电信号进行放大、滤波处理并提供给后期信号处理电路。

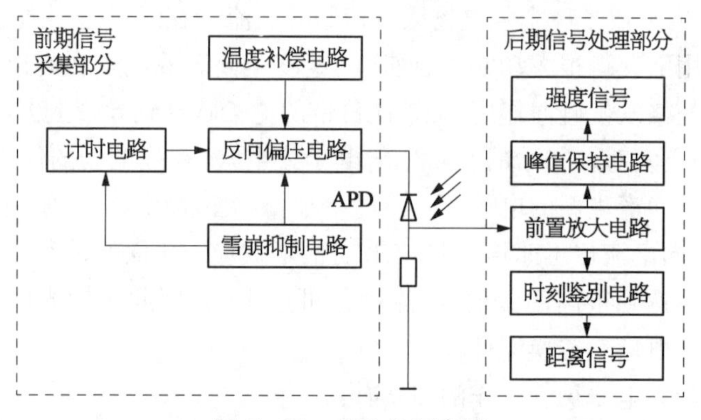

图 5-31　APD 处理电路

APD 正常工作时，需要配置合适的高反向偏置。反向偏置电压会引发雪崩效应，其雪崩增益可通过改变偏压来进行调节。不同的 APD 需要的偏置电压不同，不同环境温度下，需调整合适的偏置电压以达到最佳增益。很多 APD 需要 40～60 V 的偏压，有些器件甚至要求高达 80 V 的反向电压。另外，该增益还会随着温度的变化而改变，而且还要受到制造工艺的影响。因此，在一个典型系统中，如果要求 APD 工作于恒定增益，其高压偏置电源必须能够改变，以补偿因温度和制造工艺而造成的增益变化。

雪崩抑制电路能够监听雪崩电流的来路，并实时作出反应，进而达到探测和接收光子的效应。雪崩抑制电路的设计准则为：① 感应雪崩电流的前沿；② 产生与雪崩上升沿同步的标准输出脉冲；③ 在雪崩到来时降低偏置电压，使之低于雪崩电压，从而抑制雪崩；④ 重建偏置电压到雪崩电压之上，以探测下一个光子。雪崩抑制电路设计的好坏直接影响着APD的探测性能。

雪崩抑制电路的设计原理(见图5-32)：光子探测的准备阶段，APD和大电阻R_1串联等待光子事件的发生；光子触发阶段，光子到达APD接收光敏面并触发雪崩发生，这时，大电阻R_1分压事件发生，快感应级迅速的探测到R_1两端的电压降，并通过外围电路使抑制开关K_1闭合，进而拉低Q点电压到V_{Low}处，雪崩熄灭，达到雪崩抑制的目的，同时快感应级发出使能信号启动控制逻辑电路，同步计时电路启动，输出脉冲经过一个计时时间可变的计时电路进行计时，以使工作电压在一段时间内维持在熄灭水平。接着，脉冲通过复位电路使恢复开关K_2闭合、K_1断开，拉高Q点电压到V_H处，电路准备好进行下一次光子探测，雪崩抑制过程完成。增设可选门控制模块，可以通过门信号对雪崩进行抑制和恢复，这能极大减少噪声的影响。

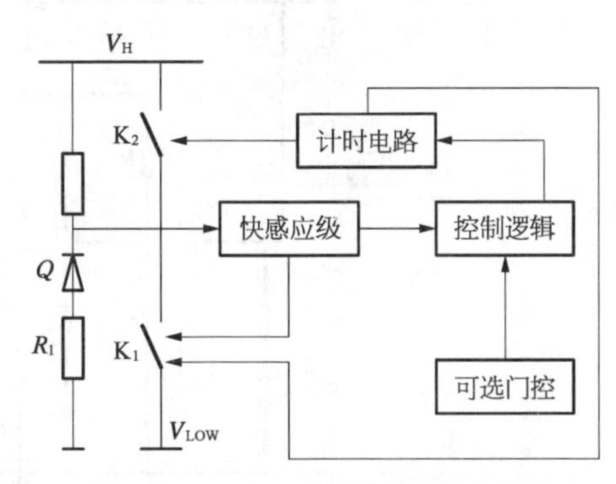

图5-32　无源-有源抑制电路原理

前置放大电路将接收到的光信号转换成电信号，并对电信号进行放大、滤波处理后提供给后续信号处理电路，它是整个后期信号处理系统的核心，它的性能好坏直接决定了目标距离像、强度像的好坏。实际工作过程中，光信号和电信号要受到很多噪声的干扰，通过一定的光学滤波手段可以滤去很多环境噪声，但是由于电路热噪声、光电探测器噪声等固有噪声的随机起伏是无法通过上述方法滤除的，再加之接收到的光信号和转换后的电信号通常都比较微弱，很容易淹没在各种噪声之中，所以在设计前置放大电路时，要尽量减少噪声，提高系统的信噪比。

电路的放大倍数、动态范围和带宽就成了APD处理电路设计中必须要考虑的关键指标。采用首级跨阻放大电路和末级AGC放大电路组合，中间加设一级无源低通滤波电路的设计思想，能很好地平衡了处理电路的放大倍数、动态范围和带宽之间的关系，设计了满足系统要求的APD处理电路。处理电路首级采用了跨阻放大电路，实现对APD微弱光信号的I/V转换，同时将回波光信号和噪声信号放大，但放大倍数有限且可调，使得回波信号没有淹没在噪声里，而且还限制了噪声信号的放大，在信号与噪声的竞争中，做出了合理的匹配。首级跨阻放大电路采用分立器件搭建，分别由4个三极管组成，输入、输出端三极管共集电极接入，使得整体电路高阻抗输入、低阻抗输出，电路效应最佳化。级间采用电抗性耦合方式，隔离了各级静态工作点，减少了静态工作点因环境变化而引起漂移的影响。电路中去噪电容的加入有效地减少了电路噪声扰动。具体的放大电路如图 5 - 33 所示。放大电路通频带的设计直接影响电路的性能,频带设计得过大会将过多的噪声引入电路,噪声滤除效果差;频带设计得过小能够达到很好的滤除噪声效果,但同时也会将一部分有用信号滤除掉。系统频带带宽的设计原则是:在保证信号不失真的前提下尽可能压缩带宽。

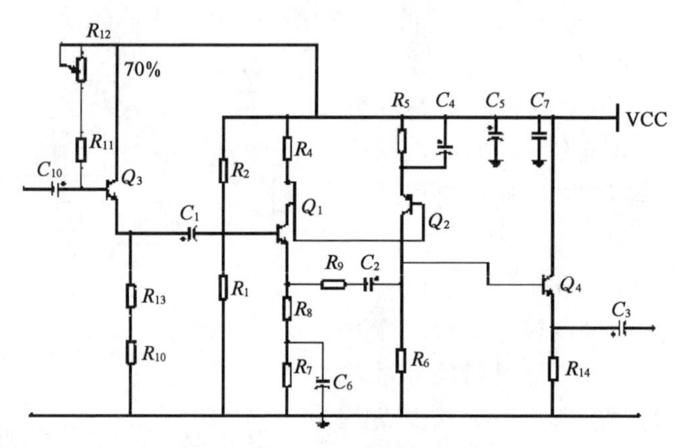

图 5 - 33 APD 前置放大电路

5.3 光接收机系统

在光电检测系统中,光接收机是系统最主要的功能部件。如何设计一个能够满足系统性能要求、结构简单、成本低的光接收机是非常必要的。把被测信号加载于光载波有多种方法,如强度调制、频率调制、相位调制和偏振调制等。光接收机根据光波对信息信号(或被测未知量)的携带方式可分为直接检测(非相干检测)系统和光外差检测(相干检测)系统。直接检测方式都是利用光源出射光束的强度去携带信息,光电检测器直接把接收到的光强度变化转换为电信号变化,最后通过信号处理获得被测信息。光外差检测方式则是利用光波的频率、相位等来加载信息,检出信息时需光干涉,将频率或相位的变化转换为光强的变化,最后通过光电探测器进行探测、处理。

5.3.1 光直接接收机

与光外差检测法相比,光电直接检测是一种简单而又实用的方法,现有的各种光检测器都可用于这种检测方法。所谓光电直接检测是将待测光信号直接入射到光检测器光敏面上，光检测器响应于光辐射强度（幅度）而输出相应的电流或电压。一种典型的直接检测系统模型如图 5-34 所示。

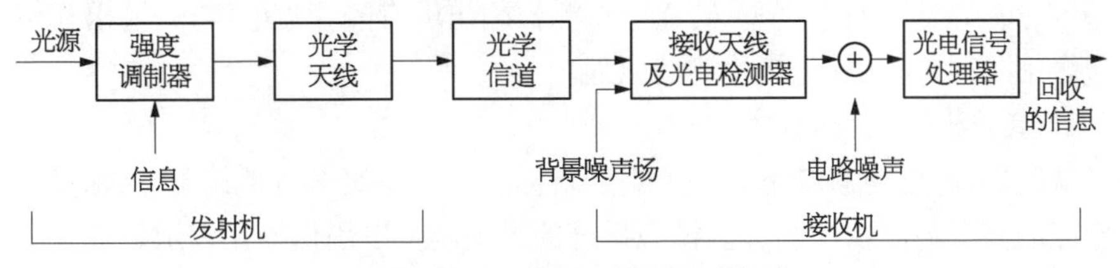

图 5-34　强度调制直接探测模型

检测系统可经光学天线或直接由检测器接收光信号，在其前端还可以经频率（如滤光片）和空间滤波（如光阑）等处理。接收到的光信号入射到光探测器的光敏面；同时，光学天线也接收到背景辐射，并与信号光一起入射到光电探测器的光敏面上。

假定入射的信号光电场为 $E_s(t)=A\cos\omega t$，A 是信号光电场振幅，ω 是信号光的频率。平均光功率为

$$P_s=\overline{E_s^2(t)}=A^2/2 \tag{5-58}$$

光电探测器输出的电流为

$$I_s=\alpha P_s=\frac{e\eta}{2h\nu}A^2 \tag{5-59}$$

式中，$\overline{E_s^2(t)}$ 表示 $E_s^2(t)$ 的时间平均值；α 为光电变换比例常数，且有

$$\alpha=\frac{e\eta}{h\nu} \tag{5-60}$$

若光电探测器的负载电阻为 R_L，则光电探测器输出的电功率为

$$P_o=I_s^2R_L=\left(\frac{e\eta}{h\nu}\right)^2P_s^2R_L \tag{5-61}$$

式(5-61)说明，光电探测器输出的电功率正比于入射光功率的平方。从这里可以看到光电探测器的平方律特性，即光电流正比于光电场振幅的平方，电输出功率正比于入射光功率的平方。如果入射光是调幅波，即

$$E_s(t)=A[1+d(t)]\cos\omega t \tag{5-62}$$

式中，$d(t)$ 为调制信号。仿照式(5-59)的推导可得

$$I_s = \frac{1}{2}\alpha A^2 + \alpha A^2 d(t) \tag{5-63}$$

式中,右边第一项为直流项。若光电探测器输出端有隔直流电容,则输出光电流只包含第二项,这就是包络检测的原理。

1) 直接检测系统的信噪比

众所周知,任何系统都需一个重要指标——信噪比来衡量其质量的好坏,其灵敏度的高低与此密切相关。模拟系统的灵敏度可以用信噪比表示。

设入射到光检测器的信号光功率为 P_s,噪声功率为 P_n;光检测器输出的信号电功率为 P_o,输出的噪声功率为 P_{no},有

$$P_o + P_{no} = \left(\frac{e\eta}{h\nu}\right)^2 R_L(P_s + P_n)^2 = \left(\frac{e\eta}{h\nu}\right)^2 R_L(P_s^2 + 2P_sP_n + P_n^2) \tag{5-64}$$

考虑到信号和噪声的独立性,则有

$$P_o = \left(\frac{e\eta}{h\nu}\right)^2 R_L P_s^2,\ P_{no} = \left(\frac{e\eta}{h\nu}\right)^2 R_L(2P_sP_L + P_n^2) \tag{5-65}$$

根据信噪比的定义,则输出功率信噪比为

$$(SNR)_P = \frac{P_o}{P_{no}} = \frac{P_s^2}{2P_sP_n + P_n^2} = \frac{P_s^2}{1 + 2P_sP_n + P_n^2} + \frac{(P_s/P_n)^2}{1 + 2\left(\frac{P_s}{P_n}\right)} \tag{5-66}$$

从上式可以看出

(1) 若 $P_s/P_n \ll 1$,则有

$$(SNR)_P \approx \left(\frac{P_s}{P_n}\right)^2 \tag{5-67}$$

这说明输出信噪比等于输入信噪比的平方。由此可见,直接检测系统不适用于输入信噪比小于 1 或者微弱光信号的检测。

(2) 若 $P_s/P_n \gg 1$,则有

$$(SNR)_P \approx \frac{1}{2}\frac{P_s}{P_n} \tag{5-68}$$

这时输出信噪比等于输入信噪比的一半,即经光电转换后信噪比损失了 3 dB,这在实际应用中是可以接受的。

从以上的讨论可知，直接检测方法不能改善输入信噪比，与后面将讨论的光外差检测方法相比，这是它的弱点。但它对不是十分微弱光信号的检测则是很适宜的检测方法。这是由于这种检测方法比较简单，易于实现，可靠性高，成本较低，所以得到广泛应用。

2）直接检测系统的检测极限

如果考虑直接系统存在所有噪声，则检测出噪声总功率为

$$P_{no}=(\overline{i_{NS}^2}+\overline{i_{NB}^2}+\overline{i_{ND}^2}+\overline{i_{NT}^2})R_L \tag{5-69}$$

式中，$\overline{i_{NS}^2}$，$\overline{i_{NB}^2}$，$\overline{i_{ND}^2}$ 分别为信号光、背景光和暗电流引起的噪声。$\overline{i_{NT}^2}$ 为负载电阻和放大器热噪声之和。则输出信号噪声比为

$$(SNR)_P=\frac{P_o}{P_{no}}=\frac{(e\eta/h\nu)^2P_s^2}{\overline{i_{NS}^2}+\overline{i_{NB}^2}+\overline{i_{ND}^2}+\overline{i_{NT}^2}} \tag{5-70}$$

当热噪声是直接检测系统的主要噪声源，而其他噪声可以忽略时，可以说直接检测系统受热噪声限制，此时的信噪比为

$$(SNR)_P=\frac{(e\eta/h\nu)^2P_s^2}{4kT\Delta f/R} \tag{5-71}$$

当散粒噪声远大于热噪声时，热噪声可以忽略，则直接探测系统受散粒噪声限制，此时的信噪比为

$$(SNR)_P=\frac{(e\eta/h\nu)^2P_s^2}{\overline{i_{NS}^2}+\overline{i_{NB}^2}+\overline{i_{ND}^2}} \tag{5-72}$$

当背景噪声是直接探测系统的主要噪声源，而其他噪声可以忽略时，可以说直接探测系统受背景噪声显示，这时的信噪比为

$$(SNR)_P=\frac{(e\eta/h\nu)^2P_s^2}{2e\Delta f\left(\dfrac{e\eta}{h\nu}P_B\right)}=\frac{\eta}{2h\nu\Delta f}\,\frac{P_s^2}{P_B} \tag{5-73}$$

当入射的信号光波所引起的散粒噪声是直接检测系统的主要噪声源，而其他噪声可以忽略时，可以说直接探测系统受信号噪声限制，此时的信噪比为

$$(SNR)_P=\frac{\eta P_s}{2h\nu\Delta f} \tag{5-74}$$

该式为直接检测在理论上的极限信噪比，也称为直接检测系统的量子极限。若用等效噪声功率 NEP 值表示，在量子极限下，直接检测系统理论上可测量的最

小功率为

$$(NEP)_{量} = \frac{2h\nu\Delta f}{\eta} \tag{5-75}$$

假定探测器的量子效率 $\eta = 1$，测量带宽 $\Delta f = 1$ Hz，由式(5-75)得到系统在量子极限下的最小可检测功率为 $2h\nu$，此结果已接近单个光子的能量。

应当指出，式(5-74)、式(5-75)是直接检测系统在理想状态下得到的，即系统内部的噪声都抑制到可以忽略的程度时的结果。但在实际的直接检测系统中，很难达到量子极限检测。因为实际系统的视场不可能是衍射极限对应的小视场，于是背景噪声也不可能为零，任何实际的光电探测器总会有噪声存在，光电探测器本身具有电阻以及负载电阻等都会产生热噪声，放大器也不可能没有噪声。

但是，如果使系统趋近量子极限则意味着信噪比的改善。可行的方法就是在光电检测过程中利用光电探测器的内增益获得光电倍增。例如对于光电倍增管，由于倍增因子 M 的存在，信号功率在增加 M^2 的同时，散粒噪声功率也倍增 M^2 倍，则式(5-70)变为

$$(SNR)_{P} = \frac{(e\eta/h\nu)^2 P_s^2 M^2}{[\overline{i_{NS}^2} + \overline{i_{NB}^2} + \overline{i_{ND}^2}]M^2 + \overline{i_{NT}^2}} \tag{5-76}$$

当 M^2 很大时，热噪声可以忽略。如果光电倍增管加制冷、屏蔽等措施以减小暗电流及背景噪声，光电倍增管达到散粒噪声限是不难的。在特殊条件下，它可以趋近量子限。人们曾用光电倍增管测到 10^{-19} W 光信号功率。需要注意的是，应选用无倍增因子起伏的内增益器件，否则倍增因子的起伏又会在系统中增加新的噪声源。

通常在直接检测系统中，光电倍增管、雪崩光电二极管的检测能力高于一般的光电探测器。采用有内部增益的光电探测器可以使直接检测系统趋近检测极限，但由于内部增益过程将同时使噪声增加，因此存在一个最佳增益系数。

5.3.2 光外差接收机

光频外差探测是将包含有被测信息的相干光调制波和本机振荡光波，在满足前匹配的条件下，在光电探测器上进行光学混频，光电探测器输出频率为两光波频率差的拍频号，输出信号包含有调制信号的振幅、频率和相位等特征。通过对拍频信号的分析，最终可解调出被检测信息。

光频外差探测原理与微波外差探测的原理相似，又称为光外差探测。但由

于光波比微波的波长短 $10^3 \sim 10^4$ 数量级，因而其测量精度也比微波高 $10^3 \sim 10^4$ 数量级。相对于直接探测，光外差探测具有灵敏度高（比直接探测系统高 7～8 个数量级）、输出信噪比高、精度高、探测目标作用距离远等优点，在光学精密测量中得到了广泛的应用。

5.3.2.1　光外差探测的原理与条件

光电二极管等光电探测器的光照特性具有平方律的性质，即输出光电流 $I_\varnothing$ 和输入光振幅 E 的平方成正比：

$$I_\varnothing = SE^2 \tag{5-77}$$

式中，S 为光电探测器的光电灵敏度。

光学外差探测的原理，如图 5-35(a)所示。设入射信号光波的复振幅和本机振荡的参考光波的复振幅分别为 $E = A_S \sin(\omega_S t + \varphi_S)$，$E = A_0 \sin(\omega_0 t + \varphi_0)$，则光电探测器输出的光电流为

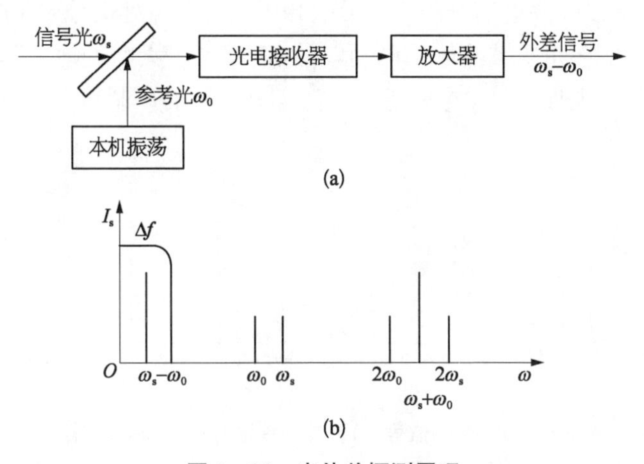

图 5-35　光外差探测原理

(a) 原理；(b) 频谱分布

$$\begin{aligned} I_\varnothing &= S(E_s + E_0)^2 = S[A_S \sin(\omega_S t + \varphi_S) + A_0 \sin(\omega_0 t + \varphi_0)]^2 \\ &= S\Big\{ \frac{A_S^2 + A_0^2}{2} - \frac{A_S^2}{2}\cos(\omega_S + \varphi_S) - \frac{A_0^2}{2}\cos(\omega_0 + \varphi_0) - \\ &\quad 2A_S A_0 \cos[(\omega_S + \omega_0)t + (\varphi_S + \varphi_0)] + \\ &\quad 2A_S A_0 \cos[(\omega_S - \omega_0)t + (\varphi_S - \varphi_0)] \Big\} \end{aligned} \tag{5-78}$$

由式(5-78)可知，在输出信号中，除直流分量外，在交变分量中包含有 $2\omega_S$，$2\omega_0$，$(\omega_S + \omega_0)$ 和 $(\omega_S - \omega_0)$ 等 4 个谐波成分。它们的频谱分布表示在图 5-35

(b)中。但只要 ω_S 和 ω_0 比较接近,则 $(\omega_S-\omega_0)$ 就比较小,因而处于光电探测器的上限截止频率之内。其余的倍频项与和频项,会远远超出通频带之外。所以,光电探测器件能单独分离出差频信号分量,因此,式(5-78)可简化为

$$I_{\varnothing}=2A_SA_0\cos[(\omega_S-\omega_0)t+(\varphi_S-\varphi_0)]=2A_SA_0(\Delta\omega+\Delta\varphi) \quad (5-79)$$

式中,$\Delta\omega=\omega_S-\omega_0=2\pi(f_S-f_0)$,$f_S$ 和 f_0 是对应的光波频率;$\Delta\varphi=\varphi_S-\varphi_0$ 为双频光波的相位差。式(5-79)即为光学拍频的表达式。

在外差干涉信号中,参考光束(又称为本机振荡光束或简称本振光)是两相干光的光频率和相位的比较基准。信号光可以是由本振光分束后经调制形成的,也可以采用独立的相干光源保持与本振光波的频率跟踪和相位同步。前者多用于干涉测量,后者用于相干通信。不论哪种方式,由式(5-79)可知,在保持本振光的 A_0,f_0,φ_0 不变的前提下,拍频信号的振幅 A_SA_0、频率 $\Delta f=f_S-f_0$ 和相位 $\Delta\varphi=\varphi_S-\varphi_0$ 可以分别表征信号光波的特征参量 A_S,f_S 和 φ_S,也就是说,拍频信号能以时序电信号的形式反映相干场上各点处信号波长的波动性质。即使是信号光的参量受被测信号调制,外差信号也能无畸变地精确复制这些调制信号。设信号光振幅 A_S 受频谱如图 5-36(a)中的调制信号 $F(t)$ 的调幅,则式(5-79)中的 $A_S(t)$ 为

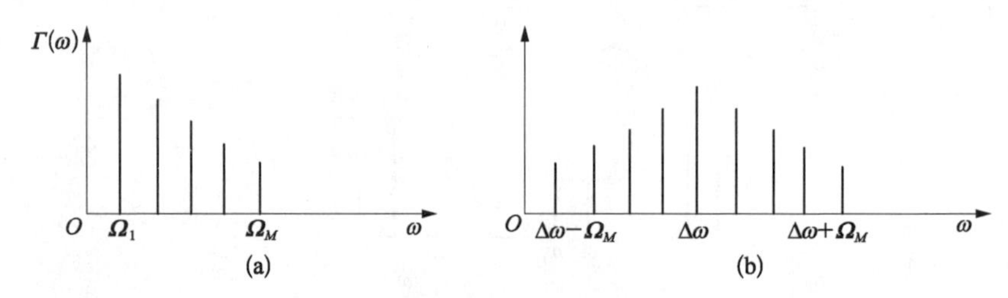

图 5-36 调幅信号(a)及其外差信号(b)的频谱变换

$$A_S(t)=A_N[1+F(t)]=A_N\left[1+\sum_{N=1}^{M}m_N\cos(\Omega_Nt+\varphi_N)\right] \quad (5-80)$$

式中,A_N 是调制信号的振幅;m_N,Ω_N 和 φ_N 分别是调制信号各频谱分量的调制度、角频率和相位。将式(5-80)代入式(5-79)中,可得外差信号为

$$\begin{aligned}I_{\varnothing}&=SA_0A_N\left[1+\sum_{N=1}^{M}m_N\cos(\Omega_Nt+\varphi_N)\right]\cos(\Delta\omega+\Delta\varphi)\\&=SA_0A_N\cos(\Delta\omega+\Delta\varphi)+SA_0A_N\sum_{N=1}^{M}\frac{m_N}{2}\cos[(\Delta\omega+\Omega_N)t+(\Delta\varphi+\varphi_N)]+\\&\quad SA_0A_N\sum_{N=1}^{M}\frac{m_N}{2}\cos[(\Delta\omega-\Omega_N)t+(\Delta\varphi-\varphi_N)]\end{aligned} \quad (5-81)$$

它的频谱分布如图 5-36(b)所示。由此可见,信号光波振幅上所加载的调制信号,双道带地转换到外差信号上去。对其他种调制方式,也有类似的结果,这是直接探测所不可能达到的。在特殊的情况下,若使本振光频率和信号光频率相同,则式(5-81)变为

$$I_{\emptyset} = SA_{S}A_{0}\cos\Delta\varphi \tag{5-82}$$

式(5-82)就是零差探测的信号表达式。式中的 A_S 项也可以是调制信号,例如,在式(5-80)所表示的调幅波的情况下,可进一步得零差探测信号为

$$I_{\emptyset} = SA_{0}A_{N}\cos\Delta\varphi + SA_{0}A_{N}\sum_{N=1}^{M}\frac{m_N}{2}\cos(\Omega_N t + \varphi_N + \Delta\varphi) + SA_{0}A_{N}\sum_{N=1}^{M}\frac{m_N}{2}\cos(\Omega_N t + \varphi_N - \Delta\varphi) \tag{5-83}$$

令 $\Delta\varphi = 0$,可得到

$$I_{\emptyset} = SA_{0}A_{N}\left[1 + \sum_{N=1}^{M} m_N\cos(\Omega_N t + \varphi_N)\right] \tag{5-84}$$

式(5-84)表明,零差探测能无畸变地获得信号的原形,只是包含本振光振幅的影响。此外,在信号光不做调制时,零差信号只能反映相干光振幅和相位的变化,而不能反映频率的变化,这也就是单一频率双光束干涉,相位调制形成稳定干涉条纹的工作状态。

5.3.2.2　光外差探测的条件

1) 光外差探测的空间条件

前面曾假设信号光束和本振光重合,并垂直入射到光混频表面上,也就是信号光和本振光的波前在光混频器表面上保持相同的位相关系,并根据这个条件导出了通过带通滤波器的瞬时中频电流。由于光辐射的波长比光混频的尺寸小得多,实际上光混频是在一个个小面积元上发生的,即总的中频电流等于混频器表面上每一微分面积所产生的微分中频电流之和。很显然,只有当这些微分中频电流保持恒定的相位关系时,总的中频电流才会达到最大值。这就要求信号光和本振光的波前必须重合,也就是说,必须保持信号光和本振光在空间上的角准直。

设信号光与本振光都是平面波。如图 5-37 所示,信号波前和本振光波前有一夹角。为了简单起见,假定光探测器的光敏面是边长为 d 的正方形。在分析中,假定本振光垂直入射,由于信号光与本振光波前有一失配角 θ,故信号光斜入射到光探测器表面,同一波前到达探测器光敏面的时间不同,可等

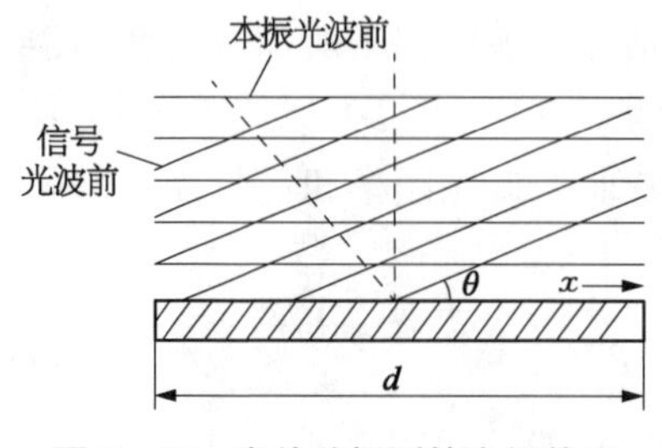

图 5-37　光外差探测的空间关系

效于在 x 方向以速度 v 行进，所以在光探测器光敏面不同点处形成波前相差，故可将信号光写为

$$E_S(t) = A_S\cos(\omega_S t + \varphi_S - 2\pi\sin\theta/\lambda_S \cdot x) \tag{5-85}$$

式中，λ_S 是信号光波长，令 $\beta_1 = 2\pi\sin\theta/\lambda_S$，则上式可写成

$$E_S(t) = A_S\cos(\omega_S t + \varphi_S - \beta_1 x) \tag{5-86}$$

由于 β_1 是混合点偏离原点而引入的相位延迟，这样，光混频输出的瞬时光电流为

$$i_{\varnothing}(t) = S\int_{-d/2}^{d/2}\int_{-d/2}^{d/2}\left[A_S\cos\left(\omega_S t + \varphi_S - \frac{2\pi\sin\theta}{\lambda_S}x\right) + A_0\cos(\omega_0 t + \varphi_0)\right]\mathrm{d}x\mathrm{d}y \tag{5-87}$$

经中频滤波后输出的瞬时中频电流为

$$i_M(t) = S\int_{-d/2}^{d/2}\int_{-d/2}^{d/2}\left\{A_S A_0\cos\left[(\omega_0 - \omega_S)t + (\varphi_0 - \varphi_S) + \frac{2\pi\sin\theta}{\lambda_S}x\right]\right\}\mathrm{d}x\mathrm{d}y \tag{5-88}$$

计算可得到

$$i_M = Sd^2 A_S A_0\cos[(\omega_0 - \omega_S)t + (\varphi_0 - \varphi_S)]\frac{\sin d\beta_1/2}{d\beta_1/2} \tag{5-89}$$

式中，S 是光电灵敏度，由于 $\beta_1 = 2\pi\sin(\theta/\lambda_S)$，因此瞬时中频电流的大小与失配角 θ 有关。显然，当式(5-89)中的因子 $\sin(d\beta_1/2)/(d\beta_1/2) = 1$ 时，瞬时中频电流达到最大值，此时要求 $(d\beta_1/2) = 0$，也就是失配角 $\theta = 0$。但是，实际中 θ 很难调整到零。为了得到尽可能大的中频输出，总是希望因子 $\sin(d\beta_1/2)/(d\beta_1/2)$ 尽可能接近于1，要满足这一条件，只有 $(d\beta_1/2) \ll 1$，因此

$$\sin\theta \ll \lambda_S/(\pi d) \tag{5-90}$$

式(5-90)反映了信号光和本振光在空间上的角准直要求。失配角 θ 与信号光波长λ成正比，与光混频器的尺寸 d 成反比，即波长越长，光电探测器尺寸越小，所容许的失配角就越大。如 $d = 1$ mm，当 $\lambda_S = 0.63\ \mu$m 时，$0 < \theta < 41''$；当 $\lambda_S = 10.6$ m 时，$\theta < 11'36''$。由此可见，外差探测的空间准直要求是十分苛刻

的。波长越短，空间准直要求越苛刻。也正是这一严格的空间准直要求，使得外差探测具有很好的空间滤波性能。

2）光外差探测的频率条件

除要求信号光和本振光必须保持空间准直、共轴以外，还要求两者具有高度的单色性和频率稳定度。光外差探测是两束光波叠加后产生干涉的结果，这种干涉取决于信号光和本振光的单色性，即激光源的相干性要好。

信号光和本振光的频率漂移如不能限制在一定范围内，则光外差探测系统的性能就会变坏。因为如果信号光和本振光的频率相对漂移很大，两者频率之差就有可能超过中频滤波器带宽，从而使光混频器之后的前置放大和中频放大电路对中频信号不能正常地加以放大。所以，光外差探测系统需要采用专门的措施来稳定信号光和本振光的频率和相位。通常，两束光取自同一激光器，通过频率偏移取得本振光，而被测量调制变换后的光波作为信号光。

3）光外差探测的偏振条件

在光混频器上要求信号与本振光的偏振方向一致。一般情况下，偏振条件都是通过在光电探测器前放置检偏器来实现的。让两束光信号中偏振方向与检偏器透光方向相同的信号分量通过，以获得两束偏振方向一致的光信号。

由上述内容可知，为形成光学差频，对光波的单色性、偏振方向、入射光通量的数值以及光电探测器的光敏面积均有严格要求。

5.3.2.3　光学多普勒差频探测法

运动物体能改变入射于其上的波的性质（例如波动频率），这种现象称为多普勒效应。对入射光波光频的影响，则称为光学多普勒频移。某一频率的单色光作用在速度为 v 的运动物体上，被物体散射的光辐射频率 f_S 会产生附加的频率偏移 Δf，Δf 与散射方向和物体的运动速度有关：

$$\Delta f = f_S - f_0 = \frac{1}{\lambda}[v \cdot (r_S - r_0)] \tag{5-91}$$

式中，v 是物体运动速度；$(r_S - r_0)$ 是散射接收方向 r_S 和光束入射方向 r_0 的矢量差，称为多普勒强度方向。式(5-91)表明，多普勒频移的大小等于散射物体的运动速度在多普勒强度方向上的分量和入射光波长值的乘积，如图 5-38(a)所示。

在特殊情况下，当 $r_S = -r_0$ 时，如图 5-38(b)所示，有 $(r_S - r_0) = 2r_0$，代入式(5-91)有 $\Delta f = \pm 2v/\lambda$。在一般情况下，若 v 和 r_0 夹角为 α，而 r_0 和 r_S 夹角为 θ，如图 5-38(c)所示，则式(5-91)可改写为

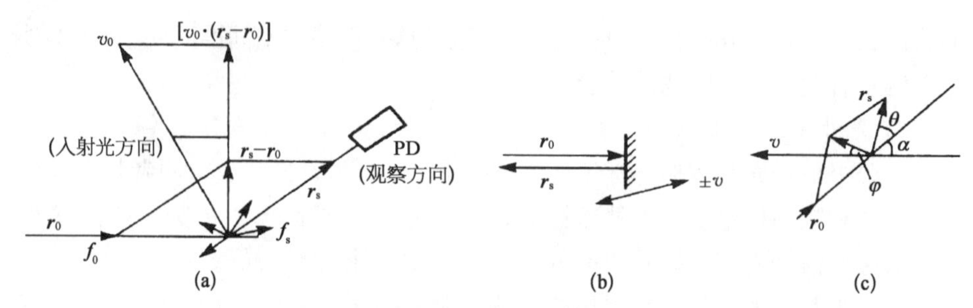

图 5-38 光学多普勒效应

$$\Delta f = 2v/\lambda \cdot \sin\theta/2 \cdot \sin\left(\alpha + \frac{\theta}{2}\right) \tag{5-92}$$

式(5-92)是多普勒测速的基本公式。当和 r 相对 v 对称布置,并且满足 $\alpha + \theta/2 = 90°$ 时,则式(5-92)可变为如下的简单形式:

$$\Delta f = 2v/\lambda \cdot \sin\theta/2 \quad 或 \quad v = \Delta f \cdot \lambda/(2\sin\theta/2) \tag{5-93}$$

式(5-93)直接说明,被测速度 v 与频差值 f 成正比。例如,对于 $\lambda = 0.488\ \mu m$ 的氩离子激光器,当 $\theta = 85°$ 时,若 $\Delta f = 77$ MHz,则被测速度为 264 m/s。

式(5-93)表示的光学差频的应用实例是双频激光干涉仪,它的原理如图 5-39 所示。

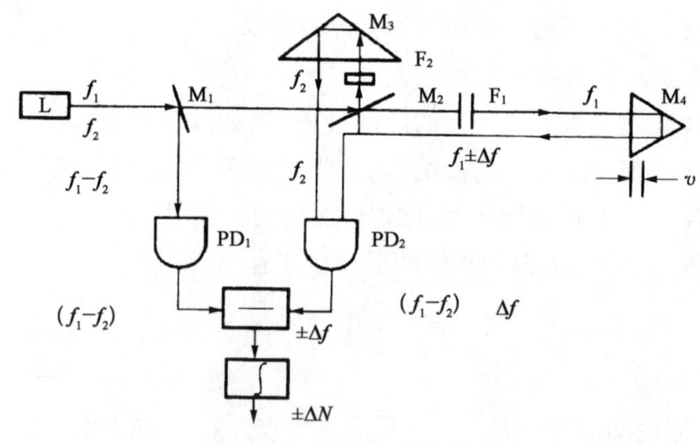

图 5-39 双频干涉仪原理

在图 5-39 中,双频激光装置 L 产生频率相差几兆赫兹的两种频率的激光 f_1 和 f_2。它们在基准光束分光镜 M_1 上分光为两束:一束为反射光,在光检测器 PD_1 混频得到两光频的差频信号作为参考信号;另一束为透射光,受干涉反射镜 M_2 反射,经光学滤光器 F_2 得到 f_2 的单频激光,它由参考用角反射镜 M_3 反射后,成为干涉仪的参考光束。透过 M_2 的光束经光学滤波器 F_1 后得到 f_1

的单频激光，经测量用角反射镜 M_4 的反射，附加了镜面运动引起的多普勒频移 Δf，以 $f_1 \pm \Delta f$ 的光频，在光检测器 PD_2 中和参考光频 f_2 相混频，得到光学差频信号为 $f_2-(f_1 \pm \Delta f)=(f_2-f_1) \pm \Delta f$，这相当于多普勒频移 Δf 对光学差频 (f_2-f_1) 的频率调制。光学差频 f_2-f_1 频率已进入到电信号处理的通频带内。因此将 PD_1 和 PD_2 中检测到的两路光拍频信号经过电信号混频或做频率计数相减运算，即可得到表征物体运动速度的差频信号 Δf，并由 $\Delta f = \pm 2/\lambda \cdot \Delta v$。若用积分器累加差频信号的相位变化，或者计数差频信号的波数 N，可得

$$N=\int_0^t \Delta f \mathrm{d}t=\int_0^t \frac{2v}{\lambda}\mathrm{d}t=\frac{2}{\lambda}\int_0^t v\mathrm{d}t=\frac{2}{\lambda}L \tag{5-94}$$

式中，$\int_0^t v\mathrm{d}t=L$ 为运动物体的位移，并进一步有

$$L=\lambda/2 \cdot N \tag{5-95}$$

式(5-95)就是双频干涉测长装置的测量公式。由式(5-95)可知，长度信息是加载在光频 f_2-f_1 上的。因此，即使光强度有所变化，也不会反映到测长误差中。这种方法比零差测量的抗干扰性能更好。这种系统的优点在于，整个系统中的信号是在固定频率偏差 f_2-f_1 的状态下工作的，这就克服了常规干涉仪中采用直流零频系统所固有的通道耦合复杂、长期工作漂移等不稳定因素，从而提高了测量精度和对环境条件的适应能力。通常，在频差为 10～50 MHz 激光稳频度为 10^{-8} 时，能得到小于 0.01 μm 的灵敏度和 0.1 μm 的测长精度。

式(5-92)与式(5-93)也是激光流速测量的基本关系式，当用激光束照射流动的散射粒子时，被运动粒子散射的激光束被流动速度频率调制，形成运动光调制信号，与参考光波混频后得到光拍频信号，经计算即能解调出被测的流速分量，其信号处理流程如图 5-40 所示。差频信号的形成是由于被测信息对光波的频率调制后，与其自身干涉所形成的，所以称为自差式光学差频探测。

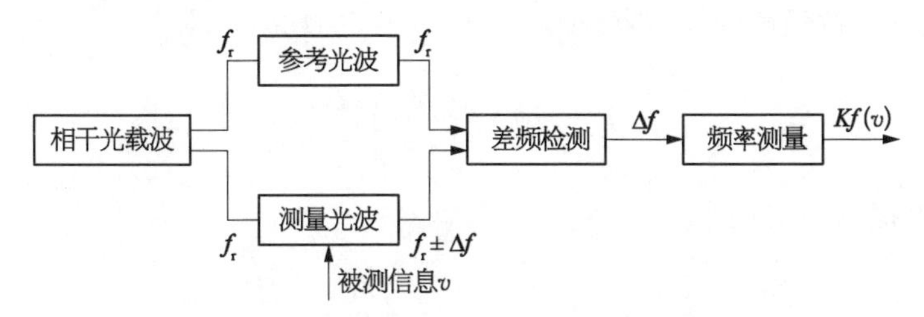

图 5-40　外差式光学差频探测信号流程

5.3.3 直接探测法与外差探测的比较

1. 从探测能力与信息容量方面比较

光波的振幅、相位及频率的变化，都会引起光电探测器的输出。在光外差探测中，光电探测器输出的中频光电流的振幅、频率和相位，都随信号光的振幅、频率和相位的变化而变化，使我们能把频率调制和相位调制的信号光像幅度调制或强度调制一样进行解调。因此，光外差探测不仅能够检测出振幅和强度调制的光波信号，而且还可以检测出相位和频率调制的光波信号，比直接探测法的探测能力强，可获得全部信息，而具有更大的信息容量。所以，它是测试光的波动性的一种非常有效的方法，是非相干直接探测所无法比拟的。

2. 从转换增益与灵敏度方面比较

外差探测时，经光电探测器输出的电流幅值为

$$I_{\varnothing m}=SA_{S}A_{0}=2S\sqrt{P_{S}P_{0}} \tag{5-96}$$

式中，P_S 和 P_0 分别为信号光和本振光的功率。

在同样信号光 P_S 条件下，光外差探测与直接探测所得到的信号功率为

$$G=\frac{I_{\varnothing m}^{2}}{I_{ds}^{2}}=\frac{4S^{2}P_{S}P_{0}}{S^{2}P_{S}^{2}}=\frac{4P_{0}}{P_{S}} \tag{5-97}$$

式中，G 为转换增益。由于相干探测中本振光的功率 P_0 远大于接收到的信号光功率 P_S，且通常高几个数量级，因此光外差探测的转换增益 G 可高达 10^8 数量级。也就是说，外差探测的转换增益与灵敏度高，比直接探测高 7～8 个数量级。

3. 从输出信噪比与弱光信号探测方面比较

由式(5-96)可知，外差信号电流均方功率为

$$\overline{I}_{\varnothing m}^{2}=2\left(\frac{\eta q}{h\nu}\right)^{2}P_{S}P_{0} \tag{5-98}$$

对于受限于散粒噪声的探测器，$P_0 \gg P_S$，噪声的均方功率为

$$\overline{I}_{n}^{2}=2q\Delta f\left(\frac{\eta q}{h\nu}\right)P_{0} \tag{5-99}$$

因此，外差探测的信噪比为

$$SNR_{h}=\frac{\overline{I}_{\varnothing m}^{2}}{\overline{I}_{n}^{2}}=\frac{\eta P_{0}}{h\nu\Delta f} \tag{5-100}$$

最小可探测入射功率 P_{hmin} 为

$$P_{\mathrm{hmin}}=\frac{h\nu}{\eta}\Delta f \tag{5-101}$$

与直接探测最小可探测入射功率相比，有

$$\frac{P_{\mathrm{dmin}}}{P_{\mathrm{hmin}}}=2\left(\frac{I_d}{\Delta f q}\right)^{1/2} \tag{5-102}$$

通常情况下，$P_{\mathrm{dmin}} \gg P_{\mathrm{hmin}}$。这表明外差探测可以检测到更小的入射光功率，因此有利于弱光信号的探测。即差频探测比直接探测的输出信噪比高，弱光信号探测能力强。

4. 从滤波性能与电子放大器噪声方面比较

为了形成外差信号，要求信号光和本振光空间方向严格对准。背景光入射方向是杂乱的，且偏振方向不确定，不能满足空间调准要求，从而就不具备光外差探测优良的空间滤波能力。另一方面，只要两束相干光波频率是稳定的，当检测通道的通频带刚好覆盖有用的外差信号的频谱范围时，则在此通带外的杂散光，即使形成拍频信号也将被滤掉。因此，外差探测系统也具有良好的光谱滤波性能。如果取差频信号宽度 $(\omega_S-\omega_0)/(2\pi)$ 为探测器后面放大器的通频带 Δf，即 $\Delta f=(\omega_S-\omega_0)/(2\pi)=f_S-f_0$。因此，只有与本振光混频后的外差信号落在此频带内所对应的杂散光，才可以进入系统。而其他杂散光所形成的噪声均能被放大器滤掉。所以在相干检测系统中可以忽略电子放大器的噪声，而在直接探测法系统中必须要考虑电子放大器的噪声。

5. 从所使用的光源与所调制的光波参量方面比较

直接探测法可以用非相干光源，如各种自然光源、LED 等；也可用相干光源，如各种激光器。而相干探测则只能用相干光源。直接探测法仅利用光束的强度去携带信息，而相干探测法可用光波的振幅、频率和相位等来携带信息。

6. 从探测极限、精度与距离方面比较

一般的，相干探测法比直接探测法具有更低的探测极限，而相干探测法的测量精度优于直接探测法 $10^7 \sim 10^8$ 数量级。通常，在紫外和可见光波段，已有灵敏度很高的探测器，因而可用直接探测方法实现量子限探测；而在红外波段，则缺少灵敏度高的光电探测器，只有相干探测法才能实现量子限探测。

相干探测法探测目标的作用距离比直接探测法远，但它在远距离的大气中的光通信受到限制，因为激光受大气湍流效应的影响，破坏了激光的相干性。而在外层空间，特别是卫星间的通信，相干探测已达到实用阶段。

7. 从稳定可靠性方面比较

外差信号通常是交变的射频或中频信号，并且多采用频率和相位调制，即使被测参量为零，载波信号仍保持稳定的幅度。对这种交变的测量系统，系统直流分量的漂移和光信号幅度的涨落不直接影响探测性能，因而光外差探测系统比直接探测系统的稳定可靠性要高。

5.4 光波相干解调

光电检测系统中信号解调是一个综合过程，需要光信号处理与电信号处理的协调配合。在光信号处理方面，需要根据被测量调制变换方式，设计光路实现各种光波参量的调制变换到光强的变换。在电信号处理上，则从所获得的光强变化中处理出被检测量，通常又需要硬件电路与软件算法的密切配合。

干涉型光电检测系统具有测量精度高、分辨率高、动态范围大等特点，此类光电检测系统的检测灵敏度已经达到 10^{-7} rad。如果激光波长工作在 1 550 nm 波段，可以检测到 10^{-14} m 的微小变化，即一个原子核的尺寸。干涉型光电检测系统的主要特征是将被检测量通过调制变换加载在光波的相位或频率上，进一步利用光干涉将光波相位或频率的变化转换为光强变化，再进行光电变换，实现被检测量的高精度测量。

实际上，各种类型的干涉仪或干涉装置就是光频波相位或频率的调制变换器，如图 5-41 所示。干涉仪中的激光源是相干光载波源，它产生振幅为 A、频率为 f、初相位为 φ 的载波信号，用 $I_0(A,\ f_r,\ \varphi_0)$ 表示，载波信号分两路进入干涉仪。在测量臂中，$I_0(A,\ f_r,\ \varphi_0)$ 受到待测位移信号 $\sigma(x)$ 的相位或频率调制，形成 $I_0(A,\ f_r,\ \varphi_0+\Delta\varphi)$ 的调相信号或 $I_0(A,\ f_r+\Delta f,\ \varphi_0)$ 的调频信号。这样，干涉仪就起到被测量的调制作用。被调制的光载波和来自参考臂的参考

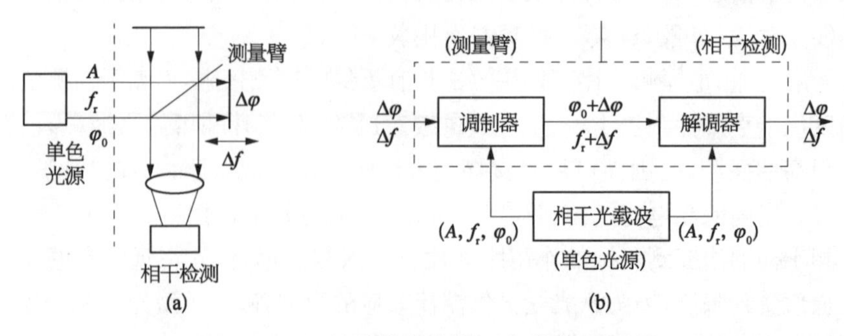

图 5-41 干涉仪基本结构(a)与信息流程(b)

光波干涉，输出稳定的干涉图样或确定光拍频频率信号。输出信号以干涉条纹的相位分布或光拍的频率变化表征出被测量的变化，这个过程可看成是光学解调的过程。

干涉型光电检测系统的调制变换过程，可以是时间性的，也可以是空间性的。根据调制方式的不同，形成了各种类型的光学图样。这种以光波的时空相干性为基础，受被测信息调制的光波时空变换又称为相干光学信息。它的形成和检测过程，就是光载波受待测信息调制和已调制光波解调再现为信息的过程。根据相干光学信息的时空状态和调制方式，可以分为一维时间调制的光信号和在二维空间内时间或空间调制光信号。

表 5－1 给出了相干光信息的分类，分别列出了它们的载波性质、调制方式、外观图样、光电检测方法和典型的应用。通过这个分类表，可以对许多干涉现象及其间的相互联系有一个全面的了解。

表 5－1　相干光信息的类型

时空类型	光载波	调制方式	光学图样	检测方法	典型应用
一维时间的调制	单频光	PM	干涉条纹	条纹计数	迈克耳孙干涉仪
		FM	干涉条纹变化	条纹频率	傅里叶光谱仪
	双频光	FM，PM	外差型光拍	外差测频	光通信
		FM	零差型光拍	光拍测频	Doppler 速度计
		FM	互差型光拍	条纹测频	Sagnac 转速计
		PM	自差型光拍	光拍测相	双频干涉仪
		DFM	外差型光拍	光拍测频	外差分光测量
二维空间的调制	单频光	SPM	散斑图	干涉图扫描	散斑图判读
		SPM	全息图	外差检测	全息图判读
		SPM+TAM	相位调变的干涉图	锁相跟踪	锁相干涉仪 扫描干涉仪
	双频光	SFM	平面拍频图	扫描光拍检测	外差干涉仪

注：DFM 表示直接频率调制；SPM 表示空间相位调制；TAM 表示时间幅度调制。

5.4.1　相干检测调制变换光路

光纤中光波相位的改变主要由光纤长度、折射率及其分布状况、光纤的横截面积等的改变来实现。假设光纤中传输光的波长恒定，光纤材质比较均匀，并且

不考虑折射率分布不均匀的情况下,光波传输经过长度为 l 的光纤后,对光波产生的相位延迟可表示为

$$\phi=\frac{2\pi nl\nu}{c} \tag{5-103}$$

式中,n 为光纤纤芯折射率,l 为光纤总长度,ν 为探测激光频率(Hz),c 为真空中光速(m/s)。由式(5-103)可以看出,n, l, ν 中任何一个参数的改变都将引起输出光波相位的改变,因此可得到相位的改变量 $\Delta\phi$ 为

$$\Delta\phi=\frac{2\pi nl\nu}{c}\left(\frac{\Delta n}{n}+\frac{\Delta l}{l}+\frac{\Delta\nu}{\nu}\right) \tag{5-104}$$

从式(5-104)可以看出,当外界某个物理量使得光纤的折射率、长度发生改变,就会带来光波相位的变化,即可通过相位检测就能实现该物理量的高精度测量。

干涉型光纤传感器的光路都表现为某种干涉仪装置结构。在干涉型光纤传感器中,常用的干涉装置结构主要有 4 种,即迈克耳孙(Michelson)干涉仪、马赫-曾德尔(Mach-Zehnder)干涉仪、法布里-珀罗(Fabry-Petro)干涉仪和萨格纳克(Sagnac)环,如图 5-42~图 5-45 所示。

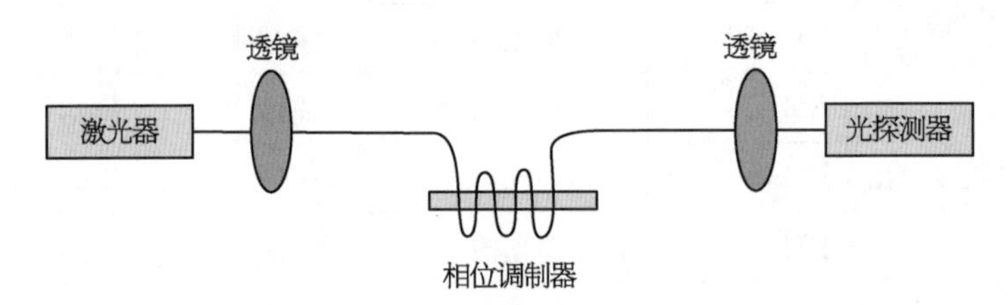

图 5-42 法布里-珀罗干涉仪

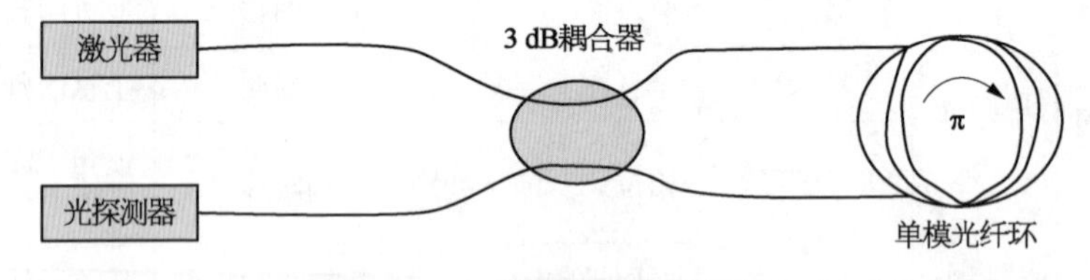

图 5-43 萨格纳克环干涉仪

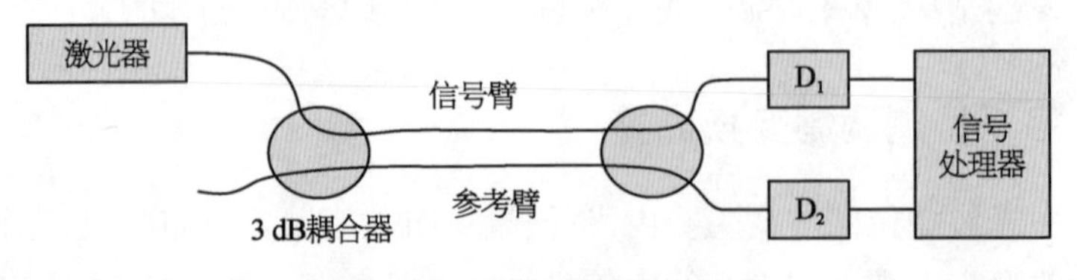

图 5-44 马赫-曾德尔干涉仪

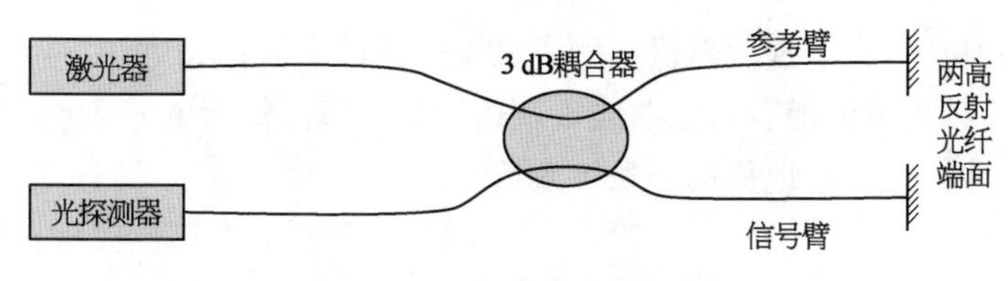

图 5-45　迈克耳孙干涉仪

在干涉型光纤传感器,迈克耳孙和马赫-曾德尔这两种干涉仪结构使用最为广泛与成熟,其输出的干涉信号可表示为

$$I = I_0(1 + k\cos\Delta\varphi) \tag{5-105}$$

式中,I_0 是干涉信号的平均光强,$\Delta\varphi$ 是干涉仪两臂产生的总相位差,k 是干涉信号的可见度。假设两干涉臂的初始相位差为 φ_0,噪声造成的相位差 φ_n 与待测信号引起的相位差为 φ_S,那么

$$\Delta\varphi = \varphi_S + \varphi_0 + \varphi_n \tag{5-106}$$

经过光电转换得到电信号表达式为

$$I = A + B\cos(\varphi_S + \varphi_n + \varphi_0) \tag{5-107}$$

式中,A 和 B 为只与输入有关的常量,B 还与干涉信号的可见度 κ 有关。通常 φ_n 是较低频大幅度信号,φ_S 是较高频频率的小幅度信号。当 φ_S 有微小变化量 $\Delta\varphi_S$ 时,电信号改变量为

$$\Delta I = -B\sin(\varphi_n + \varphi_0)\Delta\varphi_S \tag{5-108}$$

由式(5-108)可以看出,当低频噪声引起的相位 φ_n 随机连续变化时,整个系统的信噪比也随机改变,尤其是 $\varphi_n + \varphi_0 = m\pi$ 时,调制信号 φ_S 就会完全消隐。由于外界温度、压力、振动等因素会使干涉信号呈现随机涨落的现象,因此干涉型光纤传感器的随机相位信号衰落将严重影响系统测量精度。

由式(5-107)可知,当干涉型光纤传感器中两干涉臂的总相位差 $\Delta\phi$ 为 0 或 π 的偶数倍时,干涉仪输出干涉光最强,经光电探测器后输出的光电流最大;当总相位差 $\Delta\phi$ 为 π 的奇数倍时,经光电探测器后输出光电流最小。如图 5-46 所示,当干涉仪两臂的相位差 $\Delta\phi$ 为零时,光电探测器输出的光电流达到最大值;当 $\Delta\phi$ 逐渐增大,光电探测器输出的光电流随之减小;而当 $\Delta\phi$

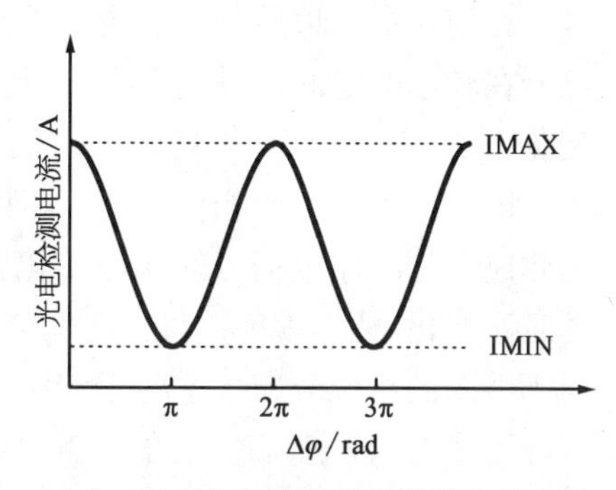

图 5-46　光电流随相位差的变化曲线

增大到 π 相位时，光电探测器输出的光电流达到最小值；$\Delta\phi$ 增大到 2π 时，光电探测器输出的光电流随着正弦曲线重新达到最大值。每当 $\Delta\phi$ 变化一个周期 2π 的时候，干涉光就对应地移动一条干涉条纹。

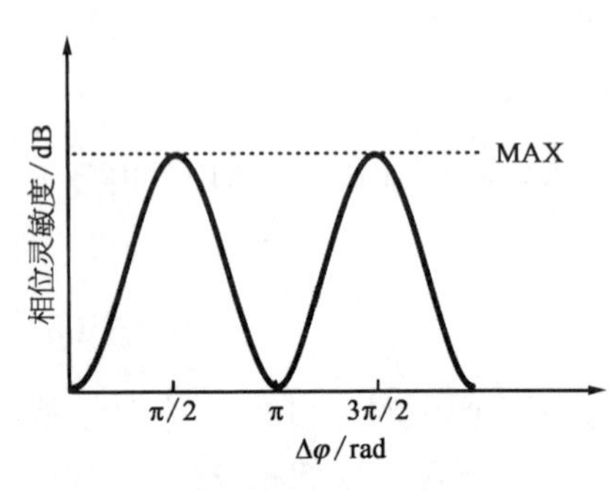

图 5-47 相位灵敏度随相位差的变化曲线

图 5-47 所示为相位灵敏度随相位差 $\Delta\phi$ 变化的曲线。由图可知，当总相位差 $\Delta\phi$ 为 $\pi/2$ 的奇数倍时，对应的干涉信号有最大的相位灵敏度；当总的相位差 $\Delta\phi$ 为零或 $\pi/2$ 的偶数倍时，对应的干涉信号有最小的相位灵敏度。综合光电探测输出和相位灵敏度两个条件，可得出结论：

(1) 当 $\Delta\phi=0$ 时为零偏，此时的光电流值最大，相位灵敏度为最小值，检测灵敏度低、误差大、检测范围小。

(2) 当 $\Delta\phi=\pi/2$ 时为正交，此时光电流随相位变化斜率最大，相位灵敏度高，因此系统检测灵敏度高、误差小、检测范围大。

综上分析，利用干涉信号进行解调时，将 $\pi/2$ 相位正交条件设置为起始位置(也称为静态工作点)，能有效地克服零偏时相位灵敏度低的缺点。在实际工程应用中，有多种方法可以将初始工作点设为正交偏置，如无源零差法(被动零差法)和有源零差法(主动零差法)。采用电路方案实现正交偏置是无源零差法的基本特点，如 3×3 耦合器法；在干涉光路中加入移相器进行反馈控制是有源零差法的基本特点，如闭环工作点法、锁相检测法；在干涉仪一臂中加入比被测信号频率更高的载波信号，将被测信号调制到更高频率的载波信号上，即相位生成载波(PGC)技术。

5.4.2 相干条纹检测方法

在使用窄光束单频光照明的干涉测量中，干涉条纹的检测是用单元光电探测器在较小的空间范围内进行的，探测的对象是干涉条纹波数或相位随时间的变化。从 20 世纪 70 年代开始，有了各种可直接进行相位探测的干涉图测量技术。即对两束相干光相位差引入时间调制，使干涉图上各点处的光波相位变换为相应点处时序电信号的相位变化。利用扫描或阵列探测器，可分别测得各点的时序变化，从而就能以优于 $\lambda/100$ 的相位精度和 100 线/mm 的空间分辨率测得干涉图的相位分布。这些干涉图测量法包括锁相干涉和扫描干涉测量，从而开辟了实时、数字、高分辨的新领域，在全息与散斑干涉图的测量中得到了具体应用。干涉条纹时序变化检测可采用下列 3 种方法。

1）条纹光强检测法

条纹光强检测法主要利用光学干涉仪的双光束或多光束的干涉作用，以光电元件直接探测条纹或同心圆环干涉条纹光强的变化来实现测量。图 5-48(a) 给出了一维干涉测长的实例。当角反射镜 M_2 随被测物移动 $\lambda/2$ 时，干涉条纹的光强就发生一个周期变化。采用光电接收器计数干涉条纹数目的增减和条纹间隔间的相位关系，即能确定被测物的位置变化。用光电接收器探测干涉条纹，其输出的光电信号的质量，不仅取决于干涉条纹的光强对比度，而且在很大程度上取决于接收器的光阑尺寸和干涉条纹宽度之间的比例关系。图 5-48(b) 为均匀照明光产生的干涉条纹光强分布。在 $A-A$ 截面上的强度分布可简化表示为

$$I = I_o + I_m \cdot \cos x \tag{5-109}$$

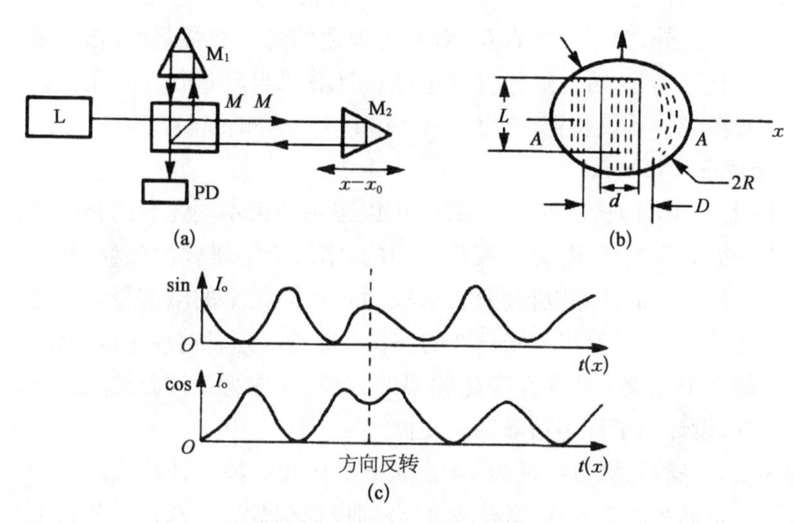

图 5-48　干涉条纹光强探测方法

式中，I_o 是直流分量；I_m 是交变分量的幅值；x 是干涉平面上的坐标值。当采用缝状光阑，其横向寸 d 小于光斑直径 $2R$ 时，光电接收器产生的光电信号交变分量的幅值 $U_\emptyset$ 为

$$U_\emptyset = K_\emptyset I_m \cdot L \int_{-\frac{\pi d}{D}}^{+\frac{\pi d}{D}} \cos x \, dx = 2K_\emptyset I_m L \sin \frac{\pi d}{D} \tag{5-110}$$

式中，$K_\emptyset$ 是光电接收器的灵敏度，d 和 L 分别是光阑的宽度和长度，D 为干涉条纹的间距。

显然，当 d 为 $D/2$ 时，式(5-110)中的正弦函数 $\sin \pi/2 = 1$，因而光电接收

器输出端的交变信号的幅值 $U_{\emptyset}$ 最大。所以最佳光阑 d 的尺寸应满足关系：

$$d = D/2 \tag{5-111}$$

此外，在干涉条纹宽度 D 本身允许调节的情况下，计算和实验表明，无论是采用均匀分布的明光束，还是采用单模激光光束，在截面上的辐射强度呈高斯分布时，增大干涉条纹的间距都有利提高信号检测的对比度和增大交变分量的幅值。

在多数情况下，为了消除振动的干扰和进行双向测长，干涉测量需要采用可逆计数。这就要求检测装置提供彼此正交的两路交变信号。它们的信号波形如图 5-48(c)所示，将这两个信号二值化之后，送入可逆的电子计数器中，即能进行双向位移的测量。通常的可逆计数器具有四倍频细分的能力。当采用 $\lambda = 0.623\,8\ \mu\text{m}$ 的稳频 He-Ne 激光器作为照明光源时，可得 $\lambda/8 = 0.079\,1\ \mu\text{m}$ 的位移分辨率，相对误差小于 10^{-6}。当要求更高的分辨率时，应该采用光学或电子细分技术。此外，为了使之直观，对非有理数的光波波长基准，在当量运算时要进行有理化处理，这可以通过计算电路或计算机自动进行。利用该探测法的一种数字式激光干涉仪装置，能得到 $0.1\ \mu\text{m}$ 以上的测长精度。

2) 干涉条纹比较法

对于图 5-48(b)所示的干涉条纹，可以采用两束不同光频的相干光作为光源。其中一束光频为已知，另一束是未知的，则对应测量臂的位移，两光束各自形成干涉条纹。它们经光电检测后，形成两种不同频率的电信号。再通过电信号频率的比较，可以计算出未知光波的波长或频率。这种对应于同一位移、比较波长不同的两个光束干涉条纹变化频率的方法，就称为干涉条纹比较法。从这种原理出发，设计出了许多精确测量波长的波长计。

图 5-49 是波长测量精度为 10^{-7} 的条纹比较法波长计简化原理图。它由已知波长的基准光波 λ_r 和被测光波 λ_x 分别投射到放置于移动工作台上的两个圆锥角反射镜 2 和 3 上。使两束光的入射位置分别处于弧矢和子午方向，并保证它们在空间上彼此分开。每束光束的逆时针反射光和顺时针反射光在各的光检测器 PD_r 和 PD_x 上形成干涉条纹。对应于工作台的同一位移，由于两束光的波长不同，产生的干涉条纹也有不同的变化周期，因而对应输出的光电信号，就显示出不同的频率。先精确地测量出两信号的频率比值，再根据基准波长的数值即能计算出被测波长值。在所介绍的装置中，频率比的测定采用了锁相振荡计数的做法。两个锁相振荡器分别与 PD_r 和 PD_x 光电信号同步，产生与 λ_r 和 λ_x 的同一条纹同频率的整形脉冲信号。其中，与 λ_r 对应的脉冲信号经 M 倍频器频率倍频，而 λ_x 对应的信号则做 N 倍分频。利用脉冲开关，由 N 分频信号控制 M 倍频信号进行脉冲计数，最后由显示打印输出。被测波长的计算式为

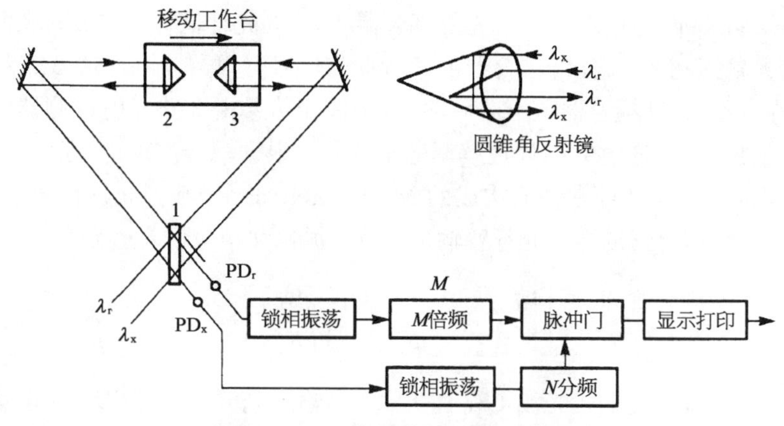

图 5-49　干涉条纹比较法工作原理

$$\lambda_x = \frac{\lambda_r}{M} \cdot \frac{C}{N} \cdot \left(1 + \frac{\Delta n}{n}\right) \tag{5-112}$$

式中，C 为脉冲计数器的计数值；$\Delta n/n$ 是折射率的相对变化值。

3）干涉条纹跟踪法

干涉条纹跟踪法是一种平衡测量法。在干涉仪测量镜位置变化时，通过光电接收器实时地检测出干涉条纹的变化。同时，利用控制系统，使参考镜沿相应方向移动，以保持干涉条纹静止不动。这时，根据参考镜位移驱动电压的大小，就可直接得到测量镜的位移。利用这种原理测量微小位移的干涉测量装置如图 5-50 所示。

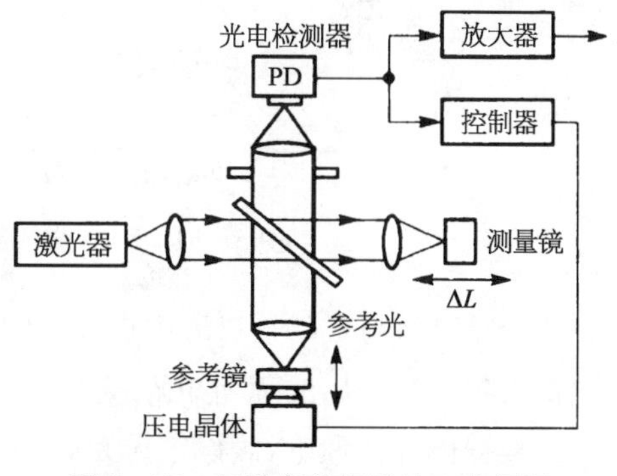

图 5-50　干涉条纹跟踪法工作原理

干涉条纹跟踪法的优点是：能避免干涉测量的非线性影响，且不需要精确的相位测量装置。但所跟踪系统的固有惯性却限制了测量的快速性，因而只能测量 10 kHz 以下的位移变化。

5.4.3　3×3 光纤耦合器相位解调

在干涉型光纤传感器中，由于每一个 2×2 光纤耦合器都会降低系统的相位灵敏度。1981 年，Sheem 第一次提出了用 3×3 光纤耦合器构造光纤干涉仪解决这个问题，使系统的灵敏度得到提升。基于 3×3 光纤耦合器的相位解调方法是一种典型的无源零差相位解调法，其优点是系统测量范围大、灵敏度高。

图 5-51 所示为基于 Mach - Zehnder 干涉仪结构的光电传感系统，其中

Mach－Zehnder 干涉仪由 2×2 光纤耦合器和 3×3 光纤耦合器构成。光源输出的相干光输入到 2×2 光纤耦合器的参考臂与信号臂，再传输到 3×3 光纤耦合器，并在 3×3 光纤耦合器中干涉后输出，干涉光信号由 3 路光电探测器转换为电信号输出，最后通过数据处理解调输出信号。根据耦合波理论，在由 2×2 光纤耦合器与 3×3 光纤耦合器构成的 Mach－Zehnder 干涉型光纤传感系统中，在 2×2 光纤耦合器的两个光纤臂输出光波的振幅和相位可表达为

$$\begin{bmatrix} E_{0,1} \\ E_{0,2} \end{bmatrix} = \begin{bmatrix} \alpha_J & j\beta_J \\ j\beta_J & \alpha_J \end{bmatrix} \begin{bmatrix} E_{i,1} \\ E_{i,2} \end{bmatrix} \tag{5-113}$$

式中，α_J，β_J 分别为输入光波（$E_{i,1}$，$E_{i,2}$）和输出光波（$E_{0,1}$，$E_{0,2}$）电场强度的耦合系数，且 $\alpha_J=\beta_J=\sqrt{2}/2$。考虑到传输损耗问题，并假设光纤耦合器偏振无关，2×2 光纤耦合器的琼斯矩阵可表达为

$$J_I = J_{13} = J_{24} = t_J \begin{bmatrix} \alpha_J & 0 \\ 0 & \alpha_J \end{bmatrix} \tag{5-114}$$

$$J_c = J_{14} = J_{23} = t_J \begin{bmatrix} j\beta_J & 0 \\ 0 & j\beta_J \end{bmatrix} \tag{5-115}$$

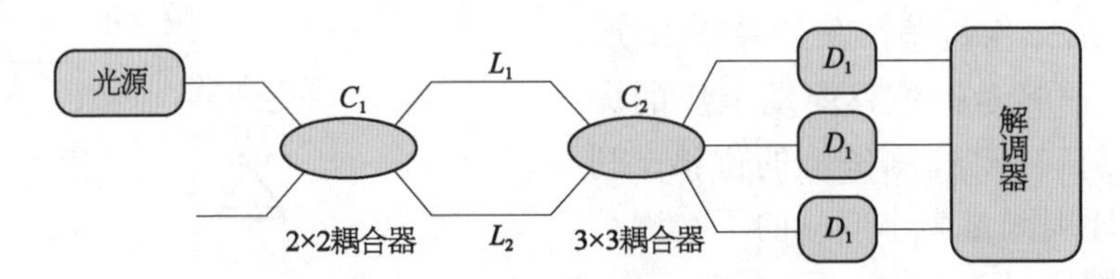

图 5－51　3×3 耦合器相位解调法结构框图

在式(5－114)与式(5－115)中损耗的幅度传输系数为 t_J，2×2 光纤耦合器从 m 端输入到 n 端输出的琼斯矩阵表达为 J_{mn}（m，$n=1\sim4$）。

根据耦合波理论，假设偏振无关、无损耗 3×3 光纤耦合器，则 3 个电场强度（$E_{0,1}$，$E_{0,2}$，$E_{0,3}$）经耦合器输出分别为

$$\begin{bmatrix} E_{0,1} \\ E_{0,2} \\ E_{0,3} \end{bmatrix} = \begin{bmatrix} f & c & c \\ c & f & c \\ c & c & f \end{bmatrix} \begin{bmatrix} E_{i,1} \\ E_{i,2} \\ E_{i,3} \end{bmatrix} \tag{5-116}$$

式中，耦合器的 3 个输入电场强度分别为 $E_{i,1}$，$E_{i,2}$，$E_{i,3}$。

$$f = [\exp(i2k_c L) + 2\exp(-ik_c L)]/3 \tag{5-117}$$

$$c = [\exp(i2k_c L) - 2\exp(-ik_c L)]/3 \tag{5-118}$$

式中，k_c，L 分别为 3×3 光纤耦合器的耦合系数与耦合长度。设 3×3 耦合器的理想分光比为 1∶1∶1，则 3 个输出的干涉光波的电场强度可以表达为

$$I_k = A + B\cos[P(t) + (k-2)2\pi/3] \tag{5-119}$$

式中，A，B 为耦合相关常数。3 路输出光强相位差为 120°，其中 $p(t) = \phi_s - \phi_R$ 是与干涉仪相关的相位信号，即信号臂和传感臂的相位差。在上述 Mach - Zehnder 干涉仪中，3×3 光纤耦合器在任何时刻各端口输出的信号之间都呈 120°相位差。利用这 3 路输出信号相位差互成 120°就能把 $p(t)$ 信号解调出来，这就是 3×3 耦合器对称解调方法，如图 5 - 52 所示。

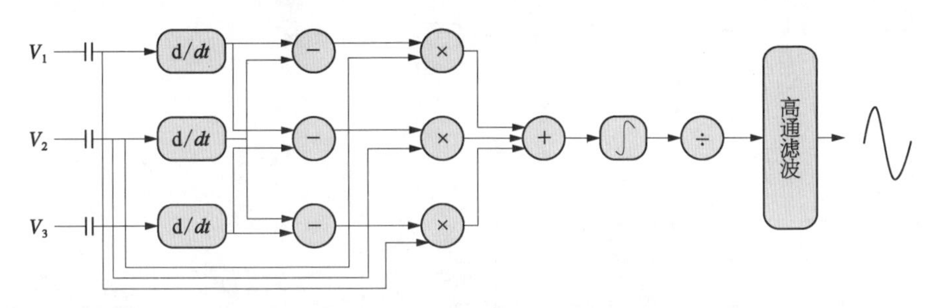

图 5 - 52　3×3 光纤耦合器对称解调原理

基于 3×3 光纤耦合器的对称解调法实现需要 3 个前提条件：① 3 路输出信号的相位差为 120°；② 3 路输出信号交流系数相等；③ 3 路输出信号直流量相等。否则会引入解调误差，影响测量精度。在这 3 个条件中第②与第③点对结果影响最大，通常需要通过平衡电路来达到这两个要求。但是，3 个通道的器件特性和硬件结构达到精确平衡的可能性很小。因此在相位解调过程中，为了使经过 3 个通道的光电转换后最终达到接近平衡的效果，就需要对每个通道进行不同的增益控制。在实际的工业生产中，3×3 光纤耦合器显然不可能达到理想的平衡分光比，3×3 光纤耦合器 3 个端口输出的信号也就无法相位互成 120°，总是存在着一定的相位偏差。通常因 3×3 光纤耦合器的不对称性引起的信号幅度的不同，可通过调节每一路信号的放大倍数来保证信号幅度相等。实验证明，即使 3×3 光纤耦合器 3 路输出信号的相位存在一定偏差，经过积分滤波等处理后，其解调结果基本不受影响。

5.4.4　相位载波生成(PGC)解调法

在干涉仪一臂中加上比被测信号频率更高的载波信号，即将被测信号调制到高频载波信号上，这就是所谓的相位生成载波技术。目前 PGC 技术主要有外

调制和内调制两种。

外调制的基本方法是在参考臂中加入一 PZT 相位调制器,同时在信号臂上加上等长的补偿光纤,然后在 PZT 相位调制器上加上一个高频大幅度的正弦信号,使光纤中传输的信号光受到周期性的相位调制,使参考臂和信号臂的总相位差周期变化,其原理如图 5-53 所示。PZT 相位调制器由压电陶瓷(PZT)和光纤绕组构成。PZT 相位调制器将光纤绕在压电陶瓷上然后用环氧胶固定,当加上一定频率的调制信号后,压电陶瓷随着这个载波信号发生伸缩将光纤拉伸,使光波在传输过程中产生周期性的相位调制。

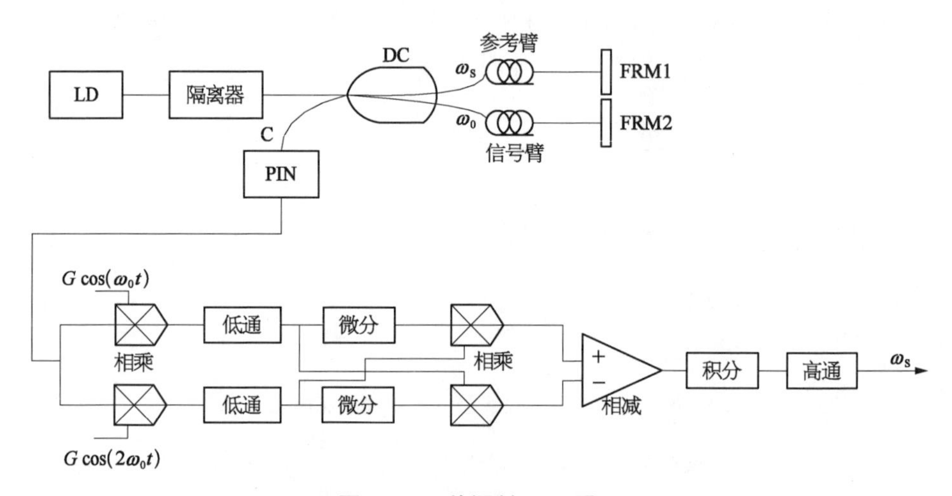

图 5-53 外调制 PGC 原理

相位载波生成方案就是用一高频、特定幅度的正弦信号对干涉仪中的参考臂进行高频相位调制,即将被测的相位变化信号调制到一更高频率的相位变化信号上,最后处理时只需从载波信号中将需要的待测信号提取出来。这样一来,就可以有效地消除相位随机波动对相位灵敏度的干扰,这也是消除干涉信号相位随机衰落的基本思想。

在迈克耳孙干涉仪的一臂上加入 PZT 相位调制器,并加上高频正弦波作为载波信号,则干涉仪输出的干涉信号可表示为

$$I = A + B\cos[C\cos\omega_0 t + \phi(t)] \tag{5-120}$$

式中,A,B 为与相位无关的常数,$B=\kappa A$,$\kappa<1$ 为干涉条纹可见度,ω_0 为外加载波信号的频率,C 为外加载波信号的调制幅度,$\phi(t)$ 为噪声和待测信号作用下总的相位变化。由于光电探测模块是将光信号转换为电信号,而不会影响干涉信号的其他参数,因此可以用式(5-120)来表示光电流信号。

将式(5-120)用 Bessel 函数展开得

$$I = A + B\left\{\left[J_0(C) + 2\sum_{k=1}^{\infty}(-1)^k J_{2k}(C)\cos(2k\omega_0 t)\right]\cos\phi(t) - 2\left[\sum_{k=0}^{\infty}(-1)^k J_{2k+1}(C)\cos(2k+1)\omega_0 t\right]\sin\phi(t)\right\} \tag{5-121}$$

式中，$J_i(C)$ 为第 i 阶贝塞尔函数宗量值。从式(5-121)可知，当 $\cos\phi(t) = \pm 1$，$\sin\phi(t) = 0$ 时，光电流信号中只含有载波频率 ω_0 偶数倍频项；反之，当 $\cos\phi(t) = 0$，$\sin\phi(t) = \pm 1$ 时，光电流信号中只含有 ω_0 的奇数倍频项。

将噪声与待测信号作用下总的相位变化 $\phi(t)$ 分解为频率为 ω_S 的待测信号和噪声引起的相位变化 $\Psi(t)$，则有

$$\phi(t) = D\cos\omega_S t + \Psi(t) \tag{5-122}$$

式中，D 为待检测调制信号的幅度。

将 $\cos\phi(t)$ 和 $\sin\phi(t)$ 进行 Bessel 函数展开：

$$\cos\phi(t) = \left[J_0(D) + 2\sum_{k=1}^{\infty}(-1)^k J_{2k}(D)\cos(2k\omega_S t)\right]\cos\Psi(t) - \left\{2\sum_{k=0}^{\infty}(-1)^k J_{2k+1}(D)\cos[(2k+1)\omega_S t]\right\}\sin\Psi(t) \tag{5-123}$$

$$\sin\phi(t) = \left[J_0(D) + 2\sum_{k=1}^{\infty}(-1)^k J_{2k}(D)\cos(2k\omega_S t)\right]\sin\Psi(t) + \left\{2\sum_{k=0}^{\infty}(-1)^k J_{2k+1}(D)\cos[(2k+1)\omega_S t]\right\}\cos\Psi(t) \tag{5-124}$$

从上面两式可以看出，当 $\cos\Psi(t) = \pm 1$，$\sin\Psi(t) = 0$ 时，在干涉信号的各频率分项中，奇(偶)数倍角频率 ω_S 分布在奇(偶)数倍角频率 ω_0 两侧。当 $\cos\Psi(t) = 0$，$\sin\Psi(t) = \pm 1$ 时，在干涉信号的各频率分项中，偶(奇)数倍角频率 ω_S 出现在偶(奇)数倍角频率 ω_0 两侧。因此，偶(奇)数倍角频率 ω_0 两侧频带中包含了所要探测的调制信号 ω_S 的相关项。

由式(5-105)可知，若不加载波信号 ω_0，则有

$$I = A + B\cos\phi t \tag{5-125}$$

当 $\cos\phi(t) = \pm 1$ 或 $\cos\phi(t) = 0$ 时，在这个相位点上，相位灵敏度最低，最

后的信号会出现随机消隐和失真等问题，这种情况下被测信号 ω_S 将很难被解调出来。引入相位载波调制技术后，在 PZT 相位调制器上加上载波信号 ω_0 以后，即使出现 $\cos\phi(t)=\pm1$ 或 $\cos\phi(t)=0$，待测调制信号 ω_S 也会在载波 ω_0 频谱的两侧出现。因此，干涉信号不会出现随机消隐和失真等问题。由此可见，引入相位生成载波调制技术可消除相位随机衰落现象。

根据图 5-53，为实现对干涉信号的相位解调，将幅值为 G、角频率为 ω_0 和幅值为 H、角频率为 $2\omega_0$ 的标准信号与光电转换后的干涉信号，代入公式(5-125)相乘混频，就会得到的两路信号：

$$\begin{aligned} I_{1c} = & GA\cos\omega_0 t + GBJ_0(C)\cos\omega_0 t\cos\phi(t) + \\ & BG\cos\phi(t)\sum_{k=1}^{\infty}(-1)^k J_{2k}(C)[\cos(2k+1)\omega_0 t + \cos(2k-1)\omega_0 t] - \\ & BG\sin\phi(t)\sum_{k=0}^{\infty}(-1)^k J_{2k+1}(C)[\cos 2(k+1)\omega_0 t + \cos 2k\omega_0 t] \end{aligned} \tag{5-126}$$

$$\begin{aligned} I_{2c} = & HA\cos 2\omega_0 t + HBJ_0(C)\cos 2\omega_0 t\cos\phi(t) + \\ & HB\cos\phi(t)\sum_{k=1}^{\infty}(-1)^k J_{2k}(C)[\cos 2(k+1)\omega_0 t + \cos 2(k-1)\omega_0 t] - \\ & BH\sin\phi(t)\sum_{k=0}^{\infty}(-1)^k J_{2k+1}(C)[\cos(2k+3)\omega_0 t + \cos(2k-1)\omega_0 t] \end{aligned} \tag{5-127}$$

分别通过低通滤波器后，可得到

$$\begin{cases} I_{1S} = -BGJ_1(C)\sin\phi(t) \\ I_{2S} = -BHJ_2(C)\cos\phi(t) \end{cases} \tag{5-128}$$

由式(5-128)可以看出，还存在着外界噪声信号 $\phi(t)$，要想得到待测信号 ω_S，还必须进行特殊信号处理。此时可以引入微分交叉相乘技术(DCM)来消除因外界噪声而产生的信号随机消隐和失真问题。首先，对式(5-128)中的 $\phi(t)$ 进行微分运算，得到

$$\begin{cases} I_{1d} = -BGJ_1(C)\phi'(t)\cos\phi(t) \\ I_{2d} = BHJ_2(C)\phi'(t)\sin\phi(t) \end{cases} \tag{5-129}$$

再分别进行交叉相乘后得到的两路信号项分别为

$$\begin{cases} I_{1e} = -B^2GHJ_1(C)J_2(C)\phi'\sin^2\phi(t) \\ I_{2e} = B^2GHJ_1(C)J_2(C)\phi'\cos^2\phi(t) \end{cases} \tag{5-130}$$

再上面两路信号输入差分放大器中，进行差分运算可得

$$V' = B^2GHJ_1(C)J_2(C)\phi'(t) \tag{5-131}$$

从上式可以看出，已把噪声因素引起的信号降到能接受的范围了，经过积分运算处理之后，可以得到

$$V = B^2GHJ_1(C)J_2(C)\phi(t) \tag{5-132}$$

将式(5-122)代入上式有

$$V = B^2GHJ_1(C)J_2(C)[D\cos\omega_S t + \Psi(t)] \tag{5-133}$$

由上式可以看出，信号中不仅包含所需要的测量信号 $D\cos\omega_S t$，而且还有噪声信号 $\Psi(t)$ 的各种分量。但一般情况下，$\Psi(t)$ 是大幅度的低频信号，鉴于此，可以将上面的信号通过高通滤波器处理，就可以得到需要的信号 $D\cos\omega_S t$，最终处理之后得到的输出信号为

$$V_0 = DBGHJ_1(C)J_2(C)\cos\omega_S t \tag{5-134}$$

当 $J_1(C)$ 和 $J_2(C)$ 为最大值时，可以最大限度地避免贝塞尔函数对输出信号的影响。因此如何选取 C 值是关键。在众多的实验验证中表明，当 $C \approx 2.37$ rad 时，$J_1(C)$ 和 $J_2(C)$ 值最大。为了提高整个系统的信噪比，引入的混频信号的幅值 G，H 应该大一些，只要不使后续处理模块过载即可。经过上述过程就完成了将待测信号从复杂的干涉信号中解调出来的工作。

参考文献

[1] 郭培源，付扬．光电检测技术与应用．北京：北京航空航天大学出版社，2011.

[2] 雷玉堂．光电信息技术．北京：电子工业出版社，2011.

[3] 李宏章．光电对抗系统中激光辐射探测光学系统的研究．光电对抗与无源干扰，1996，4：21-51.

[4] 金伟，张海涛，巩马理，等．漫射光宽视场光学天线的设计．光子学报，2002，31(12)：1518-1523.

[5] 叶玉堂，肖峻，饶建珍．光学教程．北京：清华大学出版社，2011.

[6] 何武光．宽视场有增益光学系统研究．成都：电子科技大学，2006.

[7] 张学彬．可见光无线通信光学接收天线．北京：北京理工大学，2015.

[8] 王瑞．大气激光通信光学系统设计和分析．西安：西安理工大学，2005.

[9] 李东源，侯蓝田，张晓光．自由空间光通讯中应用的光纤耦合系统设计．激光杂志，2006，27(1)：64-65.

[10] 赵芳．基于单模光纤耦合自差探测星间光通信系统接收性能研究．哈尔滨：哈尔滨工业

大学，2011.
[11] 张世强，张政，蔡雷，等. 基于单透镜的空间光——单模光纤耦合方法. 强激光与粒子束，2014，26(3)：031006－1～031006－5.
[12] 罗志华. 空间光-光纤耦合系统光传输特性研究. 成都：电子科技大学，2013.
[13] 钟维. 高功率激光光纤耦合技术研究. 武汉：华中科技大学，2013.
[14] 莫绪涛. 大景深光学成像系统的研究. 天津：天津大学，2008.
[15] 傅哲强. 提高显微成像分辨率关键技术的研究. 武汉：华中科技大学，2004.
[16] 邹爽. 大景深显微系统的研究. 武汉：湖北工业大学，2013.
[17] 薛亮. 光学显微成像及在生物样品显示与测量中的应用. 南京：南京理工大学，2013.
[18] 朱雪峰. 干涉型光纤传感器关键技术研究. 哈尔滨：哈尔滨工程大学，2006.
[19] 张琳琳. 干涉型光纤传感器的解调方案研究. 哈尔滨：哈尔滨工程大学，2008.
[20] 刘畅. 3×3 耦合器解调方法研究与实现. 哈尔滨：哈尔滨工程大学，2012.
[21] 潘黎. 基于 3×3 耦合器的干涉型光纤麦克风的系统设计. 合肥：安徽大学，2011.
[22] 邱立忠. 光纤水听器基元特性及 PGC 检测方法研究. 哈尔滨：哈尔滨工程大学，2011.
[23] 王燕. 干涉型光纤传感器及 PGC 解调技术研究. 天津：天津理工大学，2013.
[24] 魏建兴. 光接收机前端电路的设计. 成都：电子科技大学，2006.
[25] 乐中道. 光接收机中跨阻抗反馈放大器的最佳设计. 光通信技术，1989，1：9－19.
[26] 杨名，易河清. 高速低噪声光接收机的分析与设计. 光通信研究，1997，82(2)：13－16.
[27] 窦建华. 光接收机中前置跨阻放大器的设计. 合肥工业大学学报，2006，30(1)：26－28.
[28] 赵慧玲. APD 微弱光电信号探测技术研究. 长春：长春理工大学，2013.
[29] 李天浩. 微弱光信号探测 APD 处理电路设计. 光电子技术应用，2014，29(1)：55－60.
[30] 曾琼. 相干光通信系统中接收机的研究. 北京：北京邮电大学，2008.

第 6 章　典型的光电检测系统

作为光信息检测的重要应用，本章主要介绍激光检测系统(激光测距、激光测速、激光线径检测、激光雷达等)、光纤传感器以及光电图像检测等几种典型光电检测系统，介绍它们的工作原理与系统结构，为光电检测系统的研究分析与设计提供参考。这些光电检测系统也是光、机、电、计算机一体化的综合系统，它们广泛地应用于军事、空间技术、环境科学、天文学、生物医学及工农业生产等许多领域。随着相关学科的进步和光电检测技术的发展，更多的新型光电检测系统将不断涌现。

6.1　激光检测系统

6.1.1　激光测距

激光测距无论是在军事应用，还是在科学研究、生产建设方面都起着重要作用。由于激光的方向性好、亮度高、波长单一，故其测程远、测量精度高。尤其是近几年研制出来的便携式激光测距机，结构小巧、携带方便，是目前高精度、近距离测距最理想的仪器，在工程测量中得到了大量的应用。

1) 脉冲激光测距

脉冲激光测距是高精度距离测量的重要手段，它用光速进行测距，测量速度快、精度高，不受地形的限制，其主要缺点是在近地面使用时容易受气象条件的影响。远距离的脉冲激光测距在军事、气象研究和人造卫星的运动研究方面有重要的地位。

(A) 测距原理

脉冲激光测距机的测距原理是：由激光器对被测目标发射光脉冲，然后接收目标反射回来的光脉冲，通过测量光脉冲往返所经过的时间来算出目标的距离。光在空气中传播的速度 $c \approx 3 \times 10^8$ m/s。设目标的距离为 L，光脉冲往返所走过的距离即为 $2L$，若光脉冲往返所经过的时间为 t，则

$$t = 2L/c \tag{6-1}$$

测距机按式(6－1)即可算出所测的距离。

(B) 脉冲测距仪组成

脉冲激光测距仪的功能结构如图 6－1 所示。它由激光发射系统、接收系统、门控电路、时钟脉冲振荡器及计数器等组成。

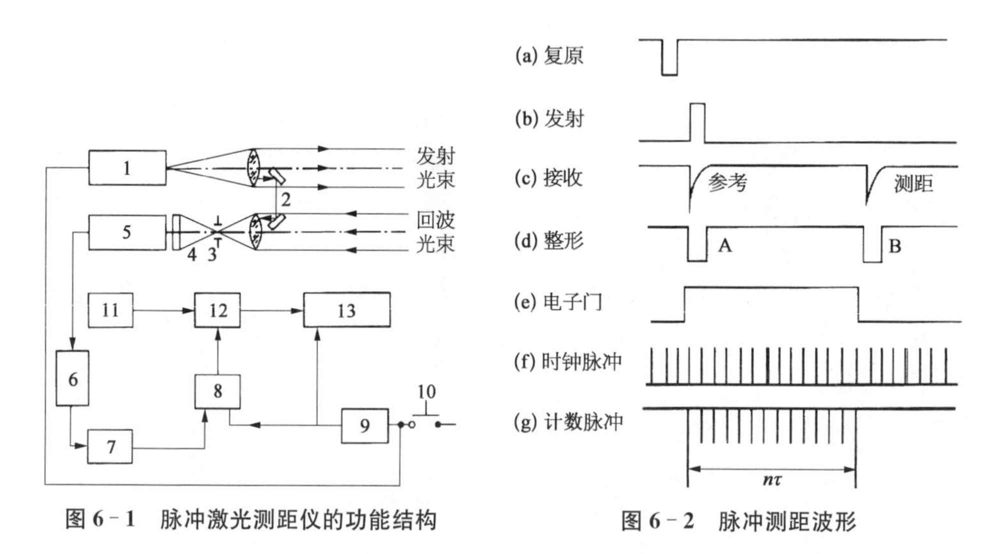

图 6－1　脉冲激光测距仪的功能结构　　**图 6－2　脉冲测距波形**

其工作过程为：当按动启动按钮 10 时，复原电路 9 给出复原信号使整机复原，准备进行测量；同时触发脉冲激光器 1，产生激光脉冲[见图 6－2(a)，(b)]，该激光脉冲除一小部分能量由取样器 2 直接送到接收器(把此信号称为参考信号)外，绝大部分激光能量射向被测目标，由被测目标把激光能量反射回到接收系统得到回波信号(或测距信号)如图 6－2(c)所示。参考信号及回波信号先后经小孔光阑 3 和干涉滤光片 4 聚焦到光电检测器 5 上变换成电脉冲信号。小孔光阑 3 的作用是限制视场角，阻挡杂光进入系统。干涉滤光片 4 一般只允许激光光谱信号进入系统，阻止背景光进入检测器，从而有效地降低背景噪声，提高信噪比。

由光电检测器件 5 得到的电脉冲，经放大电路 6 和整形电路 7，输出一定形状的负脉冲到控制电路 8。由参考信号产生的负脉冲 A[见图 6－2(d)]经控制电路 8 去打开电子门 12[见图 6－2(e)]。这时振荡频率一定的时钟振荡器 11 产生的时钟脉冲，可以通过电子门 12 进入计数显示电路 13，计时开始[见图 6－2(f)]。当反射回来经整形后的测距信号 B 到来时，关闭电子门 12，计时停止。计数和显示的脉冲数如图 6－2(g)所示。

在参考脉冲及回波信号之间，计数器接收到的时钟脉冲个数代表了被测距离。设计数器在参考脉冲和回波脉冲接收到 n 个时钟脉冲，时钟脉冲的重复周期为 τ，则被测距离为：

$$L = \frac{t}{2}c = \frac{n\tau}{2}c \tag{6-2}$$

从式(6-2)可以看出，时钟振荡频率取得愈高，则测量分辨率愈高。但是最小分辨距离并不由计数系统单独提高，它还取决于激光脉冲的上升时间，即光电变换电路的时间响应特性。脉冲激光测距仪的原理和结构较简单，其主要的技术优势是测量距离远，主要缺点是测距精度较低。

2) 相位激光测距

相位激光测距是通过测量由测距机发出的连续调制激光在待测距离上往返所产生的相位移量来计算待测距离的一种方法。相位测距法比脉冲测距法有更高的测距精度，但是测量距离短，有时需要增加合作目标来提高测量距离。相位激光测距机适合于民用测量，如工程测量、大地测量和地震测量等。

(A) 相位测距原理

光波形如图 6-3 所示。若其调制频率为 f，光速为 c，则波长 λ 为

$$\lambda = c/f \tag{6-3}$$

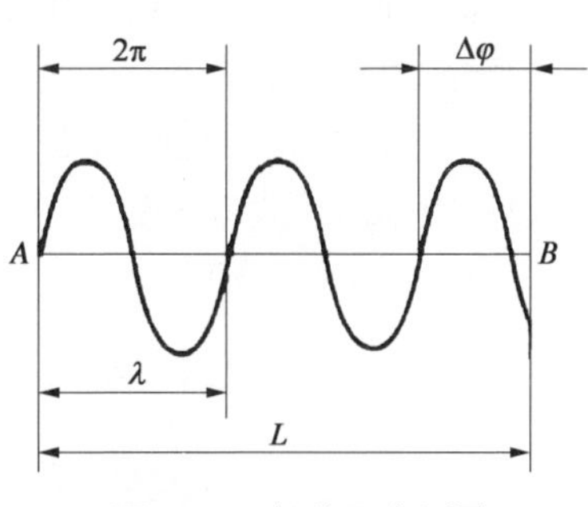

图 6-3　相位距离测量

由于调制光波在传播过程中其相位是不断变化的。设光波从 A 点到 B 点的传播过程中相位变化(又称为相位移)为 φ，则由图 6-3 看出，φ 可由 2π 的倍数来表示：

$$\varphi = N \cdot 2\pi + \Delta\varphi = (N + \Delta n)2\pi \quad (N = 0,\ 1,\ 2,\ \cdots) \tag{6-4}$$

式中，Δn 是个小数，即 $\Delta n = \Delta\varphi / 2\pi$。

由图 6-3 可以看出，光波每前进一个波长 λ，相当于相位变化了 2π，因此距离 L 可表示为

$$L = \lambda(N + \Delta n) \tag{6-5}$$

由以上的分析可知，如果测得光波相位移 φ 中 2π 的整数和小数，就可以确定出被测距离值，所以调制光波可以被认为是一把“光尺”，其波长 λ 就是相位激光测距仪的“测尺”长度。实际上，测距仪由光源发出一定的光强度并按某一频率 f 变化的正弦调制光波，光波的强度变化规律与光源的驱动电源的变化完全相同，出射的光波到达被测目标时，通常在被测距离上放有一块反射棱镜作为被测的合作目标，这块棱镜能把入射光束反射回去，而且保证反射光的方向与入射光方向完全一致，如图 6-4 所示。

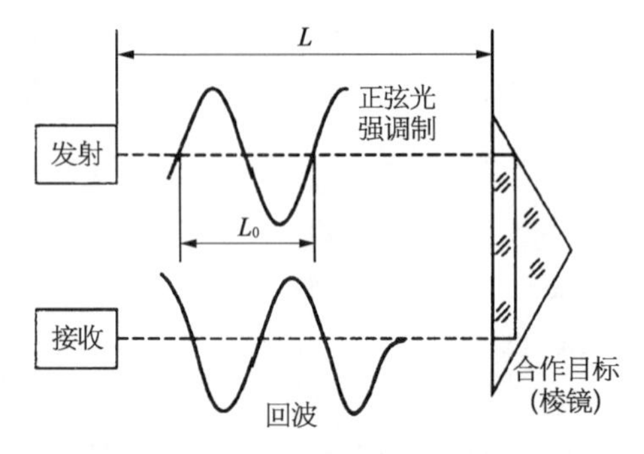

图 6-4　光波经合作目标返回

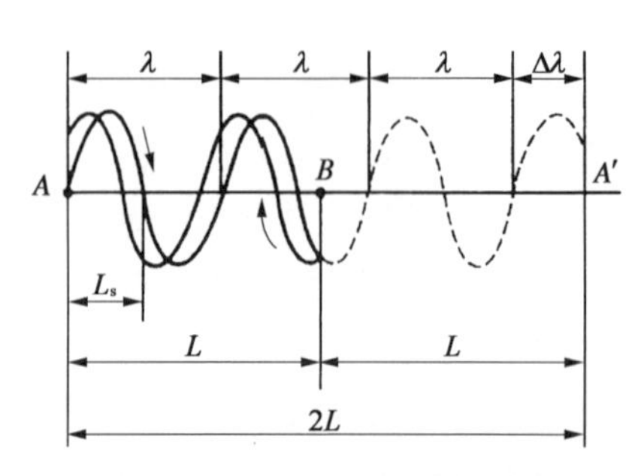

图 6-5　光波经 2L 后的相位变化

在测距机的接收端就获得调制光波的回波信号，经光电转换后得到与接收到的光波调制波频率完全相同的电信号。电信号经放大后与光源的驱动电压相比较，测得两个正弦电压的相位差，根据所测相位差就可算得所测距离。为了便于理解测距机的测相系统对光波往返二倍距离后的相位移是如何进行测量的，图 6-5 给出了光波在距离 L 上往返后相位的变化情况。在 B 点设置反射器，假设测距仪的接收系统置于 A(实际上测距仪的发射和接收系统都是在 A 点)，并且 $AB=BA'$，$AA'=2L$，则由图可得到

$$2L=\lambda(N+\Delta n)\quad (N=0,\ 1,\ 2,\ \cdots)$$

$$L=\frac{\lambda(N+\Delta n)}{2}=L_S(N+\Delta n) \tag{6-6}$$

式中，Δn 为小数，$\Delta n=\Delta\phi/2\pi$，此时测尺长度 $L_S=\lambda/2=c/2f$。由此可知，只要能测得 N 和 $\Delta\phi$，就可算得距离 L。

激光相位测距方法就是用 L_S 的调制波来测量距离，就像用 50 m 长的钢尺丈量某段距离一样。先记录几个整尺长，然后再记录其尾数，最后将两者加起来就是所求长度。例如，有一段距离 $L=278.34$ m，用 50 m 钢尺去丈量，可知共含有 5 个整尺，所余尾数为 28.34 m，则得 $L=(50\times5+28.34)\text{m}=278.34$ m。

与式(6-6)相对照，50 m 就相当于 L_S，N 相当于 5，ΔnL_S 就是尾数 28.34 m。但是，目前的相位测距机只能求出相位的尾数 $\Delta\phi$，不能求整周期数 N。因此上式中的 N 值不能确定，使该式产生多值解，距离 L 就无法确定。换句话说，当距离 L 大于测尺长度 L_S 时，仅用一把"光尺"是无法测定距离的。但当距离 L 小于测尺长度 L_S，即 N 等于零时，L 不存在多值解的问题。

由此可知，如果被测距离较长，则可选用一个较低的测尺频率，使其测尺长度 $L_S(L_S=c/2f)$ 大于待测距离，那么在这种情况下就不会出现距离的多值解。但由于测距机的测相系统存在测量误差，选用的 L_S 愈大，其误差越大，也就是测

距误差越大。例如,测距机的测相误差为 0.1%,当测尺长度 $L_S=10$ m时,将引起 1 cm 的距离误差;当 $L_S=1\,000$ m时,引起的误差就为 1 m。若要在测距机的最大测程内,获得距离单值解而选用较低测尺频率,测距误差就会很大。为得到较高的测距精度,需要采用较短的测尺长度,即较高的测尺频率,又会使仪器的单值测定距离相应变短。例如,距离精度要求达到 1 cm,根据 0.1%的测相误差,则测尺长度为 $L_S=10$ m。当被测距超过 10 m 时,距离就无法确定。在测距机中,能否采用几个精度不同的"光尺"配合使用,即能获得较大的测量距离范围,又能获得较高的测距精度,实践证明这是切实可行的方法。即是说,当被测距离大于基本测尺长度 L_S(决定测距精度的测尺)时,可再选一个或几个辅助测尺 L_{Sb}(又叫粗测测尺),然后将各测尺的测距读数组合起来得到最终的测距距离值。例如选用两把测尺,其中 $L_S=10$ m, $L_{Sb}=1\,000$ m,用它们分别测量某一段长度 386.57 m 的距离时,用 L_S 测量时可得到不足 10 m 的尾数 6.57 m,用 L_{Sb} 测量可得不足 1 000 m 的尾数 386 m,将两者组合起来就可得 386.57 m。由 $\lambda=c/f$ 可知,对于两个测尺 $L_S=10$ m 和 $L_{Sb}=1\,000$ m 的相应频率为 $f_S=c/L_S=15$ MHz, $f_{Sb}=c/L_{Sb}=150$ kHz。

以上分析说明,用一组测尺共同对距离 L 进行测量解决了相位测距机测量精度和测量距离间的矛盾。在这组测尺中,其中最短的测尺保证了必要的测距精度,而较长的测尺则保证了仪器所必要的测程。

(B) 相位测距仪

如图 6-6 所示为相位测距机功能框图。测距机采用半导体激光器作为光源,当驱动电流为某频率的正弦电流时,发光二极管输出光强也呈正弦变化,其初始相位与驱动电流同相。激光器输出光波经发射光学系统准直后射向被测目标,由被测目标反射回来的光波经接收天线后会聚于光电探测器上,输出正弦电压信号。测距机的测尺长度为 10 m 和 1 000 m(对应精度为 1 cm 和 1 m),其测尺频率为 $f_1=15$ MHz 和 $f_2=150$ kHz。测距机中有精主振驱动电源 f_1 和粗主振电源 f_2,由开关依次控制对激光器进行调制,发出测距光波,进行两次相位测距。由于测距中的检相器只能工作于较低频率,因而要把高频率电压转换到低频电压。所以测距机中又设两个本振信号发生器,即精本振频率为 $\omega_{R1}=2\pi(f_1-f_c)$, $f_c=4$ kHz,粗本振频率为 $\omega_{R2}=2\pi(f_2-f_c)$。将主振和本振电压输到基准混频器去进行外差,输出 f_c 低频基准电压。同时,精本振输出电压又与接收放大器输出信号在信号混频器中进行外差,得到 f_c 频率的信号电压。信号电压和基准电压的频率都降为 4 kHz,但其相位仍保持高频信号的相位。这两个信号进入检相电路检出相位差,最后进入计算电路进行计算。将 f_1 和 f_2 的两次测量结果在计算电路中综合以后,输出测距结果。

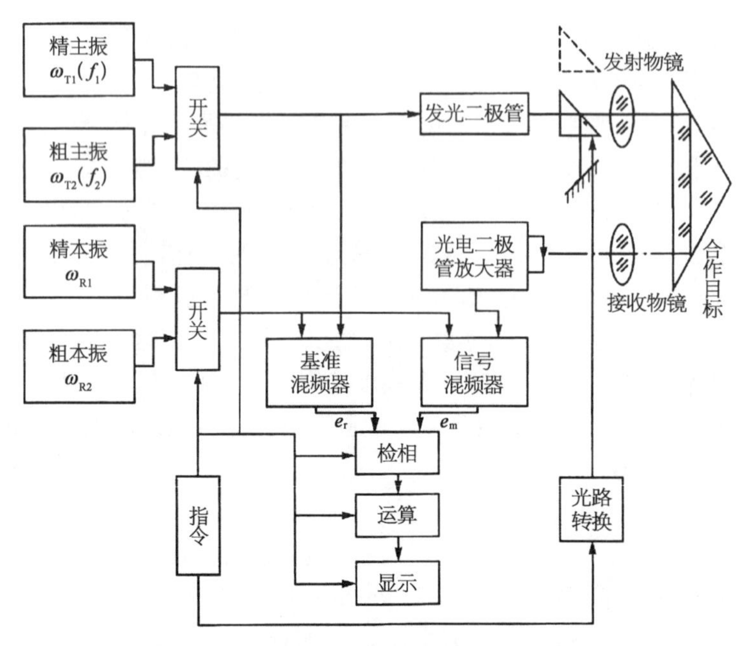

图 6-6 相位测距仪组成

如果主振和本振频率分别为 ω_T 和 ω_R，则激光器发射的主振信号的相位为 $\omega_T t+\varphi_T$，测量光束经被测目标反光镜返回后由光检测器接收的信号的相位就为 $\omega_T t+\varphi_T+\varphi_S$，光电探测器输出信号在信号混频器中与本振信号混频，产生输入检相器的测量信号 e_m，其相位为

$$\varphi_m=(\omega_T-\omega_R)t+\varphi_T+\varphi_S-\varphi_R \tag{6-7}$$

式中，φ_T 和 φ_R 分别为主振和本振的初始相位，φ_S 为接收与发射信号间的相位差。

主振和本振信号在基准混频器中混频后产生输入检相器的测相基准信号 e_r，其相位为

$$\varphi_r=(\omega_T-\omega_R)t+\varphi_T-\varphi_R \tag{6-8}$$

从式(6-7)和式(6-8)可以看出，混频后的两个低频信号的相位差 φ_S 和直接测量高频调制信号的相位差是一样的。由此可见，检相器测得的相位即主振信号发射后往返两次被测距离而产生的相位移，相位计工作在低频 4 kHz，降低了测相频率，容易保证检相器的精度。在实际的测距机中，电路各环节总会因时间延迟而引入相移，同时测距机内部的光学系统也将引入相移，但这些数值都是固定的，即属于固定误差。在测量以前，把三角棱镜放在发光二极管前面并对内光路测一次，然后把这个测量结果在正式测距结果中减去，就可得到较为准确的校正值。

6.1.2　激光测速

早在 1842 年，奥地利物理学家多普勒就提出了著名的多普勒效应。同时多普勒也证明了光学多普勒效应，即光源与光接收器具有相对运动的速度时，接收器接收到的光的频率并不等于光源输出光波的频率，而是存在频率差，且频率差的大小与相对运动速度的大小有关。

1964 年 Y. Yeh 和 H. Z. Cummins 发表了第一篇关于激光多普勒测速研究的学术论文，论文利用经典的参考光光路模型测量出了流动液体的多普勒频移信号。激光多普勒测速经历了 60 多年的研究，它的发展过程大致可以分为 3 个阶段：

第一阶段是 1964—1972 年，这是激光测速发展的初期。在此期间，人们使用各种元件拼凑、组建大多数的比较简单、调准不方便且光学性能不高的光学装置。同时人们也还处在探索和实验验证各种外差检测模式的过程中。在信号处理方面，开始采用已有的频谱分析仪，但频谱分析仪不但费时，且精度差。

第二阶段是 1973—1981 年，这是激光测速发展的中期。在此期间，科研工作者研制出了各种各样的光学系统和信号处理系统，测速系统的性能得到了很大的改善。在光学系统方面，集成光学单元的出现大大增加了光路结构的紧凑性，调节和校准也变得简单了很多。光束扩展、偏振分离、空间滤波、光学频移、频率分离等技术在激光测速仪中相继得到应用。在信号处理方面，研制出了计数法、频率跟踪法和光子相关法等信号处理方法，相比以前的频谱分析法，信号处理的效率和精度都大大提高了。

第三阶段是 20 世纪 80 年代到现在，这个阶段开始的标志是 1982 年第一届“激光技术在流体力学的应用国际讨论会”在葡萄牙首都里斯本召开，随后各种关于激光测速技术的国际会议被召开，意味着激光测速已成为激光领域的重要论题，其研究价值可见一斑。在这段时期里，新的激光技术、光纤技术不断出现，许多新型的激光测速模型被提出，应用研究迅速发展。激光多普勒测速技术已经发展到能够成功地进行大部分环境下的速度测量的水平，成了测速领域内不可或缺的重要手段之一。

激光多普勒技术具有很高的实际应用价值，可以运用到相当广的领域里，如在线质量控制、结构损伤检测、微系统诊断、生物医学中血流量检测、土木工程损伤检测等。

6.1.2.1　激光多普勒测速原理

激光多普勒测速过程：激光器输出激光遇到运动的物体，由于多普勒效应，由物体反射或散射的光频率发生改变，这种携带了物体运动信息的反射或散射光称为信号光。信号光由光电探测器接收，进行相应的信号处理就可以求出物体的运动速度。

假设 S 为激光光源，P 为运动的粒子，V 为运动粒子相对于激光光源的运动速度，D 为光电探测器。他们的相对位置如图 6-7 所示。

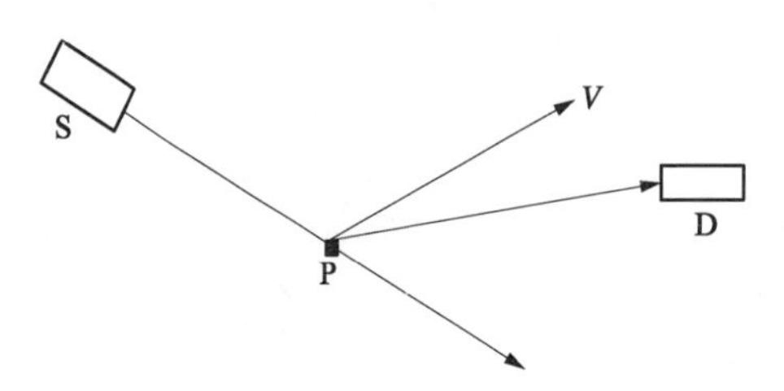

图 6-7　光源、微粒、光电探测器的相对位置

根据相对论中频率与速度的变换公式可得出，运动粒子所接收到的经过第一次多普勒频移的光波，光波频率 f' 为

$$f' = f\frac{1-\dfrac{\boldsymbol{V}\cdot\boldsymbol{e}_0}{c}}{\sqrt{1-\left(\dfrac{\boldsymbol{V}\cdot\boldsymbol{e}_0}{c}\right)^2}} \tag{6-9}$$

式中，$\boldsymbol{e}_0$ 是入射激光单位矢量，c 是激光在介质中的速度。一般条件下有 $V \ll c$，式(6-9)可近似为

$$f' = f\left(1-\frac{\boldsymbol{V}\cdot\boldsymbol{e}_0}{c}\right) \tag{6-10}$$

运动的粒子接收激光照射后产生反射及散射现象，相当于新的激光光源向四周发射激光，并被光电探测器接收。这一过程中，相当于光源是运动的，而物体(光电探测器)是静止的，发生了第二次多普勒效应，此时光电探测器所接收到的激光频率为 f''，其大小为

$$f'' = f'\left(1+\frac{\boldsymbol{V}\cdot\boldsymbol{e}_s}{c}\right) \tag{6-11}$$

式中，$\boldsymbol{e}_s$ 是粒子接收激光照射后产生的反射或散射光的单位矢量。

比较式(6-10)与式(6-11)，$\boldsymbol{e}_s$ 的方向由粒子朝向光电探测器，所以括号内的运算符取正号。

将式(6-10)代入式(6-11)得

$$f'' = f\left[1+\frac{\boldsymbol{V}\cdot(\boldsymbol{e}_s-\boldsymbol{e}_0)}{c}-\frac{V^2\cdot\boldsymbol{e}_0\cdot\boldsymbol{e}_s}{c^2}\right] \tag{6-12}$$

当 $V \ll c$ 时，忽略式(6-12)中的高次项有

$$f'' = f\left[1+\frac{\boldsymbol{V}\cdot(\boldsymbol{e}_s-\boldsymbol{e}_0)}{c}\right] \tag{6-13}$$

这个频率与激光器发射光频率的差值就是多普勒频移：

$$f_{\mathrm{D}}=f''-f=f\frac{\boldsymbol{V}\cdot(\boldsymbol{e}_{\mathrm{s}}-\boldsymbol{e}_{0})}{c}=\frac{1}{\lambda}\mid\boldsymbol{V}\cdot(\boldsymbol{e}_{\mathrm{s}}-\boldsymbol{e}_{0})\mid \tag{6-14}$$

式中，λ 为激光波长。

根据式(6－14)可知，多普勒频移 f_{D} 不仅与粒子的运动速度大小有关，还与粒子运动速度方向与激光器探头和光电探测器所成角度有关。在实际的速度测量中，粒子速度方向大多都是已知的，如果预先设定好激光器探头与光电探测器间的位置，多普勒频移与粒子运动速度间的关系就被唯一确定了。图 6－8 为特定位置时的多普勒速度测量情况，在这种情况下多普勒频移 f_{D} 的表达式可简化为

$$f_{\mathrm{D}}=\frac{2\cos\theta}{\lambda}\mid V\mid \tag{6-15}$$

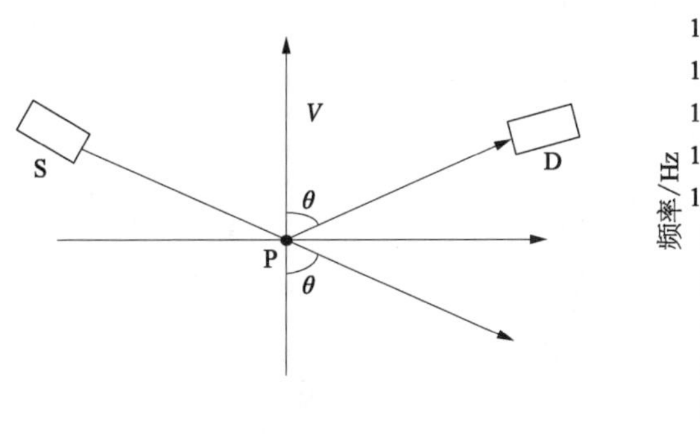

图 6－8　特定光源、粒子和检测器间位置关系

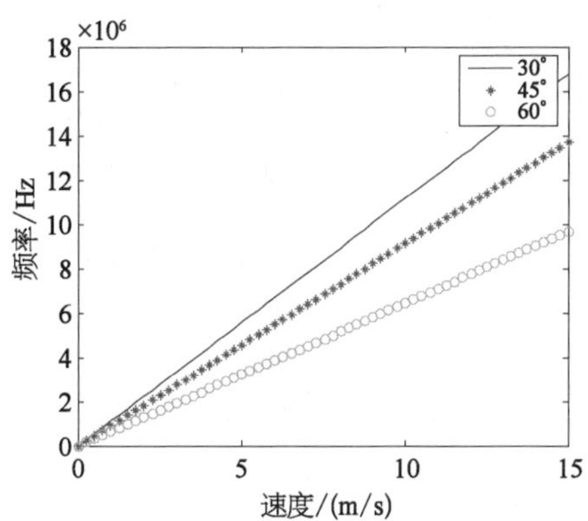

图 6－9　多普勒频移与粒子运动速度的关系

图 6－9 表示光源位置、粒子速度方向、光电探测器放于特殊位置，当夹角 θ 取不同值(30°, 45°, 60°)时，多普勒频移大小 f_{D} 与粒子运动速度的关系。其中激光波长 $\lambda=1\,550$ nm，横坐标为粒子的运动速度，取值范围为 0～15 m/s，纵坐标为对应的频移量。

根据式(6－14)、式(6－15)、图 6－9 可知，当光源位置、粒子速度方向、光电探测器位置固定的条件下，多普勒频移 f_{D} 与粒子运动速度大小成正比。如果能测得频移量，就可以算出对应的速度信息。

6.1.2.2　多普勒频移光外差检测

通常情况下，所要测量的目标物体的运动速度要远小于激光在介质中的传播速度，对应的多普勒频移量也远小于激光在介质中的频率。举个例子，假设在测量流体流速的实验中，激光器发射光波长为 1 550 nm，被测流体的速度最大值为 15 m/s，利用简化式(6－15)可以算出多普勒频移的最大值约为 20 MHz。由

于多普勒频移量相对光的频率(约为 10^{14} Hz)很小,不能被光谱仪所分辨,因此不能使用直接光谱法对它进行检测,同时信号光的频率也非常高,超出了现有光电探测器的频率响应范围,所以应使用光学外差检测技术。

假设激光探头射出的光记为参考光 $E_1(t)$, 波函数为

$$E_1(t)=A_1\mathrm{e}^{\mathrm{j}(\omega_1 t+\phi_1)} \tag{6-16}$$

式中,A_1 为参考光的振幅,ω_1 为参考光频率,ϕ_1 为参考光初相位。探测器接收的包含多普勒频移的光记为信号光 $E_2(t)$, 波函数为

$$E_2(t)=A_2\mathrm{e}^{\mathrm{j}(\omega_2 t+\phi_2)} \tag{6-17}$$

式中,A_2 为信号光的振幅,ω_2 为信号光频率,ϕ_2 为信号光初相位。

两列光波相干叠加后,得到的复合波函数 $E(t)$ 为

$$E(t)=A_1\mathrm{e}^{\mathrm{j}(\omega_1 t+\phi_1)}+A_2\mathrm{e}^{\mathrm{j}(\omega_2 t+\phi_2)} \tag{6-18}$$

$E(t)$ 对应的光强 I 为

$$\begin{aligned}I=E*E=&A_1^2\cos^2(\omega_1 t+\phi)+A_2^2\cos^2(\omega_2 t+\phi)+\\&2A_1A_2\cos[(\omega_2-\omega_1)t+(\phi_2-\phi_1)]\end{aligned} \tag{6-19}$$

光电探测器检测输出的光电流 $i(t)$ 与接收的光信号强度 I 成正比:

$$\begin{aligned}i(t)=\eta I=\eta\{&\overline{A_1^2\cos^2(\omega_1 t+\phi)}+\overline{A_2^2\cos^2(\omega_2 t+\phi)}+\\&\overline{2A_1A_2\cos[(\omega_2-\omega_1)t+(\phi_2-\phi_1)]}\}\end{aligned} \tag{6-20}$$

式中,η 是和光电探测器量子效率相关的常数项。式(6-20)中的大括号中的前两项中的频率 ω_1, ω_2 为光波的频率,这一部分电流表现为直流输出。包含差频项 $(\omega_2-\omega_1)$ 的部分可以被光电探测器响应,以交流电形式输出。将得到的信号进行滤波处理,选择以 $(\omega_2-\omega_1)$ 为中心附近的频率,就可以消除直流项以及其他高频噪声的影响,得出多普勒频移量。

6.1.2.3 多普勒测速性能影响因素分析

对于一个完整的测量系统,其性能受诸多不同方面因素影响。为简化分析,从系统理论分析模型和信号检测原理两个方面讨论激光器和光电探测器(或光电变换电路)对系统性能的影响。基于特殊位置时的多普勒传感系统理论模型,可以利用简化公式(6-15)来计算多普勒频移。而对于一般位置时的分析过程与此类似,仅需额外考虑方向向量的影响。

假设所要设计的激光多普勒测速仪的范围为 0～15 m/s,测量精度为

0.05 m/s，所用激光器的波长为 1 550 nm，激光与物体运动方向所成角度 $\theta=60^{\circ}$。根据式(6-15)可求得产生的最大多普勒频移为

$$f_{\max}=\frac{2V_{\max}\cos\theta}{\lambda}=\frac{2\times15\times0.5}{1\,550\times10^{-9}}\approx9.7(\text{MHz})\tag{6-21}$$

频率精度为

$$\Delta f=\frac{2\Delta V\cos\theta}{\lambda}=\frac{2\times0.05\times0.5}{1\,550\times10^{-9}}\approx32(\text{kHz})\tag{6-22}$$

1) 激光器对测速系统性能的影响

根据前述分析可知，多普勒频移的大小与激光器发射光的波长有关。理论分析时认为激光的波长是某一特定值，实际情况是激光器发射的激光并不是某一特定频率的理想单色光，存在一定的线宽和频率漂移，这将对系统测速性能产生重要的影响。

(A) 激光器线宽

激光器的线宽是针对某一时刻激光器发射光而言的，在某一时刻激光器发射光的频率并不是一个单一的值，而是存在着一定的频谱宽度，常常规定激光器的线宽为输出激光峰值频谱的半高全宽。

假设激光器的线宽为 $\Delta f_{线}$，f_{l1}，f_{l2} 分别为激光的下限和上限频率。激光器线宽引起的激光本身存在的频差最大值为 $2\Delta f_{线}$。激光器线宽的影响如图 6-10 所示，根据前面的分析，激光器的线宽应满足：

$$2\Delta f_{线}\leqslant\Delta f\tag{6-23}$$

考虑到存在其他因素对系统测量精度的影响，实际工程中应选择比上式计算线宽更窄的激光器：

$$\Delta f_{线}\approx\frac{\Delta f}{4}\approx8\text{ kHz}\tag{6-24}$$

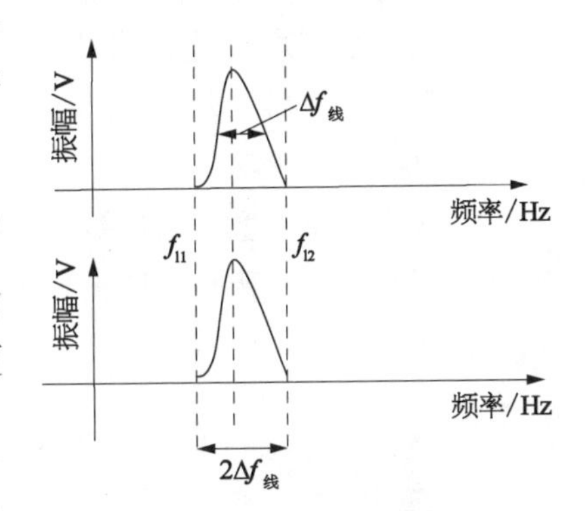

图 6-10　激光器线宽因素的影响

(B) 激光器频率漂移

激光器的频率漂移是针对不同时刻激光发射的波列而言的。不同时刻激光发射的波列频率并不绝对相同，而是存在一定的频率漂移。激光器的频率漂移主要分为两种：短时间工作时产生的频率漂移 ($t\ll1$ s) 和长时间工作时的频率漂移($t>1$ s)。在激光多普勒测速装置中，由于进行差频的两束相干光的光程不一定相等，因此到达探测器的两束光并不是同一时刻激光器发射出的光，存在

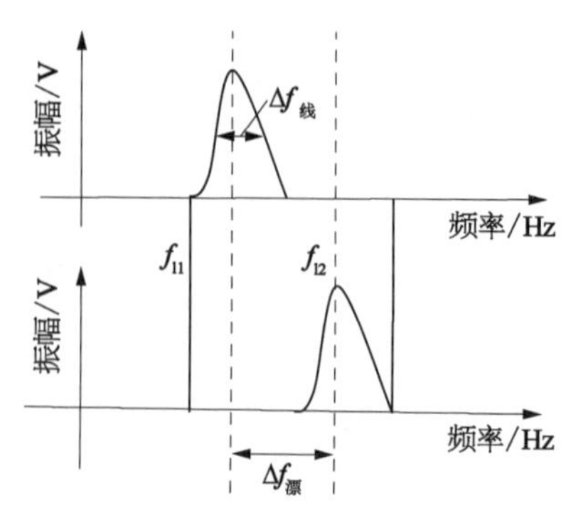

图 6-11 激光器线宽和频率漂移共同作用的影响

一定的时间延时 $\Delta\tau$，一般的激光多普勒测速模型中 $\Delta\tau \ll 1$。因此激光器短时间里的频率漂移会对测速系统的性能产生影响。图 6-11 为激光器线宽和频漂同时存在时对多普勒测速系统的影响。

假设激光器在短时间内的频率漂移为 $\Delta f_{漂}$，则应满足

$$2\Delta f_{线} + \Delta f_{漂} \leqslant \Delta f \qquad (6-25)$$

将式(6-22)、式(6-24)代入式(6-25)得

$$\Delta f_{漂} \leqslant 16(\mathrm{kHz}) \qquad (6-26)$$

2) 光电变换电路对系统性能的影响

光电探测器是激光多普勒测速系统的重要组成部分，其带宽和探测灵敏度都会对系统性能产生一定影响。探测器带宽是指能被探测器所探测的频率范围，多普勒频移大小与运动粒子速度成正比，因此光电探测器的带宽限制了多普勒传感系统的测速范围。针对上面所分析的测速系统的性能要求，根据式(6-21)测速系统的探测器的带宽 f_{max} 应大于 9.7 MHz。

6.1.2.4 激光多普勒测速系统光路结构

在激光多普勒测速技术的发展过程中，主要有以下 3 种经典的测速模型：参考光束型、自混频型和双光束-双散射型。

1) 参考光光路结构

参考光光路模型是最早被提出的激光多普勒测速模型。随后人们基于此模型开始了对光学多普勒效应的研究，并不断改善和提出新的测速模型。参考光路结构如图 6-12 所示。

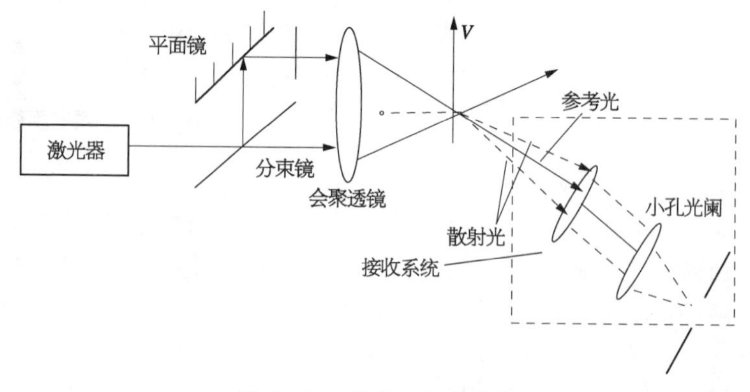

图 6-12 参考光光路结构

激光器发射的激光经过分束镜分成两路入射光，其中一路入射光不经过运动粒子而被探测器直接接收作为参考光；另一路入射光照射到运动粒子，这部分光与粒子作用后的散射光将产生多普勒频移作为信号光。参考光和信号光同时被探测器接收，根据外差检测原理，两束光的差频可以被光电探测器响应，解调出差频分量就可以求得粒子的速度信息。图 6－12 中，两列入射光的角分线恰好与物体速度方向垂直，这种特殊位置测量时可以简化速度测量公式。

参考光的测量模型有下面几个特征：

(1) 参考光模型可以实现离焦测量，即只要一路入射光照射到运动物体上时，就可以产生多普勒频移信号，与参考光束相干后就会产生差频分量。

(2) 进行差频的两路光强近似相等时，多普勒信号的信噪比较大。根据米氏散射理论，经过粒子散射后的信号光相比入射光衰减严重，为了使参考光和信号光强度近似相等，需不断调节分光镜的分光比。

(3) 参考光与信号光要经过相干叠加后才能进行差频，因此在接收时，空间上要求两路光准直重合，这就要求光路系统严格校准，并且系统具有良好的稳定性。

(4) 参考光模式中的两列光波在空间中是分离的，因此可以在一路光中引入固定频移来实现速度方向的辨别。

2) 自混频光路结构

自混频模型是在激光器的自混频效应原理的基础上提出的。激光器的自混频效应是指：激光器内部的激光可以与激光器前端接收到的散射光混频，并由后端输出，输出光强度波动与接收到的散射光频移有关。根据激光器的这一特性，可以建立如图 6－13 的激光多普勒测速模型。其中激光器自身发射的光作为参考光，激光器发射的激光照射到运动粒子上，前端接收的包含多普勒频移的散射光作为信号光，两路光在激光器内部混频后再由激光器后端输出到探测器，最后经信号处理就可求出相应的速度信息。

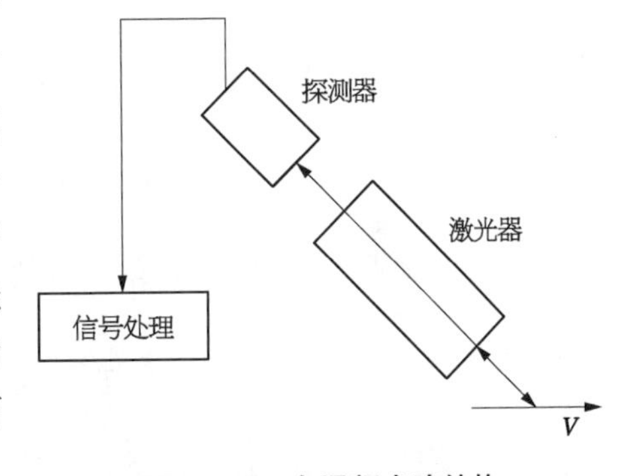

图 6－13　自混频光路结构

自混频模式有下面几个特点：

(1) 自混频模式的测量结构简单、实现容易、成本低、调节方便。从图 6－13 可以看出，只需要一个激光器和一个探测器就可以测得多普勒频移信号。

(2) 与参考光模式类似，自混频模式同样可以进行离焦测量，只要求激光照射到运动粒子即可。

(3) 自混频模式的工作状态下，信号光和参考光在同一路径中传播，无法在其中一路光中引入固定频移来分辨速度方向。

(4) 激光器后端的输出光强的波动频率受诸多因素如工作电流、温度等影响,因此使用自混频模式的系统对外界环境条件有着一定的要求。

(5) 自混频模型应用于激光多普勒测量时,散射光的功率需远小于激光输出功率,混频时才不会影响激光内部的稳定模式形态。

3) 双光束-双散射结构

图 6-14 是多普勒测速中的双光束-双散射的测量模型,其工作过程为:激光器发出频率为 f 的激光被分成方向向量为 $\boldsymbol{e}_1$, $\boldsymbol{e}_2$ 的两束光,分别照射到运动物体上。探测器接收到某一方向向量 $\boldsymbol{e}_s$ 方向的散射光,其中 $\boldsymbol{e}_1$ 方向的入射光照射到速度为 V 的运动物体上产生的散射光频率 f_1 为

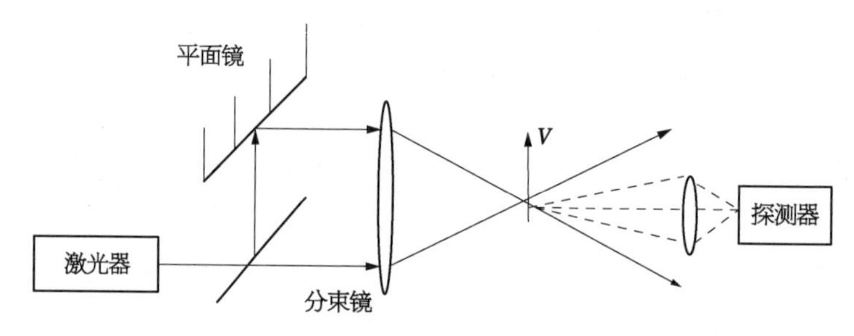

图 6-14 双光束-双散射模式

$$f_1 = f + \frac{1}{\lambda}V(\boldsymbol{e}_s - \boldsymbol{e}_1) \tag{6-27}$$

另一束光对应的散射光频率 f_2 为

$$f_2 = f - \frac{1}{\lambda}V(\boldsymbol{e}_2 - \boldsymbol{e}_s) \tag{6-28}$$

两束光满足相干条件,外差后得到的多普勒频移为

$$f_D = f_2 - f_1 = \left|\frac{1}{\lambda}V(\boldsymbol{e}_1 - \boldsymbol{e}_2)\right| \tag{6-29}$$

双光束-双散射模式有以下几个特点:

(1) 根据式(6-29),基于此模型测量得到的多普勒信号的频率与接收角度无关,接收器可以放于任意角度位置。因此可以使用大口径的接收探头来增加信号强度而不影响测量精度。这也是这个模型最大的优点,目前国际上大部分激光多普勒测速仪都是基于此模型研制的。

(2) 相比于参考光模式,双光路-双散射模型中的两路光都参与了散射作用,因此只需要保证两束光的分光比为 1∶1,就能获得较理想的差频信号,光路

调节简单方便。

(3) 该模型中有两路光,可在一路光中引入固定频移来实现速度方向的分辨。

(4) 在这种模式下,两束激光相交的区域即为测量区域,测量过程中,必须保证被测点位于测量区域内,不能离焦测量。

6.1.2.5　激光多普勒测速系统信号处理方法

对于激光多普勒测速系统而言,一旦系统的测量光路确定后,测量得到的多普勒频移也就确定下来了,能否准确、有效地完成多普勒信号的处理将直接影响系统的测量精度。在激光多普勒测速技术 60 多年的发展过程中,信号处理方法的不断改进、不断完善推动了速度测量系统性能的不断提高。经历了从发展初期的频谱分析法到中期的计数法、光子相关法,再到现阶段主要使用的快速傅里叶变换法(FFT)等。

1) 频谱分析法

在激光多普勒测速技术发展初期,频谱分析法是被广泛采用的一种信号处理方法。其原理如图 6－15 所示,信号先经滤波及放大后与控制振荡器的输出频率混频,得到的差频信号被送入窄带滤波器中,最后信号再经检波器、平方器和平滑器,将中频信号滤掉。xy 记录仪用来记录信号的多普勒频谱。频率扫描信号周期性地来回扫描,若这个扫描周期足够长,那么输出信号幅度就与输入信号频率的概率密度成正比。

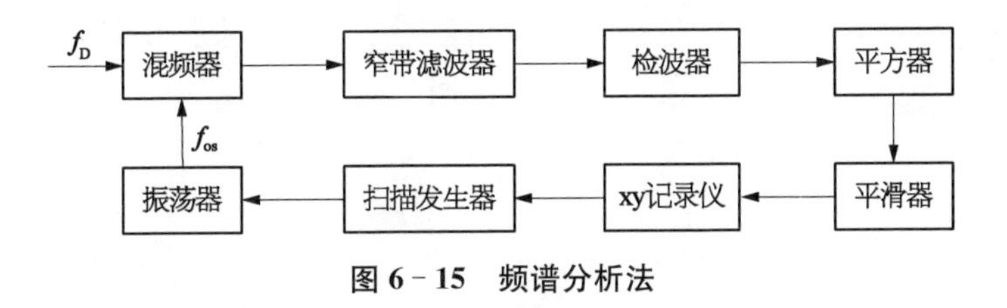

图 6－15　频谱分析法

频谱分析法主要的缺点:信号处理的速度太慢,需要经过长时间的不断扫描才能得到多普勒信号的频谱。这就决定了这种方法不能用于瞬时速度或不稳定速度场的测量,只能用来测量平均速度。另外粒子直径或者浓度的不均匀分布,都会影响该方法测量结果的可靠性。在速度测量精度要求比较低的情况下,可以用频谱分析法作测量的初步判定。

2) 频率跟踪法

频率跟踪法可解释为:利用频率反馈回路,自动追踪一个频率调制的信号(多普勒频移信号),最后将调制信号以模拟电压的形式解调。

图 6－16 为多普勒信号处理中运用频率跟踪法的工作过程。测量得到的多普勒信号 f_D 与频率追踪信号 f_{os} 混频,经中频滤波器滤波后得出差频信号,经

过鉴频器实现频率向电压的转换,得到的电压信号经过积分放大器平滑放大后,用来控制 VCO 的振荡频率。相比于频谱分析法,该方法利用实时电压值来表示速度信息,实现了瞬时速度的测量。频率跟踪法有比较好的实时性和较快的数据处理速度,但是它的测量结果受信噪比的影响很大。

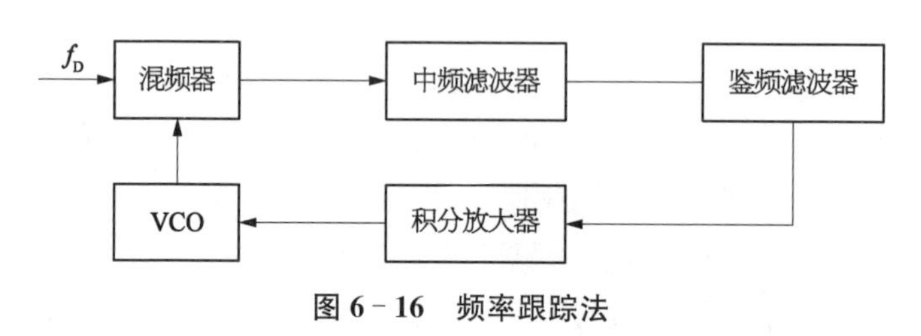

图 6-16　频率跟踪法

3) 计数法

计数法的本质是一种计时装置。利用快速数字电子相关技术,可以测量出达到触发电平的固定周期数的多普勒信号所用时间。周期数与对应时间的比值即为多普勒信号的频率。这种信号处理方法的应用建立在准确的快速数字电子计数技术的基础上。

计数法又可以分为固定周期计数法和固定闸门计数法。

(1) 固定周期计数法。在既定的时间内对多普勒周期进行计数,然后通过计算得到相应的多普勒频率。

图 6-17 是固定周期计数法触发输出信号示意图,对于事先确定的信号周期数 N,记录达到触发电平的 N 个信号所用时间 $\Delta\tau_N$,所以多普勒频移为

$$f_D=\frac{1}{\Delta\tau_1}=\frac{N}{\Delta\tau_N} \tag{6-30}$$

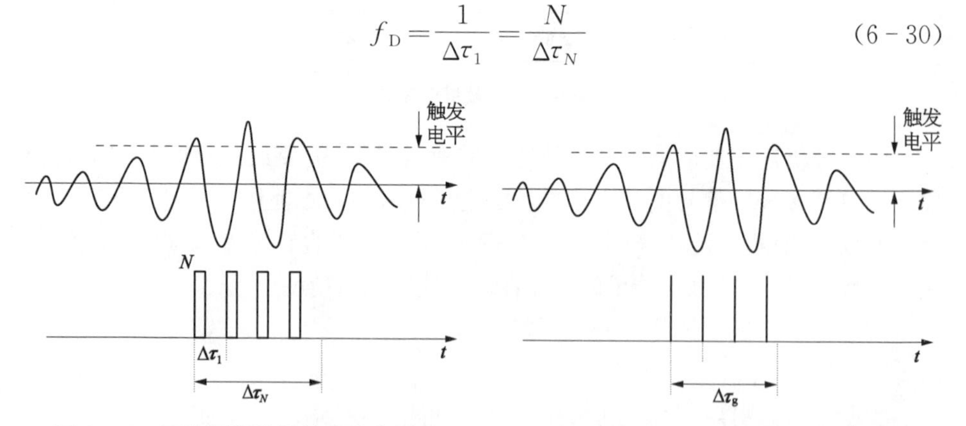

图 6-17　固定周期计数触发输出信号　　图 6-18　固定闸门时间计数触发输出信号

(2) 固定闸门时间计数法。在信号触发之后,计算 N 个多普勒信号周期的时间,然后再得到多普勒频率,如图 6-18 所示。

如果固定时间 τ_g 内触发的多普勒信号的周期个数为 N，则多普勒频移 f_D 为

$$f_D = \frac{N}{\tau_g} \tag{6-31}$$

6.1.3　激光线径测量

在工业应用和制造业中，基于激光非接触测量的线径测量仪器已得到成功应用，这种仪器通常用来测量微小的尺寸。当激光波长与被测线径的比率(即 λ/d)在一定范围内的时候，可以通过激光衍射的方法进行测量。一般的，激光测径仪在制线业中是作为过程控制的传感测量，如塑料线或光纤。这种在线测量是通过一个过程参数的反馈，使得生产出的产品的尺寸控制在所要求的精度范围内。

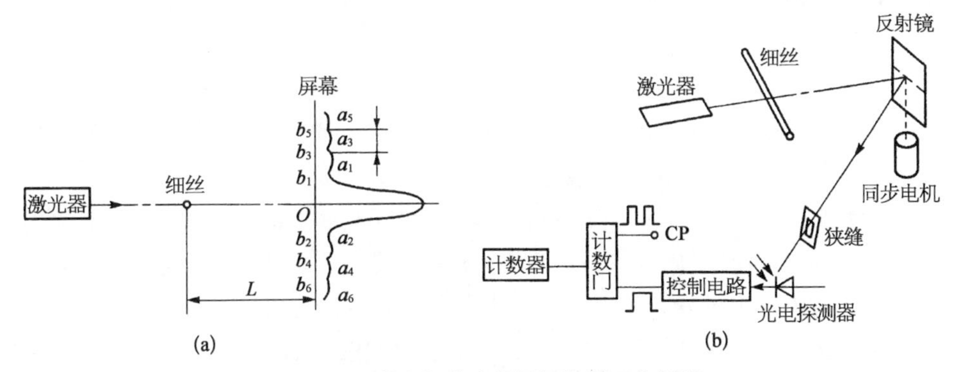

图 6-19　激光细丝直径测量装置工作原理

(a) 细丝的夫琅禾费衍射；(b) 检测原理

激光细线(或细丝)直径测量装置的原理如图 6-19 所示。当用激光器或平行光束照射细丝时其后较远的屏幕上就能获得细丝的夫琅禾费衍射图。图 6-19(a)中 O 点为中央亮纹，能量最多，各级暗条纹和亮条纹对称地分布在两侧。被测量细丝的直径 d 可依据衍射定律计算得到

$$d = \lambda L / s \tag{6-32}$$

式中，λ 为光束的波长；L 为细丝到屏幕之间的距离；s 为衍射条纹相邻两暗条纹之间的距离，或除中央亮纹外相邻亮纹之间的距离。显然，当测量装置确定后，λ 和 L 为定值，其关键在于测定衍射条纹的间距 s，由式(6-32)即能确定细丝的直径 d。

图 6-19(b)给出了检测原理，由稳速同步电机带动转镜，使衍射图样形成在狭缝的平面上。随着反射镜的转动，衍射条纹将相继扫过狭缝，并由光电探测器所接收。随着扫过的亮暗条纹相应产生脉冲信号，其脉冲间隔随条纹间距 s 的变化而改变。这样按条纹间距转换为时间信号，并用控制电路形成相应间距

的脉冲，控制计数门的开启和关闭。计数门的另一个输入端加入频率稳定且与电机转动相关的时钟脉冲。由计数器在同一个条纹间隔内所计的脉冲数将与 s 对应。引入结构参数就可计算出 s，进而计算出细丝直径 d。

利用衍射原理的测径仪具有高的灵敏度，为 0.05～0.1 μm，该方法只能用于测细丝，如 0.01～0.1 mm，最大为 0.5 mm，但测量精度将随之下降。利用该方法对加工中运动的细丝进行监测或控制时，需控制细丝的抖动量不超过激光直径的 25%。

实际上，根据 Babinet 原理，在光场中的线是个衍射障碍物，它等效于一个衍射光阑。远场的衍射光强分布，通过一个透镜汇集转变成在焦平面上的空间分布，用一个光电探测器在焦平面上沿 x 方向扫描探测即可。目前在透镜焦面上多用自扫描线阵 CCD 将光强转换为图 6－19(a)所示电信号。通过计算该电信号，就可以得出待测细线的直径。

6.1.4 激光雷达

“雷达”是按 IEEE 686－2008 标准中英文 Radar 的音译而来的。雷达是用电磁波对目标进行包含搜索和跟踪在内的探测、定位(距离和角位置)的传感器。雷达根据本身是否带辐射源分为有源雷达(带辐射源)和无源雷达(不带辐射源)。光波也是一种电磁波，如果雷达系统采用光波作为辐射源，则可称为光电雷达。光电雷达也可分为无源光电雷达和有源光电雷达(见图 6－20)。无源光电雷达的接收系统能够探测物体自身发出的光电辐射以及对光电辐射的反射和散射。例如被动式辐射探测系统、热成像系统、电视摄像系统和 CCD 成像系统。有源光电雷达又称为激光雷达。

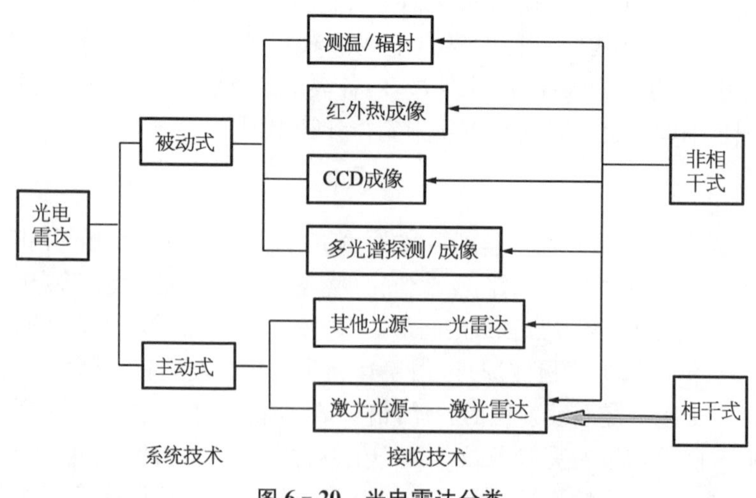

图 6－20　光电雷达分类

20 世纪 60 年代激光的出现，使利用电磁波的雷达扩展到从紫外到远红外波段的激光辐射。1987 年西方 7 国制定的《导弹技术控制法》(*Missile Technology Control Regime*，MTCR) 认为"激光雷达系统将激光用于回波测距、定向，并通过位置、径向速度及物体反射特性识别目标，体现了特殊的发射、扫描、接收和信号处理技术"。根据定义，激光雷达是激光测距、激光测速等技术综合应用的系统。激光雷达系统可按对目标空间位置和角位置、速度和目标自身反射特性系列等分类(见图 6 - 21)：测距测角激光雷达、测速激光雷达、成像激光雷达。其中成像激光雷达能反映目标反射特性，以识别目标为主要目的，是激光雷

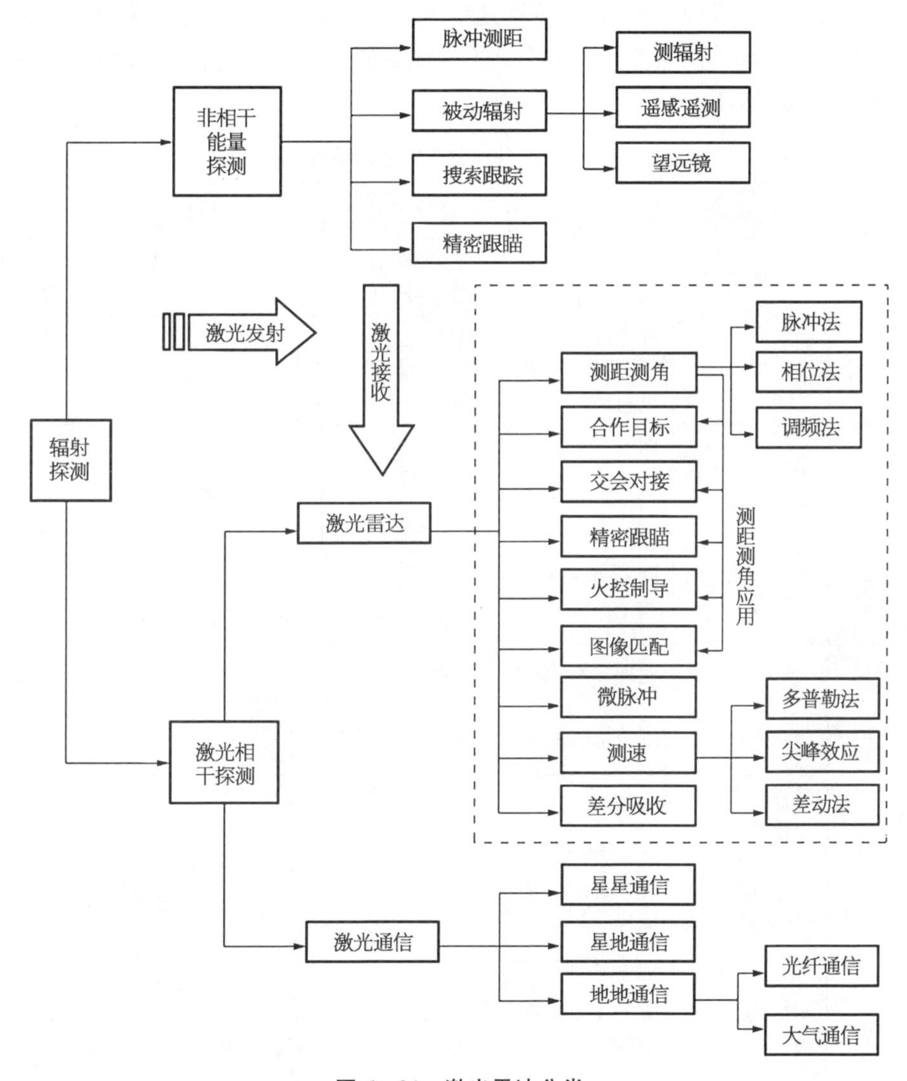

图 6 - 21　激光雷达分类

达中的研究热点。此外，激光雷达系统中被测量的目标有宏观物体和分子、原子等微粒团，能测量宏观物体和微粒团的微脉冲激光雷达也属于激光雷达系统。

根据定义，激光雷达应具备测距、测速、定向等基本能力，进一步结合信号分析实现目标识别，例如成像激光雷达。成像激光雷达在目标识别、分类和高精度三维成像及测量方面有着独特的技术优势，因而被广泛应用于军事、航空航天以及民用三维传感等领域。自 20 世纪六七十年代起，随着激光技术和探测器件的发展，发达国家率先在激光雷达三维成像领域进行了研究，各种距离测量技术和三维成像体制蓬勃发展。激光雷达三维成像系统按照成像体制可以分为扫描式成像系统和面阵成像系统两种；按激光距离测量体制可以分为直接脉冲测距、相位式测距以及线性调频测距等类型。不同体制的激光雷达成像系统具有不同的优缺点(见表 6-1)。

表 6-1　各代激光雷达的特点

分代	理论基础	发射系统	接收系统	信息处理	运载平台
第一代	经典理论	气体激光，传统光学系统	单元探测器，脉冲体制，直接接收	单元电路，模拟电路	地基为主，车载为辅
第二代	量子理论	气体/固体/半导体激光，光机扫描	SPTTE 器件，线列探测器，外差接收	单元电路，数字电路，成像显示	车/机载为主，星载为辅
第三代	光子探测，统计理论	DPSS 发射，电子扫描，非扫描	面阵探测器，外差接收	集成模块，DSP 芯片，成像显示	车/机载，弹/星载
第四代	光子探测，纳米物理	阵列发射，微光学系统	微光学系统，焦平面阵列探测器，光纤导光	硬软件融合，系统级芯片，高分辨率，成像显示	植入生物体

分代	体积、重量	探测对象	建模仿真	工作模式	
第一代	分立元件，大	硬目标	很少用	单一波长，单一模式	
第二代	分立元件，单元模块，中等	硬目标	个别单元	双色、多光谱，主被动复合	
第三代	功能部件，MOEMS，小	硬目标，软体取样	单元模块，功能部件，分系统	多波长复合，多功能模块，智能化模块	
第四代	系统级芯片，极小	硬目标，软体取样	系统总体，产业决策，产业管理	全波段复合，光电全模复合，测通控一体化，多模复合模块	

从激光雷达的理论基础、收发技术、信息处理和显示、探测对象、探测模式、体积和重量、运载平台、建模与仿真技术等方面综合分析，激光雷达已发展了三代半。第一代主要是地基的气体和固体激光器激光发射和单元探测器接收的激光雷达；第二代激光雷达进一步提高气体和固体激光器性能，出现了半导体二极管激光器辐射源和高性能探测器，单元器件发展为单元模块式组件，使之满足车载、机载和部分星载要求；第三代激光雷达以半导体激光器泵浦的固体激光器的辐射源和阵列探测器为主，光电探测和信息处理的集成化程度大大提高，在模块式组件的基础上，进一步形成微型化的功能部件，完全满足星载和弹载的要求。目前的三代半是以纳米级集成光学的微光学系统技术为特征的激光雷达，它以激光器、探测器和光学系统的阵列化，信号探测、处理和传输的数字化及系统级芯片化为主要特征，探测对象由传统的军事硬目标，转变为以分子、原子和生命体为对象的软目标，极大地扩展了在民用领域的应用，展示了广阔的商业化前景。激光雷达的研发、设计和生产的建模与仿真也形成了较完备的商业性体系。

6.1.4.1　激光雷达原理

激光雷达是激光、大气光学、目标和环境特性、雷达、光机电一体化和计算机等技术相结合的产物。它的核心主要包括：① 激光发射系统，它发射发散角小、能量集中的激光光束；② 激光接收系统，它探测和接收照射到目标上的反射、散射等回波信号。激光雷达的基本技术源自微波雷达，两者并无本质区别。传统雷达是以微波或毫米波为载波的雷达。激光雷达以激光作为载波，波长比微波或毫米波短得多。激光雷达的典型组成结构如图 6－22 所示。

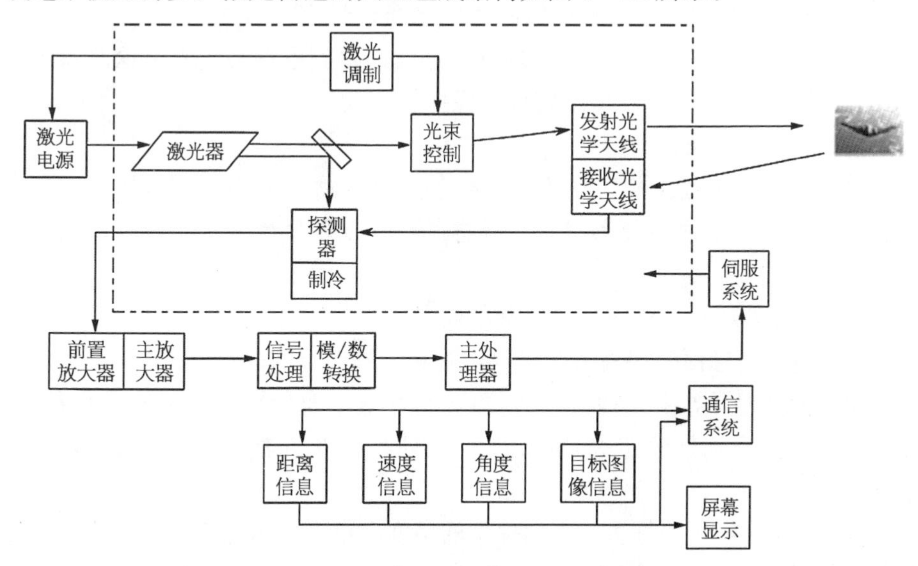

图 6－22　激光雷达的典型功能结构

1）基本组成

激光雷达基本组成包括发射、接收和后置信号处理等 3 部分以及使 3 部分协调工作的机构。

（A）发射部分

（1）激光发射器。它由激光器和激光电源等部分组成，并可配上激光调制器。激光器的发展经历了 He－Ne 及 CO_2 等气体激光器、YAG 固体激光器、半导体激光器等阶段。目前激光雷达中多采用固体激光器和半导体激光器。

（2）激光调制器。它将发射的激光强度调制成所需要的波形（连续波或脉冲），或对激光的某一参数（幅度、频率、相位和偏振化等）进行调制。激光强度调制一般可通过控制激光电源和光束控制机构来实现。

（3）光束控制器。它控制激光束在空间的位置、方向及束宽，也可采用矩阵式反射镜、矩阵光栅或矩阵式滤光器等微光学系统获得矩阵激光束。

（4）光学发射天线。光学发射天线主要对激光束进行整形和束宽压缩，变成所要求的波形和参数，射向空间，使远处目标获得的照射能量最大。传统的成像激光雷达还要求进行光机扫描等。

（B）接收部分

（1）光学接收天线。光学接收天线对从目标返回的反射或散射的激光信号进行收集，并能校正波阵面，使激光回波进入到探测器的光敏面上。它和光学发射天线可以是分离的，也可以是并置的。

（2）光电探测器。将接收天线收集的激光信号直接转变为电信号，或者与通过分束器得到的本振光混频，实现外差接收而得到电信号。光电探测器可以是阵列探测器，以提高灵敏度或实现成像探测。

（C）信号处理及控制部分

（1）信号预处理。前置放大器，先将探测器输出的电信号进行匹配、滤波、消噪、信噪比增强和频率、相位及偏振等预处理，再经主放大器放大到一定功率。

（2）信号处理器。将各种信号参量处理为含有距离、速度、角度和目标图像特征的信息。信号预处理输出信号再经过模/数转换器，转变为数字信号，送入计算机或微处理器等主处理器，变为可分析和显示及传输的数据和图像信息。它可以经通信系统传输出去，或经图像处理系统在屏幕上显示，或送入伺服系统。

（3）伺服系统。根据主处理器提供的角度和角速度信息控制激光雷达平台的跟踪架对捕获的目标实现跟踪。

(4) 通信系统。将主处理器输出的信号传输到指挥控制中心，或自主发射的弹药等火工品控制器，也可以接收指挥控制中心的有关指令，进行其他操作。

2) 激光结构分析

(A) 主动式优点

激光雷达是一种主动式激光雷达，较被动式光电雷达有许多优点。

(1) 全天候工作，不受白天和黑夜的光照条件的限制。

(2) 有更高分辨率和灵敏度，有更强抗干扰能力，受气象和地面背景、天空背景干扰小。

(3) 可获得幅度、频率和相位信息，信息量大。可测速及进行动目标识别。

(B) 结构特点

(1) 图 6-22 虚线部分是激光雷达的核心组成和技术部分，去掉激光发射、调制、光束控制和发射光学天线，就是被动辐射光电雷达，或称为红外辐射探测、CCD 成像、红外成像和电视摄像等。

(2) 由激光雷达的不同结构可以看出，可以组成多种模式复合的激光雷达，整个激光雷达的系列可以用“光电雷达”来表示。

(3) 通信系统在激光雷达中的地位日益重要，且不可分割。它是激光雷达和其他光电雷达组成多传感器网络的必要条件。

(4) 图中整个结构都设置在一定的平台上。因此是一个光机电一体化系统。若和武器系统、火工品相结合，就可实现探测侦察-打击一体化系统。

3) 激光雷达主要性能指标

(A) 探测空域

探测空域指激光雷达通过扫描搜索装置，以一定的探测概率和虚警概率，在激光雷达的激光束的截面内所能探测到目标的空间。在几何上，它是由激光雷达最大探测距离、最小探测距离、最大方位扫描角和俯仰扫描角所包围成的空间。

(B) 预警时间

战机稍纵即逝，预警时间指开机到获得第一批有效数据和信息的时间。

(C) 目标参数

(1) 主要测量参数有目标距离、方位角、俯仰角或高度、三维空间坐标，速度及其变化率，光电反射和散射特征、几何特征，目标数量和进入探测空域的批次。

(2) 测量精度指测量目标参数的误差。它由对目标进行大量测量后的测量误差的统计平均值(即均方根值)表示，有距离精度 σ_R、方位角精度 σ_δ、俯仰角精度 σ_θ 和速度测量精度 σ_V。

(3) 批录取能力指激光雷达在探测空域完成一次全空域测量后,能获得多少批次目标参数的能力。

(D) 探测分辨率

激光雷达较微波雷达波长短几个数量级,有更高的探测分辨率。

(1) 距离分辨率:在同一方位上,区分两个最靠近目标的最小距离 ΔR。

(2) 角分辨率:在同一距离上,区分两个目标的最小方位或俯仰角 $\Delta\theta$。

(3) 速度分辨率:能区分两个不同运动速度的最小速度间隔 Δv,通常以激光的多普勒频率间隔 Δf_d 表示。

(4) 图像分辨率:每一个方向上的像素数量,以每英寸像素数量或每幅图像的像素数量表示。

6.1.4.2 激光雷达作用距离方程

激光和微波同属电磁波,从微波雷达作用距离方程可导出激光雷达作用距离方程。

$$P_R = \frac{P_T G_T}{4\pi R^2} \times \frac{\sigma}{4\pi R^2} \times \frac{\pi D^2}{4} \times \eta_{Atm}\eta_{Sys} \tag{6-33}$$

式中,P_R 是接收激光功率(W),P_T 是发射激光功率(W),G_T 是发射天线增益,σ 是目标散射截面,D 是接收孔径(m),R 是激光雷达到目标的距离(m),η_{Atm} 是单程大气传输系数,η_{Sys} 是激光雷达的光学系统的传输系数。定义 $A_R = \pi D^2$ 是有效接收面积(m^2)。式中还有

$$G_T = \frac{4\pi}{\theta_T^2},\ \theta_T = \frac{K_a\lambda}{D} \tag{6-34}$$

式中,θ_T 是发射激光束宽,λ 是发射激光波长,K_a 是孔径透光常数。经过整理,变为

$$P_R = \frac{P_T\sigma D^4}{16\lambda^2 K_a^2 R^4}\eta_{Atm}\eta_{Sys} \tag{6-35}$$

目标的散射截面为

$$\sigma = \frac{4\pi}{\Omega}\rho_T \mathrm{d}A \tag{6-36}$$

式中,Ω 是目标散射立体角,$\mathrm{d}A$ 是目标面积,ρ_T 是目标平均反射系数。激光雷达作用距离方程可以看成一定的发射光功率下,激光大气传输、目标特性、光学系统传输特性和接收机 4 项因子的乘积形式。

6.1.4.3　激光雷达作用距离方程的特殊形式

尽管激光雷达作用距离方程表示接收功率与激光光源到目标的距离的 4 次方成反比。对于不同的目标，该方程有不同的意义和形式，即是说由于探测目标的不同，作用距离方程有不同的形式。图 6-23 为几种典型的探测目标。

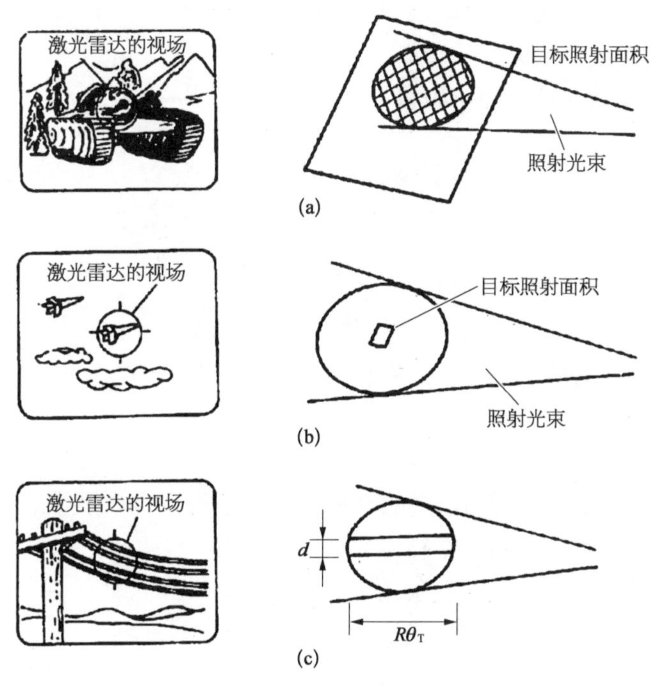

图 6-23　激光雷达探测的几种典型目标

1）点目标

如果激光雷达探测到的能量包含了从目标上被照亮的光斑点反射回的所有能量，那么在作用距离方程的计算中，要用目标上整个被照亮的区域来计算。计算时就要用到激光雷达照射目标时的散射截面。

对于一个郎伯散射的点目标，被照射的面积元 dA，该界面可简化为

$$\sigma_{PT} = 4\rho_{PT} dA \tag{6-37}$$

式中，ρ_{PT} 是点目标的平均反射系数。代入标准形式中，便得出从点目标回来的接收信号功率：

$$P_R = \frac{P_T \rho_T D^4 dA}{4R^4 K_a^2 \lambda^2} \eta_{Atm} \eta_{Sys} \tag{6-38}$$

式中，均假设发射和接收的光波有相同的波长。

2）扩展目标

在近程探测时，看成扩展目标。接收到目标的全部回波光束，就可认为是一个与目标大小有关的扩展目标。并且光斑附近的目标的所有辐射都能发射。当圆形光斑照射时，照射的面积为

$$\mathrm{d}A=\frac{\pi R^2\theta_{\mathrm{T}}^2}{4} \tag{6-39}$$

式中，θ_{T} 是发射激光的衍射极限角。对扩展的郎伯散射目标，有

$$\sigma_{\mathrm{Ext}}=\pi\rho_{\mathrm{Ext}}R^2\theta_{\mathrm{T}}^2 \tag{6-40}$$

于是有

$$P_{\mathrm{R}}=\frac{\pi P_{\mathrm{T}}\rho_{\mathrm{Ext}}D^2}{(4R)^2}\eta_{\mathrm{Atm}}\eta_{\mathrm{Sys}} \tag{6-41}$$

式中，ρ_{Ext} 是扩展目标的发射率。注意，在近程作用的情况下，大气影响可近似考虑为单程传输影响。

3）线形目标

如一般的电线、机场跑道、管线、铁道和高速公路等，它们的长度大于一个被照亮区域的长度，而宽度却小于被照亮区域的宽度。考虑到一个漫射的线形目标，当线径为 d，长度为 R，发射激光衍射极限角为 θ_{T} 时，目标在激光光斑中截面可近似表示为

$$\sigma_{\mathrm{W}}=4\rho_{\mathrm{W}}R\theta d \tag{6-42}$$

于是有

$$P_{\mathrm{R}}=\frac{P_{\mathrm{T}}\rho_{\mathrm{W}}dD^3}{4R^3K_{\mathrm{a}}\lambda}\eta_{\mathrm{Atm}}\eta_{\mathrm{Sys}} \tag{6-43}$$

式中，ρ_{W} 是线形目标的平均反射系数。

6.2 光纤传感器

光纤传感（OFS）技术是伴随着光纤技术和光纤通信技术的发展而出现的一种新型传感技术，在传感原理、传感器组成结构、信号处理方式等方面均与传统的电学传感器有着明显的不同。光纤传感技术主要以光纤作为敏感介质，利用外界被测信号引起光纤中传播的光波参数（如强度、相位、波长、偏振、散射等）的

变化,实现对外界被测信号的量测,具有体积小、重量轻、抗电磁干扰、本质安全(无电火花,可在易燃、易爆环境下工作)、传感器端无需供电、耐高温、易组网等优点,尤其是能在极端环境下完成传统传感器很难甚至不能完成的任务。光纤传感技术与传统类型的传感器相比有许多非常明显的优势:

(1) 光纤传感器的传输媒质和信号载体分别是光纤和光波。众所周知,光纤具有很好的电绝缘性和耐腐蚀性;光波不易受到强电场和强磁场的干扰,同样也不会影响到外界的电磁场,对被测介质的影响极小,适用于条件比较恶劣的环境。

(2) 由于利用光波相位、频率、偏振态等感知被测量,使不少光纤传感器的灵敏度常常优于其他类型的传感器。

(3) 光纤除体积小、重量轻外,还有可环绕的优点,利用光纤的可环绕性和低损耗性,能够将很长的光纤盘成直径很小的光纤圈,以增加与被测量的作用长度,改善灵敏度。此外还可以将光纤制成尺寸不同、外形各异的各种光纤传感器,有利于空间的充分利用。

(4) 对被测介质的影响很小,所以适用于结构健康检测、医药、生物等领域。

(5) 易于与现有光通信技术结合组成光纤传感网和监测网。

(6) 光纤传感器可以充分地利用光纤作为远距离传输信号媒质的优势,实现由点到线,由线到面的分布式监测。

(7) 可制造传感各种不同物理信息(电、磁、应力、温度、旋转等)的传感器。据统计,目前光纤传感可以实现 70 多种量的监测。

伴随新型特种光纤、传感机理、专用器件以及新的信号处理方法的不断问世,OFS 的性能指标不断得到提高,更多的应用也不断出现,这都显示出 OFS 的广阔应用前景。尤其是进入 21 世纪以来,基于 OFS 实用化、微型化、网络化以及应用领域的扩大,OFS 开始进入发展的新时期,在基础研究、工程应用、成果转化、产业化等方面均得到了飞速的发展。

光纤传感技术的基本原理如图 6-24 所示。当光波在光纤中传播时,表征光波的特征参量(振幅、相位、偏振态、波长等)因外界因素(如温度、压力、磁场、电场、位移、转动等)的作用会直接或间接地发生变化,通过测量光波的特征参量就可以得到作用在光纤外面的物理量的大小,从而可将光纤用作传感元件来探测各种物理量。

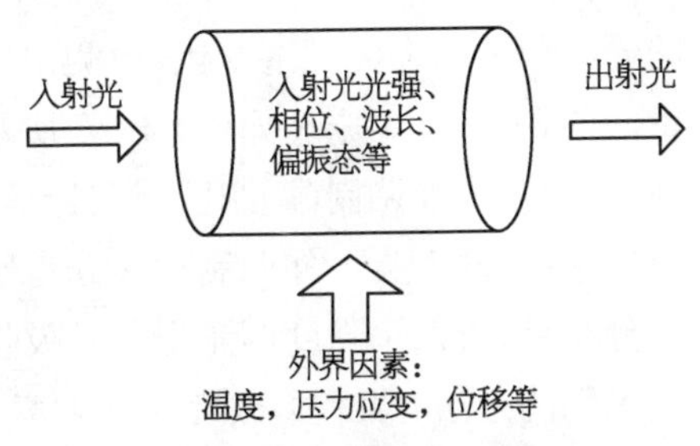

图 6-24　光纤传感技术的基本原理

6.2.1 光纤传感器分类

光纤传感器按工作原理可分为两大类：一类是非功能型光纤传感器，二类是功能型光纤传感器。非功能型光纤传感器是利用其他的敏感元件来感应外界信号的调制，光纤的作用只是对被外界信号调制的光信号进行长距离、高容量传输，其原理图如图 6-25(a)所示。功能性光纤传感器是利用光纤本身作为敏感元件来感测外界信号的变化，又叫传感型光纤传感器，其原理如图 6-25(b)所示。

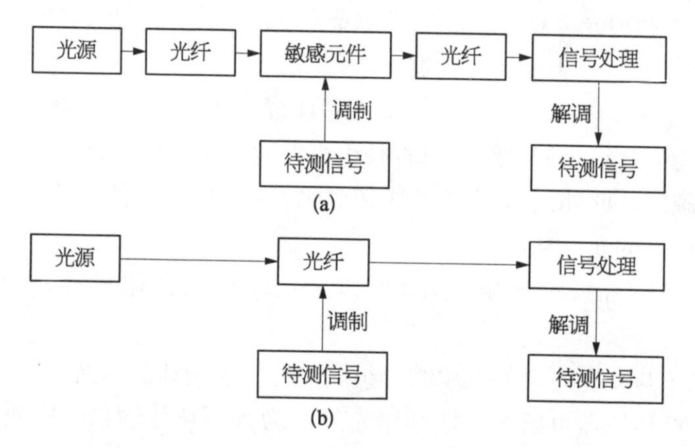

图 6-25 非功能型(a)与功能型(b)光纤传感器模型

光纤传感器从调制光波的特征参量进行分类，主要有光强度调制型、波长(或频率)调制型、相位调制型及偏振调制型等。一般情况下，强调制或波长调制的光纤传感器结构比较简单，动态范围也大，工程实用化程度高，但其测量精度不高。相位调制型和偏振态调制型，尤其是相位调制型，其测量精度可以达到非常高，最能体现光纤传感器的技术优势。

6.2.1.1 光强度调制型

强度调制的原理：被测物理量作用于光纤(接触或非接触)，使光纤中传输的光波信号的强度发生变化，检测出光信号强度的变化量即可实现对被测物理量的测量，其基本原理如图 6-26 所示。根据被测量改变信号光轻度方式的不同，可以分为外调制(调制区域在光纤外部传光型)和内调制(调制区域为光纤本身传感型)两大类。外调制型又分为反射式和透射式；内调制型则包括光模式功率分布型、折射率强度调制型和光吸收系数调制型等。目前，改变光纤中传输光波光强的办法有几种：改变光纤微弯状态、改变光纤的耦合条件、改变光纤对光波的吸收特性、改变光纤中的折射率分布。

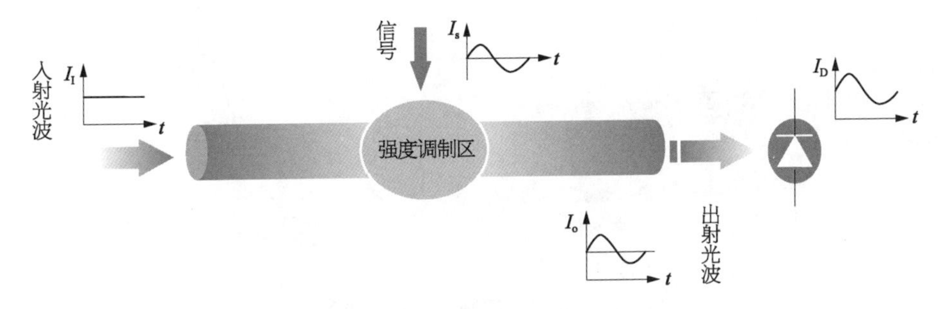

图 6－26　强度调制型光纤传感器的基本原理

1）反射式强度调制

反射式强度型光纤传感器，具有原理简单、设计灵活、价格低廉等特点，并且已经在许多物理量（如位移、压力、振动、表面粗糙度等）的测量中获得成功应用。最简单的反射式传感器的结构包括光源、传输光纤（输入与输出）、反射面以及光电探测器。由于光纤接收的光强信号是与光纤参量、反射面特性以及两者之间的距离等密切相关的，因而在其他条件不变的情况下，光纤参量包括光纤间距、芯径和数值孔径等都直接影响光强调制特性。因此，有专门的研究讨论由输入光纤和输出光纤组成的光纤对的光强调制特性。反射式调制的基本原理如图 6－27 所示，输入光纤将光源发出的光射向被测物体表面，然后由输出光纤接收物体表面反射回来的光并传输至光电接收器；光电接收器所接收到的光强的大小随被测表面与光纤（对）之间的距离而变化。

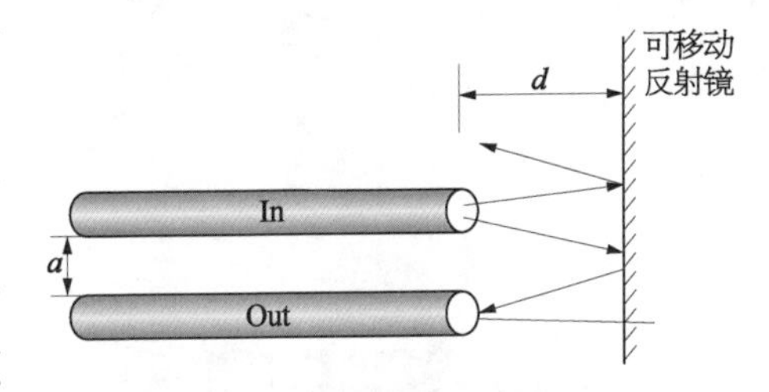

图 6－27　反射式强度调制型光纤传感器基本原理

2）透射式强度调制

强度调制的方式还可以采用透射式调制。透射式调制是在输入与输出光纤的耦合端面之间插入遮光板或者改变输入与输出光纤（其中之一为可动光纤）的间距、位置，以实现对输入与输出光纤之间的耦合效率的调制，从而改变光电探测器所接收到的光强度。透射式调制型传感器的基本原理如图 6－28 所示。此类型的传感器常常被用于测量位移、压力、温度和振动等物理量。这些物理量作用于遮光板或者动光纤上，使得输入与输出光纤的轴线发生相对移动从而导致耦合效率的改变。图 6－28(a)为动光纤式的强度调制模型。图 6－28(b)为接收光强随两光纤轴线间偏离距离 x 而变化的曲线，其中 x 为归一化的纤芯直径，曲线表明线性度和灵敏度都很好。

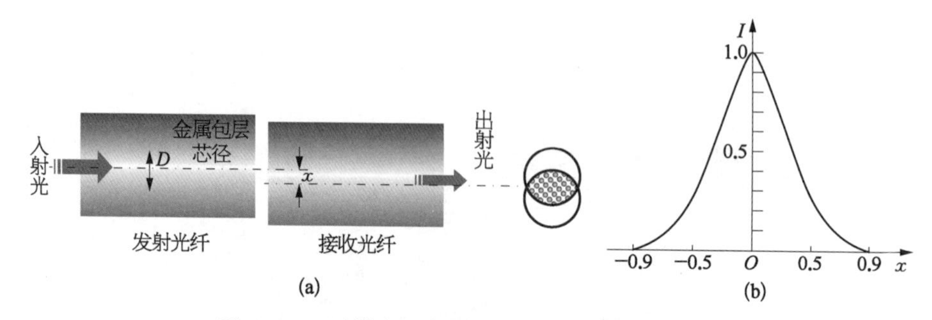

图 6－28　透射式强度调制型光纤传感器基本原理

(a) 动光纤式强度调制模型；(b) 光强随光纤 x 轴间偏离而变化曲线

遮光屏法是在光路中加入与被测物体相连的遮光屏，遮挡部分光线以调制输出光强，从而根据输出光强度的变化来测量被测物体的运动参数(如位移等)。遮光屏法透射式光强调制的基本原理如图 6－29 所示。

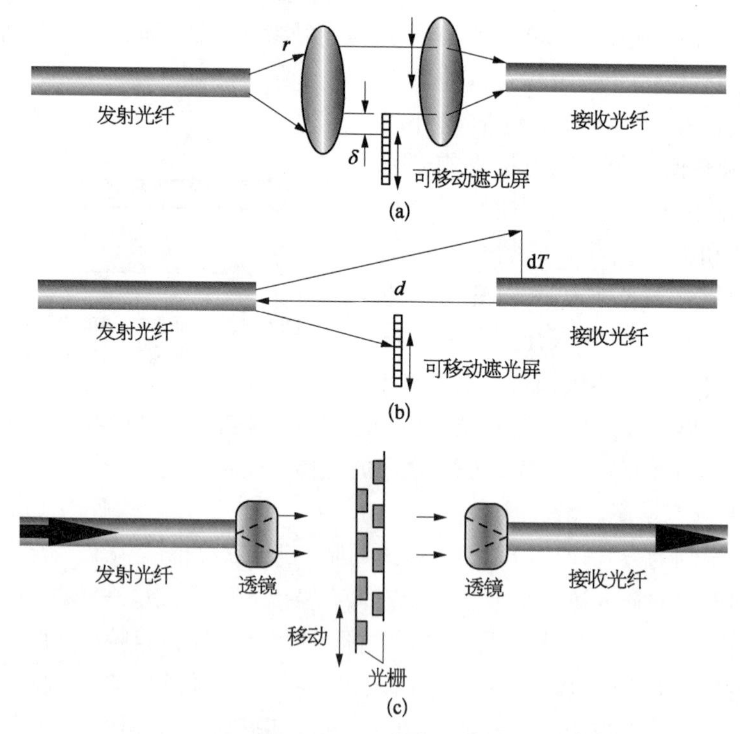

图 6－29　遮光屏法透射式强度调制型光纤传感器

3) 光纤模式功率分布强度调制

光纤模式功率分布强度调制方式有两种：一是微弯调制，二是模式功率分布型。当光纤在外力作用下发生微弯时，会引起光纤中不同模式的转化，即某些传导模变为辐射模或泄漏模,从而引起损耗。利用特制的微弯变形器作用于光纤所产生的微弯损耗,可以构成各种不同功能的传感器,如压力传感器。图6-30是光纤微弯传感器的基本工作原理图。其中微弯变形器由两块有特定周期的波纹板和夹在其中的多模光纤构成。波纹板的周期根据两个光纤模式之间的传播常数匹配的原则来确定。

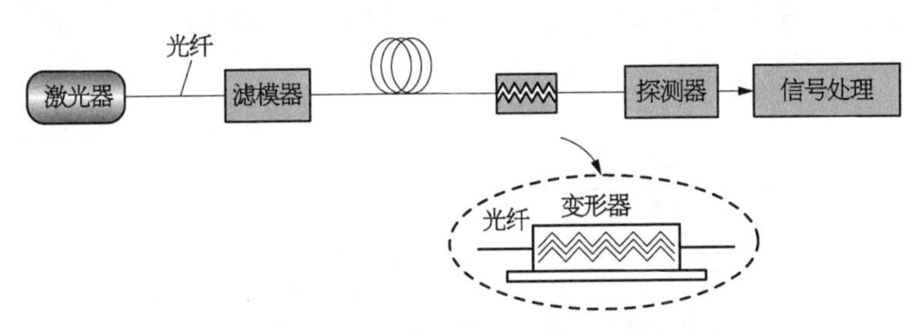

图6-30 微弯光纤传感器基本原理

模式功率分布型(MPD)光纤传感器是利用大芯径多模光纤中特殊激励的高阶模对作用于光纤上的外界量非常敏感的特性,通过测量被测物理量与光纤输出光强的关系,实现对被测物理量的检测。由于采用装置的结构简单、成本低,因而非常适合对检测精度要求不高,用量大的场所。

MPD光纤传感器基本原理如图6-31所示。特定角度(8°～11°)的离轴激励将在光纤端面远场产生环形模斑,此时外界物理量的作用将会造成光纤内传输功率的极大损耗,即此时光纤对作用于其上的外界物理量最为敏感。如果在光纤的输出端适当的位置——模斑光强极大处布设光电探测器,就可以获得对作用于光纤上的被测物理量(应力、压力、化学量、生物量)的检测(见图6-32)。其中,光源、光纤的选择,光源与光纤的耦合是MPD光纤传感器的关键。

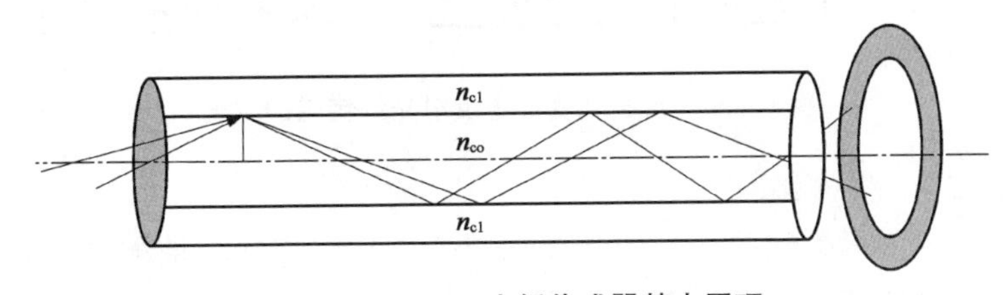

图6-31 MPD光纤传感器基本原理

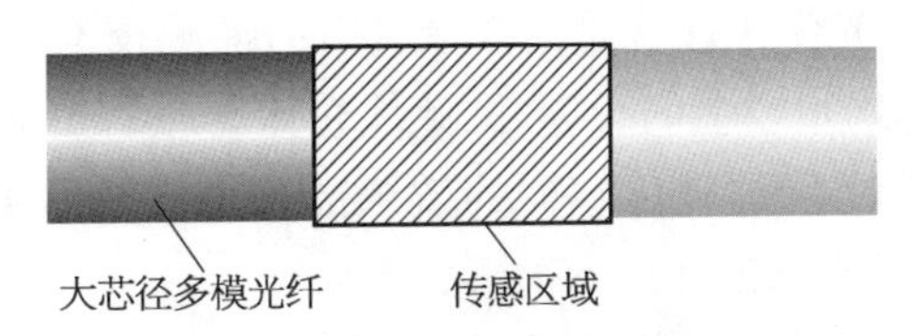

图6-32 MPD传感头结构

4）折射率强度调制

利用光波在高折射率介质内的受抑全反射现象也可制成光纤传感器。受抑全反射光纤传感器通常分为透射式和反射式两类。透射式受抑全反射光纤传感器的原理结构如图 6－33 所示。当两光纤端面十分靠近时，大部分光能可从一根光纤耦合进另一根光纤。当一根光纤保持固定，另一光纤随外界因素而移动时，由于两光纤端面之间间距的改变，其耦合效率会随之变化。测出光强的这一变化就可求出光纤端面位移量的大小。

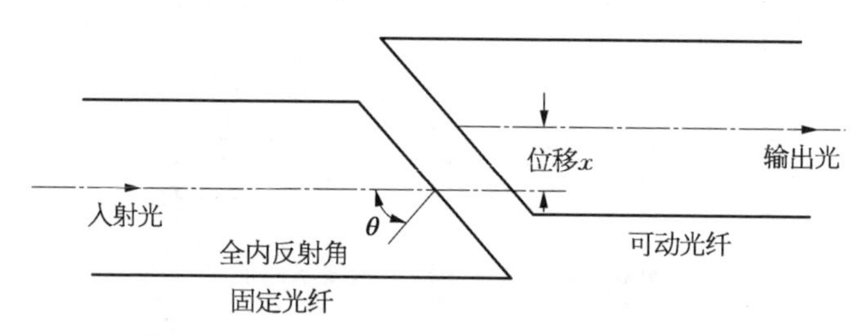

图 6－33　透射式受抑全反射光纤传感器原理

反射式受抑全反射光纤传感器的原理结构如图 6－34 所示。这种结构的光纤传感器的优点是不需要任何机械装置，因而增加了传感头的稳定性。利用与此类似的结构，现已研制成光纤浓度传感器、光纤气/液二相流传感器、光纤温度传感器等多种用途的光纤传感器。

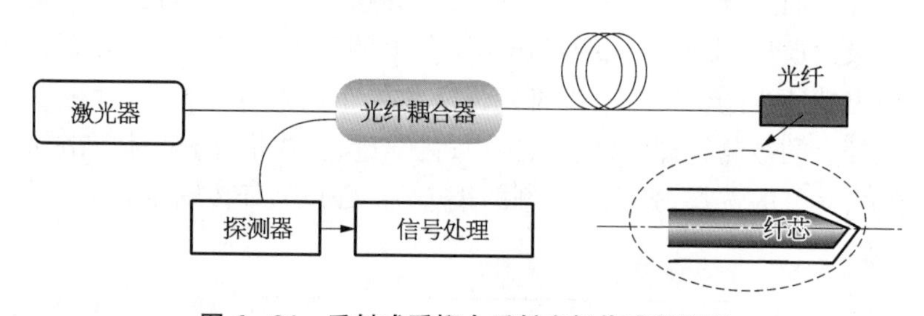

图 6－34　反射式受抑全反射光纤传感器原理

6.2.1.2　相位调制型

利用外界因素引起的光纤中光波相位变化来感测各种被测量的光纤传感器。这类光纤传感器的主要特点如下：

（1）灵敏度高。光学干涉法是已知最灵敏的探测技术之一。在光纤干涉仪中，光纤光路可以达到米以上的长度，因此使它比普通的光学干涉仪更加灵敏。

（2）灵活多样。由于这种传感器的敏感部分由光纤本身构成，因此其探头的几何形状可按实用要求设计成不同形式。

（3）对象广泛。不论何种物理量，只要对干涉仪中的光程产生影响，就可用于传感。目前利用各种类型的光纤干涉仪已研究成测量压力(包括水声)、温度、加速度、电流、磁场、液体成分等多种物理量的光纤传感器。实际上同一种干涉仪,通常可以同时对多种物理量进行传感。

(4) 特种需要的光纤。在光纤干涉仪中,为获得干涉效应,应满足两个条件:一是保证同一模式的光叠加,为此要用单模光纤。虽然,采用多模光纤也可得到干涉图样,但性能下降很多,信号检测也较困难。二是为获得最佳干涉效应,两相干光的振动方向必须一致,为此最好采用"高双折射"单模光纤。研究表明,光纤的材料,尤其是护套和外包层的材料对光纤干涉仪的灵敏度影响极大。为了使光纤干涉仪对被测物理量进行"增敏",对非被测物理进行"去敏",需要对单模光纤进行特殊处理,以满足测量不同物理量的要求。研究光纤干涉仪时,对所用光纤的性能应予以特别注意。

相位调制型光纤传感器的主要光路结构为光纤干涉仪。目前主要有迈克耳孙(Michelson)干涉仪、马赫-曾德尔(Mach - Zehnder)干涉仪、萨格纳克(Sagnac)干涉仪和法布里-珀罗(Fabry - Perot)干涉仪等光路结构。

1) Mach - Zehnder 和 Michelson 干涉仪

马赫-曾德尔(Mach - Zehnder)干涉仪和迈克耳孙干涉仪都是双光束干涉仪。M - Z 光纤干涉仪如图 6 - 35 所示。由激光器发出的相干光,分别送入两根长度基本相同的单模光纤,其中一路为探测臂,另一路为参考臂,从两光纤输出

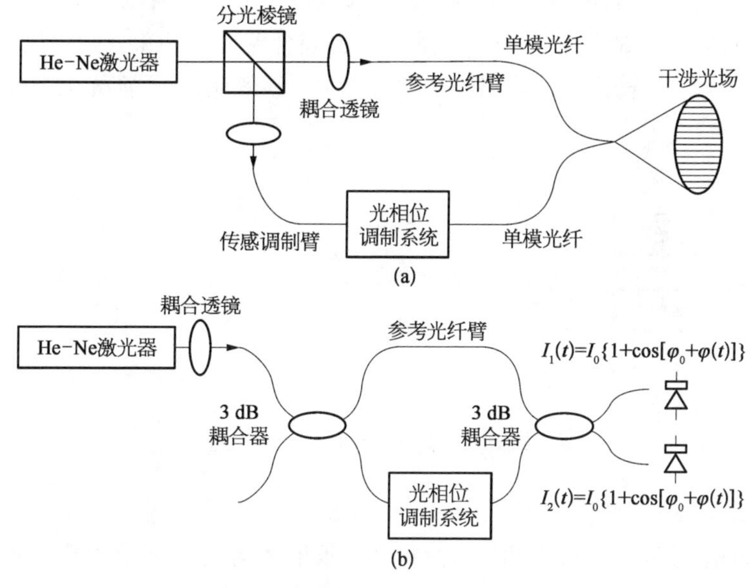

图 6 - 35　M - Z 光纤干涉仪原理

(a) 空间式;(b) 全光纤式

的两激光束叠加后将产生干涉效应。实用 M－Z 光纤干涉仪的分光和合光由两个光纤定向耦合器构成，是全光纤化的干涉仪，如图 6－35(b)所示。

迈克耳孙干涉仪的光路结构如图 6－36 所示。实际上，用一个单模光纤定向耦合器，将其中两根光纤相应的端面镀以高反射膜，就可以构成。同样其中一路光纤作为参考，另一路作为传感臂。

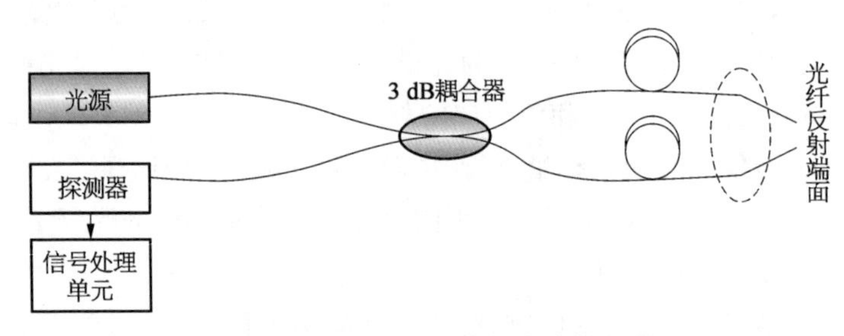

图 6－36 Michelson 光纤干涉仪原理

2) 萨格纳克(Sagnac)干涉仪

在由同一光纤绕成的光纤圈中沿相反方向前进的两光波，在外界因素作用下产生不同的相移，通过干涉效应进行检测，这就是萨格纳克光纤干涉仪的基本原理。其最典型的应用就是转动传感，即光纤陀螺。由于这类光纤干涉仪没有活动部件，没有非线性效应和低转速时激光陀螺的闭锁区，因而非常有希望制成高性能、低成本的器件。萨格纳克光纤干涉仪如图 6－37 所示。用一长为 L 的光纤，绕成半径为 R 的光纤圈。一激光束由耦合器分成两束，分别从光纤两端输入，再从另一端输出。两输出光叠加后产生干涉效应，此干涉光强由光电探测器检测。

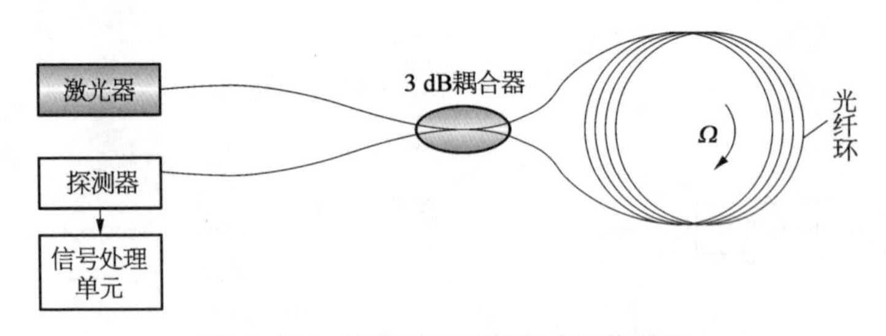

图 6－37 萨格纳克光纤干涉仪的原理

3) 法布里-珀罗(Fabry－Perot)干涉仪

法布里-珀罗干涉仪由两片高反射率的反射镜构成，光束在其间多次反射构成多光束干涉(见图 6－38)。由于镜面的衍射损耗等因素，Fabry－Perot 干涉仪的腔长一般为厘米量级，其应用范围受到一定限制。光纤 Fabry－Perot 干涉仪是由两端面具有高反射膜的一段光纤构成。此高反射膜直接镀在光纤端面上，也可以把镀在基片上的高反射膜黏贴在光纤端面上。由于光纤的波导作用，光纤 Fabry - Perot 干涉仪的腔长可以是几厘米、几米甚至几十米，并且其精度不低，因此在光纤传感和光纤通信领域内受到重视。

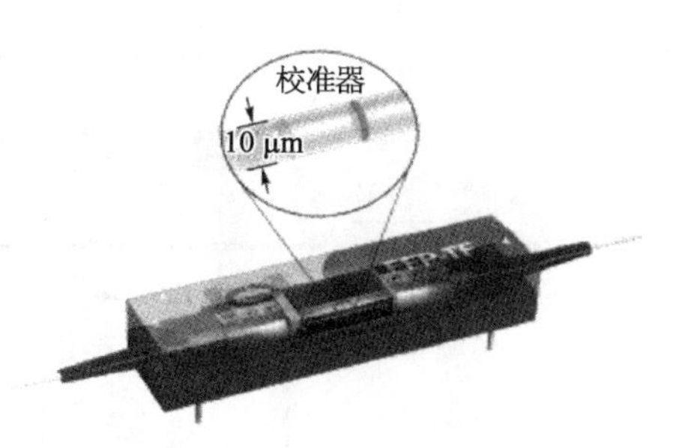

图 6-38 法布里-珀罗干涉仪

6.2.1.3 波长调制型

通过外界参量对光波波长产生调制来获取传感信息，这就是波长调制型光纤传感器，其中最为典型的就是光纤光栅传感器。光纤光栅传感技术利用光纤光栅的 Bragg 波长与光栅的应变和温度成线性关系，实现应变或温度的传感，而对于其他形式的被测量，可通过封装结构将其转化为作用于光纤光栅上的应变或温度的变化实现测量。

光纤光栅是利用光纤在紫外光照射下产生的光致折射率变化的效应，在纤芯上形成周期性的折射率调制分布，从而对入射光波中相位匹配的频率产生相干反射。其典型反射带宽为 $10^{-1} \sim 10^{2}$ nm，反射率可达 100%。光纤光栅的这一重要的波长选择特性实质是在纤芯形成一个窄带的滤波器或反射镜。利用这一特性可构成诸多性能独特的光纤无源器件，再加上光纤本身具有低传输损耗、抗电磁干扰、轻质、径细、化学稳定及点绝缘等优点，因此光纤光栅在光纤通信、光纤传感等领域得到了广泛应用。

光纤布拉格光栅(FBG)是利用光敏光纤的光致折射率变化，把光纤放置于紫外光形成的空间干涉条纹中曝光而在纤芯内形成的空间相位光栅。图 6-39 中纤芯明暗相间的变化表征了折射率的变化，呈现周期性。光纤光栅就其本质讲是由于光纤芯区折射率周期变化造成光纤波导条件的改变，从而导致一定波长发生相应的模式耦合，使得其透射光谱和反射光谱对该波长出现奇异性。当满足布拉格条件时，波长为 λ_B 的光耦合到后向传输波中，在反射谱中形成 λ_B 的峰值，在透射光谱中形成了 λ_B 的凹陷。光纤光栅布拉格条件为

$$\lambda_B = 2n_{eff}\Lambda \tag{6-44}$$

式中，λ_B 为布拉格波长，n_{eff} 为光栅区的纤芯有效折射率，Λ 为纤芯折射率的调制周期。

可见，光纤光栅中心布拉格波长 λ_B 取决于有效折射率 n_{eff} 和光纤光栅周期 Λ，任何使这两个参量发生改变的物理过程都将引起布拉格波长 λ_B 的偏移，而

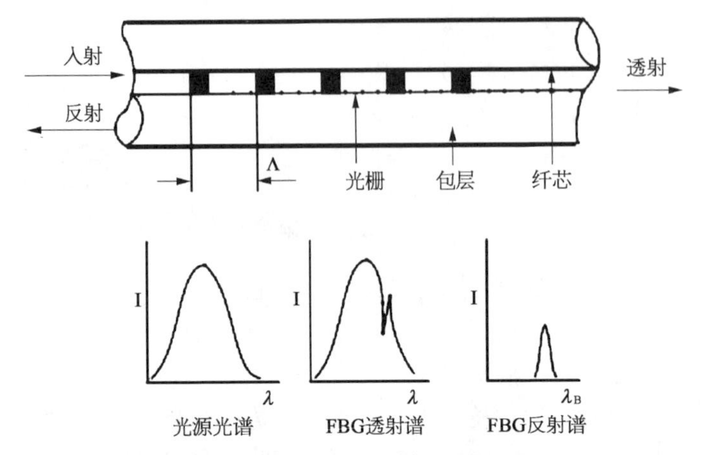

图 6-39　光纤布拉格光栅结构及光谱特性

这两个参量的改变与应变和温度均有关。应变和温度分别通过弹光效应和热光效应改变 n_{eff}，通过长度改变和热膨胀效应影响 Λ，从而影响布拉格波长 λ_B。

当光纤光栅受到轴向应力作用或者温度的变化影响时，n_{eff} 和 Λ 都会发生变化，导致布拉格条件的反射波长发生位移。

$$\Delta\lambda_B = 2\times\Delta n_{eff}\times\Lambda + 2\times n_{eff}\times\Delta\Lambda \tag{6-45}$$

通过测量波长偏移量 $\Delta\lambda_B$，可以反推出应力或温度的量，这是光纤布拉格光栅作为温度和应力传感器的基本原理。其他物理量则可通过封装结构，转化为对光纤的拉伸应变进行测量，如图 6-40 所示光纤光栅压力传感器。

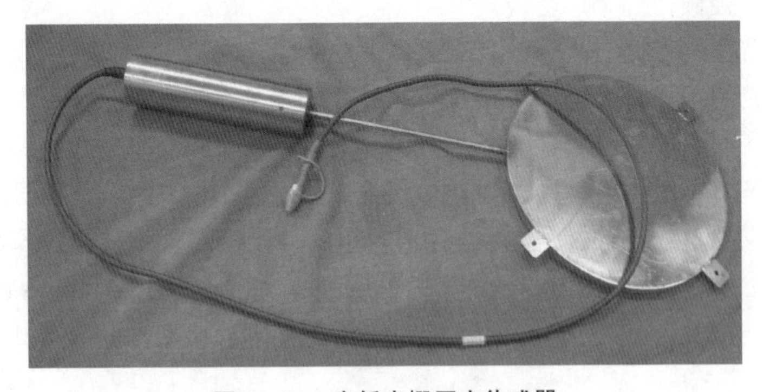

图 6-40　光纤光栅压力传感器

6.2.1.4　偏振调制型

偏振调制型光纤传感器是有较高灵敏度的检测装置(见图 6-41)，它比相位调制光纤传感器的结构简单且调整方便。偏振态调制型光纤传感器通常基于电光、磁光和弹光效应，通过敏感外界电磁场对光纤中传输的光波的偏振态的调制来检测被测电磁场参量。最为典型的偏振态调制效应有泡克尔斯(Pockels)效应、克尔(Kerr)效应、法拉第(Faraday)效应以及弹光效应。

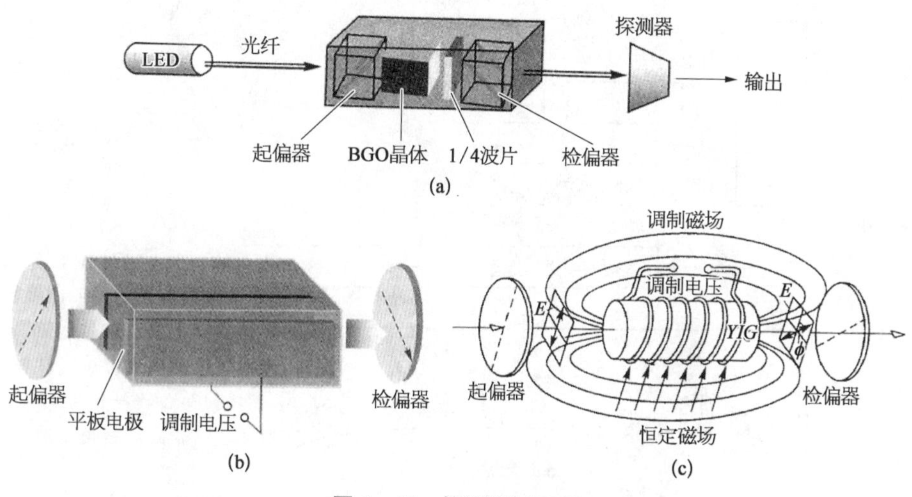

图 6－41　偏振调制原理

6.2.2　分布式光纤传感器

与传统的传感器相比，光纤传感器除了轻巧、抗电磁干扰等特征之外，还具有长距离、分布式监测的突出优势，分布式光纤传感技术就是最能体现这一优势的传感测量方法。基于光时域反射(OTDR)技术的分布式传感是目前研究最多、应用不断扩展、作用大幅提升的真正意义上的分布式传感技术(见图 6－42)。依

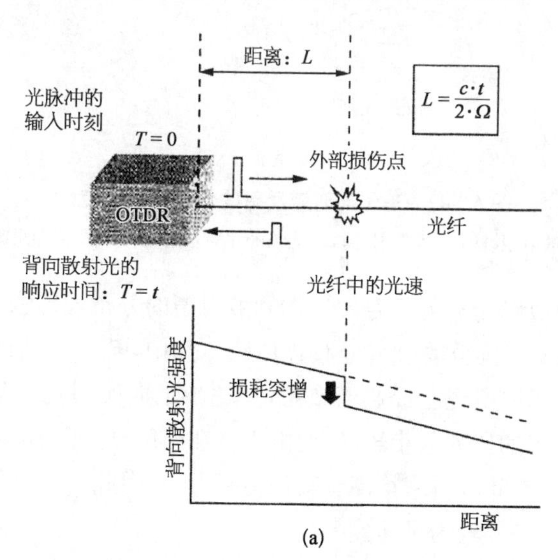

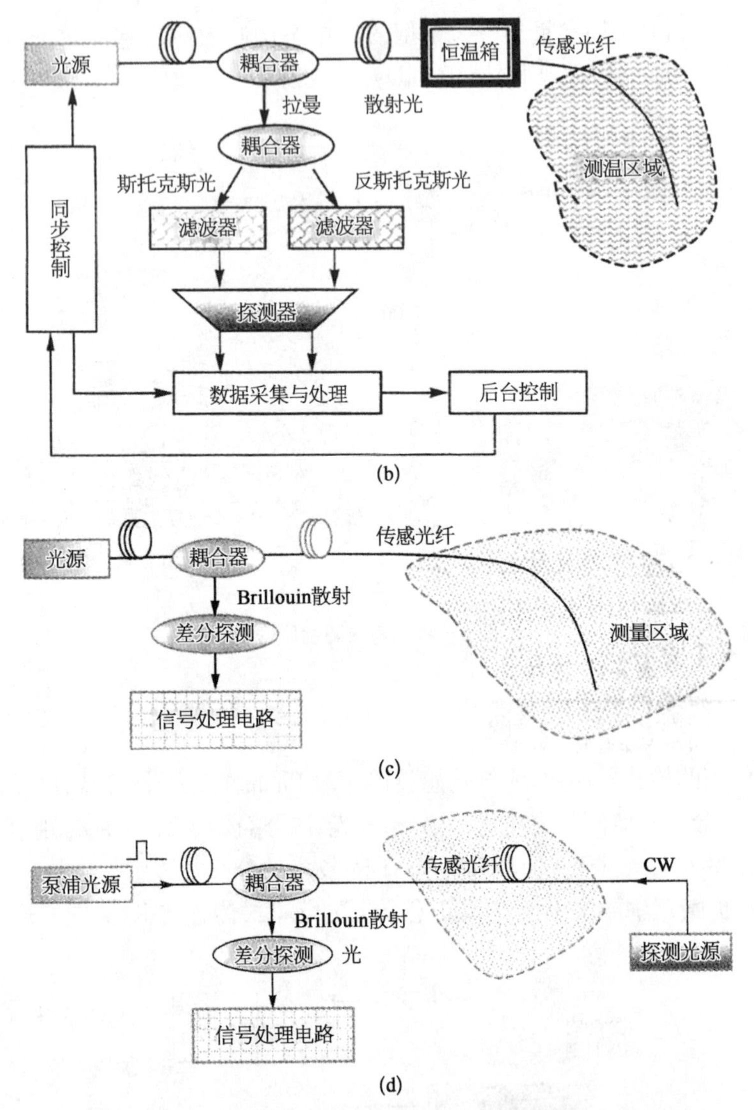

图 6-42　基于光时域反射的分布式光纤传感

(a) 瑞利散射型；(b) 拉曼散射型；(c) 自发布里渊散射型；(d) 受激布里渊散射型

据所采用的后向散射光谱可分为：① 瑞利散射型的分布式传感；② 布里渊散射型的分布式传感；③ 拉曼散射型分布式传感。其中，基于瑞利散射和拉曼散射的分布式传感技术的研究已经趋于成熟，并逐步走向实用化。基于布里渊散射的分布式传感技术的研究起步较晚，但由于它在温度、应变测量上所达到测量精度、测量范围以及空间分辨率均高于其他传感方式，因此这种技术在目前吸引了大量的研究力量，进展较为迅速。

分布式传感技术除了具有光纤传感器的所有独特优点外，其最显著的优点是可以准确地测出光纤沿线任一点上的应力、温度、振动和损伤等信息，而无须构成回路。如果将光纤纵横交错地敷设成网状，即构成具备一定规模的监测网，就可实现对监测对象的全方位监测，从而克服传统点式监测漏检的弊端，提高报警的成功率。分布式光纤传感器应敷设在结构易出现损伤或者结构的应变变化对外部环境因素较敏感的部位，以获得良好的监测效果。

基于光时域反射技术的分布式传感是目前研究最为广泛的分布式光纤传感器。OTDR 以瑞利后向散射理论为基础。Barnoski 和 Jensen 于 1975 年首次提出光纤中的后向散射理论，1976 年 Personik 对后向散射技术做了进一步的研究与发展，并通过各种实验数据，建立了多模光纤瑞利后向散射功率方程。1980 年 Brinkmeyer 将后向散射技术应用于单模光纤，论证了瑞利后向散射功率方程不仅适用于多模光纤，也适用于单模光纤。1984 年 H. Hartog 和 Martin P. Gold 进一步从理论上对单模光纤后向散射理论进行了阐述，并论证了后向散射系数与光纤结构参数的关系。OTDR 的基本原理如图 6 - 43 所示。

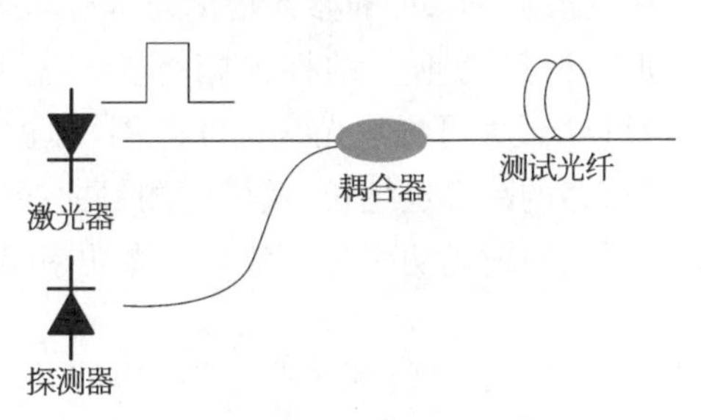

图 6 - 43　OTDR 的原理

设注入光纤中的光脉冲峰值功率为 P_0，当光脉冲沿光纤传输到 $z=z_s$ 处，在光脉冲输入端所得到的后向散射功率为 P_s，即在注入光脉冲后，经过时间 t 得到的后向散射功率 P_s 就应为

$$P_s(t)=\frac{1}{2}\alpha_s v_g \tau P_0 e^{-\alpha v_g t} S \tag{6-46}$$

式中，τ 为脉冲宽度，α 为光纤的衰减系数，α_s 为光纤的散射衰减系数，v_g 为群速度，S 为后向散射系数。

$$S=\frac{3}{2n^2 w_0^2(\omega/c)^2}\approx\frac{3/2}{(w_0/a)^2\nu^2}\left(\frac{n_1^2-n_2^2}{n_1^2}\right)\approx 0.038(\lambda/n_1 w)^2$$

式中，ν 为单模光纤的归一化频率，a 为单模光纤芯径的直径，n_1，n_2 分别为单模光纤纤芯和包层折射率，λ 为入射光脉冲波长，w 为模场宽度。令 $\eta=\frac{1}{2}S\alpha_s v_g$，则有

$$P_s(t)=P_0\tau\eta\exp(-\alpha v_g t) \tag{6-47}$$

通常称 η 为后向散射因子，单模光纤的 η 为 10 W/J 左右。从式(6－46)和式(6－47)可以看出后向散射光功率与时间的关系。由于光纤长度 z 与时间 t 的关系为 $z=\frac{1}{2}v_g t$，这里的 1/2 是考虑光脉冲在光纤中往返两次传输，后向散射功率与时间相关的方程可改写为与距离有关的方程：

$$P_s(z)=P_0\tau\eta\exp(-2\alpha z) \tag{6-48}$$

上面两式分别得到了单模光纤后向散射功率方程与时间或是与距离相关的两种表达式。后向散射功率的大小不仅与后向散射系数 S 或后向散射因子 η 有关，而且与入射的初始光脉冲功率 P_0、散射衰减系数 α_s、衰减系数 α 等有关。

描述 OTDR 的参数指标通常有动态范围、空间分辨率、幅度分辨率、测量时间等，而最为重要的性能指标为动态范围和空间分辨率。动态范围决定了 OTDR 最大可测量光纤长度范围，即被测光纤长度。动态范围越大，可测量光纤链路的距离也越长，获得的测量曲线线性度也越好。动态范围通常定义为始端后向散射光功率与等效噪声光功率间的 dB 差：

$$R=\frac{1}{2}\times 10\lg\left[\frac{p_s(0)}{P_n}\right]=5\lg\left(\frac{P_0\tau\eta}{P_n}\right) \tag{6-49}$$

式中，P_n 为等效噪声光功率(考虑信噪比大于 1 时，也可采用光接收灵敏度)，τ 为脉冲宽度，η 后向散射因子。式(6－49)为给出单程动态范围而引入了 1/2 这个因子。式(6－49)是一较为理论化的公式，在 OTDR 的研制过程中可采用另一个有实际意义的公式：

$$R=\frac{1}{2}[P_s(0)-P_D+SNR-SNR_y] \tag{6-50}$$

式中，$P_s(0)$ 为入射端的后向散射光功率，P_D 为光电探测器可探测的最小光功率或等效噪声光功率，SNR 为后续信号处理所提高的信噪比，SNR_y 为系统信噪比设计余量。从上面两个公式可以看出，要获得大动态范围有两种途径：① 提高入纤光脉冲峰值功率 P_0；② 提高接收机的最小可探测光功率或等效噪声光功率或接收灵敏度。

就目前 OTDR 技术发展的现状来看，改善 OTDR 的接收灵敏度或信噪比、提高系统动态范围的传统方法有：一是通过多次重复测量，用数字平均降低噪声，提高系统的信噪比，但需要消耗更多的测量时间；二是增加发射光脉冲的能量。一般有 3 种能提高发射光脉冲能量的方法：① 提高激光器发射光脉冲的峰值功率，由于激光器发射光功率的限制，测试光脉冲的峰值功率不能过高；② 增加发射光脉冲的宽度，但光脉冲宽度的增加会降低 OTDR 的空间分辨率；③ 使用具有优良自相关特性的脉冲编码序列作为探测脉冲，如纠错码、m 码，格雷互补码等。相对其他两种增加入纤光脉冲能量的方法，具有自相关特性的脉冲编码序列不但可以提高发射光脉冲的总能量，而且仍具有单脉冲方式的空间分辨率，因此该方式可以在保证空间分辨率的要求下，达到提高 OTDR 动态范围的目的。

尽管通过数字平均以及相关处理方法可以改善信噪比、提高动态范围，但首先应提高 OTDR 光接收模块的接收灵敏度。因此需要采用 PIN，PIN＋TIA 或 APD＋TIA，结合主放大电路设计，尽量获得较高的光接收灵敏度，为结合一定软件算法提高系统的总体接收灵敏度奠定基础。即在提高光接收模块物理接收灵敏度的基础上，通过信号处理方法与软件算法进一步改善接收灵敏度。

1) 最小可探测光功率或等效噪声光功率计算

对于 OTDR 而言，增大动态范围最有效的方法就是降低光电探测器的最小可探测光功率或等效噪声光功率。因为增大注入光纤的光脉冲功率，同时也会增大光纤前端面的反射光功率，常常造成光接收机饱和，导致测量盲区增大。因此 OTDR 设计中，首要解决的问题是光接收机的优化设计，通过光接收机信噪比的改善，降低最小可探测光功率，达到提高光接收机接收灵敏度和系统动态范围的目的。

在光电探测器和前置放大电路中存在各种噪声源，它们限制了光接收机接收灵敏度的提高，从而影响 OTDR 的动态范围性能。使用互阻抗前置放大电路可实现宽带、低噪声的光接收，特别是具有较大的动态范围，非常适合后向散射光信号的探测与放大，因此在设计中使用互阻抗放大电路作为光接收机的前置放大器。在只考虑主要作用的噪声源的基础上，互阻抗前置放大电路的噪声等效电路如图 6－44 所示。

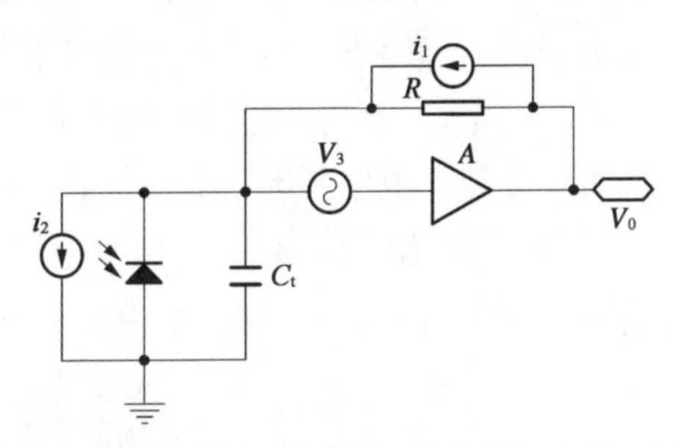

图 6－44　前置放大电噪声等效电路

电路为典型的 $I-V$ 变换放大电路。i_1 为反馈电阻 R 的热噪声，i_2 为探测器暗电流 I_d 产生的散粒噪声，V_3 为前置放大器中的噪声。各种噪声频谱密度为

$$S_{i_1}=4KT/R(A^2/H_z) \tag{6-51}$$

$$S_{i_2}=2eI_d(A^2/H_z) \tag{6-52}$$

$$S_{v_3}=\frac{2.8KT}{g_m}(V^2/H_z) \tag{6-53}$$

式中，K 为波尔兹曼常数 1.38×10^{-23} J/K，T 为绝对温度 293 K(室温)，e 为电子电荷，g_m 为互阻抗放大器的跨导，其为互阻抗放大器等效输入电阻的倒数。将式(6-53)转换为噪声电流 i_3 来表示为

$$S_{i_3}=\frac{2.8KT\omega^2C_t^3}{g_m}(A^2/H_z) \tag{6-54}$$

式中，ω 为角频率，C_t 为前置接收电路的等效输入电容，为光电探测器和放大器电容值的总和。根据噪声频谱密度可得到各种噪声源的噪声电流分别为

$$\begin{cases} i_1^2=\dfrac{4KTB}{R}\ (A^2)\ \text{或}\ i_1=\sqrt{\dfrac{4KTB}{R}}\ (A) \\ i_2^2=2eI_dB\ (A^2)\ \text{或}\ i_2=\sqrt{2eI_dB}\ (A) \\ i_3^2=\dfrac{2.8KT\omega^2C_t^2B}{3g_m}=\dfrac{2.8KT(2\pi)^2C_t^2B^3}{3g_m}\ (A^2) \\ \qquad \text{或}\ i_3=2\pi C_tB\sqrt{\dfrac{2.8KTB}{3g_m}}\ (A) \end{cases} \tag{6-55}$$

式中，B 为接收机带宽，由于 OTDR 的空间分辨率需要达到 10 m，故前置放大电路带宽设计为 10 MHz，因此设计计算中采用 $B=10$ MHz。

从式(6-55)中看出 i_3^2 由 C_t^2/g_m 而定。因为等效输入电容由光电探测器和放大器的电容构成。在器件的选择上，要选择小面积的光电探测器，减小它对等效电容的影响，而放大器则只能使用低输入电容和高输入阻抗的器件，这样就能使噪声降低。根据所选用的器件，光电探测器的电容为 1 pF，放大器的输入电容为 2 pF，因此有 $C_t=3$ pF。由于使用反馈的电阻为 300 kΩ，则其等效输入电阻为 $R_i=R_f/(1+A)=300/(1+200)=1.5\times10^{-3}\ \Omega^{-1}$，可以得到

$$i_3=2\pi C_tB\sqrt{\frac{2.8KTB}{3g_m}}=94\ (pA) \tag{6-56}$$

从式(6-56)可以看出，增大反馈电阻，可减小反馈电阻的热噪声。但会对接收机的带宽产生影响：

$$B=\sqrt{\frac{GBP}{2\pi R_fC_D}} \tag{6-57}$$

式中，GBP 为放大器的增益带宽积，R_f 为反馈电阻。因此增大反馈电阻，则降低接收机的带宽，为保持一定的带宽。实际电路中选择反馈电阻为 200～300 kΩ，计算中使用 300 kΩ，可得反馈电阻的热噪声电流为

$$i_1 = \sqrt{\frac{4KTB}{R}} = \sqrt{\frac{4 \times 1.38 \times 10^{-23} \times 293 \times 10 \times 10^6}{300 \times 10^3}} \approx 734\ (\mathrm{pA}) \tag{6-58}$$

由于光电探测器的暗电流为 1 nA(实验中使用的探测器的暗电流)。在室温下,由探测器暗电流产生的噪声电流为

$$i_2 = \sqrt{2eI_\mathrm{d}B} = \sqrt{2 \times 1.6 \times 10^{-19} \times 1 \times 10^{-9} \times 10 \times 10^6} \approx 56\ (\mathrm{pA}) \tag{6-59}$$

此时前置接收电路的等效噪声电流降为

$$i = \sqrt{i_1^2 + i_2^2 + i_3^2} = \sqrt{94^2 + 734^2 + 56^2} = 742\ (\mathrm{pA}) \tag{6-60}$$

可取 PIN 光电二极管的响应度为 $\rho = 0.9$ A/W, OTDR 的最小可探测光功率 P_D 或等效噪声光功率为

$$P_\mathrm{D} = \frac{i}{\rho} = \frac{742 \times 10^{-12}}{0.9} = 842 \times 10^{-12} \approx 842\ (\mathrm{pW}) \tag{6-61}$$

由此可见,通过上述设计可使 OTDR 的最小可探测光功率达到−60.7 dBm。前置放大器中反馈电阻的热噪声是整个前置放大器的噪声主体。当系统信噪比设计余量为 10 dB 的情况下,前置放大电路的光接收灵敏度约为−50 dBm 的水平。但由于后级尚需要两级放大器进行电压放大,满足 A/D 变换电路的输入要求,将使系统的信噪比进一步恶化。

2) 20 km 光纤的后向散射光功率计算

设测量的光脉冲宽度为 100 ns,光纤的衰减为 0.2 dB/km,转换为指数衰减为 0.046 km^{-1},则有

$$P_\mathrm{s}(20) = 1 \times 10^{-3} \times 100 \times 10^{-9} \times 10 \times \mathrm{e}^{-2 \times 0.046 \times 20} = 158.8(\mathrm{pW}) \tag{6-62}$$

上式转换为对数约为−68 dBm。根据前面最小可探测光功率的计算,考虑系统的设计余量等因素,要实现 20 km 长度的有效测量,还需要通过信号处理算法提高信噪比近 18 dB。表 6-2 为系统测试时使用不同脉冲宽度时,对应 20 km 处产生的瑞利散射光功率以及信号处理需要提高的信噪比。

表 6-2　不同脉宽下 P_D 计算

脉宽/ns	10	20	40	50	60	80	100
P_D/dBm	−78	−75	−72	−71	−70.2	−69	−68
信噪比提高/dB	−28	−25	−22	−21	−20.2	−19	−18

表 6－2 为理论的计算值，由于后级放大电路对信噪比的进一步恶化，均将导致系统接收灵敏度的下降，这就对软件算法对信噪比的改善提出更高的要求。

3) 软件算法改善信噪比

在 OTDR 技术中，数字平均是使用最多、最成熟的软件降噪方法。这种方法通过多次发射探测光脉冲，获得多组后向散射响应数据，进行累加然后取平均值，将淹没在噪声中的后向散射响应信号提取出来。

设 $V(Z)$ 为后向散射光功率电平，与距离 Z 有关，$V'(Z)$ 为其测量值，并且有

$$V'(Z)=V(Z)+e \tag{6-63}$$

式中，e 为噪声电平幅度，有其均方根值为

$$\langle[V'(Z)-V(Z)]^2\rangle=\langle e^2\rangle=\sigma^2 \tag{6-64}$$

式中，σ^2 为噪声功率。设测量 N 次，$V'_i(Z)$ 是 $V(Z)$ 的第 i 次测量值；e_i 是其相应的噪声电平，不相关，且为零均值随机变量。均值 $V'(Z)$ 为

$$\langle V'(Z)\rangle=\left\langle\frac{1}{N}\sum_{i=1}^{N}V'_i(Z)\right\rangle=\left\langle V(Z)+\frac{1}{N}\sum_{i=1}^{N}e_i\right\rangle=V(Z) \tag{6-65}$$

同时也有

$$\begin{aligned}\langle[V'(Z)-V(Z)]^2\rangle&=\left\langle\left[V(Z)+\frac{1}{N}\sum_{i=1}^{N}e_i-V(Z)\right]^2\right\rangle\\&=\frac{1}{N}\left\langle\left(\sum e_i\right)^2\right\rangle=\frac{\sigma^2}{N}\end{aligned} \tag{6-66}$$

可见在测量值中的噪声功率就减少了 $1/N$，改善的 SNR 就为

$$SNR=10\lg N \tag{6-67}$$

折算成光域的信噪比提升为

$$SNR=5\lg N \tag{6-68}$$

因此利用数字平均方法，当测量次数 N 增大就可以改善 OTDR 的信噪比，以提高光接收灵敏度，获得较大的动态范围。但 N 越大，测量次数就越多，其测量时间也越长。为降低测量时间，可采用硬件累加方式来降低测量时间，如将累加操作放 FPGA 中进行实时累加。在实际使用中，当 N 达到一定程度时，信噪比改善是有限的，即动态范围的提高也有限，实际测试试验中当测量次数达到 30 000 次时，接收灵敏度的改善就非常有限了。

6.3　光电图像检测系统

光电图像检测技术，实际上就是将相机或摄像机捕捉到的图像信号通过各种处理电路和处理方法，实现对目标的大小、距离、形状、亮度、色度及运动方向和速度等进行定量的采集、分析，并将其数据化的技术。然后在此基础上，实现对目标的准确判定（即识别）或自动跟踪等。随着计算机技术和数字摄像技术的发展，光电图像检测技术近年来发展十分迅速，并得到了广泛应用，如产品检测、生物和医学图像分析、机器人引导、遥感图像分析、指纹虹膜鉴别、国防中目标识别和武器制导、公共场所监测等。光电图像检测技术具备非接触、高速、高智能、高精度、适用范围广等优点于一身，可以精确定量感知物体的大小，而且还能感知不可见的物体，如 X 射线、紫外线、红外线及超声波等不可见光的图像，并且可以在人无法接近的特殊场合工作，因此光电图像检测具有广阔的应用前景和巨大的潜力。

6.3.1　光电图像检测系统的分类与组成

6.3.1.1　光电图像检测系统分类

目前，国内外广泛开展的光电图像检测或测量的研究及应用，涉及冶金、机械制造、电力、电子、交通运输、生物、医学、天文、国防科研、科学等部门。现在，光电图像测量的分类尚无统一规定，但为了反映客观应用情况，在这里按以下两种方式进行分类。

1）按对测量结果应用方式的不同的分类

（1）直接向人们提供测量结果的光电图像测量系统。在这种应用方式中，光电图像直接给出被测物体的数与量。如轧制中的灼热钢材的几何尺寸，剪裁衣料的面积，木材的体积，血液中红、白血球的数目，空气中尘埃的数目，矿井及车间里粉尘的浓度，物体的温度及其分布情况等。这些实际测量结果，无疑将对安全生产、提高工作效率及保证产品质量起着十分重要的作用。

（2）将测量结果经处理后，再通过执行机构反馈回被测对象、摄像对象或摄像系统而形成所谓的闭环控制的光电图像测量系统。例如，对传送带上产品的跟踪分检，对天体、空中飞行器、海上运动目标的跟踪，对轧制钢材尺寸的控制、炉温的控制等。

2）按对测量的不同功能的分类

（1）用于测量目标几何尺寸、面积、体积等的光电图像测量装置。

（2）用于检测被测物体形状的光电图像测量装置。例如，检测轧件的断面轮廓、各种加工工件的外形、空中飞行目标或海上航行目标的种类等。

(3) 用于对各种微粒进行计数的光电图像测量。这种光电图像测量能同时对尺寸相差悬殊、形状不一的各种微粒进行计数，并自动给出其分布规律。

(4) 能自动跟踪物体的光电图像测量，即前面提到的所谓闭环控制系统。

(5) 用来检测物体上可见变化的光电图像测量装置。如检测加工件在传送带的位置变化及警戒视频装置等。

(6) 图形识别光电图像测量。它根据预先存储的标准图形与光电图像测量所得到的目标特征参数进行比较，以便将符合所定标准的物体标识出来。例如，要识别敌方的空中目标，只要将表征其轮廓的信息提取，在进行处理后与我方存储的已知目标进行比较，不同者即可认定是敌方目标。又如在工业上，对形状不同的产品分类；在渔业生产中，对大小、形状不同的各种鱼类分类；外贸出口中，对农产品果实的分类等，都可用光电图像测量进行图像识别。

6.3.1.2 光电图像检测系统的组成

一个比较完整的视频图像检测系统组成如图 6-45 所示。但实际上，视频图像检测系统根据被测对象的不同，会有着不同的结构形式。不过总的来看，实质上不外乎是图像信息的拾取采集与变换（主要是光学系统与摄像器件）、图像信息的处理（主要是进行处理识别的硬、软件）、输出显示与记录、控制等 4 个部分。首先，被测对象经过光学变换系统成像到摄像器件光敏面上，根据测量需要，被测对象可以被光学系统放大或缩小，有时则需要进行扫描成像。扫描包括 3 种方式：① 被测物移动而摄像系统不动；② 被测物和摄像器件不动而光学系统运动；③ 被测物和光学系统不动而摄像器件运动。

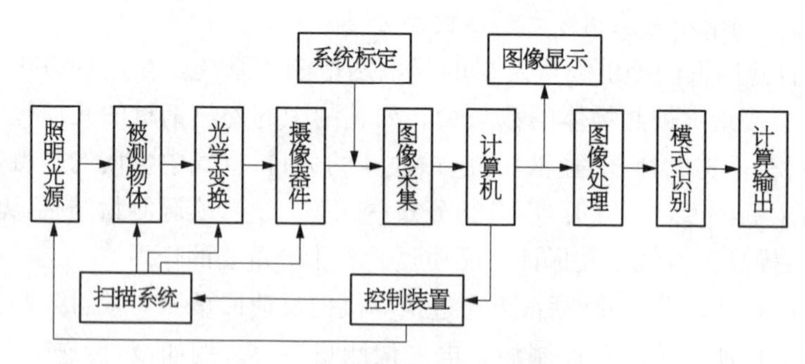

图 6-45 光电图像检测系统组成

其次，在摄像器件将光学信号转换为电信号后，输出到图像处理部分，由计算机进行图像滤波、边缘提取、区域分割、模式识别等处理，并计算被测物的参数。最后，将图像处理部分输出的结果，直接显示与记录下来。控制部分是使系统具有自动化功能的关键，它能将输出的结果变成可驱动被测对象或光电变换部分的各种动作，以驱动其他执行机构等，并且也可在人工介入的情况下进行所需要的控制。对照明光源的强度，也可根据需要进行调整。在三维测量中，有时不直接采集物体图像，而是将结构光投射到被测物上，摄取被测物体调制的结构光图像，而获得三维信息。此外，控制部分还要负责产生检测系统所需要的扫描驱动脉冲、运算处理用的时钟脉冲、图像传感器工作方式的转换脉冲等。视频图像检测技术，可通过非接触的方法实现对目标物体的几何尺寸参数、运动参数及微粒参数等的测量、识别和外观特征的检测。

6.3.2　光学图像处理

光学图像处理利用了光的并行传输和并行处理的优点，如对于二维信号的处理可以并行完成，因而通常都以二维图像的形式进行。从应用考虑，光学图像处理主要包括图像的相加减、微分、相关等运算，图像的彩色增强、假彩色化，消除图像噪声、模糊，特征信息提取和识别等；从处理方法和手段上看，有相干处理、非相干处理与白光信息处理等。

6.3.2.1　光学图像处理的理论基础和方法

1873 年，阿贝（Abbe）首次提出了一个与几何光学成像传统理论完全不同的成像概念——阿贝成像理论。该理论认为相干照明下显微镜成像过程可分为两步：第一步，物平面上发出的光波经物镜在透镜频谱面上形成频谱，在其后焦面上得到夫琅禾费衍射，称为第一次衍射像；第二步，该衍射像作为新的相干次波源，由它发出的次波在像平面上干涉而构成物体的像，称为第二次衍射像。因此，该理论也常被称为“阿贝二次衍射成像理论”。阿贝二次衍射成像过程如图 6-46 所示。当图中物平面(x_0, y_0)用相干平面波照明时，在后焦面即频谱面(x_f, y_f)上得到的是物的频谱。因此，第一次成像过程实际上是经历了一次傅里叶变换。由频谱面到像面(x_i, y_i)实际上是完成了一次夫琅禾费衍射过程，等于又经历了一次傅里叶变换。当像平面取反射坐标时，后一次变换可视为傅里叶逆变换，像平面上成的是物体的像。

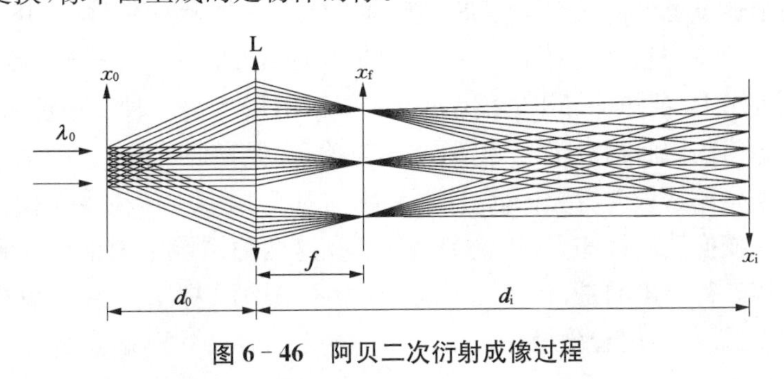

图 6-46　阿贝二次衍射成像过程

根据傅里叶分析可知，频谱面上的光场分布与物体的结构密切相关，在原点附近分布着物的低频信息，即傅里叶低频分量；离原点较远处，分布着物的较高的频率分量，即傅里叶高频分量。以后，阿贝与波特分别做了实验，验证了阿贝成像理论的正确性，这就是著名的阿贝-波特实验。实验证明像的结构直接依赖于频谱结构，只要改变频谱结构的组成，便能改变像的结构。实验也充分证明了傅里叶分析的正确性。频谱面上的横向分布对应物的纵向结构信息，而纵向分布对应物的横向结构信息。零频分量是直流分量，代表像的本底，而阻挡零频分量，在一定条件下可使像发生衬底反转。仅允许低频分量通过时像的边缘锐度降低，仅允许高频分量通过时像的边缘效应增强。采用选择型滤波器，可完全改变像的性质。

6.3.2.2　光学频谱分析系统

光学频谱分析系统实际上就是空间频率滤波系统，是相当于光学处理中一种最简单的方式把透镜作为一个频谱分析仪，利用空间滤波的方式来改变物的频谱结构，从而使像得到改善。它的形式有多种，如三透镜与二透镜系统。

1）三透镜系统

三透镜系统通常称为 4f 系统，3 个透镜的相互距离如图 6－47 所示。图中，f 为透镜焦距；L_1，L_2，L_3 为透镜，分别起着准直、变换和成像的作用；P_1 平面（称为输入平面）放置被处理的光学图像，由单色相干光照明（S 为相干点源）；P_2 平面（即频谱面）放置录播器；P_3 平面为输出平面。

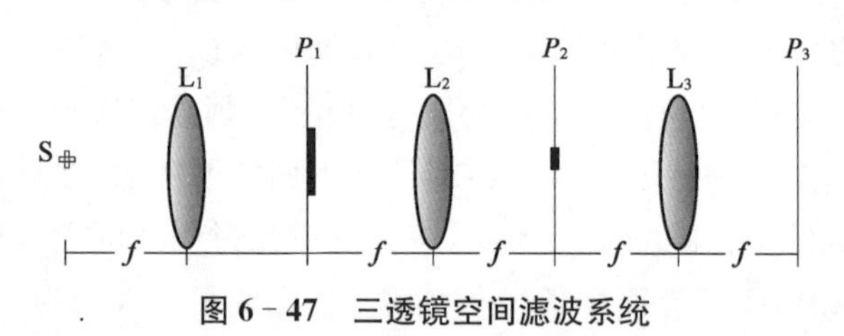

图 6－47　三透镜空间滤波系统

2）二透镜系统

用两个透镜也可构成空间滤波系统，如图 6－48 所示。在图 6－48(a)中，单色相干点光源 S 与频谱面对于 L_1 是一对共轭面 $(l/d_0+l/d_1=l/f_1)$，物面和像面分别置于 L_1 前焦面和 L_2 后焦面。图 6－48(b)为另一种二透镜系统，单色相干点光源与频谱面相对于 L_1 仍保持共轭关系，但物面放在 L_1 后紧贴透镜位置；在 L_2 前紧贴透镜放置频谱面；像面和物面对于 L_2 又是一对共轭面。根据透镜的傅里叶变换性质可知，与 4f 系统一样，在这两种系统中频谱面得到的是物的傅里叶谱。得指出的是，在实际系统中，为了消除像差，很少使用单透镜实现傅里叶变换，而是多用透镜组。

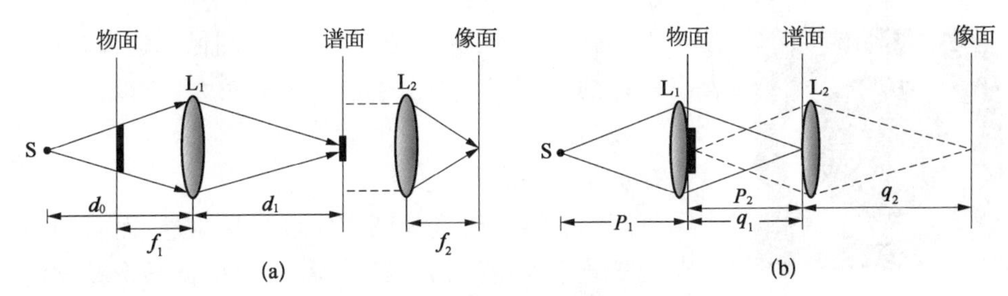

图 6-48　二透镜空间滤波系统

6.3.2.3　空间滤波器及其应用

空间滤波器分为振幅型和相位型两类，可根据需要进行选择。

1) 振幅型滤波器

振幅型滤波器只改变傅里叶频谱的振幅分布，不改变它的相位分布，通常用 $F(u, \nu)$表示。它是一个振幅分布函数，其值可在 0～1 范围内变化。如滤波器是通光孔形状，称为二元振幅型滤波器。根据不同的滤波频段又可分为低通、高通、带通 3 类。

(A) 低通滤波器

低通滤波器用于滤去频谱中的高频部分，只允许低频通过。图 6-49(a)为它的一般结构，具体形状及尺寸可根据需要自行设计，以阻挡高频为目的。低通滤波器主要用于消除图像中的高频噪声。例如电视图像照片、新闻传真照片等往往含有密度较高的网点，由于周期短、频率高，它们的频谱分布展宽。用低通滤波器可有效地阻挡高频成分，以消除网点对图像的干扰，但由于同时损失了物的高频信息而使像的边缘模糊。图 6-49(b)是一张带有高频噪声的照片，但经过低通滤波器滤波后，这种噪声被成功地消除了，如图 6-49(c)所示。

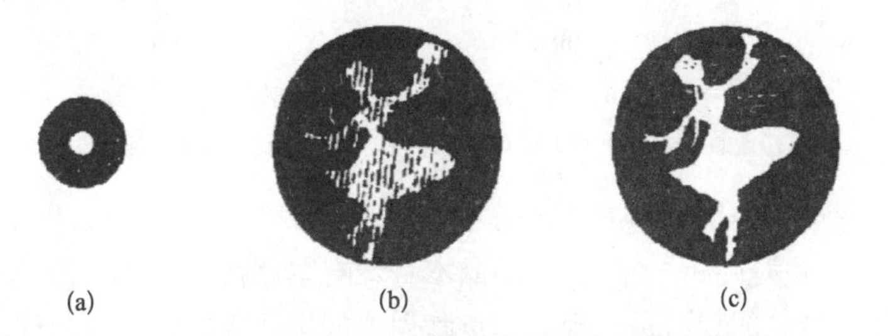

图 6-49　用低通滤波器消除图像中高频干扰

(a) 低通滤波器结构；(b) 带有高频噪声的照片；(c) 滤波后的照片

(B) 高通滤波器

高通滤波器用于滤除频谱中的低频部分，以增强像的边缘或实现衬度反转。其大体结构如图 6-50 所示，其中央光屏的尺寸由物体低频分布的宽度而定。

图 6-50
高通滤波器结构

实际上,高通滤波器主要用于增强模糊图像的边缘,以提高对图像的识别能力。由于能量损失较大,所以输出图像一般较暗。

(C) 带通滤波器

带通滤波器用于选择某些频谱分量通过,而阻挡另一些分量。带通滤波器的种类很多,应根据图像处理的不同要求选择适当的带通滤波器。

例如,它可用来清除正交光栅上的污点。图 6-51(a)是一枚圆形正交光栅,其上有一个半径小于光栅半径的污点,采用图 6-51(b)所示的小孔阵列滤波器可以成功消除该污点。根据傅里叶变换理论可知,圆域函数的傅里叶变换(频谱)是一个一阶贝塞尔函数,圆域函数的半径越小,其频谱的宽度越宽。由此可以断定,光栅圆形边缘的频谱主瓣宽度比污点频谱的主瓣宽度窄。图 6-51(c)画出了两者零级频谱函数的一维剖面图,图中 G 和 φ 分别表示污点的频谱和光栅圆形边缘的频谱。当滤波小孔直径选择适当,允许 φ 通过而把 G 的两翼挡住,则污点的基频信息被阻挡,不能成像。又因正交光栅的频谱是 sinc 函数阵列,因此应该选择小孔阵列滤波器滤波,才能不丢失光栅的纵、横条纹。滤波后可在像面上得到去除污点的正交光栅。

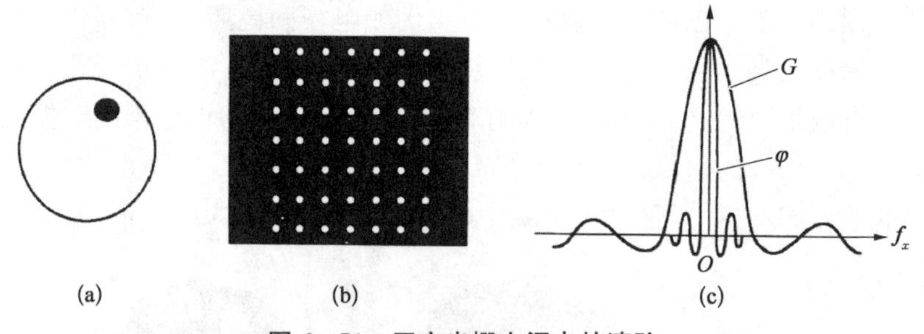

图 6-51 正交光栅上污点的清除

(a) 有污点的正交光栅;(b) 小孔阵列滤波器;(c) 零级频谱函数的一维剖面

又如,它可用来抑制周期性信号中的噪声。蛋白质结晶的高倍率电子显微镜像片中的噪声是随机分布的,而结晶本身却有着严格的周期性,因而噪声的频谱是随机的,结晶的频谱是有规律的点阵列。如用适当的针孔阵列作为滤波器,就可把噪声的频谱挡住。因为它只允许结晶的频谱通过,从而可以有效地改善像面的信噪比。

(D) 方向滤波器

方向滤波器也是一种带通滤波器,只是带有较强的方向性。例如,可用来检查印制电路中掩模疵点。印制电路掩模是横向或纵向的线条,因而它的频谱较

多分布在 x，y 轴附近，如图 6－52(a)所示。而疵点的形状往往是不规则的，线度也较小，所以其频谱必定较宽，在离轴线一定距离处都有分布。可以用图 6－52(b)所示的十字形滤波器将轴线附近的信息阻挡，提取出疵点信息，输出面上仅显示出疵点的图像，如图 6－52(c)所示。

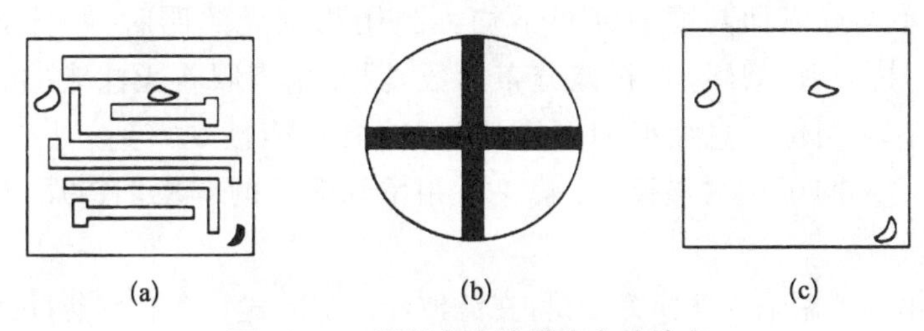

图 6－52　印制电路掩模疵点的检查

(a) 有疵点的掩模板；(b) 方向滤波器结构；(c) 提取出的疵点

又如，它可用来去除组合照片上的接缝，航空摄影得到的组合照片往往留有接缝，如图 6－53(a)所示。接缝的频谱分布在与之垂直的轴上。利用 6－53(b)所示的条形(方向)滤波器，就可将该频谱阻挡，从而可在像面上得到理想的照片，如图 6－53(c)所示。

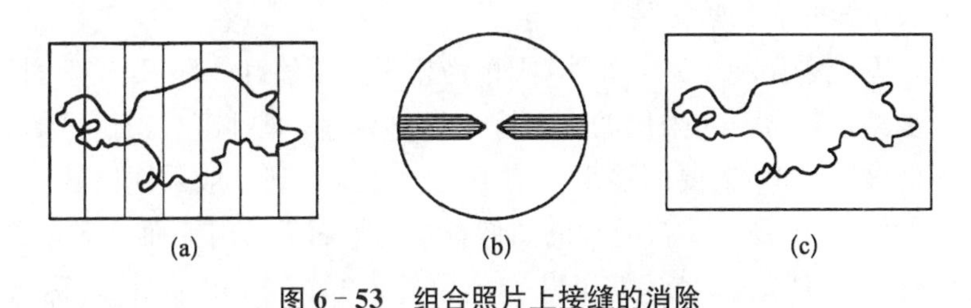

图 6－53　组合照片上接缝的消除

(a) 组合照片；(b) 方向滤波器结构；(c) 去除接缝的输出图像

再如，它可以用来提取地震记录中的强信号。由地震检测记录的特点可知，其弱信号起伏很小，但总体分布是横向线条，因此其频谱主要分布在纵向上，如图 6－54(a)所示。若采用图 6－54(b)所示的滤波器，可将强信号提取出来，如

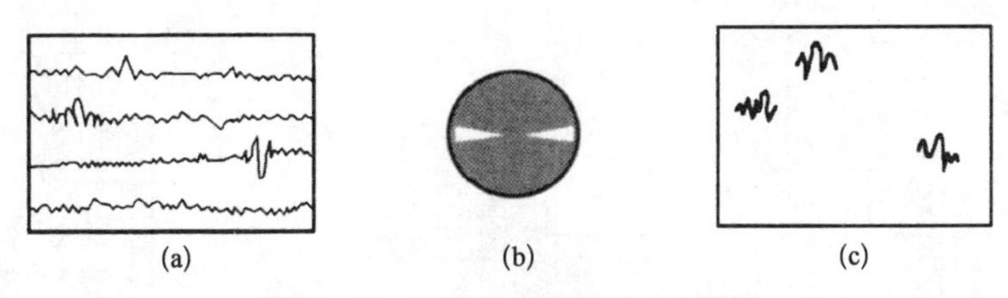

图 6－54　地震记录中强信号的提取

(a) 地震检测记录的信号；(b) 方向滤波器结构；(c) 提取出的强信号

图 6-54(c)所示,这样就有助于分析震情。

2) 相位型滤波器

相位型滤波器只改变傅里叶频谱的相位分布,不改变它的振幅分布,其主要功能是用于观察相位物体。所谓"相位物体"是指物体本身只存在折射率的分布不均或表面高度的分布不均。当用相干光照明时,物体各部分都是透明的,其透射率只包含相位分布函数,因此用肉眼将无法观察这种相位物体。只有将相位信息变换为振幅信息,才有可能被观察到。1935 年泽尼克(Zernike)发明了相衬显微镜,解决了相位到振幅的变换,获得了诺贝尔物理学奖。

实现相位到振幅的变换方法是,在滤波器面上放置一个滤波器,仅使物的零级谱的相位增加 $\pi/2$(或 $3\pi/2$),则可使输出像的强度分布与物的相位分布成线性关系。也就是说,物面上相位越大的区域,像面上反映为强度越大,反之亦然。经过相位滤波,一个原本通体透明的相位物体,被用强度差别显现出来。相位滤波器的主要功能是将相位型物转换成强度型像的显示。如用相衬显微镜观察透明生物切片,利用相位滤波系统检查光学元件内部折射率是否均匀,或检查抛光表面的质量等。

6.3.2.4 相干光学图像信息处理

若光学系统采用相干光源照明,则称为相干光学信息处理,是光学图像处理的一个重要组成部分。它采用的方法多为频域调制,即对输入光信号的频谱进行复空间滤波,得到所需要的输出。相干光学信息处理一般采用三透镜系统较为便利,如图 6-55 所示。待处理的图像置于物平面 P_1,用平面相干光照明,滤波器置于频谱面 P_2。由光学傅里叶变换原理可知,在输出平面(也称像平面)P_3 获得物函数与滤波器傅里叶逆变换的卷积,但其前提是 P_3 平面的坐标必须反转(理由可见傅里叶变换)。

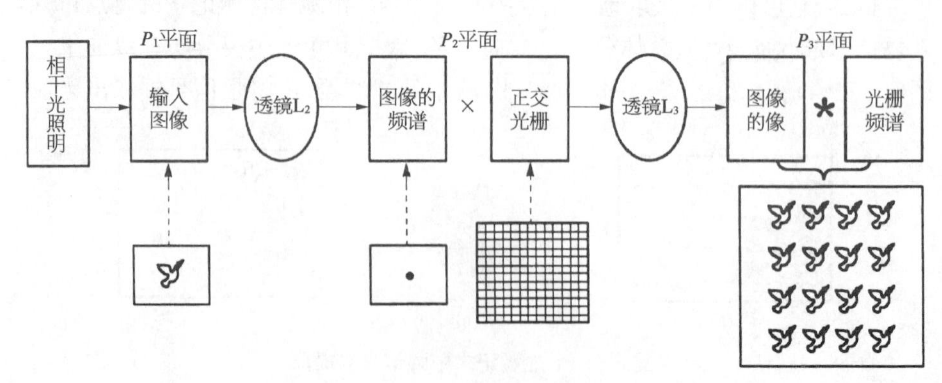

图 6-55 多重像的产生

1) 多重像的产生

利用正交光栅作为滤波器调制输入图像的频谱,有望得到多重像的输出。分析可知,正交光栅的频谱是 sinc 函数阵列,而在图像处理中,sinc 函数可近似看成 δ 函数。可把一正交光栅置于 P_2 平面,当有光学图像输入时,频谱面 P_2 位置得到图像的频谱,通过正交光栅滤波器调制,在 P_2 后方的光场便是两者的乘积,该乘积经透镜 L_3 变换后到达输出平面。由傅里叶变换性质可知,两个函数乘积的傅里叶变换应该是它们分别进行傅里叶变换后的卷积。因此,此时输出平面 P_3 应该得到物的频谱的逆变换(即原物的实像)和光栅频谱(δ 函数阵列)的卷积,其结果便获得了多重像。上述过程和运算关系可用图 6-55 表示。

2) 图像相减

光学图像处理的一个有趣的应用是图像相减,它具有很多的应用价值:城市开发、高速公路规划、地球资源研究、通信、遥感、气象学、自动监视和探测等。如在通信中传输连续变化的图像时,只需传输图像相减后的不同部分,而不需要每次传输全部图像。实现图像相减的方法很多,有用一维光栅进行调制的,也有用复合光栅进行调制的,还有用散斑照相方法进行调制的。

(A) 一维光栅调制

将两个欲进行相减操作的图像 A, B 对称地置于输入面上,频谱面上放置一余弦型振幅光栅。由于余弦型振幅光栅的频谱仅包括 3 项,根据上述产生多重像的原理,A 和 B 经光栅在频域调制后,均会在输出面上得到 3 个像:零级像 A^0 和 B^0、正一级像 A^{+1} 和 B^{+1}、负一级像 A^{-1} 和 B^{-1}。又因两个图像分别处于原点两侧,因此它们各自对应的 3 个像的空间位置稍有错开。当输入平面上两个图像的间距与透镜焦距、调制光栅频率、照明光波长等满足特定数学关系时,图像 A 的正一级像 A^{+1} 与图像 B 的负一级像 B^{-1} 恰好重叠在像面的坐标原点,如图 6-56 所示。调节频谱面上光栅的横向位置可使两者的相位相反,重叠部分将发生相消,得到相减的效果。当调节光栅的横向位置使两者相位相同时,将得到相加的结果。

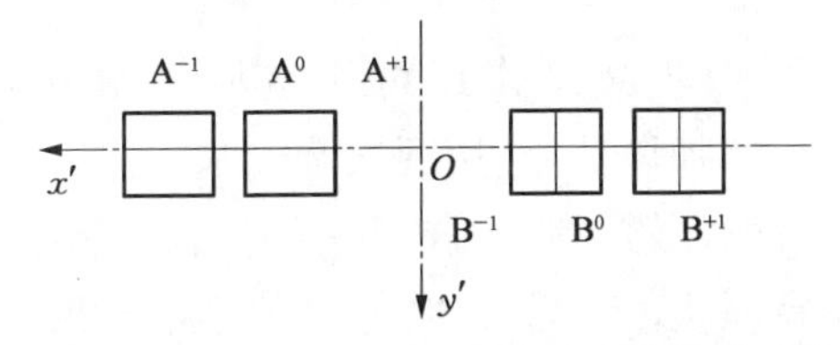

图 6-56　用一维光栅调制实现图像相减运算

(B) 复合光栅调制

在频谱面上用复合光栅取代上例中的一维光栅,也可得到图像的相加或相减输出。所谓复合光栅,是指两套取向一致、但空间频谱有微小差异的一维余弦光栅，即用全息方法叠合在同一张底片上制成的光栅。当把图像 A，B 输入相干系统，经复合光栅调制后，将在输出平面上各自产生 6 重衍射像，它们的位置受两套光栅的空间频率、透镜焦距及波长的制约。当各项参量满足特定的设计要求时，图像 A 经光栅 u_1 调制的一个衍射像 A_1^{+1} 与图像 B 经光栅 u_2 调制的一个衍射像 B_2^{+1} 重叠在像平面的同一位置，如图 6－57 右边所示，而从图 6－57 左边可见，A_2^{-1} 与 B_1^{-1}，重在像平面的同一位置。

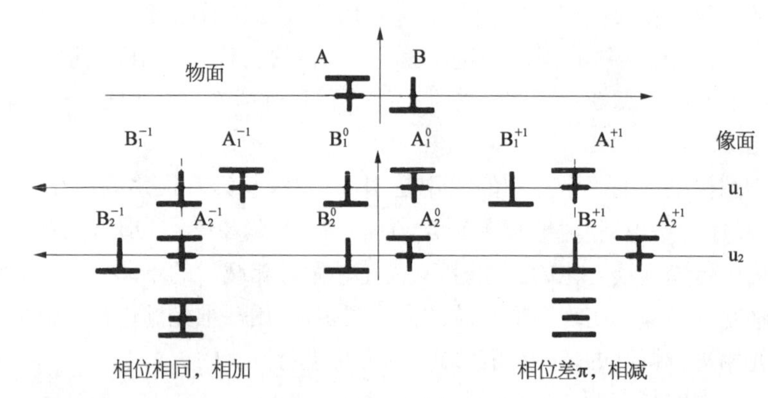

图 6－57　用复合光栅调制实现

图 6－58　实现相减运算结果

调节复合光栅的横向位置，可使 A_1^{+1} 与 B_2^{+1} 相位相差 π，实现相减；同时 A_2^{-1} 与 B_1^{-1} 相位恰好相同，实现相加。需要说明的是，为了便于分析，图 6－57 中把两套光栅各自形成的衍射像分别画在两条水平线上，而实际上它们在像面上是重叠的。图下部的两个图形分别是相加和相减的结果。图 6－58 为实现相减运算的实验结果照片，照片只取了输出平面上正一级衍射像的部分，显然中间图形是左右两侧图形相减的结果。

除上述两例外，图像相减操作还可用空域调制方法。例如利用龙基(Ronchi)光栅对图像负片加以调制，用两次曝光法将 A，B 两个图像记录在同一张底片上，只是前后两次曝光之间将光栅的位置横向移半个周期，使 A，B 两个图像的相同部分维持原状，相异部分被光栅所调制，然后在频谱面上用高通滤波，可在像面上得到 A，B 的相减输出。这里所用的二进制光栅可以用计算全息的方法制作出来。

3）图像相减的应用

采用图像相减的方法，可以方面地寻找出两个十分相似的图像的区别。如通过对卫星拍摄照片的图像相减处理，可用于监测海洋面积的改变、陆地板块移动的速度；对各种自然灾害灾情的监测，如森林大火、洪水等灾情的发展；对地壳运动的变迁监测，如山脉的升高或降低；对侦察卫星发回的照片进行相减，可提高监测敌方军事部署变化的敏感度和准确度；对人体内部器官的检查，可通过不同时期的X光片进行相减处理，能及时发现人体内部器官病变的所在；用于检测工件的加工质量，可通过与标准件图片的相减结果检查工件外形加工是否合格，并能显示出缺陷之所在等。总之，凡能用光学图像反映的事物发生了变化，均可用图像的相减处理来显示其改变的情况。

4）光学微分——像边缘增强

前面曾提到利用高通滤波可使像边缘增强，但由于光能量损失太大，因而使像的能见度大大降低，减弱了信号。而利用光学微分法可以得到较满意的结果。采用4f系统，将待微分的图像置于输入面的原点位置，微分滤波器置于频谱面上，当其位置调整适当时，可在输出面得到微分图形。光学微分的结果是使图像的轮廓明亮。所谓微分滤波器，实际上是一枚复合余弦光栅，与用于图像加减的复合光栅类似，其上制作了两套平行的且空频十分相近的光栅。当输出图像被相干光照明时，其频谱被复合光栅调制，在像平面上得到6个衍射像，其中包括两个零级像，完全重叠；两个正一级像和两个负一级像。因两个光栅的空频相近，故两个正一级像几乎重叠在一起，仅错开很小的距离，两个负一级像亦然。通过调节复合光栅的横向位置，可使两个正级像的相位相反，发生相减操作，然而由于两者并未完全重叠，因此图像的边缘部分未能消除干净而被保留下来，呈现出明亮的轮廓。但二维微分处理要复杂，这里不再赘述。

图像分别沿 x 方向和 y 方向进行光学微分处理过程，如图6-59所示。图6-59(a)为沿 x 方向微分；图6-59(b)为沿 y 方向微分。图6-60给出了微分滤波试验结果的像，其中图6-60(a)是微分滤波器的像，图6-60(b)是图像经

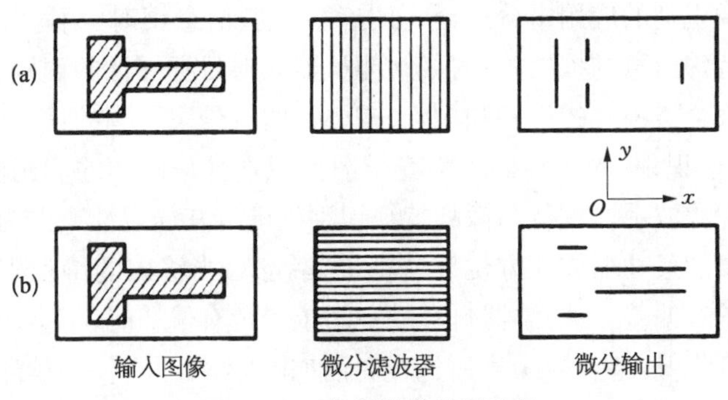

图6-59　光学微分处理过程

一维微分的实验结果(两侧),中间是输入图像的像。微分滤波器还可用于对相位物体进行光学微分,勾画出相位物体的边缘,图 6-60(c)即是对制作在光刻胶版上的相位图像进行光学微分的实验结果像。

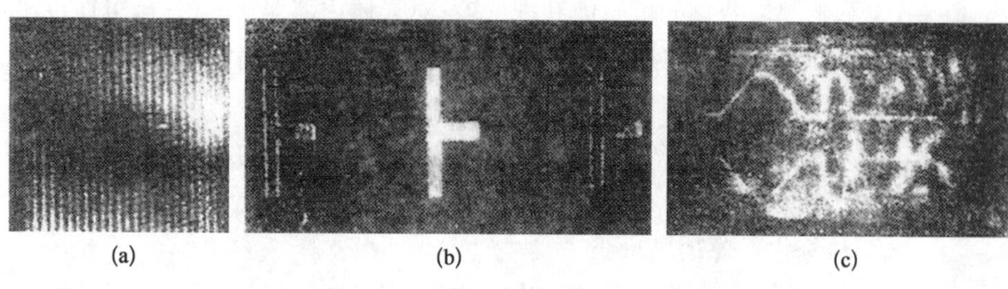

(a) (b) (c)

图 6-60 光学微分滤波试验结果像

5) 光学图像识别

对光学图像的特征加以识别,是图像处理的一个极其重要的应用。这种识别大多体现在输出光信号出现较高的峰值,尽管目标本身并无明显的峰值,然而它的自相关必然出现较其他信号强得多的峰值。据此,可从众多噪声信号中识别特定的目标。特征识别的方法有很多,这里仅介绍最基本的一种,即傅里叶变换法。

采用 4f 系统,将待识别的图像置于输入面的原点位置,匹配滤波器置于频谱面上,由输出面上呈现的峰值信号强弱来判断。匹配滤波器是特征识别的关键元件,它实质上是一个原始比对图像的傅里叶变换全息图,因而当待识别的输入图像的频谱到达频谱面后,会在输出面得到原始比对图像和输入图像的相关运算。如果待识别图像与比对图像相差甚远,则相关的结果是一个弥散的亮斑,没有峰值出现;而当待识别图像与对比图像完全相同时,则输出面上呈现自相关的峰值,即亮点。由此完成特征识别操作。匹配滤波器可用全息法制作,但较多采用计算全息制作。

光学图像识别的应用十分广泛,如指纹识别、信息锁对“钥匙”的识别、大量文字资料中特殊信息的提取等;再如智能机器人对目标图像的识别、智能机械手对传送带上不合格零件的识别和剔除、空中不明身份飞行物的识别(如对飞机机型、机种的快速识别)等。它们虽为光学图像识别带来广阔的应用前景,但用傅里叶变换匹配滤波手段进行图像的特征识别处理有其局限性。因为匹配滤波器对被识别图像的尺寸缩放和方位旋转都极其敏感,当输入的待识别图像的尺寸和角度取向稍有偏差,或滤波器自身的空间位置稍有偏移时,都会使正确匹配产生的响应急剧降低,甚至被噪声所淹没,而使识别发生误差。为解决这一困难,又发明了多种实现特征识别的变换手段,如利用梅林变换解决物体空间尺寸改变的问题、利用圆谐展开解决物体的转动问题、利用哈夫变换实现坐标变换等。然后，再结合傅里叶变换匹配滤波操作，可使其更完善、更实用。

近年来，随着空间光调制器的研究和发展，各种实时器件开始进入应用阶段，用这些器件特征识别系统中的全息匹配滤波器，可实现图像的实时输入、滤波和输出。如“联合傅里叶变换光学相关器”的图像识别系统、采用 CCD 实现图像的采集和傅里叶变换功率谱的实时记录、采用空间光调制器实现图像的实时输入，已经成功用于指纹识别、字符识别、目标识别、生物细胞识别等领域。

6.3.2.5　非相干光学图像信息处理

非相干光学信息处理是指采用非相干光照明的信息处理方法，系统传递和处理的基本物理量是光场的强度分布。虽然相干光学信息处理优点很多，但就目前来说，相干光学信息处理还不能取代非相干光学处理。其原因有：① 目前很多信息装备仍然是靠非相干光源成像的，如光电经纬仪、非相干光雷达、高速摄影机、摄像机、空间各种跟踪望远镜、照相机等信息装备。在日常生活中、科研教学中的很多光学仪器，如生活用照相机、显微镜、望远镜、投影仪、制版和医疗设备等大量光学仪器，仍是采用非相干光或自然光作为光源的。无论是信息装备还是常规仪器的成像，都是光学信息处理的重要应用。② 采用相干光源虽可以使光学系统实现许多复杂的光学图像处理，但由于相干光对于系统中光学元件的缺陷、尘埃、污迹等都极其敏感，因而相干系统不可避免地存在相干噪声而降低了它的处理能力。如采用非相干光源照明，由于其处理系统大都是根据几何光学原理设计的，其装置简单、处理方便，又没有相干噪声，因而操作较为简便。同时，用非相干光源可使系统中各点的光振动之间没有固定的相位差，并与统计无关，因而该系统对复振幅不是线性的，只对强度是线性的。

因此，非相干光学处理系统也是光学信息处理中的一个重要组成部分，可进行图像的多种运算和处理。

1）图像的相乘和积分

利用图 6－61 所示的光学系统，可很容易地实现两个图像的相乘和卷积运算。图中，S 是均匀非相干光源，经透镜 L，可成放大像于 $(x,\ y)$ 平面上；将两张透射率分别为 $\tau_1(x,\ y)$ 和 $\tau_2(x,\ y)$ 的透明片分别置于 $(x_1,\ y_1)$ 和 $(x_2,\ y_2)$ 两个平面上。透镜 L_2 的作用是将 $(x_1,\ y_1)$ 平面以放大率 $M=1$ 成像于 $(x_2,\ y_2)$ 平面上；透镜 L_3 用于在光电探测器 D 处构成缩小像。应该说明的是，置于 $(x_1,\ y_1)$ 上的透明片应该倒置，以便形成透射 $[\tau_1(x,\ y)]$，其原因是 L_2 成像后将使其坐标反转。这时，光电探测器 D 上产生的光电流值为

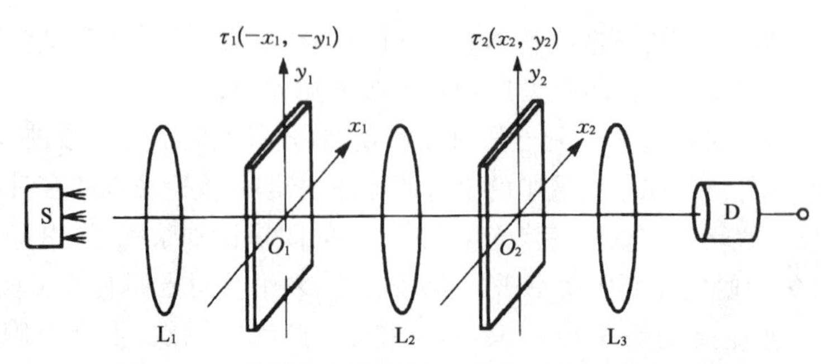

图 6-61　实现两个图像的相乘和积分的三透镜系统

$$I=k\iint_{\infty}\tau_1(x, y)\tau_2(x, y)\mathrm{d}x\mathrm{d}y \tag{6-69}$$

显然,光电探测器上得到的是两个图像乘积的积分运算。

值得指出的是,用二透镜系统也可得到同样的结果,即将两张透明片紧贴于 (x, y) 平面上,在平面后便可得到两者的乘积。这里,二透镜系统中的第 2 个透镜 L_2 同图 6-61 中 L_3 的作用相同,即将 (x, y) 平面上的图像形成一缩小像投射到小的光电探测器 D 上,其光电流值同样也由式(6-69)给出。

2) 图像的相关和卷积

实现图像相关运算有两种方法:运动法和无运动法。

(A) 运动法

采用图 6-61 所示光学系统,τ_1 反置。令 τ_1 在 x_1 方向上移动 x_0,在 y_1 方向上移动 y_0,则光电探测器 D 的光电流为

$$I=k\iint_{\infty}\tau_1(x-x_0, y-y_0)\tau_2(x, y)\mathrm{d}x\mathrm{d}y \tag{6-70}$$

对于一个实函数,其共轭函数与其本身是相同的,用 τ_1^* 代替 τ_1,式(6-70)可视为两者的相关运算,即 $\tau_1^*\tau_1$ 在 (x_0, y_0) 点的值。若使 τ_1 沿 x 方向以速度 v_1 匀速移动,则光电探测器将得到两者在 $y=y_0$ 处的一维相关运算,显然它应该是一个时间的函数 $I(vt)$。若在 x 方向每扫描一次,图形就向上移动 Δy_1 的距离,则得到光电流的一维阵列 $I_{\mathrm{m}}(vt)$,即

$$I_{\mathrm{m}}(vt)=k\iint_{\infty}\tau_1^*(x-vt, y-y_{\mathrm{m}})\tau_2(x, y)\mathrm{d}x\mathrm{d}y=\tau_1 * \tau_2 \tag{6-71}$$

式中,(x, y) 与 (x_1, y_1) 和 (x_2, y_2) 在尺度上是相等的。式(6-71)是一个完整的一维相关运算,当然它在 y 方向是抽样的。卷积运算的实现,只需把 (x_1, y_1) 平面上的 τ_1 置于正方向,则很容易得到两者的卷积 $\tau_1 * \tau_2$。

(B) 无运动法

无运动法是实现图像相关和卷积运算的光学系统，如图 6 - 62 所示。光源 S 置于透镜 L_1 前焦面上。$\tau_1(x, y)$ 倒置紧贴透镜 L_1 后，在相距 d 处放置 $\tau_2(x, y)$，透镜 L_2 紧贴其后，在 L_2 后焦面上测量强度分布，即可得到卷积运算。

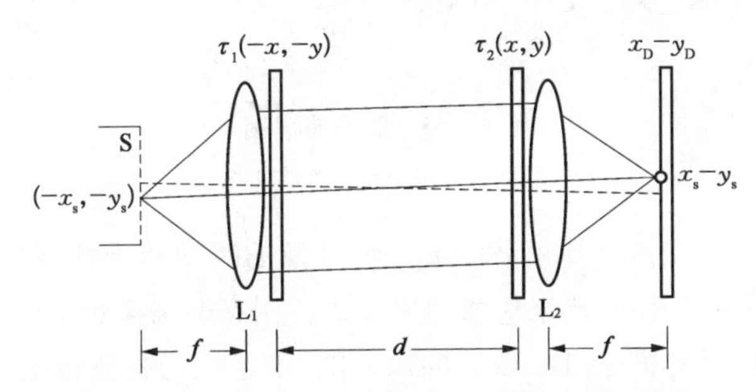

图 6 - 62　实现图像相关和卷积运算的无运动系统

非相干光学信息处理技术还可以用于图像消模糊、图像相减等运算。当采用白光作为照明光源时，极大地拓宽了非相干处理技术的应用范围。

但也应该看到，以几何光学为基础的非相干处理系统只能处理强度分布，即只能处理非负的实函数，在有些应用中会受到很大的限制。另一方面，由于系统完全是根据几何光学原理设计的，对于细节过于丰富的图像，由于行射效应其内含的高频信息往往会丢失，使得输出结果引入较大的偏差。因此，以几何光学为基础的非相干光学处理系统，只能在保证几何光学定理成立的条件下使用。

6.3.2.6　白光信息处理

相干光处理的一个有趣应用就是依靠反向滤波器复原模糊图像，而图像的消模糊也可以通过白光处理器来获得。因为被污损图像的消模糊是一个一维的处理操作，所以反向滤波涉及模糊图像的污损长度。这样，所要求的空间相干性就取决于污损长度而不是整个输入图像。设空间相干函数为

$$\Gamma(x_2 - x_2')\mathrm{sinc}\left[\frac{\pi}{\Delta x_2}(x_2 - x_2')\right] \tag{6-72}$$

如图 6 - 63(a)所示，光源编码函数可写成

$$\gamma(x_1) = \mathrm{rect}(x_1/w) \tag{6-73}$$

式中，Δx_1 是污损长度，$w = (f\lambda)/(\Delta x_1)$ 是编码孔径的狭缝宽度，如图 6 - 63(b)所示，且

$$\mathrm{rect}(x_1/w) = \begin{cases} 1 & -w/3 \leqslant x_1 \leqslant w \\ 0 & x_1 \text{ 为其他值} \end{cases} \tag{6-74}$$

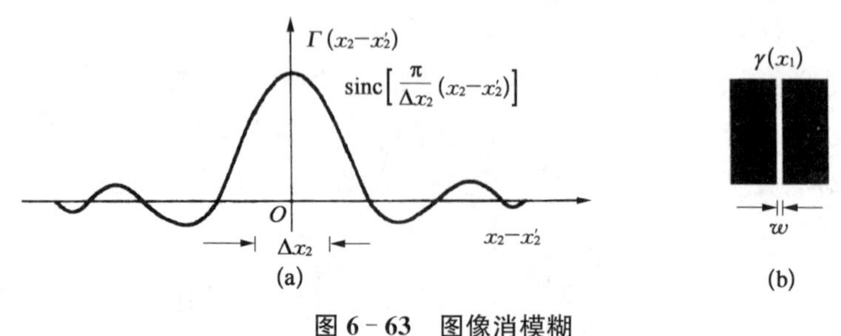

图 6-63　图像消模糊

(a) 空间相干函数;(b) 光源编码掩模

人们关心的是在傅里叶频谱面上二维图像的时间相干性要求,在傅里叶频谱面上用一个取样相位光栅来色散傅里叶谱。用高的采样频率可以实现高的时间相干性。设傅里叶谱是沿 y 轴方向散开的,由于被污损图像的消模糊是一个一维的处理,所以可以使用一个扇形宽带空间滤波器来调节污损的傅里叶谱。因此,入射相位光栅的取样频率为

$$\rho_0 \leqslant 4\lambda\rho_m/\Delta\lambda \tag{6-75}$$

式中,λ 和 $\Delta\lambda$ 分别为光源的中心波长和光谱带宽;ρ_0 是模糊图像沿 y 轴的空间频率最大值。

由于线性移动而产生的模糊彩色图像如图 6-64(a)所示(此处为黑白照片)。通过把这个模糊的透明片插入到一个三透镜系统的处理器中,就可以获得一个消模糊的彩色图像[见图 6-64(b)]。可以看到,适当地利用相干性,复振幅的处理可以由非相干光源来获得。因为消模糊图像是通过宽带光源的非相干累积(或叠加)来获得的,因此相干噪声可以被抑制。此外,正如在这个实例中所看到的,采用白光照明,图像的彩色内容也可以利用。

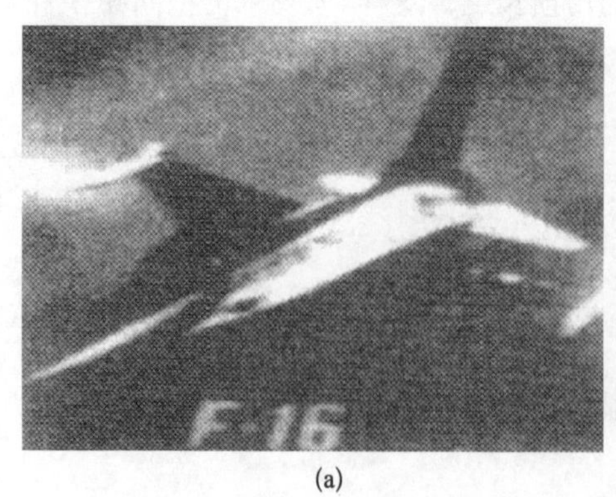

(a)　　(b)

图 6-64　模糊图像的恢复

(a) 模糊的彩色图像;(b) 消模糊的彩色图像

用白光处理图像相减：由于空间相干性依赖于相应进行相减图像的点对，因而不需要很严格的宽空间相干函数，实际上只需要点对的空间相干函数[见图 6-65(a)]。为了确保光源编码函数的物理可靠性，让点对的空间相干函数为

$$\Gamma(x_2 - x_2') = \frac{\sin[N(\pi/h)(x_2 - x_2')]}{N\sin[(\pi/h)(x_2 - x_2')]}\sin\left[\frac{\pi w}{hd}(x_2 - x_2')\right] \quad (6-76)$$

式中，$2h$ 是两个输入透明片图像的中心间隔，$N \gg 1$ 和 $w \ll d$，Γ 是会聚于 $(x_2 - x_2') = nh$ 的序列窄脉冲。这样，在相应的点对中就可以得到高度的相干性。通过对式(6-76)作傅里叶变换，光源编码函数可以表示为

$$\lambda(x_1) = \sum_{n=1}^{n} \mathrm{rect}\left(\frac{x_1 - nd}{w}\right) \quad (6-77)$$

式中，w 为缝宽度，且 $d = (\lambda f)/h$ 为缝隙之间的间隔。事实上，光源编码模板被 N 个均匀隔开的窄缝代替，如图 6-65(b)所示。

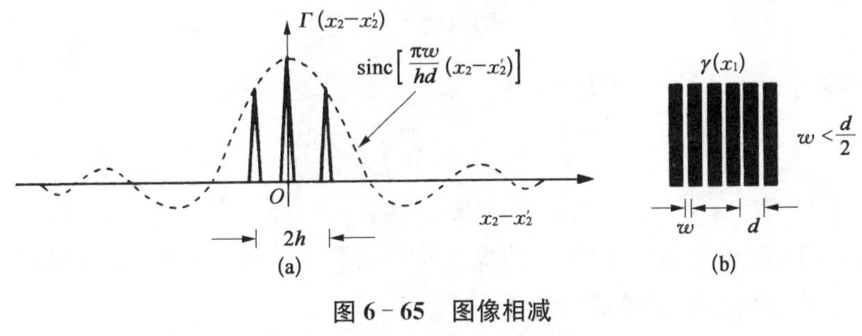

图 6-65　图像相减

(a) 点对相干函数；(b) 光源编码

图像相减是一个一维的处理操作，傅里叶频域滤波器应该是一个扇形宽带正弦光栅：

$$G = \frac{1}{2}\left[1 + \sin\left(\frac{2\pi xh}{\lambda f}\right)\right] \quad (6-78)$$

通过实践还可以证明，对两个输入的彩色图像，用前面的方法还可得到输出的相减图像并使其相干噪声被抑制，且相减图像的多色内容被利用了。

6.3.3　一维图像测量

1) 一维图像测量基本原理

典型的线阵 CCD 尺寸测量原理如图 6-66 所示。被测对象的光信息通过

光学系统，在CCD的光敏面元上形成光学图像，CCD器件把光敏元上的光信息转换成与光强成比例的电荷量，并在输出端得到被测对象的视频信号。视频信号中每一个离散电压信号的大小对应着该光敏元所接收的光强强弱，而信号输出的时序则对应CCD光敏元位置的顺序。通过后续处理线路对CCD输出的视频信号进行二值化处理，确定图形轮廓、测定轮廓间的像素数、通过计算或实验确定脉冲当量，并按测量公式计算被测尺寸。系统的工作波形如图6-66(b)所示。

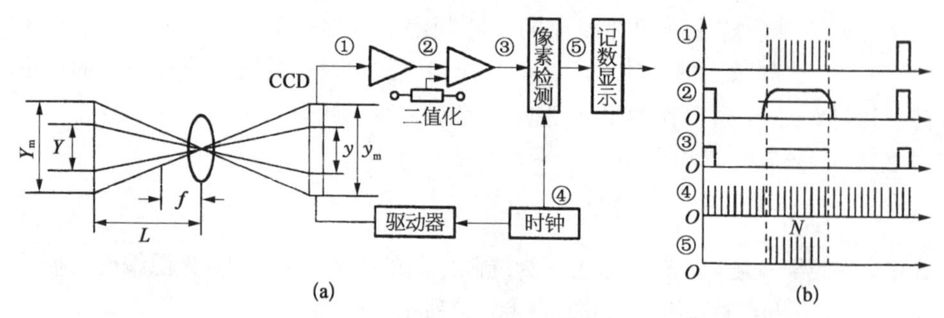

图6-66　线阵CCD尺寸测量系统

(a) 原理；(b) 工作波形

设被测物高为Y，像高为y，则

$$Y=\beta y \tag{6-79}$$

式中，$\beta=f/(L-f)$，β为光学系统放大倍数。

在CCD像面上，由确定尺寸的像素按线阵排列，相当于光电刻尺和被测像高对比。若像高占据的像素数为N，则有

$$y=NI_0 \tag{6-80}$$

式中，I_0为像素沿线阵方向的尺寸，通常为7～13 μm。

将式(6-80)代入式(6-79)，可得

$$Y=\left(\frac{I_0}{\beta}\right)N=M_0N \tag{6-81}$$

式(6-81)为CCD测量的基本公式。$M_0=I_0/\beta$是脉冲当量，它与成像系统的放大倍率β成反比，与像素尺寸成正比。

如果视频图像检测系统没有成像物镜，就必须用平行光照明，并且要求照明均匀、光源波动小。

2) 光源的选择

CCD图像检测系统一般有两种：一种是通过测量被测物体的像来测量被测

物体的某些特征参数;另一种是通过测量被测物体的空间频谱分布来确定被测物体参数。对于前者,只要选用白炽灯或卤钨灯作为照明光源即可;而对于后者,应选用激光照明,因为它能满足单色性好、相干性好、光束准直精度高等要求,实际应用中多选用 He－Ne 激光器。

3) 光学系统参数的选择

CCD 图像检测系统要求所用光学系统成像清晰、透光力强、杂散光少、像面照度分布均匀、图像几何畸变小、足够的相对孔径、焦距光圈可调等。常用的 CCD 像元空间分辨率在 40～80 线对/mm 范围,一般光学系统都能达到这样的分辨能力。由于 CCD 线阵的光敏区较长,如 5 000 位线阵的 CCD 的光敏面长达 35 mm,这就要求选用视场较大的物镜。

在高精度测量中,要求光学系统的相对畸变小于 0.03%。这种大视场、高精度的要求是普通工业摄像机镜头达不到的。所以,一个高精度的线阵 CCD 摄像系统必须配置一个专用的大视场、小畸变的光学系统。

根据成像原理,像距 d_i 物距 d_o 和焦距 f' 之间应满足关系:

$$\frac{1}{f'}=\frac{1}{d_o}+\frac{1}{d_i} \tag{6-82}$$

将成像系统放大率 $\beta=d_i/d_o$ 代入式(6－82),则镜头的焦距 f' 为

$$f'=\beta d_o/(1+\beta) \tag{6-83}$$

例如,要测 ϕ400 mm 的钢管外径,可以把工作视场设计为 500 mm。若选用 5 000 位线阵 CCD,则 CCD 像元对钢管的空间分辨率为 500 mm/5 000＝0.1 mm。CCD 输入信号经处理后,取边缘定位精度为 12 像元,即 0.05 mm,这样可以得到±0.1 mm 的测径精度。假设系统工作物距 d_o 为 10 m,CCD 的像元尺寸为 7 μm,光敏区总长 $y=5\,000\times 7\ \mu\text{m}=35$ mm, $\beta=35/500=0.07$, 再由式(6－83)算得 $f'=650$ mm。

确定了镜头的焦距之后,还要确定相对孔径和视场角。相对孔径越大,收集的光能量越多,像场的照度也就越高。在给定的照明条件下,像场的照度关系到摄像系统的工作灵敏度。当物面亮度为 E_o、镜头口径为 D、透过率为 τ、焦距为 f'时,像面照度 E 为

$$E=(\pi/4)\left(\frac{D}{f'}\right)^2\tau E_o \tag{6-84}$$

式(6－84)表明,像面照度 E 与镜头的相对孔径 D/f' 的平方成正比。

镜头的视场是在规定的视场范围内,镜头与能够成像的视野之间对应的最

大张角。当水平方向的视野为 H、焦距为 f 时，镜头的视场角 ω 可表示为

$$\omega = 2\arctan\left(\frac{H}{2f}\right) \tag{6-85}$$

对于同一个镜头，相对孔径越小，即光圈数 F 越大，其像差越小，镜头的分辨率越高。

4）系统参数的标定方法

系统的工作距离确定后，为了从目标像占有的像元素 N 来确定目标的实际尺寸，需要事先对系统进行标定。标定的方法是：先把一个已知尺寸为 Y_p 的标准模块放在被测目标位置，然后通过计数脉冲，得到该模块的像所占有的 CCD 像元数 N_p，由此可以得到系统的脉冲当量值 M_0，即

$$M_0 = Y_p / N_p \tag{6-86}$$

式中，M_0 值表示一个像元实际所对应的物方空间尺寸，然后再把被测目标置于该位置，测出对应的脉冲计数 N_x，即被测目标值为

$$Y = M_0 \cdot N_x \tag{6-87}$$

通常，可以把 M_0 值存入计算机中，在对目标进行连续测量时，可以随时通过软件计算出目标的实际尺寸。这种标定方法简单，但测量精度不高，因为在式(6-87)中包含着系统误差的影响。为了在实测中去掉系统误差，可采用二次标定法来确定系统的脉冲当量值。实验表明，被测物体的实际尺寸 Y 和对应的像元脉冲数 N_0 之间满足关系：

$$Y = M_0 \cdot N_x + b \tag{6-88}$$

式中，b 为系统误差。通过两次标定就可以确定 M_0 和 b 值，其方法是：先在被测位置上放置一个已知尺寸为 Y_1 的标准块，得到相应的脉冲数 N_1，然后换上另一个已知尺寸为 Y_2 的标准块，得到相应的计数脉冲 N_2，将 Y_1，Y_2，N_1，N_2 代入式(6-88)，可得

$$Y_1 = M_0 N_1 + b,\ Y_2 = M_0 N_2 + b$$

可解得

$$M_0 = (Y_2 - Y_1)/(N_2 - N_1),\ b = Y_1 - M_0 N_1$$

显然，b 值代表实际值与测量值之差，是系统产生的测量误差。

当得到被测尺寸 Y_k 所对应的计数脉冲 N_k 时，可将标定后的 M_0，b 和 N_x 代入式(6-90)，则可算出被测尺寸 Y_x 的实际值：

$$Y_x = M_0(N_x - N_1) + Y_1 \tag{6-89}$$

几种一维尺寸视频图像检测的应用实例如图 6-67 所示。其中,图 6-67(a)为运动物体的外径测量,如钢棒、钢管外径,拉制的玻璃管外径等;图 6-67(b)是物体的宽度测量,如纸张、布、钢板等的宽度;图 6-67(c)是工件的位置和形状误差的测量。

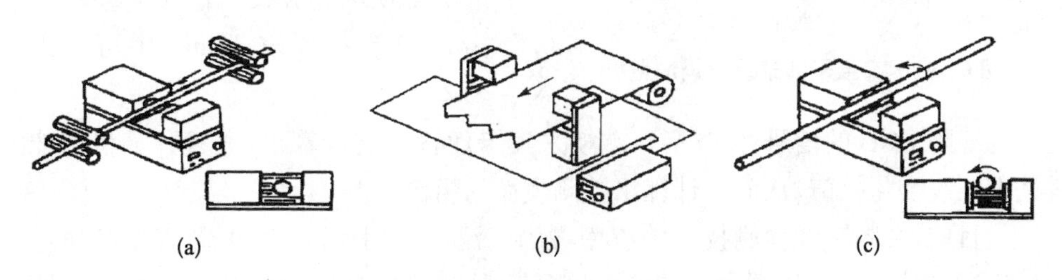

图 6-67　一维尺寸测量

(a) 外径测量;(b) 宽度测量;(c) 位置和形状测量

这种一维尺寸图像检测的优点是:方法简单、效率高,物的扫描速度可达 500 mm/s,测量范围一般在 0～100 m 之间,分辨力为 0.01 mm,或者更高。

6.3.4　二维图像测量

用图像检测二维尺寸,一般采用面阵 CCD 或 CMOS 等成像器件对被测物体进行二维成像,也可以用线阵 CCD 或其他线阵固体成像器件,并外加一维扫描运动来实现。利用线阵 CCD 与一维扫描实现干涉条纹检测的原理如图 6-68 所示。

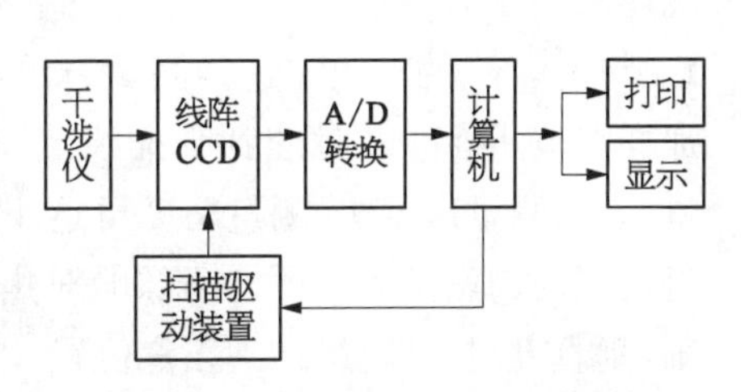

图 6-68　干涉条纹监测系统原理

在用光干涉法测量表面粗糙度的系统中,干涉仪可以使用泰曼-格林干涉仪、林尼克干涉仪、米勒干涉仪和斐索干涉仪等。干涉条纹图像可以通过面阵或线阵 CCD 采集。按照粗糙度测量标准,测量区域要满足一定的取样长度要求,例如对于 R_S 为 0.1 μm 的表面,其取样长度 l 为 0.25 mm。若光学系统的放大倍数为 M,则在 CCD 光敏面处,一个取样长度被放大为 $L = lM = 20\,000\ \mu$m;如果采用面阵 CCD,CCD 像素间距 P 为 10 μm,那么在取样方向上的 CCD 的像元数应该为 $N = LM/P = 2\,000$。

由于大面阵的 CCD 价格很高,因此常用线阵 CCD 加一维扫描来拾取干涉条纹,其原理如图 6-69 所示。线阵 CCD 在电动机的驱动下沿扫描方向运动,按相同的步距对条纹进行采样,直到完成整个取样长度的扫描。线阵 CCD 可根

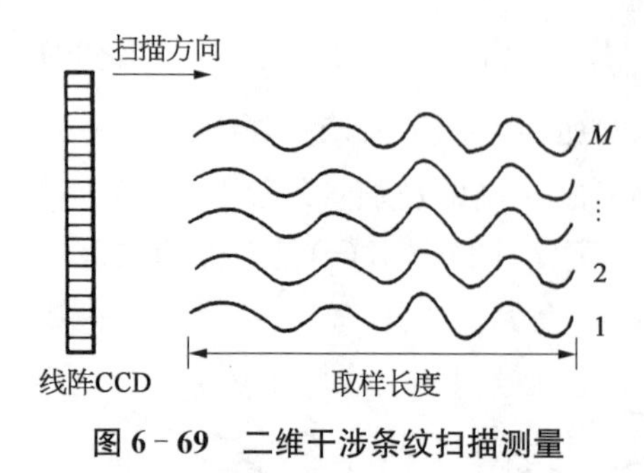

图 6-69　二维干涉条纹扫描测量

据分辨率的要求来选取，如果系统要求分辨力为 i，CCD 扫描的干涉仪条纹间距数为 b，那么线阵 CCD 的像素数 N 为

$$N=(b\lambda/2)/i \tag{6-90}$$

式中，λ 为照明的光波长。若取 $b=5$，$\lambda=0.65\ \mu m$，分辨率要求 1 nm，则可算出 $N=1\,625$。

线阵 CCD 的信号经过 A/D 转换采集卡而输入到计算机，通过计算机图像处理条纹变化幅值，从而可计算出被测表面的粗糙度。

目前，视频图像检测技术中应用最为广泛的是用面阵 CCD 或 CMOS 摄像机进行二维几何参数测量。图 6-70 所示的是二维视频图像坐标测量机的原理。由图可见，被测工件放在台上，由照明光源照明，显微物镜将工件成像到 CCD 光敏面上，通过图像采集卡将视频图像信号送入计算机，并进行图像滤波、边缘提取、亚像素细分、边缘拟合等处理。对于比较小的工件，如果能一次完全成像到 CCD 光敏面范围内，则对 CCD 光敏像素当量标定后，可直接计算出其几何参数；对于比较大的工件，不能一次完全成像到 CCD 光敏面范围内，需要坐标综合法，即移动二维工作台，对其各个待测区域进行成像，同时采集 x，y 方向光栅数据。设 CCD 光敏面坐标系内一点坐标为 x_i，y_i，此时对应的横向和纵向光栅的坐标为 X_C，Y_C，则该点综合坐标为 $X=X_C+x_i$，$Y=Y_c+y_i$。这种情况还只是在 X_C 与 x_i，Y_C 与 y_i 坐标方向一致的情况下，否则还应考虑到 X_C，Y_C 与 x_i，y_i 的夹角。这种测量方法的特点是，不需要像传统的光学测量仪器那样将被测件准确对准到瞄准线上，只要被测件进入 CCD 成像区域就可以测量，因而测量速度快，测量精度可达 1 μm。此外，还可通过图像分析的方法，通过适当的调焦函数来评价图像的对焦状态，通过电机来驱动 CCD 和物镜，沿 z 轴(垂直方向)导轨运动到正焦位置，以实现测量中的自动调焦。

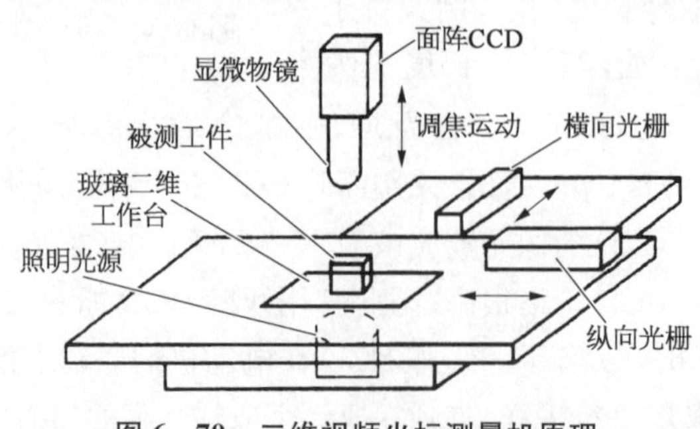

图 6-70　二维视频坐标测量机原理

6.3.5 三维图像测量

由于图像传感器如 CCD 成像是将三维物体透射到二维平面上，因而无法测量物体的深度信息。三维图像测量是在二维图像测量的基础上，通过对二维图像信息的分析组合，恢复物体的深度信息。目前，常见的三维图像测量系统大致可分为被动式和主动式两类。主动式与被动式不同之处在于，主动式是采用将结构光投射到物体表面，通过物体表面的高度不同而对结构光进行调制，从而获得三维信息。而被动式则是采用自然光或普通照明光对物体进行照明。

1）被动三维图像检测

被动式三维图像检测，即双目立体视频图像检测，该检测系统有时也称为双目立体视觉系统。这种双目立体视频图像检测，是模仿人眼的成像方式。它通过两台 CCD 或 CMOS 摄像机，对同景物从不同位置成像，进而从视差中恢复深度信息。双目立体视频图像检测的原理，如图 6－71 所示。由图可见，O_1，O_r 分别是左光学系统和右光学系统的光心，f 是光学系统的焦距。由图中所示的相似三角形，可得出关系式：

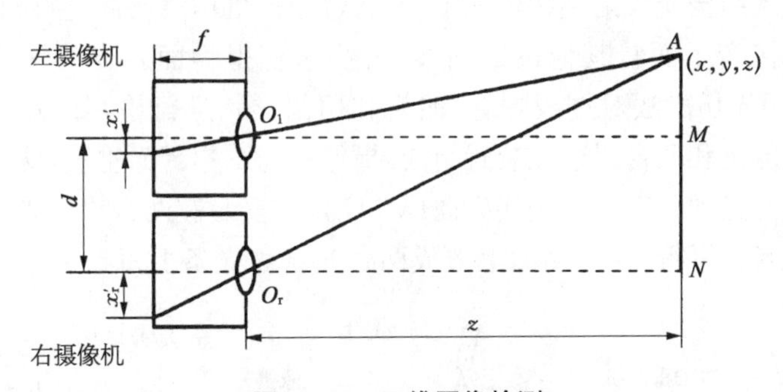

图 6－71　三维图像检测

$$z/f = MA/x_1' \quad 和 \quad z/f = NA/x_r' \tag{6-91}$$

将 $NA - MA = d$ 代入式(6－93)，可得到深度信息：

$$z = \frac{fd}{x_1' - x_r'} \tag{6-92}$$

由式(6－92)可看出，两 CCD 摄像机光心距离 d 越大，对深度 z 的分辨率就越高。但随着 d 的增大，两 CCD 摄像机的共同可视范围减小，并且两者得到的图像差异增大，从而使匹配的难度更大。

2）主动三维图像检测

主动式三维视频图像检测系统的结构照明所采用的光源，分为激光光源和普

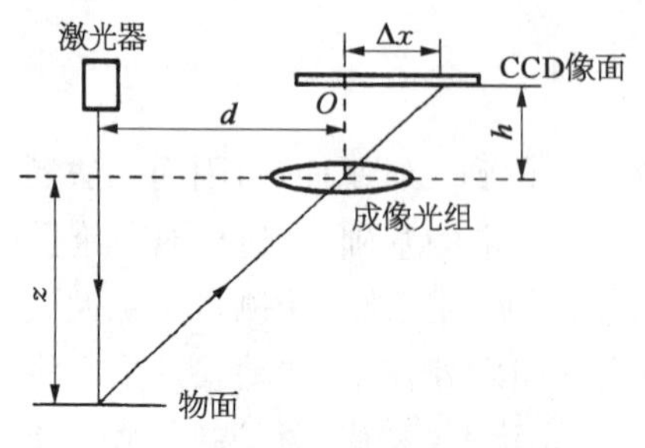

图 6-72　激光三角法测距原理

通白光光源两种。激光光源具有光亮度高、方向性和单色性好、易于实现强度调制等优点，应用最为广泛；而普通白光光源的结构照明具有噪声低、结构简单的优点。结构光投射到物体上的图案有光点、光条栅格、二元编码图或其他复杂图案等，尽管投射图案各不相同，但都是基于三角法测量原理，现以图 6-72 所示单个光点投射为例来说明。

激光器投射一光点到被测物面上，经物面漫反射后成像到 CCD 光敏面上。设成像光组中心轴线与 CCD 光敏面的交点 O 为像面坐标原点，则光点偏移量 Δx 与物面的空间深度 z 存在对应关系(相似三角形比例关系)：

$$z = hd/\Delta x \tag{6-93}$$

由式(6-93)可以看出，Δx 和 z 是非线性关系，因此应用中，应该采用标定的方法对其进行补偿。CCD 和成像光组的摆放角度可以有多种形式。

采用片状结构光投射到物体面上，并通过扫描机构对物面进行扫描(光切割法)，或者直接产生面状其他投射图案，可快速获得物面各点的深度信息。图 6-73 为采用光切割法对钢板焊缝、曲折和切割形状进行检测的示意图。该系统由一台摄像机和两台投射光装置组成，摄像机与工作台面垂直，两台投射片状结构光设备的光轴和工作台法线方向成一定角度安装。两台投射光装置投射出来的片状光互相平行，在被测面上形成两条光条。光条上每点的空间位置的计

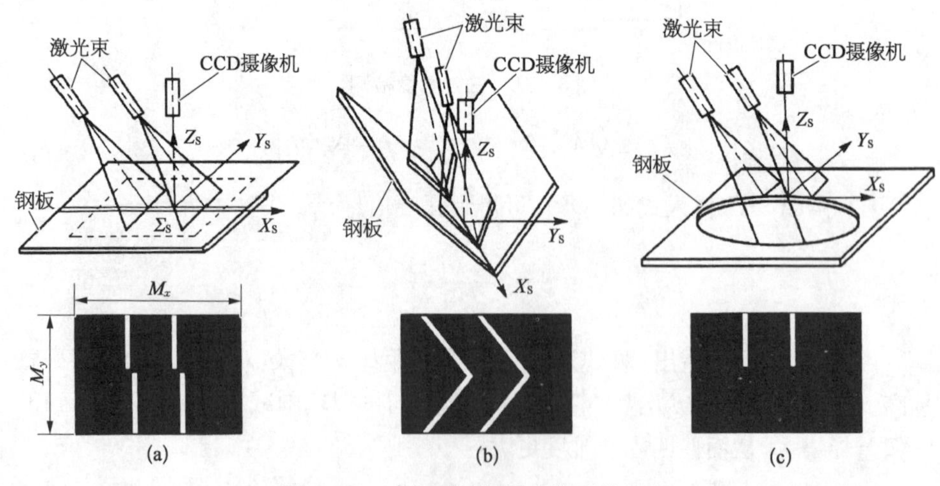

图 6-73　光切割法测量焊接形状原理

(a) 焊缝检测；(b) V 形钢板检测；(c) 切割形状检测

算方法与三角法相同。根据投射光条的成像位置关系，可以计算出钢板的形状。

由于主动式三维图像检测的精度和可靠性较高，因此在三维测量中得到了广泛应用。

参考文献

[1] 郭培源，付扬. 光电检测技术与应用. 北京：北京航空航天大学出版社，2011.
[2] 雷玉堂. 光电信息技术. 北京：电子工业出版社，2011.
[3] 郭海博. 基于多普勒效应的光纤流体流速传感器研究. 成都：电子科技大学，2016.
[4] 阳光辉. 多普勒全光纤速度传感器的关键技术研究. 哈尔滨：哈尔滨工程大学，2010.
[5] 黄玉玲. 多普勒光纤速度传感器的研究. 成都：电子科技大学，2004.
[6] 戴永江. 激光雷达技术. 北京：电子工业出版社，2010.
[7] 刘博，于洋，姜朔，等. 激光雷达探测及三维成像研究进展. 光电工程，2019，46(7)：190167.
[8] 廖延彪，苑立波，田芊. 中国光纤传感 40 年. 光学学报，2018，38(3)：0328001.
[9] 黎敏，廖延彪. 光纤传感器及其应用技术. 北京：科学出版社，2018.
[10] 曹飞. 基于迈克耳孙干涉型光纤流量传感器的研究. 成都：电子科技大学，2013.
[11] 宋菲君. 近代光学信息处理(第二版). 北京：北京大学出版社，2014.

索　引